NANOTECHNOLOGY
FOR ENVIRONMENTAL REMEDIATION

環境修復のためのナノテクノロジー

監　訳　矢木 修身
翻　訳　大前 奈月

Edited by Sabu Thomas
Merin Sara Thomas
Laly A. Pothen

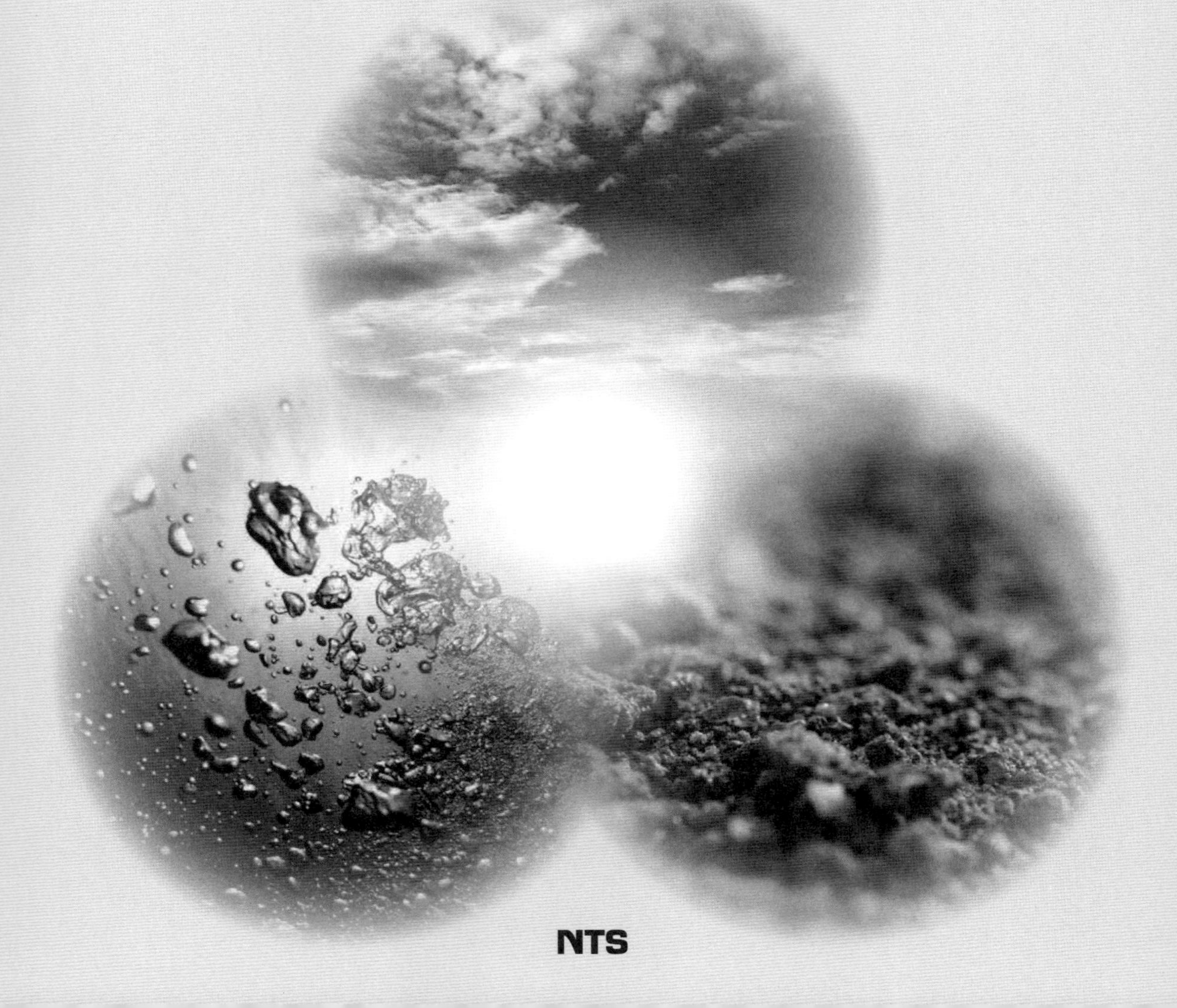

NTS

Nanotechnology for Environmental Remediation
Edited by Sabu Thomas, Merin Sara Thomas and Laly A. Pothen

序　文

現代世界が直面している最大の課題の 1 つは，複数の原因によって引き起こされる環境汚染と劣化である。この問題に対処するために，いくつかの従来の方法や手段が用いられている。科学の「最先端」と考えられているナノテクノロジーは，現在，環境汚染に対する効果的な武器として展開するための研究が進められている。十分な効果が得られない従来の技術やアプローチに比べ，ナノテクノロジーはこの問題に新たな道を開くものである。

Sabu Thomas，Merin Sara Thomas，Laly A. Pothen 編による本書『環境修復のためのナノテクノロジー』は，環境修復のための効果的なツールとしてナノテクノロジーを紹介しようとするものである。世界中から数名の著者が，環境修復のためのさまざまなナノ吸着剤，金属酸化物ナノ粒子，機能性ナノ粒子，デンドリマー，ナノ結晶，酵素ナノ粒子，ナノファイバーの応用に加え，大気汚染対策，ろ過，水処理におけるナノテクノロジーの応用に関する章を寄稿している。

紹介されている戦略の多くが研究段階をはるかに超えていないにもかかわらず，本書は，環境修復を確実にする上で，ナノ材料が従来の方法に代わる効果的な選択肢として大きな可能性を秘めていることを，手に取るように示している。

2021 年 12 月 17 日ポーランドにて

Józef T. Haponiuk 教授
Department of Polymer Technology
Gdansk University of Technology

まえがき

ナノテクノロジーは，人類が直面する数多くの現代的課題に潜在的な解決策を提供する，科学の最先端分野として登場した。ナノテクノロジーは，さまざまな分野で多様な応用が可能である。したがって，世界中の研究者が，環境汚染がもたらす問題を含む諸問題に対処するために，この科学の一分野に目を向けたのは当然のことである。ナノテクノロジーは現在，汚染防止と処理を通じて環境を保護するために応用されている。環境浄化または「修復」のプロセスには，環境からの過剰な重金属やその他の有害汚染物質の除去が含まれる。

従来の物理的，化学的，生物学的な浄化プロセスも有用ではあるが，環境汚染という大きな問題を解決するには部分的な効果しかない。そこで，環境からの汚染物質の完全な浄化のために，ナノテクノロジーに基づく代替方法を開発する必要性が生じている。ナノテクノロジーは，現在の多くの手法に効果的な代替手段を提供する可能性を秘めている。

本書は 22 章にわたって，ナノレメディエーションという新たな分野における有望な潮流と潮流を読者に紹介しようとするものである。土壌浄化，水処理，大気処理などの分野で，ナノテクノロジー，ナノ吸着剤，ファイトナノテクノロジーなどの先進的なツールを用いて研究を行ってきた第一人者たちが，彼らの研究に裏打ちされた斬新なアイデアをグリーンケミストリーの研究者や学生に提供するために，1 つのプラットフォームに集結した。

2021 年 1 月 12 日 Kottayam にて

Sabu Thomas
Merin Sara Thomas
Laly A. Pothen

日本語版発刊のことば

ナノテクノロジーというのは，ナノメートル領域（1〜100nm，10^{-9}〜10^{-7}m）の微細なスケールの物質を対象とし，この微細な物質（ナノ材料）の構造を積極的に操って，新たな機能や性質を生み出し，利用する技術である。

ナノテクノロジーの概念は，1959年に米国の物理学者のリチャード・ファインマン博士によりはじめて提唱された。彼は，当時24巻のブリタニカ大百科事典の情報を針の先ほどの微小空間に蓄えることができる技術を講演で予言した。

21世紀の始まりとともに，ナノテクノロジーは社会に多大な恩恵をもたらす革新的先端技術として期待され，日米欧をはじめ，世界各国において科学技術の重要分野として位置づけられている。

ナノテクノロジーの進歩により，ナノレベルでのいろいろな現象がわかるようになり，さらには分子や原子を見るだけでなく，それを操作する技術も発展してきた。その応用分野はITだけでなく，医療・バイオ，環境・エネルギー，新材料・素材と幅広い分野に広がっている。

ナノテクノロジーの進展に伴い，環境ナノテクノロジー分野への活用も注目されるようになった。環境ナノテクノロジーにとって最優先のテーマは，ナノ材料を活用した，汚染物質の排出抑制や汚染物質の分解・除去・無害化技術の確立である。

わが国では2000年代から環境ナノテクノロジーに関し，環境汚染状況のモニタリング，環境汚染物質の有害性の把握・評価，環境汚染物質の分解，除去，および再生可能エネルギー利用という4つの技術課題を取り上げ研究が進められている。

このような状況の中で，マハトマガンジー大学副学長であるサブ・トーマス博士が編集した“Nanotechnology for Environmental Remediation”は，ナノ材料を活用して環境を修復する“ナノレメディエーション”という新たな分野における現状と今後の有望な大きな展開を22の寄稿論文を通して読者に紹介している。

具体的には，さまざまな汚染物質の環境修復に用いられる金属ナノ粒子，ポリマーナノ粒子，カーボンナノチューブ，デンドリマー，植物・微生物・酵素機能を組み込んだナノバイオ粒子等さまざまな機能性ナノ材料やナノ複合体の開発の現状，ならびに水，大気，土壌汚染で問題となっている，温室効果ガス，有機塩素化合物，油・染料等の有機汚染物質，鉛・ヒ素等の重金属，医薬品，病原微生物および農業利用等へのナノレメディエーションの活用に焦点を当てている。さらにナノテクノロジーのリスクアセスメントやナノバイオレメディエーションのLCAについても記載されている。

執筆者らは，土壌浄化，水処理，大気処理などの分野で，ナノテクノロジー，ナノ吸着剤，ファイトナノテクノロジーなどの先進的なツールを用いて研究を行っている第一人者たちであり，彼らの研究に裏打ちされた斬新なアイデアと多くの情報が紹介されている。多くの技術は，基礎から実用化を目指した段階のものが多いが，ナノレメディエーション

が従来の方法に代わる効果的な環境修復技術として大変魅力的で有望であることを示している。

本書は，環境浄化に携わる技術者，施工者，規制担当者，研究者および学生にナノレメディエーションの面白さならびに大きな発展の可能性を秘めていることを気づかせる書である。

2024 年 10 月

監訳　矢木　修身
翻訳　大前　奈月

目 次

第3章

土壌浄化におけるナノテクノロジー

Alice Alex, Sithara Raj, Sunish K. Sugunan and Gigi George

第4章

水処理のためのナノテクノロジー：
有機・無機化合物の浄化における近年の進捗

Charulata Sivodia and Alok Sinha

第5章

大気汚染浄化のためのナノテクノロジー

Haleema Saleem, Syed J. Zaidi, Ahmad F. Ismail and Pei S. Goh

第6章

ナノ材料を用いるろ過

Ahmed Ibrahim Abd-Elhamid and AbdElAziz Ahmed Nayl

第7章

ナノ吸着剤による環境修復

Adnan Khan, Sumeet Malik, Sumaira Shah, Nisar Ali, Farman Ali, Suresh Ghotekar, Harshal Dabhane and Muhammad Bilal

第8章

重金属イオン6価クロムの可視光応答型光触媒分解

Priya Rawat, Harshita Chawla and Seema Garg

第9章

ファイトナノテクノロジーによる重金属と染料の浄化

Lakhan Kumar, Pragya Kamal, Kaniska Soni and Navneeta Bharadvaja

第10章

表面機能化金ナノ粒子による環境修復

Daniel T. Thangadurai, Nandhakumar Manjubaashini and Devaraj Nataraj

第 11 章

金属酸化物ナノ粒子による環境修復

Abhilash Venkateshaiah, Miroslav Černík and Vinod V.T. Padil

第12章

機能化ナノ粒子による環境修復

Beatriz Jurado-Sánchez

第13章

デンドリマーによる環境修復

Uyiosa O. Aigbe, Kingsley E. Ukhurebor, Robert B. Onyancha, Onoyivwe M. Ama,
Otolorin A. Osibote, Heri S. Kusuma, Philomina N. Okanigbuan,
Samuel O. Azi and Peter O. Osifo

第14章

ナノ結晶による環境修復

Muhammad N. Ashiq, Sumaira Manzoor, Abdul G. Abid and Muhammad Najam-Ul-Haq

第15章

酵素ナノ粒子による環境修復

Neha Tiwari and Deenan Santhiya

第16章

ナノファイバーによる環境修復

Daniel Pasquini, Luís C. de Morais and Pedro E. Costa

第17章

バイオインスパイアードナノ複合体による医薬品汚染物質の浄化

Pavan K. Gautam, Saurabh Shivalkar, Anirudh Singh, M. Shivapriya Pingali, Shrutika Chaudhary, Sushmita Banerjee, Pritish K. Varadwaj and Sintu K. Samanta

第18章

ナノ材料とその薄膜による光触媒空気浄化

Juliane Z. Marinho and Antonio Otavio T. Patrocinio

第19章

エアロゲルによる環境修復

Abdul S. Jatoi, Zubair Hashmi, Nabisab Mujawar Mubarak, Faisal A. Tanjung, Muhammad Ahmed, Shaukat A. Mazari, Faheem Akhter and Shoaib Ahmed

第20章

ナノ材料の環境毒性学：進歩と課題

Wells Utembe

第21章

ナノ材料の社会的影響

Paolo Di Sia

第22章

バイオレメディエーションのためのナノ材料のLCA

Garima Pandey, Reeta Chauhan, Ajay S. Yadav and Sangeeta Bajpai

索　引

第1章

ナノ材料の科学と技術：はじめに

Science and Technology of Nanomaterials: Introduction

Merin Sara Thomas[1,2], Sabu Thomas[2,3,4] and Laly A. Pothen[2,5]

1 Mar Thoma College, Department of Chemistry, Kuttapuzha P.O., Tiruvalla, Kerala 689103, India
2 Mahatma Gandhi University, International and Interuniversity Centre for Nanoscience and Nanotechnology, Priyadarsini Hills P.O., Kottayam, Kerala 686560, India
3 Mahatma Gandhi University, School of Chemical Sciences, Priyadarsini Hills P.O., Kottayam, Kerala 686560, India
4 Mahatma Gandhi University, School of Energy Materials, Priyadarsini Hills P.O., Kottayam, Kerala 686560, India
5 CMS College Kottayam (Autonomous), Department of Chemistry, CMS College Road, Kottayam, Kerala 686001, India

1.1　はじめに

ナノテクノロジーという言葉は，少なくとも1つの次元がナノメートル領域（1-100 nm）である物質の研究について用いられる。ナノ材料は，その特異な光学特性，磁気特性，電気特性などによって特徴づけられる。これらの材料は，そのユニークな特性から，バイオメディカル，環境，電気などの分野での応用に広く用いられている。ナノ材料の特性は，ナノメートルオーダーの長さスケールに依存する。

1959年、物理学の分野におけるナノサイエンス研究の新たな展開に関する講演で，米国の科学者 Richard Feynman は「ナノスケール領域には多くの発展の余地がある（講演題目 There is plenty of room at the bottom)」と指摘した[1]。ナノ科学は，原子，分子，高分子レベルでのナノ材料，システム，デバイスの扱いを論じるが，ナノテクノロジーは，ナノメートル単位で形状や大きさを操作することによって，構造，材料，デバイス，システムの設計，合成，特性評価，および応用に関わる技術の一群である。ナノテクノロジーは，原子レベルで物質を制御することによって，ツールやナノデバイスを製造する技術である。

ナノテクノロジーは，医療，環境浄化，食品科学など，さまざまな分野で幅広く応用されている。図1.1は，ナノテクノロジーのさまざまな応用例を示している。

1.2　ナノ材料の分類

ナノ材料は，その形状から，0次元，1次元，2次元，3次元のナノ材料に分類される。図1.2は各分類の概略図を示す。

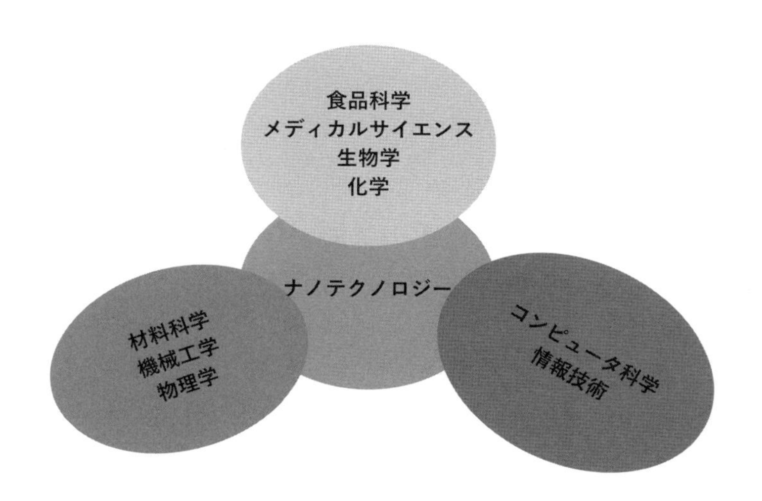

図1.1　ナノテクノロジーの応用例

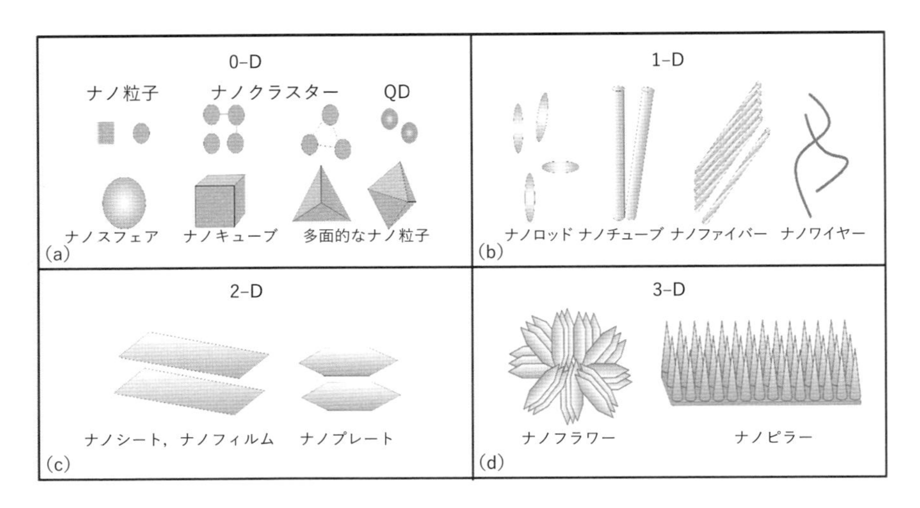

図 1.2　さまざまな形状の(a)0，(b)1，(c)2，(d)3 次元ナノ構造体のスキーム

出典：Nikolova and Chavali [2]/ MDPI/ CC 4.0 ライセンス

1.3　ナノ材料の種類

ナノ材料はその由来から，主に有機ナノ粒子（NP），無機ナノ粒子，炭素系ナノ粒子に分類される。

1.3.1　有機ナノ粒子

有機ナノ粒子は，有機化合物に由来する固体粒子である。デンドリマー，フェリチン，リポソーム，ミセルなどがこれに分類される（図 1.3）。これらの材料の生分解性と無毒性は特徴的である。有機ナノ粒子は，主に薬物送達への応用としてバイオメディカル分野で用いられる。

1.3.2　無機ナノ粒子

無機ナノ粒子は，主に金属ナノ粒子と金属酸化物ナノ粒子の 2 種類である。金属ナノ

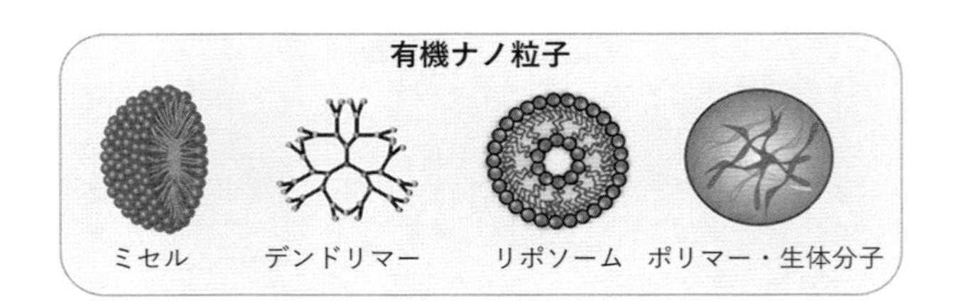

図 1.3　さまざまな種類の有機ナノ粒子

出典：Gessner and Neundorf [3]/MDPI/CC 4.0 ライセンス

粒子は金属から合成される。これらはアルミニウム（Al），カドミウム（Cd），コバルト（Co），銅（Cu），金（Au），鉄（Fe），鉛（Pb），銀（Ag），亜鉛（Zn）など，ほぼすべての金属から合成される。これらは，高い表面積対体積比，細孔径，表面電荷，表面電荷密度などの特異的な特性によって特徴づけられる。

金属ナノ粒子の適用性は金属酸化物ナノ粒子の使用で向上させることができる。表 1.1 にいくつかの金属および金属酸化物ナノ粒子の応用を簡単に示す。

1.3.3 炭素系ナノ粒子

ナノ粒子のすべての骨格が炭素である場合，炭素系ナノ粒子に分類される。フラーレン，グラフェン，カーボンナノチューブ（CNT），カーボンナノファイバー，カーボンブラックなどがこの分類に含まれる。図 1.4 にさまざまな炭素系ナノ粒子の模式図を，表 1.2 に炭素系ナノ粒子の用途を示す。

表 1.1 金属および金属酸化物ナノ粒子の応用例

金属	金属・金属酸化物ナノ粒子の応用例
二酸化チタン（Ti）	太陽電池，食品包装材，医薬品，製薬，ラッカー，建築，医療機器，ガス検知，光触媒，農業，塗料，食品，化粧品，殺菌，抗微生物コーティング[4]
亜鉛および酸化亜鉛（Zn）	医療・健康用品，日焼け止め，包装材，繊維等の紫外線（UV）保護材料[5, 6]
アルミニウム（Al）	自動車産業，航空機，遮熱コーティング，軍事用途，腐食，燃料添加剤/推進剤[7, 8]
金（Au）	センサープローブ，細胞イメージング，電子導電体，薬物送達，治療薬，有機光電池，触媒，ナノファイバー，繊維[9]
鉄（Fe）	磁気イメージング，環境浄化，ガラス・陶器産業，記憶テープ，共鳴画像，プラスチック，ナノワイヤー，コーティング，繊維，合金，触媒用途[10]
シリカ（Si）	薬物・遺伝子送達，吸着剤，エレクトロニクス，センサー，触媒，環境汚染物質の浄化，ゴム・プラスチック産業で用いる添加剤，充填剤，電気・熱絶縁体[11, 12]
銀（Ag）	抗菌コーティング，繊維，電池，外科手術，創傷被覆材，バイオメディカルデバイス，写真，電気装置，歯科治療，火傷治療[13]
銅（Cu）	バイオセンサーや電気化学センサー，抗生物質・抗菌剤・抗真菌剤などのプラスチック添加剤，コーティング，繊維，ナノ複合体コーティング，触媒，潤滑剤，インク，フィラー[14, 15]
セリウム（Ce）	化学機械研磨/平坦化，コンピューターチップ，腐食，太陽電池，燃料酸化触媒，自動車排気ガス処理[16]
マンガンおよびその酸化物（Mn）	分子メッシング，太陽電池，電池，触媒，光電子工学 薬物送達イオンシーブ，イメ剤，磁気記憶装置，水処理と浄化[17]
ニッケル（Ni）	燃料電池，膜燃料電池，自動車触媒コンバーター，プラスチック，ナノワイヤー，ナノファイバー，繊維，コーティング，導電性，磁性，触媒，電池，印刷インク[18]

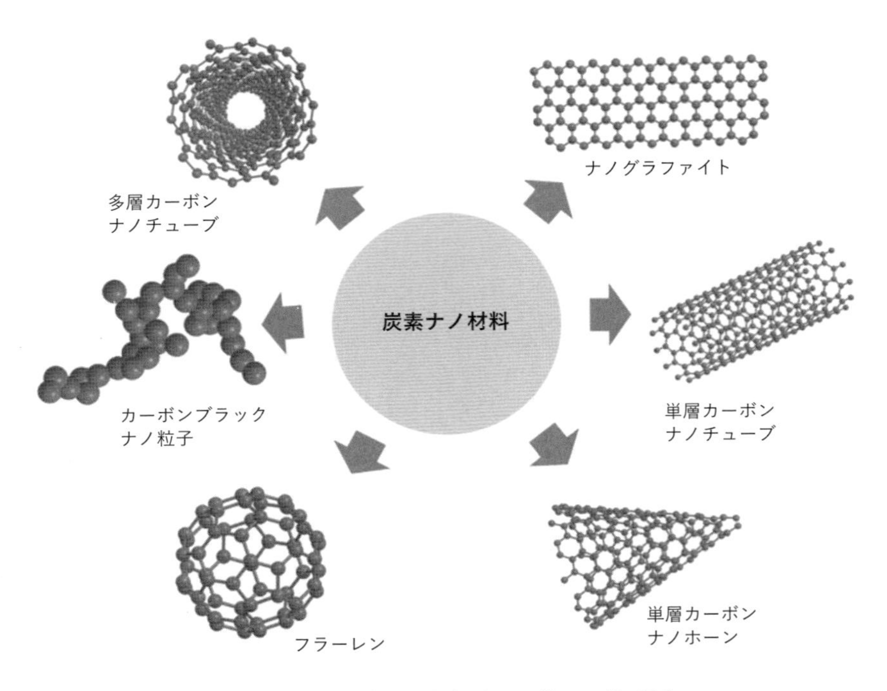

図 1.4 さまざまな炭素系ナノ粒子の模式図

出典：Yuan et al. [20]/Springer Nature/ CC 4.0 ライセンス

表 1.2 炭素系ナノ粒子の応用例

炭素系ナノ粒子	応用例
フラーレン	太陽光発電[21, 22]，触媒[23, 24]，バイオメディカル[25]，充電式電池[26]
グラフェン	発光ダイオード[27]，超伝導体[28]，薬物担体[29, 30]，水素貯蔵材料[31]，電池[32, 33]
カーボンナノチューブ	電気エミッター[34]，空気および水のろ過[35, 36]，バイオメディカル[37–39]，太陽光収集[40]，触媒担体[41, 42]，コーティング[43]
カーボンナノファイバー	電極触媒への応用[44]，CO_2 吸着[45]，電池[46, 47]，スーパーキャパシタ[48, 49]，バイオメディカル[50, 51]，バイオセンサー[5, 53]
カーボンブラックナノ粒子	ゴム中のエラストマー補強剤[54]，インク，コーティング剤，染料[55]，電池の導電剤[56, 57]，UV 安定剤[58]，重金属除去[59]

1.4 ナノ材料の特性

1.4.1 サイズと表面積

ナノ材料の相互作用は，主にそのサイズと表面積に依存する。ナノ材料のサイズが小さくなるにつれ，ナノ材料の表面積と体積の比が大きくなり，表面の反応性が高まる[60]。

ナノ構造のそれぞれのかつすべての特性は，そのサイズ，形状，および表面積に依存する。

1.4.2　機械的特性

ナノ材料の機械的特性は，材料の性質によって異なる。ナノ材料は，体積効果，表面効果，量子効果など，ナノ粒子特有の特徴により優れた機械的特性を有する。他の系にナノ粒子を添加することで，粒界が改善され，材料の機械的特性が促進される[61, 62]。Al Ghabban ら[63]は，3 wt%のナノ SiO_2 をコンクリートに添加すると，圧縮強度，曲げ強度，割裂引張力が向上することを発見した。静電紡糸ポリ乳酸（PLA）繊維へのナノキトサンの 0.1 wt%までの添加は，PLA/キトサンナノ粒子（nCHS）ナノ複合体膜の引張強度を増強した。ナノ複合体中の nCHS の濃度が低いと，正常な PLA 膜と比較して優れた引張強度が得られた[64]。このような低濃度の添加物を含むコンポジットの機械的特性を向上させる主な要因は，均一な応力分布，応力集中中心の形成の最小化，ポリマーマトリックスからフィラーへの応力伝達の界面領域の増加，および繊維の直径の減少である[65]。しかし，0.1 wt%以上では引張強度が低下するようだった。これは，大きな表面積と表面エネルギーを持つ nCHS 粒子の凝集により，PLA マトリックス中での nCHS の分散が低下したためである[66]。

1.4.3　光学的および電気的特性

ナノ粒子の光学特性は光電子デバイスの構築に用いることができる。半導体ナノ材料は，光起電発電や光触媒に広く利用されている。ナノ粒子のサイズと形状は，光学特性を決定する重要な要因である。

また，表面修飾もナノ粒子の光学特性に影響を与える[67]。修飾剤のサイズと形状も，ナノ粒子の光学特性に影響を与える。光学特性は主に内部の電子構造に依存し，ナノ粒子の色に影響する。ナノ材料の色はそのサイズによって異なり，ナノ材料の外側の電子帯と光の波長との相互作用によって生じる表面プラズモン共鳴（SPR）に特徴的である[68]。通常，金属ナノ粒子は非常に高い光学特性を示す[68]。貴金属ナノ粒子は，顕著なプラズモン特性を示す。Sakhno ら[69]は，貴金属のナノ粒子を含む透明ポリマーマトリックスのナノ複合体が，フォトニクス，線形および非線形光学，レーザー物理，およびセンシングアプリケーション用に設計されていることを報告した。彼らは，Au と Ag のナノ粒子の存在が，ナノ複合体の光感度を向上させることを見出した。

現代のエレクトロニクスは，導電性，半導体性，抵抗性などのナノ粒子の電気的性質に基づいており，これらの性質は常に光学的性質と相互に関連付けられている。

1.4.4　磁気特性

ナノ材料の磁気特性は，粒子サイズ，ナノ構造の組成，および合成方法に依存する[70]。また，これは表面依存的であり，表面の粗さや表面の不純物に影響される[71]。35 nm 以下のナノ粒子が最も優れた磁気特性を示す。また，これらは，低キュリー温度，高磁化率，超常磁性などの特異な磁気特性を持つ[72, 73]。金属ナノ粒子，合金，酸化

物，フェライトなどが，磁性を有するナノ材料の例として挙げられる。

1.5 ナノ材料の特性評価

ナノ構造のさまざまな物理化学的特性は，さまざまな特性評価技術によって検証できる。ここでは，いくつかの機器ツールと技術について議論する。

1.5.1 ナノ粒子の表面形状，表面積，サイズ，形状

ナノ構造の形態の研究には，主に顕微鏡技術が用いられる。

透過型電子顕微鏡（TEM），原子間力顕微鏡（AFM），走査型プローブ顕微鏡，走査型トンネル顕微鏡（STM）などの顕微鏡技術である。

TEMは，ナノスケールでの構造および化学的特性評価のための強力な分析ツールとして用いられている。ナノ材料の詳細な構造解析は，TEMイメージング，回折，および微量分析技術から得ることができる[74]。高強度プローブビームを搭載した電界放出源は，1 nmの空間分解能で試料の元素分析を可能にするTEMの特徴である[74]。高分解能透過電子顕微鏡（HRTEM）を用いると，0.045 nmの空間分解能でナノ材料の結晶構造イメージングと構造解析が可能である。また，原子間距離や結晶欠陥もHRTEMイメージングで検証できる。

AFMは走査型プローブ顕微鏡の一種で，ナノレベルでの材料の形態や機械的特性の測定に用いられる。ナノ材料の3次元解析と可視化はAFM分析により実現できる。AFM解析の応用範囲は，生物体のイメージング，材料間相互作用の解析，分子間力相互作用の研究，表面上の分子の操作，材料ナノメカニクスの研究，3次元ナノ構造の機械的作製などにまで及ぶ。

動的光散乱（DLS）は，光子相関分光法または準弾性光散乱とも呼ばれる。DLS技術は，分子の流体力学的サイズ，形状，構造，凝集状態，生体分子の確認，サイズ分布，および多分散性に関する情報を提供する。DLSの基本原理は，一定の散乱角における散乱強度の経時的な測定である。DLSは，コロイド懸濁液または分散液，ポリマー溶液，ゲルの特性評価によく用いられる。

ナノ粒子の表面積の測定には，Brunauer–Emmett–Teller（BET）分析や微分型電気移動度測定装置を用いることができる。BET分析により，ナノ材料の表面積，細孔容積，細孔直径を検証できる。

1.5.2 元素と鉱物の組成

X線光電子分光法（XPS）は，電子分光法（ESCA）として知られ，さまざまな物質の化学組成の評価に必要な分析手段である。

ナノ材料の結晶学的研究はXRD分析で行うことができ，これは非破壊的な手法である。XRDは，層間スペーシングの決定，構造歪みの解明，不純物の検出などに用いられる。元素分析は，誘導結合プラズマ質量分析装置（ICP–MS）および原子吸光分析装置（AAS）を用いて行うことができる。

1.5.3 ナノ粒子内の構造と結合

金属-酸素結合のようなナノ構造中の化学結合は，フーリエ変換赤外分光法（FT-IR）やXPSを用いて検証できる。また，ナノ粒子の表面形状もXPSで検証でき，これはドープされたグラファイトカーボンナノ粒子の特性評価に用いられる[75]。X線吸収分光法（XAS）も，金属/メタロイド種に関する特定の定性情報，およびその定量的な分布の取得に用いることができる[76]。ラマン分光法もまた，ナノ粒子間の分子間相互作用に関する具体的な情報を得ることができる。しかし感度が低いことがこの手法の問題点であり，表面増強ラマン分光法（SERS）を用いることで克服できる[77]。SERSは1分子レベルなどの超低濃度ででも使用することができる。

1.6 ナノテクノロジーの現状

近年ナノ科学とナノテクノロジーは，学術・研究分野で高い関心を集めている。ナノテクノロジーは，化学，物理学，生命科学，医学，工学など，さまざまな学際的な分野で応用される。ナノテクノロジーは，化学，エネルギー，エレクトロニクス，宇宙の各産業に影響を与えることがわかってきた。ナノテクノロジーは，従来の技術に付随するいくつかの制限を克服する可能性を持つ。ナノ材料は，その表面特性と機械的特性によって特徴づけられる。これらの利点は材料科学において検討される。

ナノ材料は，その特徴的なサイズにより動物の細胞内に入り込むことができるため，生物学や医学の分野で標的薬物送達や病気の検出に広く用いられている。研究者たちは，ナノ粒子のシールドのような性質のために，分解からの薬物の保護が可能であることを発見した。

産業界では，ナノスケール材料は，化粧品や日焼け止め，繊維や織物，染料，塗料などの消費者製品に用いられている[78]。電子工学の分野でも，より小型で高速なデータ記憶装置としてのナノ構造材料の有用性から，ナノスケール材料の新たな応用が見出されている[79]。光学デバイスもまた，データ記憶デバイスとしての利点を享受しているが，これは表面における原子・分子プロセスの画像を生成できるためである[80]。

1.7 ナノテクノロジーの安全性問題

ナノ材料の広い応用範囲にかかわらず，ナノ材料の安全性についてはまだ議論がある。ナノ材料とその製品のリスクは不確かである。ナノ材料の潜在的な危険についての警告は，その卓越した表面積，触媒特性，磁気特性，および生物システムと環境へのこれらの特性の影響に基づく。これらの特性により，ナノ材料は非常に反応性が高く，他の形態に変化する。この変換は，凝集，酸化還元反応，溶解，表面部位の交換，および生体高分子との反応によって起こる可能性がある。例えば，ナノ粒子の使用は，異常なナノ構造を持つ呼吸で取り込まれる粒子の放出に繋がる可能性がある。ナノ粒子の寿命末期における分解は，カプセル化されていたナノ構造物質の環境中への放出に繋がる可能性がある。

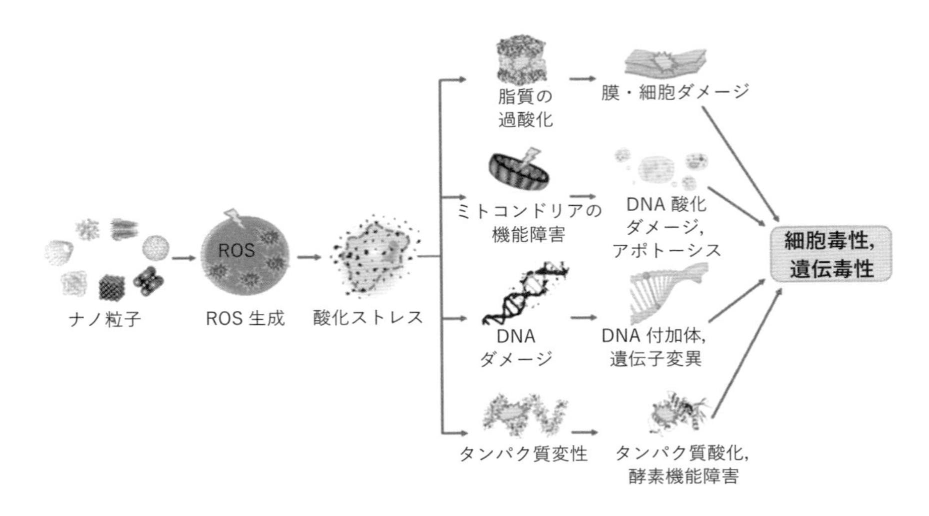

図 1.5 活性酸素種（ROS）を介したナノ粒子の毒性機構

出典：Sengul and Asmatulu [81]/シュプリンガー・ネイチャーの許可を得て掲載

研究者らは，ナノ粒子への曝露が活性酸素種（ROS）の産生につながり，結果として毒性をもたらすことを発見した[81]。酸化鉄，酸化亜鉛，酸化チタンのナノ粒子が肺，肝臓，脾臓などに蓄積すると，酸化ストレスが生じ，炎症，細胞生存率の低下，細胞溶解，血液凝固系の乱れなどを引き起こす。

図 1.5 は，ROS の細胞外ソースである人工ナノ粒子の影響経路を記載したモデルである。細胞内の活性酸素はミトコンドリアから発生する。細胞内の活性酸素はミトコンドリアから発生し，後に脂質の過酸化，DNA 損傷，タンパク質変性が起こる[81]。

食品分野では，ナノパッケージングは，不適切な包装によるいくつかの有害な影響を引き起こす可能性がある。これらの有害な影響は，用いるナノ材料の毒性，包装マトリックスの性質，移行の程度，および特定の食品の消化率に依存する[82, 83]。銀ナノ粒子のような無機ナノ粒子が存在すると，動物のさまざまな内臓に凝集する可能性もある[84]。

1.8 結　論

本章では，ナノ科学とナノテクノロジー，ナノ材料の特性，およびさまざまな特性評価技法についての簡単な解説をした。また，ナノ材料の現状とそのリスク評価についても取り上げた。ナノ材料は，生物学，医学，光電子工学，食品技術などの分野で幅広く応用されているスマート材料である。しかしこの分野にはいくつかのリスク要因も存在する。安全で持続可能なナノ材料の利用が望まれている。

References

[1] Feynman, R.P. (1960). There's plenty of room at the bottom. Caltech Engineering and Science, February

1960. This is a transcript of Feynman's talk given on December 29. *1959 at the Annual Meeting of the American Physical Society*.
[2] Nikolova, M.P. and Chavali, M.S. (2020). Metal oxide nanoparticles as biomedical materials. *Biomimetics* 5 (2): 27.
[3] Gessner, I. and Neundorf, I. (2020). Nanoparticles modified with cell-penetrating peptides: conjugation mechanisms, physicochemical properties, and application in cancer diagnosis and therapy. *International Journal of Molecular Sciences* 21 (7): 2536.
[4] Waghmode, M.S., Gunjal, A.B., Mulla, J.A. et al. (2019). Studies on the titanium dioxide nanoparticles: biosynthesis, applications and remediation. *SN Applied Sciences* 1 (4): 1-9.
[5] Ong, C.B., Ng, L.Y., and Mohammad, A.W. (2018). A review of ZnO nanoparticles as solar photocatalysts: synthesis, mechanisms and applications. *Renewable and Sustainable Energy Reviews* 81: 536-551.
[6] Qi, L., Xu, Z., Jiang, X. et al. (2004). Preparation and antibacterial activity of chitosan nanoparticles. *Carbohydrate Research* 339 (16): 2693-2700.
[7] Ghorbani, H.R. (2014). A review of methods for synthesis of Al nanoparticles. *Oriental Journal of Chemistry* 30 (4): 1941-1949.
[8] Hassanpour, P., Panahi, Y., Ebrahimi-Kalan, A. et al. (2018). Biomedical applications of aluminium oxide nanoparticles. *Micro & Nano Letters* 13 (9): 1227-1231.
[9] Pohanka, M. (2021). Current biomedical and diagnostic applications of gold micro and nanoparticles. *Mini Reviews in Medicinal Chemistry* 21 (9): 1085-1095.
[10] Hasany, S.F., Abdurahman, N.H., Sunarti, A.R., and Jose, R. (2013). Magnetic iron oxide nanoparticles: chemical synthesis and applications review. *Current Nanoscience* 9 (5): 561-575.
[11] Zou, H., Wu, S., and Shen, J. (2008). Polymer/silica nanocomposites: preparation, characterization, properties, and applications. *Chemical Reviews* 108 (9): 3893-3957.
[12] Alsaba, M.T., Al Dushaishi, M.F., and Abbas, A.K. (2020). A comprehensive review of nanoparticles applications in the oil and gas industry. *Journal of Petroleum Exploration and Production Technologies* 10 (4): 1389-1399.
[13] Natsuki, J., Natsuki, T., and Hashimoto, Y. (2015). A review of silver nanoparticles: synthesis methods, properties and applications. *International Journal of Materials Science and Applications* 4 (5): 325-332.
[14] Din, M.I. and Rehan, R. (2017). Synthesis, characterization, and applications of copper nanoparticles. *Analytical Letters* 50 (1): 50-62.
[15] Rafique, M., Shaikh, A.J., Rasheed, R. et al. (2017). A review on synthesis, characterization and applications of copper nanoparticles using green method. *Nano* 12 (04): 1750043.
[16] Dhall, A. and Self, W. (2018). Cerium oxide nanoparticles: a brief review of their synthesis methods and biomedical applications. *Antioxidants*. 7 (8): 97.
[17] Hoseinpour, V. and Ghaemi, N. (2018). Green synthesis of manganese nanoparticles: applications and future perspective - a review. *Journal of Photochemistry and Photobiology B: Biology* 189: 234-243.
[18] Sana, S.S., Singh, R.P., Sharma, M. et al. (2021). Biogenesis and application of nickel nanoparticles: a review. *Current Pharmaceutical Biotechnology* 22 (6): 808-822.
[19] Attarilar, S., Yang, J., Ebrahimi, M. et al. (2020). The toxicity phenomenon and the related occurrence in metal and metal oxide nanoparticles: a brief review from the biomedical perspective. *Frontiers in Bioengineering and Biotechnology* 8: 822.
[20] Yuan, X., Zhang, X., Sun, L. et al. (2019). Cellular toxicity and immunological effects of carbon-based nanomaterials. *Particle and Fibre Toxicology* 16 (1): 1-27.
[21] Collavini, S. and Delgado, J.L. (2018). Fullerenes: the stars of photovoltaics. *Sustainable Energy & Fuels* 2

(11): 2480-2493.
[22] Umeyama, T. and Imahori, H. (2019). Isomer effects of fullerene derivatives on organic photovoltaics and perovskite solar cells. *Accounts of Chemical Research* 52 (8): 2046-2055.
[23] Vidal, S., Marco-Martínez, J., Filippone, S., and Martín, N. (2017). Fullerenes for catalysis: metallofullerenes in hydrogen transfer reactions. *Chemical Communications* 53 (35): 4842-4844.
[24] Gopiraman, M., Saravanamoorthy, S., Ullah, S. et al. (2020). Reducingagent-free facile preparation of Rh-nanoparticles uniformly anchored on onion-like fullerene for catalytic applications. *RSC Advances* 10 (5): 2545-2559.
[25] Skipa, T.A. and Koltover, V.K. (2019). Fullerene trend in biomedicine: expectations and reality. *Neuroscience Research* 86 (16): 3622-3634.
[26] Jiang, Z., Zhao, Y., Lu, X., and Xie, J. (2021). Fullerenes for rechargeable battery applications: recent developments and future perspectives. *Journal of Energy Chemistry* 55: 70-79.
[27] Jiang, G., Tian, H., Wang, X.-F. et al. (2019). An efficient flexible graphene-based light-emitting device. *Nanoscale Advances* 1 (12): 4745-4754.
[28] Suwandi, J.S., Toes, R.E.M., Nikolic, T., and Roep, B.O. (2015). Inducing tissue specific tolerance in autoimmune disease with tolerogenic dendritic cells. *Clinical and Experimental Rheumatology* 33: 97-103.
[29] Trusek, A., Kijak, E., and Granicka, L. (2020). Graphene oxide as a potential drug carrier - chemical carrier activation, drug attachment and its enzymatic controlled release. *Materials Science and Engineering: C* 116: 111240.
[30] Dastani, N., Arab, A., and Raissi, H. (2021). DFT study of Ni-doped graphene nanosheet as a drug carrier for multiple sclerosis drugs. *Computational & Theoretical Chemistry* 1196: 113114.
[31] Masjedi-Arani, M., Ghiyasiyan-Arani, M., Amiri, O., and Salavati-Niasari, M. (2020). CdSnO3-graphene nanocomposites: ultrasonic synthesis using glucose as capping agent and characterization for electrochemical hydrogen storage. *Ultrasonics Sonochemistry* 61: 104840.
[32] Alhajji, E., Zhang, F., and Alshareef, H.N. (2021). Status and prospects of laser-induced graphene for battery applications. *Energy Technology* 9 (10): 2100454.
[33] Lai, C., Gong, M., Zhou, Y. et al. (2020). Sulphur modulated Ni3FeN supported on N/S co-doped graphene boosts rechargeable/flexible Zn-air battery performance. *Applied Catalysis B: Environmental* 274: 119086.
[34] Al-Tabbakh, A.A. (2020). The behavior of Fowler-Nordheim plot from carbon nanotubes-based large area field emitters arrays. *Ultramicroscopy* 218: 113087.
[35] Zarghami, S., Mohammadi, T., Sadrzadeh, M., and Van der Bruggen, B. (2020). Bio-inspired anchoring of amino-functionalized multi-wall carbon nanotubes (N-MWCNTs) onto PES membrane using polydopamine for oily wastewater treatment. *Science of the Total Environment* 711: 134951.
[36] Haghighat, N. and Vatanpour, V. (2020). Fouling decline and retention increase of polyvinyl chloride nanofiltration membranes blended by polypyrrole functionalized multiwalled carbon nanotubes. *Materials Today Communications* 23: 100851.
[37] Prajapati, S K., Malaiya, A., Kesharwani, P. et al. (2020). Biomedical applications and toxicities of carbon nanotubes. *Drug and Chemical Toxicology* 45: 1-16.
[38] Deshmukh, M.A., Jeon, J.-Y., and Ha, T.-J. (2020). Carbon nanotubes: an effective platform for biomedical electronics. *Biosensors & Bioelectronics* 150: 111919.
[39] Negri, V., Pacheco-Torres, J., Calle, D., and López-Larrubia, P. (2020). Carbon nanotubes in biomedicine. In: *Surface-Modified Nanobiomaterials for Electrochemical and Biomedicine Applications* (ed. A.R. Puente-Santiago and D. Rodríguez-Padrón), 177-217. Springer.
[40] Khan, D., Ali, Z., Asif, D. et al. (2021). Incorporation of carbon nanotubes in photoactive layer of

organic solar cells. *Ain Shams Engineering Journal* 12 (1): 897–900.

[41] Qin, H., Wang, Y., Wang, B. et al. (2021). Cobalt porphyrins supported on carbon nanotubes as model catalysts of metal-N4/C sites for oxygen electrocatalysis. *Journal of Energy Chemistry* 53: 77–81.

[42] Wang, S., Wu, T., Lin, J. et al. (2020). Iron-potassium on single-walled carbon nanotubes as efficient catalyst for CO2 hydrogenation to heavy olefins. *ACS Catalysis* 10 (11): 6389–6401.

[43] Deyab, M.A. and Awadallah, A.E. (2020). Advanced anticorrosive coatings based on epoxy/functionalized multiwall carbon nanotubes composites. *Progress in Organic Coatings* 139: 105423.

[44] Wang, X., Zhang, X., Fu, G., and Tang, Y. (2021). Recent progress of electrospun porous carbon-based nanofibers for oxygen electrocatalysis. *Materials Today Energy* 22: 100850.

[45] Li, Q., Guo, J., Xu, D. et al. (2018). Electrospun N-doped porous carbon nanofibers incorporated with NiO nanoparticles as free-standing film electrodes for high-performance supercapacitors and CO_2 capture. *Small* 14 (15): 1704203.

[46] Zheng, J., Zhang, H., Zhao, Z., and Han, C.C. (2012). Construction of hierarchical structures by electrospinning or electrospraying. *Polymer* 53 (2): 546–554.

[47] Xu, Y., Zhang, C., Zhou, M. et al. (2018). Highly nitrogen doped carbon nanofibers with superior rate capability and cyclability for potassium ion batteries. *Nature Communications* 9 (1): 1–11.

[48] Levitt, A.S., Alhabeb, M., Hatter, C.B. et al. (2019). Electrospun MXene/carbon nanofibers as supercapacitor electrodes. *Journal of Materials Chemistry A* 7 (1): 269–277.

[49] Wang, H., Niu, H., Wang, H. et al. (2021). Micro-meso porous structured carbon nanofibers with ultra-high surface area and large supercapacitor electrode capacitance. *Journal of Power Sources* 482: 228986.

[50] Abdo, G.G., Zagho, M.M., Al Moustafa, A.E. et al. (2021). A comprehensive review summarizing the recent biomedical applications of functionalized carbon nanofibers. *Journal of Biomedical Materials Research Part B: Applied Biomaterials* 109 (11): 1893–1908.

[51] Yadav, D., Amini, F., and Ehrmann, A. (2020). Recent advances in carbon nanofibers and their applications – a review. *European Polymer Journal* 138: 109963.

[52] Jeong, G., Oh, J., and Jang, J. (2019). Fabrication of N-doped multidimensional carbon nanofibers for high-performance cortisol biosensors. *Biosensors & Bioelectronics* 131: 30–36.

[53] Erden, P.E., Selvi, C.K., and Kılıç, E. (2021). A novel tyramine biosensor based on carbon nanofibers, 1-butyl-3-methylimidazolium tetrafluoroborate and gold nanoparticles. *Microchemical Journal* 170: 106729.

[54] Poikelispää, M., Das, A., Dierkes, W., and Vuorinen, J. (2015). The effect of coupling agents on silicate-based nanofillers/carbon black dual filler systems on the properties of a natural rubber/butadiene rubber compound. *Journal of Elastomers & Plastics* 47 (8): 738–752.

[55] Ding, X., Yu, M., Wang, Z. et al. (2019). A promising clean way to textile colouration: cotton fabric covalently-bonded with carbon black, cobalt blue, cobalt green, and iron oxide red nanoparticles. *Green Chemistry* 21 (24): 6611–6621.

[56] Lee, D.-M., Kao, C.-W., Huang, T.-W. et al. (2016). Electrospinning of sheath-core structured chitosan/polylactide nanofibers for the removal of metal ions. *International Polymer Processing* 31 (5): 533–540.

[57] Ha, D.-H., Islam, M.A., and Robinson, R.D. (2012). Binder-free and carbon-free nanoparticle batteries: a method for nanoparticle electrodes without polymeric binders or carbon black. *Nano Letters* 12 (10): 5122–5130.

[58] Ammala, A., Hill, A.J., Meakin, P. et al. (2002). Degradation studies of polyolefins incorporating transparent nanoparticulate zinc oxide UV stabilizers. *Journal of Nanoparticle Research* 4 (1): 167–174.

[59] Cheng, J., Sun, Z., Yu, Y. et al. (2019). Effects of modified carbon black nanoparticles on plant-microbe

remediation of petroleum and heavy metal co-contaminated soils. *International Journal of Phytoremediation* 21 (7): 634-642.

[60] Gatoo, M.A., Naseem, S., Arfat, M.Y. et al. (2014). Physicochemical properties of nanomaterials: implication in associated toxic manifestations. *BioMed Research International* 2014: https://doi.org/10.1155/2014/498420.

[61] Zou, B., Huang, C.Z., Wang, J., and Liu, B.Q. (2006). Effect of nano-scale TiN on the mechanical properties and microstructure of Si3N4 based ceramic tool materials. In: *Key Engineering Materials* (ed. Z. Yuan, X. Xu, D. Zuo, et al.), 154-158. Trans Tech Publications.

[62] Wang, X.H., Xu, C.H., Yi, M.D., and Zhang, H.F. (2011). Effects of nano-ZrO_2 on the microstructure and mechanical properties of Ti (C, N)-based cermet die materials. In: *Advanced Materials Research* (ed. Z.Y. Jiang, X.H. Liu and J. Bu), 1319-1323. Trans Tech Publications.

[63] Al Ghabban, A., Al Zubaidi, A.B., Jafar, M., and Fakhri, Z. (2018). Effect of nano SiO2 and nano $CaCO_3$ on the mechanical properties, durability and flowability of concrete. In: *IOP Conference Series: Materials Science and Engineering*, 12016. IOP Publishing.

[64] Thomas, M.S., Pillai, P.K.S., Faria, M. et al. (2020). Polylactic acid/nano chitosan composite fibers and their morphological, physical characterization for the removal of cadmium (II) from water. *Journal of Applied Polymer Science* 137 (34): 48993.

[65] Li, Y., Lim, C.T., and Kotaki, M. (2015). Study on structural and mechanical properties of porous PLA nanofibers electrospun by channel-based electrospinning system. *Polymer (United Kingdom)* 56: 572-580.

[66] Augustine, R., Dominic, E.A., Reju, I. et al. (2014). Electrospun polycaprolactone membranes incorporated with ZnO nanoparticles as skin substitutes with enhanced fibroblast proliferation and wound healing. *RSC Advances* 4 (47): 24777-24785.

[67] Saleh, T.A. (2020). Nanomaterials: classification, properties, and environmental toxicities. *Environmental Technology and Innovation* 20: 101067.

[68] Wang, L., Hasanzadeh Kafshgari, M., and Meunier, M. (2020). Optical properties and applications of plasmonic-metal nanoparticles. *Advanced Functional Materials* 30 (51): 2005400.

[69] Sakhno, O., Yezhov, P., Hryn, V. et al. (2020). Optical and nonlinear properties of photonic polymer nanocomposites and holographic gratings modified with noble metal nanoparticles. *Polymers (Basel)* 12 (2): 480.

[70] Lakshmiprasanna, H.R., Angadi, V.J., Babu, B.R. et al. (2019). Effect of Pr3+-doping on the structural, elastic and magnetic properties of Mn-Zn ferrite nanoparticles prepared by solution combustion synthesis method. *Chemical Data Collections* 24: 100273.

[71] Berkowitz, A.E., Kodama, R.H., Makhlouf, S.A. et al. (1999). Anomalous properties of magnetic nanoparticles. *Journal of Magnetism and Magnetic Materials* 196: 591-594.

[72] Wu, K., Su, D., Liu, J. et al. (2019). Magnetic nanoparticles in nanomedicine: a review of recent advances. *Nanotechnology* 30 (50): 502003.

[73] Shabatina, T.I., Vernaya, O.I., Shabatin, V.P., and Melnikov, M.Y. (2020). Magnetic nanoparticles for biomedical purposes: modern trends and prospects. *Magnetochemistry* 6 (3): 30.

[74] Smith, D.J. (2015). Characterization of nanomaterials using transmission electron microscopy. In: *Nanocharacterisation* (ed. A.I. Kirkland and S.J. Haigh), 1-29. Royal Society of Chemistry.

[75] Susi, T., Pichler, T., and Ayala, P. (2015). X-ray photoelectron spectroscopy of graphitic carbon nanomaterials doped with heteroatoms. *Beilstein Journal of Nanotechnology* 6 (1): 177-192.

[76] Kolahalam, L.A., Viswanath, I.V.K., Diwakar, B.S. et al. (2019). Review on nanomaterials: synthesis and applications. Materials Today: Proceedings 18: 2182-2190.

[77] Zhao, X., Liu, C., Yu, J. et al. (2020). Hydrophobic multiscale cavities for high-performance and

self-cleaning surface-enhanced Raman spectroscopy (SERS) sensing. *Nanophotonics* 9 (16): 4761-4773.

[78] Stark, W.J., Stoessel, P.R., Wohlleben, W., and Hafner, A. (2015). Industrial applications of nanoparticles. *Chemical Society Reviews* 44 (16): 5793-5805.

[79] Lyshevski, S.E. (2018). Nano and Molecular Electronics Handbook. CRC Press.

[80] Jensen, T.R., Malinsky, M.D., Haynes, C.L., and Van Duyne, R.P. (2000). Nanosphere lithography: tunable localized surface plasmon resonance spectra of silver nanoparticles. *The Journal of Physical Chemistry B* 104 (45): 10549-10556.

[81] Sengul, A.B. and Asmatulu, E. (2020). Toxicity of metal and metal oxide nanoparticles: a review. *Environmental Chemistry Letters* 18 (5): 1659-1683.

[82] Cushen, M., Kerry, J., Morris, M. et al. (2012). Nanotechnologies in the food industry - recent developments, risks and regulation. *Trends in Food Science and Technology* 24 (1): 30-46.

[83] Sahoo, M., Vishwakarma, S., Panigrahi, C., and Kumar, J. (2021). Nanotechnology: current applications and future scope in food. *Food Frontiers* 2 (1): 3-22.

[84] McClements, D.J. and Xiao, H. (2017). Is nano safe in foods? Establishing the factors impacting the gastrointestinal fate and toxicity of organic and inorganic food-grade nanoparticles. *npj Science of Food* 1 (1): 1-13.

II

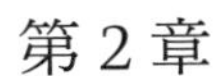
第2章

ナノレメディエーション：簡単な紹介

Nanoremediation: A Brief Introduction

Renjitha P. Rajan[1], Merin Sara Thomas[1], Sabu Thomas[2,3,4] and Laly A. Pothen[4,5]

[1] Mar Thoma College, Department of Chemistry, Kuttapuzha P.O., Tiruvalla, Kerala 689103, India
[2] Mahatma Gandhi University, International and Interuniversity Centre for Nanoscience and Nanotechnology, Priyadarsini Hills P.O., Kottayam, 686560, Kerala, India
[3] Mahatma Gandhi University, School of Chemical Sciences, Priyadarsini Hills P.O., Kottayam, Kerala 686560, India
[4] Mahatma Gandhi University, School of Energy Materials, Priyadarsini Hills P.O., Kottayam, Kerala 686560, India
[5] CMS College Kottayam (Autonomous), Department of Chemistry, CMS College Road, Kottayam, Kerala 686001, India

2.1　はじめに

近年の急速な文明の発展や工業化により，汚染やそれに関連した問題が増加している。拡大する汚染は環境や生物にダメージを与える。そのため，環境中の汚染物質を除去する新技術の必要性が高まっている。環境中の汚染物質の浄化や除去を研究対象とする分野は，レメディエーションと呼ばれる[1]。レメディエーション技術の一般的な目的は，さまざまな汚染物質による環境汚染由来の環境や人間の健康へのリスクの低減である。環境浄化に向けたナノテクノロジー関連のアプローチはナノレメディエーションと呼ばれ，近代的で有望な分野である。

近年，ナノレメディエーションは研究開発で重要な役割を担う。その主な目的は，汚染された廃棄物を浄化し，それによって環境と人間の健康を汚染から守ることである。

ナノレメディエーションは，汚染物質の無害化と変換のための反応性材料の利用を含む。これらの材料は，汚染物質の化学還元と触媒反応の両方を開始する。さまざまな汚染源からの環境保護は，生態系の健全性を守るだけでなく，一般市民の健康維持に不可欠である。環境保護には，清浄な空気，飲料水，農業や産業用の水が含まれる。環境汚染物質は，迅速かつ効果的な浄化を可能にするさまざまな汚染防止技術で浄化できる。このためにさまざまなナノ材料が用いられる。ナノスケールの酸化物を用いた材料は，地下石油タンクから漏出した油の浄化現場で用いられており[2, 3]，これまでの浄化方法とは異なる。この方法では汚染物質を全体的に低減できる。環境中の汚染物質の存在は，ナノスケールのデバイスで検出・監視できる。ナノ粒子を用いるセンサーは，大気汚染の監視に非常に有効である。図 2.1 にさまざまな種類の環境浄化アプローチを示す[4]。

他の浄化技術と比べたナノレメディエーションの利点は，他の物質では進入不可能な汚染領域にもナノ粒子が入り込める点である。これによりさまざまな分野への応用が広がる。

2.2　ナノレメディエーションの機構

ナノレメディエーション技術は，汚染物質を感知し，水，土壌，底泥，大気などの環境汚染物質の処理へ応用できる。ナノレメディエーションの過程は，主にナノ粒子を介した汚染物質との接触，汚染物質の無害化，および汚染物質の固定からなる[5]。ナノレメディエーションは，殺菌，脱塩，重金属やイオンの除去，有機汚染物質の除去などに効果的に利用できる。ナノ材料が持つ高いアスペクト比と特徴的な表面の化学は，環境浄化の効果的な基盤となり得る[6]。

2.3　消毒のためのナノテクノロジー

抗菌性を持つナノ材料は，殺菌や微生物制御に利用可能である。カーボンナノチューブ（CNT），フラーレン，グラフェンなどの炭素系ナノ材料は，その抗菌活性でよく知られている。炭素系ナノ材料は，光熱メカニズムや活性酸素の生成によって病原体を抑制す

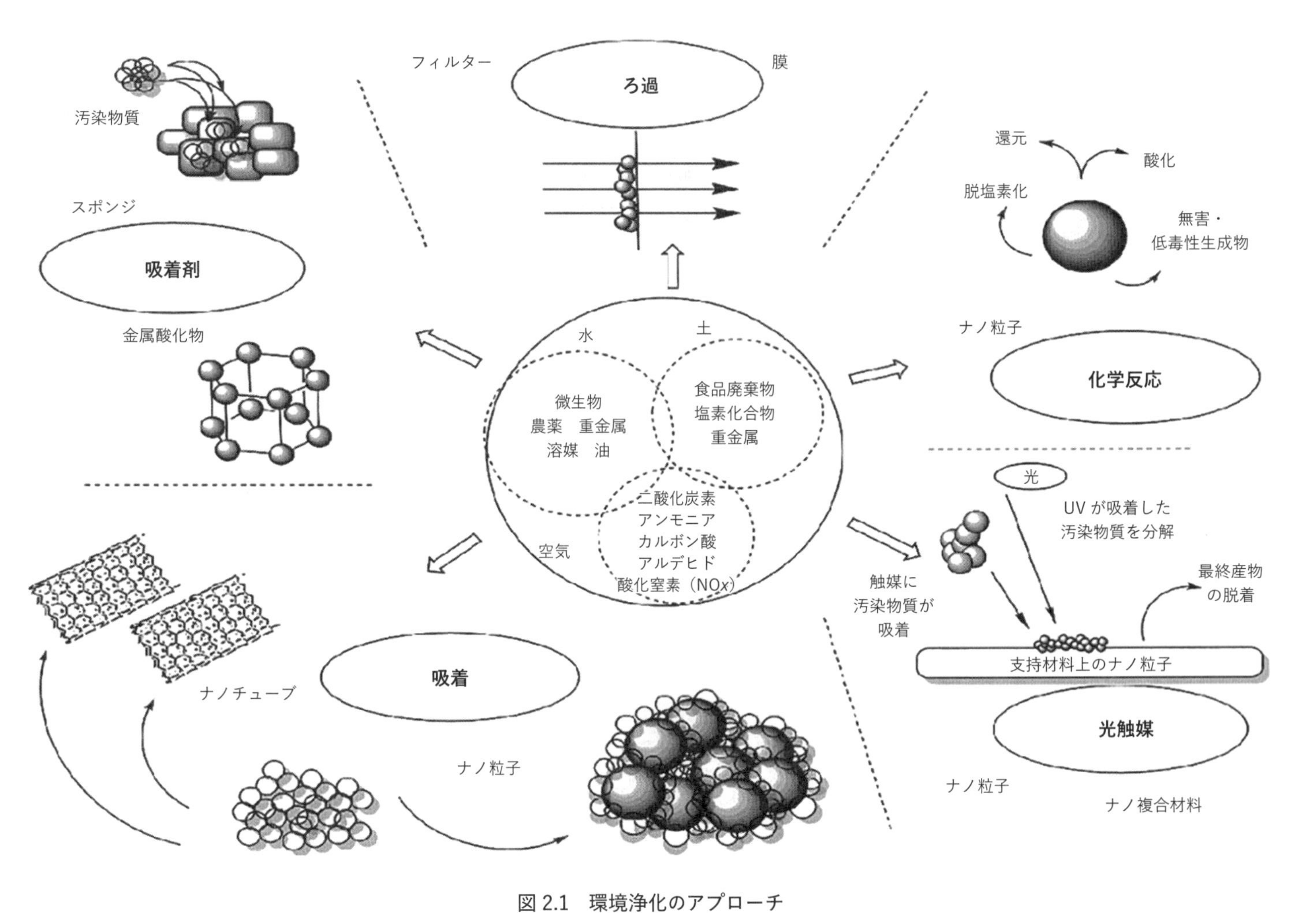

図 2.1　環境浄化のアプローチ

出典：Guerra et al.［4］/MDPI/CC BY 4.0 ライセンス

る。CNT はバクテリア，病原体，原虫などに有効であることがわかっている。機能化されたCNT は，抗菌活性を向上させ，殺菌能力も向上させる。Zeng ら[7]は，水の消毒や微生物制御に用いられるグラフェンベースの抗菌性ナノ材料について概説している。

金属や金属酸化物のナノ粒子も抗菌作用を持つ。殺菌剤として使用されるナノ銀系材料が，従来の水消毒法の効果の向上に非常に有望であることが発見された[8]。二酸化チタン（TiO_2）[9]や酸化亜鉛（ZnO）[10]などの金属酸化物ナノ粒子も，消毒に非常に有効であることがわかっている。

ペプチド，キチン，キトサンなど，いくつかの天然由来の高分子が抗菌活性を持つことはよく知られている。これらから開発されたナノ粒子やその他のナノ構造体は，安価で入手しやすいため，広く用いられている。

Talebian ら[11]は，ナノテクノロジーを基盤にしたSARS-CoV-2 ウイルスの拡散を防ぐ抗菌および抗ウイルス製剤を提案した。彼らはナノベースの抗菌・抗ウイルス製剤が，空気や表面の消毒に適しているだけでなく，顔面呼吸器などの個人防護具の補強にも有効であることを見出した。

2.4　重金属とイオンの除去のためのナノテクノロジー

ヒ素，クロム，カドミウム，鉛，水銀，亜鉛，ニッケルなどの重金属は非生分解性のため，環境汚染物質として扱われる。そのため自然界に蓄積され，または生体内に侵入し，腎臓障害，腹痛，高血圧，消化不良，吐き気，頭痛，鼻腔がん，肺がんなどの深刻な毒性作用を引き起こす可能性がある。金属イオンや金属の除去には，物理吸着[12, 13]，表面錯体形成[14]，イオン交換[13]，静電相互作用[15]，ハード/ソフト酸塩基相互作用[15]などの機構が用いられる。

重金属吸着剤には，炭素系，高分子系，磁性体系，非磁性体系[16, 17]，バイオポリマー系，金属酸化物系[18, 19]，ゼオライトなど，さまざまなナノ吸着剤を用いることができる。

カーボンベースのナノ材料は，表面積が大きく，化学的または物理的修飾が容易で，吸着容量が大きいため，重金属イオンの除去に向く。CNT は，表面，格子間チャネル，内部サイト，外部溝サイトなど，多くの吸着活性部位を持つ[20]。CNT の吸着容量は，物理的または化学的な修飾により向上できる[21]。Hayati ら[22]は，第 4 世代のポリアミドアミンデンドリマー（PAMAM，G4）で修飾したCNT を用いて水溶液から Cu^{2+} と Pb^{2+} の重金属を除去した。

彼らは，PAMAM/CNT ナノ複合体が超吸着剤であり，一成分および二成分液相から大量の重金属を取り込めると結論付けた。Adam ら[23]は，フラーレンCNT の吸着能力を向上させるために，フラーレンCNT と亜鉛フェライト（$ZnFe_2O_4$）を組み合わせたCNT 複合体を作製した。フラーレンCNT $ZnFe_2O_4$ 複合体の粉砕物は，Hg(II)，Pb(II)，Cd(II) および Sn(II) イオンに対して，フラーレンCNT より吸着性能が 25%向上することを明らかにした。Elsehly ら[24]は，イオンビーム照射によるCNT の修飾でCNT ベースのフィルターを作製し，照射サンプルの大きな無秩序性の起因により Mn(II) 除去

効率が最大 97.5% まで向上することを示した。

バイオポリマーを用いた重金属除去は，効率的で環境に優しく，費用対効果に優れていることが明らかになった。Charpentier ら[16]は，重金属イオンの吸着に磁性カルボキシメチルキトサンのナノ粒子を用いた。彼らはナノ粒子の磁性特性が重金属イオンの吸着能力を向上させることを見つけた。

2.5　有機汚染物質除去のためのナノテクノロジー

環境中の有機汚染物質には，アルコール類，カルボン酸類，フェノール誘導体，塩素化芳香族化合物などがある。光触媒分解は，有害な有機汚染物質を分解する最も一般的な技術の 1 つである。光触媒分解により，有機汚染物質は二酸化炭素と水に変換できる。もう 1 つの最も重要な有機汚染物質は，産業界から排出される有機染料である。いくつかの金属イオンはこの色素を光触媒で分解できる。図 2.2 は，光触媒による金属と有機汚染物質の分解機構を示す[4]。

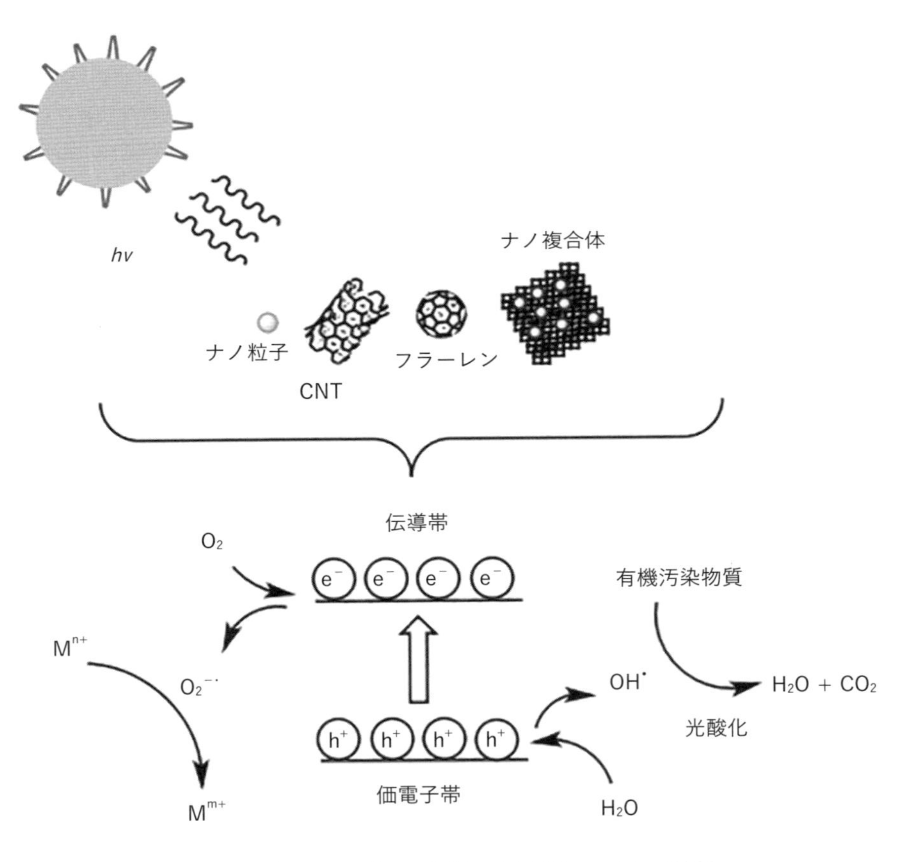

図 2.2　金属と有機汚染物質の光触媒による分解機構

出典：Guerra et al. [4]/MDPI/CC BY 4.0 ライセンス

2.6　油・水分離のためのナノテクノロジー

国内および工業貿易による油の漏出は，環境への深刻な脅威を生み出す。この油の除去は，膜分離[25]，重力分離[17, 18]，空気浮上[19]，電気凝集[26, 27]などの技術で行うことができる。油水分離装置は，粒子の半分は疎水性，残り半分は親水性として機能する「ヤヌス粒子」を用いており，1つの粒子に2つの特性を持たせている[28, 29]。予め湿らせた粒子表面に油滴を置くと，粗い表面にトラップされた水のクッションが油滴をはじく。油滴は粗い表面にちょうど収まる[30]。トラップされた水のクッションと油滴間の反発力が基材に撥油性を与える。油水分離の材料には，ろ過材と吸収材の2種類がある。メッシュ[31, 32]，繊維[33]，膜[34, 35]などの多くのろ過材は，吸収材よりも分離能力が高く，高効率な分離に向く。3次元多孔質吸着材[36, 37]は，油または水を選択的に除去できる。特殊な濡れ性表面の設計戦略と油/水混合物の分離機構を図2.3に示す[38]。

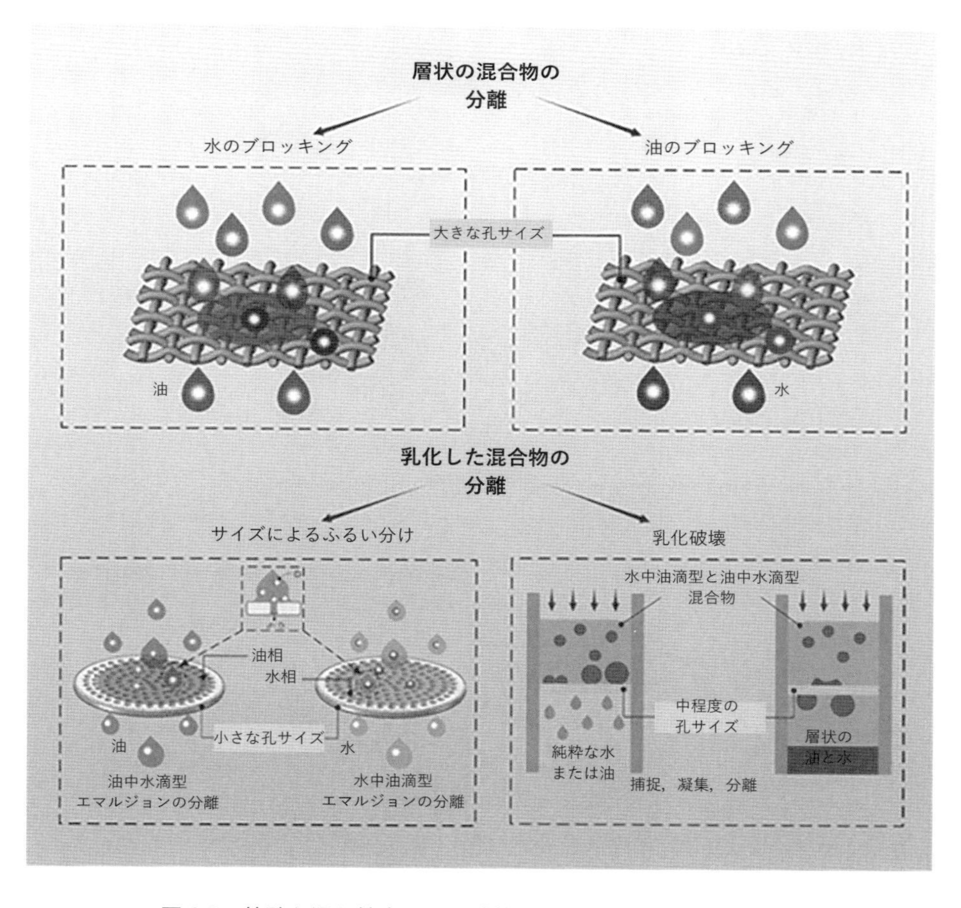

図2.3　特殊な濡れ性表面の設計戦略と油/水混合物の分離機構

出典：Chen ら［38］/American Chemical Society の許可を得て掲載

2.7 ナノレメディエーションの課題

このようにナノレメディエーションは大きな成果を上げているが，有効性，経済的持続性，生分解性，無毒性，環境安全性を評価する標準的な方法がないなどの課題も存在する[39]。

また，ナノ構造体の再利用性・リサイクルも課題である。これまでの研究では，汚染土壌処理の浄化コストが非常に高いことが報告されており，環境の持続可能性の実践という観点から，途上国にとって大きな課題であると考えられている[40]。ナノ粒子環境浄化の長期的効果については，さらなる調査が必要である。

2.8 結　論

本章ではさまざまな種類の環境汚染とそのナノレメディエーション戦略を概説した。ナノ材料は，その費用対効果や浄化の迅速性から，従来の浄化技術に代わる効果的な手段として検討できる。いくつかの種類のナノセンシングデバイス，ナノ吸着剤，ナノ膜，ナノ触媒などが，環境分野でのナノ構造体の応用可能性を広げている。また，ナノ材料が環境に与えるリスクについて体系的に調査する必要がある。

References

[1] Sharma, I. (2020). Bioremediation techniques for polluted environment: concept, advantages, limitations, and prospects. In: *Trace Metals in the Environment-New Approaches and Recent Advances* (ed. M.A. Murillo-Tovar, H. Saldarriaga-Noreña and A. Saeid). IntechOpen https://doi.org/10.5772/intechopen.90453.

[2] Han, C., Andersen, J., Pillai, S.C. et al. (2013). Chapter green nanotechnology: development of nanomaterials for environmental and energy applications. In: *Sustainable Nanotechnology and the Environment: Advances and Achievements* (ed. N. Shamim and V.K. Sharma), 201-229. ACS Publications.

[3] Deif, A.M. (2011). A system model for green manufacturing. *Journal of Cleaner Production* 19 (14): 1553-1559.

[4] Guerra, F.D., Attia, M.F., Whitehead, D.C., and Alexis, F. (2018). Nanotechnology for environmental remediation: materials and applications. *Molecules* 23 (7): 1760.

[5] Okonkwo, C.C., Edoziuno, F., and Orakwe, L.C. (2020). Environmental nano-remediation in Nigeria: a review of its potentials. *Algerian Journal of Engineering and Technology* 3: 43-57.

[6] Bhawana, P. and Fulekar, M. (2012). Nanotechnology: remediation technologies to clean up the environmental pollutants. *Research Journal of Chemical Sciences* 2231: 606X.

[7] Zeng, X., Wang, G., Liu, Y., and Zhang, X. (2017). Graphene-based antimicrobial nanomaterials: rational design and applications for water disinfection and microbial control. *Environmental Science Nano* 4 (12): 2248-2266.

[8] Bahcelioglu, E., Unalan, H.E., and Erguder, T.H. (2020). Silver-based nanomaterials: a critical review on factors affecting water disinfection performance and silver release. *Critical Reviews in Environmental Science and Technology* 51 (20): 2389-2423.

[9] De Pasquale, I., Porto, C.L., Dell'Edera, M. et al. (2021). TiO2-based nanomaterials assisted

photocatalytic treatment for virus inactivation: perspectives and applications. *Current Opinion in Chemical Engineering* 34: 100716.
[10] Dimapilis, E.A.S., Hsu, C.-S., Mendoza, R.M.O., and Lu, M.-C. (2018). Zinc oxide nanoparticles for water disinfection. *Sustainable Environment Research* 28 (2): 47-56.
[11] Talebian, S., Wallace, G.G., Schroeder, A. et al. (2020). Nanotechnology-based disinfectants and sensors for SARS-CoV-2. *Nature Nanotechnology* 15 (8): 618-621.
[12] Lajayer, B.A., Najafi, N., Moghiseh, E. et al. (2018). Removal of heavy metals (Cu^{2+} and Cd^{2+}) from effluent using gamma irradiation, titanium dioxide nanoparticles and methanol. *Journal of Nanostructure in Chemistry* 8 (4): 483-496.
[13] Bashir, A., Malik, L.A., Ahad, S. et al. (2019). Removal of heavy metal ions from aqueous system by ion-exchange and biosorption methods. *Environmental Chemistry Letters* 17 (2): 729-754.
[14] Liu, T., Han, X., Wang, Y. et al. (2017). Magnetic chitosan/anaerobic granular sludge composite: synthesis, characterization and application in heavy metal ions removal. *Journal of Colloid and Interface Science* 508: 405-414.
[15] Singh, S., Barick, K.C., and Bahadur, D. (2011). Surface engineered magnetic nanoparticles for removal of toxic metal ions and bacterial pathogens. *Journal of Hazardous Materials* 192 (3): 1539-1547.
[16] Charpentier, T.V.J., Neville, A., Lanigan, J.L. et al. (2016). Preparation of magnetic carboxymethylchitosan nanoparticles for adsorption of heavy metal ions. *ACS Omega* 1 (1): 77-83.
[17] Sato, M. and Sumita, I. (2007). Experiments on gravitational phase separation of binary immiscible fluids. *Journal of Fluid Mechanics* 591: 289-319.
[18] Ramajo, D.E., Raviculé, M., Mocciaro, C. et al. (2012). Numerical and experimental evaluation of skimmer tank technologies for gravity separation of oil in produced water. *Mecánica Computacional* 31 (23): 3693-3714.
[19] Etchepare, R., Oliveira, H., Azevedo, A., and Rubio, J. (2017). Separation of emulsified crude oil in saline water by dissolved air flotation with micro and nanobubbles. *Separation and Purification Technology* 186: 326-332.
[20] Yang, J., Hou, B., Wang, J. et al. (2019). Nanomaterials for the removal of heavy metals from wastewater. *Nanomaterials* 9 (3): 424.
[21] Verma, B. and Balomajumder, C. (2020). Surface modification of one-dimensional carbon nanotubes: a review for the management of heavy metals in wastewater. *Environmental Technology and Innovation* 17: 100596.
[22] Hayati, B., Maleki, A., Najafi, F. et al. (2017). Super high removal capacities of heavy metals (Pb^{2+} and Cu^{2+}) using CNT dendrimer. *Journal of Hazardous Materials* 336: 146-157.
[23] Adam, A.M., Saad, H.A., Atta, A.A. et al. (2021). An environmentally friendly method for removing Hg (II), Pb(II), Cd(II) and Sn(II) heavy metals from wastewater using novel metal-carbon-based composites. *Crystals* 11 (8): 882.
[24] Elsehly, E.M., Chechenin, N.G., Makunin, A.V. et al. (2018). Enhancement of CNT-based filters efficiency by ion beam irradiation. *Radiation Physics and Chemistry* 146: 19-25.
[25] Rajasekhar, T., Trinadh, M., Babu, P.V. et al. (2015). Oil-water emulsion separation using ultrafiltration membranes based on novel blends of poly (vinylidene fluoride) and amphiphilic tri-block copolymer containing carboxylic acid functional group. *Journal of Membrane Science* 481: 82-93.
[26] Kwon, W.-T., Park, K., Han, S.D. et al. (2010). Investigation of water separation from water-in-oil emulsion using electric field. *Journal of Industrial and Engineering Chemistry* 16 (5): 684-687.
[27] Li, Q., Chen, J., Liang, M. et al. (2015). Investigation of water separation from water-in-oil emulsion using high-frequency pulsed AC electric field by new equipment. *Journal of Dispersion Science and*

Technology 36 (7): 918-923.

[28] Walther, A. and Muller, A.H.E. (2013). Janus particles: synthesis, selfassembly, physical properties, and applications. *Chemical Reviews* 113 (7): 5194-5261.

[29] Ruhland, T.M., Gröschel, A.H., Ballard, N. et al. (2013). Influence of Janus particle shape on their interfacial behavior at liquid-liquid interfaces. *Langmuir* 29 (5): 1388-1394.

[30] Gore, P.M., Purushothaman, A., Naebe, M. et al. (2019). Nanotechnology for oil-water separation. In: *Advanced Research in Nanosciences for Water Technology* (ed. R. Prasad and T. Karchiyappan), 299-339. Springer.

[31] Koh, J.J., Lim, G.J.H., Zhou, X. et al. (2019). 3D-printed anti-fouling cellulose mesh for highly efficient oil/water separation applications. *ACS Applied Materials & Interfaces* 11 (14): 13787-13795.

[32] Gong, Z., Yang, N., Chen, Z. et al. (2020). Fabrication of meshes with inverse wettability based on the TiO_2 nanowires for continuous oil/water separation. *Chemical Engineering Journal* 380: 122524.

[33] Zhang, H., Zhen, Q., Yan, Y. et al. (2020). Polypropylene/polyester composite micro/nano-fabrics with linear valley-like surface structure for high oil absorption. *Materials Letters* 261: 127009.

[34] Sun, S., Zhu, L., Liu, X. et al. (2018). Superhydrophobic shish-kebab membrane with self-cleaning and oil/water separation properties. *ACS Sustainable Chemistry & Engineering* 6 (8): 9866-9875.

[35] Wang, K., Liu, X., Tan, Y. et al. (2019). Two-dimensional membrane and three-dimensional bulk aerogel materials via top-down wood nanotechnology for multibehavioral and reusable oil/water separation. *Chemical Engineering Journal* 371: 769-780.

[36] Guan, Y., Cheng, F., and Pan, Z. (2019). Superwetting polymeric three dimensional (3D) porous materials for oil/water separation: a review. *Polymers (Basel)* 11 (5): 806.

[37] Li, Z. and Guo, Z. (2020). Flexible 3D porous superhydrophobic composites for oil-water separation and organic solvent detection. *Materials and Design* 196: 109144.

[38] Chen, C., Weng, D., Mahmood, A. et al. (2019). Separation mechanism and construction of surfaces with special wettability for oil/water separation. *ACS Applied Materials & Interfaces* 11 (11): 11006-11027.

[39] Grieger, K.D., Wickson, F., Andersen, H.B., and Renn, O. (2012). Improving risk governance of emerging technologies through public engagement: the neglected case of nano-remediation? *International Journal of Emerging Technologies and Society* 10: 61.

[40] Chaney, R.L., Reeves, P.G., Ryan, J.A. et al. (2004). An improved understanding of soil Cd risk to humans and low cost methods to phytoextract Cd from contaminated soils to prevent soil Cd risks. *Biometals* 17 (5): 549-553.

第3章

土壌浄化におけるナノテクノロジー

Nanotechnology in Soil Remediation

Alice Alex, Sithara Raj, Sunish K. Sugunan and Gigi George

CMS College Kottayam (Autonomous), Department of Chemistry, CMS College Road, Kottayam, Kerala 686001, India

3.1 環境と微生物への ENM の影響

人工ナノ材料（ENM）は通常，直接・間接的に土壌に放出される。ENM の直接放出は，通常，産業の製造装置やこれらの材料の使用，リサイクル，廃棄を通じて起こる。一方，ENM の間接的な放出は，主に化学肥料，ナノ塗料，食品添加物，機器などの生産，取り扱い，廃棄から起こる[1, 2]。

動物の生活は陸上植物に依存する。ナノテクノロジーは，土壌のファイトレメディエーションで大きな役割を担う。土壌中の ENM は植物に直接取り込まれる可能性があるため，ENM は農業分野で近年注目されている。植物は水や空気と直接接触するため，空気中や水中の多くのナノ粒子（NP）に曝露される。そのため，植物はかなりの量の ENM を吸収し，それらは土壌に放出され，再び植物に吸収される可能性がある。ファイトレメディエーションと生物濃縮は持続的な生態系の維持に重要だが，ENM の取り込みは，食物連鎖を崩し始めるレベルに確実に達している。植物毒性は，ENM と植物との相互作用を説明する測定可能な因子である。植物の種子は，通常，土壌からナノ粒子を吸収するが，種皮が吸収のバリアとなる。一般に植物細胞内の ENM の輸送は，細胞壁の孔，細胞壁と細胞膜の間，および原形質間を介して行われる[3]。ナノ粒子の中には，根や芽の成長を促進するものもあれば，阻害するものもある。銀（Ag）ナノ粒子は，*Allium cepa*（タマネギ種）の植物に染色体異常を誘発することが報告されている[4]。また，酸化チタン（TiO_2）ナノ粒子の使用で，DNA の損傷が観察された。一方ポジティブな面では，いくつかの植物で，TiO_2 ナノ粒子の吸収に伴うバイオマスや葉緑体の含有量の増加が報告されている。ナノ肥料は植物の成長を大きく促進するため，農業分野での利用の可能性がある。ナノ肥料は植物の病気を和らげ，作物の収量を大きく向上させることが知られている。ナノ粒子の持つ大きな表面積により，必須栄養素が植物システム内を輸送されることが観察されている[6]。肥料へのナノ材料の使用は水への溶解度を増加させ，土壌への均質な取り込みをより確かにすることが報告された[7]。Khodakovskaya らは，多層カーボンナノチューブ（MWCNT）の植物への蓄積は，細胞の増殖を促進し，植物の成長に大きく影響することを報告した[8]。Tarafdar らは，吸収した酸化亜鉛（ZnO）ナノ粒子が植物の新枝の成長を促進することを示した[9]。彼らは，観察された効果が，植物に蓄積された酸化亜鉛ナノ粒子によるクロロフィルの含有量の増加と微生物集団の繁殖しやすさに起因すると考えている。Zheng らは，TiO_2 ナノ粒子で処理したホウレンソウの種子のより早い発芽を観察した[10]。さまざまなナノ粒子の土壌への影響は，多くが粒子径，電荷，移動度，およびその他の物理化学的特性の関数であることがわかっている[11]。ナノ材料と土壌のこうした相互作用は，生物学的利用能のような測定可能な因子を変化させるが，その影響はまだ完全にわかっていない（図 3.1）。

土壌中の栄養素の生物学的利用能は，土壌中の微生物の存在量に直接関係する。さまざまな種類の微生物が食物連鎖の底辺を形成する。微生物は地球上の物質分解の主な担い手であり，土壌中の汚染物質の抑制に役立っている。このような有益な微生物に対し，化学肥料は大きな脅威を与えている。Rafiq らは，ENM が土壌微生物のライフサイクルに及ぼすプラス面を詳述している[12]。彼らは，ナノクレイの土壌への取り込みがさまざま

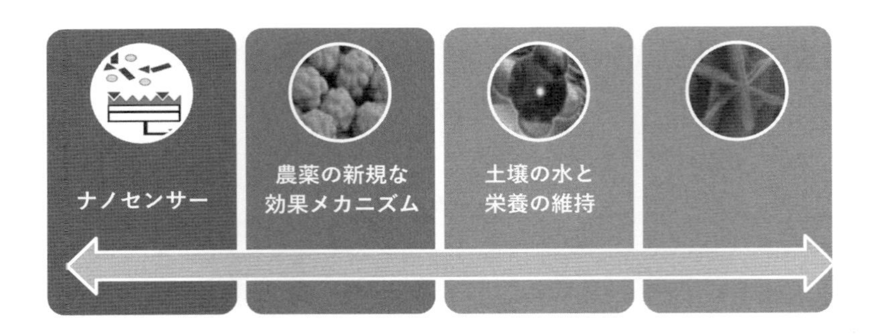

図 3.1　持続可能な開発のためのナノテクノロジーの利用

出典：Medina-Pérez ら[1]/Polish Journal of Environmental Studies.

な微生物を増殖させ，その栄養分を調整し，最終的に高い作物収量につながることを観察した。同様に Bai らは，MWCNT の土壌への適用が小形節足動物の増殖につながることを示した[13]。ENM の土壌中の微生物現存量の増加への効果に加え，ナノ材料の毒性についてもここ数年活発に議論されるようになってきた。ナノ材料の粒径，種類，表面積，化学的性質などが，微生物に対する毒性を規定する。Ag，Ti，Ce，Zn などの元素を用いたナノ材料は微生物に対して大きな毒性を示すが，Si，Fe，Au，Pd などの毒性は低いことがわかっている。また，ある種の微生物には毒性を示すが，他の微生物には有益な影響をもたらすナノ材料もあることがわかった。Moll らは原核生物に対する TiO_2 ナノ粒子の毒性作用を調査し，酸化チタンは菌根菌の成長促進に効果を示すと結論付けた[14]。ミミズなどの土壌生物群も，ENM の過剰使用と毒性から大きな影響を受ける。Gautam らは，CuO ナノ粒子がミミズの生育に影響を与え，地球に直接的な悪影響を及ぼすことを示した。その毒性はこの種の生物には対処できないものであった[15](図 3.2)。

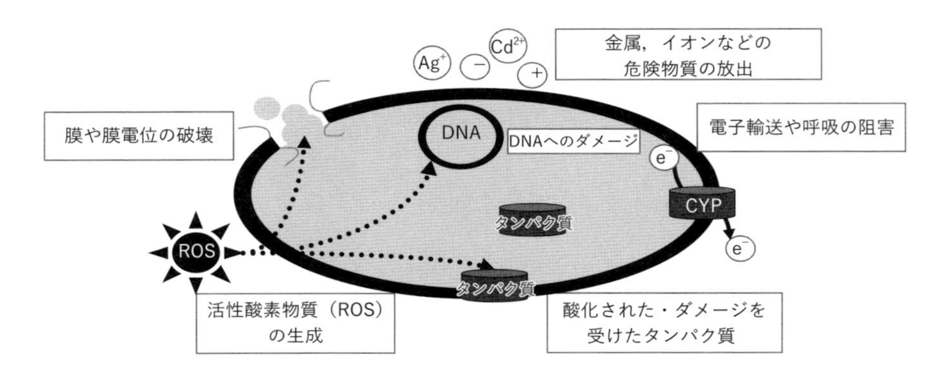

図 3.2　バクテリアへのナノ材料の影響

出典：Klaine ら[16]/John Wiley & Sons の許可を得て掲載

3.2　土壌浄化における人工ナノ材料

土壌中の毒性の高い汚染物質は，土壌の微生物だけでなく植物にも悪影響を及ぼす可能性がある。これは生態系に有害な脅威をもたらすことになる。土壌からの有毒廃棄物の除去には，しばしば高度な方法が必要とされる。ナノテクノロジーと環境バイオテクノロジーの組み合わせは土壌浄化のさまざまな技術を提供する[17]。有害な重金属，染料，農薬やその他の汚染物質はナノ材料を用いて効果的に除去できる。さまざまな種類の金属とその酸化物・硫化物をナノ材料の形で用いることで，土壌中のさまざまな汚染物質を除去できる。金属とその誘導体ベースのナノ材料を組み込んだ土壌浄化法の効率はよく検証されている[18]。土壌浄化は，ENMを用いて効果的に行うことができる。最近発表された多くのデータは，ENMの土壌への取り込みが，浄化プロセスを効果的に開始させることを示す[6–10]。ENMは，*in situ*や*ex situ*で，吸着，反応などの方法で土壌に取り込まれる。これらのナノ材料の環境中の挙動は，それらが属するENMのタイプによる。ENMは主に吸着性材料と反応性材料に分類される。反応性ENMは重金属を含むが，吸着性ENMは重元素を含まない。したがって，吸着性ENMは反応性ナノ材料と比較して毒性が低く，広く用いられている[19]。3.2.1～3.2.4節では，土壌浄化プロセスで最も頻繁に用いられるENMを議論する。

3.2.1　鉄系ナノ材料

Fe(0)を持つナノスケールのゼロ価鉄（nZVI）材料は，その高い反応性により，土壌中の無機および有機汚染物質の除去に効果的に用いられている。nZVIは土壌中のヒ素（As）の除去に特に有効であることがわかっており，これは両者の表面錯体形成による。最大10%のnZVI溶液の土壌への散布は，As含有量を減少させた。nZVIとAsの反応により，ナノZVIシェルとFe(0)の吸着性錯体，またはヒ酸第二鉄の沈殿が形成される。nZVIを用いた土壌浄化の影響を，大麦の生育に及ぼす挙動をモニタリングすることで明らかにした。この研究では，10% nZVI溶液でのオオムギの処理で，植物の背丈が増加した。Asの取り込みは植物の根で起こり，nZVIの処理でその濃度が97%減少することがわかった。土壌サンプルの物理化学的特性評価により，nZVIの処理で土壌のpHがわずかに上昇することが明らかになり，これはナノ粒子懸濁液のアルカリ性に起因する可能性がある。また，nZVIの使用が土壌中のNaやKなどの多量栄養素の濃度に影響することがわかった。nZVIの使用でNaの濃度は増加し，Kの濃度は減少した[20]。

A. Galdamesらは，Asとクロム（Cr）を含む有機・無機汚染物質で重度に汚染された土壌の浄化におけるnZVIの効果を研究した[21]。彼らは，nZVIまたは生物修復剤を含む2種類の土壌を試験した。最初に採取した土壌サンプルの炭化水素含有量は高く，2番目のサンプルは人為的に汚染されたものであることが判明した。土壌に導入されたナノ粒子は，まずサンプル中AsやCr以外の金属と反応し，その後AsやCrと反応し始めることが観察された。多環芳香族炭化水素（PAH）の量は，ナノスケールの鉄粒子の処理で減少した。浄化により，土壌微生物の生存に必要な平均致死濃度または有効濃度LC50で定義される毒性係数が増加した。また，生態毒性は，ナノスケール処理による低減はあま

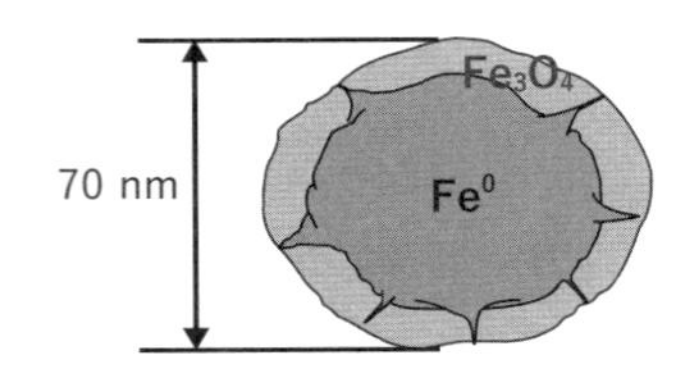

図 3.3 ナノサイズの鉄粒子

出典：Thomé ら[23]/Springer Nature の許可を得て掲載

り見られなかった。

Varanasi らは，熱分解法により土壌からポリ塩化ビフェニル（PCB）を除去する鉄（III）ナノ粒子を用いた土壌浄化技術を論じている。PCB は，毒性レベルの異なる 209 種類を含む有害な汚染物質である。ナノ粒子の金属表面への PCB の吸着は，熱分解温度の上昇に伴い増加することが判明した。PCB はナノ粒子に吸着され，その後脱塩素化された。得られたビフェニルは熱分解され破壊された。また，V_2O_5/TiO_2 ナノ粒子の触媒性能についても検討した。その結果，バナジウム－チタン触媒の存在下で脱塩素化過程が有効であることが示された[22](図 3.3)。

ポリ臭化ジフェニルエーテル（PBDE）は有機汚染物質に分類される化合物の一種で，土壌粒子と強く付着できる[24]。ポリエーテルによる土壌汚染に対し，Ni/Fe バイメタルナノ粒子を用いることが有効であった。PBDE によるハクサイの植物毒性，および Ni/Fe 二元金属ナノ粒子処理による PBDE の移行が検討された。根および芽の調査により，PBDE の取り込みによる生育阻害が確認された。植物と苗の土壌での生育を 1 日単位で分析した。その結果，Ni/Fe ナノ粒子による土壌処理が，PBDE の脱ブロム化と植物毒性の低下につながることがわかった[25]。

3.2.2 酸化チタン系ナノ材料

カドミウム（Cd）は食物連鎖を通じて広がり，維管束植物の生育に悪影響を及ぼす毒性の高い元素である[26, 27]。ナノサイズの TiO_2 粒子が土壌からの Cd の除去に有効であることがわかった。Cd を蓄積するダイズのファイトレメディエーションはその古典的例で，その土壌に植えられたダイズへ TiO_2 ナノ粒子が移行する。発芽とそれに続く成長確認のため，形態学的および生化学的な分析が行われた。TiO_2 ナノ粒子の添加により，Cd の植物の取り込みが最初に増加することがわかり，これは植物のバイオマスの減少によって明示された。また，クロロフィル含量はカドミウムの生物濃縮の影響を受けることがわかった。カドミウムの蓄積量が多いと，根と芽の成長が促進された。しかし，この成長は TiO_2 ナノ粒子の濃度を高めた次の処理で止まることがわかった。ナノ TiO_2 の含有量の増加に伴い，カドミウムの取り込みが促進され，植物に酸化ストレスを誘発し，すべての生体機能に障害をもたらすことがわかった[18]。

Zand らは，TiO_2 ナノ粒子によって促進される Cd 汚染土壌のファイトレメディエーションを議論している[28]。Trepus の種子を発芽させ，Cd 汚染土壌サンプルへの TiO_2 ナノ粒子への使用を評価した。PGPR（plant growth-promoting rhizobacteria，植物生育促進根圏細菌）と $nTiO_2$ の使用による根と芽のバイオマスと長さの増加が示された。$nTiO_2$ の表面への Cd の吸着とファイトエクストラクションにより，土壌中の Cd 含有量の低下

が見られた。TiO 濃度の増加に伴い酸化ストレスが増加し，生物濃縮係数（BCF）が変化することが明らかになった。

3.2.3 炭素系ナノ材料

Vithanage らは，カーボンナノチューブ（CNT）を組み込んだ土壌浄化の動向を調査した。これは，Pb，Cu，Sb などの元素で汚染された土壌の浄化に効果的に用いられた[29]。ここでは炭素を多く含むバイオマス（バイオ炭）も用いられている。バイオ炭は，土壌中のすべての栄養素を効果的に保持できる。高濃度汚染土壌への MWCNT とバイオ炭を用いた処理は，Pb，Cu，Sb の含有量の低下に効果的であることがわかった。MWCNT 単独では Pb と Cu の移動は少なかった。

Chen らは，汚染土壌からの Cd と As の回収への MWCNT の有効性を報告した[30]。これは，*Solanum nigrum*（イヌホウズキ）植物の超高濃度蓄積能を活用するファイトレメディエーション技術である。MWCNT による植物の根と新枝への重金属の取り込み，移動，凝集を検証した。MWCNT の添加により根と芽の長さが増加し，Cd と As が主に根と新枝に蓄積されていることが示唆された。ファイトエクストラクションは植物へストレスを引き起こし，これは MWCNT により引き起こされる。

Shen らは，土壌中の PAH の浄化を実践的に検証した[31]。代表的な PAH であるフェナントレンの浄化のため，植物残渣の炭化物に MWCNT が投入された。CNT は PAH の濃縮と輸送の役割を果たした。PAH は MWCNT と結合し，土壌に住む *Chironomus plumosus* の幼虫の腸に容易に浸透することがわかった。Cheng らは，土壌からの Cu と Zn の除去のための，ナノスケールのカーボンブラック（nCB）の土壌浄化への利用を示した[32]。この実験から，Cu は Zn よりも nCB により引き寄せられると結論付けられた。Lyu らは，汚染土壌中の Cd 含有量低下への nCB の効果を示した[33]。nCB による Cd の固定は，Cd 耐性のある植物を用いて成功した。植物の根と新枝の Cd 含有量は nCB 使用で増加することが明らかになり，nCB が効率的な固定化剤であることが示された。

3.2.4 シリカ系ナノ材料

Jia-Wei Yang らは，土壌中のさまざまな汚染物質への機能化メソポーラスシリコンナノ材料（FMSN）の影響を議論した[34]。土壌に沈着した銅汚染の除去に FMSN が用いられた[35]。FMSN は As を容易に固定し，植物による As の取り込みを止めることができた[36]。汚染された場所のカドミウムの溶出特性は，土壌中の FMSN により効果的に低下した。土壌中の過剰なカドミウムは，植物に過度な酸化ストレスを与える可能性がある。Khan らは，小麦におけるシリコンナノ粒子による Cd の浄化を議論した[37]。シリコンナノ粒子を用いると，クロロフィル含有量が増加することがわかった。これは植物の成長を促進する。Wang らも，機能化シリカ（Si）ナノ粒子を用いて，土壌中の Cd を固定化することを報告している[38]。この浄化法は，土壌中の Cd の溶出性を低下させることに成功した。しかし，生物学的利用能はこの過程で負の影響を受けた。

3.3 土壌浄化におけるナノテクノロジー

人為的な介入は，自然循環プロセスに悪影響を及ぼしている。人類は土壌の上部地殻の構造とダイナミクスを変化させてきた。侵食と森林伐採は，土壌の自然の流況に大きな影響を与え，水生システムにも脅威を与える[39]。表面流出の増加は，有機物や活性の高い微生物を多く含む表土が流されるという別の問題を引き起こす。一度の雨で，何千年もかけて形成された表土が流され，土壌の肥沃度が低下することがある。土壌侵食は，都市化や集中的な商業栽培による土地利用パターンの変化に関わる大きな環境問題である。また，農薬の過剰使用は土壌の化学的性質を変化させる。微生物は全滅し，凝集粒子の有機的な凝集力は破壊され，集中的な耕作は微量栄養素の枯渇をもたらす[39]。土壌灌漑もまた慎重に扱われるべき主要な経済活動である。蒸発散と毛細管現象の活発化に伴い，土壌に溶存固形物が蓄積される。交換性ナトリウムの割合が閾値を超えると，文字通り土壌の有機生命体を排除することになる[40]。

ナノ材料は表面積が大きく，サイズが小さい。そのため土壌の浄化にも利用できる。そのため，土壌の洗浄，熱処理，土壌置換など，従来法よりも効果的な科学的手法をサポートできる優れたナノスケール浄化材料として注目されている。現在，いくつかの人工ナノ粒子がこの目的で用いられている。最も広く用いられているのが炭素系ナノ材料である。他にも，ゼロ価鉄（nZVI），銀ナノ粒子，二酸化チタン（TiO_2）ナノ粒子，酸化亜鉛ナノ粒子，シリカナノ粒子，金（Au）ナノ粒子などが，土壌浄化のナノテクノロジーで主に使われている。炭素系ナノ粒子（CNP）の吸着特性は，汚染除去プロセスに用いられている[41]。nZVIナノ粒子は，汚染物質を無毒または毒性の低い形態に還元する性質でよく知られている[42]。ナノレメディエーションは，有機化合物，重金属，除草剤，農薬などの汚染物質を分解する。土壌浄化でのナノテクノロジーの役割は，さまざまな可能性を持つナノ粒子を用いた以下の応用例で示すことができる。ナノレメディエーションは，有機化合物，重金属，除草剤，農薬などの汚染物質を分解する。土壌浄化でのナノテクノロジーの没割は，さまざまな可能性を持つナノ粒子を用いた以下の応用例で示すことができる。

3.3.1 TiO_2ナノ粒子

二酸化チタン（TiO_2）ナノ粒子は優れた光触媒活性を持ち，半導電性で無毒であることから科学的な関心を集めている[43, 44]。汚染除去率を高めるために，銀を添加することはほとんどない[45]。二酸化チタンナノ粒子は特にファイトレメディエーションの促進に用いられている。さらに汚染土壌からの重金属除染の効果的な候補である[28]。Zandらは，カドミウム（Cd）の悪影響の抑制のために，二酸化チタンナノ粒子の土壌表面への注入の効果を研究した[28]。Cdは栄養価のない有害金属であり，Cd汚染土壌は植物の生育を遅らせる。二酸化チタンナノ粒子の適用でCdの移動度が低下することが確認された。Rizwanらの研究によると，二酸化チタンナノ粒子の含浸でCd汚染土壌のイネのバイオマスが増加した[46]。Wangらは，Cd汚染物質であるジフェニルアルシン酸（DPAA）を除去する汚染除去プロセスを紹介した[47]。ナノサイズの二酸化チタン粒子

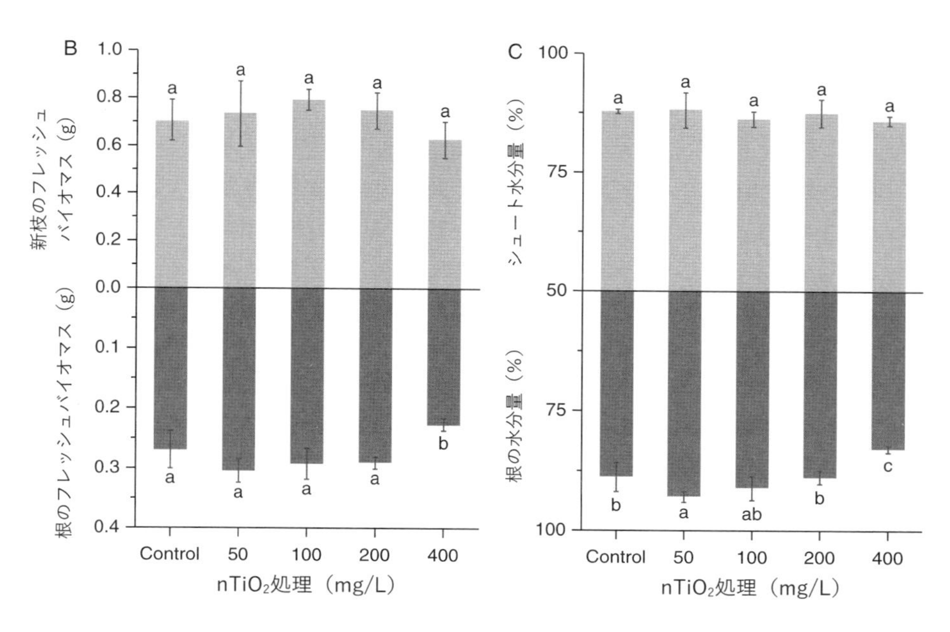

図 3.4　異なる $nTiO_2$ の濃度でのコリアンダーの成長

出典：Hu et al. [49]/Elsevier 社の許可を得て掲載

の導入で，DPAA の光触媒分解が起こり，Cd 汚染土壌が除染される[48]。

Hu らは，二酸化チタンナノ粒子が土壌からの栄養吸収に及ぼす影響を研究する包括的調査を行った[49]。植物の栄養の質を評価するためにコリアンダー植物を選び，異なる濃度（0，50，100，200，400 mg/L）の $nTiO_2$ を土壌の特定の領域に適用した。コリアンダー植物のバイオマスは，50 から 200 mg/L の濃度範囲では，検出可能な変化は見られなかった。しかし，400 mg/L の $nTiO_2$ は根のバイオマスの低下を引き起こした。驚くことに，低濃度の $nTiO_2$（50 mg/L）では，根と新枝のバイオマスのわずかな増加が観察された（図 3.4）。さらに，この濃度では根の水分が持続的に検出された。したがって，400 mg/L の $nTiO_2$ は，根の水分量の低下で植物の成長を遅らせることは明らかである。Ren らによると，高濃度では $nTiO_2$ が凝集するためと考えられ，これは水と栄養素の取り込みを阻害することになる[50]。

Moll らの研究によると，二酸化チタンナノ粒子の土壌への適用は真菌の群集構造には影響がないが，原核生物の多様性には負の影響を与える。しかし小麦バイオマスへの毒性は低いままであった[14]。Heckmann らは二酸化チタンナノ粒子がミミズの個体数に与える影響を研究した。二酸化チタンナノ粒子の悪影響はミミズの生殖の低下につながった[51]。

3.3.2　鉄ナノ粒子

鉄ナノ粒子は，優れた還元力を持つことから，最近非常に注目されている。鉄ナノ粒子は，0 価の鉄を含むコアシェル構造を持っている。2 価と 3 価が混合した状態の鉄が，

シェル構造を決める。

Hidalgoらは，フィトナノレメディエーションアプローチを中心とした高度なレメディエーション方法を紹介した[52]。彼らは，ファイトレメディエーションにマングローブを，ナノレメディエーションにナノゼロ価鉄（nZVI）をそれぞれ選択した。このアプローチにより，湿地土壌をPb，As，Cdなどの重金属から汚染除去することが可能になる。この研究では，マングローブ単独とマングローブとnZVIの複合効果による浄化レベルを比較した。5ヵ月後，nZVIとマングローブの相互作用が有効であり，複合的な浄化効果により土壌からのPb，As，Cdの除去が促進されることがわかった。これらの重金属は主に根と茎に蓄積された。これらの有害金属の濃度の低下は，マングローブとnZVIの複合作用による効率的な浄化を示す。nZVIは植物組織内での汚染物質の移動度を増加させた。植物とnZVIの相互作用後の植物組織の鉄濃度は顕著に増加し，生物学的に利用可能な鉄の形態を反映した。

Singhらは，リンデンで汚染された土壌の除染を目的として，ゼロ価鉄（nZVI）ナノ粒子を用いたナノレメディエーションを行った[42]。リンデンはベンゼンヘキサクロリド（γ-BHC）のγ異性体で，ジクロロジフェニルトリクロロエタン（DDT）と類似の性質を持ち，人体に危険な物質である。異なるnZVIの濃度で，汚染された土壌を検証した。リンデンで汚染された土壌は，nZVI濃度（g/L）の増加に伴い，除染効果が高まることが示された。これは，nZVIとの相互作用によるγ-BHCの還元的な脱ハロゲン化による可能性がある。Machadoらは，イブプロフェンで汚染された土壌の汚染除去のためのゼロ価鉄（nZVI）ナノ粒子の効率を検討した[53]。イブプロフェンは抗炎症薬に属し，この薬物の大量使用は，水系に到達すると水系の枠組みや安定性を低下させる。そのため，医薬品分解技術の導入が急務となっている。天然抽出物から合成されたグリーンnZVIは，ナノ粒子に安定性を与える[54]。浄化には，nZVI触媒を用いたフェントン反応を用いた。より深いゾーンでの最小の分解効率は，相互作用中に生成されたOH-ラジカルの寿命が短いことに起因する可能性がある。汚染土壌の表面の全体的な分解効率は約95%であり，この浄化技術の優位性を示す。

Anzaらによって検証されたnZVIナノ粒子の影響は，鉄ナノ粒子の隠れた側面を強調した[55]。nZVIナノ粒子が汚染された土壌の微生物の質を脅かすことが判明した。彼らの研究によると，非汚染土壌では変化がなかったが，汚染土壌にnZVIを適用すると微生物の活性が低下した。これは，nZVIの導入が，すでに汚染された土壌という第一のストレスに対する第二のストレスとなるという，「ストレスにストレスがかかる」効果による。Fajardoらは，グラム陰性とグラム陽性の両方の細菌株に対してnZVIの影響を試験した。驚くことに，グラム陰性菌とnZVIの相互作用はナノ粒子の毒性効果を示さなかった。しかし，グラム陽性株ではナノ粒子の毒性が顕著に現れた。El-TemsahとJonerは，nZVIで土壌を処理した場合のミミズへの影響を検討した。この研究では，古いnZVIはミミズに悪影響を及ぼさなかったが，新鮮なnZVIはミミズの体重に劇的に影響した[56, 57]。

3.3.3 シリカナノ粒子

シリカ（Si）ナノ粒子は，銀，二酸化チタン，酸化亜鉛などの他のナノ粒子に比べて表面改質に対して柔軟で無毒であるため，浄化剤として人気のある種類である[58]。Karthick と Chattopadhyay は，界面活性剤にシリカナノ粒子を組み込み，Tween-20 界面活性剤の泡を安定化する手順を開発した[58]。ナノ粒子で安定化された Tween-20 の泡は，ディーゼル油流出で汚染された土壌の除染に適する。界面活性剤は，その両親媒性の性質を有することよりそれ自体が浄化剤となる[59]。しかし，界面活性剤はナノ粒子で安定化した Tween-20 の泡より効率は低い。ディーゼル除去効率は，前者が 42%で後者では約 78%であった。界面活性剤中のシリカナノ粒子の効果的な相互作用が，この高い効率を示した。シリカの吸着性が泡の安定性を向上させ，それによってディーゼル除去効率が向上した[60]。

Cui らは，イネ細胞へのカドミウムの危険な影響を軽減する方法を提案した[61]。Cui らは，粒径の異なるシリカナノ粒子を含む懸濁液で細胞を培養し，シリカナノ粒子がない状態で細胞を培養した。シリカナノ粒子の存在下では，高濃度のカドミウムでも細胞の生育が顕著に増加した。一方，シリカナノ粒子非存在下で培養した細胞は成長が抑制され，Cd の悪影響が示された。また，シリカナノ粒子はサイズに依存してカドミウムの毒性を緩和し，サイズの大きなナノ粒子が最大の緩和効果を示した。カドミウムは多くの植物の生育に有害な重金属の 1 つであるため，この技術は非常に注目されている[62]。

3.3.4 炭素系ナノ粒子

CNP はその吸着特性から，浄化剤としての利用が期待されている。最も一般的に用いられているのは CNT で，六角形の形状が吸着に有利な多孔質構造を形成している。表面活性向上のために，CNT はコバルトなどの遷移金属で処理するとよいことがわかっている[41]。カーボンナノチューブ-コバルト（CNT-Co）の汚染物質除去効率は，エレクトロレキネティック（EK）メディエーション（electrokinetic (EK) remediation）を用いて高めることができる。Yuan らは，EK/CNT-Co システムを土壌からのヒ素（V）（As(V)）の除去に用いた[41]。暴露後，汚染土壌中の As(V) は結合形態ではなく，As が無害であることを示した EK/CNT-Co 系との相互作用後，CNT-Co の表面から As(V) が検出された。上記の相互作用のメカニズムは CNT-Co の表面への吸着プロセスに起因すると考えられ，これは文献[63]と同様であった。

CNT は汚染土壌からの DDT 除去にも用いることができる。有機塩素系農薬の散布は，土壌や周辺の水域に長年にわたる影響を与え，発がん性が示されている。その中でも最も危険なのが DDT である。そのため，土壌中の DDT の除去は種の多様性と種密度の維持に必要である。

Taha と Mobasser は，CNT を用いた優れた DDT 除去法を発表した[64]。この方法では，CNT の吸着性を検討した。吸着実験の結果，図 3.5 に示すように，DDT の吸着程度は CNT の量に比例することが示された。CNT は，その大きな表面積と吸着性により，最も広く用いられているナノ材料である。CNT の使用量の増加は，微生物群集構造

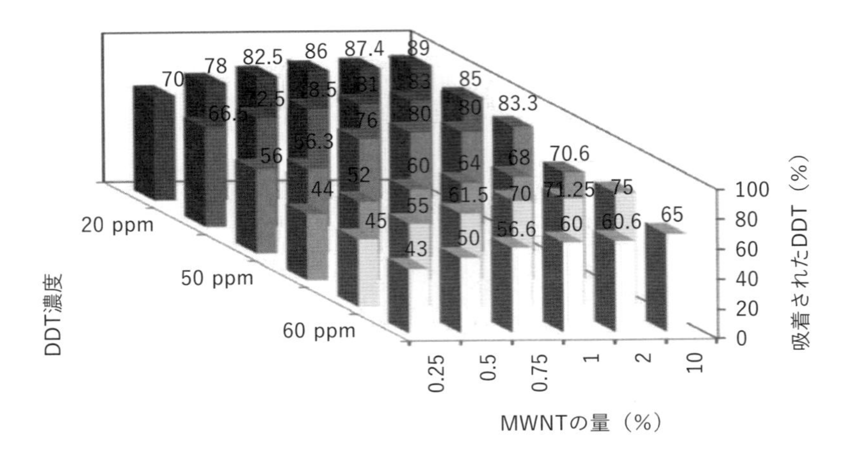

図 3.5 MWCNT による DDT の吸着

出典：Taha and Mobasser[64]/Taylor & Francis の許可を得て掲載

の消滅の予兆とみなされている。Shrestha らの研究によると，中程度の濃度では，微生物群集に有害な影響を与えなかった。高濃度では，デヒドロゲナーゼの酵素活性の低下をもたらした[65]。高濃度では細菌群に逆の影響を及ぼした。これは細菌群が CNT に対してより感受性があることが原因である可能性がある[66, 67]。Zhang らは，CNT が汚染物質の生分解に悪影響をもたらすことを確認した[68]。CNT による汚染除去は吸着現象に基づく。そのため生物学的利用能を制限することにより，生分解プロセスに支障をきたす。Rodrigues らは，単層ナノチューブ（SWNT）の毒性は，濃度と曝露時間に影響されることを明らかにした。彼らは暴露後 3 日以内に細菌群集の個体数が著しく減少することに気づいた。さらに全細胞密度も長期間の暴露によって減少した[69]。

3.3.5 銀ナノ粒子

銀ナノ粒子は，その抗菌・抗真菌作用により注目度が高い。これらはサイズに依存した物理的・化学的性質を示す[70]。また，銀ナノ粒子は土壌の保水力を高めるというユニークな性質を持っている[71]。ナノ粒子の量を制限することで，持続可能な方法で浄化を行うことができる。グリーン合成銀ナノ粒子（GSNP）は，環境に優しく，費用対効果に優れているため，効果的であることが判明した。Das らは，GSNP を土壌に添加した場合の効果について研究した[71]。GSNP は *Thuja occidentalis*（ニオイヒバ）の植物抽出物から合成されたものである。

GSNP との相互作用後の植物は，クロロフィルの形成が増加したことが確認された。また，相互作用を受けた土壌の pH は酸性から中性への変化が確認された。さらにこの土壌は，土壌の多孔質構造を反映した保水力の向上を示した。これは，植物の水分供給量を適切に増やす[72]。また，相互作用後の陽イオン交換容量も顕著な増加を示した。陽イオン交換容量が高くなると，必須栄養素の取り込みが促進される。窒素の損失が顕著に減少したことから，窒素の生物学的利用能が向上したことがわかる。

HänschとEmmerlingの研究によると，銀ナノ粒子の濃度が高くなると細菌の多様性に悪影響を与え，土壌の自然分解機能を乱すことになる[73]。銀ナノ粒子は濃度依存的な毒性を持ち，75 ppmでは窒素固定生物の数が減少するが，50 ppmでは微生物に影響を与えない[74]。Schlichらは，土壌微生物叢の個体数に及ぼす銀ナノ粒子の影響を調査した。

銀ナノ粒子の適用により，アンモニア酸化細菌数が顕著に減少することがわかった。銀ナノ粒子は濃度依存的にこれらのバクテリアの増殖を抑制する。さらに，銀ナノ粒子の凝集は粒径を大きくし，銀ナノ粒子の抗菌・抗真菌活性の低下につながる[75, 76]。

ミミズは，土壌の肥沃度を維持するさまざまなメリットをもたらす「自然の耕作人」であり，土壌の健全性を容易に反映する。Heckmannらはナノ粒子がミミズの多様性に与える影響を研究し，銀ナノ粒子がミミズの個体数を減少させひいては死滅させる可能性があることを見出した[51]。

3.4 結　論

土壌の浄化を目的としたナノテクノロジーの利用は，土壌洗浄，熱処理，土壌置換などの従来の方法より有効な科学的方法として推奨される。ナノテクノロジーを用いた浄化方法は，地質や汚染物質の条件に影響を受けることがある。しかし，ナノテクノロジーはさまざまな不純物を適切かつ効果的，そして経済的に浄化することを確実に保証する。科学的な調査から得られたこの情報は，すぐに土壌の修復に適用されるべきである。

References

[1] Medina-Pérez, G., Fernández-Luqueño, F., Vazquez-Nuñez, E. et al. (2019). Remediating polluted soils using nanotechnologies: environmental benefits and risks. *Polish Journal of Environmental Studies* 28 (3): 1013-1030. http://www.pjoes.com/pdf-87099-34336?filename=RemediatingPolluted.pdf

[2] Gottschalk, F. and Nowack, B. (2011). The release of engineered nanomaterials to the environment. *Journal of Environmental Monitoring* 13 (5): 1145-1155.

[3] Miralles, P., Church, T.L., and Harris, A.T. (2012). Toxicity, uptake, and translocation of engineered nanomaterials in vascular plants. *Environmental Science & Technology* 46 (17): 9224-9239.

[4] Kumari, M., Mukherjee, A., and Chandrasekaran, N. (2009). Genotoxicity of silver nanoparticles in Allium cepa. *Science of the Total Environment* 407 (19): 5243-5246.

[5] Hong, F., Yang, F., Liu, C. et al. (2005). Influences of nano-TiO_2 on the chloroplast aging of spinach under light. *Biological Trace Element Research* 104 (3): 249-260.

[6] Navarro, E., Baun, A., Behra, R. et al. (2008). Environmental behavior and ecotoxicity of engineered nanoparticles to algae, plants, and fungi. *Ecotoxicology* 17 (5): 372-386.

[7] Naderi, M.R. and Danesh-Shahraki, A. (2013). Nanofertilizers and their roles in sustainable agriculture. *International Journal of Agriculture and Crop Sciences* 5: 238-255.

[8] Khodakovskaya, M.V., de Silva, K., Biris, A.S. et al. (2012). Carbon nanotubes induce growth enhancement of tobacco cells. *ACS Nano* 6 (3): 2128-2135.

[9] Tarafdar, J.C., Raliya, R., Mahawar, H., and Rathore, I. (2014). Development of zinc nanofertilizer to

enhance crop production in pearl millet (Pennisetum americanum). *Agricultural Research* 3 (3): 257–262.

[10] Zheng, L., Hong, F., Lu, S., and Liu, C. (2005). Effect of nano-TiO_2 on strength of naturally aged seeds and growth of spinach. *Biological Trace Element Research* 104 (1): 83–91.

[11] Servin, A., Elmer, W., Mukherjee, A. et al. (2015). A review of the use of engineered nanomaterials to suppress plant disease and enhance crop yield. *Journal of Nanoparticle Research* 17 (2): 92.

[12] Rafiq, M., Joseph, S., Li, F. et al. (2017). Pyrolysis of attapulgite clay blended with yak dung enhances pasture growth and soil health: characterization and initial field trials. *Science of the Total Environment* 607, 608: 184–194.

[13] Bai, X., Zhao, S., and Duo, L. (2017). Impacts of carbon nanomaterials on the diversity of microarthropods in turfgrass soil. *Scientific Reports* 7 (1): 1779.

[14] Moll, J., Klingenfuss, F., Widmer, F. et al. (2017). Effects of titanium dioxide nanoparticles on soil microbial communities and wheat biomass. *Soil Biology and Biochemistry* 111: 85–93.

[15] Gautam, A., Ray, A., Mukherjee, S. et al. (2018). Immunotoxicity of copper nanoparticle and copper sulfate in a common Indian earthworm. *Ecotoxicology and Environmental Safety* 148: 620–631.

[16] Klaine, S.J., Alvarez, P.J.J., Batley, G.E. et al. (2008). Nanomaterials in the environment: behavior, fate, bioavailability, and effects. *Environmental Toxicology and Chemistry* 27 (9): 219–229.

[17] Agrawal, K. and Verma, P. (2021). The interest in nanotechnology: a step towards bioremediation. In: *Removal of Emerging Contaminants Through Microbial Processes*, 265–282. Singapore: Springer.

[18] Singh, J. and Lee, B.-K. (2016). Influence of nano-TiO2 particles on the bioaccumulation of Cd in soybean plants (Glycine max): a possible mechanism for the removal of Cd from the contaminated soil. *Journal of Environmental Management* 170: 88–96.

[19] Rabbani, M.M., Ahmed, I., and Park, S.J. (2016). Application of nanotechnology to remediate contaminated soils. In: *Environmental Remediation Technologies for Metal-Contaminated Soils*, 219–229. Tokyo: Springer.

[20] Gil-Díaz, M., Diez-Pascual, S., González, A. et al. (2016). A nanoremediation strategy for the recovery of an As-polluted soil. *Chemosphere* 149: 137–145.

[21] Galdames, A., Mendoza, A., Orueta, M. et al. (2017). Development of new remediation technologies for contaminated soils based on the application of zero-valent iron nanoparticles and bioremediation with compost. *Resource-Efficient Technologies* 3 (2): 166–176.

[22] Varanasi, P., Fullana, A., and Sidhu, S. (2007). Remediation of PCB contaminated soils using iron nano-particles. *Chemosphere* 66 (6): 1031–1038.

[23] Thomé, A., Reddy, K.R., Reginatto, C., and Cecchin, I. (2015). Review of nanotechnology for soil and groundwater remediation: Brazilian perspectives. *Water, Air, & Soil Pollution* 226 (4): 121.

[24] Li, A., Tai, C., Zhao, Z. et al. (2007). Debromination of decabrominated diphenyl ether by resin-bound iron nanoparticles. *Environmental Science & Technology* 41 (19): 6841–6846.

[25] Wu, J., Xie, Y., Fang, Z. et al. (2016). Effects of Ni/Fe bimetallic nanoparticles on phytotoxicity and translocation of polybrominated diphenyl ethers in contaminated soil. *Chemosphere* 162: 235–242.

[26] Pietrini, F., Iori, V., Bianconi, D. et al. (2015). Assessment of physiological and biochemical responses, metal tolerance and accumulation in two eucalypt hybrid clones for phytoremediation of cadmium-contaminated waters. *Journal of Environmental Management* 162: 221–231.

[27] Xie, W.-Y., Huang, Q., Li, G. et al. (2013). Cadmium accumulation in the rootless macrophyte Wolffia globosa and its potential for phytoremediation. *International Journal of Phytoremediation* 15 (4): 385–397.

[28] Zand, A.D., Mikaeili Tabrizi, A., and Vaezi Heir, A. (2020). Application of titanium dioxide nanoparticles to promote phytoremediation of Cd-polluted soil: contribution of PGPR inoculation. *Bioremediation Journal* 24 (2, 3): 171–189.

[29] Vithanage, M., Herath, I., Almaroai, Y.A. et al. (2017). Effects of carbon nanotube and biochar on bioavailability of Pb, Cu and Sb in multi-metal contaminated soil. *Environmental Geochemistry and Health* 39 (6): 1409–1420.

[30] Chen, X., Wang, J., Hayat, K. et al. (2021). Small structures with big impact: multi-walled carbon nanotubes enhanced remediation efficiency in hyperaccumulator Solanum nigrum L. under cadmium and arsenic stress. *Chemosphere* 276: 130130.

[31] Shen, M., Xia, X., Wang, F. et al. (2012). Influences of multiwalled carbon nanotubes and plant residue chars on bioaccumulation of polycyclic aromatic hydrocarbons by Chironomus plumosus larvae in sediment. *Environmental Toxicology and Chemistry* 31 (1): 202–209.

[32] Cheng, J., Liu, Y., and Wang, H. (2014). Effects of surface-modified nano-scale carbon black on Cu and Zn fractionations in contaminated soil. *International Journal of Phytoremediation* 16 (1): 86–94.

[33] Lyu, Y., Yu, Y., Li, T., and Cheng, J. (2018). Rhizosphere effects of Loliumperenne L. and Beta vulgaris var. cicla L. on the immobilization of Cd by modified nanoscale black carbon contaminated soil. *Journal of Soils and Sediments* 18 (1): 1–11.

[34] Yang, J.-W., Fang, W., Williams, P.N. et al. (2020). Functionalized mesoporous silicon nanomaterials in inorganic soil pollution research: opportunities for soil protection and advanced chemical imaging. *Current Pollution Reports* 6 (3): 264–280.

[35] Sharma, R.K., Puri, A., Kumar, A. et al. (2014). Diacetylmonoxime functionalized silica gel: an efficient and recyclable organic inorganic hybrid material for selective removal of copper from fly ash ameliorated soil samples. *Separation Science and Technology* 49 (5): 709–720.

[36] Grzesiak, P., Łukaszyk, J., Gabała, E. et al. (2016). The influence of silica functionalized with silanes on migration of heavy metals in soil. *Polish Journal of Chemical Technology* 18 (1): 51–57.

[37] Khan, Z.S., Rizwan, M., Hafeez, M. et al. (2020). Effects of silicon nanoparticles on growth and physiology of wheat in cadmium contaminated soil under different soil moisture levels. *Environmental Science and Pollution Research* 27 (5): 4958–4968.

[38] Wang, Y., Liu, Y., Zhan, W. et al. (2020). Long-term stabilization of Cd in agricultural soil using mercapto-functionalized nano-silica (MPTS/nano-silica): a three-year field study. *Ecotoxicology and Environmental Safety* 197: 110600.

[39] Jiwan, S. and Kalamdhad, A.S. (2011). Effects of heavy metals on soil, plants, human health and aquatic life. *International Journal of Research in Chemistry and Environment* 1 (2): 15–21.

[40] Zhang, W., Wang, C., Xue, R., and Wang, L. (2019). Effects of salinity on the soil microbial community and soil fertility. *Journal of Integrative Agriculture* 18 (6): 1360–1368.

[41] Yuan, C., Hung, C.-H., and Chen, K.-C. (2009). Electrokinetic remediation of arsenate spiked soil assisted by CNT-Co barrier-the effect of barrier position and processing fluid. *Journal of Hazardous Materials* 171 (1–3): 563–570.

[42] Singh, R., Singh, A., Misra, V., and Singh, R.P. (2011). Degradation of lindane contaminated soil using zero-valent iron nanoparticles. *Journal of Biomedical Nanotechnology* 7: 175–176.

[43] Adesina, A.A. (2004). Industrial exploitation of photocatalysis: progress, perspectives and prospects. *Catalysis Surveys from Asia* 8 (4): 265–273.

[44] Li, Q., Mahendra, S., Lyon, D.Y. et al. (2008). Antimicrobial nanomaterials for water disinfection and microbial control: potential applications and implications. *Water Research* 42 (18): 4591–4602.

[45] Park, J.-Y. and Lee, I.-H. (2014). Photocatalytic degradation of 2-chlorophenol using Ag-doped TiO2 nanofibers and a near-UV light-emitting diode system. *Journal of Nanomaterials* 2014: 1.

[46] Rizwan, M., Ali, S., ur Rehman, M.Z. et al. (2019). Effect of foliar applications of silicon and titanium dioxide nanoparticles on growth, oxidative stress, and cadmium accumulation by rice (Oryza sativa). *Acta*

Physiologiae Plantarum 41 (3): 1.

[47] Wang, A.-N., Teng, Y., Hu, X.-F. et al. (2016). Diphenylarsinic acid contaminated soil remediation by titanium dioxide (P25) photocatalysis: degradation pathway, optimization of operating parameters and effects of soil properties. *Science of the Total Environment* 541: 348-355.

[48] Guan, L., Shiiya, A., Hisatomi, S. et al. (2015). Sulfate-reducing bacteria mediate thionation of diphenylarsinic acid under anaerobic conditions. *Biodegradation* 26 (1): 29-38.

[49] Hu, J., Wu, X., Wu, F. et al. (2020). Potential application of titanium dioxide nanoparticles to improve the nutritional quality of coriander (Coriandrum sativum L.). *Journal of Hazardous Materials* 389: 121837.

[50] Ren, H.X , Liu, L., Liu, C. et al. (2011). Physiological investigation of magnetic iron oxide nanoparticles towards Chinese mung bean. *Journal of Biomedical Nanotechnology* 7 (8): 677-684.

[51] Heckmann, L.-H., Hovgaard, M.B., Sutherland, D.S. et al. (2011). Limit-test toxicity screening of selected inorganic nanoparticles to the earthworm Eisenia fetida. *Ecotoxicology* 20 (1): 226-233.

[52] Soto Hidalgo, K.T., Carrión-Huertas, P.J., Kinch, R.T. et al. (2020). Phytonanoremediation by Avicennia Germinans (black mangrove) and nano zero valent iron for heavy metal uptake from Cienaga Las Cucharillas wetland soils. Environmental Nanotechnology, *Monitoring and Management* 14: 100363.

[53] Machado, S., Stawiński, W., Slonina, P. et al. (2013). Application of green zero-valent iron nanoparticles to the remediation of soils contaminated with ibuprofen. *Science of the Total Environment* 461, 462: 323-329.

[54] Hoag, G.E., Collins, J.B., Holcomb, J.L. et al. (2009). Degradation of bromothymol blue by 'greener' nano-scale zero-valent iron synthesized using tea polyphenols. *Journal of Materials Chemistry* 19 (45): 8671-8677.

[55] Anza, M., Salazar, O., Epelde, L. et al. (2019). The application of nanoscale zero-valent iron promotes soil remediation while negatively affecting soil microbial biomass and activity. *Frontiers in Environmental Science* 7: 19.

[56] Fajardo, C., Ortíz, L.T., Rodríguez-Membibre, M.L. et al. (2012). Assessing the impact of zero-valent iron (ZVI) nanotechnology on soil microbial structure and functionality: a molecular approach. *Chemosphere* 86 (8): 802-808.

[57] El-Temsah, Y.S. and Joner, E.J. (2012). Ecotoxicological effects on earthworms of fresh and aged nano-sized zero-valent iron (nZVI) in soil. *Chemosphere* 89 (1): 76-82.

[58] Karthick, R.A. and Chattopadhyay, P. (2017). Remediation of diesel contaminated soil by tween-20 foam stabilized by silica nanoparticles. *International Journal of Chemical Engineering and Applications* 8: 194-198.

[59] Osei-Bonsu, K., Shokri, N., and Grassia, P. (2015). Foam stability in the presence and absence of hydrocarbons: from bubble- to bulk-scale. *Colloids and Surfaces A: Physicochemical and Engineering Aspects* 481: 514-526.

[60] Oliveira, R.C.G., Oliveira, J.F., and Moudgil, B.M. (2004). The effect of hydrophobic fine particles on the foam flushing remediation process. In: *Progress in Colloid and Polymer Science*, vol. 128, 293-297. Berlin, Heidelberg: Springer.

[61] Cui, J., Liu, T., Li, F. et al. (2017). Silica nanoparticles alleviate cadmium toxicity in rice cells: mechanisms and size effects. *Environmental Pollution* 228: 363-369.

[62] Das, P., Samantaray, S., and Rout, G.R. (1997). Studies on cadmium toxicity in plants: a review. *Environmental Pollution* 98 (1): 29-36.

[63] Farrell, J., Wang, J., O'Day, P., and Conklin, M. (2001). Electrochemical and spectroscopic study of arsenate removal from water using zero-valent iron media. *Environmental Science & Technology* 35 (10): 2026-2032.

[64] Taha, M.R. and Mobasser, S. (2014). Adsorption of DDT from contaminated soil using carbon

nanotubes. *Soil and Sediment Contamination: An International Journal* 23 (7): 703–714.

[65] Shrestha, B., Acosta-Martinez, V., Cox, S.B. et al. (2013). An evaluation of the impact of multiwalled carbon nanotubes on soil microbial community structure and functioning. *Journal of Hazardous Materials* 261: 188–197.

[66] Müller, A.K., Westergaard, K., Christensen, S., and Sørensen, S.J. (2001). The effect of long-term mercury pollution on the soil microbial community. *FEMS Microbiology Ecology* 36 (1): 11–19.

[67] Hiroki, M. (1992). Effects of heavy metal contamination on soil microbial population. *Soil Science & Plant Nutrition* 38 (1): 141–147.

[68] Zhang, W., Zeng, Z., Liu, Z. et al. (2020). Effects of carbon nanotubes on biodegradation of pollutants: positive or negative? *Ecotoxicology and Environmental Safety* 189: 109914.

[69] Rodrigues, D.F., Jaisi, D.P., and Elimelech, M. (2013). Toxicity of functionalized single-walled carbon nanotubes on soil microbial communities: implications for nutrient cycling in soil. *Environmental Science & Technology* 47 (1): 625–633.

[70] Carlson, C., Hussain, S.M., Schrand, A.M. et al. (2008). Unique cellular interaction of silver nanoparticles: size-dependent generation of reactive oxygen species. *The Journal of Physical Chemistry B* 112 (43): 13608–13619.

[71] Das, P., Barua, S., Sarkar, S. et al. (2018). Plant extract-mediated green silver nanoparticles: efficacy as soil conditioner and plant growth promoter. *Journal of Hazardous Materials* 346: 62–72.

[72] Page, A.L., Miller, R.H., and Keeney, D.R. (ed.) (1982). *Methods of Soil Analysis: Part 2. Chemical and Microbiological Properties*, vol. 9. Madison, WI: ASA.

[73] Hänsch, M. and Emmerling, C. (2010). Effects of silver nanoparticles on the microbiota and enzyme activity in soil. *Journal of Plant Nutrition and Soil Science* 173 (4): 554–558.

[74] Pallavi, C.M., Mehta, R., Srivastava, S.A., and Sharma, A.K. (2016). Impact assessment of silver nanoparticles on plant growth and soil bacterial diversity. *3 Biotech* 6 (2): 254.

[75] Schlich, K., Beule, L., and Hund-Rinke, K. (2016). Single versus repeated applications of CuO and Ag nanomaterials and their effect on soil microflora. *Environmental Pollution* 215: 322–330.

[76] Lok, C.-N., Ho, C.-M., Chen, R. et al. (2007). Silver nanoparticles: partial oxidation and antibacterial activities. *Journal of Biological Inorganic Chemistry* 12 (4): 527–534.

IV

第 4 章

水処理のためのナノテクノロジー：
有機・無機化合物の浄化における近年の進捗

Nanotechnology for Water Treatment:
Recent Advancement in the Remediation of Organic and Inorganic Compounds

Charulata Sivodia and Alok Sinha

Indian Institute of Technology (Indian School of Mines),
Department of Environmental Science and Engineering, Dhanbad,
Jharkhand, India

4.1　はじめに

工業化，都市化，人口の急増は，水資源に多大なストレスを与え，水質を悪化させている[1-3]。UNICEF と WHO によると，約 7,400 万人が十分な水の供給を受けておらず，世界人口の約 50%が地下水に依存している[4]。さらに廃水や排出物の不適切な処理により，状況は悪化している。地表水には，重金属，染料，医薬品，その他の難分解性汚染物質など，さまざまな有機および無機化合物が検出される[5-8]。ここ数十年，水質浄化のために，凝集，膜ろ過，生分解，酸化などの水処理技術が用いられてきた[9, 10]。しかし，これらのプロセスは，多くの維持コストとエネルギー消費を必要とし，反応終了時に 2 次的な副産物を発生させることがある。ナノテクノロジー（NT）は，水質浄化の分野でその根幹を大きく揺るがしている。100 nm 以下の大きさの材料はナノ材料と呼ばれ，このサイズによりナノ材料は主に高表面積，高反応性などの顕著な物理化学的特性を持つ[11, 12]。ナノテクノロジーは，水処理に有望な方法として応用されている。このプロセスは，難分解性化合物の検出と処理において多様な特性を持つ。本章では，この方向で，有機および無機化合物除去に関するナノテクノロジーのさまざまな応用を議論する。

4.1.1　ナノ材料の分類と合成ルート

ナノ材料（NMT）は，化学組成，寸法，形態によって 3 つのカテゴリーに分類される（表 4.1）。ナノ材料は，トップダウン法，ボトムアップ法，グリーン法で合成される。ナノ材料は，トップダウン法ではバルク材料を粉砕やミリングによるナノサイズへの加工，ボトムアップ法では化学的還元による合成で生成される。化学物質使用の低減とエネルギー消費の削減のため，ナノ材料の調製にグリーン合成法が導入された。このプロセスで，高い抗酸化作用を持つ植物の抽出物を用いてナノ粒子が合成された[13, 14]。

表 4.1　ナノ材料のさまざまな分類

タイプ	機能・特性
次元	0 次元：すべての寸法がナノスケール（<100 nm）（量子ドット，中空ナノ粒子） 1 次元：2 次元がナノスケール（ナノロッド，ナノファイバー） 2 次元：1 次元がナノスケール（多層ナノ構造） 3 次元：どの次元もナノスケールでない（>100 nm）（カーボンフラーレン）
化学物質	金属（鉄，鉛，チタニウム）
素材構成	複合材料（ハイブリッドナノファイバー，金属-金属，金属-炭素） 炭素質（カーボンナノチューブ，カーボンナノファイバー，グラフェン）
形態	平面と球体

4.2 ナノテクノロジーの応用

4.2.1 重金属除去

ナノ粒子は，重金属除去の吸着剤として主に用いられている。ゼロ価の鉄，マグネタイト，グラフェン，カーボンナノチューブなどのナノ粒子は，高い表面体積比，安定性，不活性，反応性，生体適合性などの特有の特性を示し，吸着剤の有望な候補とされている。有機化合物と同様に，重金属も非生分解性であり，食物連鎖により蓄積され，その後，人間や動物に影響を与える[15, 16]。近年，水溶液からの重金属汚染処理の先駆けとして，鉄系ナノ材料が発見された。その中でも 0 価の鉄は，その安定性，容易な合成，還元性から，Pb^{2+}（鉛），Ni^{2+}（ニッケル），Zn^{2+}（亜鉛），Cd^{2+}（カドミウム），Cr^{+6}（クロム），Cu^{2+}（銅）の吸着に広く用いられている。Azzam ら[17]は，ナノゼロ価鉄（nZVI）により水溶液から Pb(II)，Ni(II)，Cu(II)，Cd(II) の 4 つの金属イオンを除去した。最大吸着容量は以下の順で観測された。Pb^{2+}（1666 mg/g）＞Cu^{2+}（181 mg/g）＞Cd^{2+}（151 mg/g）＞Ni^{2+}（133 mg/g）。著者らは，最初に nZVI の表面に金属イオンが物理的に吸着し，後に共沈したと記述している。溶液の pH は主に金属イオンの除去率に影響し，nZVI 表面での FeOOH の形成が吸着率を向上させたことを示唆している。重金属の浄化で観察されるもう 1 つのメカニズムは還元現象である。Fu ら[18]は，そのレビューの中で，クロムの還元に関わる反応について述べている。クロムは，6 価の状態（Cr^{+6}）では環境中の有害な汚染物質となるため，これを無害な形態（Cr^{+3}）に還元することが必要である。nZVI 粒子は 6 価クロムを容易に吸収し，電子移動により鉄粒子は Fe^{+3} イオンに酸化され，6 価クロムを Cr^{+3} に還元する（式（4.1）および（4.2））。その後，鉄とクロムは Fe と Cr の水酸化物の形で析出する。しかし，nZVI は磁性を持つため凝集しやすく，最終的にナノ粒子の反応性を低下させるという問題がある。この問題は，ポリマー，金属，多孔質材料などの基質にナノ材料を固定化することで解決される。

$$Cr_2O_7^{2-} + 2Fe + 14H^+ + \rightarrow 2Cr^{3+} + 2Fe^{3+} + 7H_2O \tag{4.1}$$

$$Cr^{3+} + Fe^{3+} + 6OH^- \rightarrow Cr(OH)_3 \downarrow + Fe(OH)_3 \downarrow \tag{4.2}$$

nZVI 以外に，Fe_3O_4 などの他の磁性ナノ材料も重金属の除去に利用されている。Shi ら[19]は，フィアボノイドポリマー複合体プロアントシアニジン（PAC）を用いたグリーン合成プロセスにより Fe_3O_4 ナノ粒子を合成し，水からの Pb^{2+}，Cu^{2+}，Cd^{2+}の吸着に用いた。その結果，最も高い除去率は Cu^{2+}，Cd^{2+}，Pb^{2+}それぞれで 96%，91%，87%であった。彼らの研究では，PAC 中の水酸基の存在が金属イオンと協調し，Fe-PAC 表面と表面錯体を形成して吸着率を向上させることを提唱している。Lin ら[20]は，磁性酸化鉄ナノ粒子（Fe_3O_4 および γ-Fe_2O_3）を用い，共存系で As(V)，As(III) および Cr(VI) の処理を行った。除去メカニズムは，水酸基イオンを持つ外側の層と，金属イオンとの複合体を形成する内側の層の形成に起因すると考えられる。酸化鉄ナノ粒子は，As(III) や Cr(VI) と比較して，As(V) イオンに対して高い親和性を持つことが確認された。これは，As(V) の結合エネルギーが，酸化鉄の外側層から置換する As^{3+}（0.35 eV）や Cr^{+6}（0.26

eV）に比べて強い（0.39 eV）ためである。したがって，他の金属イオン（Cr(VI) および As(III)）のさらなる除去には，高い pH 値でより多くの量のナノ粒子が必要であった。ナノファイバーを用いた膜ろ過も，金属イオンの処理に採用された。Liu ら[21]は，ポリアクリロニトリル（PAN）とポリビニルアルコール（PVA）で修飾したナノファイバー複合膜によって，クロムやカドミウムの汚染水を除去した。PAN 修飾膜の表面に存在するアミノ基は，Cr^{+6}（66 mg/g）と Cd^{+2}（33 mg/g）の高い吸着率をもたらす。さらにナノ材料は，さまざまな分解プロセスの触媒として用いることもできる。

4.2.2　染料除去

染料排水は，その毒性とさまざまな産業分野（皮革，繊維，食品産業）での恒常的な使用により，難生分解性物質と考えられている。表流水に排出される染料廃水の約 50%が水質や人の健康に影響を与えると推定されている[22-24]。染料は発色団（$-NO_2$, -C=O-, -C=N-, -C=C-, -N=N-）と二重結合を持つ非局在化電子構造として定義される[25]助色団（-COOH, -OH, SO_3H および$-NH_3$）からなるため，非常に安定で非生分解性である。染料は，その用途から，アゾ系，直接性，反応性，酸性染料，および塩基性染料に分類される。アゾ染料は, -N=N-基の存在が特徴で，従来の処理プロセスでは分解されにくい。アゾ染料は繊維染料廃水の 70%を占めるため，この節では，アゾ染料についての重要な研究を説明する[26, 27]。Liu ら[28]は，生物処理システムに nZVI 粒子を組み込んで，コンゴレッド色素の除去を研究している。このシステムでは，まず，nZVI のコアシェル構造を通じて鉄ナノ粒子によりコンゴレッド色素のアゾ結合が分解される。さらに，強い還元条件下では溶液の pH が上昇し，これが染料分子の変性につながる。その後，第 1 ステージからの排水は，好気性膜バイオリアクターで構成される第 2 ステージに送られる。nZVI を組み込むことで，33～70%の色素除去率しか認められなかった単一のバイオリアクターと比較して，生分解性が 99%まで向上した。Hong ら[29]は，カチオン性染料（メチレンブルー，ローダミン B，マラカイトグリーン）を分解する重要なカーボンナノ材料である酸化グラフェン（GO）を合成した。水分散性を高め，GO 粒子の凝集を抑制するために，ナノ材料はさらにアニオン性ポリマーであるポリ（スチレンスルホン酸ナトリウム）（PSS）で機能化した。また，GO の吸着能力を還元型酸化グラフェン粒子（rGO）と比較した。PSS-rGO 吸着で得られたマラカイトグリーン，メチレンブルー，ローダミン B の最大吸着容量（q [mg/g]）は，それぞれ 1,034，1,134，941 mg/g であった。これは，色素分子とグラフェンとの間の π-π 相互作用と強い静電引力による吸着能力向上のためと考えられる。また，GO と膜への結合も染料の除去に応用された。Mahmoudian and Kochameshki[30]は，高分岐エポキシ官能性 GO を合成し，これをポリエーテルスルホン膜マトリックスにグラフトさせ，負と正を帯びたさまざまな工業染料，すなわちアシッドレッド 18，クリスタルバイオレット，メチレンブルー，ブロモチモールブルー，メチルオレンジ，アシッドイエロー 36 の除去を行った。GO を膜に組み込むことで，安定性，耐熱性が向上し，目詰まりの問題が解決された。吸着速度は膜の表面電荷に影響され，負に帯電した染料はより多くはじかれるため，拒絶率（80%）が増加し，その後，染料の除去には孔径が重要な役割を果たすようになる。染料の吸着現

象は，染料の表面電荷に応じた膜表面への吸着から始まり，後に膜の細孔径に依存する。

4.2.3 有機塩素化合物（OCC）の除去

有機塩素化合物（OCC）は，ジクロロジフェニルトリクロロエタン（DDT），ダイオキシン，ポリ塩化ビフェニルなどのアリールおよびアルキルの有機塩素化物を有する化合物と定義されている[31,32]。ドライクリーニング，金属の脱ガス，農薬や除草剤の製造といった工業化プロセスは，塩素化有機化合物の生産を増大させた[33, 34]。炭素-塩素結合の存在は，その構造に高い安定性をもたらし，加水分解や塩素置換反応のような従来のプロセスによる断片化を阻害する[35]。さらにOCCは親油性であり，生体細胞の脂肪組織に溶解するため，生体濃縮と生体蓄積されやすい[36, 37]。表層水ではOCC濃度は0.07～4493 ng/Lと検出された。塩素原子の電気陰性度は非常に高く，脱ハロゲン化には大きなエネルギーが必要である[38]。OCCの脱ハロゲン化に関するこれまでの研究では，nZVI粒子への吸着が用いられ，吸着したC-Cl結合は還元的開裂により断片化された[39-41]。しかし，nZVI粒子への吸着過程では，安定性の低下，二塩素化反応性，金属溶出の問題が生じた。支持体の使用は，鉄ナノ粒子の制限を克服する。Tsengら[42]は，粒状活性化-nZVI複合体をトリクロロエチレンの除去に適用した。反応機構は，トリクロロエチレンの吸着と還元である。Zhangら[43]は，4-クロロフェノール（4-CHP）の二塩素化のために，Pd-Fe_3O_4をナノ触媒とする電気化学的還元のハイブリッドシステムを設計した。Pd-Fe_3O_4粒子は，4-CHPへの直接的な電子移動と，脱ハロゲン化反応につながる原子状水素の生成への間接的な電子移動を促進する。反応時間100分でほぼ100%の脱ハロゲン化効率を達成した。pH，触媒量，電流密度などの因子は，除去効率に影響を与える。脱ハロゲン生成物として，シクロヘキサノン，シクロヘキサノール，およびフェノールが得られた。Gulipalliら[44]は，有機塩素系農薬であるジコホルを分解するナノ触媒として，Ni-Znドープ多層カーボンナノチューブを用いた。この研究では，pH6では84分の反応時間内に約99%のジコホルが除去されることが示された。

4.2.4 無機陰イオン

水質は，リン酸塩，硝酸塩，硫酸塩，炭酸塩などの陰イオンの存在に大きく影響される。水中の窒素やリンの濃度が高くなると，富栄養化現象が起こり，溶存酸素が減少する[45, 46]。陰イオン汚染の主な原因は，肥料，農業排水，下水排水である[47, 48]。活性汚泥法，化学沈殿法，電気透析法，逆浸透法などの処理方法が適用されている[49, 50]。しかし，イオンの選択性の低さ，汚泥処理の問題，化学物質の消費，排水の中和の問題などがプロセス実行中に発生した[51]。一般にナノ材料による吸着は，その簡便さと操作のしやすさから，他の処理プロセスよりも好まれる。最近陰イオン性汚染物質の吸着に，キトサンをベースとしたナノ材料が用いられるようになった。キトサンは複数の官能基（アミノ基とヒドロキシル基）を持っており，それが樹脂，ヒドロゲル，金属酸化物などの他の成分との結合部位を提供する[52-54]。Mohammadiら[55]は，水溶液中の硝酸塩，リン酸塩，フッ化物吸着のために，強磁性ナノ粒子を含むカルボキシル化キトサンを合成した。その結果，合成したナノ粒子は，酸性条件下（pH3）で，2 g/Lの最適添加量

表 4.2　ナノテクノロジーを用いたさまざまな有機・無機汚染物質の浄化に関する代表的研究

汚染物質	プロセス	ナノ材料	濃度	除去率（%）/吸着	参考文献
重金属					
Pb^{2+}	吸着	キャッサバの皮からのナノ結晶	40 mg/L	86%	[58]
Pb^{2+} と Ni^{2+}	吸着	ハイドロキシアパタイト，ベントナイト，およびベントナイト-ハイドロキシアパタイト	25 mg/L	1.9–2.1 mmol/g	[59]
Cr^{+6} と Cd^{+2}	吸着	層状複水酸化物カーボンナノシート	–	35.6 mg/g	[60]
Pb^{2+} と Cu^{2+}	膜ろ過	ZIF-67-カルボキシル化 GO ナノシート	–	64–86 mg/g	[61]
色素					
繊維工場排水	光触媒	ZnO-W-Ag ナノ光触媒	–	78%	[62]
ローダミン B	吸着	酸化グラフェンのハイブリッド・エアロゲル	500 mg/L	539 mg/g	[63]
クリスタルバイオレット		ナノシート-ジアルデヒドデンプンナノクリスタル		318 mg/g	
反応性レッド X-3B	光触媒	Zr-TiO_2-SBA-15 ナノ光触媒	–	96%	[64]
メチレンブルー	吸着	グラフェン・カーボンナノチューブ・ビーズ	–	521 mg/g	[65]
メチレンブルー	フェントン酸化	ヨークシェル Fe_3O_4@MOF-5	50 mg/L	98%	[66]
有機塩素化合物					
2,4,6-トリクロロフェノール	光フェントン	ナノサイズ鉄（III）	20–100 mg/L	100%	[67]
農薬（エンドスルファン，ジクロロジフェニルジクロロエチレン[DDE]，クロロホルム，フロロカーボン	吸着	還元された酸化グラフェン-銀ナノ粒子	1–2 mg/L	1534 mg/g	[68]
2,4-ジクロロフェノール（DCP） 2,4-ジクロロフェノキシ酢酸	湿式過酸化物酸化	コバルト置換亜鉛フェライトナノ複合体	1–2 g/L	80%	[69]
無機陰イオン					
フッ化物，硝酸塩，リン酸塩	吸着	強磁性ナノ粒子	2–20 g/L	0.2–0.4 mg/g	[55]
硝酸塩とリン酸塩	イオン交換	トリエチルアミン-Fe_2O_3 ナノ粒子	–	12 mg/g	[70]
リン酸塩	吸着	TiO_2 セルロースナノ複合体	–	19.5 mg/g	[71]

で97%の陰イオンを効果的に除去した。Zavarehら[56]は，キトサン-鉄ナノ複合体に銅イオンを結合させ，不溶性の銅(II)-リン酸複合体を形成した。リン酸塩に対して得られた最大吸着容量は88 mg/gであった。吸着とは別に，ナノ材料が関与する光触媒プロセスも無機アニオンの除去に適用された。Veluら[57]は，光触媒プロセスでの硝酸塩とリン酸塩の還元のため，*Moringati oleifera* gumから合成された炭素-アルミニウム酸化物ナノ複合体を用いた。ナノ複合体はバンドギャップエネルギーを高め，硝酸イオンとリン酸イオンのヘテロ接合を提供するため，プロセス効率が向上した。さらに，Al_2O_3粒子がO_2分子の光活性化を刺激し，除去率を向上させた。硝酸イオンとリン酸イオンの除去率は，それぞれ94%と95%であった。

4.3 結　論

過去20年間，ナノテクノロジーは難分解性化合物の処理において注目されてきた。ナノ材料は，表面化学，サイズ，物理化学的特性などの明確な特徴により，吸着剤，触媒，または膜ろ過のイオン交換樹脂として，さまざまな浄化プロセスに応用できる（表4.2）。Fe_3O_4やnZVIなどの鉄ナノ粒子は，そのコアシェル構造と磁性により，他の材料（キトサン，アルミニウム，銅，銀）と比較して，あらゆる処理プロセスで優位に適用された。これにより，複雑な化合物を同時に酸化・還元し，処理終了時にナノ粒子を容易に分離できる。しかし，鉄系ナノ粒子の毒性や溶出については，さらなる研究が必要である。金属以外に，カーボンナノチューブ，ナノロッド，グラフェンなどの炭素質材料は，水処理プロセスでうまく利用され，鉄ナノ粒子の限界を克服することができた。さらに，ナノ材料と膜ろ過，電気化学的酸化，光触媒などの他の処理技術との融合により，汚染物質の除去効率が向上した。最後に，ナノ材料の運命，輸送，再利用性についての詳細な研究を行い，環境への影響を探る必要がある。

References

[1] Albadarin, A.B., Collins, M.N., Naushad, M. et al. (2017). Activated lignin–chitosan extruded blends for efficient adsorption of methylene blue. *Chemical Engineering Journal* 307: 264–272.

[2] Naushad, M. and Alothman, Z.A. (2015). Separation of toxic Pb^{2+} metal from aqueous solution using strongly acidic cation–exchange resin: analytical applications for the removal of metal ions from pharmaceutical formulation. *Desalination and Water Treatment* 53 (8): 2158–2166.

[3] Wu, L.K., Wu, H., Liu, Z.Z. et al. (2018). Highly porous copper ferrite foam: a promising adsorbent for efficient removal of As (III) and As (V) from water. *Journal of Hazardous Materials* 347: 15–24.

[4] WHO/UNICEF. Joint Water Supply, & Sanitation Monitoring Programme (2014). *Progress on Drinking Water and Sanitation: 2014 Update*. World Health Organization.

[5] Elias, M.A., Hadibarata, T., and Sathishkumar, P. (2021). Modified oil palm industry solid waste as a potential adsorbent for lead removal. *Environmental Chemistry and Ecotoxicology* 3: 1–7.

[6] Ibrahim, R.K., Hayyan, M., AlSaadi, M.A. et al. (2016). Environmental application of nanotechnology: air, soil, and water. *Environmental Science and Pollution Research* 23 (14): 13754–13788.

[7] Mohapatra, M., Anand, S., Mishra, B.K. et al. (2009). Review of fluoride removal from drinking water. *Journal of Environmental Management* 91 (1): 67–77.
[8] Sathishkumar, P., Arulkumar, M., and Palvannan, T. (2012). Utilization of agro-industrial waste Jatropha curcas pods as an activated carbon for the adsorption of reactive dye remazol brilliant blue R (RBBR). *Journal of Cleaner Production* 22 (1): 67–75.
[9] Panahi, Y., Mellatyar, H., Farshbaf, M. et al. (2018). Biotechnological applications of nanomaterials for air pollution and water/wastewater treatment. *Materials Today: Proceedings* 5 (7): 15550–15558.
[10] Zahari, A.M., Shuo, C.W., Sathishkumar, P. et al. (2018). A reusable electrospun PVDF-PVP-MnO2 nanocomposite membrane for bisphenol A removal from drinking water. *Journal of Environmental Chemical Engineering* 6 (5): 5801–5811.
[11] Lichtfouse, E., Schwarzbauer, J., and Robert, D. (ed.) (2015). *Pollutants in Buildings, Water and Living Organisms*. Springer International Publishing.
[12] Rienzie, R., Ramanayaka, S., and Adassooriya, N.M. (2019). Nanotechnology applications for the removal of environmental contaminants from pharmaceuticals and personal care products. In: *Pharmaceuticals and Personal Care Products: Waste Management and Treatment Technology*, 279–296. Butterworth-Heinemann.
[13] Biswas, A., Bayer, I.S., Biris, A.S. et al. (2012). Advances in top-down and bottom-up surface nanofabrication: techniques, applications and future prospects. *Advances in Colloid and Interface Science* 170 (1, 2): 2–27.
[14] Saleh, T.A. (2020). Nanomaterials: classification, properties, and environmental toxicities. *Environmental Technology and Innovation* 20: 101067.
[15] Gutiérrez, J.C., Amaro, F., and Martín-González, A. (2015). Heavy metal whole-cell biosensors using eukaryotic microorganisms: an updated critical review. *Frontiers in Microbiology* 6: 48.
[16] Ngah, W.W. and Hanafiah, M.M. (2008). Removal of heavy metal ions from wastewater by chemically modified plant wastes as adsorbents: a review. *Bioresource Technology* 99 (10): 3935–3948.
[17] Azzam, A.M., El-Wakeel, S.T., Mostafa, B.B., and El-Shahat, M.F. (2016). Removal of Pb, Cd, Cu and Ni from aqueous solution using nano scale zero valent iron particles. *Journal of Environmental Chemical Engineering* 4 (2): 2196–2206.
[18] Fu, F., Dionysiou, D.D., and Liu, H. (2014). The use of zero-valent iron for groundwater remediation and wastewater treatment: a review. *Journal of Hazardous Materials* 267: 194–205.
[19] Shi, Y., Xing, Y., Deng, S. et al. (2020). Synthesis of proanthocyanidinsfunctionalized Fe_3O_4 magnetic nanoparticles with high solubility for removal of heavy-metal ions. *Chemical Physics Letters* 753: 137600.
[20] Lin, S., Lian, C., Xu, M. et al. (2017). Study on competitive adsorption mechanism among oxyacid-type heavy metals in co-existing system: removal of aqueous As (V), Cr (III) and As (III) using magnetic iron oxide nanoparticles (MIONPs) as adsorbents. *Applied Surface Science* 422: 675–681.
[21] Liu, X., Jiang, B., Yin, X. et al. (2020). Highly permeable nanofibrous composite microfiltration membranes for removal of nanoparticles and heavy metal ions. *Separation and Purification Technology* 233: 115976.
[22] Das, G.S., Sarkar, S., Aggarwal, R. et al. (2019). Fluorescent microspheres of zinc 1,2-dicarbomethoxy-1,2-dithiolate complex decorated with carbon nanotubes. *Carbon Letters* 29 (6): 595–603.
[23] Malik, A. and Grohmann, E. (ed.) (2011). *Environmental Protection Strategies for Sustainable Development*. Springer Science & Business Media.
[24] Xu, W., Wang, X., and Cai, Z. (2013). Analytical chemistry of the persistent organic pollutants identified in the Stockholm convention: a review. *Analytica Chimica Acta* 790: 1–13.
[25] Van Der Zee, F.P., Bisschops, I.A., Lettinga, G., and Field, J.A. (2003). Activated carbon as an electron

acceptor and redox mediator during the anaerobic biotransformation of azo dyes. *Environmental Science and Technology* 37 (2): 402-408.

[26] Kim, S.H. and Choi, P.P. (2017). Enhanced congo red dye removal from aqueous solutions using iron nanoparticles: adsorption, kinetics, and equilibrium studies. *Dalton Transactions* 46 (44): 15470-15479.

[27] Moon, B.H., Park, Y.B., and Park, K.H. (2011). Fenton oxidation of orange II by pre-reduction using nanoscale zero-valent iron. *Desalination* 268 (1-3): 249-252.

[28] Liu, J., Liu, A., Wang, W. et al. (2019). Feasibility of nanoscale zero-valent iron (nZVI) for enhanced biological treatment of organic dyes. *Chemosphere* 237: 124470.

[29] Hong, M., Wang, Y., Wang, R. et al. (2021). Poly (sodium styrene sulfonate) functionalized graphene as a highly efficient adsorbent for cationic dye removal with a green regeneration strategy. *Journal of Physics and Chemistry of Solids* 152: 109973.

[30] Mahmoudian, M. and Kochameshki, M.G. (2021). The performance of polyethersulfone nanocomposite membrane in the removal of industrial dyes. *Polymer* 224: 123693.

[31] He, F., Zhao, D., and Paul, C. (2010). Field assessment of carboxymethyl cellulose stabilized iron nanoparticles for in situ destruction of chlorinated solvents in source zones. *Water Research* 44 (7): 2360-2370.

[32] Huang, B., Lei, C., Wei, C., and Zeng, G. (2014). Chlorinated volatile organic compounds (Cl-VOCs) in environment - sources, potential human health impacts, and current remediation technologies. *Environment International* 71: 118-138.

[33] Arellano-González, M.Á., González, I., and Texier, A.C. (2016). Mineralization of 2-chlorophenol by sequential electrochemical reductive dechlorination and biological processes. *Journal of Hazardous Materials* 314: 181-187.

[34] Littke, A.F. and Fu, G.C. (2002). Palladium-catalyzed coupling reactions of aryl chlorides. *Angewandte Chemie International Edition* 41 (22): 4176-4211.

[35] Henschler, D. (1994). Toxicity of chlorinated organic compounds: effects of the introduction of chlorine in organic molecules. *Angewandte Chemie International Edition in English* 33 (19): 1920-1935.

[36] Ashraf, M.A. (2017). Persistent organic pollutants (POPs): a global issue, a global challenge. *Environmental Science and Pollution Research* 24: 4223-4227.

[37] Chu, W.K., Wong, M.H., and Zhang, J. (2006). Accumulation, distribution and transformation of DDT and PCBs by Phragmites australis and Oryza sativa L.: II. Enzyme study. *Environmental Geochemistry and Health* 28 (1, 2): 169-181.

[38] El-Sheikh, M.A., Hadibarata, T., Yuniarto, A. et al. (2020). Role of nanocatalyst in the treatment of organochlorine compounds - a review. *Chemosphere* 268: 128873.

[39] Choi, K. and Lee, W. (2012). Enhanced degradation of trichloroethylene in nano-scale zero-valent iron Fenton system with Cu (II). *Journal of Hazardous Materials* 211: 146-153.

[40] Petersen, E.J., Pinto, R.A., Shi, X., and Huang, Q. (2012). Impact of size and sorption on degradation of trichloroethylene and polychlorinated biphenyls by nano-scale zerovalent iron. *Journal of Hazardous Materials* 243: 73-79.

[41] San Román, I., Alonso, M.L., Bartolomé, L. et al. (2013). Relevance study of bare and coated zero valent iron nanoparticles for lindane degradation from its by-product monitorization. *Chemosphere* 93 (7): 1324-1332.

[42] Tseng, H.H., Su, J.G., and Liang, C. (2011). Synthesis of granular activated carbon/zero valent iron composites for simultaneous adsorption/dechlorination of trichloroethylene. *Journal of Hazardous Materials* 192 (2): 500-506.

[43] Zhang, J., Lei, C., Chen, W. et al. (2021). Electrochemical-driven nanoparticulate catalysis for highly

efficient dechlorination of chlorinated environmental pollutant. *Journal of Catalysis* 395: 362–374.
[44] Gulipalli, P., Punugoti, T., Nikhil, P. et al. (2021). Synthesis and characterization of Ni/Zn dually doped on multiwalled carbon nanotubes and its application for the degradation of dicofol. *Materials Today: Proceedings* 44: 2760–2766.
[45] Conley, D.J., Paerl, H.W., Howarth, R.W. et al. (2009). Controlling eutrophication: nitrogen and phosphorus. *Science* 323 (5917): 1014–1015.
[46] Golterman, H.L. and De Oude, N.T. (1991). Eutrophication of lakes, rivers and coastal seas. In: *Water Pollution*, 79–124. Berlin/Heidelberg: Springer.
[47] Cui, X., Li, H., Yao, Z. et al. (2019). Removal of nitrate and phosphate by chitosan composited beads derived from crude oil refinery waste: sorption and cost-benefit analysis. *Journal of Cleaner Production* 207: 846–856.
[48] Smil, V. (2000). Phosphorus in the environment: natural flows and human interferences. *Annual Review of Energy and the Environment* 25 (1): 53–88.
[49] Jadhav, S.V., Bringas, E., Yadav, G.D. et al. (2015). Arsenic and fluoride contaminated groundwaters: a review of current technologies for contaminants removal. *Journal of Environmental Management* 162: 306–325.
[50] Zuthi, M.F.R., Guo, W.S., Ngo, H.H. et al. (2013). Enhanced biological phosphorus removal and its modeling for the activated sludge and membrane bioreactor processes. *Bioresource Technology* 139: 363–374.
[51] Aliaskari, M. and Schäfer, A.I. (2021). Nitrate, arsenic and fluoride removal by electrodialysis from brackish groundwater. *Water Research* 190: 116683.
[52] Khodadadi, M., Saghi, M.H., Azadi, N.A., and Sadeghi, S. (2016). Adsorption of chromium VI from aqueous solutions onto nanoparticle sorbent: chitozan-Fe-Zr. *Journal of Mazandaran University of Medical Sciences* 26 (141): 70–82.
[53] Viswanathan, N. and Meenakshi, S. (2008). Selective sorption of fluoride using Fe (III) loaded carboxylated chitosan beads. *Journal of Fluorine Chemistry* 129 (6): 503–509.
[54] Yagub, M.T., Sen, T.K., Afroze, S., and Ang, H.M. (2014). Dye and its removal from aqueous solution by adsorption: a review. *Advances in Colloid and Interface Science* 209: 172–184.
[55] Mohammadi, E., Daraei, H., Ghanbari, R. et al. (2019). Synthesis of carboxylated chitosan modified with ferromagnetic nanoparticles for adsorptive removal of fluoride, nitrate, and phosphate anions from aqueous solutions. *Journal of Molecular Liquids* 273: 116–124.
[56] Zavareh, S., Behrouzi, Z., and Avanes, A. (2017). Cu (II) binded chitosan/Fe_3O_4 nanocomomposite as a new biosorbent for efficient and selective removal of phosphate. *International Journal of Biological Macromolecules* 101: 40–50.
[57] Velu, M., Balasubramanian, B., Velmurugan, P. et al. (2021). Fabrication of nanocomposites mediated from aluminium nanoparticles/Moringa oleifera gum activated carbon for effective photocatalytic removal of nitrate and phosphate in aqueous solution. *Journal of Cleaner Production* 281: 124553.
[58] Abiaziem, C.V., Williams, A.B., Inegbenebor, A.I. et al. (2019). Adsorption of lead ion from aqueous solution unto cellulose nanocrystal from cassava peel. *Journal of Physics: Conference Series* 1299 (1): 012122. IOP Publishing.
[59] El-Nagar, D.A., Massoud, S.A., and Ismail, S.H. (2020). Removal of some heavy metals and fungicides from aqueous solutions using nano-hydroxyapatite, nano-bentonite and nanocomposite. *Arabian Journal of Chemistry* 13 (11): 7695–7706.
[60] Laipan, M., Zhu, J., Xu, Y. et al. (2020). Fabrication of layered double hydroxide/carbon nanomaterial for heavy metals removal. *Applied Clay Science* 199: 105867.

[61] Modi, A. and Bellare, J. (2020). Zeolitic imidazolate framework-67/carboxylated graphene oxide nanosheets incorporated polyethersulfone hollow fiber membranes for removal of toxic heavy metals from contaminated water. *Separation and Purification Technology* 249: 117160.

[62] Vafaee, M., Olya, M.E., Drean, J.Y., and Hekmati, A.H. (2017). Synthesize, characterization and application of ZnO/W/Ag as a new nanophotocatalyst for dye removal of textile wastewater; kinetic and economic studies. *Journal of the Taiwan Institute of Chemical Engineers* 80: 379-390.

[63] Chen, Y., Dai, G., and Gao, Q. (2019). Starch nanoparticles-graphene aerogels with high supercapacitor performance and efficient adsorption. *ACS Sustainable Chemistry and Engineering* 7 (16): 14064-14073.

[64] Bai, L., Wei, M., Hong, E. et al. (2020). Study on the controlled synthesis of Zr/TiO2/SBA-15 nanophotocatalyst and its photocatalytic performance for industrial dye reactive red X-3B. *Materials Chemistry and Physics* 246: 122825.

[65] Yao, T., Qiao, L., and Du, K. (2020). High tough and highly porous graphene/carbon nanotubes hybrid beads enhanced by carbonized polyacrylonitrile for efficient dyes adsorption. *Microporous and Mesoporous Materials* 292: 109716.

[66] Yang, R., Peng, Q., Yu, B. et al. (2021). Yolk-shell Fe3O4@MOF-5 nanocomposites as a heterogeneous Fenton-like catalyst for organic dye removal. *Separation and Purification Technology* 267: 118620.

[67] Vinita, M., Dorathi, R.P.J., and Palanivelu, K. (2010). Degradation of 2,4,6-trichlorophenol by photo Fenton's like method using nano heterogeneous catalytic ferric ion. *Solar Energy* 84 (9): 1613-1618.

[68] Koushik, D., Gupta, S.S., Maliyekkal, S.M., and Pradeep, T. (2016). Rapid dehalogenation of pesticides and organics at the interface of reduced graphene oxide-silver nanocomposite. *Journal of Hazardous Materials* 308: 192-198.

[69] Nair, D.S. and Kurian, M. (2017). Heterogeneous catalytic oxidation of persistent chlorinated organics over cobalt substituted zinc ferrite nanoparticles at mild conditions: reaction kinetics and catalyst reusability studies. *Journal of Environmental Chemical Engineering* 5 (1): 964-974.

[70] Wiriyathamcharoen, S., Sarkar, S., Jiemvarangkul, P. et al. (2020). Synthesis optimization of hybrid anion exchanger containing triethylamine functional groups and hydrated Fe (III) oxide nanoparticles for simultaneous nitrate and phosphate removal. *Chemical Engineering Journal* 381: 122671.

[71] Zong, E., Wang, C., Yang, J. et al. (2021). Preparation of TiO_2/cellulose nanocomposites as antibacterial bio-adsorbents for effective phosphate removal from aqueous medium. *International Journal of Biological Macromolecules* 182: 434-444.

第５章

大気汚染浄化のためのナノテクノロジー

Nanotechnology in Air Pollution Remediation

Haleema Saleem[1,2], Syed J. Zaidi[1], Ahmad F. Ismail[2] and Pei S. Goh[2]

[1] Qatar University, Center for Advanced Materials (CAM), University Street, P. O. Box:2713, Doha, Qatar

[2] Universiti Teknologi Malaysia, Advanced Membrane Technology Research Centre, School of Chemical and Energy Engineering, Jalan Iman, Johor Bahru 81310, Malaysia

5.1　はじめに

大気汚染は，ガス，粒子，エアロゾルが大気圏下部に放出される望ましくない状態と定義される[1]。この種の汚染は，人為的なものと自然（風に吹かれた塵，火山，火災など）の両方の原因により引き起こされる。大気汚染につながるガスや粒子は，その後，人体に有害な健康被害を及ぼすことがある。最も多く存在する大気汚染物質は，窒素酸化物，硫黄酸化物，硫化水素，微小な塵埃（エアロゾル），揮発性有機化合物（VOC）である。世界保健機関（WHO）によると，屋内外の大気汚染の複合的な影響により，世界全体で毎年約700万人が死亡しており，その主な原因は肺がん，慢性閉塞性肺疾患，心臓病，脳卒中，急性呼吸器感染症による死亡率の増加である。WHOの情報によると，中所得国や低所得国の暴露量が最も高く，10人中9人がWHOのガイドライン値を超える汚染物質を含む空気を吸い込んでいることが確認されている[2]。さらにWHOは大気汚染への対応でいくつかの国を支援している。都市を覆うスモッグから家庭内の煙まで，大気汚染は気候や健康に大きなリスクをもたらしている。公害から環境を守るため，世界のいくつかの国は，いくつかの種類の公害を規制し，公害を軽減する法律を制定している。

ナノテクノロジーとは，1～100ナノメートルサイズで行われる極微の世界を対象とする科学・工学・技術のことである。一般に，ナノテクノロジーは，100 nmまたはそれ以下のサイズの構造についてであり，そのサイズ範囲内の材料やデバイスの開発を意味する。ナノテクノロジーはナノスケールの高度材料の開発に用いられ，標準的なデバイス物理の革新的な拡張から分子の自己組織化に従った全く新しいアプローチまで，非常に多岐にわたる。さらにナノテクノロジーでは，原子レベルでの物質の直接制御が可能である。近年，ナノテクノロジーは水質，大気，土地の汚染の新たな解決策を提供し，従来の環境浄化技術の性能を高める可能性を持つものとして，盛んに研究されている。環境ナノテクノロジーは，現在の環境工学・環境サイエンスの形成に重要であると考えられている。ナノテクノロジーは，大気汚染浄化，触媒作用，汚染検出などのための経済的で高度な技術の開発と利用を確実に加速している。いくつかの研究で，さまざまな分野でのナノ粒子の使用と，それに関わる環境への影響が確認されている[3–10]。

ナノ材料は，その特性から工業の有害廃棄物やその他の汚染物質の排出の減少や汚染防止のための理想的な材料といえる。ナノ材料の特有で便利な特性には，表面積や反応性の高さ，高い電気伝導率，強度–重量比の向上などがある。ナノテクノロジーとナノ材料は，周囲に存在する微量汚染物質の検出と処理の代表的な技術に貢献している。

本章では，大気汚染浄化用途におけるさまざまなナノ材料の応用について議論する。この研究では，ナノ吸着剤，ナノ触媒，ナノフィルター，ナノセンサーなどの形式のナノ材料の利用を検証している。ナノ粒子，ナノファイバー，ナノロッド，ナノシート，ナノワイヤーなど，さまざまなナノ構造は空気浄化の用途で報告されている。大気中の汚染物質を除去するものとして，金属系のナノ材料だけでなく，炭素系のナノ材料も主に検討している。最後に，ナノ材料（金属系ナノ材料と炭素系ナノ材料）が環境に与える可能性のある影響についても議論している。研究がいくつかの環境浄化でのナノ材料の利用のさらなる発展に貢献していることは明らかである。

5.2 大気汚染浄化のためのナノテクノロジーの最新動向

この節は大気汚染浄化のための主な 4 つのナノテクノロジーの利用を扱う。1 つ目に，大気中の二酸化炭素（CO_2），硫化水素（H_2S），二酸化硫黄（SO_2），二酸化窒素（NO_2）の除去に用いる，カーボンナノチューブ（CNT），酸化亜鉛（ZnO），酸化鉄，ゼオライト，有機金属構造体（MOF）をベースとしたナノ吸着剤を扱う。2 つ目に，酸化チタン（TiO_2），MOF，CNT，銀ナノ粒子を用いたナノフィルターやナノ構造膜について議論し，エレクトロスパンナノ膜が粒子状物質（PM），SO_2，微生物などを除去する可能性を示す。3 つ目に，NO_x ガス，VOC，ホルムアルデヒド，および微生物を効果的に分離するための TiO2，ZnO に基づくナノ触媒を検討する。最後に，還元型酸化グラフェン（rGO），CNT，ZnO，コロイド量子ドット（CQD），酸化ニッケル，TiO_2 を用いた，NO_2，SO_2，H_2S の検出用ナノセンサーについて議論する。

5.2.1 ナノ吸着剤

低い効率と限られた活性サイト表面積の従来の吸着剤に比べ，先進的なナノ吸着剤は，環境からのガス，細菌，その他の有機化合物除去の吸着効率が大幅に向上する。吸着特性は，吸着剤の性質，特に表面積と空隙率に大きく依存する。CNT，活性炭，炭素繊維複合材料などの炭素系材料は，CO_2 に対して高い親和性を持つため，潜在的な吸着剤として開発されてきた[11]。CNT（図 5.1）は，温度上昇により吸着した CO_2 を脱着する可逆的な性質を持つため，近年 CO_2 吸着への利用が注目されている。アミン官能基を持つ CNT は，CO_2 の捕獲に有望な吸着剤と考えられている。アミン基は CO_2 と反応し，重炭酸イオンやカルバミン酸イオンを形成する能力がある[11]。CNT は表面積が大きく化学的に安定しているため，吸着剤の担体として適しており，CO_2 の吸着プロセスで吸着

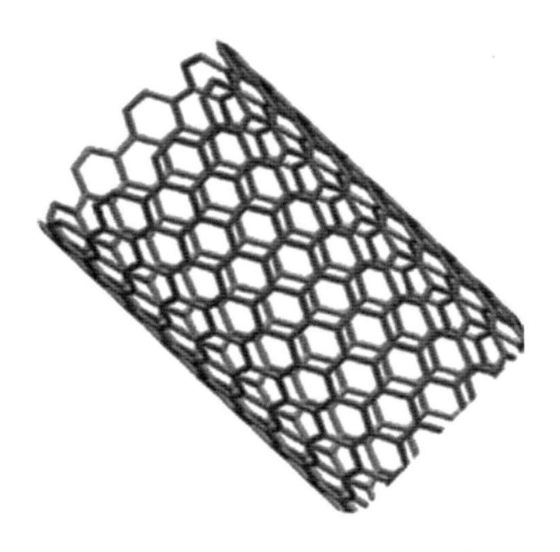

図 5.1 カーボンナノチューブのモデル

出典：Hussain[12]から改変

剤の変性確率を低下できる。Gui ら[13]の研究では，硫酸と硝酸による酸前処理，および(3-アミノプロピル）トリエトキシシランによるアミン機能化という二段階の過程で，多層 CNT のアミン機能化から CO_2 捕捉用の優れた吸着材を調製した。アミン官能基化した多層 CNT の CO_2 吸着試験は高い性能を示し，1 g の吸着剤あたり 75.40 mg CO_2 吸着という最大の CO_2 吸着を示した。

ZnO ナノ構造は，化学的・物理的に優れた特性から，多くの研究者の注目を集め，エネルギー・環境・電気分野への応用が期待されている。このような用途の中でも，酸化亜鉛ナノ構造は非触媒的サフィックス反応での熱安定性が高く，特に吸着機構による高温での空気中の硫化水素除去への利用がよく研究されている[14]。Huy ら[15]の研究は，ZnO ナノ粒子の調製に界面活性剤と後熱処理を用いない超音波アシスト沈殿を用いたシンプルな 1 ステップ技術と，吸着プロセスによる空気中の H_2S の除去への応用を報告している。吸着試験の結果，調製した酸化亜鉛ナノ吸着材は，処理した空気量が非常に多く，また吸着時間も長いため，硫化水素に対する吸着能力が高いことが確認された。以上より，調製した ZnO ナノ吸着材は，さまざまな生態系へ応用可能なナノ吸着材として有望な材料であることが確認された。

SO_2 は無色，非爆発性，不燃性のガスで，大気中で 0.30–1.0 ppm の濃度で風味を感じるようになる。大気中では，SO_2 は非常に安定した最終生成物に変化する。SO_2 は，硫黄を含む化石燃料の燃焼だけでなく，他の産業活動からも大気中に放出される[16]。Luo ら[17]は，単一ガスの吸着結果を報告し，ゼオライトが CO_2，SO_2，一酸化窒素の除去に非常に有効であることを確認した。Arcibar-Orozco ら[18]は，3–4 nm サイズの鉄ナノ粒子を適切に分散させた反応中心を加えることで，SO_2 の吸着量が 80% ほど増加することを確認した。Sekhavatjou ら[19]は，酸化亜鉛と酸化鉄のナノ粒子を用いた，サワーガスからの硫黄成分の分離を検討した。Mahmoodi Meimand et al.[20]は，2 つのナノ材料，すなわち天然のクリノプチロライトゼオライトと酸化鉄ナノ粒子を含むクリノプチロライトゼオライトを SO_2 吸着のためのナノ吸着剤としての利用を検討した。試験結果から，酸化鉄ナノ粒子を添加したゼオライトは，酸化鉄ナノ粒子が再生可能であるため，未修飾のゼオライトより SO_2 の吸着効率が向上することがわかった。これは，空気中の SO_2 除去の効率的で信頼性の高い実用的な技術であると考えられる。

ガスの流れから窒素や硫化化合物を捕捉するナノ吸着剤として，MOF を用いたいくつかの研究が報告されている[21, 22]。これらの MOF ベースのナノ吸着剤のうち，NH_2 で置換した UiO-66 は，酸性ガス（CO_2，H_2S，NO_2，SO_2 など）吸着に高い能力を示した。UiO-66-NH は有害ガスを数分以内に吸着することから，解毒材料としての可能性がある。変動可能な孔径，高い空隙率，UiO-66-NH_2 の濃度の高さという性質が，UiO-66-NH_2 を酸性ガスの除去に最適な材料としている[22]。

5.2.2　ナノフィルター・ナノ構造膜

いくつかの研究により，水処理と空気処理に広く応用される膜にナノ材料を用いることができることが確認されている[8, 23–27]。汚染された空気の組成の複雑さとさまざまなエアフィルターの使用条件のため，空気ろ過材料は，複数のろ過と変化する環境条件下で

の構造/機能安定性の両方で優れた性能を達成することが重要である。Horváth ら[28]は，個人用保護具や先進世代の空気清浄機，エアコンで優れた性能を発揮すると考えられている TiO_2 ナノワイヤーベースのフィルター（図 5.2）を開発した。Deng ら[29]は，優れた空気ろ過性能を実現するため，ポリスチレンとポリプロピレンをベースとした膜を一段階メルトブロー法で製造し，マルチスケールマイクロ/ナノファイバーの作製に成功した。このマイクロスケール繊維は，メルトブロー不織布の透過性を高める骨格支持体として機能し，ナノスケール繊維は，前駆体溶液組成を変えるだけでろ過性能を向上させる表面積/体積比を高める接続支柱として機能する。さらに，得られた不織布は，ろ過効率の向上と圧力の低下を同時に達成し，99.87%という高い空気ろ過効率，37.73 Pa という低い圧力低下，0.18 Pa^{-1} という十分な品質係数を示した。マイクロファイバーやナノファイバーを 1 ステップで簡単に作成できるこのような効果的な方法は，大気汚染を軽減する高度な分離・ろ過材料の開発に貢献する可能性がある。

近年，エレクトロスパンナノファイバー膜は，その表面活性改質能力から，ガス状汚染物質のろ過に用いられている。Kadam ら[30]は，大気汚染物質をろ過するために，異なるポリマーから開発されたエレクトロスパンナノファイバー膜に関するレビューを発表した。石炭や重油の燃焼から放出される SO_2 などの大気汚染物質は，酸性雨の主な原因であり，人間の健康に悪影響を及ぼす[31]。さらに，SO_2 の放出は通常，粒子状物質（PM）を伴うため，フィルターの捕捉コストが高くなる。ナノ構造膜は，繊維径が小さく，比表面積が高く，細孔が小さいため，マイクロファイバーよりも PM をうまく捕捉できる可能性がある。

金属イオン/クラスターと有機配位子からなる多孔性 MOF は，大きな比表面積，高い空隙率，多様な構造など，その卓越した特性により大きな研究関心を集めている。Yin ら[32]による研究では，柔軟なシリカナノファイバー膜上にゼオライトイミダゾレート骨格，ZIF-67 ナノ粒子をその場で成長させることにより，多機能空気ろ過膜を合成する簡

図 5.2　酸化チタン（TiO_2）ナノワイヤーをベースとしたフィルター

出典：Horváth et al. [28] より John Wiley & Sons の許可を得て掲載

単な方法が示された。ナノファイバーとZIF-67ナノ粒子の組み合わせは，有毒ガスと膜の接触面積を増加させることで，吸着効果を非常に高めた。これによりこの膜の平衡SO_2吸着能と微小粒子状物質（PM2.5）ろ過効率は，それぞれ1,013 mg/gと100%に達した。Zhangらによる別の研究[33]では，4つの例外的なMOF構造のナノ結晶を，MOFの負荷率が高い（60 wt%まで）ナノファイバーフィルターに加工した。これらのフィルターは，霞のかかった環境において89.67%までの高い粒子状物質除去効率を示し，この性能は48時間ろ過を続けてもほぼ変わらなかった。これらの薄いフィルターは，SO_2/窒素混合気流下で，SO_2を選択的に捕捉・保持することができ，その階層的なナノ構造は，圧力低下が20 Pa未満で，高いガス流量で新鮮な空気を透過させることができた。

極めて効果的な界面領域を持つCNTベースのフィルターは，フィブリルと粒子との接触を増加することができ，遮断だけでなく衝突の可能性も高めることができる[34]。CNTベースのエアフィルターは，圧力低下とろ過効率のトレードオフにおける特徴的な限界を克服できる可能性がある。Fengらによる研究では，酸性ガス吸着と超微細粉塵除去用に，多機能階層型UiO-66-NH_2-wrapped CNT/ポリテトラフルオロエチレン（PTFE）フィルターが設計された[35]。この多機能フィルターは，優れたSO_2吸着性能と超微細粉塵除去性能を示した。

さらに，空調用途のエアフィルターの抗菌活性の研究もいくつか行われている。SondiとSalopek-Sondi[36]は，大腸菌に対する銀ナノ粒子の抗菌活性を調べ，大腸菌の細胞壁にピットを作ることで大腸菌の細胞を破壊できることを確認した。Liら[37]は，エレクトロスピニング技術を用いて作製したナイロン-6ナノファイバーでコーティングした市販のエアフィルター媒体のろ過効率を分析した。ナイロン-6ナノファイバーを0.03～0.5 g/m^2の範囲でフィルターにコーティングすることで，ろ過性能が著しく向上することを確認した。Balamuruganら[38]は，空気と水のろ過媒体に使用されるさまざまなナノファイバー膜を調査し，空気や液体のろ過に使用する際のエレクトロスピンナノファイバーの主な欠点は，これらのファイバーが 同じポリマーから作られたキャスト膜と圧縮すると機械的に不安定になることである。一方，Rastogiら[39]は，シリカコーティングした酸化鉄ナノ粒子と銀ナノ粒子を開発し，大腸菌の細胞間壁の完全な破壊に約22.5時間かかることを明らかにした。Qingら[40]は，ヘルスケアシステムにおける銀ナノ粒子の抗菌機構を推奨し，銀ナノ粒子が複数の薬剤耐性株の破壊に働き，このようなシステムにおけるバイオフィルムの発達を阻止することを確認した。Hamzaら[41]は，銀ナノ粒子-ポリビニルアルコール-酸化亜鉛ナノファイバーの調製にエレクトロスピニング法を用い，開発されたフィルターが優れた抗菌性能を示すことを明らかにした。

さらに，Souzandehらによる研究[42]では，架橋タンパク質ナノファブリックが，多機能ろ過効率を維持しながら，さまざまな温度や水分レベルに対する構造安定性を大幅に高めることができることが指摘されている。さらに，架橋タンパク質ナノ材料は，*Shewanella oneidensis*のような細菌に対して抗菌性を示し，これにより生態学的安定性をさらに高めることも確認された。この研究はまた，ろ過機能と可変環境下での構造安定性の両方に優れた革新的な「グリーン」ナノ材料の経済的な解決策を提供した。

5.2.3 ナノ触媒

ナノベースの光触媒は大気汚染物質の浄化の可能性のある方法であり，近年より多くの研究が注目されている。光触媒は，光エネルギーの化学エネルギーへの変換効率が高く，生態系汚染物質の迅速な分解や無機化が可能であるため，水の殺菌，空気の浄化，汚染水の浄化などさまざまな環境用途に応用できる[43]。大気汚染物質の分離効率は，ナノベースの光触媒の相構造，表面テクスチャー，形態に大きく依存する。近年，多孔質構造を持ち，標的汚染物質に対して明確な化学吸着を示すナノベース光触媒の開発が大きく脚光を浴びている。これは，低濃度の反応物質がナノベース光触媒の表面周辺や表面に自由に蓄積できるようになり，光触媒性能が向上するためである[44]。

改質酸化チタン（TiO_2）を用いた光触媒は，大気と健康の両方を改善する可能性のある方法である。室内光照射下で高度な光触媒特性を有する改質 TiO_2 は，スマートコーティングを可能にし，室内用途に適した標準的な材料となる。通常，光触媒の性能は，光の吸収，表面の反応性，電荷の生成/再結合速度に影響されることが知られている。酸化チタンベースの光触媒材料や塗料を交通量の多い道路の建物の外壁に用いると，交通排気ガスから発生する二酸化窒素などの大気汚染物質を分解することが示されている。TiO_2 含有塗料は，照度，温度，湿度などの環境条件を制御し，一酸化窒素の分離効率が検証されている。無機および有機基質の無機化に加え，チタニアをベースとする光触媒は，広範な微生物を殺菌できる可能性がある[45]。

Binas ら[46]は，チタニアベースの光触媒技術を用いることで，標準的な外気や室内空気レベルの NO_x ガスや VOC の分離が可能であることを示した。さらに，チタニアをベースとする光触媒は，原生動物のシスト，細菌の芽胞，ウイルスなど環境中に存在する難分解性の微生物を含むさまざまな微生物の殺菌剤として，ここ数年大きな注目を集めている。湿度は，VOC と NO_x の両方の光分解に影響を与える。湿度が上昇すると，水分子が汚染物質分子と吸着部位を巡って競合するため，光酸化が停止する。Rezaee ら[47]は，ガス状ホルムアルデヒドの光触媒分解を検討した。Rezaee ら[47]は，骨炭にナノサイズの酸化亜鉛ナノ粒子を固定化し，ガス状ホルムアルデヒドの光触媒分解を検討した。その結果，ホルムアルデヒドの最大分解効果は約73%であった。また，ZnO ナノ粒子を骨炭に固定化することで，光触媒分解に相乗的な効果があることも確認された。これは骨炭へのホルムアルデヒド分子の吸着が強くなり，触媒酸化亜鉛への拡散が増加し，光触媒速度が速くなったためである。

Vohra ら[48]は，銀イオンをドープしたチタニアベースの光触媒を開発し，空気中の微生物の分解を促進した。銀イオンをドープした光触媒の性能は，循環式空気実験装置で触媒をコーティングしたフィルターを用いて確認された。MS2 バクテリオファージ，*Aspergillus niger*，大腸菌（*E. coli*），黄色ブドウ球菌（*Staphylococcus aureus*），バチルスセレウス菌（*Bacillus cereus*）を指標として，改良された光触媒プロセスの高い殺菌能力を実証した。この改良型光触媒の微生物分解能力は，典型的なチタニアベースの光触媒より一桁高いことが示された。この改良型光触媒プロセスは，より高濃度の空気中の微生物に効果的に用いることができる可能性があり，バイオテロへの防御の実現可能な代替手段となる。

5.2.4　ナノセンサー

現在，非常に低濃度（1 ppb 程度）で存在する化学化合物を検出する，圧電特性，熱特性，光学特性，電気化学特性を備えた高速応答ナノセンサーの作成に，さまざまなナノ材料が用いられている[49]。センサー用途に用いられるナノ材料の例としては，有毒ガス（NO_2，H_2S，SO_2 など）や重金属イオンなど，空気中に存在するさまざまな汚染物質の検出や測定用に調整されたグラフェン，CNT，金属，金属酸化物ベースのナノ粒子がある。NO_2，H_2S，SO_2 などの有害ガス検出のナノテクノロジーのさまざまな応用については，5.2.4.1～5.2.4.3 節で論じる。

5.2.4.1　NO_2 の検出

二酸化窒素は，主に窒素酸化物（NO_x）のさまざまな比率（x）の混合物として一般に見られる有害な大気汚染物質である。このガスは赤褐色で有毒であり，鋭く刺すような臭いが特徴的な刺激物でもある。グラフェン系材料は，化学的・物理的安定性が高く，表面積が大きく，室温でのキャリア移動度が高く，ゲストガスの脱着に伴って抵抗値が顕著に変化するなどの優れた特性を備えているため，室温ガスセンサーの開発に最適な候補として開発されている[50]。共有結合または非共有結合による表面改質によって rGO の半導体特性を調整することは，高性能の rGO ベースのセンシング材料を得る将来展望のある方法である。酸化グラフェン（GO)-多層 CNT 分散液を四塩化錫の存在下で水熱処理することで開発された rGO-多層 CNT-酸化スズナノ粒子ハイブリッドをセンシング材料に用い，改良型 NO_2 ナノセンサーが効果的に開発された[51]。主に，rGO-多層 CNT-酸化スズナノ粒子ハイブリッドに基づくセンサーは，室温での二酸化窒素の検出において，良好な回収率，高速な応答，優れた選択性，および改善された安定性を示し，これは以前に報告された rGO ベースの NO_2 センサーよりも優れていると考えられる。

Agarwal ら[52]は，PTFE メンブレンフィルター基板上の単層 CNT をベースとした，信頼性が高くフレキシブルなケミレジスター型二酸化窒素ガスセンサーを報告した。このセンサーは，単層 CNT 薄膜の作製に経済的なスプレーコーティングを用い，シャドウマスクを用いて金属接点を作製し，単層 CNT にポリエチレンイミンの非共有結合官能基を導入することで開発された。この薄膜は，乾燥空気中の室温で二酸化窒素ガスに対して高い感度を示し，濃度 5～0.75 mg/L で 167.7～21.58％であり，アンモニアに対してはほとんど無感受性であった。Wang ら[53]は，二段階湿式化学法によって，二酸化窒素検出用の二硫化モリブデン・ナノ粒子内包 rGO ハイブリッド材料を作製した。

CNT ベースのガスセンサーは，標準的な金属酸化物ベースの半導体ガスセンサーと比べ，高感度，低温動作，低消費電力など，いくつかの利点を提供する[54]。Jeon ら[55]は，溶液処理した単層 CNT ランダムネットワークに基づき，室温で動作する 10 億分の 1 レベルでも一酸化窒素を検出する選択的な超高感度ガスセンサーを開発した。これらのセンサーは，空気および不活性雰囲気の両方で 50％の応答を示し，検出限界は 0.20 ppb で，アンモニア，トルエン，ベンゼンを含む VOC のさまざまな汚染ガスへの選択性を示した。紫外線照射による光脱着エネルギーは，これらの高度な一酸化窒素ガスセンサーの

回収時間を数十秒以内に短縮した。さらに，CNTベースのガスセンサーでは，信頼性，再現性，安定性，ガスセンシング特性の向上のために，酸窒化ケイ素の官能基化が提案されている[56]。このプロセスは極めて簡単で，ここでは液体前駆体がCNT表面を完全に被覆し，表面改質は必要なく，熱処理後に半導体セラミックである酸窒化ケイ素の薄い層がCNT上に形成される。この先進的な導電性ガスセンサーは，350℃までの温度で，アンモニアを10 ppm，二酸化窒素を2 ppmまで検出できる。

5.2.4.2 H_2Sの検出

H_2Sは，100 ppmという低濃度でも刺激性がある有毒ガスである。極めて選択的で感度の高いガスセンサーは，可燃性で無色のガスから人体や環境の保護に貢献する。H_2Sの検出にはさまざまな金属酸化物ベースのセンサーが用いられているが，その中でも酸化亜鉛は優れたガス検知材料と考えられている。その理由は，化学的安定性，無毒性，ナノシート，ナノロッド，ナノ結晶構造，ナノワイヤーなどさまざまなクラスのナノ構造での合成が容易という卓越した特性による[57, 58]。Zhangら[59]は，表面キャッピング配位子オレイン酸を用いた簡単なコロイド技術によって，コロイド状ZnO量子ドットを合成した。CQDは，その優れた溶液加工性，集積化の容易さ，コストの低さから，ガスセンサーの有望な候補として発展しつつある。適切に分散された酸化亜鉛CQDをセラミック基板上にスピンコートし，化学抵抗性ガスセンサーを開発した。膜レベルでの配位子交換処理により，長鎖の表面キャッピングを除去し，効果的なガス吸着とキャリア輸送を促進した。理想的なセンサーは，室温で50 mg/Lの硫化水素にさらされたときの応答が113.5で応答時間は16秒と，より優れた性能を示した。この結果から，酸化亜鉛CQDが高性能ガスセンサーの有望な候補であることが確認された。

金属酸化物/グラフェンナノ複合体は，より高性能なガスセンサー作製の有望な候補として開発されつつある。Songら[60]は，rGOナノシートに固定された酸化スズ(IV)量子細線に基づく高感度室温H_2Sガスセンサーを作製した。シングルステップコロイド調製法を用いた酸化スズ(IV)の形態に関わる量子閉じ込めは，rGOの立体障害効果により，反応時間を調整することで適切に制御することができた。化学抵抗性ガスセンサー作製のため，開発されたスズ(IV)酸化物量子ワイヤー/rGOナノ複合体が，さらなる焼結を必要とせずにセラミック基板上にスピンコートされた50 ppmのH_2Sに対するセンサーの最適応答は2秒で33であり，22℃でのH_2Sの放出時に完全に可逆的である。簡単な作製プロセスと室温動作により，このセンサーは，低消費電力でH_2Sガスを超高感度に検出するのに非常に有益である。

Shanmugasundaramら[61]は，H_2Sの検出用に，階層型メソポーラス酸化ニッケル・ナノディスクと，ホウ素-窒素共ドープrGOナノディスク複合体を開発した。温度150℃で100 mg/LのH_2Sに対するホウ素-窒素共ドープrGOナノディスク複合センサーの検出応答はほぼ82であり，センサーは約24 ppbの検出限界を示した。さらにこのセンサーは，原型のrGO取り込み酸化ニッケルセンサーとそのままの酸化ニッケルナノディスクセンサーに比べ，それぞれ2倍と3倍の強い反応を示した。簡便な調製手順，優れた感度，高い安定性，迅速な応答性，選択性，常温での作動により，このホウ素-窒素共ドープ

rGO ナノディスク複合センサーは，特に爆発性環境や医療診断への応用が期待できる。

5.2.4.3 SO_2 の検出

SO_2 は，自動車の排気ガス，火力発電所の排出ガス，および化学生産プロセスにおける主な汚染物質と見なされている[62]。さらに SO_2 ガスは環境大気汚染物質であり，人間の耐性はおよそ 5 ppm であり，肺がん，心血管疾患，呼吸器疾患など人間にいくつかの深刻な病気をもたらす可能性もある。

Shao ら[63]は，スピン偏極密度汎関数理論に基づく第一原理法を用いて，内在グラフェンが SO_2 に対して有効な材料とは考えられないことを示した。Ren ら[64]は，化学気相成長グラフェンを電界効果トランジスタデバイスに組み込んだ SO_2 ガスセンサーを作製し，50 ppm の SO_2 濃度における検出特性を実証した。Zhang らによる研究[65]では，階層化の自己組織化 TiO_2/グラフェン膜デバイスによる，室温での超低濃度 SO_2 ガスセンシングが実証された。TiO_2 ナノスフェアと GO を階層化で交互に蒸着してナノ構造を形成し，その後 GO と rGO へと還元することで膜が開発された。組み立てた TiO_2/rGO ハイブリッドのガス検知特性を室温で低濃度の SO_2 ガスに対して分析した。組み立てた TiO_2/rGO ハイブリッドのガス検知特性を，より低濃度の SO_2 ガスに対して室温で分析した。このセンサーは，ppb レベルの検知，良好な可逆性，迅速な応答と回復，選択性，および SO_2 ガス検知の再現性を示した。このセンサーの潜在的な検知機構は，TiO_2 と rGO の相乗効果，および二酸化チタン/rGO 界面における特殊な相互作用によるものであった。本研究により，作製された TiO_2/rGO 膜センサーは，卓越した検知能力，低消費電力，費用対効果などのいくつかの利点を持ち，SO_2 検知への応用の可能性を持つことが示された。

Liu ら[66]は，ルテニウム/アルミナ触媒で装飾した酸化亜鉛ナノシートを作製し，この材料を SO_2 ガス検出用のマイクロセンサーと統合した。

単層 CNT，二層 CNT，多層 CNT を介在させたコレステリック・ネマティック混合物の SO_2 効果（SO_2 effect）下でのスペクトル特性は，Petryshak らの研究[67]で示されている。この研究では，複合材料の感度がその組成によりどう変化するかを検討し，ナノチューブの濃度が 0.30%のときに分光感度係数が最大になることを示した。

5.3 環境へのナノ材料の悪影響

ナノ材料は卓越した表面活性を持ち，多機能な粒子の製造に用いることができるため，これらは材料技術の今後の進歩に重要である。ナノ材料はより高い効率や高い反応性などの特性を持つが，大気汚染浄化への商業規模の応用を妨げるいくつかの欠点がある。議論すべき重大な課題の 1 つは，ナノ材料の環境への影響である。ナノ材料の革新的な特性が，しばしば毒性を引き起こす負の環境影響をどうもたらすかに関して広い議論がある[68]。ナノ材料が周囲に排出され，生態系や人間の健康に影響を及ぼす可能性の懸念が大きくなりつつある[69]。前述のリスクに加えて，再生の複雑さ，および元のナノ材料の再利用は，財政的観点から処理コストに大きく影響する。常にコストは世界的な汚染危

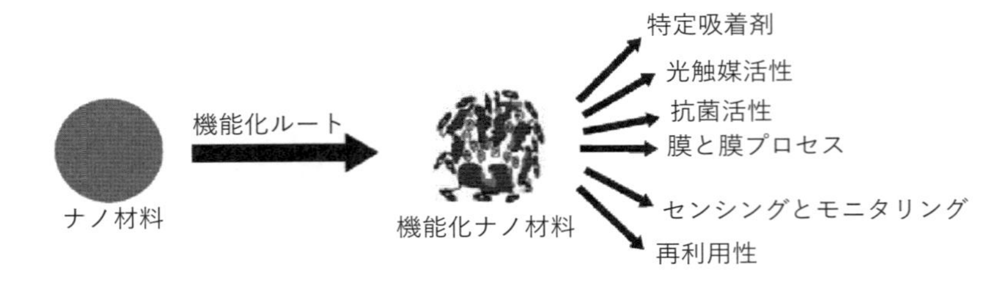

図 5.3 機能化ナノ材料の利用

出典：Medhi and Bhattacharyya [71]/John Wiley & Sons の許可を得て掲載

機の解決を遅らせる諸刃の剣である。

現在，欧州連合（EU）や王立環境汚染委員会などいくつかの国際機関は，特定のナノ材料の試験により，ナノ材料が懸念につながる可能性のある特性を持つことが確認されたと認識している。ナノ材料に関連する毒性や起こりうる健康リスクの正しい知識は極めて限られている。ナノ材料の有効性に加え，その製造から廃棄に至るまで，周囲に特定の危険をもたらす可能性がある。ナノ粒子を用いることの危険性と，結果として生じる損害コストを理解することが重要である。ナノ構造製品のリスクの理解のため，製品の全段階でナノ構造製品のリスクアセスメントと完全なライフサイクル分析を実施することが推奨され，その結果得られた知識は，ナノスケール製品の起こりうる悪影響と好影響の予測に用いることができる。金属ベースのナノ材料や磁性ナノ粒子は，物理化学的に不安定であると同時に，過酷な環境条件下で腐食し，それにより2次汚染を引き起こすさまざまな成分を排出する可能性がある[70]。追加の無機または有機部分を導入することによるナノ材料の機能化は，上記の欠点を克服する効果的な方法である。この種の修飾は，ナノ材料の物理化学的特性と毒物学的特性の制御を助け，表面に異なる反応性官能基を導入することで，特定の用途に合わせた機能を可能にする（図 5.3）[71]。

5.4 将来の方向性

大気汚染は世界的に重要な課題であり，地質起源，生物起源，または人為起源から排出される生物学的，化学的，または物理的物質による大気の自然組成の変化である。ナノテクノロジーはいくつかの材料やデバイスの強度を高め，環境汚染修復のためのセンシングデバイスの効率を向上させる。室内の空気からの微粒子やガス状の汚染物質の除去に，ろ過，吸着，光触媒酸化，触媒分解など，さまざまな技術が進歩してきた。

ナノテクノロジーとナノ材料のポジティブな影響に加えて，特定のナノ材料の形状，サイズ，および化学組成の不明確さによる環境への毒物学的汚染の増大など，いくつかの点でナノテクノロジーが周囲に及ぼす悪影響もある。さらに，生態系におけるナノ材料の挙動，運命，および影響の検討の進展には，さまざまな問題に適時に対処する必要がある。

ナノ構造材料の環境への影響に関する研究の多くは，短期的な影響に準拠したものである。今後，ナノ材料の長期的または加速的影響を考慮した研究が実施されるべきであり，

これはこれらのナノ材料の周囲環境への正確な毒性プロファイルの評価に役立つ。ナノ材料は極めて反応性の高い構造であるため，他の汚染物質と単純に反応し，より有害またはより無害な構造を形成する可能性がある。この種の調査研究は，ナノ材料廃棄ガイドライン作成用の今後の研究にも含める必要がある。ナノ材料がヒトや高等動物に及ぼす悪影響については，十分に調査されていない。しかし，下等生物やヒト細胞系に対するナノ材料の毒性学的情報より，ナノ構造材料の毒性学的情報がヒトの健康に悪影響を与えるであろうことが確認されている。したがって，環境に配慮したナノ材料の利用と産業利用から環境保護までの実用的な将来の成長を可能にするために，標準的な手順を確定することを推奨する。

謝　辞

本研究は，カタール大学 IRCC 研究プログラム（助成金番号 IRCC-2019-004）の支援を受けて実施した。

References

[1] Bradstreet, J.W. (1996). *Hazardous Air Pollutants: Assessment, Liabilities and Regulatory Compliance*. Elsevier.

[2] World Health Organization (2021). Air pollution. https://www.who.int/healthtopics/air-pollution#tab=tab_1 (accessed 07 March 2021).

[3] Saleem, H. and Mittal, V. (2018). Nanocellulose as reinforcement in polymer nanocomposites. In: *Nanocellulose* (ed. V. Mittal), 77-102. Central West Publishing.

[4] Saleem, H. and Zaidi, S.J. (2020). Recent developments in the application of nanomaterials in agroecosystems. *Nanomaterials* 10 (12): 2411.

[5] Saleem, H. and Zaidi, S.J. (2020). Sustainable use of nanomaterials in textiles and their environmental impact. *Materials* 13 (22): 5134.

[6] Yadav, S., Saleem, H., Ibrar, I. et al. (2020). Recent developments in forward osmosis membranes using carbon-based nanomaterials. *Desalination* 482: 114375.

[7] Saleem, H. and Mittal, V. (2018). Polymer nanocomposites for gas barrier and packaging applications. In: *Polymer Nanocomposites: Emerging Applications* (ed. V. Mittal), 1-34. Central West Publishing.

[8] AlZainati, N., Saleem, H., Altaee, A. et al. (2021). Pressure retarded osmosis: advancement, challenges and potential. *Journal of Water Process Engineering* 40: 101950, ISSN 2214-7144.

[9] Saleem, H. and Mittal, V. (2018). Polymer nano-composites for electronics applications. In: *Polymer Nanocomposites: Emerging Applications* (ed. V. Mittal), 191-224. Central West Publishing.

[10] Saleem, H. and Mittal, V. (2018). Polymer nano-composites for wastewater treatment applications. In: *Polymer Nanocomposites: Emerging Applications* (ed. V. Mittal), 117-146. Central West Publishing.

[11] Xu, X., Song, C., Miller, B.G., and Scaroni, A.W. (2005). Influence of moisture on CO_2 separation from gas mixture by a nanoporous adsorbent based on polyethylenimine-modified molecular sieve MCM-41. *Industrial and Engineering Chemistry Research* 44: 8113-8119.

[12] Hussain, C.M. (2015). Carbon nanomaterials as adsorbents for environmental analysis. In: *Nanomaterials for Environmental Protection* (ed. B.I. Kharisov, O.V. Kharissova and H.V.R. Dias), 217-236, Wiley.

[13] Gui, M.M., Yap, Y.X., Chai, S.P., and Mohamed, A.R. (2013). Multi-walled carbon nanotubes modified with (3-aminopropyl) triethoxysilane for effective carbon dioxide adsorption. *International Journal of*

Greenhouse Gas Control 14: 65–73.
[14] Portela, R., Rubio-Marcos, F., Leret, P. et al. (2015). Nanostructured ZnO/sepiolite monolithic sorbents for H2S removal. *Journal of Materials Chemistry A* 3 (3): 1306–1316.
[15] Huy, N.N., Thuy, V.T.T., Thang, N.H. et al. (2019). Facile one-step synthesis of zinc oxide nanoparticles by ultrasonic-assisted precipitation method and its application for H2S adsorption in air. *Journal of Physics and Chemistry of Solids* 132: 99–103.
[16] Liu, Z., Mao, X., Tu, J., and Jaccard, M. (2014). A comparative assessment of economic-incentive and command-and-control instruments for air pollution and CO_2 control in China's iron and steel sector. *Journal of Environmental Management* 144: 135–142.
[17] Luo, L., Guo, Y., Zhu, T., and Zheng, Y. (2017). Adsorption species distribution and multicomponent adsorption mechanism of SO_2, NO, and CO_2 on commercial adsorbents. *Energy & Fuels* 31 (10): 11026–11033.
[18] Arcibar-Orozco, J.A., Rangel-Mendez, J.R., and Bandosz, T.J. (2013). Reactive adsorption of SO_2 on activated carbons with deposited iron nanoparticles. *Journal of Hazardous Materials* 246: 300–309.
[19] Sekhavatjou, M.S., Moradi, R., Hosseini, A.A., and Taghinia, H.A. (2014). A new method for sulfur components removal from sour gas through application of zinc and iron oxides nanoparticles. *International Journal of Environmental Research* (IJER) 8 (2): 273–278.
[20] Mahmoodi Meimand, M., Javid, N., and Malakootian, M. (2019). Adsorption of sulfur dioxide on clinoptilolite/nano iron oxide and natural clinoptilolite. *Health Scope* 8 (2): 1–8.
[21] Li, Z., Liao, F., Jiang, F. et al. (2016). Capture of H2S and SO2 from trace sulfur containing gas mixture by functionalized UiO-66 (Zr) materials: a molecular simulation study. *Fluid Phase Equilibria* 427: 259–267.
[22] DeCoste, J.B., Demasky, T.J., Katz, M.J. et al. (2015). A UiO-66 analogue with uncoordinated carboxylic acids for the broad-spectrum removal of toxic chemicals. *New Journal of Chemistry* 39 (4): 2396–2399.
[23] Saleem, H., Trabzon, L., Kilic, A., and Zaidi, S.J. (2020). Recent advances in nanofibrous membranes: production and applications in water treatment and desalination. *Desalination* 478: 114178.
[24] Saleem, H. and Zaidi, S.J. (2020). Developments in the application of nanomaterials for water treatment and their impact on the environment. *Nanomaterials* 10 (9): 1764.
[25] Saleem, H. and Javaid Zaidi, S. (2020). Innovative nanostructured membranes for reverse osmosis water desalination. https://doi.org/10.29117/quarfe.2020.0023.
[26] Saleem, H. and Zaidi, S.J. (2020). Nanoparticles in reverse osmosis membranes for desalination: a state of the art review. *Desalination* 475: 114171.
[27] Zaidi, S.J., Fadhillah, F., Saleem, H. et al. (2019). Organically modified nanoclay filled thin-film nanocomposite membranes for reverse osmosis application. *Materials* 12 (22): 3803.
[28] Horváth, E., Rossi, L., Mercier, C. et al. (2020). Photocatalytic nanowires-based air filter: towards reusable protective masks. *Advanced Functional Materials* 30 (40): 2004615.
[29] Deng, N., He, H., Yan, J. et al. (2019). One-step melt-blowing of multi-scale micro/nano fabric membrane for advanced air-filtration. *Polymer* 165: 174–179.
[30] Kadam, V.V., Wang, L., and Padhye, R. (2018). Electrospun nanofibre materials to filter air pollutants – a review. *Journal of Industrial Textiles* 47 (8): 2253–2280.
[31] Li, Q., Wu, J., Huang, L. et al. (2018). Sulfur dioxide gas-sensitive materials based on zeolitic imidazolate framework-derived carbon nanotubes. *Journal of Materials Chemistry A* 6 (25): 12115–12124.
[32] Yin, L., Hu, M., Li, D. et al. (2020). Multifunctional ZIF-67@SiO_2 membrane for high efficiency removal of particulate matter and toxic gases. *Industrial & Engineering Chemistry Research* 59 (40):

17876-17884.
[33] Zhang, Y., Yuan, S., Feng, X. et al. (2016). Preparation of nanofibrous metal-organic framework filters for efficient air pollution control. *Journal of the American Chemical Society* 138 (18): 5785-5788.
[34] Lim, C.T. (2017). Nanofiber technology: current status and emerging developments. *Progress in Polymer Science* 70: 1-17.
[35] Feng, S., Li, X., Zhao, S. et al. (2018). Multifunctional metal organic framework and carbon nanotube-modified filter for combined ultrafine dust capture and SO_2 dynamic adsorption. *Environmental Science: Nano* 5 (12): 3023-3031.
[36] Sondi, I. and Salopek-Sondi, B. (2004). Silver nanopartiklar som antimikrobiellt medel: En fallstudie på E. coli som modell för gramnegativa bakterier. *Journal of Colloid and Interface Science* 275 (1): 177-182.
[37] Li, L., Frey, M.W., and Green, T.B. (2006). Modification of air filter media with nylon-6 nanofibers. *Journal of Engineered Fibers and Fabrics* 1 (1): 155892500600100101.
[38] Balamurugan, R., Sundarrajan, S., and Ramakrishna, S. (2011). Recent trends in nanofibrous membranes and their suitability for air and water filtrations. *Membranes* 1 (3): 232-248.
[39] Rastogi, S.K., Jabal, J.M.F., Zhang, H. et al. (2011). Antibody@silica coated iron oxide nanoparticles: synthesis, capture of E. coli and SERS titration of biomolecules with antibacterial silver colloid. *Journal of Nanomedicine & Nanotechnology* 2 (7): 1-8.
[40] Qing, Y.'a., Cheng, L., Li, R. et al. (2018). Potential antibacterial mechanism of silver nanoparticles and the optimization of orthopedic implants by advanced modification technologies. *International Journal of Nanomedicine* 13: 3311.
[41] Hamza, A.M., Alhtheal, E.D., and Shakir, A.K. (2017). Enhancement the efficiency of ZnO nanofiber mats antibacterial using novel PVA/Ag nanoparticles. *Energy Procedia* 119: 615-621.
[42] Souzandeh, H., Molki, B., Zheng, M. et al. (2017). Cross-linked protein nanofilter with antibacterial properties for multifunctional air filtration. *ACS Applied Materials & Interfaces* 9 (27): 22846-22855.
[43] Yu, H., Liu, R., Wang, X. et al. (2012). Enhanced visible-light photocatalytic activity of Bi2WO6 nanoparticles by Ag_2O cocatalyst. *Applied Catalysis B: Environmental* 111: 326-333.
[44] Huang, Y., Wang, W., Zhang, Y. et al. (2019). Synthesis and applications of nanomaterials with high photocatalytic activity on air purification. In: *Novel Nanomaterials for Biomedical, Environmental and Energy Applications* (ed. X. Wang and X. Chen), 299-325. Elsevier.
[45] Rodrigues-Silva, C., Miranda, S.M., Lopes, F.V.S. et al. (2017). Bacteria and fungi inactivation by photocatalysis under UVA irradiation: liquid and gas phase. *Environmental Science and Pollution Research* 24 (7): 6372-6381.
[46] Binas, V., Venieri, D., Kotzias, D., and Kiriakidis, G. (2017). Modified TiO_2 based photocatalysts for improved air and health quality. *Journal of Materiomics* 3 (1): 3-16.
[47] Rezaee, A., Rangkooy, H., Khavanin, A., and Jafari, A.J. (2014). High photocatalytic decomposition of the air pollutant formaldehyde using nano-ZnO on bone char. *Environmental Chemistry Letters* 12 (2): 353-357.
[48] Vohra, A., Goswami, D.Y., Deshpande, D.A., and Block, S.S. (2006). Enhanced photocatalytic disinfection of indoor air. *Applied Catalysis B: Environmental* 64 (1, 2): 57-65.
[49] Tallury, P., Malhotra, A., Byrne, L.M., and Santra, S. (2010). Nanobioimaging and sensing of infectious diseases. *Advanced Drug Delivery Reviews* 62 (4, 5): 424-437.
[50] Phan, D.-T. and Chung, G.-S. (2014). Characteristics of resistivity-type hydrogen sensing based on palladium-graphene nanocomposites. *International Journal of Hydrogen Energy* 39 (1): 620-629.
[51] Nurzulaikha, R., Lim, H.N., Harrison, I. et al. (2015). Graphene/SnO_2 nanocomposite-modified electrode for electrochemical detection of dopamine. *Sensing and Bio-Sensing Research* 5: 42-49.

[52] Agarwal, P.B., Alam, B., Sharma, D.S. et al. (2018). Flexible NO_2 gas sensor based on single-walled carbon nanotubes on polytetrafluoroethylene substrates. *Flexible and Printed Electronics* 3 (3): 035001.

[53] Wang, Z., Zhang, T., Zhao, C. et al. (2018). Rational synthesis of molybdenum disulfide nanoparticles decorated reduced graphene oxide hybrids and their application for high-performance NO_2 sensing. *Sensors and Actuators B: Chemical* 260: 508-518.

[54] Endo, M., Strano, M.S., and Ajayan, P.M. (2007). Potential applications of carbon nanotubes. In: *Carbon Nanotubes* (ed. A. Jorio, G. Dresselhaus and M.S. Dresselhaus), 13-62. Berlin, Heidelberg: Springer.

[55] Jeon, J.-Y., Kang, B.-C., Byun, Y.T., and Ha, T.-J. (2019). High-performance gas sensors based on single-wall carbon nanotube random networks for the detection of nitric oxide down to the ppb-level. *Nanoscale* 11 (4): 1587-1594.

[56] Karakuscu, A., Hu, L.-H., Ponzoni, A. et al. (2015). Si OCN functionalized carbon nanotube gas sensors for elevated temperature applications. *Journal of the American Ceramic Society* 98 (4): 1142-1149.

[57] Liao, L., Lu, H.B., Li, J.C. et al. (2007). Size dependence of gas sensitivity of ZnO nanorods. *Journal of Physical Chemistry C* 111 (5): 1900-1903.

[58] Huang, M.H., Wu, Y., Feick, H. et al. (2001). Catalytic growth of zinc oxide nanowires by vapor transport. *Advanced Materials* 13 (2): 113-116.

[59] Zhang, B., Li, M., Song, Z. et al. (2017). Sensitive H_2S gas sensors employing colloidal zinc oxide quantum dots. *Sensors and Actuators B: Chemical* 249: 558-563.

[60] Song, Z., Wei, Z., Wang, B. et al. (2016). Sensitive room-temperature H_2S gas sensors employing SnO2 quantum wire/reduced graphene oxide nanocomposites. *Chemistry of Materials* 28 (4): 1205-1212.

[61] Shanmugasundaram, A., Chinh, N.D., Jeong, Y.-J. et al. (2019). Hierarchical nanohybrids of B- and N-codoped graphene/mesoporous NiO nanodisks: an exciting new material for selective sensing of H_2S at near ambient temperature. *Journal of Materials Chemistry A* 7 (15): 9263-9278.

[62] Chatterjee, C. and Sen, A. (2015). Sensitive colorimetric sensors for visual detection of carbon dioxide and sulfur dioxide. *Journal of Materials Chemistry* A 3 (10): 5642-5647.

[63] Shao, L., Chen, G., Ye, H. et al. (2013). Sulfur dioxide adsorbed on graphene and heteroatom-doped graphene: a first-principles study. *European Physical Journal B: Condensed Matter and Complex Systems* 86 (2): 1-5.

[64] Ren, Y., Zhu, C., Cai, W. et al. (2012). Detection of sulfur dioxide gas with graphene field effect transistor. *Applied Physics Letters* 100 (16): 163114.

[65] Zhang, D., Liu, J., Jiang, C., and Li, P. (2017). High-performance sulfur dioxide sensing properties of layer-by-layer self-assembled titania-modified graphene hybrid nanocomposite. *Sensors and Actuators B: Chemical* 245: 560-567.

[66] Liu, Y., Xu, X., Chen, Y. et al. (2018). An integrated micro-chip with Ru/Al2O3/ZnO as sensing material for SO2 detection. *Sensors and Actuators B: Chemical* 262: 26-34.

[67] Petryshak, V., Mikityuk, Z., Vistak, M. et al. (2017). Highly sensitive active medium of primary converter SO2 sensors based on cholesteric-nematic mixtures, doped by carbon nanotubes. *Przeglad Elektrotechniczny* 1: 119-122.

[68] Ray, P.C., Yu, H., and Fu, P.P. (2009). Toxicity and environmental risks of nanomaterials: challenges and future needs. *Journal of Environmental Science and Health, Part C: Environmental Carcinogenesis & Ecotoxicology Reviews* 27 (1): 1-35.

[69] Klaine, S.J., Alvarez, P.J.J., Batley, G.E. et al. (2008). Nanomaterials in the environment: behavior, fate, bioavailability, and effects. *Environmental Toxicology and Chemistry* 27 (9): 1825-1851.

[70] Gautam, R.K. and Chattopadhyaya, M.C. (2016). *Nanomaterials for Wastewater Remediation.* Butterworth-Heinemann.

[71] Medhi, H. and Bhattacharyya, K.G. (2018). Functionalized nanomaterials for pollution abatement. In: *Nanotechnology in Environmental Science* (ed. C.M. Hussain and A.K. Mishra), 599–648, Wiley.

第6章

ナノ材料を用いるろ過

Nanomaterials in Filtration

Ahmed Ibrahim Abd-Elhamid[1] and AbdElAziz Ahmed Nayl[2,3]

[1] Composites and Nanostructured Materials Research Department,
Advanced Technology and New Materials Research Institute (ATNMRI),
City of Scientific Research and Technological Applications (SRTA-City),
New Borg Al-Arab, Alexandria 21934, Egypt

[2] Jouf University, College of Science, Chemistry Department, 2014 Sakaka, Aljouf,
Saudi Arabia

[3] Hot Laboratories Center, Atomic Energy Authority of Egypt, Cairo 13759, Egypt

6.1 はじめに

ろ過は，液体または気体媒体中に存在する固形物質を，膜またはフィルターと呼ばれる多孔質材料を通して分離するプロセスである。このプロセスは，フィルター表面で不要な物質を除去し，目的物質（液体または気体）の通過を進めることで行われる。固体種を捕集する場合，効率的なろ過プロセスのために，膜の孔径を粒子の大きさに合わせて適切な大きさにする必要があるバリアを通して分離プロセスを設定するには，(i) ろ過，精密ろ過（MF），限外ろ過（UF），逆浸透（RO）で利用される機械的圧力，(ii) ガス拡散，逆浸透，透析で利用される化学的電位差，(iii) 電気透析で利用される電界中での移動など，いくつかの駆動力が必要である。さらに，ろ過プロセスは粒子の位置によって表面（ケーキ）ろ過と深層（ディープベッド）ろ過に分類できる。表面ろ過では，膜がスクリーナーとして機能し，細孔が固体粒子の透過を抑制する。一方，深層ろ過では，孔より小さなサイズの粒子がフィルター本体を透過できる。

膜は，ある相を排除し他の相を濃縮するバリアとして定義され，選択的に通過成分を妨げる。原動力に言及すると，上記の膜プロセスを精密ろ過（MF），限外ろ過（UF），ナノろ過（NF），逆浸透（RO）に分類できる。膜孔のサイズと適用条件の違いにより，廃水中の所望の汚染物質を異なる膜プロセスで除去できる。精密ろ過（MF）は，0.1～10 μm の分子量の大きい汚染物質を除去する前ろ過プロセスとして用いることができる。限外ろ過（UF）プロセスでは，UF 膜は 0.01～0.1 μm の範囲の孔でもって分離する。したがって，静水圧は水分子や小さな溶質粒子が膜を通過するのに十分であり，大きな固体は排除される。ナノろ過（NF）は，膜の孔径が 0.01～0.001 μm の範囲でろ過できるプロセスである。100～1,000 Da の範囲の粒子を遮断できる。NF は，廃水からの色，臭い，微量有機汚染物質，イオンの除去に広く応用されている。逆浸透（RO）は NF と同様，圧力駆動型の膜技術である。RO 膜の孔径分布は最小の 0.1～1 nm であり，RO 膜は最小の汚染物質，例えば Cl^- や Na^+ のような一価の粒子さえも遮断できる。水処理と海水淡水化に世界で最も広く使われている技術である。

昔ながらの高分子膜材料は，合成された膜への孔の生成に，毒性があり揮発性である高価な材料の存在下で高分子材料を適切な溶媒に溶解させる単純なキャスト法で製造されていた。非溶媒誘起相分離（NIPS）と蒸気誘起相分離（VIPS）の 2 つの技術が検討されている。NIPS プロセスは，ポリマー材料と適切な溶媒を混合して均一なポリマー溶液を形成する。その後，ポリマー溶液を支持体上に薄膜としてキャストし，膜形状を形成する。その後，膜をポリマーの非溶媒を含む凝固浴に入れる。したがって，溶媒が非溶媒に置換されると相分離が起こり，高分子溶液中に沈殿が生じる。VIPS では，適切な溶媒蒸発を用いて均一なポリマー溶液を調製する。その後溶液を適切な初期厚みで基板上にキャストする。その後ポリマー溶液を無溶媒浴に入れ，乾燥工程を経て膜を得る。NIPS と比較して VIPS の機能は，非溶媒相が気体であり，不揮発性非溶媒がもともと揮発性溶液に含まれるため，溶媒の蒸発過程で非溶媒相がキャスト溶液中に濃縮される。このことから相分離は溶媒の流出ではなく非溶媒の取り込みの過程であり，ポリマーはキャスティング溶液中で析出して膜を生成することが示唆された。

近年，エレクトロスピニングという新しい技術が多孔質膜の調製に応用された。高分子溶液をエレクトロスピニングすると，超極細繊維またはミクロンからナノスケールの範囲の直径を持つ繊維が得られる。これらの繊維は互いに組み合わさり，優れた重量多孔率，高い孔相互連結性，ミクロンスケールの間隙，低い密度，高い柔軟性，制御可能な厚さ，大きな表面積対体積比と卓越した機械的強度を持つ多孔質膜を形成する[3]。膜の専門用語では，膜の特性を制限する2つの要因があり，フラックスと選択性と呼ぶ。選択性とは，膜を通過できる分子の種類を選択する，膜の表面構造を指す。したがって，電気紡糸ナノファイバー膜（ENM）の表面の改質により，ろ過効率を高めることができる。酸化，プラズマ処理，表面コーティング，溶媒蒸気処理などの表面改質技術がある。フラックスとは，分子が膜を横切って移動する速度のことである。これらの2つの要素（フラックスと選択性）は，孔径，濡れ性，多孔性，膜を横切る際の圧力損失，膜の厚さなどのパラメータに依存する。これらの幅広い特徴により，エレクトロスパン膜はさまざまな用途や，水や空気のフィルターなどの分離膜に応用できる。

6.2 空気ろ過におけるナノファイバー

空気ろ過は，電気紡糸ナノファイバーの商業的に成功した最初の応用であり，ナノファイバー膜（NFM）は，制御可能な繊維形態，高い比表面積，相互接続された細孔，調整可能な厚さ，軽量，柔軟，適切な機械的特性によって特徴付けられる。人工ポリマー（ポリアクリロニトリル[PAN]，ポリアミド，ポリスルホン[PSF]，ポリカーボネート[PC]，ナイロンなど）と天然ポリマー（ゼラチン[GT]）の両方が，空気ろ過の用途でエレクトロスピニングされた。進歩に伴い，空気ろ過ナノファイバーの表面には，他の高分子材料によるコーティングやナノ材料による固定など，多くの修飾がなされるようになった。これにより，捕集効率，水蒸気透過率，抗菌性，耐酸塩基性，難燃性など，さまざまなフィルター特性が改善される。

6.2.1 空気ろ過における純粋なナノファイバー

Al-Attabiら[4]は，空気ろ過用の柔軟で自立した膜を作るために，システマチックな安定化と炭化プロセスによって，PANをベースにしたエレクトロスパンカーボンナノファイバーマットを作製した。このサンプルは，300 nmサイズのエアロゾル粒子に対して97.2〜99.4%の空気ろ過能力を示し，ベンチマークとなる市販のガラス繊維（GF）エアフィルターよりも高かった。平均サイズ850 nmのPANナノファイバーをエレクトロスパンし[5]，PANマイクロファイバー支持足場上に集め，PANマイクロファイバー集合体中に分散させた。調製したフィルターの捕捉効率は，35 Pa以下の圧力損失で，粒子状物質（PM）1〜2.5に対して99.99%に達することができた。さらに，Kimら[6]による実験的研究は，PAN-NFフィルター媒体が，湿潤条件下で市販の準高効率微粒子エアフィルターよりもPMのろ過効率が優れていることを明確に示している。

ポリフッ化ビニリデン（PVDF）ナノファイバー膜は，新しいエレクトロスピニング戦略であり，低温に基ずく手法が提案され[7]，コレクター内の蒸気の凍結プロセスを用い

ることで，エレクトロスピニングの収集プロセスに影響を与えることがある。氷の充填と支持により，膜の細孔と繊維間の間隔が拡大し，PVDF ナノファイバー膜の高い多孔率（92%），粗い表面，ふわふわした構造，低圧力損失（123 Pa）を実現することが観察された。さらに，PVDF 膜は 20 回の使用後でもろ過効率（95%以上）を示した。PVDF の PM2.5 捕集効率の高さと生産性の高さ（1000 m^2/day）により，極薄の PVDF ナノファイバー層は，PM2.5 に対するフィルター材料のろ過効率を 69.958%から 98.161%に高めることができる[8]。さらに，この複合フィルターは，より高い空気流（278.4 mm/s），より低い圧力損失（30 Pa），安定した高いろ過効率（98.137%から 96.36%）および換気率を有する。

ポリ（L-乳酸）（PLLA）ポリマーは表面静電荷を発生させることができる生分解性ポリマーであり，エアフィルターへの応用を大きく改善できる。Zhang ら[9]は，エレクトロスピンした PLLA ポリマー・ナノファイバーが，3M 社製の市販レスピレーターフィルターと比べ高いろ過性能（99.3%）を示したことを示した。ろ過時間 6 時間後でも，PLLA ろ過膜は PM2.5 粒子の品質係数で 3M レスピレーターより 15%上回った。

Song ら[10]は，PLLA 膜をアセトンで処理し，個々の繊維全体に開花多孔質構造を形成した。この開花多孔質構造は，塩化ナトリウム（NaCl）超微細エアロゾル粒子（30～100 nm）に対して，低圧力損失（110～230 Pa）で改善されたろ過効率（99.99%）を達成する優れた比表面積を提供する。さらに興味深いことに，品質係数（0.07）で評価した場合，7.8 cm/s の空気流の下では，膜サンプルは大きなエアロゾル粒子よりも小さなサイズのエアロゾル粒子に対して高いろ過を示す。

6.2.2　空気ろ過におけるポリマー—ナノファイバー複合体

ポリイミド（PI）のような別のポリマー材料は，効率的なナノファイバーエアフィルター[11]の調製に用いられ，300℃で 97%の高いろ過効率を有する。さらに実地試験では，自動車排気ガスからの PM を 97%以上遮断した。食品包装に由来する発泡ポリスチレン（EPS）廃棄物は，99.99%の最高性能と 0.15 Pa^{-1} の品質係数を示した[12]。PC は，ダストサンプリング分析器により，PM 遮断に高い効率を示した[13]。合計 25 本のナイロン[14]は，ナイロンエレクトロスパンナノファイバーフィルターの PM2.5 捕捉効率は繊維径に依存せず，フィルターの厚さに大きく依存することを示した。PAN をポリスチレン（PS）や PAN といった別の高分子材料と組み合わせ空気ろ過性能を向上し，エレクトロスピン後に化学処理を施して表面分子電荷を発生させた[15]。得られた膜は，粒子（300 nm）を捕捉するろ過性能が約 93%であり，未処理の繊維と比較して約 3±1.5%向上した。さらにこの改良繊維は，1 時間で PM2.5 を 99%捕集した。調製したフィルター繊維は，アニリン，トルエン，テトラヒドロフラン，クロロホルムなどのモデル揮発性有機化合物（VOC）を除去する能力も持つ。PAN，PS，およびそれらの化学処理品について抗菌活性を調べると，これらのフィルターマットは大腸菌（*E.coli*），枯草菌（*Bacillus subtilis*），腸球菌（*Enterococcus faecalis*）に対する殺菌活性を示した。Shao ら[16]は，静電吸着親和性を持つポリ塩化ビニル（PVC）ナノファイバーとポリアミド-6（PA6）ナノファイバーからなる自己発電型 ENM を調製し，マイクロ/ナノ粒子のろ過効率を高

めた。一方，隣接する2つのNFM間のトライボエレクトリック効果は，空気振動の作用の元，静電荷を発生し，それにより同じ圧力損失で静電吸着が改善された。0.3 μmの大きさの塩化ナトリウム（NaCl）エアロゾル粒子に対して，捕捉率は98.75%に達し，圧力損失は67.5 Paであり，静電荷のない膜よりも高い品質係数を示した。Caiら[17]は，高い気孔率と大きな電気抵抗率を持つふわふわしたPSマイクロファイバーと，高い極性と小さな孔径を持つPANナノファイバーから，新しいサンドイッチ構造のエレクトレット複合フィルターPS/PAN/PSを作製した。マイクロファイバーとナノファイバーの適切な混合で構成された蛇行した細孔流路と，極性ポリマー材料と非極性ポリマー材料のハイブリッドで形成された豊富な静電荷により，PS/PAN/PS複合フィルターは，0.30 μmの粒子に対して99.96%の大きなろ過効率，54 Paの低圧力降下，および5.3 cm/sの空気流で0.1449 Pa^{-1}の十分な品質係数を示した。特に，複合フィルターは，市販のものよりも優れたエレクトレット安定性とPM2.5回収性能を示し，長期の保存と使用が保証された。GTをβ-シクロデキストリン（β-CD）と混合して二機能性ナノファイバーマットを作製し，GT/β-CDの空気ろ過能力と低坪量（1 g/m^2）を調べた[18]。GT/β-CDナノファイバーは，0.029 Pa^{-1}の品質係数でエアロゾル（0.3〜5 μm）を95%まで捕捉できる。さらに，これらはキシレン（287 mg/g），ベンゼン（242 mg/g），ホルムアルデヒド（0.75 mg/g）のVOC吸着量も高い。ナノファイバーのVOC除去量は，市販のフェイスマスクのそれよりもはるかに大きいことがわかった。別の研究[19]では，GTを絹フィブロイン（SF）とブレンドし，空気ろ過とグラム陽性菌およびグラム陰性菌に対する抗菌用途に使用した。*N*-ハラミン系バイオポリマーであるP（ADMH-NVF）を，両面をポリビニルアルコール/キトサンのエレクトロスパン膜（PVA/CS）で覆われた中間層（PVA/P（ADMH-NVF））としてポリビニルアルコール（PVA）と混合し，サンドイッチ構造の膜を構成した[20]。この多層膜は，塩化ナトリウム（NaCl）エアロゾルで99.3%，セバシン酸ジイソオクチル（DEHS）エアロゾルで99.4%という高いろ過性能を示し，NaClエアロゾルで183 Pa，DEHSエアロゾルで238 Paという比較的低い圧力損失を示した。 また，この膜はグラム陰性菌である大腸菌とグラム陽性菌である黄色ブドウ球菌（*Staphylococcus aureus*）の両方に高い抗菌活性を示した。

さらに，PVAナノファイバーに第4級アンモニウムキトサン（HTCC）を添加すると，PM10（92%），PM2.5（86%），PM1.0（82%）の最大除去率が向上することがわかった。PVA-HTCCの比率が6：4の場合，大腸菌と黄色ブドウ球菌への抗菌効果は99%であった[21]。Liら[22]は，ゼイン/PVAブレンドでのゼイン含量の増加は，繊維径を減少させ，微小構造を改善し，ろ過性能をさらに向上することを示した。

6.2.3 空気ろ過におけるMOF―ナノファイバー複合体

有機金属骨格（MOF）をエレクトロスパン溶液に添加すると，生成されるナノファイバーのさまざまな特性が向上する。ポリアクリル酸（PAA）溶液にゼオライト・イミダゾレート・フレームワーク-8（ZIF-8）を添加すると，多孔質の粗いナノファイバー，ポジティブな表面，高い引張強度を持つPAA@ZIF-8膜が得られる[23]。これらの結果はPAA@ZIF-8膜は，市販のPVDF膜やエレクトロスパンPAA膜よりもPM2.5の捕捉能力

が高い（99.6%）ことを示した。

さらに，ZIF-8 の PAN への組み込みは，高い表面粗さを持つマイクロファイバーと，エレクトロスピニングによって生成された PAN ナノファイバーの層を持つ粗いマイクロファイバーの層の可変的な積層より，マルチレベル構造の膜が得られた[24]。酸および塩基処理にさらされ得られた膜は，繊維表面の親水性が向上し，マルチスケールの表面の粗さが促進され，吸湿と PM 吸着性の両方が促進された。PS 繊維からなる内側の疎水層は，優れた方向性を持つ水分輸送性能で機能する。この膜は 0.3 μm の粒子に対しては 99.973%，より有害な超微粒子（UFP）を含むその他のサイズの粒子に対しては≧99.99%という高いブロック効率を示す。さらに，この多層複合フィルターは，高濃度の PM2.5（＞300 μg/m^3）を 48 時間連続して空気浄化した後も，99.951%という高い捕集効率を維持している。さらに，電気紡糸 PS 溶液中の ZIF-67 の存在は，階層的多孔性ナノファイバー膜（ZIF-67/PS 階層的多孔性ナノファイバー膜（HPNFM））の形成につながる[25]。ZIF-67 の添加により，PM（＜0.3 μm）のブロック捕捉効率が向上した（99.921%）。さらに，ナノファイバー中のメソ孔は，SO_2 を ZIF-67 に導くガス透過チャネルとなり，室温，湿度 55%で，より優れた SO_2 捕捉能（1,362 mg/g）を実現した。一方，MOF-PAN ナノファイバー複合フィルター中の MOF の存在により，UFP（直径 100 nm 未満）に対して 99.1%のろ過能力が実現できるであろう。15 nm のサイズのナノ粒子（NP）に対しても，98.8%という有意な除去効率を示した[26]。一方，Lee と Jeon [27]は，水熱経路を使用して PAN ナノファイバーの表面に MOF を堆積させた。オリジナルの膜もハイブリッド膜も微粒子に対しては同程度のろ過効率（＞99%）を有するが，油滴が PAN ナノファイバーよりも MOF 成長ナノファイバーをより濡らすため，修飾された膜は，燃焼ガスから生じる油滴を含む線香の煙をろ過できる。

ろ過能力を向上するため Cu-MOF が用いられ，静電的相互作用の改善により圧力損失が低下するが，Tb-MOF は発光強度の変化を介した PM 吸着プロセスの提供に用いられた。PAN ナノファイバーと比較して，Cu//Tb 二重 MOF で装飾された SBS-NF 膜は，300 nm のサイズの（NaCl）エアロゾルに対して，改善されたろ過効率（90.2%）と最小の圧力損失（60.7 Pa）を示した。実際，自動車排気ガスを用いたフィルターテストでは，Cu/Tb SBS-NF フィルターは 30 時間以上にわたって 91%以上の PM 除去効率を維持した。

6.2.4 空気ろ過におけるナノ材料―ナノファイバー複合体

NFM 特有の特性を付与するために，さまざまなナノ材料や複合材料についていくつかの研究が行われた。エレクトロスパン PI 膜ナノファイバーの本体の補強に SiO_2 ナノ粒子が用いられ[29]，1.5%の SiO_2 ナノ粒子が導入された場合，純粋な PI 膜の引張強度は 33%向上し，溶媒蒸気処理後はさらに 70%向上した。圧力損失がわずかに低下しても（6.5%），SiO_2 ナノ粒子ハイブリッド PI ナノファイバーを使用してもろ過性能は大きく低下しなかった。さらに，溶着複合フィルターは 20 回の試験ろ過サイクルにわたり，高粒子（0.3-1.0 μm）ろ過親和性（約 100%）と安定した圧力損失を示した。Wang ら[30]は，Ag 担持 TiO_2 ナノロッドをエレクトロスパンナノファイバーに固定し，可視光応答

型光触媒エアフィルターを作製した。その結果，担持されたNFMは約90%のPMろ過効率を持ち，有機汚染物質の分解（>90%）を引き起こすことが観察された。この優れたろ過性能は，次のように説明できる。1つは触媒コーティング後の比表面積の向上による汚染物質の捕捉率の向上であり，もう1つはAg担持TiO_2の光触媒活性で，大量の光子が有効に利用されたことを意味する。Yangら[31]は，電気紡糸PAN NFMのろ過効率と抗菌性を高めるためにAgナノ粒子を用いた。この複合膜は，PMに対して高いろ過効率を示し，大腸菌と黄色ブドウ球菌に対して優れた抗菌性を示した。

さらに，酸化チタン（TiO_2）と酸化亜鉛（ZnO）をPANナノファイバー膜に埋め込み，9～300 nmのサイズの塩化ナトリウム（NaCl）エアロゾル粒子のろ過効率を向上させた[32]。Wangら[33]は，PMろ過と抗菌用途のために，含浸法を用いて電解紡糸した多孔質SiO_2-TiO_2ナノファイバーにAgナノ粒子を固定した。調製した膜（Ag@ST-PNM）は細菌の繁殖を効果的に阻止し，PM2.5に対する高い除去効率とともに95.8%の静菌率を可能にし，98.84%を達成した。さらに，Ag@STPNMは，5回の精製-再生サイクルと12時間の長時間ろ過を繰り返してもろ過能力を維持した。Yangら[34]は，ポリウレタン（PU）/ポリスルホンアミドブレンドナノ繊維膜にチタン酸バリウム（$BaTiO_3$）を添加することで，製造された（$BaTiO_3$@PU/PSA）複合ナノ繊維膜の高温での微粒子ろ過能力（99.99%）が向上することを観測した。さらに，$BaTiO_3$@PU/PSA膜は，酸やアルカリに対する優れた耐薬品性とともに，好ましい難燃性を示した。さらに，エチレンジアミン（EDA）でコートしたポリエーテルイミド（PEI）ナノファイバーでコートしたマグネシウムテトラフェニルポルフィリン（MgTPP）を用いることで，CO_2（74%）とPM2.5（81%）を捕捉できるアミノ基を持つNFM表面が形成される[35]。この新しいフィルターは，高い熱安定性，CO_2とPM2.5の両方を捕捉するフィルター効率，圧力損失を低減した良好なダスト保持能力を有する[35]。さらに，PSA/PAN繊維状膜にベーマイト荷電体が存在することで，電荷蓄積能力，粗面形態，比表面積，機械的特性など，さまざまな膜特性が向上する[36]。さらに重要なことに，PSA/PAN-Bフィルムは高いPM2.5浄化能力を発揮し，高温，酸，アルカリに曝されてもPM捕捉効率を維持できる。Zhangら[37]は，セルロースナノ結晶（CNC）が，電界紡糸および熱処理工程中にPVAの結晶化のための追加的な核生成サイトを持つことを発見し，20%のCNCの添加と140℃で5分間の加熱により，PVAの結晶化度と結晶サイズが54.7%，3.3 nmから，それぞれ85.4%，6.3 nmに増加することを明らかにした。調製したフィルターの再利用には，5サイクルの水洗いを設定した。さらに，PM2.5の捕捉効率は95%以上に保たれ，繰り返し使用後でも圧力損失は100 Pa未満に維持された（PM2.5の質量濃度は>500 μg/m^3）。さらに，Oliveiraら[38]は，クエン酸とさまざまなTriton X-100界面活性剤を含む化合物を導入することで，ナノファイバーの生産性が向上することを示した。ろ過の研究で，相対湿度90%の気流に60分間晒された後の圧力降下は最大4.1%であり，フィルターが湿度に耐性があることが示された。

6.2.5 窓用スクリーン

いくつかのナノファイバーろ過製品の中でも，ナノファイバー窓用スクリーンは，粒子

状汚染物質から屋内を効率的に保護できるだけでなく，良好な通気性と光透過性を提供する，非常に実用的で効果的な製品である。多くの研究者がこの製品に取り組んでおり，Cui ら[39]は，PVA-リグノスルホン酸ナトリウム（LS）をベースに，優れた機械的機能と透明性を備えた複合 NFM を作製した。LS の導入により，純粋な PVA NFM と比較して PM2.5 の除去効率と圧力損失が向上した。10 サイクルのろ過後でも，空気ろ過性能の効率は維持された。Shao ら[40]は，ポリウレタン（PU）紡糸溶液に老化防止剤として（UV 1/AN-1135）を添加し，透過率 80%以上，ガス流束 800 mm/s まで可能な繊維フィルムを作製した。得られた繊維膜は，紫外線の多くを遮断でき，最も高い引張強度を有し，ろ過効率は 96.925%に達した Liu ら[41]は，エレクトレット効果と磁性効果を併せ持つナノファイバー（PVDF/Fe_3O_4）を調製し，ガラス繊維メッシュおよびポリエステルと複合化させて，ヘイズ防止窓用スクリーンのサンドイッチ構造を作製した。磁性粒子との相乗効果により，NF のろ過能力は 0.3 μm の微粒子で 99.95%に達し，ろ過圧力損失は 58.5 Pa で，良好な光透過性を示した。Liu ら[42]は，超疎水性，望ましい透明性（91%），長期安定性を持つナノファイバー（PVDF)/ネットフィルターを作製した。この膜は，真のナノスケールの直径（≈21 nm），小さな孔サイズ（≈0.26 μm），2D ナノネットの高いエレクトレット表面（6.8 kV の電位）を示した。したがって，PM0.3 の高いろ過捕捉率（≈99.998%）が達成された。Xu ら[43]は，大規模ポリマー・ナノファイバー製造のための新しいマルチニードル電子スピン装置を検証した。熱可塑性ポリウレタン（TPU）ナノファイバー膜の合成に成功し，約 50 g/h の達成率で，このデバイスが利用可能であることが確認された。サンプルの表面は均一で疎水性であり，接触角は 138.9° である。このサンプルは，1,500 mm/s のガス流束，99.897%の優れた PM2.5 ブロック効率，約 56%の光学的透明性を提供する。Du ら[44]は，PET グリッド上に堆積させたポリエチレンテレフタレート（PET）ナノファイバーからなる窓用スクリーンの光透過率を向上させた。エレクトロスピニングの過程では，不完全な溶媒蒸発が PET ナノファイバーと PET グリッドの溶着を促進した。その結果は，PET ナノファイバーが PET グリッドの端では厚い構造を持ち，PET グリッドの隙間では薄い堆積を持つことを示した。この挙動により，ミクロンナノサイズの空洞の数が増加し，窓スクリーンの光透過率も向上した。5 時間のろ過試験後，防曇窓スクリーンの PM2.5 のろ過率は 87%を維持し，PET ナノファイバー窓スクリーンは依然として高い光透過性と超撥水性を示した。

6.3　廃水ろ過におけるナノファイバー

水は生命に不可欠な要素であり，人間，動物，植物にとって非常に重要である。人口の増加に伴い，きれいな水の不足がより注目されてきた。いくつかの活動で排出される排水の多くは，毒性の高い物質（油，染料，金属イオン，薬物，バクテリアなど）を含む。水中のこれらの有害物質は生物に有害な影響を及ぼす。したがって，現在最も重要な課題の 1 つは，利用可能で低コストかつ効率的な淡水の入手方法の開発である。ろ過プロセスによる廃水の浄化は，操作が簡単でエネルギー効率が高く，環境に優しく，効率が良いため，より注目されるようになった。電気紡糸の高度な技術は，高分子材料由来の NFM の

調製に役立った。ナノファイバーは，細孔の高度に相互接続されたネットワークを形成する方法で収集された。この構造は，ろ液の透過しやすさに必要である。さらに，得られたナノスケール繊維は，ろ過効率を向上させたり，または膜に追加の機能を付与するための，改変，装飾，または他の材料とのグラフト化が容易である。

6.3.1 油水分離

いくつかの産業活動は生態系に悪影響を及ぼす油性の廃水を発生する。そのため，油水分離は大きく注目されている。膜技術は，油性廃水の処理にさらに化学物質を添加したり，汚泥を生成せずに適用できる，低コストで操作が簡単，効果的で環境に優しい分離プロセスであると示唆されている。液体分離で用いる膜は，バイオニックコンセプトに基づく。膜の表面エネルギーよりも高い表面張力を持つ液体は撥水性を示す。逆に表面張力の低い液体は膜を通過できる。エレクトロスピニング技術は，さまざまな油/水混合系に高い分離流束を提供する高多孔性ナノファイバー膜の製造に広く用いられてきた。分離する相（水または油）に応じ，疎水性/親水性，孔径，ろ過流束，透過性など，膜のさまざまな特性の向上のために，他の高分子材料やナノ材料でNFMの表面を修飾することができる。

Baraniら[45]は，ポリエステル（PET）不織布基材上にさまざまなポリマーナノファイバー（PS，PAN，PA6）を個別に電気紡糸した合体フィルターを，準工業規模で油水エマルジョンの分離用に調製した。同じ条件で，基材PETの不織布2層とPET-PAN（89.3%），PET-PA6（83.3%），PET-PS（69.8%）ナノファイバー1層の3層のナノファイバーポリエステルフィルターのろ過性能をとPET（60.6%）と比較した。3層の効果が確認された。電気紡糸された疎水性ポリ（フッ化ビニリデン-ヘキサフルオロプロピレン）（PVDF-HFP）ナノファイバー膜が，ディーゼル/水混合物の分離に用いられた[46]。油流束は膜の平均孔径に比例し，平均孔径4.5 μmの膜では，10分間で75%の油回収率以上の最適な油ろ過流束約224 L/m^2/hが得られた。膜は，顕著な流束の損失なしに，8回の油水分離サイクルで効率的に再利用された。UiO-66-NH_2グラフトPAN NFMからなる疎水性膜が，油水分離への応用のために作製された[47]。UiO-66-NH_2の添加は，表面粗さと油親和性を向上させる。その結果，colleseed油（31.5），ケロシン（21.9），メチルベンゼン（19.9），メチルシリコン油（39.9），ジクロロメタン（39.7）に対する複合膜の最大吸着容量（g/g）は，PAN吸着材と比較して32～96%高かった。さらに，繊維へのUiO-66-NH_2の担持量は重力下での膜内の油の拡散を速め，平衡達成までの吸着時間を早めることがわかった。油流束は2,286 L/m^2/hであり，10回の連続ろ過後には1,568 L/m^2/hまで低下した。Wangら[48]は，油水分離の応用のために，エレクトロスピニング，圧力駆動ろ過，化学蒸気修飾を用いて，カーボンナノチューブ（CNT）/PVDF-HFPからなるナノファイバー電解紡糸複合膜を設計した。合成した膜は，機械的・化学的に安定で，99.9%の高い分離効率と，さまざまな油中水分型混合物において最大632.5 L/m^2/h/barの高い流束を示した。

Mousaら[49]は，油水混合物から水を分離するために，疎水性のポリスルホン-酢酸鉄（PSF）NFM（接触角＝100±7°）を界面重合によってポリアミドで処理し，親水性膜（接

触角＝37±5°）を作製した。処理された膜は83±7%の空孔率を持ち，機械的に安定で，未修飾のPSF膜の3倍の透水性を有していた。Qingら[50]は，超親水性-水中超疎油性（SUS）SiO_2@PVAナノファイバー膜を研究した。この膜は，油/水混合物の重力駆動分離用に，エレクトロスパンPVAナノファイバー表面にSiO_2を固定化することで調製された。SiO_2は（-OH）基の存在によりナノファイバー表面に安定かつ均一に分布していることがわかった。同時に，得られた膜は高い表面エネルギー（PVAとシリカの親水性）とマルチスケールラフネスを有していた。分離実験の結果，この膜は重力駆動ろ過プロセスにおいて，遊離油/水混合物および界面活性剤で安定化されたさまざまな水中油型エマルジョンの両方を分離できることが明らかになった。さらに，水より軽い油に対しては，水より重い油に比べて優れた分離効率が得られた。さらに，この膜は安定した油除去性能で再利用が可能であった。Tianら[51]は，界面活性剤で安定化された水中油型エマルションの分離に，目詰まり耐性とセルフクリーニング機能を強化したスーパーウェット薄膜ナノ繊維複合膜を設計した。この膜は，架橋剤を用いたCNTのスキン層でPVAナノファイバーをコーティングすることで調製された。このスキン層は，油滴を遮断する適切なバリアとして機能する。そのため，界面活性剤で安定化された水中油型エマルションに対し，超低圧（20 kPa）下でのクロスフローろ過プロセスで，遮断能力（95%）と流束（約60 L/m^2/h）を持つことが期待される。また，CNT薄膜は膜の目詰まり耐性を向上させ，さらに連続循環運転では，洗浄なしで水を100%回収することができた。

エレクトロスパン技術，コールドプレス，酸化処理により，有機溶媒に強く，水フラックスに優れたポリ（アリーレンスルフィドスルホン)-6（O-PASS-6）ナノファイバー精密ろ過膜を作製した[52]。MF効率の調査結果から，O-PASS-6ナノファイバー膜の純水フラックスは（753.34 L/m^2/h）であり，0.2 μmの粒子に対する阻止率は（99.9%）であることが示された。さらに，アグレッシブ溶媒を用いた場合でも，膜は優れたMF活性を有し，1,3-ジメチル-2-イミダゾリジノン（DMI），ジメチルホルムアミド（DMF）およびテトラヒドロフラン（THF）にそれぞれ7日間浸漬した後の水流束は770.08，775.66および766.36 L/m^2/hであった。PVDF/PVAブレンドNFMは，PVDF膜の水フラックスと目詰まり耐性を改善するために，エレクトロスピニング法を用いて構築された[53]。リッジ・アンド・バレー構造とバイコンティニュアス相を持つ得られたブレンドNFMは，高い親水性と超濡れ性を示した。超濡れ性を示した。これは，1.44秒以内に水滴が完全に拡散することで確認された。

さらにろ過試験の結果，ブレンドされたNFMは超高フラックスで，不可逆的目詰まり率が低いことが示された。

6.3.2 目詰まり耐性

膜の目詰まりは，ろ過プロセス中に発生する一般的で確実な現象で，時間の経過とともに膜の流束効率が低下し，直接的または間接的に，総運用コストの25～50%につながる[54]。膜表面の目詰まり耐性の向上のため，さまざまな方法が研究され，それらは目詰まり物質と膜表面との相互作用を減らすことに焦点を当てている。バイオ処理された都市廃水の限外ろ過（UF）への応用のため，TEMPOで酸化した負電荷を帯びたセルロース

ナノファイバー（CNF）で多孔性エレクトロスパンポリアクリロニトリル（ePAN）基材を修飾することで，低目詰まりナノセルロース対応スキン層ナノファイバー複合膜（薄膜ナノファイバー複合膜[TFNC]）が調製された[54]。ナノセルロース薄層表面の電荷密度は，さまざまな酸化度とコーティング面積密度を活用して遠隔操作された。その結果，ナノセルロース薄層は透過流束，阻止率，ウシ血清アルブミン（BSA）に対する目詰まり耐性を改善することが示された。その結果，ナノ複合体膜の目詰まり耐性機能は，負に帯電したCNF層と汚濁物質との間の高い静電反発力による可能性がある。Maziyaら[55]は，エレクトロスピニング法を応用し，Agを担持した一連の高分岐ポリエチレンイミン/ポリエーテルスルホン（HPEI/PES）を用いて，二重機能性（目詰まり耐性と抗菌）NFMを設計した。この固定化ナノファイバー膜は，高い純水フラックス（630.14±10.25 L/m^2/h）を示すとともに，大腸菌，黄色ブドウ球菌，緑膿菌に対する抗菌性を示し，抗菌率は99%以上であった。改質ナノファイバー膜のフラックス回収率は（68.43～86.71%）であり，BSAの除去では未改変のPES膜（51.8%）より高いことが確認された。MoradiとZinadini[56]は，エレクトロスピニング法によりPANナノファイバーに酸化グラフェン（GO）ナノシートを組み込んだ,高フラックスと防汚特性を有する精密ろ過膜（PANGM）を研究した。その結果，PANポリマーマトリックスにGOナノシートを導入することで，デッドエンドおよびクロスフロー両方のろ過システムにおいて，得られた膜の透過流束が大幅に向上することが明らかになった。2 wt%のGOナノシートを用いることでフラックス回収率の向上（96.6%）と低い不可逆的ファウリング率（3.4%）が得られた。さらに重要なことに，PANGM膜の高いフラックス回復率は，活性汚泥懸濁ろ過を20サイクル繰り返した後でも維持された。Chenら[57]は，酸化チタン（TiO_2）ナノ粒子（TFN1）または酸化チタン/銀複合ナノ粒子（TiO_2/AgNP）（TFN2）をさらにグラフトしたエレクトロスパンポリスルホンナノファイバー（TFN0）を設計し，抗菌活性とテトラサイクリン耐性遺伝子（TRG）除去の順浸透（FO）に応用した。得られたデータは，TFN2膜が実際の廃水において優れた物理化学的機能，ろ過，および生物付着防止活性を示すことを示している。さらに，TFN2膜で処理した後，約65%の大腸菌が死滅した[57]。Sundaranら[58]は，ポリウレタン（PU）ナノファイバー膜に還元グラフェン-酸化チタン（rGO-TiO_2）を担持し，2つの機能（光触媒活性と防汚活性）を調べた。高多孔質ナノファイバーマットとrGO-TiO_2の優れた光触媒活性の相乗効果により，rGO-TiO_2とナノファイバー膜の組み合わせにより，効率が著しく向上した。ナノファイバーにrGO-TiO_2を10%担持することで，優れた水フラックス（12 810±49.65 L/m^2/h），油除去率（85.50%），フラックス回収率（88.10%）を示した。さらに目詰まりモデルを理論的に評価したところ，この膜はケーキろ過モデルに適合していた。さらに，PU/10rGO-TiO_2膜は，メチレンブルー色素の95%を光触媒的に分解することができた。Liら[59]は，静電紡糸法とマグネトロンスパッタリングを組み合わせてPAN-ZnO NFMを作製した。電極触媒条件下で，PAN-ZnO NFMは，コンゴーレッド（CR），ローダミンB（RhB），サンセットイエロー（YS），メチルオレンジ（MO），メチレンブルー（MB）に対して効率的な除去率（>95%）を示しただけでなく，水流束も改善した（1,016 L/m^2/h/bar）。さらに，PAN ZnO NFMの電極触媒安定性を調べたところ，この膜は10時間の

連続電極触媒ろ過後も優れた染料除去率（>90%）を示した。さらに，PAN-ZnO NFMは，5分間の電極触媒洗浄後，目詰まり耐性能力と透過流束回復率（>90%）を示した。

6.3.3　有機・無機汚染物質の除去

水質汚染は，メッキ，鉱業，電池製造，繊維，製紙，印刷，製薬，医療，食品など，さまざまな産業で最も重要な課題と考えられている。金属イオン，染料，薬剤，タンパク質などを含む廃水は，人間や動物に多くの病気を引き起こし，自然環境を悪化させる。電気紡糸ナノファイバーは，大きな比表面積と，他の元の膜と比較して高い透過性につながる相互接続された細孔を持つ高い空隙率に起因する優れたツールを提供する。NFMのろ過性能を高めるため，目詰まり特性，透過流束の増加，阻止能力，吸着能力，さらには触媒能力や光触媒能力のような膜固有の特性の付与等に関して，いくつかの改質戦略が開発されてきた。

Jalalianら[60]は，水性媒体からの酸性フクシン染料（AF）の除去のために，PA6ナノウェブ上にキトサンナノ粒子（CSNP）をエレクトロスプレーすることで，キトサンナノ粒子（CSNP）装飾PA6膜を調製した。特性評価の結果，CSNPはナノウェブ表面に均一に分布し，よく結合していることが示され，膜表面の親水性は高度に改善された。さらに，CSNP/PA6膜は，水性媒体からAF染料1679 mg/gの優れた吸着容量を示した。水溶液からトリクロサン（TCS）を除去するために，ココナッツパルプ廃棄物由来の活性炭（AC）とナイロン6,6をベースにしたNFMが，エレクトロスピニングによって調製された[61]。ろ過試験は，圧力1.0 barの平膜試験機を用いて行われた。観察結果によると，ナイロン6,6膜は5分以内に90.2%のTCSを取り込むことができた。膜へのAC添加後5分未満で除去率は100%に増加した。

ステロイドホルモン微量汚染物質（MPs）の水からの除去のため，エレクトロスパンPESナノファイバーにβ-シクロデキストリン-エピクロロヒドリン（βCDP）を担持させた限外ろ過（UF）膜（βCDP-UF）が作製された[62]。静的吸着では，膜は5時間以内に汚染物質の80%を除去できるが，動的ろ過を用いると，流速とナノファイバー層の厚さに依存して，最大99%の除去が達成されることが判明した。Yinら[63]は，水からの複数の汚染物質の除去のため，多機能で柔軟なPd担持ポリドーパミン-SiO_2/PVA ENMを調製した。Pdナノ粒子はNFMの表面に均一に分布し，強固に担持されていることが確認され，効率的な触媒活性をもたらした。調製した膜は，高いフラックス（最大8,000 L/m^2/h）で水から油，有機化学物質，染料を同時に除去できる。有機化学物質と油の分離率は99.9%に達し，染料（MBやCRなど）の分解効率は99%に達する。さらに，この膜は，酸性，アルカリ性，塩分，さらには熱水の媒体で必要とされる機械的機能と耐腐食性が向上している。さらにこの膜は，分離効率に影響せずに10回の分離に再利用できる。Zhengら[64]は，高い親水性とセルフクリーニング能力を持つCS/PAN@FeOOH/g-C_3N_4エレクトロスパンナノファイバーろ過膜を調製した。これは，PAN@FeOOH/g-C_3N_4ナノファイバーを電気紡糸した後，キトサン（CS）層でコーティングしたものである。実験データから，CS/PAN@FeOOH/g-C_3N_4膜と光フェントン反応の組み合わせが，メチレンブルーとエリスロマイシンで汚染された水の回収を促進することが明らかに

なった。Hanら[65]は，親水性多孔性PAN/還元グラフェン酸化物-ポリ（アミドキシム）-Ag^+担持（H-PPAN/rGO-g-PAO@Ag^+/Ag）複合NFMの調製に，エレクトロスピニングと加水分解の戦略を用いた。加水分解の過程で，PANナノファイバー中の-CN基の一部は親水性の-COOH基に変換され，GO-g-PAN，Ag^+，PANマトリックスのリンカーとして機能した。さらに，rGO-g-PAO@Ag^+とAgの間のショットキー接合の形成のため，キレート化ステップと熱処理を適用した。熱処理と高圧Hgランプ照射により，GOがrGOに，Ag^+がAg粒子に還元され，最終生成物H-PPAN/rGO-g-PAO@Ag^+/Agに優れた光触媒性と殺菌性が付与された。安息香酸，ローダミンB，メチレンブルー，メチルオレンジに対する触媒効率は，それぞれ99.8%，98%，95%，91%であった。抗菌率は，大腸菌に対して100%，黄色ブドウ球菌に対して99%であった。Yinら[66]は，スルホン化ポリエーテルスルホンのエレクトロスパンによるろ過と吸着を用いた，多成分廃水からのナノ粒子，染料，重金属イオンの取り込みを予測する多機能膜を研究した。膜の孔径と孔径分布は，ナノ粒子のろ過効率に影響を与える繊維径の制御により調整した。ナノファイバー表面に導入されたスルホン基は，静電的相互作用によって染料や重金属イオンの吸着の結合サイトとして働く。0.2 μm粒子，メチレンブルー（MB）および鉛（II）イオンで汚染された模擬多成分廃水を用いて，超微細SPESナノファイバー膜を調べた。この膜は，320 L/m^2/hの優れた透過流束を持ち，ナノ粒子，MB，Pb（II）に対して効率的な保持（＞99.0%）を示し，高いろ過の処理能力を示した。Al-Wafiら[67]は，酢酸セルロース（CA）を酸化グラフェン（GO），マグネタイトナノ粒子（MNP），またはハイドロキシアパタイト（HAP）と組み合わせて，一連の複合CA，GO@CA，MNP@CA，HAP@CA，およびGO/MNP/HAP@CAをそれぞれ調製した。その結果，GO/MNP/HAP@CAでは，Se（IV）の除去率が89.3%（pH 4）からの96%（pH 8）まで上昇した。さらに，CA，GO@CA，MNP@CA，HAP@CA，GO/MNP/HAP@CAの6価クロムの除去性能は，pH 4でそれぞれ86.7%，86.3%，89.9%，90.6%，92.9%から，pH 8で89.8%，90.5%，94.1%，94.7%，97.3%に上昇した。さらに，メチレンブルー（MB）の分解を調べたところ，GO/MNP/HAP@CAでは可視光照射35分後に95.1%を達成した。

Pishnamaziら[68]は，PVDFナノファイバー膜にUiO-66-NH_2とZIF-8有機金属骨格ナノ粒子（NMOF）をグラフトした。その後，キトサンナノファイバーをPVDFナノファイバーに担持し，PVDF/キトサンナノファイバーを得た。作製したPVDF/NMOF単層およびPVDF/キトサン/NMOF二層ナノ繊維膜の効率が，限外ろ過プロセスおよびバッチシステムによるBSAタンパク質分子と6価クロムの分離用に検討された。20 wt%のUiO-66-NH2を担持したPVDF/キトサンナノ繊維膜は，470 L/m^2/hの最大水流束を示し，BSAの阻止効率は98.1%，6価クロムの阻止効率は95.6%であった。さらに，ナノファイバーは5回の吸脱着サイクルに再利用でき，BSAの最大吸着容量は574.5（mg/g），6価クロムの最大吸着容量は602.3（mg/g）であった。

Castro-Ruízら[69]は，一連のポリ（アクリロニトリル-ブタジエン-スチレン)/PAN酸化亜鉛（ABS/PAN-ZnO）膜の合成に同軸エレクトロスピニングを応用した。ABS（コア型)/PAN（シース型）に30 wt%のZnOナノ粒子を埋め込んだ電解紡糸マットが最も

高い6価クロムの光還元率（約80%）を示し，これらの膜が浄水フィルターとして使用できる可能性があることが示唆された。Hinestrozaら[70]は，ポリカプロラクトン（PCL）とCNFをさまざまな比率で組み合わせた複合膜を，エレクトロスピニング法により研究した。得られた膜は，汚染水浄化の優れた機械的機能を有していた。PCL/CNF膜でろ過した後の水質を評価したところ，濁りの除去率は100%に達し，重金属の除去率は鉄で75%，クロムで99%であった。

Peerら[71]は，エレクトロスピニング法で作製したポリビニルブチラール（PVB）ナノファイバーに磁性Fe_2O_3ナノ粒子（MNP）をドープし，磁性ナノファイバー膜を構築した。この磁性膜は，非磁性膜と比べ，鉄（III）のろ過効率が向上し，地下水処理への応用が期待される。Ozbey-Unalら[72]は，エアギャップ膜蒸留（AGMD）により地熱水からホウ素と塩を除去するため，エレクトロスピニング法によって疎水性NFMを作製した。熱処理により，ナノファイバーの厚みが減少し，透過流束が改善し，ENMの機械的強度が向上したことが示された。さらに，さまざまな比率のポリテトラフルオロエチレン（PTFE）マイクロパウダーをPVDF膜に固定することで，透過流束が27.7 kg/m^2/hまで改善された。最後に，実際の地熱水を使用したところ，透過水の水質は，最適化された両膜とも0.5 mgB/L以下，250 μS/cmと灌漑用水の標準値に近いことがわかった。メルカプトシランカップリング剤で修飾された含水マンガン酸化物（HMO）ナノ粒子が，エレクトロスピニング技術によりPVCナノファイバーマトリックスに組み込まれた[73]。得られた膜は，限外ろ過プロセスによる銅イオンとニッケルイオンの除去に用いられた。実験データは，改質ナノ粒子の存在が膜の吸着親和性を大きく向上させることを示した。さらに，作製された膜は，4回の収着-脱着連続サイクルの後でも，金属イオンの除去において高い効率を示した。Pengら[74]は，ePANナノファイバー膜上にZIF-8ナノ粒子を合成した（ZIF-8/PANナノファイバー）。この複合ZIF-8/PANナノファイバーは，非常に強固で，均一な分布，大スケール可能な面積，および優れた柔軟性を持つ。合成されたZIF-8/PANナノファイバーは，Cu^{2+}の動的吸着に対して優れたフラックス（12,000 L/m^2/h）と高いろ過性能（96.5%）を示した。Ibupotoら[75]は，プレートサンドイッチ法を応用し，ポリアクリロニトリル（PAN）ナノファイバーにナノスケールのZnO材料をグラフト重合し，炭化させ，ZnO担持活性炭ナノファイバー（ZnO-ACNF）を製造した。得られたナノ複合体は，連続ろ過およびバッチろ過による廃水および模擬水からの（Pb^{2+}）イオンの除去に応用された。ZnO-ACNF膜は，45分間で92.59 mg/gの吸着容量を示し，これはPANナノファイバーの場合と比べ大きい。

（PAN）ナノファイバー吸着材とブルシャイトまたはリン酸二カルシウム二水和物（DCPD）の複合材（PAN/DCPD）が，水からの90Sr除去用に考案された[76]。その結果，DCPDの含有量が増加するほどSr^{2+}の吸着量が増加し，DCPDを70 wt%担持したPAN/DCPD（PAN/70DCPDナノファイバー）では最大除去容量（146 mg/g）となり，純粋なPANナノファイバーよりも優れた吸着効率であると考えられた。Johnsら[77]は，PANエレクトロスパン溶液に，窒素含有またはリン系（ホスホン酸など）の結合剤を1～3 wt%の割合で添加して，改質PANナノファイバーのシリーズを製造した。得られた複合材料は，U^{+6}除去の低圧反応性ろ過用途に応用された。最適なN系（Aliquat® 336ま

たはAq）およびP系（ヘキサデシルホスホン酸[HPDA]およびビス（2-エチルヘキシル）ホスフェート[HDEHP]）結合剤について，pH範囲（2-7）でU^{+6}の除去を調べた。結果から，イオン交換に4級アンモニウム基（$\equiv N^{+}-$）を用いると，静電的相互作用によりU^{+6}と結合できることが示された。取り込み率は中性pHで最大となり，正に帯電した（$\equiv N^{+}-$）基が負に帯電したU^{+6}複合体と相互作用する。一方，リン酸塩ベースの物質は，鉱山排水に代表される酸性pHで最もよく反応し，そこではU^{+6}陽イオンの表面相互作用が取り込みを促進すると考えられる。さらに，アミドキシム（AO）による錯体形成はすべてのpH値で高い性能を示したが，表面沈殿によるU^{+6}取り込みは，pH値が中性付近で，U^{+6}濃度が高い場合（10 μM）にも起こる可能性がある。デッドエンドろ過システムを用いたPOU（ポイント・オブ・ユース）処理のシミュレーション研究では，AO-PANシステムにおけるU除去は，地下水に含まれる一般的な共溶質（硬度やアルカリ性など）の影響を受けないことが観察された。

6.3.4 微生物の除去

コレラ，赤痢，腸チフスなどの細菌感染は，最も一般的な水系感染症の原因であり，世界中で何百万人もの死者を出している。特に，病原性細菌の存在，重要なイオンの不足または過剰な濃度，浮遊粒子は，水の味や匂いを好ましくないものにする。

化学的，物理的なアプローチによる水の消毒法は，生物環境と経済的な問題を考慮すると推奨されない。特に，ナノファイバーの大きな空隙率，相互結合孔，改質は，液体ろ過の最優先課題である。

Borhaniら[78]は，エレクトロスピニング技術により，PAN/ベーマイトをベースとした複合材料のナノファイバーを作製した。この膜の純水フラックスは高く，ベーマイトの含有量には影響されなかったが，膜の厚みが増すにつれて減少した。一方，大腸菌の除去率は，ベーマイトナノ粒子濃度を0から10 wt%まで増加すると，72.33%から97.37%まで顕著に向上した。この挙動は，ナノ粒子の大きな表面積，およびナノ粒子と微生物間の静電引力によるものと考えられる。ベーマイトの含有量を50%まで増やしても，バクテリアの除去に顕著な影響は見られなかった。さらに，電気紡糸時間を長くすると，バクテリアの除去が顕著に促進された。50%ベーマイトからなるPAN/ベーマイトナノファイバー層を6時間エレクトロスピニングすると，除去率は99.7%（大腸菌），99.39%（黄色ブドウ球菌），99.8%（2 μm粒子のろ過効率），および74%（カドミウム）であることが観察され，これは純粋なPANナノファイバーよりも優れていた。Jangら[79]は，エレクトロスピニング技術を用いてAg/GOドープPANナノファイバーを設計した。その後，NFMを熱処理し，適切な孔径と卓越した濡れ性を持つ薄い膜が調製された。このAg/GO-PANのNFMは，純粋なPANよりも高い水フラックス値（30%）を示し，精密ろ過（MF）への応用が可能である。さらに，作製したAg/GO PAN NFMは，大腸菌（グラム陰性）および黄色ブドウ球菌（グラム陽性）に対する抗菌活性を示した。Qasimら[80]は，聖水からバクテリアを分離するフィルター膜を作製した。このフィルターは，PCLナノファイバー膜を埋め込んだプラスチック製マイクロ流体デバイスから作製され，電気紡糸されたPCLナノファイバー膜は，2層のポリメタクリル酸メチル（PMMA）基

板の間に挟まれている。親水性を向上し，抗菌機能を付与するため，PCL 膜の表面をドーパミンで修飾した。その結果，ドーパミンをコーティングしたナノファイバー膜は対照試料と比較し，廃水からバクテリアを 80%除去でき，抗菌活性も示した。Moslehi と Mahdavi[81]は，エレクトロスピニング法を用い，さまざまな孔径 0.23，0.33，0.47 μm のポリウレタンナノファイバー精密ろ過膜を作製し，溶液（PVA とグルタルアルデヒド）で浸漬コーティングした。その結果，大腸菌 BL21（DE3）（約 97–99%）やサイズ押し出しメカニズムによる微粒子（約 95–99%）など，同時に発生する水質汚濁源に対する阻止能力が明らかになるとともに，それぞれ孔径 0.46 μm，0.33 μm，0.25 μm で高い透過流束（約 65,400，約 40,000，約 25,700 $L/m^2/h/bar$）が維持された。さらに，ナノファイバー MF 膜と市販の MF 膜との比較試験を行った。その結果，調製したナノファイバー MF 膜は，同じ平均細孔径の膜に比べ，著しく高いフラックス能力（2 ～ 3 倍）を有していた。さらに，全微粒子回収試験において優れた阻止率を示し，細菌除去の最良条件を有していると考えることができた。Avci ら[82]は，バイオメディカルおよび水ろ過用途で，天然（*Satureja hortensis*，SH）および合成（ナノパウダー，TiO_2）薬剤で修飾されたポリ（スチレン–エチレン–ブタジエン–スチレン）トリブロックコポリマー（SEBS）から構築された複合ナノファイバーの調製に，エレクトロスピニングおよびエレクトロスプレーアプローチを用いた。その結果を，これらの分野で一般的に用いられる TPU 複合ナノファイバーと比較した。その結果，改質 SEBS ナノファイバーは抗菌効果と細胞生存率を示した。Al–Attabi ら[83]は，テトラエトキシシラン，テトラチオモリブデン酸アンモニウム，PAN からなるナノ複合 ENM をエレクトロスピニングで作製し，欠陥のない高度に相互結合した多孔質構造を作り出した。このナノ複合エレクトロスピン膜のセムリキフォレスト（Semliki Forest）ウイルスに対する捕捉性能は，溶液中で 98.9%であった。さらに複合精密ろ過膜は，26,000 $L/m^2/h/bar$ までの非常に高い透水性能を示すとともに，優れた光触媒性能を持ち，自己浄化を可能にした。

6.4 結　論

ろ過は，バリア（膜）を用い，目的でない物質を排除し，目的物質を通過させる分離技術である。膜の効率はフラックスと選択性という 2 つの主な要因に制御されるが，これらは孔径，濡れ性，多孔性，圧力損失，膜厚といった膜の諸特性に大きく依存する。エレクトロスピニング技術を応用し，高分子溶液をナノスケールの繊維状構造に変換した。この繊維を集合させて膜（織物状構造）を構成した。得られた膜は，優れた気孔率，優れた気孔相互連結性，ミクロンスケールの間隙，低密度，良好な柔軟性，限られた厚さ，大きな表面積対体積比，および許容可能な機械的強度を有する。さらに，効率的なろ過操作に必要なさまざまな膜特性の改善に，他のポリマーやナノ材料でこれらのナノファイバーを容易に修飾することができる。ここでは空気と水のろ過におけるさまざまな NFM と NFM 複合体を検討し，さらにナノファイバーの修飾がどのように膜のさまざまな機能を向上させ，さらにろ過プロセスも向上させるかを検討した。

References

[1] Kim, J.F., Kim, J.H., Lee, Y.M., and Drioli, E. (2016). Thermally induced phase separation and electrospinning methods for emerging membrane applications: a review. *Advances in Materials: Separations: Materials, Devices and Processes* 62: 461–490. https://doi.org/10.1002/aic.15076.

[2] Van deWitte, P., Dijkstra, P.J., Van den Berg, J., and Feijen, J. (1996). Phase separation processes in polymer solutions in relation to membrane formation. *Journal of Membrane Science* 117: 1–31. https://doi.org/10.1016/0376-7388 (96) 00088-9.

[3] Tan, X.M. and Rodrigue, D. (2019). A review on porous polymeric membrane preparation. Part I: production techniques with polysulfone and poly (vinylidene fluoride). *Polymers* 11: 1160. https://doi.org/10.3390/polym11071160.

[4] Al-Attabi, R., Morsi, Y., Schütz, J.A. et al. (2021). Flexible and reusable carbon nano-fibre membranes for airborne contaminants capture. *Science of the Total Environment* 754: 142231. https://doi.org/10.1016/j.scitotenv.2020.142231.

[5] Liu, Y., Qian, X., Zhang, H. et al. (2020). Preparing micro/nano-fibrous filters for effective PM 2.5 under low filtration resistance. *Chemical Engineering Science* 217: 115523. https://doi.org/10.1016/j.ces.2020.115523.

[6] Kim, H.-J., Park, S.J., Kim, D.-I. et al. (2019). Moisture effect on particulate matter filtration performance using electro-spun nanofibers including density functional theory analysis. *Scientific Reports* 9: 7015. https://doi.org/10.1038/s41598-019-43127-4.

[7] Lin, S., Huang, X., Bu, Z. et al. (2020). Nanofibrous membranes with high air permeability and fluffy structure based on low temperature electrospinning technology. *Fibers and Polymers* 21 (7): 1466–1474. https://doi.org/10.1007/s12221-020-9904-x.

[8] Fan, Q., Liang, W., Fan, T.-T. et al. (2020). Long polyvinylidene fluoride composite nanofibrous filter for high-efficiency PM2.5 capture. *Composites Communications* 22: 100533. https://doi.org/10.1016/j.coco.2020.100533.

[9] Zhang, J., Gong, S., Wang, C. et al. (2019). Biodegradable electrospun poly (lactic acid) nanofibers for effective PM 2.5 removal. *Macromolecular Materials and Engineering* 304: 1900259. https://doi.org/10.1002/mame.201900259.

[10] Song, J., Zhang, B., Lu, Z. et al. (2019). Hierarchical porous poly (L-lactic acid) nanofibrous membrane for ultrafine particulate aerosol filtration. *ACS Applied Materials and Interfaces* 11 (49): 46261–46268. https://doi.org/10.1021/acsami.9b18083.

[11] Li, Z., Song, J., Long, Y. et al. (2020). Large-scale blow spinning of heat-resistant nanofibrous air filters. *Nano Research* 13 (3): 861–867. https://doi.org/10.1007/s12274-020-2708-x.

[12] Rajak, A., Hapidin, D.A., Iskandar, F. et al. (2020). Electrospun nanofiber from various source of expanded polystyrene (EPS) waste and their characterization as potential air filter media. *Waste Management* 103: 76–86. https://doi.org/10.1016/j.wasman.2019.12.017.

[13] Baby, T., Jose, T.E., Aravindkumar, C.T., and Thomas, J.R. (2020). A facile approach for the preparation of polycarbonate nanofiber mat with filtration capability. *Polymer Bulletin* https://doi.org/10.1007/s00289-020-03266-5.

[14] Bian, Y., Wang, S., Zhang, L., and Chen, C. (2020). Influence of fiber diameter, filter thickness, and packing density on PM2.5 removal efficiency of electrospun nanofiber air filters for indoor applications. *Building and Environment* 170: 106628. https://doi.org/10.1016/j.buildenv.2019.106628.

[15] Srikrishnarka, P., Kumar, V., Ahuja, T. et al. (2020). Enhanced capture of particulate matter by molecularly charged electrospun nanofibers. *ACS Sustainable Chemistry and Engineering* 8 (21): 7762–7773. https://doi.org/10.1021/acssuschemeng.9b06853.

[16] Shao, Z., Jiang, J., Wang, X. et al. (2020). Self-powered electrospun composite nanofiber membrane for highly efficient air filtration. *Nanomaterials* 10: 1706. https://doi.org/10.3390/nano10091706.

[17] Cai, R.-R., Li, S.-Z., Zhang, L.-Z., and Lei, Y. (2020). Fabrication and performance of a stable micro/nano composite electret filter for effective PM2.5 capture. *Science of the Total Environment* 725: 138297. https://doi.org/10.1016/j.scitotenv.2020.138297.

[18] Kadam, V., Truong, Y.B., Schutz, J. et al. (2021). Gelatin/β-cyclodextrin bio-nanofibers as respiratory filter media for filtration of aerosols and volatile organic compounds at low air resistance. *Journal of Hazardous Materials* 403: 123841. https://doi.org/10.1016/j.jhazmat.2020.123841.

[19] You, Y., Chen, F., Qian, J. et al. (2020). Nonhazardous electrospun biopolymer nanofibrous membrane for antibacterial filter. *Nano* 15 (07): 2050085. https://doi.org/10.1142/S179329202050085X.

[20] Zhang, L., Li, L., Wang, L. et al. (2020). Multilayer electrospun nanofibrous membranes with antibacterial property for air filtration. *Applied Surface Science* 515: 145962. https://doi.org/10.1016/j.apsusc.2020.145962.

[21] Wang, C., Fan, J., Xu, R. et al. (2019). Quaternary ammonium chitosan/polyvinyl alcohol composites prepared by electrospinning with high antibacterial properties and filtration efficiency. *Journal of Materials Science* 54: 12522-12532. https://doi.org/10.1007/s10853-019-03824-x.

[22] Li, K., Li, C., Tian, H. et al. (2020). Multifunctional and efficient air filtration: a natural nanofilter prepared with zein and polyvinyl alcohol, nanofibers prepared by electrospinning technology possess large specific surface area and adjustable fiber diameter. *Macromolecular Materials and Engineering* 305: 2000239. https://doi.org/10.1002/mame.202000239.

[23] Guo, J., Hanif, A., Shang, J. et al. (2021). An PAA@ZIF-8 incorporated nanofibrous membrane for high-efficiency PM2.5 capture. *Chemical Engineering Journal* 405: 126584. https://doi.org/10.1016/j.cej.2020.126584.

[24] Wang, Z., Zhang, Y., Ma, X.Y.D. et al. (2020). Polymer/MOF-derived multilayer fibrous membranes for moisture-wicking and efficient capturing both fine and ultrafine airborne particles. *Separation and Purification Technology* 235: 116183. https://doi.org/10.1016/j.seppur.2019.116183.

[25] Hu, M., Yin, L., Low, N. et al. (2020). Zeolitic-imidazolate-framework filled hierarchical porous nanofiber membrane for air cleaning. *Journal of Membrane Science* 594: 117467. https://doi.org/10.1016/j.memsci.2019.117467.

[26] Bian, Y., Chen, C., Wang, R. et al. (2020). Effective removal of particles down to 15nm using scalable metal-organic framework-based nanofiber filters. *Applied Materials Today* 20: 100653. https://doi.org/10.1016/j.apmt.2020.100653.

[27] Lee, H. and Jeon, S. (2020). Polyacrylonitrile nanofiber membranes modified with Ni-based conductive metal organic frameworks for air filtration and respiration monitoring. *ACS Applied Nano Materials* 3 (8): 8192-8198. https://doi.org/10.1021/acsanm.0c01619.

[28] Lee, M., Ojha, G.P., Oh, H.J. et al. (2020). Copper//terbium dual metal organic frameworks incorporated side-by-side electrospun nanofibrous membrane: a novel tactics for an efficient adsorption of particulate matter and luminescence property. *Journal of Colloid and Interface Science* 578: 155-163. https://doi.org/10.1016/j.jcis.2020.05.113.

[29] Li, D., Shen, Y., Wang, L. et al. (2020). Hierarchical structured polyimide-silica hybrid nano/microfiber filters welded by solvent vapor for air filtration. *Polymers* 12: 2494. https://doi.org/10.3390/polym12112494.

[30] Wang, S.-J., Zhang, X.-Y., Su, D. et al. (2020). Electrospinning Ag-TiO_2 nanorod-loaded air treatment filters and their applications in air purification. *Molecules* 25: 3369. https://doi.org/10.3390/molecules25153369.

[31] Yang, W., Li, L., Wang, S., and Liu, J. (2020). Preparation of multifunctional AgNPs/PAN nanofiber membrane for air filtration by one-step process. *Pigment and Resin Technology* 49 (5): 355-361.

[32] Canalli Bortolassi, A.C., Guerra, V.G., Aguiar, M.L. et al. (2019). Composites based on nanoparticle and PAN electrospun nanofiber membranes for air filtration and bacterial removal. *Nanomaterials* 9 (12): 1740. https://doi.org/10.3390/nano9121740.

[33] Wang, B., Wang, Q., Wang, Y. et al. (2019). Flexible multifunctional porous nanofibrous membranes for high-efficiency air filtration. *ACS Applied Materials and Interfaces* 11 (46): 43409-43415. https://doi.org/10.3390/nano9121740.

[34] Yang, X., Pu, Y., Zhang, Y. et al. (2020). Multifunctional composite membrane based on BaTiO3@PU/PSA nanofibers for high-efficiency PM2.5 removal. *Journal of Hazardous Materials* 391: 122254. https://doi.org/10.1016/j.jhazmat.2020.122254.

[35] Ramachandran, S. and Rajiv, S. (2020). Ethylenediamine functionalized metalloporphyrin loaded nanofbrous membrane: a new strategic approach to air filtration. *Journal of Inorganic and Organometallic Polymers* 30: 2142-2151. https://doi.org/10.1007/s10904-019-01410-x.

[36] Yang, X., Pu, Y., Li, S. et al. (2019). Electrospun polymer composite membrane with superior thermal stability and excellent chemical resistance for high-efficiency PM2.5 capture. *ACS Applied Materials and Interfaces* 11 (46): 43188-43199. https://doi.org/10.1021/acsami.9b15219.

[37] Zhang, Q., Li, Q., Zhang, L. et al. (2020). Preparation of electrospun nanofibrous poly (vinyl alcohol)/cellulose nanocrystals air filter for efficient particulate matter removal with repetitive usage capability via facile heat treatment. *Chemical Engineering Journal* 399: 125768. https://doi.org/10.1016/j.cej.2020.125768.

[38] de Oliveira, A.E., Aguiar, M.L., and Guerra, V.G. (2020). Improved filter media with PVA/citric acid/Triton X-100 nanofibers for filtration of nanoparticles from air. *Polymer Bulletin* https://doi.org/10.1007/s00289-020-03431-w.

[39] Cui, J., Lu, T., Li, F. et al. (2021). Flexible and transparent composite nanofibre membrane that was fabricated via a "green" electrospinning method for efficient particulate matter 2.5 capture. *Journal of Colloid and Interface Science* 582: 506-514. https://doi.org/10.1016/j.jcis.2020.08.075.

[40] Shao, W., Yue, W., Ren, G. et al. (2020). Preparation of UV-resistant TPU nanofiber and its application in anti-haze window screening. *Journal of Fiber Science and Technology* 76 (6): 183-189. https://doi.org/10.2115/fiberst.2020-0022.

[41] Liu, F., Li, M., Li, F. et al. (2020). Preparation and properties of PVDF/Fe_3O_4 nanofibers with magnetic and electret effects and their application in air filtration. *Macromolecular Materials and Engineering* 305: 1900856. https://doi.org/10.1002/mame.201900856.

[42] Liu, H., Zhang, S., Liu, L. et al. (2020). High-performance PM0.3 air filters using self-polarized electret nanofiber/nets. *Advanced Functional Materials* 30: 1909554. https://doi.org/10.1002/adfm.201909554.

[43] Xu, Y., Li, X., Xiang, H.-F. et al. (2020). Large-scale preparation of polymer nanofibers for air filtration by a new multineedle electrospinning device. *Journal of Nanomaterials* 4965438, 7 pages. https://doi.org/10.1155/2020/4965438.

[44] Du, L., Zhang, Y., Li, X. et al. (2020). High performance anti-smog window screens via electrospun nanofibers. *Journal of Applied Polymer Science* 137: 48657. https://doi.org/10.1002/app.48657.

[45] Barani, M. Bazgir, S., Hosseini, M.K., and Hosseini, P.K. (2021). Eco-facile application of electrospun nanofibers to the oil-water emulsion separation via coalescing filtration in pilot-scale and beyond. *Process Safety and Environmental Protection* 148: 342-357. https://doi.org/10.1016/j.psep.2020.10.015.

[46] Zaidouny, L., Abou-Daher, M., Tehrani-Bagha, A.R. et al. (2020). Electrospun nanofibrous polyvinylidene fluoride-co-hexafluoropropylene membranes for oil-water separation. *Applied Polymer* 137

(34): 49394. https://doi.org/10.1002/app.49394.
[47] Chen, Y. and Jiang, L. (2020). Incorporation of UiO-66-NH2 into modified PAN nanofibers to enhance adsorption capacity and selectivity for oil removal. *Journal of Polymer Research* 27: 69. https://doi.org/10.1007/s10965-020-2035-7.
[48] Wang, Y., Yue, G., Li, D. et al. (2020). A robust carbon nanotube and PVDF-HFP nanofiber composite superwettability membrane for high-efficiency emulsion separation. *Macromolecular Rapid Communications* 41: 2000089. https://doi.org/10.1002/marc.202000089.
[49] Mousa, H.M., Alfadhel, H., Ateia, M. et al. (2020). Polysulfone-iron acetate/polyamide nanocomposite membrane for oil-water separation. *Environmental Nanotechnology, Monitoring and Management* 14: 100314. https://doi.org/10.1016/j.enmm.2020.100314.
[50] Qing, W., Li, X., Wu, Y. et al. (2020). In situ silica growth for superhydrophilic-underwater superoleophobic silica/PVA nanofibrous membrane for gravity-driven oil-in-water emulsion separation. *Journal of Membrane Science* 612: 118476. https://doi.org/10.1016/j.memsci.2020.118476.
[51] Tian, M., Liao, Y., and Wang, R. (2020). Engineering a superwetting thin film nanofibrous composite membrane with excellent antifouling and self-cleaning properties to separate surfactant-stabilized oil-in-water emulsions. *Journal of Membrane Science* 596: 117721. https://doi.org/10.1016/j.memsci.2019.117721.
[52] Liu, Z., Wei, Z., Long, S. et al. (2020). Solvent-resistant polymeric microfiltration membranes based on oxidized electrospun poly (arylene sulfide sulfone) nanofibers. *Journal of Applied Polymer Science* 137: 48506. https://doi.org/10.1002/app.48506.
[53] Li, M., Li, J., Zhou, M. et al. (2020). Super-hydrophilic electrospun PVDF/PVA-blended nanofiber membrane for microfiltration with ultrahigh water flux. *Journal of Applied Polymer Science* 137: 48416. https://doi.org/10.1002/app.48416.
[54] Yang, M., Hadi, P., Yin, X. et al. (2021). Antifouling nanocellulose membranes: how subtle adjustment of surface charge lead to self-cleaning property. *Journal of Membrane Science* 618: 118739. https://doi.org/10.1016/j.memsci.2020.118739.
[55] Maziya, K., Dlamini, B.C., and Malinga, S.P. (2020). Hyperbranched polymer nanofibrous membrane grafted with silver nanoparticles for dual antifouling and antibacterial properties against Escherichia coli, Staphylococcus aureus and Pseudomonas aeruginosa. *Reactive and Functional Polymers* 148: 104494. https://doi.org/10.1016/j.reactfunctpolym.2020.104494.
[56] Moradi, G. and Zinadini, S. (2020). A high flux graphene oxide nanoparticles embedded in PAN nanofiber microfiltration membrane for water treatment applications with improved anti-fouling performance. *Iranian Polymer Journal* 29: 827-840. https://doi.org/10.1007/s13726-020-00842-4.
[57] Chen, H., Zheng, S., Meng, L. et al. (2020). Comparison of novel functionalized nanofiber forward osmosis membranes for application in antibacterial activity and TRGs rejection. *Journal of Hazardous Materials* 392: 1222502. https://doi.org/10.1016/j.jhazmat.2020.122250.
[58] Sundaran, S.P., Reshmi, C.R., Sagitha, P., and Sujith, A. (2020). Polyurethane nanofibrous membranes decorated with reduced graphene oxide-TiO_2 for photocatalytic templates in water purification. *Journal of Materials Science* 55: 5892-5907. https://doi.org/10.1007/s10853-020-04414-y.
[59] Li, N., Wang, W., Zhu, L. et al. (2021). A novel electro-cleanable PAN-ZnO nanofiber membrane with superior water flux and electrocatalytic properties for organic pollutant degradation. *Chemical Engineering Journal* https://doi.org/10.1016/j.cej.2020.127857.
[60] Jalalian, N. and Nabavi, S.R. (2020). Electrosprayed chitosan nanoparticles decorated on polyamide6 electrospun nanofibers as membrane for acid Fuchsin dye filtration from water. *Surfaces and Interfaces* 21: 100779. https://doi-org.sdl.idm.oclc.org/10.1016/j.surfin.2020.100779.

[61] Mohd Khori, N.K.E., Salmiati, Hadibarata, T., and Yusop, Z. (2020). A combination of waste biomass activated carbon and nylon nanofiber for removal of triclosan from aqueous solutions. *Journal of Environmental Treatment Techniques* 8 (3): 1036–1045.

[62] Khalil, A.M. and Schafer, A.I. (2021). Cross-linked β-cyclodextrin nanofiber composite membrane for steroid hormone micropollutant removal from water. *Journal of Membrane Science* 618: 118228. https://doi.org/10.1016/j.memsci.2020.118228.

[63] Yin, H., Zhao, J., Li, Y. et al. (2020). A novel Pd decorated polydopamine-SiO2/PVA electrospun nanofiber membrane for highly efficient degradation of organic dyes and removal of organic chemicals and oils. *Journal of Cleaner Production* 275: 122937. https://doi.org/10.1016/j.jclepro.2020.122937.

[64] Zheng, S., Chen, H., Tong, X. et al. (2021). Integration of a photo-fenton reaction and a membrane filtration using CS/PAN@FeOOH/g-C3N4 electrospun nanofibers: synthesis, characterization, self-cleaning performance and mechanism. *Applied Catalysis B: Environmental* 281: 119519. https://doi.org/10.1016/j.apcatb.2020.119519.

[65] Han, N., Wang, W., Lv, X. et al. (2019). Highly efficient purification of multicomponent wastewater by electrospinning kidney-bean-skin-like porous H-PPAN/rGO-g-PAO@Ag + /Ag composite nanofibrous membranes. *ACS Applied Materials and Interfaces* 11 (50): 46920–46929. https://doi.org/10.1021/acsami.9b16889.

[66] Yin, X., Zhang, Z., Ma, H. et al. (2020). Ultra-fine electrospun nanofibrous membranes for multicomponent wastewater treatment: filtration and adsorption. *Separation and Purification Technology* 242: 116794. https://doi.org/10.1016/j.seppur.2020.116794.

[67] Al-Wafi, R., Ahmed, M.K., and Mansour, S.F. (2020). Tuning the synthetic conditions of graphene oxide/magnetite/hydroxyapatite/cellulose acetate nanofibrous membranes for removing Cr (VI), Se (IV) and methylene blue from aqueous solutions. *Journal of Water Process Engineering* 38: 101543. https://doi.org/10.1016/j.jwpe.2020.101543.

[68] Pishnamazi, M., Koushkbaghi, S., Hosseini, S.S. et al. (2020). Metal organic framework nanoparticles loaded-PVDF/chitosan nanofibrous ultrafiltration membranes for the removal of BSA protein and Cr (VI) ions. *Journal of Molecular Liquids* 317: 113934. https://doi.org/10.1016/j.molliq.2020.113934.

[69] Castro-Ruíz, A., Rodríguez-Tobías, H., Abraham, G.A. et al. (2020). Core-sheath nanofibrous membranes based on poly (acrylonitrilebutadiene-styrene), polyacrylonitrile, and zinc oxide nanoparticles for photoreduction of Cr (VI) ions in aqueous solutions. *Journal of Applied Polymer Science* 137: 48429. https://doi.org/10.1002/app.48429.

[70] Palacios Hinestroza, H., Urena-Saborio, H., Zurita, F. et al. (2020). Nanocellulose and polycaprolactone nanospun composite membranes and their potential for the removal of pollutants from water. *Molecules* 25, 683: https://doi.org/10.3390/molecules25030683.

[71] Peer, P., Cvek, M., Urbanek, M., and Sedlacik, M. (2020). Preparation of electrospun magnetic polyvinyl butyral/Fe2O3 nanofibrous membranes for effective removal of iron ions from groundwater. *Journal of Applied Polymer Science* 137: 49576. https://doi.org/10.1002/app.49576.

[72] Ozbey-Unal, B., Gezmis-Yavuz, E., Eryildiz, B. et al. (2020). Boron removal from geothermal water by nanofiber-based membrane distillation membranes with significantly improved surface hydrophobicity. *Journal of Environmental Chemical Engineering* 8: 104113. https://doi.org/10.1016/j.jece.2020.104113.

[73] Hezarjaribi, M., Bakeri, G., Sillanpää, M. et al. (2020). Novel adsorptive membrane through embedding thiol-functionalized hydrous manganese oxide into PVC electrospun nanofiber for dynamic removal of Cu (II) and Ni (II) ions from aqueous solution. *Journal of Water Process Engineering* 37: 101401. https://doi.org/10.1016/j.jwpe.2020.101401.

[74] Peng, L., Zhang, X., Sun, Y. et al. (2020). Heavy metal elimination based on metal organic framework

highly loaded on flexible nanofibers. *Environmental Research* 188: 109742. https://doi.org/10.1016/j.envres.2020.109742.

[75] Ibupoto, A.S., Qureshi, U.A., Arain, M. et al. (2020). ZnO/carbon nanofibers for efficient adsorption of lead from aqueous solutions. *Environmental Technology* 41 (21): 2731–2741. https://doi.org/10.1080/09593330.2019.1580774.

[76] Vivas, E.L., Lee, S., and Cho, K. (2020). Brushite-infused polyacrylonitrile nanofiber adsorbent for strontium removal from water. *Journal of Environmental Management* 270: 110837. https://doi.org/10.1016/j.jenvman.2020.110837.

[77] Johns, A., Qian, J., Carolan, M.E. et al. (2020). Functionalized electrospun polymer nanofibers for treatment of water contaminated with uranium. *Environmental Science: Water Research and Technology* 6: 622–634. https://doi.org/10.1039/C9EW00834A.

[78] Borhani, S., Asadi, A., and Dabbagh, H.A. (2020). Preparation and characterization of PAN nanofibers containing boehmite nanoparticles for the removal of microbial contaminants and cadmium ions from water. *Journal of Water and Health* 18 (2): 106–117. https://doi.org/10.2166/wh.2020.110.

[79] Jang, W., Yun, J., Park, Y. et al. (2020). Polyacrylonitrile nanofiber membrane modified with Ag/GO composite for water purification system. *Polymers* 12: 2441. https://doi.org/10.3390/polym12112441.

[80] Qasim, M., Duong, D.D., Lee, J.Y., and Lee, N.Y. (2020). Fabrication of polycaprolactone nanofibrous membrane embedded microfluidic device for water filtration. *Journal of Applied Polymer Science* 137: e49207. https://doi.org/10.1002/app.49207.

[81] Moslehi, M. and Mahdavi, H. (2020). Preparation and characterization of electrospun polyurethane nanofibrous microfltration membrane. *Journal of Polymers and the Environment* 28: 2691–2701. https://doi.org/10.1007/s10924-020-01801-z.

[82] Avci, H., Akkulak, E., Gergeroglu, H. et al. (2020). Flexible poly (styrene-ethylene-butadiene-styrene) hybrid nanofibers for bioengineering and water filtration applications. *Journal of Applied Polymer Science* 137: e49184. https://doi.org/10.1002/app.49184.

[83] Al-Attabi, R., Rodriguez-Andres, J., Schütz, J.A. et al. (2019). Catalytic electrospun nano-composite membranes for virus capture and remediation. *Separation and Purification Technology* 229: 115806. https://doi.org/10.1016/j.seppur.2019.115806.

第 7 章

ナノ吸着剤による環境修復

Nanoadsorbents for Environmental Remediation

Adnan Khan[1], Sumeet Malik[1], Sumaira Shah[2], Nisar Ali[3], Farman Ali[4], Suresh Ghotekar[5], Harshal Dabhane[6,7] and Muhammad Bilal[8]

[1] University of Peshawar, Institute of Chemical Sciences, Peshawar city, KPK 25120, Pakistan

[2] Bacha Khan University, Department of Botany, P.O.Box#:20, Charsadda, KPK, Pakistan

[3] Huaiyin Institute of Technology, National & Local Joint Engineering Research Center for Deep Utilization Technology of Rock-salt Resource, Faculty of Chemical Engineering, Huaian 223003, China

[4] Hazara University, Department of Chemistry, Mansehra, KPK 21300, Pakistan

[5] University of Mumbai, Smt. Devkiba Mohansinhji Chauhan College of Commerce and Science, Department of Chemistry, Silvassa, Dadra and Nagar Haveli (UT) 396 230, India

[6] Savitribai Phule Pune University, GMD Arts, BW Commerce and Science College, Department of Chemistry, Sinnar, Maharashtra 422103, India

[7] Savitribai Phule Pune University, K.R.T. Arts, B.H. Commerce and A.M. Science College, Department of Chemistry, Nashik, Maharashtra 422002, India

[8] Huaiyin Institute of Technology, School of Life Science and Food Engineering, Huai'an 223003, China

7.1　はじめに

地球表面の70%以上が海，河川，小川などの形で水に覆われており，水は生命の必需品である[1]。残念なことに，地球上には豊富な水があるにもかかわらず，純粋できれいな水を生物に供給することが非常に難しくなっている[2, 3]。特に世界の発展途上国では，清潔な水を十分に利用できないという問題に直面している。水汚染の主な要因は，工業排水，生活排水，そして世界人口の日々の増加である[4]。水域に染料，金属イオン，医薬品排出物，化粧品，酸，アルカリなどの汚染物質が混入すると，使用に適さなくなる[5, 6](図7.1)。これらの汚染物質を除去し，純粋な水を供給するには，適切な対策が必要である。これらの背景から，科学者たちは工業排水からこれらの有害汚染物質の除去のさまざまな手段を講じてきた[7]。最も頻繁に利用される手法には，沈殿法[8]，凝固・凝集法[9]，イオン交換法[10]，膜ろ過法[11]，生物分解法[12]，炭素吸着法[13]，ファイトレメディエーション法[14]，光触媒分解法[15-17]，分離法[18]，電気化学的手法

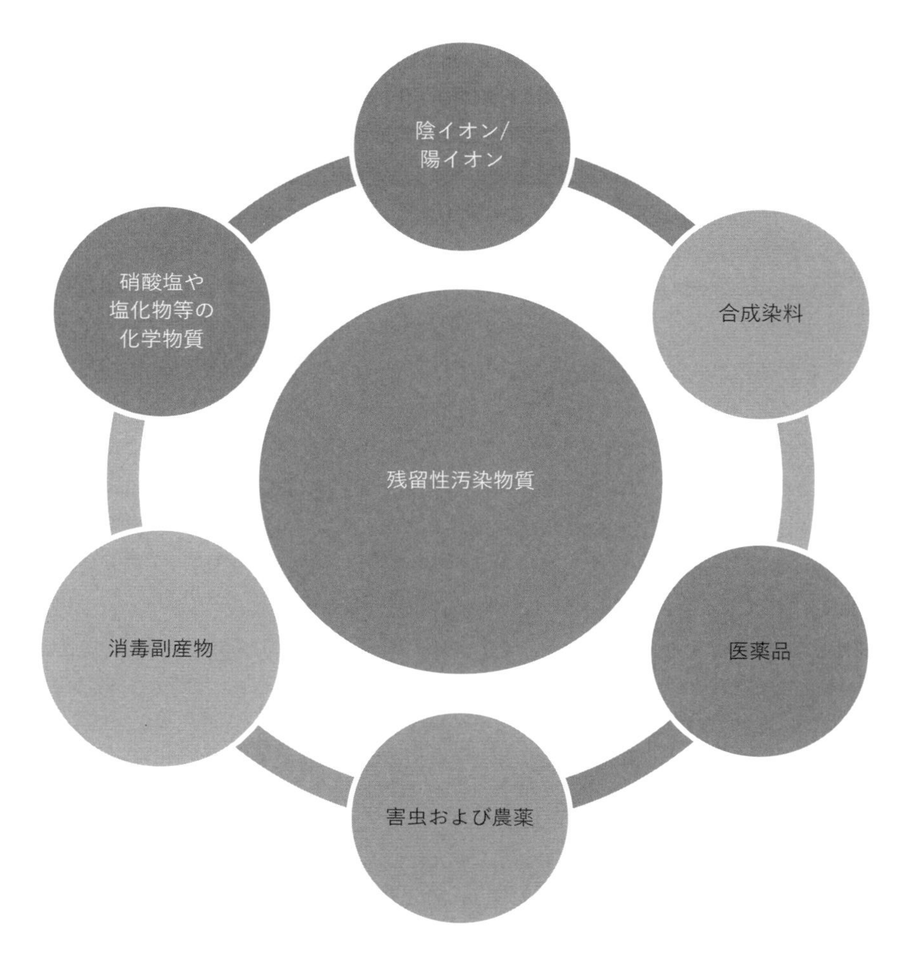

図7.1　さまざまな難分解性環境汚染物質

[19]，吸着法[20,21]などがある（図 7.2）。これらの方法は，汚染物質の除去に大規模に用いられてきた。これらの手法は，いくつかの相違点を有しているが，満足のいく結果をもたらしているので，これらの手法の中から最良のものを選択するのは難しい[22]。最適な技術の選択は，エネルギー資源の利用可能度合いによる。上記の技術に関わる一般的な課題には，高いエネルギーと消費コスト，二次汚染物質の生成，汚染物質の不完全な除去，時間のかかる過程などがある。それらに関連する，矛盾が最小で，より多くの利点を提供する重要な技法は，吸着プロセスである[23]。

吸着プロセスは，標的汚染物質に対してより特異的で選択的な，シンプルで簡便な方法である[24]。また，多くの吸着材が利用可能であることから，他の方法よりも吸着の選択が科学者の注目を集めている[25]。既存の吸着剤にナノテクノロジーの側面を取り入れることで，一歩前進した。廃水からの吸着に基づく汚染物質の除去にナノテクノロジーを取り入れることで，環境修復の分野に新たな視野が開かれた。ナノ吸着剤は，さまざまな汚染物質を選択的に除去する強力な物質として登場した[26]。ナノ吸着剤は，ナノ領域（1～100 nm）の大きさを持つ有機または無機の物質である。これらのナノ吸着剤のユニークな特性として，高い多孔質表面と小さなサイズがあるが，大きな表面対体積比により，汚染物質を効率的に捕捉できる[27]。ナノ吸着剤は，分子サイズ，化学種挙動，疎水性が異なるさまざまな汚染物質を容易に吸着できる。これらの理由からナノ吸着剤への関心が日々急速に高まっている。本章では，さまざまな汚染物質除去のさまざまな性質のナノ吸着剤の利用を取り上げる。

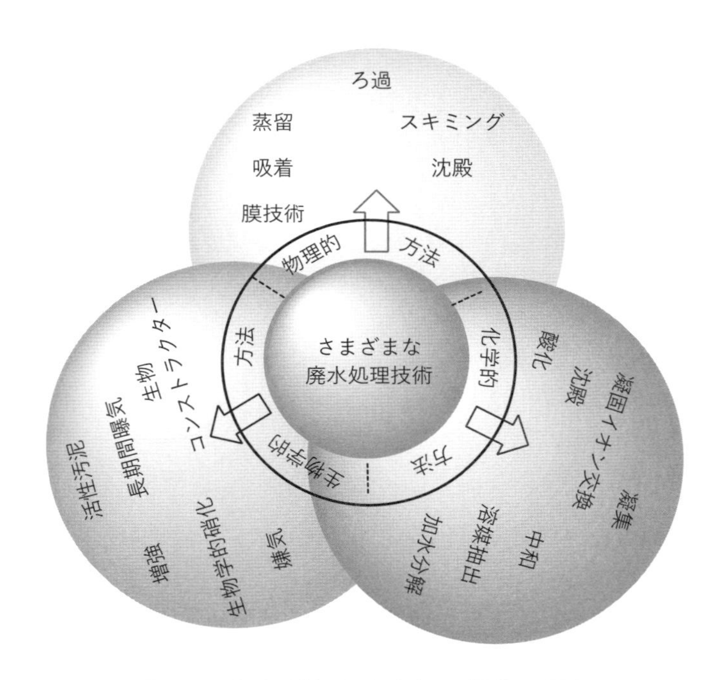

図 7.2　さまざまな廃水処理技術の図解

7.2 ナノ材料の特性と合成

炭素系ナノ材料，金属系ナノ材料（ナノ粒子），シリカ系ナノ材料，およびナノクレイ，ナノファイバー，エアロゲルなどのポリマー系ナノ材料など，さまざまなナノ材料（NM）がその特性により分類されている[28]。ナノ材料のクラスは，生物学，化学，電子工学，医学，材料科学など，多様な分野で応用されている。前述のナノ材料は，さまざまな汚染物質の吸着を通じ，廃水浄化の分野にも大きく貢献している。ナノ吸着剤としてのナノ材料の大きな役割は，その外在的特性だけでなく内在的特性にも直接関係している[29]。ナノ吸着剤の最も重要な特性の1つはサイズであり，極めて小さいナノメートル領域（1～100 nm）である必要がある。ナノ粒子は同様な大きさの次数を持ち，すべてが1次元である，いわば0次元（準ゼロ次元）の実体である。ナノ粒子（NP）は，ほとんどが球形で，ナノ結晶と呼ばれる整然と並んだ原子を持つ。ナノ材料の特性に影響するその他のパラメータには，ナノ材料の表面化学，凝集状態または非凝集状態，化学組成，結晶構造，媒体に対する溶解度などがある。ナノ吸着剤の利用の最近の進歩は，主にその高い化学活性，極めて小さな粒径，従来の吸着剤に欠けていた大きな表面対体積比による。ナノ吸着剤のもう1つの特性は，多くの追加の官能基に対する元々の感受性である。ナノ吸着剤の表面化学は，さらなる官能基化により改善できる[31]。ナノ吸着剤の官能基化は，凝集の可能性を減らし，汚染物質への特異性を高める可能性がある。ナノ材料の官能基化に用いられる材料の多くは有機ドナー原子であり，静電相互作用が材料の吸着能力を高める可能性がある。上述したナノ吸着剤の特性や特徴は，その次元や最終的な調製方法に大きく依存する。ナノ材料のサイズは，温度，攪拌速度，反応物の濃度，時間，安定化剤の添加量などの操作パラメータの制御により，制御された範囲内になければならない。したがって，狭い粒度分布と単分散範囲を持つナノ粒子を提供する技術が好まれる。ナノ材料の合成に最もよく用いられる手法には，化学気相成長法[32]，電着法[33]，熱蒸発法[34]，ゾル-ゲル法[35]，共沈法[36]などがある。

7.3 廃水からの汚染物質除去の異なるクラスのナノ吸着剤

ナノ吸着剤は，用いる材料の性質により，さまざまなクラスに分類される。これらのクラスを以下で議論する。

7.3.1 炭素系ナノ吸着剤

ナノ吸着剤の大きなクラスは，カーボンナノチューブ，グラフェン系ナノ材料，カーボンナノファイバー，カーボンナノファイバー膜など，多様なナノ材料を含む炭素系ナノ吸着剤からなる。炭素系ナノ吸着材は，安定性，低コスト，高集積化，疎水性，高比表面積，親油性，電気的強度などの優れた特性を持つ。このような特性により，炭素系のナノ吸着剤は汚染物質の除去に最適な選択となる[31]。アセトアミノフェン（Ace）の吸着に多層カーボンナノチューブ（MWCNT）を用いた研究者もいる。MWCNTをまず水酸化ナトリウム，硝酸/硫酸，オゾン/キトサンで修飾した。

得られた吸着能は，オゾン処理 MWCNT（250 mg/g）＞キトサンコーティング MWCNT（205 mg/g）＞酸処理 MWCNT（160 mg/g）＞NaOH 処理 MWCNT（130 mg/g）＞そのままの MWCNT（90 mg/g）の順であった。他の研究者[38]は，製油所廃水からのフェノールとシアンの除去のため，MWCNT/酸化チタン（TiO_2）ナノ吸着剤を開発した。MWCNT/TiO_2 は，シアンに対して 98.03 922 mg/g の最高の吸着容量を示したが，最適化された操作条件で得られたフェノールの最大吸着容量は 433.85 mg/g であった。さらに得られた結果を，速度論，等温モデル，熱力学により検討した。また，超音波アシスト法により，酸化グラフェン担持有機モンモリロナイト（GO-MO）のナノ複合体を調製した研究者もいる[39]。調製したナノ複合体を用い，Pb(II)，Cd(II)，As(V) などの金属イオンの除去に成功した。Pb(II)，Cd(II)，As(V) に対して得られた最大吸着容量は，それぞれ 227.06，70.10，80.20 mg/g であった。有毒陽イオンの除去の機構は，相乗吸着機構であった。ある研究者は，ポリアクリロニトリルをベースとする多孔性カーボンナノファイバーをエレクトロスピニングにより調製した[40]。調製したパラセルロースナノファイバー（p-CNF）を鉛イオンの吸着に用いた。その結果，鉛(II)イオンの最大吸着容量は 7.1 mg/g であり，最適化された条件下での除去効率は 79％であった。得られた結果を速度論と等温線モデルの研究に適用した。さまざまな汚染物質の除去に用いた炭素系ナノ吸着剤の一部を表 7.1 に示す。

7.3.2 シリカ系ナノ吸着剤

ナノ吸着剤のもう１つの大きな分類は，シリカ系のナノ粒子である。シリカ系ナノ粒子の際立った特徴は，そのメソポーラスな表面である[48]（図 7.3）。シリカ系ナノ粒子のメソポーラス構造，高い表面積，細孔の規則的な配列，化学的・機械的安定性，追加的な官能基への表面修飾の容易さにより，汚染物質除去のナノ吸着剤として最適な選択となっている。シリカ系のナノ粒子で汚染物質を除去する官能基は，シラノール基である。シラノール基は基本的にケイ素原子に結合した水酸基である。さまざまな汚染物質はシラノール基と相互作用し，その相互作用は pH の変化に大きく影響される。ある科学者は，3-アミノプロピルトリエトキシシランをグラフト化し，テトラエチレンペンタミン（TEPA）を含浸させることで，オリジナルのメソポーラスシリカ分子ふるいを担体として用いた，新規なナノ吸着剤を調製した[49]。TEPA で修飾した SBA-15(p)-AP-70T は，CO_2 の最大吸着量を示し，最大吸着容量は 5.69 mmol/g であった。得られたデータをさらに分析した結果，吸着プロセスは双性イオン機構を伴う化学吸着に従うことが示された。一部の研究者[50]は，チオール部分で修飾した樹枝状メソポーラスシリカナノ粒子（TDMSN と表記）を調製した。調製したナノ吸着剤を用いて，水銀(II)イオンの除去に成功した。Hg(II)の除去に 1,502.4 mg/g の最高の吸着容量が得られた。チオール樹枝状メソポーラスシリカナノ粒子（TDMSN）による水銀イオンの非常に速い最大除去は，汚染物質の吸着除去に非常に適した候補であることを示した。ある科学者は，新規なアミン修飾中空メソポーラスシリカと Mg-Al 層状複水酸化物複合体（HMS@Mg-Al LDH）を調製した[51]。調製した複合体を用い，二酸化炭素とメチレンブルー（MB）の除去に成功した。二酸化炭素の最大吸着量は 1.28 mmol/g，MB の最大吸着量は 530 mg/g であった。得ら

表 7.1　さまざまな環境汚染物質を除去するカーボンベースのナノ吸着剤

ナノ吸着剤	汚染物質	吸着容量	実験条件		理論解析		参考文献
			pH	時間	速度論	等温モデル	
MWCNT-TYR	メチレンブルー	440 mg/g	6	7	擬二次速度論	ラングミュア等温モデル	[41]
MWCNT (5-15 nm)	Pb(II) Ni(II)	215.38±0.03 mg/g 230.78±0.01 mg/g	5	60	擬二次速度論	ラングミュア等温モデル	[42]
MWCNT (16-25 nm)	Pb(II) Ni(II)	201.35±0.02 mg/g 206.40±0.02 mg/g					
AminMag MWCNT@SiO_2	Pb(II) Cd(II)	98-104%	8	5	擬二次速度論	ラングミュア等温モデル	[43]
単層カーボンナノチューブ磁性ナノ粒子(SWCNT-MN) ハイブリッド吸着剤	キシレン	50 mg/g	8	20		ラングミュア-フロインドリッヒ（GLF）等温式	[44]
窒素ドープ酸化グラフェンナノシート（N-GO）	コンゴーレッド	98-99%	2	360	擬二次速度論	ラングミュア等温モデル	[45]
酸化グラフェン	Basic red 46	370.4 mg/L	11	30	擬二次速度論	ラングミュア等温モデル	[46]
ポリスチレンに含浸した磁性酸化グラフェン(GO-PSm)	ビスフェノール A	50.25 mg/g	3	60	擬二次速度論	ラングミュア等温モデル	[47]
キトサンで含侵した MGO（GO-CSm）	86.22 mg/g						
ポリアニリンで含侵した MGO（GO-PANIm）	31.76 mg/g						

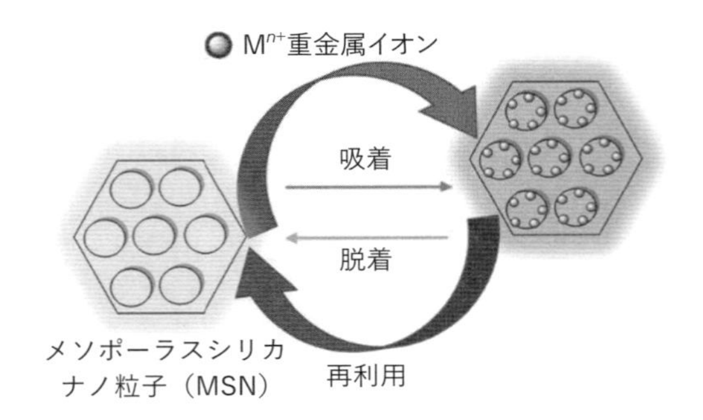

図 7.3 水からの金属イオン吸着へのメソポーラスシリカの応用の模式図

出典：Jadhav et al: Jadhav ら[48]/Springer Nature の許可を得て掲載

れた結果は，速度論モデルと吸着等温線モデルによりさらに分析された。シリコン系ナノ吸着剤による汚染物質除去率を表 7.2 に示す。

7.3.3 金属系ナノ吸着剤

ナノ吸着剤のもう 1 つの多様なクラスは金属系のナノ吸着剤であり，表 7.3 に示すように，金属ナノ粒子，金属酸化物ナノ粒子，混合/二元酸化物ナノ粒子，磁性ナノ粒子が含まれる。ある科学者は，カルボジイミド法を用いてマグネタイト表面に CM-β-CD をグラフト化し，カルボキシメチル-β シクロデキストリンで修飾した磁性ナノ粒子（Fe_3O_4）を作製し，新規なナノ吸着剤を調製した[69]。得られたナノ吸着剤は，Cu(II)イオンの除去にうまく利用された。その結果，最適化された pH と温度条件下で，Cu(II)イオンの除去に 47.2 mg/g の最大吸着容量が得られた。熱力学的研究により，吸着プロセスの実行可能性，自発性，発熱性が明らかになった。酸化鉄/アルミナ・ナノ複合体を調製し，水溶液からのフッ化物とヒ素の除去に利用した研究者もいる[70]。As(III)，As(V)，F に対して得られた最大吸着容量は，それぞれ 1,136 μg/g，2,513 μg/g，4 mg/g であった。pH や温度などの運転条件も最適化した。得られた結果はさらに速度論モデルや等温線研究により検討され，吸着プロセスが擬 2 次速度論とラングミュア吸着等温線モデルに従うことがわかった。バクテリアセルロースとアモルファス TiO_2 のナノ複合体を調製した研究者もいる[71]。調製した TiO_2 バクテリアセルロース（TiO_2-BC）複合体を用いて，水溶液中の鉛イオンの除去に成功した。その結果，最適化された条件下で Pb(II)の 90%の除去効率が示された。この研究により，TiO_2-BC 複合体は，汚染物質除去の効率的で安定した再利用可能なナノ吸着剤であることが確認された。水熱法により酸化亜鉛担持活性炭（ZnO-AC）を合成した[72]。調製した ZnO-AC ナノ吸着材はオレンジ G（OG）とローダミン B（Rh-B）染料の連続除去に用いられた。OG と Rh-B の最大吸着容量はそれぞれ 153.8 と 128.2 mg/g であった。吸着過程は，擬 2 次速度論モデルに従う吸熱過程であることがわかった。

表 7.2　環境汚染物質除去のためのシリコン系ナノ吸着剤

ナノ吸着剤	汚染物質	吸着容量	実験条件（上段）		理論解析		参考文献
			pH	時間	速度論	等温モデル	
二硫化モリブデン（MoS_2）で機能化された二酸化ケイ素/酸化チタン（SiO_2/TiO_2）ナノ繊維膜（NFM）	Pb(II)	740.7 mg/g			擬二次速度論	ラングミュア吸着等温式	[52]
シリカ被覆マグネシウムフェライトナノ粒子（$MgFe_2O_4$ @SiO_2 NPs）	メチレンブルー	92%	7	10		ラングミュア吸着等温式	[53]
スピロピランをグラフトしたメソポーラスシリカ（SP@SiO_2）	フッ化物	2.43 mg/g		90	擬二次速度論	ラングミュア吸着等温式	[54]
多孔性シリカ-酸化グラフェンナノ複合体（GO-SiO_2）	Pb(II) As(III)	527 mg/g 30 mg/g	6.8 5	60	擬二次速度論	ラングミュアとフロインドリッヒモデル	[55]
Fe_3O_4 @SiO_2@3-(トリメトキシリル) プロピルイソシアン酸（ICPTES)-システイン MNPs	Pb(II)	81.8 mg/g	6	360	擬二次速度論	ラングミュア吸着等温式	[56]
多面体オリゴマーシルセスキオキサン/キトサン系ナノ複合体材料（PSCS-(1,2,3)）	Cd(II)	98.6%	7	600		ラングミュア吸着等温式	[57]
Fe_2O_3@SBA-15-CS-アミノプロピルトリメトキシシラン（APTMS）	Cu(II) Zn(II)	107.30 mg/g 100.47 mg/g	6	90	擬二次速度論	ラングミュア吸着等温式	[58]
シリカベースの分子インプリントナノ吸着剤（SMIP）	サルファメタジン(SMZ)	76.34 μmol/g		120	擬二次速度論	ラングミュア吸着等温式	[59]
エチレンテトラアミン四酢酸（EDTA）官能基化 SiO_2	Pb(II)	1.51 mol	6	60	擬二次速度論		[60]

表 7.3　環境汚染物質除去のための金属系ナノ吸着剤

ナノ吸着剤	汚染物質	吸着容量	実験条件		理論解析		参考文献
			pH	時間	速度論	等温モデル	
天然 Fe_2O_3 ナノ粒子	埋立浸出水の色	97%	4–5	120			[61]
ゼロ価の鉄ナノ粒子（Fe° NPs）	Crystal violet	454.5 mg/g	9	90	擬似 2 次速度論	ラングミュア吸着等温式	[62]
ポリスルホン（PSf）膜の中のトリ金属酸化物（HINM）ナノ粒子	As	41.90 mg/g	7.0±0.1	720	擬似 2 次速度論	フロインドリッヒ吸着等温式	[63]
グラフェン被覆酸化鉄（GCIO）	Pb(II) As(III)	97.62% 86.62%	5 6	35 25	擬似 2 次速度論	フロインドリッヒ吸着等温式 D–R 等温線モデル	[64]
超常磁性 Fe_3O_4/ベントナノ結晶（NC）	Oil	67%		90	擬似 2 次速度論	ラングミュア吸着等温式	[65]
Fe_3O_4–ゼラチン	Direct yellow 12 (DY12)	1250 mg/g	2	600	擬似 2 次速度論	ラングミュア吸着等温式	[66]
ナノ酸化チタン被覆酸化銀（$NTiO_2$–NAg_2O）	Co(II) Zn(II)	83.8 mg/g 127.6 mg/g	7	60		ラングミュアとフロインドリッヒモデル	[67]
コバルト–亜鉛フェライトナノ粒子（$ZnFe_2O_4$）	Acid orange 7 Methylene blue	31 mg/g 3.4 mg/g					[68]

表 7.4　汚染物質除去のためのポリマー系ナノ吸着剤

ナノ吸着剤	汚染物質	吸着容量	実験条件		理論解析		参考文献
			pH	時間	速度論	等温モデル	
酸化グラフェン（GO）ポリビニル-N-カルバゾール(PVK)-GO ポリマー	Pb(II)	887.98 mg/g	7±0.5	90		ラングミュア吸着等温式	[77]
ポリアニリン中空 マイクロスフェアー（PNHM)/Fe_3O_4 磁性ナノ複合体	As(III)	99%				フロインドリッヒ吸着等温式	[78]
キトサン磁性膜	Cu(II) Ni(II) Pb(II)	0.351 mol/g 0.0117 mol/g 0.0026 mol/g	5	300		ラングミュア吸着等温式	[79]
修飾キトサン	Cu(II) Pb(II) Cd(II)	2.05±0.01 mmol/g 2.53±0.03 mmol/g 1.88±0.01 mmol/g				ラングミュア吸着等温式	[80]
4-アクリロイルモルホリン修飾キトサン	Cu(II) Pb(II) Cd(II)	3.35 mmol/g 1.60 mmol/g 0.74 mmol/g	7	360	擬似 2 次速度論	ラングミュア吸着等温式	[81]
グリシジルメタクリル酸とジエチレントリアミン修飾キトサン	Cu(II) Pb(II) Cd(II)	2.97 mmol/g 2.02 mmol/g 0.28 mmol/g			擬似 2 次速度論	ラングミュア吸着等温式	[82]
ジチオカルバミン酸修飾キトサン	Cu(II) Pb(II) Cd(II)	1.14 mmol/g 2.24 mmol/g 0.84 mmol/g	7	360	擬似 2 次速度論	ラングミュア吸着等温式	[83]
ハイドロキシアパタイト（HAp)/キトサン ナノ複合体	Pb(II)	99.2%	4	240			[84]

7.3.4 ポリマー系ナノ吸着剤

近年，高分子ナノ吸着剤の利用が注目されている。高分子ナノ吸着剤は，さまざまな汚染物質の除去に向けた環境に優しいアプローチを提供する。ポリマー系ナノ吸着剤は，温和な条件下での再生可能性，機械的安定性，細孔径分布，巨大な表面積，調整可能な表面化学といった優れた特性を備えている。これらの特性により，ポリマー系ナノ吸着剤は廃水浄化の賢明な選択肢となっている。最も一般的に用いられる高分子ナノ吸着剤には，キトサン[73]，デンプン，セルロース，リグニンなどの炭水化物ポリマーがある。官能基化された合成ポリマーも，ポリ（スチレン-*alt*-無水マレイン酸），ポリ（アミドアミン-*co*-アクリル酸），ポリ（アントラニル酸/4 ニトロアニリン/ホルムアルデヒド），ポリ(スチレン-*co*-マレイン酸) などの有能なナノ吸着剤として機能する。ポリビニルアルコール/キトサン/酸化亜鉛/アミノプロピルトリエトキシシラン（PVA/キトサン/ZnO-APT-ES）ナノ吸着剤を調製した研究者もいる[74]。ナノ吸着剤は，水溶液からのカドミウム(II)およびニッケル(II)陽イオンの除去に用いられた。得られた Cd(II) と Ni(II) の吸着容量は，それぞれ 1.239 mmol/g と 0.851 mmol/g であった。速度論的研究により，得られたデータは二重指数速度論モデルによく適合することが示された。デンプン機能化超常磁性マグヘマイトナノ粒子（SPNA）を調製した研究者もいる。合成されたナノ吸着剤は，ヒ素の除去に用いられた。γ-Fe_2O_3@ デンプンは，As(III) の除去に対して 8.88 mg/g の吸着容量を示した。結果の分析から，データはフロインドリッヒ等温線によく適合し，擬 2 次速度論モデルに従うことが示された。熱力学的には，吸着は発熱プロセスであることが証明された。他の研究者[76]は，β-シクロデキストリン無水マレイン酸ポリマーを架橋して磁性ナノ吸着剤を調製した。調製された SPNA ナノ吸着剤は，マラカイトグリーンの除去に用いられた。最適化された操作条件下で，97.2%の除去効率が得られた。得られたデータは，擬 2 次速度論とラングミュア吸着等温線モデルに最もよく適合した。汚染物質除去のためのポリマー系ナノ吸着剤を表 7.4 に示す。

7.4 結　論

廃水浄化プロセスを検討するとき，吸着は，シンプルで柔軟な設計，低コスト，エネルギー消費，取り扱いの容易さ，標的汚染物質に対する特異性と感度といった特別な特徴ゆえに，他のものの中で際立つ。これらの特徴に基づき，汚染物質の吸着の分野で質の高い研究が行われている。この目的で，さまざまな種類のナノ吸着剤が用いられてきた。ナノ吸着剤は，サイズが小さく，表面体積比が大きいため，環境浄化に非常に役立ち，効率的である。本章では，有害汚染物質の除去におけるナノ吸着剤の広大な利用について取り上げた。この議論に基づけば，ナノ吸着剤の利用により，今後さらに恩恵を受けることが期待できる。

References

[1] Khan, A., Shah, S.J., Mehmood, K. et al. (2019). Synthesis of potent chitosan beads a suitable alternative for textile dye reduction in sunlight. *Journal of Materials Science: Materials in Electronics* 30 (1): 406–414.

[2] Ali, N., Kamal, T., Ul-Islam, M. et al. (2018). Chitosan-coated cotton cloth supported copper nanoparticles for toxic dye reduction. *International Journal of Biological Macromolecules* 111: 832–838.

[3] Ali, N., Ismail, M., Khan, A. et al. (2018). Spectrophotometric methods for the determination of urea in real samples using silver nanoparticles by standard addition and 2nd order derivative methods. *Spectrochimica Acta Part A: Molecular and Biomolecular Spectroscopy* 189: 110–115.

[4] Khan, H., Khalil, A.K., and Khan, A. (2019). Photocatalytic degradation of alizarin yellow in aqueous medium and real samples using chitosan conjugated tin magnetic nanocomposites. *Journal of Materials Science: Materials in Electronics* 30 (24): 21332–21342.

[5] Nawaz, A., Khan, A., Ali, N. et al. (2020). Fabrication and characterization of new ternary ferrites-chitosan nanocomposite for solar-light driven photocatalytic degradation of a model textile dye. *Environmental Technology & Innovation* 20: 101079.

[6] Ali, N., Ahmad, S., Khan, A. et al. (2020). Selenide-chitosan as high-performance nanophotocatalyst for accelerated degradation of pollutants. *Chemistry – An Asian Journal* 15 (17): 2660–2673.

[7] Arooj, M., Parambath, J.B., Ali, N. et al. (2022). Experimental and theoretical review on covalent coupling and elemental doping of carbon nanomaterials for environmental photocatalysis. *Critical Reviews in Solid State and Materials Sciences* 1–42.

[8] Reyes-Serrano, A., López-Alejo, J.E., Hernández-Cortázar, M.A., and Elizalde, I. (2020). Removing contaminants from tannery wastewater by chemical precipitation using CaO and Ca (OH) 2. *Chinese Journal of Chemical Engineering* 28 (4): 1107–1111.

[9] Bruno, P., Campo, R., Giustra, M.G. et al. (2020). Bench scale continuous coagulation-flocculation of saline industrial wastewater contaminated by hydrocarbons. *Journal of Water Process Engineering* 34: 101156.

[10] Grzegorzek, M., Majewska-Nowak, K., and Ahmed, A.E. (2020). Removal of fluoride from multicomponent water solutions with the use of monovalent selective ion-exchange membranes. *Science of the Total Environment* 722: 137681.

[11] Zhang, K., Zhang, Z.H., Wang, H. et al. (2020). Synergistic effects of combining ozonation, ceramic membrane filtration and biologically active carbon filtration for wastewater reclamation. *Journal of Hazardous Materials* 382: 121091.

[12] Samimi, M. and Shahriari Moghadam, M. (2020). Phenol biodegradation by bacterial strain O-CH1 isolated from seashore. *Global Journal of Environmental Science and Management* 6 (1): 109–118.

[13] Naddeo, V., Secondes, M.F.N., Borea, L. et al. (2020). Removal of contaminants of emerging concern from real wastewater by an innovative hybrid membrane process – UltraSound, Adsorption, and Membrane ultrafiltration (USAMe®). *Ultrasonics Sonochemistry* 68: 105237.

[14] Hu, H., Zhou, Q., Li, X. et al. (2019). Phytoremediation of anaerobically digested swine wastewater contaminated by oxytetracycline via Lemna aequinoctialis: nutrient removal, growth characteristics and degradation pathways. *Bioresource Technology* 291: 121853.

[15] Aziz, A., Ali, N., Khan, A. et al. (2020). Chitosan-zinc sulfide nanoparticles, characterization and their photocatalytic degradation efficiency for azo dyes. *International Journal of Biological Macromolecules* 153: 502–512.

[16] Ali, N., Zada, A., Zahid, M. et al. (2019). Enhanced photodegradation of methylene blue with alkaline and transition-metal ferrite nanophotocatalysts under direct sun light irradiation. *Journal of the Chinese Chemical Society* 66 (4): 402–408.

[17] Khan, A., Malik, S., Ali, N. et al. (2022). Nanobiosorbents: Basic principles, synthesis, and application for contaminants removal. In: *Nano-Biosorbents for Decontamination of Water, Air, and Soil Pollution*, 45–59. Elsevier.

[18] Ali, N., Bilal, M., Khan, A. et al. (2020). Design, engineering and analytical perspectives of membrane materials with smart surfaces for efficient oil/water separation. *TrAC Trends in Analytical Chemistry* 115902.

[19] Sartaj, S., Ali, N., Khan, A. et al. (2020). Performance evaluation of photolytic and electrochemical oxidation processes for enhanced degradation of food dyes laden wastewater. *Water Science and Technology* 81 (5): 971–984.

[20] Khan, H., Gul, K., Ara, B. et al. (2020). Adsorptive removal of acrylic acid from the aqueous environment using raw and chemically modified alumina: batch adsorption, kinetic, equilibrium and thermodynamic studies. *Journal of Environmental Chemical Engineering* 103927.

[21] Ali, N., Naz, N., Shah, Z. et al. (2020). Selective transportation of molybdenum from model and ore through poly inclusion membrane. *Bulletin of the Chemical Society of Ethiopia* 34 (1): 93–104.

[22] Saeed, K., Sadiq, M., Khan, I. et al. (2018). Synthesis, characterization, and photocatalytic application of Pd/ZrO2 and Pt/ZrO2. *Applied Water Science* 8 (2): 60.

[23] Ali, N., Khan, A., Bilal, M. et al. (2020). Chitosan-based bio-composite modified with thiocarbamate moiety for decontamination of cations from the aqueous media. *Molecules* 25 (1): 226.

[24] Ali, N., Khan, A., Nawaz, S. et al. (2020). Characterization and deployment of surface-engineered chitosan-triethylenetetramine nanocomposite hybrid nano-adsorbent for divalent cations decontamination. *International Journal of Biological Macromolecules* 152: 663–671.

[25] Ali, N., Khan, A., Malik, S. et al. (2020). Chitosan-based green sorbent material for cations removal from an aqueous environment. *Journal of Environmental Chemical Engineering* 104064.

[26] Ali, N., Azeem, S., Khan, A. et al. (2020). Experimental studies on removal of arsenites from industrial effluents using tridodecylamine supported liquid membrane. *Environmental Science and Pollution Research* 1–12.

[27] Khan, A., Ali, N., Bilal, M. et al. (2019). Engineering functionalized chitosan-based sorbent material: characterization and sorption of toxic elements. *Applied Sciences* 9 (23): 5138.

[28] Gusain, R., Kumar, N., and Ray, S.S. (2020). Recent advances in carbon nanomaterial-based adsorbents for water purification. *Coordination Chemistry Reviews* 405: 213111.

[29] Bonelli, B., Freyria, F. S., Rossetti, I., & Sethi, R. (2020). *Nanomaterials for the Detection and Removal of Wastewater Pollutants.*

[30] Khajeh, M., Laurent, S., and Dastafkan, K. (2013). Nanoadsorbents: classification, preparation, and applications (with emphasis on aqueous media). *Chemical Reviews* 113 (10): 7728–7768.

[31] Al-Anzi, B.S. and Siang, O.C. (2017). Recent developments of carbon based nanomaterials and membranes for oily wastewater treatment. *RSC Advances* 7 (34): 20981–20994.

[32] Shamskar, K.R., Rashidi, A., Azar, P.A. et al. (2019). Synthesis of graphene by in situ catalytic chemical vapor deposition of reed as a carbon source for VOC adsorption. *Environmental Science and Pollution Research* 26 (4): 3643–3650.

[33] Bankole, M.T., Abdulkareem, A.S., Mohammed, I.A., et al. Selected heavy metals removal from electroplating wastewater by purified and polyhydroxylbutyrate functionalized carbon nanotubes adsorbents.

[34] Goutam, S.P., Saxena, G., Roy, D. et al. (2020). Green synthesis of nanoparticles and their applications in water and wastewater treatment. In: *Bioremediation of Industrial Waste for Environmental Safety*, 349–379. Singapore: Springer.

[35] Shaker, S., Zafarian, S., Chakra, C.S., and Rao, K.V. (2013). Preparation and characterization of magnetite nanoparticles by sol-gel method for water treatment. International Journal of Innovative Research in Science, *Engineering and Technology* 2 (7): 2969-2973.
[36] Hariani, P.L., Faizal, M., Ridwan, R. et al. (2013). Synthesis and properties of Fe_3O_4 nanoparticles by co-precipitation method to removal procion dye. *International Journal of Environmental Science and Development* 4 (3): 336-340.
[37] Yanyan, L., Kurniawan, T.A., Albadarin, A.B., and Walker, G. (2018). Enhanced removal of acetaminophen from synthetic wastewater using multi-walled carbon nanotubes (MWCNTs) chemically modified with NaOH, HNO_3/H_2SO_4, ozone, and/or chitosan. *Journal of Molecular Liquids* 251: 369-377.
[38] Kariim, I., Abdulkareem, A.S., Tijani, J.O., and Abubakre, O.K. (2020). Development of MWCNTs/TiO2 nanoadsorbent for simultaneous removal of phenol and cyanide from refinery wastewater. *Scientific African* 10: e00593.
[39] Wei, J., Aly Aboud, M.F., Shakir, I. et al. (2019). Graphene oxide-supported organo-montmorillonite composites for the removal of Pb(II), Cd(II), and As(V) contaminants from water. *ACS Applied Nano Materials* 3 (1): 806-813.
[40] Mahar, F.K., He, L., Wei, K. et al. (2019). Rapid adsorption of lead ions using porous carbon nanofibers. *Chemosphere* 225: 360-367.
[41] Saxena, M., Sharma, N., and Saxena, R. (2020). Highly efficient and rapid removal of a toxic dye: adsorption kinetics, isotherm, and mechanism studies on functionalized multiwalled carbon nanotubes. *Surfaces and Interfaces* 21: 100639.
[42] Egbosiuba, T.C., Abdulkareem, A.S., Tijani, J.O. et al. (2020). Taguchi optimization design of diameter-controlled synthesis of multi walled carbon nanotubes for the adsorption of Pb(II) and Ni(II) from chemical industry wastewater. *Chemosphere* 128937.
[43] Ghasemi, E., Heydari, A., and Sillanpää, M. (2019). Ultrasonic assisted adsorptive removal of toxic heavy metals from environmental samples using functionalized silica-coated magnetic multiwall carbon nanotubes (MagMWCNTs@SiO2). *Engineering in Agriculture, Environment and Food* 12 (4): 435-442.
[44] Pourzamani, H., Parastar, S., and Hashemi, M. (2017). The elimination of xylene from aqueous solutions using single wall carbon nanotube and magnetic nanoparticle hybrid adsorbent. *Process Safety and Environmental Protection* 109: 688-696.
[45] Yokwana, K., Kuvarega, A.T., Mhlanga, S.D., and Nxumalo, E.N. (2018). Mechanistic aspects for the removal of Congo red dye from aqueous media through adsorption over N-doped graphene oxide nanoadsorbents prepared from graphite flakes and powders. *Physics and Chemistry of the Earth A/B/C* 107: 58-70.
[46] Shoushtarian, F., Moghaddam, M.R.A., and Kowsari, E. (2020). Efficient regeneration/reuse of graphene oxide as a nanoadsorbent for removing basic Red 46 from aqueous solutions. *Journal of Molecular Liquids* 113386.
[47] Rekos, K., Kampouraki, Z.C., Sarafidis, C. et al. (2019). Graphene oxide based magnetic nanocomposites with polymers as effective bisphenol - a nanoadsorbents. *Materials* 12 (12): 1987.
[48] Jadhav, S.A., Patil, V.S., Shinde, P.S. et al. (2020). A short review on recent progress in mesoporous silicas for the removal of metal ions from water. *Chemical Papers* 1-15.
[49] Zhang, G., Zhao, P., Hao, L. et al. (2019). A novel amine double functionalized adsorbent for carbon dioxide capture using original mesoporous silica molecular sieves as support. *Separation and Purification Technology* 209: 516-527.
[50] Kalantari, M., Gu, Z., Cao, Y. et al. (2020). Thiolated silica nanoadsorbents enable ultrahigh and fast decontamination of mercury(II): understanding the contribution of thiol moieties' density and

accessibility on adsorption performance. *Environmental Science: Nano* 7 (3): 851-860.
[51] Yilmaz, M.S. (2017). Synthesis of novel amine modified hollow mesoporous silica@Mg-Al layered double hydroxide composite and its application in CO_2 adsorption. *Microporous and Mesoporous Materials* 245: 109-117.
[52] Mercante, L.A., Andre, R.S., Schneider, R. et al. (2020). Free-standing SiO_2/TiO_2-MoS_2 composite nanofibrous membranes as nanoadsorbents for efficient Pb(II) removal. *New Journal of Chemistry* 44 (30): 13030-13035.
[53] Hoijang, S., Wangkarn, S., Ieamviteevanich, P. et al. (2020). Silica-coated magnesium ferrite nanoadsorbent for selective removal of methylene blue. *Colloids and Surfaces A: Physicochemical and Engineering Aspects* 606: 125483.
[54] Guan, X., He, M., Chang, J. et al. (2020). Photo-controllability of fluoride remediation by spiropyran-functionalized mesoporous silica powder. *Journal of Environmental Chemical Engineering* 104655.
[55] Barik, B., Kumar, A., Nayak, P.S. et al. (2020). Ionic liquid assisted mesoporous silica-graphene oxide nanocomposite synthesis and its application for removal of heavy metal ions from water. *Materials Chemistry and Physics* 239: 122028.
[56] Enache, D.F., Vasile, E., Simonescu, C.M. et al. (2017). Cysteine-functionalized silica-coated magnetite nanoparticles as potential nanoadsorbents. *Journal of Solid State Chemistry* 253: 318-328.
[57] Kucuk, A.C. and Urucu, O.A. (2019). Silsesquioxane-modified chitosan nanocomposite as a nanoadsorbent for the wastewater treatment. *Reactive and Functional Polymers* 140: 22-30.
[58] Mousavi, S.J., Parvini, M., and Ghorbani, M. (2018). Adsorption of heavy metals (Cu2+ and Zn2+) on novel bifunctional ordered mesoporous silica: optimization by response surface methodology. *Journal of the Taiwan Institute of Chemical Engineers* 84: 123-141.
[59] Zou, T., Zhou, Z., Dai, J. et al. (2014). Preparation of silica-based surface-imprinted core-shell nanoadsorbents for the selective recognition of sulfamethazine via reverse atom transfer radical precipitation polymerization. *Journal of Polymer Research* 21 (8): 520.
[60] Shao, P., Liang, D., Yang, L. et al. (2020). Evaluating the adsorptivity of organofunctionalized silica nanoparticles towards heavy metals: quantitative comparison
and mechanistic insight. *Journal of Hazardous Materials* 387: 121676.
[61] Shadi, A.M.H., Kamaruddin, M.A., Niza, N.M. et al. (2020). Efficient treatment of raw leachate using magnetic ore iron oxide nanoparticles Fe2O3 as nanoadsorbents. *Journal of Water Process Engineering* 38: 101637.
[62] Nasiri, J., Motamedi, E., Naghavi, M.R., and Ghafoori, M. (2019). Removal of crystal violet from water using β-cyclodextrin functionalized biogenic zero-valent iron nanoadsorbents synthesized via aqueous root extracts of Ferula persica. *Journal of Hazardous Materials* 367: 325-338.
[63] Nasir, A.M., Goh, P.S., and Ismail, A.F. (2019). Highly adsorptive polysulfone/hydrous iron-nickel-manganese (PSF/HINM) nanocomposite hollow fiber membrane for synergistic arsenic removal. *Separation and Purification Technology* 213: 162-175.
[64] Khare, N., Bajpai, J., and Bajpai, A.K. (2019). Efficient graphene-coated iron oxide (GCIO) nanoadsorbent for removal of lead and arsenic ions. *Environmental Technology* 1-15.
[65] Ewis, D., Benamor, A., Ba-Abbad, M.M. et al. (2020). Removal of oil content from oil-water emulsions using iron oxide/bentonite nano adsorbents. *Journal of Water Process Engineering* 38: 101583.
[66] Alinejad-Mir, A., Amooey, A.A., and Ghasemi, S. (2018). Adsorption of direct yellow 12 from aqueous solutions by an iron oxide-gelatin nanoadsorbent; kinetic, isotherm and mechanism analysis. *Journal of Cleaner Production* 170: 570-580.
[67] Mahmoud, M.E., Saad, E.A., El-Khatib, A.M. et al. (2018). Adsorptive removal of radioactive isotopes of

cobalt and zinc from water and radioactive wastewater using TiO_2/Ag_2O nanoadsorbents. *Progress in Nuclear Energy* 106: 51-63.

[68] Tatarchuk, T., Paliychuk, N., Bitra, R.B. et al. (2019). Adsorptive removal of toxic Methylene Blue and Acid Orange 7 dyes from aqueous medium using cobalt-zinc ferrite nanoadsorbents. *Desalination and Water Treatment* 150: 374-385.

[69] Badruddoza, A.Z.M., Tay, A.S.H., Tan, P.Y. et al. (2011). Carboxymethyl-β-cyclodextrin conjugated magnetic nanoparticles as nano-adsorbents for removal of copper ions: synthesis and adsorption studies. *Journal of Hazardous Materials* 185 (2, 3): 1177-1186.

[70] Prathna, T.C., Sitompul, D.N., Sharma, S.K., and Kennedy, M. (2018). Synthesis, characterization and performance of iron oxide/alumina-based nanoadsorbents for simultaneous arsenic and fluoride removal. *Desalination and Water Treatment* 104: 121-134.

[71] Shoukat, A., Wahid, F., Khan, T. et al. (2019). Titanium oxide-bacterial cellulose bioadsorbent for the removal of lead ions from aqueous solution. *International Journal of Biological Macromolecules* 129: 965-971.

[72] Saini, J., Garg, V.K., Gupta, R.K., and Kataria, N. (2017). Removal of Orange G and Rhodamine B dyes from aqueous system using hydrothermally synthesized zinc oxide loaded activated carbon (ZnO-AC). *Journal of Environmental Chemical Engineering* 5 (1): 884-892.

[73] Sohni, S., Gul, K., Ahmad, F. et al. (2018). Highly efficient removal of acid red-17 and bromophenol blue dyes from industrial wastewater using graphene oxide functionalized magnetic chitosan composite. *Polymer Composites* 39 (9): 3317-3328.

[74] Bozorgi, M., Abbasizadeh, S., Samani, F., and Mousavi, S.E. (2018). Performance of synthesized cast and electrospun PVA/chitosan/ZnO-NH2 nano-adsorbents in single and simultaneous adsorption of cadmium and nickel ions from wastewater. *Environmental Science and Pollution Research* 25 (18): 17457-17472.

[75] Siddiqui, S.I., Singh, P.N., Tara, N. et al. (2020). Arsenic removal from water by starch functionalized maghemite nano-adsorbents: thermodynamics and kinetics investigations. *Colloid and Interface Science Communications* 36: 100263.

[76] Yadav, M., Das, M., Savani, C. et al. (2019). Maleic anhydride cross-linked β-cyclodextrin-conjugated magnetic nanoadsorbent: an ecofriendly approach for simultaneous adsorption of hydrophilic and hydrophobic dyes. *ACS Omega* 4 (7): 11993-12003.

[77] Musico, Y.L.F., Santos, C.M., Dalida, M.L.P., and Rodrigues, D.F. (2013). Improved removal of lead(II) from water using a polymer-based graphene oxide nanocomposite. *Journal of Materials Chemistry A* 1 (11): 3789-3796.

[78] Dutta, S., Manna, K., Srivastava, S.K. et al. (2020). Hollow polyaniline microsphere/Fe_3O_4 nanocomposite as an effective adsorbent for removal of arsenic from water. *Scientific Reports* 10 (1): 1-14.

[79] Khan, A., Begum, S., Ali, N. et al. (2017). Preparation of crosslinked chitosan magnetic membrane for cations sorption from aqueous solution. *Water Science and Technology* 75 (9): 2034-2046.

[80] Khan, A., Badshah, S., and Airoldi, C. (2015). Environmentally benign modified biodegradable chitosan for cation removal. *Polymer Bulletin* 72 (2): 353-370.

[81] Khan, A., Wahid, F., Ali, N. et al. (2015). Single-step modification of chitosan for toxic cations remediation from aqueous solution. *Desalination and Water Treatment* 56 (4): 1099-1109.

[82] Khan, A., Badshah, S., and Airoldi, C. (2011). Biosorption of some toxic metal ions by chitosan modified with glycidylmethacrylate and diethylenetriamine. *Chemical Engineering Journal* 171 (1): 159-166.

[83] Khan, A., Badshah, S., and Airoldi, C. (2011). Dithiocarbamated chitosan as a potent biopolymer for toxic cation remediation. *Colloids and Surfaces B: Biointerfaces* 87 (1): 88-95.

[84] Sadeghizadeh, A., Ebrahimi, F., Heydari, M. et al. (2019). Adsorptive removal of Pb(II) by means of hydroxyapatite/chitosan nanocomposite hybrid nanoadsorbent: ANFIS modeling and experimental study. *Journal of Environmental Management* 232: 342–353.

第8章

重金属イオン6価クロムの可視光応答型光触媒分解

Visible-Light Photocatalytic Degradation of Heavy Metal Ion Hexavalent Chromium [Cr(VI)]

Priya Rawat, Harshita Chawla and Seema Garg

Department of Chemistry, Amity Institute of Applied Sciences, Amity University, Sector 125, Noida, 201313, Uttar Pradesh, India

8.1　はじめに

急速な都市化と工業化に伴い，環境汚染も同時に増加している。現在，良質な水の確保は世界的な懸念であるが，化学物質の流出により環境は悪化の一途をたどっている。重金属イオン汚染は，その有毒性，生物蓄積性，非生分解性のため，深刻な懸念事項となっている[1]。重金属の6価クロムは，発がん性や変異原性のために深刻な環境問題を引き起こしている[2]。必須元素であるクロムは，食物中の濃度が低ければ毒性を示さないが，濃度が上昇すると健康被害や環境悪化を引き起こす。細胞内の6価クロムは，$FADH_2$，ペントース，抗酸化物質などの還元性化合物と反応し，不安定な中間体である6価クロム，4価クロム，フリーラジカルを生成し，DNAやタンパク質に損傷を与える[3]。クロムは，水環境中では6価と3価の両方の状態で存在する。陰イオン性の6価クロムは，3価クロムよりも移動度が高く毒性が強いため，水環境からの除去も困難である[4]。6価クロムを3価クロムに還元することで，除去が可能になり，毒性も軽減される[5]。世界保健機関（WHO）によれば，飲料水中の許容上限は0.05 mg/L以下であるべきである。許容限度を超える6価クロムの摂取は，腎臓障害，肝臓障害，吐き気，潰瘍，胃腸の炎症など，多くの健康被害を引き起こす。

処理方法には，イオン交換，化学還元，バクテリア還元，光触媒など，さまざまな手法がある。化学還元は，単に有毒な6価クロムの3価クロムへの変換である。ここでは水酸化クロムの緑色の沈殿物が生成され，固形廃棄物のように除去できる[6, 7]。しかし，この手法はコストが高く，2次廃棄物が発生し，二酸化硫黄のような還元剤を大量に必要とするため，利用は限られている。バクテリアによる還元では，好気性または嫌気性条件下で，バクテリアの触媒作用により6価クロムが分解される。R. Elangovanらは，クロムを還元するバチルス属細菌を研究しており，この細菌はクロムに耐性を示し，細胞内に蓄積することなくクロムを還元する[8, 9]。このような従来技術の中で，光触媒は環境に優しい方法で応用できる可能性がある。光触媒では，酸化と還元が同時に起こる。

この2つの反応を促進できる酸化還元ペアは，光触媒として機能する。光触媒は基本的に，光子（hν）の吸収，電荷キャリアの分離と輸送，酸化還元反応の3つのステップを経る。半導体が触媒のバンドギャップ以上のエネルギーを持つ光子を受けると，e^-が伝導帯（CB）に励起され，e^-空孔や価電子帯の正孔と呼ばれる正電荷が生成される。これらの励起子（正孔とe^-）は，酸化反応や還元反応を起こす前に十分に分離されていなければならない[1]。電子は触媒表面で還元反応を起こし，正孔は酸化反応を担う。したがって，電子は酸素と反応してスーパーオキシドアニオンを形成し，正孔は水を酸化してヒドロキシラジカルにする。スーパーオキシドアニオンとヒドロキシラジカルは，その酸化破壊力によって，油，不要なバクテリア，有害ガスなどの有機化合物を分解する。基本的な機構を図8.1に示す。

優れた光触媒材料の特性は，以下のようなさまざまな要因に左右される。

1. バンドギャップ：バンドギャップが大きい材料は，高エネルギーの光を必要とするため用いられない。そのため，半導体材料のバンドギャップは可視および紫外（UV）領域でなければならない[11]。

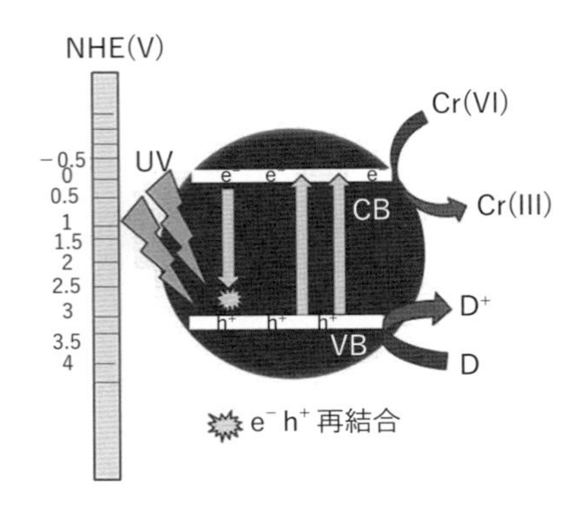

図 8.1 TiO_2 の一般的な光触媒メカニズム

出典：Leong et al.[10]より NHE, normal hydrogen electrode

2. 電流輸送：光触媒プロセスでは，電子と正孔が 2 つの異なる電極に輸送される必要があるため，電流輸送が必要となる[11]。
3. 結晶化度：バンドギャップと電流輸送は，いずれも試料の結晶性の影響を受ける。アモルファスや結晶性の低い固体は，バンドギャップがわずかに異なり，光触媒プロセスに影響を与える[11]。
4. 表面積：表面積が大きいということは，活性サイトの数が非常に多いということであり，これゆえ反応速度も速くなる[12]。
5. 化学的安定性：触媒は複数回使用するため，化学的安定性が求められる[1]。

近年，光触媒活性物質として用いられている半導体種は多い。例えば，酸化型グラフェンと酸化亜鉛のハイブリッド[13]，超微量 Ag 担持チタニアによる 6 価クロムの還元などがある。Shengyan Pu らによって作製された超微量 Ag ドープチタニアは，顕著な電子/ホール分離効率を示し，6 価クロムの還元光活性の向上につながった[14]。

チタニアは，光触媒において優れた光触媒であることは誰もが認めるところである。基本的には，アナターゼ，ルチル，ブルッカイトなどの天然鉱石に含まれる半導体である。アナターゼやルチル由来のチタニアが，一般的に実験に用いられている。ルチルは一般的に光触媒として劣ると考えられているが，アナターゼは移動度が高く，電子密度が低く，誘電率が低いため，最も適した光触媒である。藤嶋昭がチタニアの光活性を発見したのは 1967 年のことで，その後 1972 年に発表された。この研究は光触媒の分野で多くの研究者を魅了し，今日まで知られているチタニアの広範な応用がなされた。チタニアは光触媒に用いられ，空気中や水中のさまざまな汚染物質を酸化することができる。これは，光生成した正孔と OH ラジカルの高い酸化力に起因する。TiO_2 は，安価で無害，環境に優しいという利点から，二酸化炭素の変換，水の分解，抗生物質や農薬の分解，多くの有害汚染物質の分解などの光触媒として研究されてきた。しかし，チタニアの光触媒相は，高いバンドギャップエネルギー（3.2 eV）のために紫外線によって活性化されるが，これは電磁スペクトルの 5%にしか対応しない。これを克服するため，チタニアはカーボンナノチューブ（CNT），金属酸化物，貴金属を用いて修飾され[1]，TiO_2 ベースの光触媒の主

表 8.1　修飾光触媒の調製と必要なパラメータ

光触媒	調製方法	pH	初期 6 価クロム濃度（mg/L）	投与量（g/L）	照射時間（分）	照射源	六価クロム減少率（%）	性能比較	参考文献
半導体酸化物修飾 TiO_2									
$ZnO-TiO_2$	沈殿	3.0	20.0	1.0	120	紫外線	99.99	純チタニアの 1.16 倍	[15]
$ZnO-TiO_2$	湿潤含浸技術	5.5	20.0	1.0	–	紫外線	–	–	[16]
$TiO_2-Fe_3O_4$	重合性ゾルゲルアプローチ	3.0	7.0	0.3	30	紫外線	100	–	[17]
WO_3-TiO_2 NTs	電気化学合成	2.0	20.0	–	130	可視光	100	チタニア NT の 1.58 倍	[18]
$Bi_2O_3-TiO_2$	ゾル-ゲル法と水熱法	3.0	20.0	1.0	180	可視光	73.9	チタニア NT による削減効果は軽微	[19]
TiO_2-Cu_2O	ゾル-ゲル	–	5.0	0.2	90	可視光	100	純チタニアの 1.8 倍	[20]
$NiO-TiO_2$	ゾル-ゲル	3.5	9.6	1.0	120	可視光	95	純チタニアの 1.5 倍	[21]
$CuBi_2O_4-TiO_2$	硝酸ルート	4.0	30.0	1.0	<240	太陽光	98	–	[22]
$ZnFe_2O_4-TiO_2$	硝酸ルート	3.0	–	1.0	–	可視光	–	–	[23]
$NiFe_2O_4-TiO_2$ NRA	水熱法	–	12.5	–	180	可視光	94.18	純チタニアの 2.0 倍	[24]
$ZnFe_2O_4-TiO_2$ NRA	水熱法	–	12.5	–	180	可視光	94.086	純チタニアの 2.0 倍	[24]
$SrFe_2O_4-TiO_2$ NRA	水熱法	–	12.5	–	180	可視光	92.39	純チタニアの 2.0 倍	[24]
半導体硫化物修飾チタニア									
$CdS@TiO_2$	二段階ソルボサーマル法	–	–	–	30	可視光	100	–	[25]
CdS $NSPs@TiO_2$	容易な界面自己組織化戦略	–	20.0	0.33	40	可視光	–	–	[26]
TiO_2-CdS films	一段階マイクロ波支援化学浴析出法	–	10.0	–	240	可視光	93	純チタニアの 3 倍	[27]
SnS_2-TiO_2	ソルボサーマル反応	–	–	–	–	可視光	100	純チタニアの 6.6 倍	[28]

貴金属修飾チタニア									
Ag-TiO_2	ゾル-ゲル法2	2.0	10.0	0.2	240	可視光	99.8	–	[29]
Ag-Ag_2S/TiO_2	水熱法	3.0	10.0	1.0	350	可視光	100	純チタニアの3倍	[30]
Au/N-TiO_2	改変ゾル-ゲル法	–	10.0	1.0	240	可視光	90	純チタニアの2.6倍	[31]
Au/TiO_2-Pt	–	2.0	103.99	10.0	1440	可視光	99	–	[32]
TiO_2-Au/Pt	–	≈2.5	5.0	0.25	25	紫外可視光発光ダイオード（LED）	100	–	[33]
TiO_2@Au@CeO_2	水熱ルート	4.03	6.0	0.3	300	可視光	95	デグサP25チタニアの2.96倍	[34]
TiO_2@Pt@CeO_2	犠牲テンプレート法	–	2.49	0.3	150	可視光	99	純チタニアの1.66倍	[35]

出典：Acharya et al[1]より

要な研究分野となっている。

近年，有機金属骨格（MOF）は，紫外線や可視光照射による光触媒活性物質として用いられている。しかし，処理後の水溶液中には，依然として Cr(III)種が残存していた。そこで，水性媒体からクロムを完全に除去するために，2018 年に Shujin Hou らにより光触媒と容量性脱イオン化からなるシステムが提案された。このシステムでは，可視光で鉄ベースの MOF が用いられた[2]。修飾光触媒を調製するさまざまな方法を，他の必要なパラメータとともに表 8.1 に示す。

触媒の光活性を左右する以下のようなさまざまな要因がある。

- pH：6 価クロムの還元光活性は pH に非常に敏感であることが観察された。pH が高くなるにつれて 6 価クロムの還元速度は低下し，pH が 3 以下では 3 価クロムが生成される。酸性 pH では，中性 pH よりも高い効率を示す[36]。
- 光の強度：光触媒作用は，その名が示すように，光子の照射により誘起される。したがって，6 価クロムを還元する光活性は光の強度に大きく影響される。6 価クロムを還元する光活性は，最適な光強度が得られるまで，光の強度に比例して直線的に増加することが観察されている[36]。
- 光触媒の用量：一般に 6 価クロムの浄化と反応速度は，光触媒の用量の増加につれ増加する。光触媒の用量には理想的な値があることが指摘されている[36]。
- 有機化合物の存在：フェノールのような有機化合物値と 6 価クロムが存在すると，無機成分と有機成分の両方の還元速度がわずかに増加する。6 価クロムを還元する光活性は，有機化合物を酸化する光活性を伴う。これにより 6 価クロムの還元が進むが，これは 6 価クロムと有機化合物の相乗効果によるものである。有機化合物は，触媒の価電子帯で発生した正孔のスカベンジャーとして働き，電子を供給する。有機化合物は，触媒表面へのクロムの吸着を阻害する。しかし，光活性の向上や励起子の再結合の減少といったプラスの効果があるため，重要視されていない。触媒の添加量に応じ，6 価クロムを還元する光活性を高める有機化合物の理想値も存在することが観察された。有機化合物の量が限度を超えると，還元速度を阻害する可能性がある。これは紫外線を強く吸収する有機化合物が過剰に存在すると，内部フィルターのように振る舞う可能性があるためである。6 価クロムの還元の光活性は，特定の有機化合物に依存する[36]。

8.2 可視光活性のための TiO_2 修飾

近年，可視光応答型光触媒の開発のブレークスルーが続いている。チタニアは 3.2 eV のバンドギャップを持ち，紫外光で活性を示すため，可視光で活性を示すようにさまざまな修飾が行われてきた。TiO_2 における修飾は，励起子の再結合を抑制し，可視スペクトルへの分光応答を拡張する。修飾チタニアは，光の吸収，電荷の分離，汚染物質の吸着，チタニア粒子の分離に関して，純粋なチタニアとは異なる特性を示す。光活性を向上させるためのチタニアの改質については，膨大な研究成果が発表されている。6 価クロムの可視光駆動型光触媒のため，さまざまな修飾が行われた。この節では，以下のようないくつかの改質を議論する。

1. 遷移金属酸化物のカップリング
2. 金属硫化物のカップリング
3. 貴金属のカップリング
4. 相乗変換と容量性脱イオン化

8.2.1 遷移金属酸化物のカップリング

2種類の遷移金属酸化物とチタニアを組み合わせると，6価クロムが還元される。

1. 単純な金属酸化物
2. スピネル型混合金属酸化物

8.2.1.1 単純な金属酸化物

チタニアと金属酸化物（単純）-酸化ビスマス(III)，酸化タングステン(VI)，酸化銅(I)-とのカップリングは，再結合を抑制し，スペクトル応答を可視スペクトルに拡張する。p-n接合もこの目的を果たすことができる。p型（正）半導体，すなわち正孔を過剰に含む半導体と，n型（負）チタニア，すなわち電子を過剰に含む半導体を結合させるのである。したがって，光生成した電子がp型の正孔に，正孔がn型の自由電子に拡散することにより内部電場が発生し，正孔と電子の再結合を抑制するポテンシャル障壁のように振る舞う[1]。Abdullahらは，チタニアナノ粒子上にp型酸化銅(I)を蒸着し，チタニア/酸化銅(I)ナノ複合体を形成した。これは，可視光の照射下で，6価クロムを3価クロムに還元するためにチタニアの伝導帯に光生成電子を，水を酸素に酸化するために酸化銅(I)の価電子帯に正孔を注入することを引き起こした[20]。チタニア/酸化銅(I)ナノ複合体中の酸化銅(I)の含有量を増やすと，光還元も向上した。これは，チタニアと酸化銅(I)ナノ粒子の間のp-n接合の形成に適した量であり，可視光照射下でより高い光活性挙動を得るために励起子を迅速に分離できる。10 ppmの重クロム酸カリウム水溶液（$K_2Cr_2O_7$）は，90分で約100%還元された。この6価クロムの還元率は，ナノ複合体表面に水酸化クロム(III)が蓄積するため，サイクル数の増加につれ低下する[37]。Zhongらは，銅で装飾したチタニアナノチューブ光電極を水熱ルートで開発し，電子輸送速度の向上を示した後，電子・正孔対再結合をクエンチし，6価クロムの光還元を増加させた[38]。Velegrakiらは，3次元コバルト(II)酸化物ナノ粒子を合成し，紫外線と可視光の照射下で6価クロムを還元する光触媒作用を調べた。その結果，酸化コバルト(II)表面でO_2ラジカルとOHラジカルが同期して生成することがわかった[39]。

チタニアと酸化タングステン(VI)のカップリングは，可視スペクトルで活性があり，汚染物質の光触媒分解にも用いられる酸化タングステン(VI)/チタニア複合体を形成する[1]。これは，酸化タングステンをチタニアに混入することで，光生成励起子の再結合を防止し，チタニアのバンドギャップを減少させ，可視スペクトルに吸収をシフトさせるためである[40, 41]。

酸化ビスマス(III)Bi_2O_3は，バンドギャップが2.8 eVと狭く，光触媒メカニズムもチタニアと類似しているため，チタニアと簡単に結合させることができる。Yangらは，水熱ルートに続いてゾル-ゲル法によってビスマス(III)酸化物/チタニア結合型光触媒を作

製した。ビスマス(III)酸化物のカップリングにより，吸収が可視スペクトルにシフトした。2.0%の酸化ビスマス/チタニアは，6価クロムを還元する可視光下で最大の光触媒作用を示した[19]。

8.2.1.2　スピネル型混合金属酸化物

スピネル型金属酸化物 AB_2O_4（Aは2価，Bは3価の金属イオンを表す）は狭いバンドギャップを示す[42]。これらの金属酸化物で修飾されたチタニアを用いた光触媒反応は，6価クロムの還元を示す。$CuAl_2O_4$/チタニア上でのクロムの可視光活性還元はGherbiらにより報告されており[43]，pH2で3時間後に95%の還元を示した。Lahmarらは，($CuBi_2O_4$）クサチアイト/チタニア上での太陽光下での6価クロムの還元を報告しており，約30 mg/Lの6価クロムに対して1 g/Lの触媒を用いて，pH 4程度で4時間以内に98%の還元を示した。Langmuir–Hinshelwoodモデルは，クロム酸塩の光還元の速度論を記述している[22]。

効果的な可視光光触媒現象，高い光安定性，低コスト，超常磁性挙動，吸着量の増加，無毒性，製造の容易さ，豊富で入手しやすいなどの有利な特性により，フェライトはチタニアと結合した金属として，6価クロムの光触媒還元に用いられる可能性がある[44, 45]。

8.2.2　金属硫化物のカップリング

硫化カドミウムや硫化スタニックのような金属硫化物は，バンドギャップが狭いため，可視スペクトルの光触媒として広く用いられている。硫化カドミウムのバンドギャップは2.4 eVで，可視スペクトルに相当する。そのため可視光下での光触媒として有望視されている。しかし，硫化カドミウムは励起子の再結合率が高く，太陽光の下では光腐食に親和性を示すため，光触媒にはあまり応用されていない[46–48]。これらの限界は，硫化カドミウムを他の半導体と結合させることで克服できる。本節では，6価クロムの還元に金属硫化物を用いたチタニアの改質による光触媒作用について取り上げる。

CdSは6価クロムの還元のため，しばしばチタニアとカップリングされる。これはチタニアのマトリックスが硫化カドミウムの光腐食を防ぐためである[49]。光増感剤として作用する硫化カドミウムは，可視放射線を吸収し，価電子帯の正孔をチタニアの価電子帯に維持することで，価電子帯で発生した電子をチタニアの価電子帯に輸送することができる。その結果，励起子，すなわち電子と正孔の再結合が著しく抑制される[50]。S. Liuらは，1次元硫化カドミウム–チタニアコアシェルナノ光触媒は，価電子帯の正孔がチタニアコアシェルに捕捉されるため，6価クロムの高い還元性を示すことを研究した[25]。ChenとXuは，極薄のチタニアコーティングを施した硫化カドミウムコアシェルを作製し，その吸収能の向上，電荷の輸送，効率的な集光特性，電荷キャリアの長寿命化により，6価クロムの高い還元効率を示した[26]。

硫化スズはp型半導体で，2.2 eVのバンドギャップを持ち，可視光領域での吸収に適している。硫化カドミウムに比べて低コストで，光腐食に対する安定性が高いため，金属硫化物光触媒の可能性があると考えられている[51, 52]。Mondalらは，6価クロムの可視光活性光触媒のための硫化スズナノ構造体を作製した[53]。

Zhangらは，SnS_2/チタニアナノ複合体のヘテロ接合構造を合成した[28]。硫化スズでは，励起子の効果的な分離が見られる。これは，硫化スズの電位がチタニアよりも負電位であるため，可視光スペクトルの下で光分解によって 生成された電子が硫化スズの伝導帯からチタニアに効率よく移動し，正孔が硫化スズの価電子帯に残るためである[54]。その結果，これらの電子は重クロム酸カリウムの3価クロムへの還元を引き起こし，正孔は水の酸素への酸化を引き起こした[55-57]。したがって，ナノ複合体光触媒（硫化スズ/チタニア）を用いると，可視光スペクトルを用いて，硫化スズやチタニア単体と比較して，6価クロムを還元する際に高い光触媒作用 を示すことが示された。

さらに，高い光触媒効率を得るためには，複合材料の組成が重要である。チタニアの含有量が少ないと，硫化スズナノ粒子の表面がチタニアナノ粒子で十分に覆われず，硫化スズからチタニアへの界面電子移動が阻害されるため，光触媒作用が低下する。一方，硫化スズの表面にチタニアが過剰に存在すると，硫化スズの光放射が遮断されるため，硫化スズと6価クロム水溶液との相互作用が阻害され，還元速度が低下する。このように，十分なチタニア（44.5%）を含む硫化スズ/チタニアナノ複合体は，硫化スズとチタニアナノ粒子を混合して合成した同じ組成の材料とは対照的に，6価クロムを還元する最大量の光触媒作用を示し，より高い光触媒作用を示した。このことは，硫化スズとチタニアナノ粒子が複合材料中で効果的に混合され，効率的な電荷移動と再結合の低減のための良好なヘテロ接合界面を形成していることを示している[28]。

8.2.3 貴金属のカップリング

チタニアで修飾された銀，金，白金，パラジウムなどの貴金属は，可視光スペクトルで吸収し，これらの金属の励起子の分離を引き起こす性質により，光触媒作用を示す[58]。6価クロムを還元する可視活性光触媒を作製するため，PanとXuは酸素空孔を持つ貴金属析出チタニアを作製し，光の吸収を高め，電荷移動を効率的に促進する析出を行った[59]。Liuらは，6価クロムを還元するための銀担持チタニア光触媒を作製した。作製した光触媒の活性は，助触媒としてTiO_2に銀をドープすることで向上した。これは銀の修飾によってTiO_2^{2-}イオンが形成されたためである[60]。Leiらは，銀ドープチタニアナノ材料（銀チタニア）の合成にゾル-ゲル法を用いており，銀チタニアナノ粒子の太陽光スペクトルの吸収波長域が紫外域から可視域にシフトしたのは，銀ナノ粒子内の空間的に閉じ込められたe^-が示す表面プラズモン吸収によるものであると述べている。

さらに，銀イオンの存在はチタニア中の励起子の再結合を抑制する。その結果，スライバーチタニアによる6価クロムの可視光還元活性が高まったと考えられる[29]。

Liuらは，ゾルゲル法によってAu/N-チタニア複合体を合成し，6価クロムの還元活性を調べた。純チタニアでは34%，N-チタニアでは80%であったのに対し，可視光照射下でのCrの還元率は，複合体では合計90%と最も高い値を示した。金の導入により，チタニアのCBから金表面へのe^-の移動が容易になり，励起子の分離が起こり，6価クロムの還元にe^-が利用しやすくなった。0.3 wt%の金（Au）光触媒により，6価クロムの合計90%の還元率が達成された。金の含有量をさらに増やすと，過剰量の金が励起子の再結合を誘発するため，光還元率が低下する[31]。田中らは，表面プラズモン共鳴（SPR）

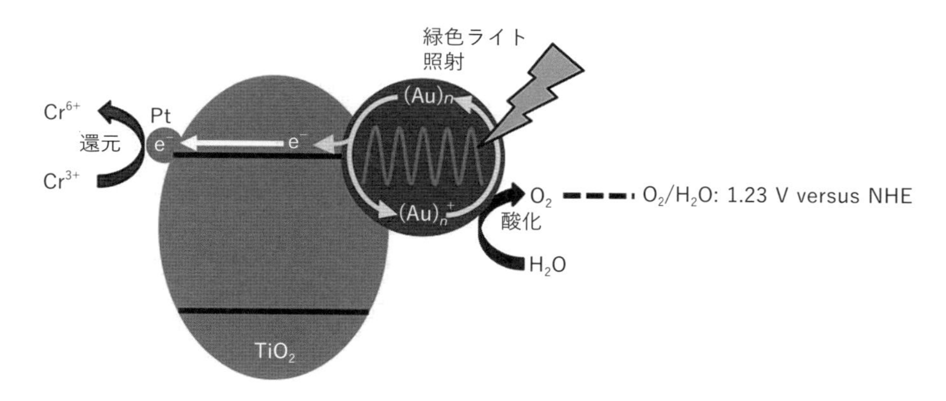

図 8.2　金/チタニア–白金プラズモニック光触媒を用いた可視光照射下での 6 価クロムの還元メカニズム

出典：Tanaka ら[32]/American Chemical Society の許可を得て掲載

に起因する強い吸収を示す可視光を用いて，金/チタニア–白金上での 6 価クロムの還元を行った。そのメカニズムを図 8.2 に示す。

SPR 現象により，金ナノ粒子は可視光の光子を吸収することで電子を放出し，白金のフェルミ準位は金よりも低いため，電子は酸化チタン(IV)の伝導帯を経由して金から白金助触媒に移動する。光触媒によって生成されたこれらの電子は，クロムの還元を引き起こす。一方，水を酸素に酸化することで，電子不足の金粒子は金属状態に再生される[32]。

8.2.4　相乗変換と容量性脱イオン化

容量性脱イオン機能は，海水淡水化に用いられるスーパーキャパシターに類似している。イオンを除去し，低直流電圧で電極表面に形成された電気二重層[2]にイオンを吸着させるエネルギー効率の高い技術として用いられている[61–66]。さらに，印加電圧を反転させることで，吸着したイオンをバルク溶液に戻すこともできる[67]。

水環境では，6 価クロムはクロム酸イオンと重クロム酸イオンの形で存在する。6 価クロムの還元に容量脱イオン法を用いる場合，イオンの価数は変化させず，存在するイオンの数を減少させるだけであるため，限界がある。一方，適切な光触媒を用いることで，これらの有害な 6 価クロムを，より無害な 3 価クロムに効率的に還元できる。

このように，光触媒と静電容量脱イオンという 2 つの開発技術を組み合わせ，PCS と名付けた。その結果，まず 6 価クロムが 3 価クロムに変換され，次に水溶液から活性炭が 3 価クロムを吸着する。このプロセスを図 8.3 に示す。

このプロセスでは，Matériaux de l′ Institut Lavoisier(MIL)53(Fe)（水溶液中のイブプロフェン薬物の吸着に用いられる MOF）からなる正極と，活性炭からなる負極の光電極を，可視光線下で低直流電圧を印加し，6 価クロムを含む溶液に浸漬した[2]。当初，6 価クロムは正電極表面に引き寄せられ，その後，鉄系 MOF 表面での光触媒作用により光電子が発生する。こうして，鉄系 MOF 表面（正極）に吸着した 6 価クロムは，電子によって 3 価クロムに還元される。一方，正孔は水を O_2 と水素イオンに酸化する。生成し

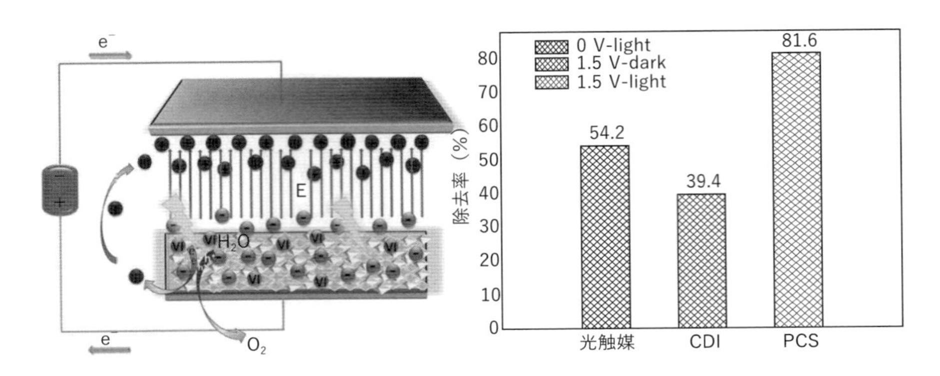

図 8.3 PCS による総クロム除去のメカニズム

出典：Hou ら[2]/Elsevier の許可を得て掲載

た水素イオンは，さらに 6 価クロムの還元に関与することができる。したがって，6 価クロムは 3 価クロムに還元され，その後系内に存在する活性炭に吸着される。その結果，水溶液からクロムが除去される。PCS[2]を用いた電極の距離と電圧の最適化により，合計 81.6%の最大 6 価クロム転換率と 72.2%の総クロム除去率が得られた。

8.3 光触媒の安定性

光触媒を工業的に応用するには，光触媒の安定性が第一の基準となる。光触媒を廃水から容易に回収し，結晶構造や重量を変化させずに再利用できる場合，工業的な応用において光触媒は安定で効率的であると考えられる。したがって，光触媒の回収・再利用能力の研究は重要である。この節では，6 価クロムの浄化に用いられる可能性のある改質チタニア光触媒の再生能力と廃水処理での再利用における安定性を議論した[1]。還元グラフェン酸化物とチタニア光触媒は，Liu らによって約 5 サイクルの研究がなされた[68]。彼らはローダミン B と 6 価クロムの溶液を太陽光の照射下で測定した。その結果，5 サイクル後でも光触媒の活性は低下せず，高い安定性が示された。別の研究では，還元グラフェン酸化物-Mn-チタニアも 3 サイクル後に高い安定性を示し，6 価クロムの浄化率は約 96.61%であった[69]。Challagulla らはチタニア/酸化第二鉄複合触媒を研究し，4 サイクル後でも 6 価クロムを還元する光触媒の活性が維持されていることを報告している。また，4 サイクル後に光触媒の約 84%を回収できることも確認された[17]。

結晶構造の X 線回折分析，酸化状態の X 線光電子分光分析などにより，光触媒の再生能力が確認された。

8.4 結　論

6 価クロムの光還元反応では，触媒の光活性を制御するさまざまなパラメータが存在し，光の吸収範囲，分離能力，キャリアの輸送などが含まれる。チタニアの改質は，6 価クロムの還元において光活性の増加を示し，これは光の吸収の増加，表面積の増加，励起

子の分離の促進に起因する。

可視光を用いた光触媒は，この間，最もよく用いられる手法へと発展してきた。このミニレビューでは，重金属イオン Cr(VI)の還元を目的とした，可視スペクトルに活性を持つ光触媒を用いた 4 つの技術について論じてきた。

(1) 金属酸化物のカップリング
(2) 金属硫化物のカップリング
(3) 貴金属のカップリング
(4) 相乗変換と容量性脱イオン

これらの方法で光の吸収を可視光スペクトルにシフトさせるチタニアのさまざまな修飾方法を列挙した。

可視光駆動型光触媒は，励起子，すなわち光により発生した電子と正孔の移動を促進し，電荷の分離を高めて再結合を防ぐことにより，光触媒作用の強化を示した。

また，6 価クロムの還元光活性は，pH，6 価クロム濃度，触媒の添加量，触媒の照射時間など，特定の実験要因にも支配される。表 8.1 から明らかなように，6 価クロムの還元に必要な理想条件は触媒により異なるため，触媒の光活性を比較することはできない。

しかし，還元能力が最大となる理想条件の範囲を列挙することは可能である。この理想的な条件とは，pH 値≦5.5，6 価クロムの初期濃度＝5.0～50.0 mg/L，触媒量＝0.2～1.0 g/L，照射時間＝15～360 分である。

8.4.1 現在の状況

近年，チタニアは光触媒の分野で価値ある光触媒として台頭してきた。チタニアは，低コストで無害，環境に優しいという長所から，二酸化炭素の変換，水の分解，抗生物質や農薬，多くの有害汚染物質の分解などの光触媒として研究されてきた。チタニアは紫外線下では効率的な光触媒であるが，紫外線に比べてエネルギーが低い可視光線下で活性を発揮させるために，チタニアに非金属，遷移金属，色素などをドープするなど，さまざまな改良が施されている。

研究者たちは現在，金属酸化物，金属硫化物，貴金属とのカップリング，金属と非金属のドーピング，再結合を抑制し可視領域にスペクトルをシフトさせるためのヘテロ接合の使用など，さまざまな技術を用いている。新しい方法の 1 つに，光触媒を用いた容量性脱イオン化があり，水溶液中のクロムを完全に除去することで，6 価クロムの還元光活性を高めるのに効果的な役割を果たしている。電極の距離と印加電圧の調整により，最大 72.2％のクロムを除去し，81.6％のクロム転換率を達成できる。

8.4.2 課　題

多くの開発が成し遂げられたが，いくつかの課題が残る[70]。課題のいくつかを以下に挙げる。

(1) この分野のボトルネック問題への対処には，不可欠な研究が基本である[71]。
(2) 触媒の光安定性は，実用的な機能を実現する主要な課題であり続ける[1]。
(3) 紫外光から可視光に吸収をシフトするためのチタニア修飾にもかかわらず，このプ

ロセスへの太陽光利用に関して，太陽スペクトルの完全に制御できる利用はまだ達成されていない[1]。

(4) 光触媒の合成への貴金属の利用は非常に高価である。そのため，チタニアを比較的安価な金属で修飾し，活性を向上させることが課題である[1]。

(5) 還元を抑制する光触媒表面でのクロム(III)水酸化物の生成の抑制も課題の１つである[1]。

8.4.3 今後の展望

- このレビューの今後の展望は，太陽光スペクトルの全領域で光触媒活性を向上させるために，適切な修飾を施したチタニアベースの光触媒の選択により決定できる。
- スケールアップにおける課題に取り組むために，化学者，科学者，技術者の連携を深める必要がある。
- 学術的重要性と実用化のギャップを最小化するために，産業界からのインプットが必要である。
- 還元型酸化グラフェンハイドロゲルとニッケルフェライトをチタニアと結合させることは，太陽光を利用した高速還元の代替手段となりうる。これは光触媒の分離を容易にする点で有利になりうる。
- 光触媒の効果を低下させることなく長時間使用するには，光触媒に用いられる触媒の安定性向上が必要である。

References

[1] Acharya, R., Naik, B., and Parida, K. (2018). Cr(VI) remediation from aqueous environment through modified-TiO_2-mediated photocatalytic reduction. *Beilstein Journal of Nanotechnology* 9 (1): 1448-1470.

[2] Hou, S., Xu, X., Wang, M. et al. (2018). Synergistic conversion and removal of total Cr from aqueous solution by photocatalysis and capacitive deionization. *Chemical Engineering Journal* 337: 398-404.

[3] Ahemad, M. (2014). Bacterial mechanisms for Cr(VI) resistance and reduction: an overview and recent advances. *Folia Microbiologica* 59 (4): 321-332.

[4] Zhang, Y., Li, Q., Sun, L. et al. (2011). Batch adsorption and mechanism of Cr(VI) removal from aqueous solution by polyaniline/humic acid nanocomposite. *Journal of Environmental Engineering* 137 (12): 1158-1164.

[5] Mphela, R K., Msimanga, W., Kwena, Y. et al. (2016). Photocatalytic degradation of salicylic acid and reduction of Cr(VI) using TiO_2. *International Conference of 5th International Conference on Advances in Engineering and Technology (ICAET'2016)*. New York, United State; 8-9 June 2016, pp. 30-35.

[6] Liu, W., Ni, J., and Yin, X. (2014). Synergy of photocatalysis and adsorption for simultaneous removal of Cr(VI) and Cr(III) with TiO_2 and titanate nanotubes. *Water Research* 53: 12-25.

[7] Lu, A., Zhong, S., Chen, J. et al. (2006). Removal of Cr(VI) and Cr(III) from aqueous solutions and industrial wastewaters by natural clino-pyrrhotite. *Environmental Science & Technology* 40 (9): 3064-3069.

[8] Cummings, D.E. et al. (2007). Reduction of Cr(VI) under acidic conditions by the facultative Fe(III)-reducing bacterium Acidiphilium cryptum. *Environmental Science & Technology* 41 (1): 146-152.

[9] Elangovan, R. et al. (2006). Reduction of Cr(VI) by a Bacillus sp. *Biotechnology Letters* 28 (4): 247–252.
[10] Leong, K.H., Sim, L.C., Pichiah, S. et al. (2016). Light driven nanomaterials for removal of agricultural toxins. In: *Nanoscience in Food and Agriculture 3* (ed. S. Ranjan et al.), 225–242. Springer.
[11] Ibhadon, A.O. and Fitzpatrick, P. (2013). Heterogeneous photocatalysis: recent advances and applications. *Catalysts* 3 (1): 189–218.
[12] Chang, H.T., Wu, N.-M., and Zhu, F. (2000). A kinetic model for photocatalytic degradation of organic contaminants in a thin-film TiO_2 catalyst. *Water Research* 34 (2): 407–416.
[13] Zhang, Y., Chen, Z., Liu, S. et al. (2013). Size effect induced activity enhancement and anti-photocorrosion of reduced graphene oxide/ZnO composites for degradation of organic dyes and reduction of Cr(VI) in water. *Applied Catalysis B: Environmental* 140: 598–607.
[14] Pu, S., Hou, Y., Chen, H. et al. (2018). An efficient photocatalyst for fast reduction of Cr(VI) by ultra-trace silver enhanced titania in aqueous solution. *Catalysts* 8 (6): 251.
[15] Naimi-Joubani, M., Shirzad-Siboni, M., Yang, J.K. et al. (2015). Photocatalytic reduction of hexavalent chromium with illuminated ZnO/TiO_2 composite. *Journal of Industrial and Engineering Chemistry* 22: 317–323.
[16] Ku, Y., Huang, Y.-H., and Chou, Y.-C. (2011). Preparation and characterization of ZnO/TiO_2 for the photocatalytic reduction of Cr(VI) in aqueous solution. *Journal of Molecular Catalysis A: Chemical* 342: 18–22.
[17] Challagulla, S., Nagarjuna, R., Ganesan, R. et al. (2016). Acrylate-based polymerizable sol-gel synthesis of magnetically recoverable TiO2 supported Fe_3O_4 for Cr(VI) photoreduction in aerobic atmosphere. *ACS Sustainable Chemistry & Engineering* 4 (3): 974–982.
[18] Yang, L., Xiao, Y., Liu, S. et al. (2010). Photocatalytic reduction of Cr(VI) on WO3 doped long TiO2 nanotube arrays in the presence of citric acid. *Applied Catalysis B: Environmental* 94 (1, 2): 142–149.
[19] Yang, J., Dai, J., and Li, J. (2013). Visible-light-induced photocatalytic reduction of Cr(VI) with coupled Bi_2O_3/TiO_2 photocatalyst and the synergistic bisphenol A oxidation. *Environmental Science and Pollution Research* 20 (4): 2435–2447.
[20] Abdullah, H., Kuo, D.-H., and Chen, Y.-H. (2016). High-efficient n-type TiO_2/p-type Cu_2O nanodiode photocatalyst to detoxify hexavalent chromium under visible light irradiation. *Journal of Materials Science* 51 (17): 8209–8223.
[21] Ku, Y., Lin, C.-N., and Hou, W.-M. (2011). Characterization of coupled NiO/TiO_2 photocatalyst for the photocatalytic reduction of Cr(VI) in aqueous solution. *Journal of Molecular Catalysis A: Chemical* 349 (1, 2): 20–27.
[22] Lahmar, H., Benamira, M., Akika, F.Z. et al. (2017). Reduction of chromium(VI) on the hetero-system $CuBi_2O_4$/TiO_2 under solar light. *Journal of Physics and Chemistry of Solids* 110: 254–259.
[23] Rekhila, G., Trari, M., and Bessekhouad, Y. (2017). Characterization and application of the hetero-junction $ZnFe_2O_4$/TiO_2 for Cr(VI) reduction under visible light. *Applied Water Science* 7 (3): 1273–1281.
[24] Gao, X., Liu, X., Zhu, Z. et al. (2016). Enhanced photoelectrochemical and photocatalytic behaviors of MFe_2O_4 (M = Ni, Co, Zn and Sr) modified TiO_2 nanorod arrays. *Scientific Reports* 6: 30543.
[25] Liu, S., Zhang, N., Tang, Z.R. et al. (2012). Synthesis of one-dimensional CdS@TiO_2 core-shell nanocomposites photocatalyst for selective redox: the dual role of TiO_2 shell. *ACS Applied Materials & Interfaces* 4 (11): 6378–6385.
[26] Chen, Z. and Xu, Y.-J. (2013). Ultrathin TiO_2 layer coated-CdS spheres core-shell nanocomposite with enhanced visible-light photoactivity. *ACS Applied Materials & Interfaces* 5 (24): 13353–13363.
[27] Liu, X., Pan, L., Sun, Z. et al. (2014). CdS sensitized TiO_2 film for photocatalytic reduction of Cr(VI)

by microwave-assisted chemical bath deposition method. *Journal of Alloys and Compounds* 583: 390-395.
[28] Zhang, Y.C., Li, J., and Xu, H.Y. (2012). One-step in situ solvothermal synthesis of SnS_2/TiO_2 nanocomposites with high performance in visible light-driven photocatalytic reduction of aqueous Cr (VI). *Applied Catalysis B: Environmental* 123: 18-26.
[29] Lei, X., Xue, X., and Yang, H. (2014). Preparation and characterization of Ag-doped TiO_2 nanomaterials and their photocatalytic reduction of Cr(VI) under visible light. *Applied Surface Science* 321: 396-403.
[30] Zhang, D. Xu, G., and Chen, F. (2015). Hollow spheric Ag-Ag_2S/TiO_2 composite and its application for photocatalytic reduction of Cr(VI). *Applied Surface Science* 351: 962-968.
[31] Liu, X., Pan, L., Lv, T. et al. (2012). Sol-gel synthesis of Au/N-TiO_2 composite for photocatalytic reduction of Cr(VI). *RSC Advances* 2 (9): 3823-3827.
[32] Tanaka, A., Nakansihi, K., Hamada, R. et al. (2013). Simultaneous and stoichiometric water oxidation and Cr(VI) reduction in aqueous suspensions of functionalized plasmonic photocatalyst Au/TiO_2-Pt under irradiation of green light. *ACS Catalysis* 3 (8): 1886-1891.
[33] Wang, W., Lai, M., Fang, J. et al. (2018). Au and Pt selectively deposited on {0 0 1}-faceted TiO_2 toward SPR enhanced photocatalytic Cr(VI) reduction: the influence of excitation wavelength. *Applied Surface Science* 439: 430-438.
[34] Cai, J., Wu, X., Li, S. et al. (2017). Controllable location of Au nanoparticles as cocatalyst onto TiO_2@CeO_2 nanocomposite hollow spheres for enhancing photocatalytic activity. *Applied Catalysis B: Environmental* 201: 12-21.
[35] Li, S., Cai, J., Wu, X. et al. (2018). TiO2@Pt@CeO_2 nanocomposite as a bifunctional catalyst for enhancing photo-reduction of Cr(VI) and photo-oxidation of benzyl alcohol. *Journal of Hazardous Materials* 346: 52-61.
[36] Zhou, H. (2013). Photocatalytic reduction of hexavalent chromium in aqueous solutions by TiO_2 PAN nanofibers. Master's thesis. University of Missouri, Columbia.
[37] Qin, B., Zhao, Y., Li, H. et al. (2015). Facet-dependent performance of Cu_2O nanocrystal for photocatalytic reduction of Cr(VI). *Chinese Journal of Catalysis* 36 (8): 1321-1325.
[38] Zhong, J., Wang, Q.Y., Zhou, J. et al. (2016). Highly efficient photoelectrocatalytic removal of RhB and Cr(VI) by Cu nanoparticles sensitized TiO_2 nanotube arrays. *Applied Surface Science* 367: 342-346.
[39] Velegraki, G., Miao, J., Drivas, C. et al. (2018). Fabrication of 3D mesoporous networks of assembled CoO nanoparticles for efficient photocatalytic reduction of aqueous Cr(VI). *Applied Catalysis B: Environmental* 221: 635-644.
[40] Kobayashi, M. and Miyoshi, K. (2007). WO3-TiO2 monolithic catalysts for high temperature SCR of NO by NH_3: influence of preparation method on structural and physico-chemical properties, activity and durability. *Applied Catalysis B: Environmental* 72 (3, 4): 253-261.
[41] Akurati, K.K., Vital, A., Dellemann, J.P. et al. (2008). Flame-made WO_3/TiO_2 nanoparticles: relation between surface acidity, structure and photocatalytic activity. *Applied Catalysis B: Environmental* 79 (1): 53-62.
[42] Harish, K., Naik, H.S.B., Kumar, P.N.P. et al. (2013). Optical and photocatalytic properties of solar light active Nd-substituted Ni ferrite catalysts: for environmental protection. *ACS Sustainable Chemistry & Engineering* 1 (9): 1143-1153.
[43] Gherbi, R., Nasrallah, N., Maachi, R. et al. (2011). Photocatalytic reduction of Cr(VI) on the new hetero-system $CuAl_2O_4/TiO_2$. *Journal of Hazardous Materials* 186 (2, 3): 1124-1130.
[44] Cui, B., Lin, H., Li, J.B. et al. (2008). Core-ring structured $NiCo_2O_4$ nanoplatelets: synthesis, characterization, and electrocatalytic applications. *Advanced Functional Materials* 18 (9): 1440-1447.
[45] Li, Y., Hasin, P., and Wu, Y. (2010). $Ni_xCo_{3-x}O_4$ nanowire arrays for electrocatalytic oxygen evolution.

Advanced Materials 22 (17): 1926–1929.
[46] Xu, X., Lu, R., Zhou, X. et al. (2012). Novel mesoporous $Zn_xCd_{1-x}S$ nanoparticles as highly efficient photocatalysts. *Applied Catalysis B: Environmental* 125: 11–20.
[47] Wang, Q., Li, J., Bai, Y. et al. (2014). Photochemical preparation of Cd/CdS photocatalysts and their efficient photocatalytic hydrogen production under visible light irradiation. *Green Chemistry* 16 (5): 2728–2735.
[48] Bao, N., Shen, L., Takata, T. et al. (2008). Self-templated synthesis of nanoporous CdS nanostructures for highly efficient photocatalytic hydrogen production under visible light. *Chemistry of Materials* 20 (1): 110–117.
[49] Bessekhouad, Y., Chaoui, N., Trzpit, M. et al. (2006). UV-vis versus visible degradation of Acid Orange II in a coupled CdS/TiO_2 semiconductors suspension. *Journal of Photochemistry and Photobiology A: Chemistry* 183 (1, 2): 218–224.
[50] Daghrir, R., Drogui, P., and Robert, D. (2013). Modified TiO_2 for environmental photocatalytic applications: a review. *Industrial & Engineering Chemistry Research* 52 (10): 3581–3599.
[51] Yella, A., Mugnaioli, E., Therese, H.A. et al. (2009). Synthesis of fullerene-and nanotube-like SnS_2 nanoparticles and Sn/S/carbon nanocomposites. *Chemistry of Materials* 21 (12): 2474–2481.
[52] Zhang, Y.C., Du, Z.N., Li, S.Y. et al. (2010). Novel synthesis and high visible light photocatalytic activity of SnS2 nanoflakes from $SnCl_2 \cdot 2H_2O$ and S powders. *Applied Catalysis B: Environmental* 95 (1, 2): 153–159.
[53] Mondal, C., Ganguly, M., Pal, J. et al. (2014). Morphology controlled synthesis of SnS_2 nanomaterial for promoting photocatalytic reduction of aqueous Cr(VI) under visible light. *Langmuir* 30 (14): 4157–4164.
[54] Yang, C., Wang, W., Shan, Z. et al. (2009). Preparation and photocatalytic activity of high-efficiency visible-light-responsive photocatalyst SnS_x/TiO_2. *Journal of Solid State Chemistry* 182 (4): 808–812.
[55] Yang, Q.L., Kang, S.Z., Chen, H. et al. (2011). $La_2Ti_2O_7$: an efficient and stable photocatalyst for the photoreduction of Cr(VI) ions in water. *Desalination* 266 (1–3): 149–153.
[56] Tuprakay, S. and Liengcharernsit, W. (2005). Lifetime and regeneration of immobilized titania for photocatalytic removal of aqueous hexavalent chromium. *Journal of Hazardous Materials* 124 (1–3): 53–58.
[57] Zhang, K., Kemp, K.C., and Chandra, V. (2012). Homogeneous anchoring of TiO_2 nanoparticles on graphene sheets for waste water treatment. *Materials Letters* 81: 127–130.
[58] Wang, L., Li, X., Teng, W. et al. (2013). Efficient photocatalytic reduction of aqueous Cr(VI) over flower-like $SnIn_4S_8$ microspheres under visible light illumination. *Journal of Hazardous Materials* 244: 681–688.
[59] Pan, X. and Xu, Y.-J. (2013). Defect-mediated growth of noble-metal (Ag, Pt, and Pd) nanoparticles on TiO_2 with oxygen vacancies for photocatalytic redox reactions under visible light. *The Journal of Physical Chemistry C* 117 (35): 17996–18005.
[60] Liu, S., Qu, Z.P., Han, X.W. et al. (2004). A mechanism for enhanced photocatalytic activity of silver-loaded titanium dioxide. *Catalysis Today* 93: 877–884.
[61] Yeh, C.L., His, H.C., Li, K.C. et al. (2015). Improved performance in capacitive deionization of activated carbon electrodes with a tunable mesopore and micropore ratio. *Desalination* 367: 60–68.
[62] Porada, S., Borchardt, L., Ochatz, M. et al. (2013). Direct prediction of the desalination performance of porous carbon electrodes for capacitive deionization. *Energy & Environmental Science* 6 (12): 3700–3712.
[63] Suss, M.E., Porada, S., Sun, X. et al. (2015). Water desalination via capacitive deionization: what is it and what can we expect from it? *Energy & Environmental Science* 8 (8): 2296–2319.

[64] Liu, Y., Xu, X., Wang, M. et al. (2015). Metal-organic framework-derived porous carbon polyhedra for highly efficient capacitive deionization. *Chemical Communications* 51 (60): 12020-12023.

[65] Xu, X., Liu, Y., Lu, T. et al. (2015). Rational design and fabrication of graphene/carbon nanotubes hybrid sponge for high-performance capacitive deionization. *Journal of Materials Chemistry A* 3 (25): 13418-13425.

[66] Porada, S., Biesheuvel, P., and Presser, V. (2015). Comment on "Sponge-templated preparation of high surface area graphene with ultrahigh capacitive deionization performance." *Advanced Functional Materials* 25 (2): https://doi.org/10.1002/adfm.201401101.

[67] Wu, T. et al. (2015). Asymmetric capacitive deionization utilizing nitric acid treated activated carbon fiber as the cathode. *Electrochimica Acta* 176: 426-433.

[68] Liu, H., Liu, S., Zhang, Z. et al. (2016). Hydrothermal etching fabrication of TiO_2@graphene hollow structures: mutually independent exposed {001} and {101} facets nanocrystals and its synergistic photocaltalytic effects. *Scientific Reports* 6: 33839.

[69] Chen, Z., Li, Y., Gua, M. et al. (2016). One-pot synthesis of Mn-doped TiO_2 grown on graphene and the mechanism for removal of Cr(VI) and Cr(III). *Journal of Hazardous Materials* 310: 188-198.

[70] Djurišić, A.B., He, Y., and Ng, A.M. (2020). Visible-light photocatalysts: prospects and challenges. *APL Materials* 8 (3): 030903.

[71] Wang, Y., Ma, X., Li, H. et al. (2016). Recent advances in visible-light driven photocatalysis. *Advanced Catalytic Materials* 12: 337.

第9章

ファイトナノテクノロジーによる重金属と染料の浄化

Phytonanotechnology for Remediation of Heavy Metals and Dyes

Lakhan Kumar, Pragya Kamal, Kaniska Soni and Navneeta Bharadvaja

Delhi Technological University, Department of Biotechnology, Delhi 110042, India

9.1 はじめに

ナノテクノロジーは，その登場以来，人間の生活と環境に影響を与えてきた。ナノスケールでサイズが小さいため，材料の物理化学的特性の基本的な理解は，バルク材料と大きく異なる。そのユニークな化学的，物理的，電気的，磁気的，光学的特性は，さまざまな分野への応用に向けて科学界の注目を集めてきた。薬物伝送システム，農業，バイオセンサー，バイオメディカル，食品産業，エレクトロニクス，環境修復など，多様な分野で採用されている[1-3]。近年では，環境修復の研究も進められている。ナノ材料は，吸着，変換，光触媒，触媒還元を利用して汚染を修復する[2, 4]。汚染物質の浄化へのナノ材料の利用は費用対効果が高いが，従来の合成ルートは環境的への負荷が大きい。ナノ材料の生物起源合成またはグリーン合成は，従来の物理化学的合成ルートに代わるものとして浮上してきた。合成ルートにより，従来の方法とグリーン法に分類される。従来の方法には物理化学的方法が含まれ，グリーン法は微生物や植物を用いる方法である。ナノ粒子合成に必要な 2 つの主要な構成要素は，還元剤と安定化剤である。物理化学的手法では，環境に悪影響を及ぼすナノ材料の合成を成功させるために，さまざまな化学前駆体，外部安定化剤，キャッピング剤，溶媒を必要とする。また，コストや時間がかかり，専門的な設備や技術も必要である[1]。一方，グリーン合成法や生物学的合成法は，比較的安価で，簡単で，迅速で，環境に優しい。ナノ材料合成には，微生物と植物由来の戦略の両方が用いられてきた。しかし，植物ベースの方法は，細胞培養の維持費がかからないこと，シングルステップの合成プロトコル，非病原性，一年中入手可能であることなどから，微生物ベースの方法と比較してより採用しやすい[5]。植物抽出物には，アルカロイド，多糖類，有機酸，タンパク質，ポリフェノール，フラボノイド，ビタミンなど，数多くの生理活性化合物が含まれている。これらの生物活性化合物は還元剤，キャッピング剤，安定化剤として機能する。植物抽出物に含まれる抗酸化物質であるフラボノイドは，ナノ粒子合成の主要な要素の 1 つである。ポリフェノールは強力な還元剤であり，ナノ材料合成において重要な役割を果たす[6, 7]。葉，芽，根，種子，果実，花，樹皮，皮，茎など，あらゆる植物材料をナノ材料の合成に用いることが可能である。植物由来のバイオマスからのナノスケール材料の製造は，ファイトナノテクノロジーと呼ばれる。図 9.1 に，植物由来のナノ材料合成とその特性評価法を示す。簡単，迅速，低コストな製造技術，抽出のための溶媒（メタノール，エタノール，アセトンなど）の代わりに水を使用すること，合成された物質の安定性が長いこと，環境に優しいこと，実行と使用に便利であること，スケールアップが容易であること，操作条件が穏やかであること，再現性があること，病原性がないことなどの利点から，ファイトナノテクノロジーは，重金属や染料を含む多様な環境汚染物質の浄化において重要な位置を占めている[1]。金（Au），銀（Ag），白金（Pt），銅（Cu）のナノ粒子は，近年，さまざまな用途のために植物バイオマスを用いて合成されている。ナノ材料合成への植物の応用は，ファイトナノテクノロジーと呼ばれる新しい科学分野を提供し，浄化への応用に基づき，ファイトナノレメディエーションと呼ばれる斬新で環境に優しいアプローチを提供している。ファイトナノテクノロジーは，環境に優しいナノ材料の合成を可能にすることで，より環境に優しく効率的な汚染対策方法

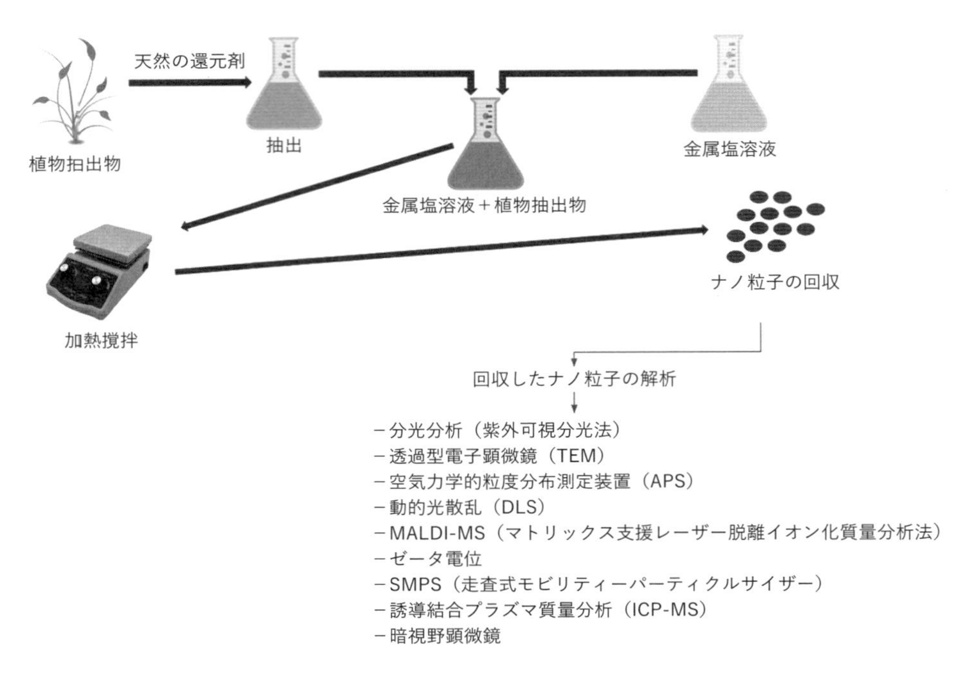

図 9.1 ファイトナノ粒子の合成と特性評価技術

を提供する。植物から標的特異的なナノ物質を合成することで，より環境に優しく効率的な方法で汚染と闘うことができる[8, 9]。このように，ファイトナノレメディエーションとは，植物や植物由来のものから作られたナノ粒子を，環境バランスの回復，あるいは水や土壌などからの有害物質の除去に用いることである。本章では，重金属と染料を中心に，植物を介したナノ材料の環境修復への応用を論じる。さらに，ファイトナノレメディエーションに対する課題も示す。

9.2 環境汚染と健康への影響

環境とは，より広い意味での用語であり，生物または生物学的構成要素が，水，空気，日光などの非生物学的要素とともに繁栄する状況を指す。環境という概念は，私たちを取り巻く自然と同じくらい古くからあるものと考えられている。環境という言葉には，風やその速度，気温なども含まれる。環境汚染とは何かを理解するためには，まず「汚染」という言葉が何を意味するのかを知る必要がある。英国の「環境汚染」に関する王立委員会は，汚染を次のように定義している。「人間の健康への危害，生物資源や生態系への害，構造物や快適さへの損害，環境の正当な利用への干渉を引き起こしやすい物質やエネルギーを，人間が環境に持ち込むこと」。簡単に言えば，汚染とは，汚染物質や汚染物質の持ち込みによって環境に起こる有害な変化の結果であり，自然環境の汚染は環境汚染と呼ばれる。汚染物質とは，あらゆる場所に許容限度を超えて存在する望ましくない物質である。

汚染には大きく分けて，自然汚染と人為汚染の2種類がある。自然汚染は，洪水，サイクロン，地震などの自然現象によって引き起こされるものであり，人工汚染は人間の活動や介入によって引き起こされるものである。現在，私たちが直面している環境汚染の複雑さは，さまざまな要因の連動によるものである。人口増加，富と経済の一般的な増加，現代技術の特徴，森林破壊，農業と工業の発展，貧困など，いくつかの要素が，現在，環境汚染と最も関連性の高い要素である[10]。しかし，単一の要因が環境悪化の主要因であるとは考えられていない。現在のシナリオでは，重金属と染料が2大汚染物質であり，大気，水，土壌，生物圏といった環境のあらゆる領域に不均衡を生み出している。9.2.1と9.2.2節では，重金属と染料に関連する環境影響と公衆衛生問題について論じる。

9.2.1 重金属とそれに関連する環境・公衆衛生課題

特定の重金属の定義はないが，文献的には通常，自然界に存在し，原子量と密度がかなり高い元素とされている。さまざまな種類の汚染物質が知られているが，重金属はその毒性から環境科学者から常に重大な関心を集めている。重金属は通常，自然水中に微量に存在するが，その大部分はごく低濃度でも有毒であることがわかっている。ヒ素，セレン，鉛，亜鉛，カドミウム，コバルト，ニッケル，クロム，水銀は，微量であっても極めて有毒である。ますます多くの工場や産業が，適切な事前処理なしに金属廃棄物を直接水域に放出しているため，利用可能な資源中の重金属濃度の増加は深刻な問題である。重金属は体内に入ると，体内で代謝されないと毒となり，軟部組織に蓄積される。重金属は，製造業，製薬業，農業，住宅，工業環境で人間と距離が近づいたときに，水，空気，食物，皮膚からの吸収など，さまざまな方法で人体に入る[11]。成人の場合，重金属の人体への侵入は工業的曝露がより大きな原因であることが判明しているが，他方，子どもの場合は摂取が主な曝露経路である。環境中の重金属の存在は，いくつかの好ましくないかつ望ましくない影響をもたらすことで，後者に脅威を与えている。重金属汚染は，主要な微生物の細胞プロセスと酵素活性を乱し，最終的に土壌微生物叢の組成を変化させ，土壌呼吸に影響を及ぼす。植物は土壌から重金属を吸収し，必要な代謝に利用する。しかし，重金属濃度が必要量を超えると，生理的機能不全と生化学的プロセスの不均衡をもたらす。その結果，作物収量や肥沃度といった土壌生産性が低下する。こうした重大な変化は，岩石圏，水圏，生物圏，大気圏といった環境のあらゆる領域に影響を及ぼす。これらの影響が注目されるまで，健康や死亡率の問題は再燃し，食物連鎖は悪化する[12]。

9.2.2 染料と関連する環境・公衆衛生問題

現在までのところ，繊維産業で使用される染料関連物質の大半が，工場で働く労働者が経験する被曝レベルで有害であると示唆する確かな根拠はない。しかし，長期にわたる，あるいは予期せぬ過度の暴露は，皮膚炎や炎症などの深刻な健康問題を引き起こす可能性がある。繊維・皮革産業は，相当量の液体廃棄物を発生させる[13]。これらの廃棄物は無機化合物と有機化合物で構成されている。染色の過程で，生地に付着した染料のすべてが定着するわけではないため，未固着の部分は洗い流される。固定されずに残ったこれらの染料は，繊維排水中に高濃度で含まれることが判明している[14]。染料で汚染された

水は，染料粒子の吸入により呼吸器障害を引き起こす。染料を吸い込むと，人の免疫系に深刻な影響を及ぼし，文字通り重症化することもある。これらは呼吸器感作と呼ばれ，涙目，くしゃみ，かゆみ，咳，喘鳴，喘息などの症状を引き起こす。皮膚の炎症，鼻の詰まりやかゆみ，目の痛み，くしゃみを引き起こすことも報告されている。染料は変異原性だけでなく，発がん性の影響も引き起こすことが報告されている。さらに，これらの染料は，いくつかの自然または人為条件下で，ナフタレン，ベンザミン，その他の芳香族化合物など，有毒で発がん性があり，生命を脅かす化学物質に分解される。これらの分子が水中に溶解すると，酸素溶解度と光の透過性が低下し，最終的に藻類や水生植物の光合成効率を変化させる。これは生態系全体を不安定にする。植物の酸化ストレスや微生物毒性を引き起こす[15]。

9.3 環境汚染と修復戦略

環境の質と地球上の生活の質との間には必然的な関係がある。人間活動の増加は，世界中で汚染と炭素排出を増大させ，天然資源を破壊するだけでなく，人間の健康にも悲惨な影響を及ぼす。産業革命と技術の進歩は，有毒ガスや有害な化学物質を意図的または偶発的に環境中に放出する，環境悪化と汚染という厄介な友人を連れてくる[16]。この問題に対処できるよう目を光らせるアプローチは数多くあるが，それを世界規模で行うことは依然として難しい。このような有害な汚染による危険から環境と人間を守るには，環境修復が最も重要である。環境修復とは，地下水，土壌，地表水などの自然体から，悪質または有害な汚染物質を除去するプロセスである[17]。環境修復のための技術開発には，多くの努力が払われてきた。浄化戦略は，*ex situ* 法と *in situ* 法に大別できる。*ex situ* 法は，汚染された水や土壌を汚染現場とは別の場所で処理する方法である。*in situ* 法は，汚染物質を抽出することなく，汚染現場で処理する方法である[18]。環境汚染物質の浄化のため，いくつかの物理化学的・生物学的手法が開発されてきた。バイオテクノロジーの一分野であるバイオレメディエーションは，微生物，藻類，植物などの生物の活動により有害な汚染物質を分解するものである[19]。バイオレメディエーションには基本的に酸化還元反応が含まれ，硝酸塩，過塩素酸塩，酸化金属，塩素系溶剤，発射化薬などの酸化された汚染物質が電子供与体によって還元されるか，炭化水素などの汚染物質が最適条件下で酸素などの電子受容体によって酸化される[20]。バイオレメディエーションは，汚染物質処理に用いる生物の種類により分類できる。例えば，植物を使用する場合はファイトレメディエーション，真菌類を使用する場合はマイコレメディエーションである。浄化戦略にはいくつかの種類があり，以下に説明する。

9.3.1 マイコレメディエーション

マイコレメディエーションは，環境汚染物質を除去するために用いられる，真菌類をベースとしたバイオ技術である[21]。真菌類は強固な形態と多様な代謝能力を持ち，環境に優しく，廃水から農薬，皮革なめし剤，繊維染料，重金属，有機汚染物質などの毒素を無害化するのに非常に効果的なツールである[22]。例えば，*Pleurotus sajor-caju* という

キノコは，亜鉛などの重金属を吸収する[23]。

9.3.2 ファイトレメディエーション

光独立栄養の維管束植物が重金属や有機汚染物質を代謝する能力を活用して有害物質を無害化し，環境に優しく経済的な方法で環境を浄化することを指す[24]。

9.3.3 ファイコレメディエーション

藻類を用いて廃水を処理し，汚染物質を除去するバイオレメディエーション技術である。藻類は環境条件に強い。その背景には，世界中に広く分布していることがある。藻類は廃水を処理して汚染物質を除去するだけでなく，飼料，食品，肥料，バイオ燃料，医薬品など，さまざまな用途で利用できる有用なバイオマスを生産する。藻類は，重金属や染料除去の廃水処理に主に用いられてきた[25]。

9.3.4 バイオスティミュレーション

バイオスティミュレーションは，除草剤や流出油など水中に存在する有害物質の除去に細菌を適用するバイオレメディエーション技術を指す。主に油流出の影響の回復に用いられる[26]。この技術の有効性はバイオオーグメンテーションにより高めることができる。バイオオーグメンテーションとは，汚染物質の分解速度を速めるため，細菌や古細菌の培養物を追加添加するプロセスである[27]。

9.3.5 ライゾフィルトレーション

ライゾフィルトレーションはファイトレメディエーションの改編技術であり，植物生産物は関与せず，植物全体が重要な役割を果たす。この方法では，廃水が植物の根の塊を通過し，そこでろ過され，有害物質が除去される[28]。

ファイトレメディエーションは，他の利用可能な方法と比べ，重金属や染料浄化の魅力的な選択肢であることは間違いない。しかしそれでも，ファイトレメディエーションにはいくつかの課題がある。ファイトレメディエーションの場合，土壌浄化プロセスに長期間（数ヶ月から数年）が必要である。また高濃度汚染土壌では植物の生育が維持できないため，ファイトレメディエーションで効果的に処理できるのは，金属や染料の汚染レベルがかなり低い場所に限られる。バイオマスが少なく生育速度が遅いため，大部分の金属高濃度蓄積植物の植物抽出効率は限定的である。天候の影響を受けやすい亜熱帯や熱帯地域では，害虫や病害の被害がさまざまな植物の蓄積能力を妨げることがある。さらに気候や気象条件もファイトレメディエーションが持続可能か否かに重要な役割を果たす[29]。近年，汚染場所からのさまざまな種類の汚染物質浄化に，ファイトレメディエーションとナノテクノロジーを用いる新しい科学分野が出現している。この技術には，植物を介したナノ物質合成と，それを利用した汚染物質浄化が含まれる。この技術はファイトナノレメディエーションと呼ばれる。また，ナノスケール材料の合成において，高コストで，環境的に課題のある物理化学的なルートの解決にも取り組んでいる。ナノサイズの粒子は，特定の汚染物質を標的にするのに役立つユニークな物理化学的特性を持つ。ナノ粒子は有害

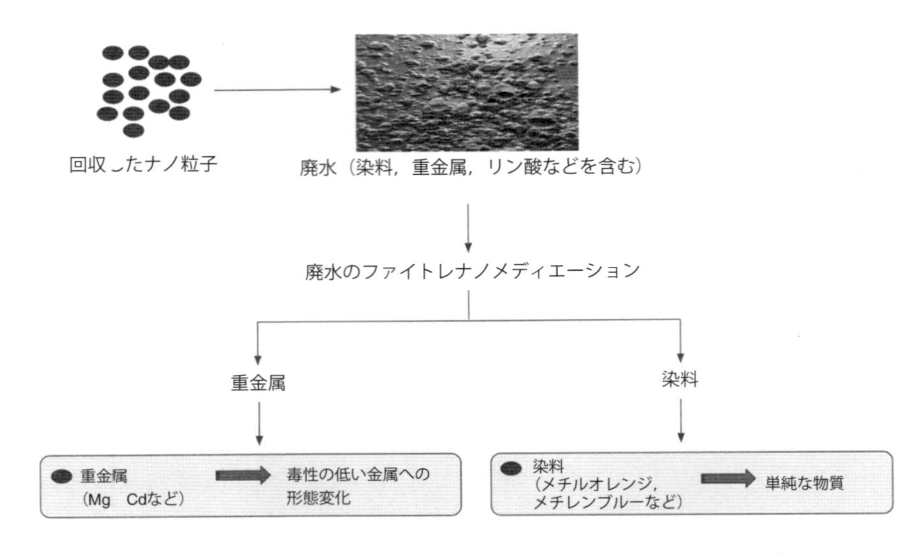

図 9.2　環境汚染物質浄化のためのファイトナノテクノロジーのアプローチ

出典：Jemzo / Pixabay

な汚染物質と接触し，適切な条件下でそれらを無害化するため，一般的に地下水，廃水，土壌などの処理に向けて研究されている[30]。ナノ材料は，環境汚染物質浄化のための吸着剤，吸収剤，膜，フィルター，触媒として用いられている。このようにナノ材料は，環境問題における重要な課題に取り組む上で，計り知れない能力を持つ。図 9.2 に，重金属や染料といった環境汚染物質浄化のファイトナノテクノロジー的アプローチが示す。ナノレメディエーション法は，懸念される汚染物質に対する触媒作用と化学的還元作用の両方を可能にするため，汚染物質の無害化に主に適用されている。植物を介したナノ材料合成ルートと，染料や重金属の浄化におけるその適用に関する詳細な考察を 9.4 節に示した。

9.4　環境汚染物質浄化のためのファイトナノテクノロジーのアプローチ

従来のナノ材料合成法では，さまざまな化学・物理的手法が用いられてきた。これらの手法は，高価な化学薬品や機器の使用に基づく。これらの化学物質の多くは毒性があり，環境リスクをもたらす危険な性質を持つ[5]。ナノ材料の合成には，「トップダウン」と「ボトムアップ」の 2 つの方法がある。トップダウンアプローチでは，材料の固体および状態加工が主に用いられる。この方法では，ナノサイズの粒子を得るために，バルク材料をスライスし，連続的に切断する。トップダウンアプローチでは，粉砕，ミリング，スパッタリング，熱・レーザーアブレーションなどのリソグラフィー技術を適切なバルク材料に施し，微粒子を得る。一方，ボトムアップアプローチでは，原子ごと，分子ごと，あるいはクラスターごとに，ボトムから材料を積み上げていく[31]。ボトムアップアプローチでは，原子の自己組織化を伴う生化学的手法によりナノ材料が合成され，新たな核となり，最終的にナノスケールの粒子に成長する。水溶液または非水溶液中の金属イオンの還

元には，アスコルビン酸塩，水素，*N,N*-ジメチルホルムアミド（DMF），クエン酸ナトリウム，水素化ホウ素ナトリウム（$NaBH_4$），トーレン試薬，ポリ（エチレングリコール）ブロックコポリマーなど，さまざまな有機・無機還元剤が用いられる[5]。物理的・化学的手法によるナノ材料の合成は，安価な方法ではない。また，環境中の毒性も増加させる。このため，より環境に優しく費用対効果の高い方法でナノ材料を合成する必要性があり，これはナノ材料の生産に植物や微生物などの生物由来物質を用いることで満たすことができる[32]。ナノ粒子生産への微生物の利用は，非常に費用対効果が高く環境に優しい方法であるが，微生物培養の維持と保存がナノ粒子生産に微生物を用いる際の大きな課題となっている。植物を用いたナノ粒子合成は，汚染や保存の懸念がなく，単純で大規模生産に適しており，費用対効果も高いため，ナノ粒子合成に植物や植物抽出物を用いると，そのような問題はない[33]。地球は多種多様な植物種に恵まれており，ナノ材料合成への植物の利用において重要な役割を持つ。植物により生育に必要な条件が異なるため，葉に同化される栄養素の種類も異なり，多種多様なナノ粒子生産に利用できる果実の種類も異なる[32]。葉は植物の台所であるため，科学者たちはこれをヒントに，葉をナノ粒子製造の工場として用いてきた[34]。例えば，アザディラクタ・インディカ（*Azadirachta indica*）の葉の煮汁は，簡単で単純な実験デザインにより，銀ナノ粒子の合成に用いられている。パイパー・ペディセラタム（*Piper pedicellatum*）の葉の抽出物は，銀や金のナノ粒子に用いられるだけでなく，銀と金のバイメタルナノ粒子を合成することもできる[36]。ザクロ果実の果皮抽出物により合成された銀と金のナノ粒子は生分解性である[37]。植物の多様性は，金，銀，鉄など，さまざまな性質を持つさまざまなタイプのナノ粒子生産に，ナノ粒子製造の恩恵として機能する。9.4.1 節と 9.4.2 節では，重金属と染料の浄化における，植物を介したナノ粒子の利用を紹介した。

9.4.1　植物由来ナノ材料の重金属浄化への応用可能性

土壌中の重金属汚染は世界中で深刻な問題となっており，食物の安全や人間の健康全体に脅威を与えている。環境からの重金属除去に，対象場所の重金属濃度に応じて，いくつかの物理化学的手法や生物学的処理戦略が採用されてきた。それぞれの技術には利点と限界がある。汚染物質からの重金属除去には主に吸着剤が用いられる。生物由来薬品は，環境に優しく，安価で持続可能な汚染物質浄化の方法を提供してきたが，その性質上，比較的時間がかかる。近年，ナノテクノロジー由来薬品が，その特徴的な特性により金属汚染除去への適用を見いだした。しかしその合成は環境的に負荷が高いため，ナノ材料合成のグリーンな方法は，ナノテクノロジー応用の成功に不可欠である。微生物や植物を含むいくつかの生物由来薬品は，さまざまな生物活性化合物を含むため，ナノ材料合成に用いられてきた。これらの化合物は，金属還元において重要な役割を果たす。ファイトナノテクノロジーは，ナノ材料合成において，植物由来の生物活性化合物のこの性質を利用する。これらの生物活性化合物は，ナノ材料の安定化やキャッピングの役割も果たし，その凝集特性に大きな影響を与える[38]。ファイトナノテクノロジーは，ナノ材料に関連するグリーン合成の問題や，ファイトレメディエーションに関わる時間的制約に対処する。*Thymus vulgaris*（タチジャコウソウ）を用いて合成されたナノ粒子は，環境サンプルから

表 9.1 植物由来ナノ材料の重金属浄化の可能性

重金属	ナノテクノロジーによる植物由来の浄化剤	除去または削減効率	課題/影響パラメータ	その他の備考	参考文献
クロム－6価クロム	*Rosa damascene*, *Thymus vulgaris*, *Urtica dioica* の3種類の植物から得たゼロ価鉄ナノ粒子	各植物ナノ粒子で90%以上	最適なpH，接触時間，投与量，初期6価クロム濃度の決定	*Thymus vulgaris* をベースとした鉄ナノ粒子がより効果的であった	[38]
カドミウム－Cd(II)	*Ficus benjamina* 葉抽出物からのゼロ価銀NPs	最大85%	最適な吸着剤量，重金属濃度，pH，撹拌速度，接触時間の決定	高い反応性，容易な調製，低コストな金属粒子合成法	[39]
クロム－六価クロム	ユーカリ（*Eucalyptus globules*）葉抽出物からのゼロ価鉄ナノ粒子	最大98%	最適な吸着剤投与量と初期6価クロム濃度の決定	調整から長期安定なナノ粒子（2ヵ月）	[40]
クロム－六価クロム	*Eichhornia crassipes* 葉抽出物からのゼロ価鉄ナノ粒子	最大90%	高い抗酸化能を持つ抽出物の製造の適切な抽出条件の決定	直径20～80 nmのアモルファスナノ粒子	[41]
亜ヒ酸塩-As(III)とヒ酸塩-As(V)	*Mentha spicata* L. 葉抽出物からのゼロ価鉄ナノ粒子	両汚染物質に対して＞98%	最適接触時間と吸着剤用量の決定	直径20～45 nmの結晶性および多分散性のナノ粒子	[42]
クロム－六価クロム	*Nephrolepis auriculata* の葉抽出物からのゼロ価鉄ナノ粒子	最大90%	Fe^{3+} と植物抽出物の最適体積比の決定	直径40～70 nmの非晶質・球状ナノ粒子	[43]
クロム－六価クロム	*Araucaria heterophylla*, *Azadirachta indica*, *Prosopis chilensis* 粗ガム（*crude gum*）からの銀ナノ粒子	各植物ガム抽出物を媒介とするナノ粒子で最大60%	親油性分子やその他の不純物の除去	非効率的な吸着と不規則な吸着パターン	[44]
クロム－六価クロム	*Sphagneticola trilobata* L. の根抽出物中からの酸化亜鉛ナノ粒子	最大81%	最適吸着剤用量と接触時間の決定	Cr吸着は初期Cr濃度に非依存	[45]
鉛－Pb(II)	Tridax 植物葉エキスからのマグヘマイト（γ-Fe_2O_3）ナノ粒子	最大96%	最適投与量と接触時間の決定	直径20～40 nmの結晶性・球状ナノ粒子	[46]
コバルト－Co(II)	*Vitex agnus-castus* 果実抽出物からの SnO_2 ナノ粒子	＞94%	最適投与量，pH，接触時間の決定	直径8 nmの球状ナノ粒子	[47]

表 9.1　植物由来ナノ材料の重金属浄化の可能性（つづき）

重金属	ナノテクノロジーによる植物由来の浄化剤	除去または削減効率	課題/影響パラメータ	その他の備考	参考文献
鉛 - Pb(II)	ミカン果皮抽出物からの酸化鉄ナノ粒子	最大 99%	最適な pH，温度，初期金属濃度，接触時間の決定	直径 200〜300 nm のナノ粒子	[48]
クロム - 六価クロム	*Catharanthus roseus* 花抽出物からのゼロ価鉄ナノ粒子	最大 98.3 %	最適な吸着剤量，接触時間，初期金属濃度，溶液の pH の決定	平均サイズ 100 nm 未満の結晶性ナノ粒子	[49]
As(III) と Cr(VI)	カシ，クワ，サクラの葉抽出物からのゼロ価鉄ナノ粒子	効率的な除去	最適 pH の決定	直径 10〜30 nm の球状ナノ粒子	[50]
六価クロムと銅 (II)	ユーカリ葉エキスからのゼロ価鉄ナノ粒子	六価クロムで 58.9%，銅（II）で 33.0%	最適温度と溶液 pH の決定	両汚染物質の同時除去	[51]
Pd，Cd，Ni，Co，Zn，Pb	トウガラシ葉エキスからの金ナノ粒子	63.5 %，60.2 %，42.2 %，23.5%，35.4%，および 75.8%	コスト高	平均直径 − 13.71 nm	[52]
クロム - 六価クロム	*Calotropis procera* ラテックス抽出物からの銅ナノ粒子	最大 100 %	最適な吸着剤投与量と溶液 pH の決定	再生能力が高く，5 回まで再利用可能な直径 15〜20 nm の準球状ナノ粒子	[53]

六価クロムを効果的に除去することがわかった[38]。同様に，*Ficus benjamina*（ベンジャミン）の葉の抽出物を用いたゼロ価銀ナノ粒子は，カドミウムの効果的な除去に用いられた[39]。近年，いくつかの植物がナノ粒子の合成と重金属除去への適用のために研究されている。植物ベースのナノ粒子，その重金属除去効率，および影響するパラメータを表9.1に示す。

9.4.2 植物由来ナノ材料の染料浄化への応用可能性

植物をベースにした手法は，その効率の高さと環境に優しい性質から，染料浄化に利用されてきた。植物の根は土壌や水から金属を吸収する。植物バイオマス抽出物をベースにしたナノ粒子は，コンゴレッド，ダイレクトブラックG，オレンジII，メチレンブルー，メチルオレンジ，ブルー21など，さまざまな染料の浄化のため，近年環境科学者の注目を集めている[54-58]。*Punica granatum* と *Myrtus communis* という植物を用いて合成されたカーボンナノ粒子（CNP）は，コンゴレッド分解の可能性を示した[54]。

ブドウの葉をベースに合成した鉄ナノ粒子を用いると，合計92%のオレンジIIが除去された[55]。Tulsiの葉で合成された酸化銅ナノフラワー（NF）は，90%のメチレンブルー分解を促進した[59]。植物由来のナノ材料は，ナノ材料の合成と染料の除去に持続可能な方法を提供してきた。植物由来のナノ粒子，その染料分解効率，および影響するパラメータに関する他のいくつかの研究を表9.2に示す。

9.5 ファイトナノレメディエーションの展望と課題

環境汚染修復への応用以外にも，ファイトナノテクノロジーは，燃料用ナノ添加剤，燃料を効率的に消費するためのナノ触媒，エネルギー貯蔵デバイス，生物医学的用途，抗がん剤や抗菌剤などの生物医薬品，手術器具の消毒剤，食品包装など，いくつかの目的で注目されている[83-85]。近年，ナノ材料は精密農業に用いられている。

持続可能な農業のためのナノ農薬，ナノ殺生物剤，ナノ肥料の適用は，農業生産性向上において植物ベースのナノ材料合成とその応用に新たな道を開くものである。バイオセンサーやバイオエレクトロニクスデバイスは，健康モニタリングから薬物伝達，環境汚染物質モニタリングまで，多様な用途で開発されている。これらのデバイスの成功は，用いられるナノ材料の合成，安定性，生産の費用対効果の高さに依存する。ファイトナノテクノロジーは，経済的で環境に優しい望ましいナノ材料の生産を提供するが，課題がないわけではない。工業レベルの生産と応用のためには，いくつかの課題に対処する必要がある。以下にそのいくつかを挙げる。

1）植物からのナノ粒子の合成法は，使用する植物種によって合成機構が異なる。植物抽出物に含まれる生理活性成分やファイトケミカルは，ナノ材料の合成時に還元剤やキャッピング剤として作用する。生物活性化合物の濃度や種類は，植物種によって異なる[9, 86]。

2）ナノ材料合成におけるさまざまな植物化合物の役割についての情報が少ない。植物抽出物中に存在する特定の植物化合物の役割を特定することが困難なため，ナノ材料の

表 9.2　植物由来ナノ材料の染料浄化の可能性

染料	ナノテクノロジーによる植物由来の浄化剤	除去または分解効率	制限事項	その他の備考	参考文献
マラカイトグリーン（MG）とコンゴレッド（CR）	ブドウ加工廃棄物からの活性炭（GWAC）	MG – 667 mg/g, CR – 455 mg/g	時間がかかる	GWAC は良好な吸着剤であることが示された。$ZnCl_2$ による AC 活性化が行われた	[60]
コンゴレッド	*Punica granatum* と *Myrtus communis* から得たカーボンナノ粒子	P. granatum CNPs – 19.231 mg/g, *M. communis* CNPs – 10 mg/g	pH と接触時間が大きく影響する	低コストで高効率の吸着剤である	[54]
オレンジ II	ブドウ葉抽出物からの鉄ナノ粒子	オレンジ II の 92%が除去された	Fe ナノ粒子は Fe の反応性により分解される	Fe(0) により色素の還元が起こる	[55]
メチレンブルー（MB），メチルオレンジ（MO）	*Biophytum sensitivum* 葉抽出物により合成された銀ナノ粒子	MB と MO – ほぼ完全に分解	遅い分解	MB は MO に比べて遅い MB の分解 $NaBH_4$ 存在下での分解	[56]
ブルー 21	tragacanth 由来 $Zn_{0.5}Ni_{0.5}AlFeO_4$ 磁性ナノ粒子	94%	副生成物は有毒	可視光照射が必須	[57]
メチレンブルー	*Piper nigrum* 抽出物から作られた亜鉛フェライトナノ粒子	非常に効率的なプロセス	粒子の大きさは 60～80 nm	反応は太陽光下でのみ起こる	[61]
フェノールレッド	ブロッコリー抽出物溶液から合成した ZnO ナノ粒子	71%の分解効率	結論には UV 照射試験が重要である	粒子の大きさ – 14～17 nm	[62]
メチレンブルー	Tulsi の葉で合成した酸化銅ナノフラワー（CuO-NF）	90%の効率	効率良い作用には高濃度が必要である	抗菌活性もある	[59]
ブリリアントブルー FCF, Tartrazine, Carmoisine	*Viburnum opulus* L. の果実抽出物により合成された銀ナノ粒子	3 種の染料すべてに対して効率的な活性を示すが，特にブリリアントブルー FCF の分解触媒として優れている	Tartrazine と Carmoisine に対しては分解が遅い	*Viburnum opulus* L. の生物活性化合物は還元剤として働く	[63]
コンゴレッド	*Amaranthus gangeticus* Linn の葉抽出物からの銀ナノ粒子	効果的で分解が早い	大きな制限なし	抗菌・抗真菌活性も示した	[64]

メチルオレンジ	*Cassia auriculata* L. 花抽出物からの銀ナノ粒子	卓越した触媒活性	扱いにくい	球形と三角形の粒子が形成された	[65]
メチルオレンジ，アゾ染料	*Mussaenda erythrophylla* 葉抽出物からの銀ナノ粒子	45分で分解する	染料の還元には水素化ホウ素ナトリウムの添加が必要	サイズ100 nmの非常に安定したナノ粒子	[66]
コンゴ色素，メチルオレンジ	*Anacrdium accidentale testa* 由来の銀ナノ粒子	高い触媒活性	$NaBH_4$ を介した還元	歪んだ球状の25 nmのナノ粒子	[67]
メチルオレンジ，コンゴレッド	*Carpobrotus acinaciformis* の葉と花の抽出物から生成した酸化チタン担持銀ナノ粒子	分解は非常に速いペースで起こる	–	サイズは20～50 nmで，これらのナノ粒子は再利用可能	[68]
イエロー12	*Terminalia cuneata* 樹皮抽出物からの銀ナノ粒子	分単位で分解する	還元には $NaBH_4$ が必要	粒子サイズ－20～50 nm	[69]
メチレンブルー，メチルオレンジ，コンゴレッド	*Bunium persicum* 種子抽出物からの貝殻担持銀ナノ粒子	高効率	同定にはさまざまなプロセスが必要	触媒活性を失うことなく再利用が可能	[70]
メチレンブルー	*Euphorbia prolifera* の葉抽出物からのCu/ZnOナノ粒子	分解は非常に速い	還元は水中で $NaBH_4$ によってのみ起こる	サイズ5～17 nmで再利用可能	[71]
ブロモフェノールブルー	ツバキ葉抽出物からの銅ナノ粒子	83.7%	分解は 太陽光のみ	平均粒子径－60 nm	[72]
アゾ染料	ヤシ科植物の花序から生成される銀ナノ粒子	高い分解効率	UVが必要	光分解である	[73]
コンゴレッド，ローダミンB	*Vaccinium macrocarpon* fruit 果実抽出物から生成された銀ナノ粒子	高効率	Chinopolite は固定に必要	再利用可能で室温で機能	[74]
メチルオレンジ，メチレンブルー	緑茶葉抽出物で合成した鉄ナノ粒子	除去は効率的で，MOは2次反応，MBは1次反応に従う	鉄ナノ粒子の保存性が困難	フェントン様結晶が形成される	[75]
メチレンブルー	*Guggulutiktam kashayam* を用いた金と銀のナノ粒子	高効率プロセス	還元に $NaBH_4$ が必要	安定性の高い粒子	[76]
メチルオレンジ	*Ulva lactuca* からの銀ナノ粒子	印象的な分解速度	光分解プロセスは暗条件では起こらない；大きな粒子サイズ	ナノ粒子のサイズは498.59 nmであり，非常に安定	[77]

表 9.2　植物由来ナノ材料の染料浄化の可能性（つづき）

染料	ナノテクノロジーによる植物由来の浄化剤	除去または分解効率	制限事項	その他の備考	参考文献
マラカイトグリーン	*Buchanania lanzan* の葉からの酸化亜鉛ナノ粒子	分解が速い	分解には光が必要	ナノ粒子は抗菌・抗酸化活性も示す	[78]
メチレンブルー	*Vitex trifolia* 葉抽出物からの ZnO ナノ粒子	30 mg の ZnO ナノ粒子濃度で最も効率的	光が必要	抗菌活性もある	[79]
メチレンブルー	*Nepeta leucophylla* 茎抽出物からの銀ナノ粒子	82.8%	液体条件でのみ機能する	サイズは 15～25 nm で球状	[80]
ブロモチモールブルー	*Caralluma edulis* 抽出物からの銀ナノ粒子	分解効率が高い	電気化学的分解	抗菌活性も示した	[81]
メチレンブルー	*Momordica charantia* の葉抽出物によって調製された銀ナノ材料	染料の還元は非常に効率的	時間を要する	抗菌活性も示した	[82]

実際の合成機構を予測することは困難である[6]。

3) 水は化学溶媒に比べて豊富に入手でき，毒性がなく，環境に優しいため，植物材料から植物性化合物を抽出する溶媒として用いられる。水中での植物成分の抽出性はいくつかの有機溶媒に比べて低い。これは植物を介したナノ材料合成の収率を低下させる[87]。
4) 合成されたナノ材料のサイズと形状の制御，および単分散性の達成[88]。
5) 収量の低さ[1]。
6) ナノ材料の調製には，新鮮で健康で疾病のない植物バイオマスが必要である。また植物部分から表面汚染物質を除去する必要がある。そのためには，繰り返し洗浄したり，化学薬品で処理したりする必要がある[1, 88]。
7) ナノ材料の取り込み，移動，環境中の運命に関する情報は少なく，幅広い倫理的・安全的問題を含んでいる。ナノ粒子はそのサイズが小さいため，生体系に入り込み，細胞の形態，生化学的，物理化学的属性に有害な影響を及ぼす[1, 88]。ナノ粒子は生体系に悪影響を与えることが報告されている。

9.6 結　論

産業と技術の進歩は，われわれの生活を便利でハイテクなものにしたが，同時に汚染物質を増加させ，環境を悪化させるだけでなく，人間の生命や他の生物の生命に深刻で有害な影響を及ぼしている。環境汚染の修復のために，いくつかの物理化学的・生物学的処理法が研究され，採用されてきた。最近，ナノ材料はその特徴的な特性により重要性を増しており，環境修復に採用されている。しかし，従来のナノ材料合成法は環境的に負荷が高かった。植物ベースのナノ材料合成は，物理化学的ナノ材料合成の持続可能な代替法として証明されている。金属ナノ粒子の製造に用いられる植物抽出物は，安価でスケールアップが容易であり，環境にも優しい。また，植物抽出物をベースとした合成は，サイズと形態を制御したナノ粒子を提供することができる。植物 抽出物に含まれる生物活性化合物は，還元剤としての役割と，キャッピング剤や安定化剤としての役割の両方を果たす。植物由来のナノ粒子は，廃水や土壌から汚染物質を効率的に除去した。その結果，ファイトナノレメディエーションという新しい科学分野が生まれた。ファイトナノレメディエーションは多くの点で有利ではあるが，それなりの限界もある。現在のところ，ファイトナノ粒子の合成と応用は初期段階にあるため，浄化機構に関する情報や理解は少ない。重金属や染料を含む環境汚染物質を浄化する経済的で環境に優しい技術として，その可能性を最大限に活用するには，さらなる研究と知識が必要である。

References

[1] Maniam, G.P., Govindan, N., Rahim, M.H.A., and Yusoff, M.M. (2020). Plant extracts: nanoparticle sources. In: *Phytonanotechnology* (ed. N. Thajuddin and S. Mathew), 41–49. http://dx.doi.org/10.1016/B978-0-12-822348-2.00003-6. Elsevier Inc.

[2] de Araújo Padilha, C.E., da Costa Nogueira, C., de Santana Souza, D.F. et al. (2020). Organosolv lignin/ Fe_3O_4 nanoparticles applied as a β-glucosidase immobilization support and adsorbent for textile dye removal. *Industrial Crops and Products* 1 (146): 112167.

[3] Chen, L., Zhou, H., Hao, L. et al. (2020). Dialdehyde carboxymethyl cellulose-zein conjugate as water-based nanocarrier for improving the efficacy of pesticides. *Industrial Crops and Products* 1 (150): 112358.

[4] Roberto, S.-C.C., Andrea, P.-M., Andrés, G.-O. et al. (2020). Phytonanotechnology and environmental remediation. In: *Phytonanotechnology* (ed. N. Thajuddin and S. Mathew), 159-185.

[5] Abraham, J., Jose, B., Jose, A., and Thomas, S. (2020). Characterization of green nanoparticles from plants. In: *Phytonanotechnology* (ed. N. Thajuddin and S. Mathew), 21-39. http://dx.doi.org/10.1016/B978-0-12-822348-2.00002-4. Elsevier Inc.

[6] Deshmukh, A.R. and Kim, B.S. (2020). Phytonanotechnology and synthesis of copper nanoparticles. In: *Phytonanotechnology* (ed. N. Thajuddin and S. Mathew), 97-121. http://dx.doi.org/10.1016/B978-0-12-822348-2.00006-1. Elsevier Inc.

[7] Swilam, N. and Nematallah, K.A. (2020). Polyphenols profile of pomegranate leaves and their role in green synthesis of silver nanoparticles. *Science Reports* 10 (1): 1-11. https://doi.org/10.1038/s41598-020-71847-5.

[8] Soto Hidalgo, K.T., Carrión-Huertas, P.J., Kinch, R.T. et al. (2020). Phytonanoremediation by Avicennia germinans (black mangrove) and nano zero valent iron for heavy metal uptake from Cienaga las Cucharillas wetland soils. Environmental Nanotechnology, *Monitoring and Management* 1 (14): 100363.

[9] Karupannan, S.K., Dowlath, M.J.H., and Arunachalam, K.D. (2020). Phytonanotechnology: challenges and future perspectives. In: *Phytonanotechnology* (ed. N. Thajuddin and S. Mathew), 303-322. http://dx.doi.org/10.1016/B978-0-12-822348-2.00015-2. Elsevier Inc.

[10] Appannagari, R.R. (2017). Environmental pollution causes and consequences: a study. *North Asian International Research Journal of Social Science and Humanities* 3: 2454-9827.

[11] Chugh, M., Kumar, L., and Bharadvaja, N. (2020). Bioremediation of heavy metals: a step towards environmental sustainability. *In: India 2020: Environmental Challenges, Policies and Green Technology*, 1e (ed. S. Kumar, L. Hooda, S. Sonwani, et al.), 77-90. Imperial Publications Pvt. Ltd.

[12] Kumar, L. and Bharadvaja, N. (2020). Microbial remediation of heavy metals. In: *Microbial Bioremediation and Biodegradation*, 1e (ed. M.P. Shah), 49-72. Singapore: Springer.

[13] Bhardwaj, D., Kumar, L., and Bharadvaja, N. (2020). A review on sources of dyes, sustainable aspects, environmental issues and degradation methods. In: *India 2020: Environmental Challenges, Policies and Green Technology*, 1e (ed. S. Kumar, L. Hooda, S. Sonwani, et al.), 137-148. Imperial Publications Pvt. Ltd.

[14] Hassaan, M.A. and El Nemr, A. (2017). Health and environmental impacts of dyes: mini review. *American Journal of Environmental Science and Engineering* 1 (3): 64-67. http://www.sciencepublishinggroup.com/j/ajese.

[15] Kumar, L. and Bharadvaja, N. (2020). Microorganisms: a remedial source for dye pollution. In: *Removal of Toxic Pollutants Through Microbiological and Tertiary Treatment* (ed. M.P. Shah), 309-333. https://linkinghub.elsevier.com/retrieve/pii/B9780128210147000125. Elsevier.

[16] Cycó, M., Zhao, C., Madamwar, D. et al. (2018). Understanding and designing the strategies for the microbe-mediated remediation of environmental contaminants using omics approaches. *Frontiers in Microbiology* 1: 1132. www.frontiersin.org.

[17] Otte, M.L. and Jacob, D.L. (2008). Mine area remediation. In: *Encyclopedia of Ecology, Five-Volume Set* (ed. S.E. Jørgensen and B.D. Fath), 2397-2402. Elsevier Inc.

[18] Agarwal, A. and Liu, Y. (2015). Remediation technologies for oil-contaminated sediments. *Marine*

Pollution Bulletin 101: 483–490.

[19] Kumar, L. and Bharadvaja, N. (2019). Enzymatic bioremediation: a smart tool to fight environmental pollutants. In: *Smart Bioremediation Technologies* (ed. P. Bhatt), 99–118. Elsevier.

[20] EPA (2013). Introduction to in situ bioremediation of roundwater. *Epa 542-R-13-018*: 1–86.

[21] Deshmukh, R., Khardenavis, A.A., and Purohit, H.J. (2016). Diverse metabolic capacities of fungi for bioremediation. *Indian Journal of Microbiology* 56: 247–264.

[22] Kapahi, M. and Sachdeva, S. (2017). Mycoremediation potential of Pleurotus species for heavy metals: a review. *Bioresources and Bioprocessing* 4: 32.

[23] Kulshreshtha, S., Mathur, N., and Bhatnagar, P. (2014). Mushroom as a product and their role in mycoremediation. *AMB Express* 4: 29.

[24] Das, P.K. (2018). Phytoremediation and nanoremediation: emerging techniques for treatment of acid mine drainage water. *Defence Life Science Journal* 3 (2): 190.

[25] Ahemad, M. and Kibret, M. (2013). Recent trends in microbial biosorption of heavy metals: a review. *Biochemistry and Molecular Biology* 1 (1): 19.

[26] Kanissery, R.G. and Sims, G.K. (2011). Biostimulation for the enhanced degradation of herbicides in soil. *Applied and Environmental Soil Science* 2011: 1–10.

[27] Herrero, M. and Stuckey, D.C. (2015). Bioaugmentation and its application in wastewater treatment: a review. *Chemosphere*. Elsevier Ltd. 140: 119–128.

[28] Jan, A.T., Ali, A., and Rizwanul Haq, Q.M. (2014). Phytoremediation: a promising strategy on the crossroads of remediation. A promising strategy on the crossroads of remediation. In: *Soil Remediation and Plants: Prospects and Challenges* (ed. K. Hakeem, M. Sabir, M. Ozturk and A. Mermut), 63–84. Elsevier Inc.

[29] Mahar, A., Wang, P., Ali, A. et al. (2016). Challenges and opportunities in the phytoremediation of heavy metals contaminated soils: a review. Ecotoxicology and Environmental Safety. *Academic Press* 126: 111–121.

[30] Ingle, A.P., Seabra, A.B., Duran, N., and Rai, M. (2014). Nanoremediation: a new and emerging technology for the removal of toxic contaminant from environment. In: *Microbial Biodegradation and Bioremediation* (ed. S. Das), 234–250. Elsevier Inc.

[31] Jose Varghese, R., Sakho, E.H.M., Parani, S. et al. (2019). Introduction to nanomaterials: synthesis and applications. In: *Nanomaterials for Solar Cell Applications* (ed. S. Thomas, E.H.M. Sakho, N. Kalarikkal, et al.), 75–95. Elsevier.

[32] Nayantara and Kaur, P. (2018). Biosynthesis of nanoparticles using eco-friendly factories and their role in plant pathogenicity: a review. *Biotechnology Research and Innovation* 2 (1): 63–73. https://doi.org/10.1016/j.biori.2018.09.003.

[33] Kaur, P., Thakur, R., and Chaudhury, A. (2016). Biogenesis of copper nanoparticles using peel extract of Punica granatum and their antimicrobial activity against opportunistic pathogens. *Green Chemistry Letters and Reviews* 9: 33–38. https://www.tandfonline.com/action/journalInformation?journalCode=tgcl20.

[34] Mallikarjuna, K., Narasimha, G., Dillip, G.R. et al. Green synthesis of silver nanoparticles using ocimum leaf extract and their characterization. *Digest Journal of Nanomaterials and Biostructures* 6 (1): 181–186.

[35] Shankar, S.S., Rai, A., Ahmad, A., and Sastry, M. (2004). Rapid synthesis of Au, Ag, and bimetallic Au core–Ag shell nanoparticles using neem (Azadirachta indica) leaf broth. *Journal of Colloid and Interface Science* 275 (2): 496–502.

[36] Tamuly, C., Hazarika, M., Borah, S.C. et al. (2013). In situ biosynthesis of Ag, Au and bimetallic nanoparticles using Piper pedicellatum C.DC: green chemistry approach. *Colloids and Surfaces B: Biointerfaces* 102: 627–634.

[37] Kaur, P., Thakur, R., Malwal, H. et al. (2018). Biosynthesis of biocompatible and recyclable silver/iron and gold/iron core-shell nanoparticles for water purification technology. *Biocatalysis and Agricultural Biotechnology* 14: 189-197.

[38] Fazlzadeh, M., Rahmani, K., Zarei, A. et al. (2017). A novel green synthesis of zero valent iron nanoparticles (NZVI) using three plant extracts and their efficient application for removal of Cr(VI) from aqueous solutions. *Advanced Powder Technology* 28 (1): 122-130. http://dx.doi.org/10.1016/j.apt.2016.09.003.

[39] Al-Qahtani, K.M. (2017). Cadmium removal from aqueous solution by green synthesis zero valent silver nanoparticles with Benjamina leaves extract. *Egyptian Journal of Aquatic Research* 43 (4): 269-274. https://doi.org/10.1016/j.ejar.2017.10.003.

[40] Madhavi, V., Prasad, T.N.V.K.V., Reddy, A.V.B. et al. (2013). Application of phytogenic zerovalent iron nanoparticles in the adsorption of hexavalent chromium. *Spectrochimica Acta Part A: Molecular and Biomolecular Spectroscopy* 116: 17-25. http://dx.doi.org/10.1016/j.saa.2013.06.045.

[41] Wei, Y., Fang, Z., Zheng, L., and Tsang, E.P. (2017). Biosynthesized iron nanoparticles in aqueous extracts of Eichhornia crassipes and its mechanism in the hexavalent chromium removal. *Applied Surface Science* 399: 322-329. http://dx.doi.org/10.1016/j.apsusc.2016.12.090.

[42] Prasad, K.S., Gandhi, P., and Selvaraj, K. (2014). Synthesis of green nano iron particles (GnIP) and their application in adsorptive removal of As(III) and As(V) from aqueous solution. *Applied Surface Science* 317: 1052-1059. http://dx.doi.org/10.1016/j.apsusc.2014.09.042.

[43] Yi, Y., Tu, G., Tsang, P.E. et al. (2019). Green synthesis of iron-based nanoparticles from extracts of Nephrolepis auriculata and applications for Cr(VI) removal. *Materials Letters* 234: 388-391. https://doi.org/10.1016/j.matlet.2018.09.137.

[44] Samrot, A.V., Angalene, J.L.A., Roshini, S.M. et al. (2019). Bioactivity and heavy metal removal using plant gum mediated green synthesized silver nanoparticles. *Journal of Cluster Science* 30 (6): 1599-1610. https://doi.org/10.1007/s10876-019-01602-y.

[45] Shaik, A.M., David Raju, M., and Rama Sekhara Reddy, D. (2020). Green synthesis of zinc oxide nanoparticles using aqueous root extract of Sphagneticola trilobata Lin and investigate its role in toxic metal removal, sowing germination and fostering of plant growth. *Inorganic and Nano-Metal Chemistry* 50 (7): 569-579. https://doi.org/10.1080/24701556.2020.1722694.

[46] Yadav, V.K. and Fulekar, M.H. (2018). Biogenic synthesis of maghemite nanoparticles (γ-Fe2O3) using Tridax leaf extract and its application for removal of fly ash heavy metals (Pb, Cd). *Materials Today: Proceedings* 5 (9): 20704-20710. https://doi.org/10.1016/j.matpr.2018.06.454.

[47] Ebrahimian, J., Mohsennia, M., and Khayatkashani, M. (2020). Photocatalytic-degradation of organic dye and removal of heavy metal ions using synthesized SnO2 nanoparticles by Vitex agnus-castus fruit via a green route. *Materials Letters* 263: 127255. https://doi.org/10.1016/j.matlet.2019.127255.

[48] Lingamdinne, L.P., Koduru, J.R., and Karri, R.R. (2019). Green synthesis of iron oxide nanoparticles for lead removal from aqueous solutions. *Key Engineering Materials* 805: 122-127.

[49] Sravanthi, K., Ayodhya, D., and Swamy, P.Y. (2019). Eco-friendly synthesis and characterization of phytogenic zero-valent iron nanoparticles for efficient removal of Cr(VI) from contaminated water. *Emergent Materials* 2 (3): 327-335.

[50] Poguberović, S.S., Krčmar, D.M., Maletić, S.P. et al. (2016). Removal of As(III) and Cr(VI) from aqueous solutions using "green" zero-valent iron nanoparticles produced by oak, mulberry and cherry leaf extracts. *Ecological Engineering* 90: 42-49.

[51] Weng, X., Jin, X., Lin, J. et al. (2016). Removal of mixed contaminants Cr(VI) and Cu(II) by green synthesized iron based nanoparticles. *Ecological Engineering* 97: 32-39. http://dx.doi.org/10.1016/

j.ecoleng.2016.08.003.

[52] Baran, M.F., Acay, H., and Keskin, C. (2020). Determination of antimicrobial and toxic metal removal activities of plant-based synthesized (Capsicum annuum L. leaves), ecofriendly, gold nanomaterials. *Global Challenges* 4 (5): 1900104.

[53] Dubey, S. and Sharma, Y.C. (2017). Calotropis procera mediated one pot green synthesis of cupric oxide nanoparticles (CuO-NPs) for adsorptive removal of Cr(VI) from aqueous solutions. *Applied Organometallic Chemistry* 31 (12): 1-15.

[54] Ghaedi, M., Tavallali, H., Sharifi, M. et al. (2012). Preparation of low cost activated carbon from Myrtus communis and pomegranate and their efficient application for removal of Congo red from aqueous solution. *Spectrochimica Acta Part A: Molecular and Biomolecular Spectroscopy* 86: 107-114.

[55] Luo, F., Yang, D., Chen, Z. et al. (2015). The mechanism for degrading orange II based on adsorption and reduction by ion-based nanoparticles synthesized by grape leaf extract. *Journal of Hazardous Materials* 296: 37-45.

[56] Joseph, S. and Mathew, B. (2015). Microwave-assisted green synthesis of silver nanoparticles and the study on catalytic activity in the degradation of dyes. *Journal of Molecular Liquids* 204: 184-191.

[57] Atrak, K., Ramazani, A., and Taghavi Fardood, S. (2020). Green synthesis of $Zn_{0.5}Ni_{0.5}AlFeO_4$ magnetic nanoparticles and investigation of their photocatalytic activity for degradation of reactive blue 21 dye. *Environmental Technology (United Kingdom)* 41 (21): 2760-2770. https://www.tandfonline.com/doi/abs/10.1080/09593330.2019.1581841.

[58] Zhuang, Z., Huang, L., Wang, F., and Chen, Z. (2015). Effects of cyclodextrin on the morphology and reactivity of iron-based nanoparticles using Eucalyptus leaf extract. *Industrial Crops and Products* 1 (69): 308-313.

[59] Siddiqui, H., Qureshi, M.S., and Haque, F.Z. (2020). Biosynthesis of flower-shaped CuO nanostructures and their photocatalytic and antibacterial activities. *Nano-Micro Letters* 12 (1): 1-11.

[60] Saÿgili, H. and Güzel, F. (2015). Performance of new mesoporous carbon sorbent prepared from grape industrial processing wastes for malachite green and Congo red removal. *Chemical Engineering Research and Design* 100: 27-38.

[61] Din, M.I., Jabbar, S., Najeeb, J. et al. (2020). Green synthesis of zinc ferrite nanoparticles for photocatalysis of methylene blue. *International Journal of Phytoremediation* 22 (13): 1440-1447.

[62] Osuntokun, J., Onwudiwe, D.C., and Ebenso, E.E. (2019). Green synthesis of ZnO nanoparticles using aqueous Brassica oleracea L. var. italica and the photocatalytic activity. *Green Chemistry Letters and Reviews* 12 (4): 444-457. https://www.tandfonline.com/doi/full/10.1080/17518253.2019.1687761.

[63] David, L. and Moldovan, B. (2020). Green synthesis of biogenic silver nanoparticles for efficient catalytic removal of harmful organic dyes. *Nanomaterials* 10 (2): https://pubmed.ncbi.nlm.nih.gov/31991548.

[64] Kolya, H., Maiti, P., Pandey, A., and Tripathy, T. (2015). Green synthesis of silver nanoparticles with antimicrobial and azo dye (Congo red) degradation properties using Amaranthus gangeticus Linn leaf extract. *Journal of Analytical Science and Technology* 6 (1): 33. http://www.jast-journal.com/content/6/1/33.

[65] Muthu, K. and Priya, S. (2017). Green synthesis, characterization and catalytic activity of silver nanoparticles using Cassia auriculata flower extract separated fraction. *Spectrochimica Acta Part A: Molecular and Biomolecular Spectroscopy* 179: 66-72.

[66] Varadavenkatesan, T., Selvaraj, R., and Vinayagam, R. (2016). Phyto-synthesis of silver nanoparticles from Mussaenda erythrophylla leaf extract and their application in catalytic degradation of methyl orange dye. *Journal of Molecular Liquids* 221: 1063-1070.

[67] Edison, T.N.J.I., Atchudan, R., Sethuraman, M.G., and Lee, Y.R. (2016). Reductive-degradation of

carcinogenic azo dyes using Anacardium occidentale testa derived silver nanoparticles. *Journal of Photochemistry and Photobiology B: Biology* 162: 604–610.

[68] Rostami-Vartooni, A., Nasrollahzadeh, M., and Alizadeh, M. (2016). Green synthesis of seashell supported silver nanoparticles using Bunium persicum seeds extract: application of the particles for catalytic reduction of organic dyes. *Journal of Colloid and Interface Science* 470: 268–275.

[69] Edison, T.N.J.I., Lee, Y.R., and Sethuraman, M.G. (2016). Green synthesis of silver nanoparticles using Terminalia cuneata and its catalytic action in reduction of direct yellow-12 dye. *Spectrochimica Acta Part A: Molecular and Biomolecular Spectroscopy* 161: 122–129.

[70] Rostami-Vartooni, A., Nasrollahzadeh, M., Salavati-Niasari, M., and Atarod, M. (2016). Photocatalytic degradation of azo dyes by titanium dioxide supported silver nanoparticles prepared by a green method using Carpobrotus acinaciformis extract. *Journal of Alloys and Compounds* 689: 15–20.

[71] Momeni, S.S., Nasrollahzadeh, M., and Rustaiyan, A. (2016). Green synthesis of the Cu/ZnO nanoparticles mediated by Euphorbia prolifera leaf extract and investigation of their catalytic activity. *Journal of Colloid and Interface Science* 472: 173–179.

[72] Ahmed, A., Usman, M., Liu, Q.Y. et al. (2019). Plant mediated synthesis of copper nanoparticles by using Camelia sinensis leaves extract and their applications in dye degradation. *Ferroelectrics* 549 (1): 61–69. https://www.tandfonline.com/doi/abs/10.1080/00150193.2019.1592544.

[73] Mariselvam, R., Ranjitsingh, A.J.A., Thamaraiselvi, C., and Ignacimuthu, S. (2019). Degradation of azo dye using plants based silver nanoparticles through ultraviolet radiation. Journal of King Saud University, *Science* 31 (4): 1363–1365.

[74] Khodadadi, B., Bordbar, M., Yeganeh-Faal, A., and Nasrollahzadeh, M. (2017). Green synthesis of Ag nanoparticles/clinoptilolite using Vaccinium macrocarpon fruit extract and its excellent catalytic activity for reduction of organic dyes. *Journal of Alloys and Compounds* 719: 82–88.

[75] Shahwan, T., Abu Sirriah, S., Nairat, M. et al. (2011). Green synthesis of iron nanoparticles and their application as a fenton-like catalyst for the degradation of aqueous cationic and anionic dyes. *Chemical Engineering Journal* 172 (1): 258–266.

[76] Suvith, V.S. and Philip, D. (2014). Catalytic degradation of methylene blue using biosynthesized gold and silver nanoparticles. *Spectrochimica Acta Part A: Molecular and Biomolecular Spectroscopy* 118: 526–532.

[77] Kumar, P., Govindaraju, M., Senthamilselvi, S., and Premkumar, K. (2013). Photocatalytic degradation of methyl orange dye using silver (Ag) nanoparticles synthesized from Ulva lactuca. *Colloids and Surfaces B: Biointerfaces* 103: 658–661.

[78] Suresh, D., Nethravathi, P.C., Udayabhanu et al. (2015). Chironji mediated facile green synthesis of ZnO nanoparticles and their photoluminescence, photodegradative, antimicrobial and antioxidant activities. *Materials Science in Semiconductor Processing* 40: 759–765.

[79] Elumalai, K., Velmurugan, S., Ravi, S. et al. (2015). Bio-approach: plant mediated synthesis of ZnO nanoparticles and their catalytic reduction of methylene blue and antimicrobial activity. *Advanced Powder Technology* 26 (6): 1639–1651.

[80] Singh, J. and Dhaliwal, A.S. (2020). Plasmon-induced photocatalytic degradation of methylene blue dye using biosynthesized silver nanoparticles as photocatalyst. *Environmental Technology (United Kingdom)* 41 (12): 1520–1534. https://pubmed.ncbi.nlm.nih.gov/30355244.

[81] Khan, Z.U.H., Khan, A., Shah, A. et al. (2016). Photocatalytic, antimicrobial activities of biogenic silver nanoparticles and electrochemical degradation of water soluble dyes at glassy carbon/silver modified past electrode using buffer solution. *Journal of Photochemistry and Photobiology B: Biology* 156: 100–107. https://pubmed.ncbi.nlm.nih.gov/26874611.

[82] Ajitha, B., Reddy, Y.A.K., and Reddy, P.S. (2015). Biosynthesis of silver nanoparticles using Momordica

charantia leaf broth: evaluation of their innate antimicrobial and catalytic activities. *Journal of Photochemistry and Photobiology B: Biology* 146: 1–9. https://pubmed.ncbi.nlm.nih.gov/25771428.

[83] Ovais, M., Raza, A., Naz, S. et al. (2017). Current state and prospects of the phytosynthesized colloidal gold nanoparticles and their applications in cancer theranostics. *Applied Microbiology and Biotechnology* 101 (9): 3551–3565.

[84] Vijay Kumar, P.P.N., Pammi, S.V.N., Kollu, P. et al. (2014). Green synthesis and characterization of silver nanoparticles using Boerhaavia diffusa plant extract and their anti bacterial activity. *Industrial Crops and Products* 52: 562–566.

[85] de Araujo, A.R., Ramos-Jesus, J., de Oliveira, T.M. et al. (2019). Identification of Eschweilenol C in derivative of Terminalia fagifolia Mart. and green synthesis of bioactive and biocompatible silver nanoparticles. *Industrial Crops and Products* 137: 52–65.

[86] Mathew, S. (2020). Phytonanotechnology: a historical perspective, current challenges, and prospects. In: Phytonanotechnology (ed. N. Thajuddin and S. Mathew), 1–20. http://dx.doi.org/10.1016/B978-0-12-822348-2.00001-2. Elsevier Inc.

[87] Elemike, E.E., Ibe, K.A., Mbonu, J.I., and Onwudiwe, D.C. (2020). Phytonanotechnology and synthesis of silver nanoparticles. In: Phytonanotechnology (ed. N. Thajuddin and S. Mathew), 71–96. http://dx.doi.org/10.1016/B978-0-12-822348-2.00005-X. Elsevier Inc.

[88] Chatterjee, A., Kwatra, N., and Abraham, J. (2020). Nanoparticles fabrication by plant extracts. In: Phytonanotechnology, 143–157. Elsevier Inc. http://dx.doi.org/10.1016/B978-0-12-822348-2.00008-5.

第 10 章

表面機能化金ナノ粒子による環境修復

Surface-Functionalized Gold Nanoparticles for Environmental Remediation

Daniel T. Thangadurai[1], Nandhakumar Manjubaashini[2] and Devaraj Nataraj[3]

1 KPR Institute of Engineering and Technology, Department of Chemistry, Coimbatore, Tamil Nadu 641407, India
2 University of Madras, National Centre for Nanoscience and Nanotechnology, Chennai, Tamilnadu 600025, India
3 Bharathiar University, Department of Physics, Coimbatore, Tamil Nadu 641046, India

10.1　はじめに

環境汚染は，土壌，堆積物，地下水，地表水などさまざまな媒体で発生する。これらの汚染のうち，水質汚染は，湖沼，小川，河川において，汚染物質が直接水中に放出されたり，地表から流出したりすることにより引き起こされる[1]。特に，有毒重金属による水質汚染は世界的に発生している。水環境中にカドミウム，クロム，銅，鉛，ニッケル，水銀，亜鉛などの重金属が過剰に存在すると，その毒性や発がん性のために大きな懸念が生じ，人体のさまざまなシステムに損傷を与える可能性がある[2, 3]。したがって，重金属イオンの検出は環境修復における主要な課題である。

クロム(III)は，微量レベルではヒトの健康に不可欠な栄養素であり，糖，タンパク質，脂質の移動に重要な役割を果たす必須栄養素である[4]。クロム(III)はグルコース代謝に大きな影響を及ぼし，糖尿病，心血管障害，神経系障害などへの対策として用いられている[5]。その欠乏は，心臓病，代謝の乱れ，糖尿病の悪化を引き起こす可能性があるが，Cr^{3+}を過剰に摂取すると，呼吸困難，皮膚発疹，鼻中隔穿孔，血液からのグルコースの除去など，健康への影響も引き起こす可能性がある[6]。とはいえ，ナノテクノロジーは，環境無害化の問題を解決する最先端の解決策を提供し，さまざまな技術によって環境修復のための解決策を構築する手立てを与えてくれる[7]。

ナノスケール材料は，電子，磁気，光電子，生物医学，バイオセンサー，製薬，化粧品，エネルギー，環境，触媒，農業への応用など，さまざまな分野で用いられている[8, 9]。近年，重金属イオン検出のためのナノ材料をベースとした蛍光化学センサーの開発が，シンプルな装置設計，迅速な応答，高感度，選択性，リアルタイム検出，容易な操作性を理由に提唱されている[10]。金ナノ粒子（AuNP）は，非線形光学特性，比色特性，導電性など，多くのユニークな特性を持つため，新規な化学的・生物学的センサーの作製に優れた足場となる[11]。金ナノ粒子のユニークな光電子特性は，そのサイズ，形状，周囲の化学環境を変化させることで，容易に調整できる[12]。本章では，金ナノ粒子の意義と重要性，そしてその合成，特性評価，環境モニタリングに関連する実際の水サンプルへの応用を解説する。

10.2　金ナノ粒子の基礎

金はその歴史的，経済的役割から非常に特別な元素と考えられており，その美しい光沢のある色から，貴重な絵画，陶磁器，タペストリーの装飾に広く用いられている。その化学的性質は，触媒作用，医薬，興味深いクラスター錯体の生成など，幅広く利用されてきた。金コロイドの調製では，古代の絵の具やステンドグラスの鮮やかな赤色が，微細に分散した状態のこの元素によることから明らかになった[13]。

一般的な金属ナノ粒子（MNP）のユニークな特性のいくつかは，バルク金属を数ナノメートルの凝集体サイズまで小さくしたときの融点挙動を見ただけで，すでに明らかである。例えば，バルクの金の融点は1,064℃であり，元素固有の性質として定義されている。調査対象のそれぞれの金属片のサイズを小さくすると，融点は連続的に低下し，約2

nmのサイズの金ナノ粒子は約200℃の融点を示す。この融点の低下は，粒子サイズの低下につれ，表面原子と内部原子の比率が高くなることに起因する。表面原子は配位数が低いため，より動きやすい。したがって，融点は溶融状態に相当する原子移動度の開始を反映している。このことは，原理的には，室温に近い「金」の融点に達することさえ可能であることを意味する[14]。医療における金ナノ粒子の潜在的な利点は，洗練された高度に標的化されたドラッグデリバリーやイメージングプラットフォーム，ユニークなトランスフェクションだけでなく，分析的アプローチや組織工学的アプローチなどにより，比類のないものとなっている[15]。

10.3 金ナノ粒子の意義

現在，金属ナノ粒子は生物医学や工学において，さまざまな応用で大いに活用されている[16]。さらに，プローブとしての表面機能化金属ナノ粒子は，現場での検出や瞬時の結果，容易な装置化，低コスト，意図された目的に対する非常に優れた精度など，いくつかの利点を提供する[17]。金属ナノ粒子の中でも金ナノ粒子は，サイズ，形状，粒子間距離に大きく依存する特徴的な表面プラズマ共鳴（SPR）吸収特性を示すため，金属イオンの検出に高い感度を提供する[18]。興味深いことに，金ナノ粒子は合成が比較的容易で，表面化学が容易で，生体適合性に優れ，興味深いスペクトル特性を持ち，可視域に鋭く強い吸収帯を生じる顕著なSPRピークを持つため，取り扱いが容易で経済的である[19]。

一般的に，金ナノ粒子の応用は，スペクトル特性が大きく変化する主にナノ粒子と標的部位の相互作用による凝集レベルに基づく[20]。金ナノ粒子の表面対体積比が大きいため，効率的な標的相互作用も達成することができ，これは超高感度かつマルチパラメーター能力を持つ新しいアッセイの開発にさらに利用することができる[21]。

金ナノ粒子は，そのユニークな物理的・化学的特性から，生化学，医学，分析化学などさまざまな分野で広く用いられている[22]。さらに，金ナノ粒子は，その大きな表面積と高い電子伝導性から，バイオテクノロジーやバイオメディカル分野で広く用いられている[23]。その理由は，(i) 標的分析物を選択的かつ特異的に認識するための官能基化が金ナノ粒子表面で可能であること，(ii) 標的分析物との結合イベントに利用できる表面依存特性を示すこと，(iii) 機能化された金ナノ粒子は，センサー・プラットフォーム上で標的受容体と信号変換器の両方として機能する可能性があり，センサー設計を単純化できること，(iv) 他のどの金属ナノ粒子よりも錆びに対して安定していること，などである[24]。

金ナノ粒子は特に，飲料水や食品・乳製品などのさまざまなサンプル中で比色検出技術と紫外可視分光法による分析に基づく数多くの金属イオン検出研究に応用されている。例えば，Pb^{2+}，Hg^{2+}，Ag^{+}，Ba^{2+}，Cu^{2+}などの金属イオンは，肉眼で検出・観察され，分光法で分析されるが，大気，水，食品サンプル中で非常に有毒で，最も危険なイオン汚染であり，人間の健康に有害な影響を及ぼす原因となっている[25]。多くの疾患において深刻な変動が起こるため，前述の金属イオン濃度検出の迅速で信頼性の高い方法は非常に

重要である[25]。興味深いことに，金ナノ粒子は，無毒性，合成の容易さ，サイズや形状の可変性といった特別な特性を持つため，生体適合性がある[26]。サイズが小さいため，ナノベクターは生物学的障壁を乗り越え，細胞に取り込まれることができる。金ナノ粒子は上記の特性を備えるため，高濃度の被分析物でも毒性が低く，治療にも用いられる[27]。ナノ腫瘍学で金ナノ粒子を用いる理由は，金ナノ粒子がそのユニークな物理化学的特性を治療薬の輸送と輸送解除に利用し，またそのユニークな光学的特性も利用することにある。固有の毒性が低く，表面積が大きく，表面化学的性質が調整可能であるため，腫瘍学研究における応用が拡大している。金ナノ粒子の光熱特性は，病気の細胞や組織の治療や，正確な表面ターゲティングの達成に，特に魅力的である[28]。腫瘍を標的とするリガンドと結合させると，金ナノ粒子は腫瘍抗原（バイオマーカー）や腫瘍血管系を高い親和性と特異性で標的とするために用いることができる。最近では，開発された金ナノ粒子は，薬剤耐性や転移性疾患など，最も困難な癌の課題に対するこれらのシステムの有効性を高めるため，多機能性と標的化戦略を組み込むことで，その可能性を示している[30]。

10.4　表面機能化金ナノ粒子の重要性

現代科学の時代において，蛍光標識を持つナノ材料は，より明るい蛍光，幅広い励起・発光波長，より高い光安定性などを提供するため，学際的な研究分野として浮上してきた[31]。また，サイズや形状を制御した光学特性は，より高いシグナル出力のための広範なプローブの選択を容易にする[32]。さらにナノ構造は，各ナノ構造に複数のプローブ分子を結合させたセンシング・アッセイを強力にサポートすることで，アッセイ設計を簡素化し，感度と選択性を高めることができる[33]。

ローダミンは，金属イオン検出用の低分子センサーによく用いられる蛍光分子である。生体システム中の低濃度の金属イオンをモニターすることで，生物学的プロセスを分析する方法として大いに期待されている[34]。ローダミンは金属イオンと結合すると，無色で蛍光を発しないスピロ環状体から，蛍光を発するピンク色の開環状体へとコンフォメーションが変化する[35]。ローダミン誘導体は，高いモル吸光係数，優れた蛍光量子収率，優れた光安定性，比較的長い発光波長といった顕著な分光学的特性により，分子プローブや化学センサーといった生物学的システムへの応用を見出している[36]。その優れた特性により，生物学的および環境的な目的のために，さまざまな生物種をモニターする強力なツールとなる。

ローダミン誘導体のスピロラクタム（「オフ」）と開環アミド（「オン」）の平衡はよく知られているため，ローダミン骨格を導入して「オフ・オン」タイプのプローブを構築するのは信頼性の高い方法である。ローダミンのスピロラクタム部分はシグナルスイッチャーの役割を果たし，金属イオンが結合するとオンになることが観察された。スピロラクタム環を持つ適切なローダミン誘導体に特定の金属イオンを加えると，受容体の蛍光変化だけでなく色の変化が起こり，検出プロセスが容易になる[37, 38]。ローダミン誘導体は，センサー応用において前述のような利点を持つが，目に深刻な損傷を与える危険性があるこ

と，低度の発がん性があること，皮膚に触れたり飲み込んだりすると有害であること，水生生物に毒性があること，水生環境に長期的な悪影響を引き起こす可能性があることなど，さまざまな不安定な作用があるため実用化には至っていない[39]。

10.5 金ナノ粒子の応用

水質浄化やがん治療に対して大きな効果を示すため，金ナノ粒子は環境と医療の分野で大きな関心を呼んでいる。金ナノ粒子への継続的な関心は，汚染物質の除去や病気の治療・診断のために制御・調整可能な光学特性に基づく。さまざまな研究者が，金ナノ粒子を超高感度蛍光プローブとして利用し，ヒト血液中の分析対象物やがんバイオマーカーを検出している。金ナノ粒子は特定の応用にも用いられる。例えば，(i) 光熱療法では，金ナノ粒子は近紫外から近赤外までの光の吸収を可能にする調整可能な光学特性を示す。したがって，金ナノ粒子は光を強く吸収し，光子エネルギーを素早く効率的に熱に変換するため，優れた造影剤となり，がん細胞も破壊する[40]。(ii) 放射線治療実験では，放射線治療による健常組織の損傷に関わる問題を克服するために，金ナノ粒子が用いられる。(iii) 特異的ターゲティングでは，このようなシステムの効果は，受動的に細胞内に入る遊離薬物と比較して，がん細胞の能動的ターゲティングによる金ナノ粒子の細胞内蓄積の増強によって発揮され，生体内での生物学的反応と生物物理学的障壁を同時に回避する[41]。(iv) 薬物送達では，薬物送達システムの構築は，金ナノ粒子のサイズ，電荷，表面機能性に依存し，それらがそのようなナノベクター化システムの取り込み能力だけでなく，細胞内の運命を決定する[42]。その上，金ナノ粒子の表面効果や小さなサイズ効果，量子効果，マクロ量子トンネル効果などの明確な特性は，廃水からの重金属の除去に有利なその顕著な吸着容量と反応性の両方に寄与している[43]。

10.6 ローダミン6G機能化金ナノ粒子（Rh6G金ナノ粒子）の合成と特性評価

重金属イオンのモニタリングのための選択的で高感度なイメージングツールの開発は，これらの金属イオンの広範な使用と，それに伴う環境や自然への影響から，大きな注目を集めている[44]。生物系や環境中の重金属イオンの定量は，生態系や人体に有害な影響を及ぼすため，非常に重要である。表面官能基化または非官能基化金ナノ粒子は，さまざまな方法で合成されるが，そのユニークな特性により，金ナノ粒子は環境浄化のための良い候補となる[45]。$AuCl_3$ は，これまで金ナノ粒子合成のための主要な前駆体とみなされてきた。$AuCl_3$ は高価だが，商業的に入手しやすく，完全な水溶性，穏やかな酸触媒活性，短い反応時間，高い生成物収率などの興味深い特性により，多くの金ベースの化合物や材料の合成のための有望な候補となっている。

10.6.1 還元法によるRh6G金ナノ粒子の合成

ローダミン6G（Rh6G）（42 ml; 0.01 M）および還元剤（$NaBH_4$; 10 mL の水に 0.037 g）

を，室温で塩化金(III)(2.0 M; 2.0 mL）の連続撹拌蒸留水溶液に加えた。得られた反応混合物を3時間撹拌し続けた。3時間後，ナノ粒子の凝集を抑え，分散安定性を向上させるため，溶液を2日間冷蔵した。その後，溶液を蒸留水（3×10 mL）で洗浄し，遠心分離して過剰/未反応の化学物質を除去し，100°Cの熱風オーブンで6時間乾燥させた。

10.6.2　Rh6G 金ナノ粒子の特性評価

Rh6G金ナノ粒子の純度，結晶性，構造，形態，組成，光電子特性，官能基と金ナノ粒子の相互作用，安定性を標準的な物理化学的手法で調べた。

X線回折測定は，Cu Kα線（λ=1.542 Å）（Xpert Powder diffractometer，PANanlytical，The Netherlands）のX線源を用いて行った。ゼータ電位分析は，堀場製作所の粒度分布測定装置を用いて行った。表面形態は，高分解能透過型電子顕微鏡（HR-TEM）（200 kV FE-TEM，モデルJEM-2100F，日本電子）およびオックスフォードエネルギー分散型ユニットを装備したBruker製 電界放射型走査電子顕微鏡エネルギー分散法（FE-SEM-EDAX）で分析した。X線光電子分光（XPS）は，Twin Anode Mg/Al（300/400 W）X線源を用いたThermo Scientific（MULTILAB 2000 Base system with X-ray，Auger and ISS）で記録した。ラマンスペクトルは，532 nmレーザー励起のHoriba LabRAM HRおよび514 nmレーザー励起のLabRAM HR評価を用いて記録した。熱研究は，Perkin Elmer Diamond熱分析装置を用いて行った。紫外可視吸収は，Analytik Jena分光光度計（Model SZ-100，ドイツ）を用いて行った。蛍光実験は，Agilent Technologies分光蛍光光度計（G9800A）を用いて298 Kで行った。時間依存蛍光スペクトルは，395 nmのLED光源を備えたHoriba deltaflex装置を用いて記録した。LED光源を用いた。ゼータ電位分析は，Horiba粒度分析装置を用いて行った。原子吸光分光法は，Agilent Technology AAS分析装置（240 AAモデル）を用いて記録した。

10.6.2.1　X線回折研究

Rh6G金ナノ粒子の結晶性をX線回折法で分析した（図10.1）。38.52°（111），44.42°（200），65.05°（220），77.74°（311）に鋭い回折ピークが現れ，Rh6G金ナノ粒子が純粋で，特定の方位によく配列し，面心立方構造（JCPDS No.65-2870）であることが示された[46]。Debye-Scherrer方程式[47]を用いて算出したRh6G金ナノ粒子の結晶サイズ（約4 nm）は，HR-TEM画像から得られた粒子サイズ（約6 nm）とよく一致している。

10.6.2.2　形態分析

合成したRh6G金ナノ粒子の形態をHR-TEMで調べた。HR-TEM像から，Au金属はほぼ球状であり，蛍光キャップされた金ナノ粒子は樹枝状構造[48]で，平均粒径は約6 nmであることがわかった（図10.2）。選択領域電子回折（SAED）パターンは，Rh6G金ナノ粒子の結晶性を例証している（図10.2（c），挿入図）。単一Rh6G金ナノ粒子の格子像が高倍率画像によって得られた（図10.2（f））。Rh6G金ナノ粒子の形態もSEM分析によって解析した（図10.3（a)-(d)）。EDAXデータ（電子ビームエネルギー=15 kV）により，不純物を含まないAuと有機分子（炭素の原子%90.79，酸素の原子%4.51）の存

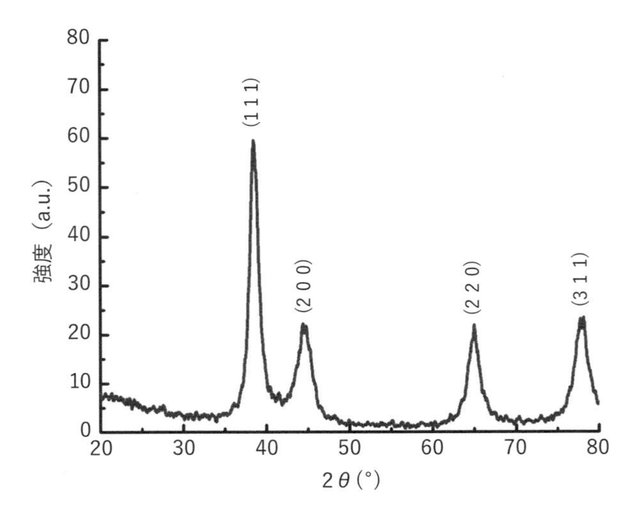

図 10.1 Rh6G 金ナノ粒子の X 線回折プロファイル

出典：Manjubaashini ら[12]/Elsevier の許可を得て掲載

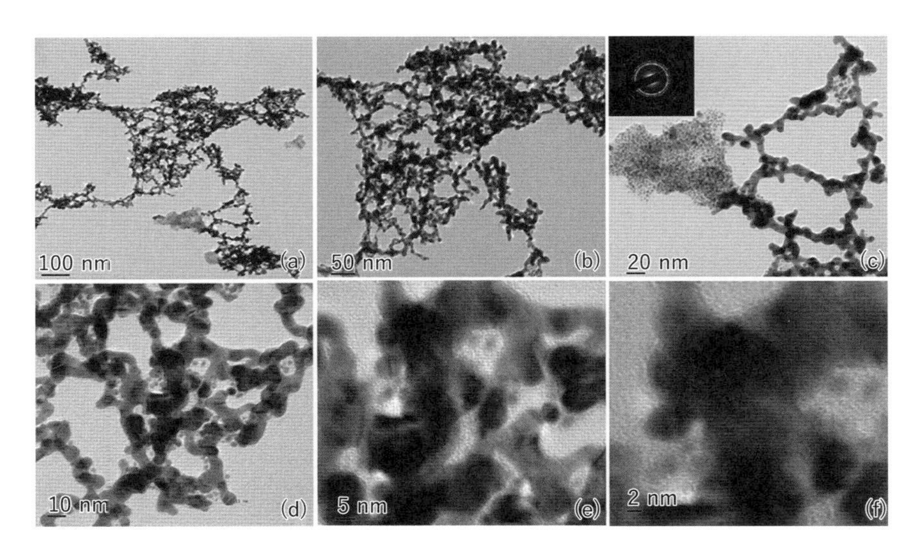

図 10.2 （a–e）異なる倍率における Rh6G 金ナノ粒子の HR–TEM 像。（写真 c）Rh6G 金ナノ粒子の異なる場所の領域の回折パターン。（f）間隔を持った平行フリンジ

出典：Manjubaashini ら[12]/Elsevier の許可を得て掲載

図 10.3　異なる倍率の Rh6G 金ナノ粒子の SEM 像（a–d）

出典：Manjubaashini et al：Manjubaashini ら[12]/Elsevier の許可を得て掲載

在が確認された。

10.6.2.3　XPS 研究

Rh6G 金ナノ粒子表面の化学組成と状態を調べるために XPS を利用した。Rh6G 金ナノ粒子の XPS サーベイ・スキャン・スペクトルは，Au，C，N，O 種の存在を示している（図 10.4（a））。Au4f の高分解能スペクトルは，84.04 eV（$4f_{7/2}$ の場合）と 87.82 eV（4f5/2 の場合）に 3.78 eV のスピンエネルギー分離を伴う非対称形状のピークを示し，これは金の 2 つの状態（Au^0 と Au^{1+}）に特徴的である（図 10.4（b））[49]。しかし，84.0 eV 付近にピーク c が見られることから，Au^{3+} の完全な還元は起こっていないことが裏付けられた。335.6 eV と 353.5 eV のダブレットは，$Au4d_{5/2}$ と $Au4d_{3/2}$ 成分の結合エネルギーに割り当てられている（図 10.4（c））。C 1s，N 1s，O 1s のスペクトルは，それぞれ 285.1 eV，399.7 eV，534.0 eV に結合エネルギーを示し，Rh6G 金ナノ粒子中の Rh6G の存在を示唆している（図 10.4（d）–（f））[50, 51]。スペクトルには，Au5p，Au4p，Au4s，Au Auger 線（MNN）などの他の特徴的なピークも存在した。得られた Rh6G 金ナノ粒子の XPS 結果から，Au 表面上に Rh6G 分子が存在することが強く確認された。

10.6.2.4　ラマン分光分析

Au 表面と Rh6G の相互作用をラマン分光分析によって調べた（図 10.5）。純粋な Rh6G は多くのラマンシフトバンドをほとんど示さないが，複合体 Rh6G 金ナノ粒子（Rh6G と金ナノ粒子の相互作用による）では，1645，1572，1502，1359，1183 cm^{-1} 付

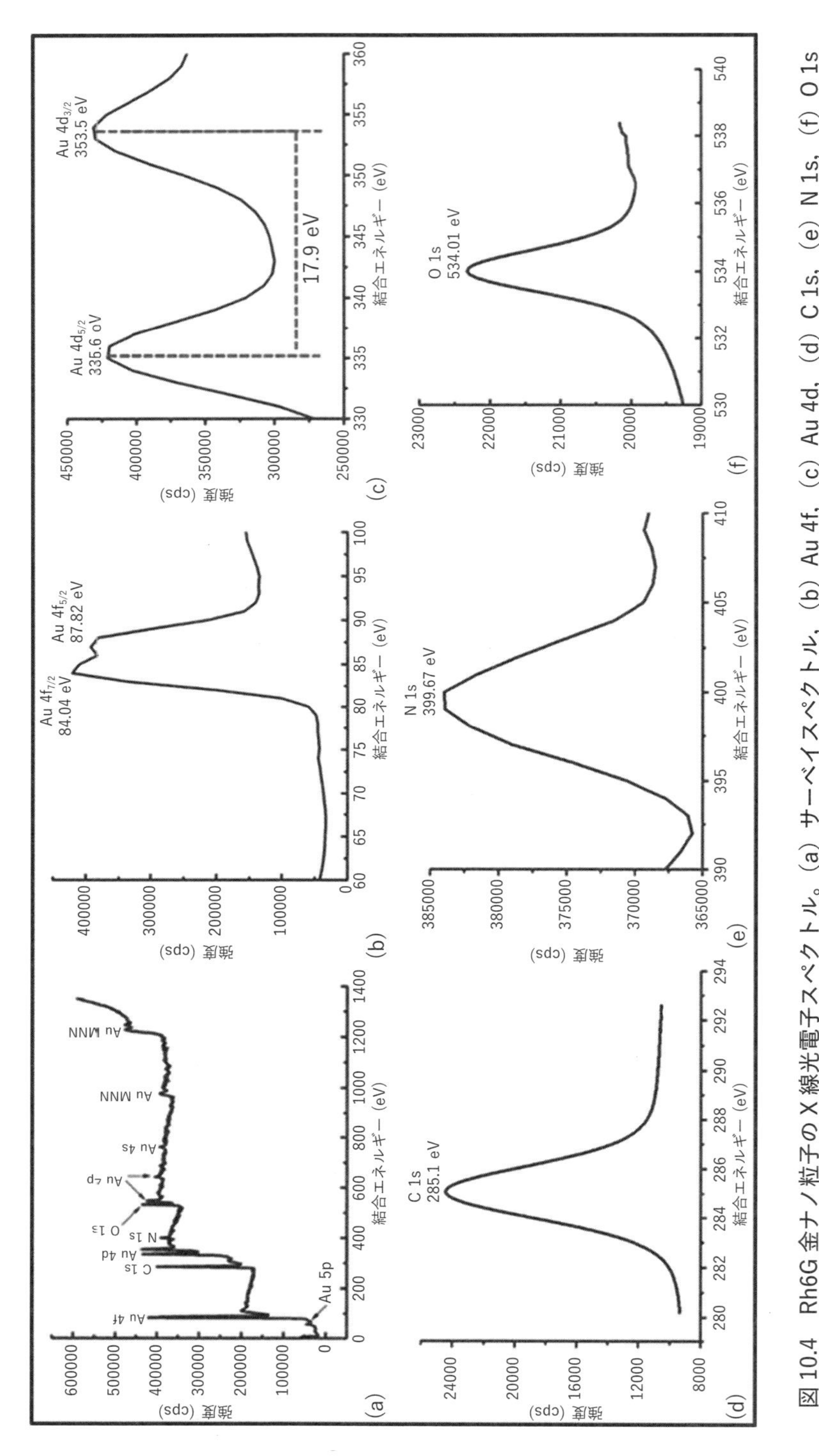

図 10.4 Rh6G 金ナノ粒子のX線光電子スペクトル。(a) サーベイスペクトル，(b) Au 4f，(c) Au 4d，(d) C 1s，(e) N 1s，(f) O 1s

出典：Manjubaashini ら[12]/Elsevier の許可を得て掲載

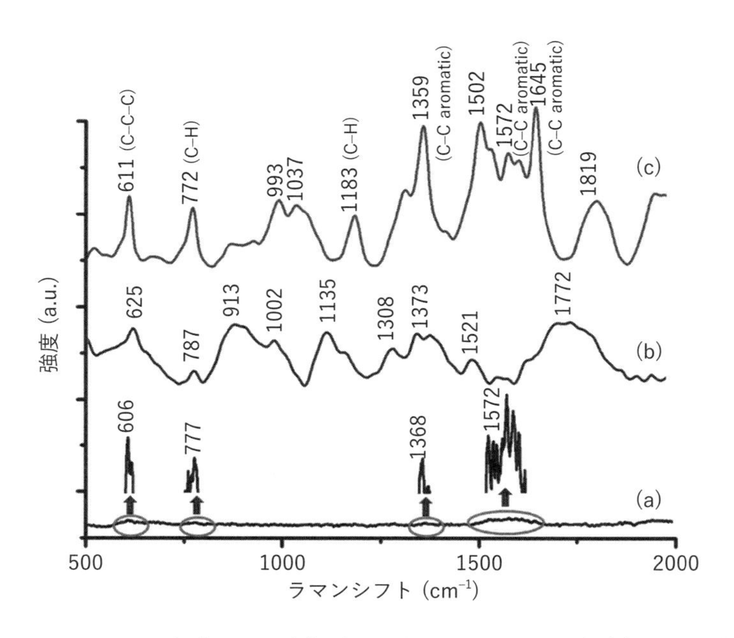

図 10.5 (a) フリーの Rh6G 色素分子, (b) 金ナノ粒子のみ, および (c) Rh6G 金ナノ粒子のラマンスペクトル

出典：Manjubaashini ら[12]/Elsevier の許可を得て掲載

近に実質的なラマンシフトバンドが現れた（図 10.5（c））[52]。これらのバンドは，Rh6G の面内 C–C 伸縮振動の対称モードに帰属する。772 cm^{-1} と 611 cm^{-1} のラマンバンドは，それぞれ Rh6G の C–H 面外変角振動と Rh6G の C–C–C 環の面内変角振動に割り当てられた。これらの振動周波数は Rh6G のラマンスペクトルと類似していたが（5–9 cm^{-1} シフト以内），強度は約 20 倍増加した。面内振動と面外振動の出現と特徴，およびすべてのモードで強度の強い増大が観測されたことから，中心炭素原子，窒素原子，およびフェニル環の π 電子が，Rh6G と金ナノ粒子との相互作用部位である可能性が示唆された。

10.6.2.5　熱研究

新たに合成した Rh6G 金ナノ粒子の熱安定性を，熱重量分析（TGA）および示差走査熱量測定（DSC）法により，加熱範囲 40～740℃，加熱速度 20 ℃/分で調べた。TGA 曲線は，分解が一段階であることを示す（図 10.6（a））。450℃付近で 7.19％の重量減少が見られ，試料に Au が含まれていることがわかる。この重量減少は，Rh6G 部位の蒸発に由来する。DSC 分析の結果，405℃付近に顕著な重量減少を伴う明瞭な発熱ピークが観察され，このプロセスに 1 つの化学反応が関与していることが示唆された（図 10.6（b））。これらの熱研究から，Rh6G 金ナノ粒子は非常に安定であり，試料中に Au が存在することが確認された。

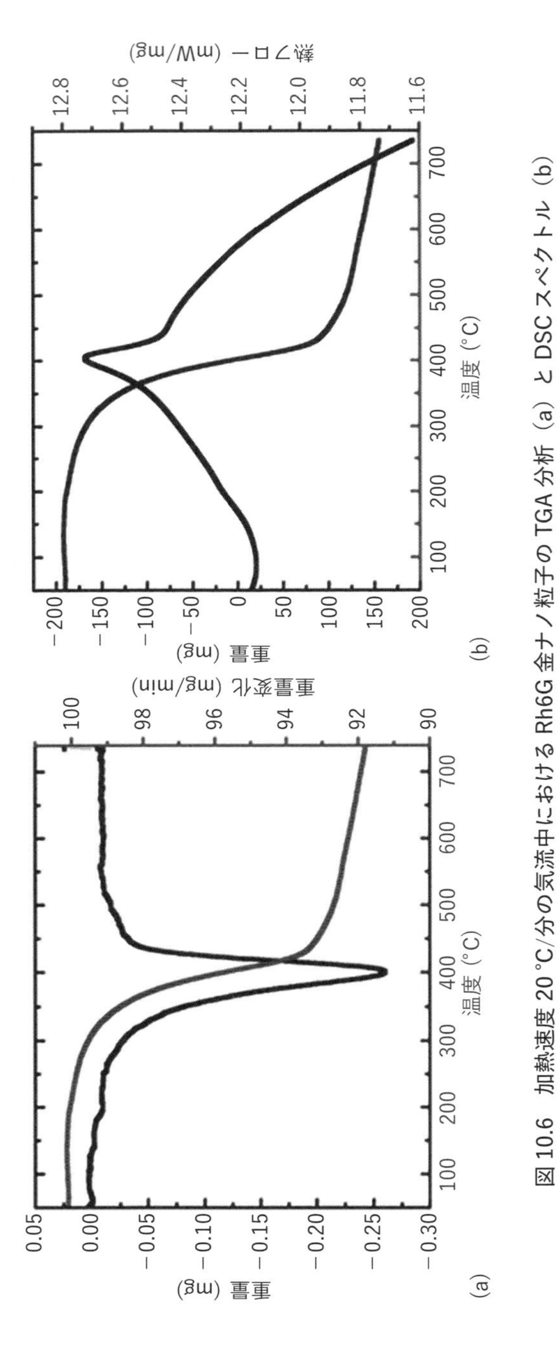

図 10.6　加熱速度 20 °C/分の気流中における Rh6G 金ナノ粒子の TGA 分析（a）と DSC スペクトル（b）

出典：Manjubaashini ら[22]/Elsevier の許可を得て掲載

10.7　ローダミン 6G 機能化金ナノ粒子と重金属イオンとの相互作用

10.7.1　選択性と感度の研究

遷移金属イオンの選択的検出は，生物学的・環境的プロセスにおける重要性から，大きな関心を集めている[53]。金属イオンを高感度かつ選択的に定量する分析法の開発が強く望まれている。これまで金属イオンの測定に，原子吸光法，誘導結合プラズマ発光分光分析法（ICP-AES），誘導結合プラズマ質量分析法（ICP-MS），ボルタンメーター，フローインジェクション，蛍光法，比色計など，多くの方法が開発されてきた。最近，金属イオン検出用の蛍光ケモセンサーが，そのシンプルな装置構造，迅速な応答，高感度，簡単な操作性から，積極的に報告されている[54]。

Rh6G 金ナノ粒子の重金属イオン検出特性は，水中で陽イオンを添加したときの Rh6G 金ナノ粒子の光物理応答を用いて評価した（図 10.7（a））。検討した陽イオンの中で，Rh6G 金ナノ粒子は Cr^{3+} の 550 nm（λ_{ex} 525 nm）で最も強い蛍光増強効果を示した。Cr^{3+} に対する Rh6G 金ナノ粒子の感度を調べるため，H_2O 中で一連の蛍光滴定を行った。Rh6G 金ナノ粒子は，525 nm で励起されると，551 nm を中心とする強い増強発光を直ちに示した（図 10.7（b））。1.0 μM 濃度の Cr^{3+} を Rh6G 金ナノ粒子溶液に添加すると，551 nm の蛍光発光強度が約 4 倍に増強され，さらに添加してもスペクトル全体には大きな変化は見られなかった。この蛍光発光強度の増強は，Rh6G 金ナノ粒子–Cr^{3+} 複合体形成中にローダミン π 系が乱れたことを示しており，よく知られているスピロラクタム（非蛍光）–開環アミド（蛍光）平衡[55]と一致していた。Rh6G 金ナノ粒子–Cr^{3+} 錯体化によってローダミン骨格の剛性が高まり，Rh6G 金ナノ粒子の回転・振動速度が低下した結果，ブラウン運動が弱まり，金ナノ粒子間の衝突確率が低下し，発光強度が増強した[56]。計算された結合定数（$K_a = 1.345 \times 10^4 M^{-1}$）と LoD（9.28 μM）の値から，Rh6G 金ナノ粒子は Cr^{3+} の効果的な蛍光「オン」センサーになり得ると結論づけられた。

10.7.1.1　時間分解蛍光測定

Cr^{3+} の添加による Rh6G 金ナノ粒子の蛍光増強を確認するため，Rh6G 金ナノ粒子について時間相関単一光子計数実験を行い，Cr^{3+} の非存在下と存在下で 525 nm で励起した。得られた Rh6G 金ナノ粒子の蛍光寿命プロファイルは，二指数関数に最もよくフィットした。二指数関数的減衰データから，Rh6G 金ナノ粒子には遊離型と Cr^{3+} 結合型の 2 つの異なる化学種が存在することが確認された。Cr^{3+} 非存在下および存在下での Rh6G 金ナノ粒子のフォトルミネッセンス減衰曲線は，平均寿命値がそれぞれ 3.58 ns および 3.61 ns であった（図 10.8，表 10.1）。時間分解蛍光の結果は，Cr^{3+} の最大濃度において Rh6G 金ナノ粒子の減衰時間に大きな変化がないことを示唆し，これは Rh6G 金ナノ粒子と Cr^{3+} の間に基底状態の錯体が形成されるためである[57]。その結果，Cr^{3+} の存在下で Rh6G 金ナノ粒子の蛍光寿命が変化しないのは，主に Rh6G 金ナノ粒子と Cr^{3+} の基底状態錯体形成によるものである[58]。極性の高い環境では，周囲の分子の双極子モーメントが大きくなり，エネルギー移動の効率が高まるため，蛍光寿命は短くなる傾向がある

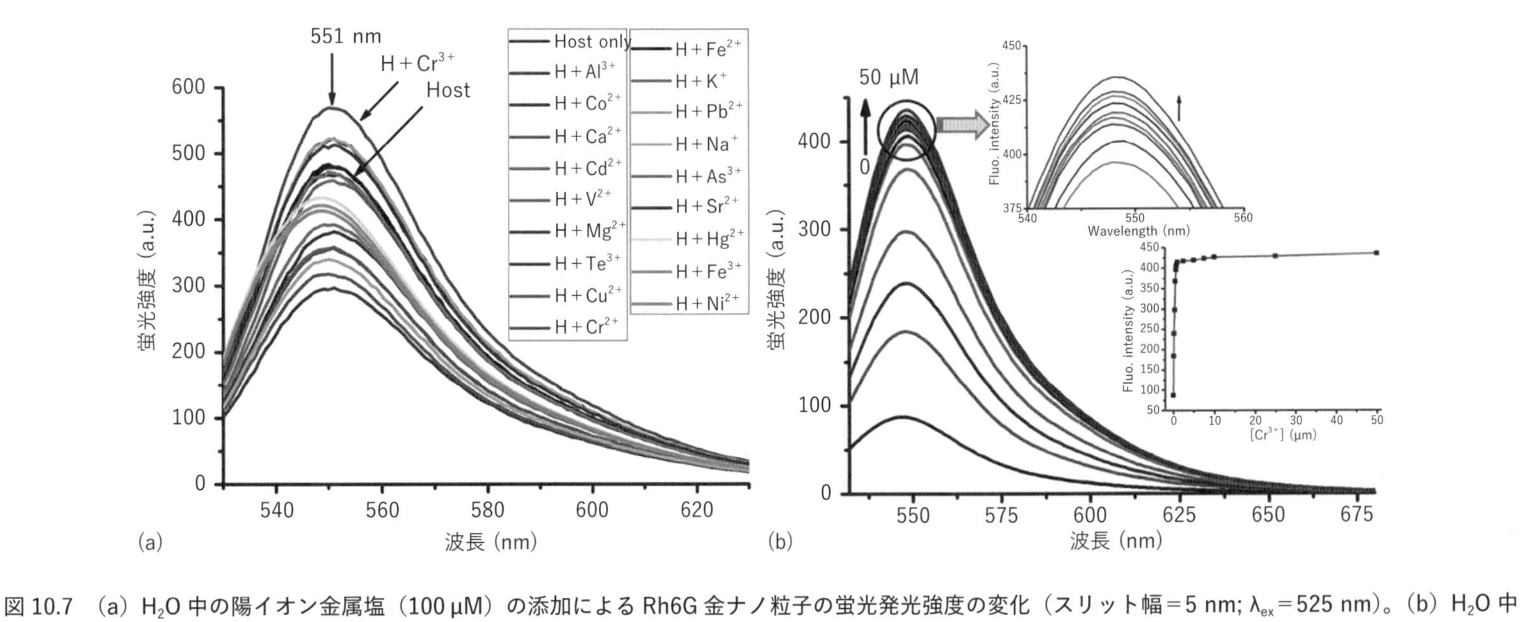

図 10.7　(a) H_2O 中の陽イオン金属塩 (100 μM) の添加による Rh6G 金ナノ粒子の蛍光発光強度の変化 (スリット幅 = 5 nm; λ_{ex} = 525 nm)。(b) H_2O 中の Cr^{3+} 濃度 (0〜50 μM) を増加させたときの Rh6G 金ナノ粒子の蛍光発光強度変化 (スリット幅 = 5 nm; λ_{ex} = 525 nm)

出典：Manjubaashini ら[12]/Elsevier の許可を得て掲載

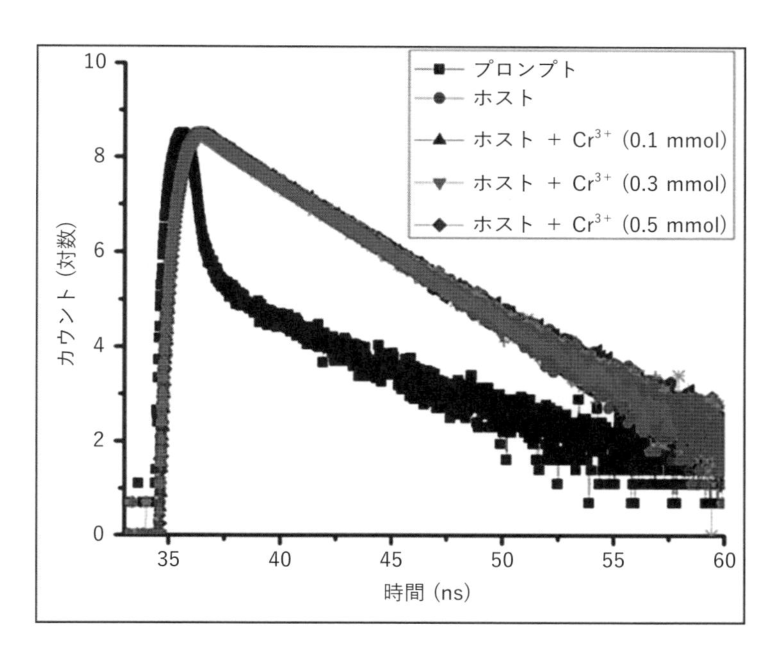

図 10.8　Cr^{3+}（1.0～5.0×10^4mol/dm^3）非存在下および存在下における Rh6G 金ナノ粒子（1.0 mg）の時間分解蛍光減衰（λ_{ex}＝525 nm）

出典：Manjubaashini ら[12]/Elsevier の許可を得て掲載

表 10.1　水（λ_{ex}＝525 nm）中で Cr^{3+}を添加したときの Rh6G 金ナノ粒子の相対蛍光と平均蛍光寿命の値

サンプル番号	サンプル名	τ 値	相対振幅	CHISQ	平均寿命値（τ）[a]
1	Host（Rh6G 金ナノ粒子）	$\tau_1-3.11\times10^{-10}$ s $\tau_2-1.26\times10^{-9}$ s	$B_1-113.16$ $B_2-57.17$	1.134 60	3.58×10^{-9} s
2	Rh6G 金ナノ粒子＋Cr^{3+} （1.0×10^4 mol dm^3）	$\tau_1-3.10\times10^{-10}$ s $\tau_2-1.42\times10^{-9}$ s	$B_1-120.43$ $B_2-51.39$	1.104 52	3.56×10^{-9} s
3	Rh6G 金ナノ粒子＋Cr^{3+} （3.0×10^4 mol dm^3）	$\tau_1-2.79\times10^{-10}$ s $\tau_2-1.23\times10^{-9}$ s	$B_1-111.79$ $B_2-59.12$	1.116 63	3.59×10^{-9} s
4	Rh6G 金ナノ粒子＋Cr^{3+} （5.0×10^4 mol dm^3）	$\tau_1-3.14\times10^{-10}$ s $\tau_2-1.31\times10^{-9}$ s	$B_1-116.73$ $B_2-54.83$	1.202 71	3.61×10^{-9} s

a）$\tau_0 = \dfrac{\sum A_i T_i^2}{\sum A_i T_i}$

ここで，τ_0＝平均寿命，A＝相対振幅，T＝寿命，接尾辞 i＝指数関数成分の数。
出典：Manjubaashini ら[12]/Elsevier の許可を得て掲載

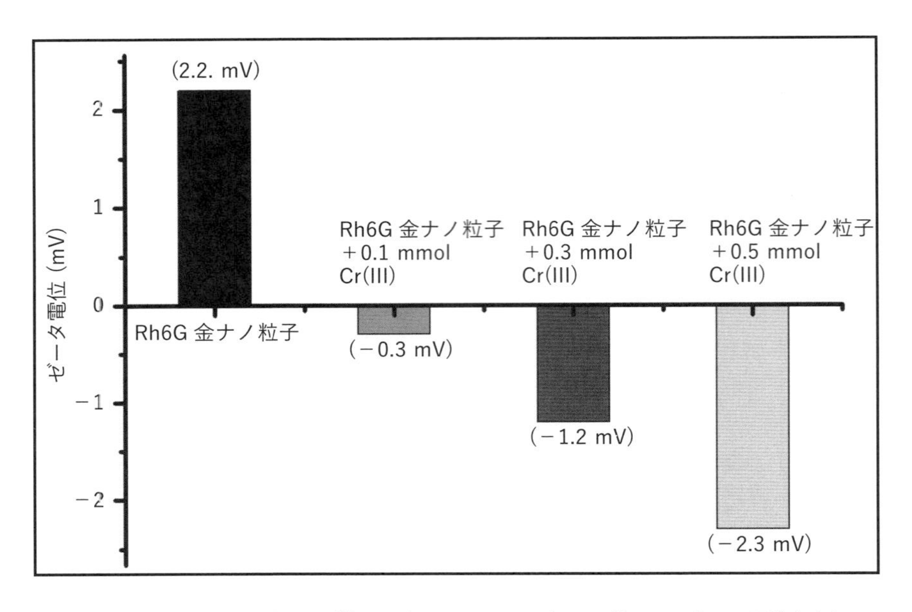

図 10.9　異なる濃度の Cr^{3+} を添加した Rh6G 金ナノ粒子のゼータ電位解析

出典：Manjubaashini ら[12]/Elsevier の許可を得て掲載

[57]。

10.7.1.2　安定性測定

Rh6G 金ナノ粒子と Cr^{3+} の間に形成された複合体の安定性をゼータ電位測定によって調べた（図 10.9）。遊離の Rh6G 金ナノ粒子のゼータ電位は 2.2 mV であり，Rh6G のアンモニウム陽イオンの存在により Rh6G 金ナノ粒子に正の表面電荷が存在することが示唆された。0.1 mM の Cr^{3+} を添加すると，ゼータ電位はほぼ中性（−0.3 mV）まで低下し，表面電荷が中和されたことが裏付けられた[59]。Cr^{3+} の濃度をさらに上げると（0.3 mM と 0.5 mM），ゼータ電位は −0.3 mV からそれぞれ −1.2 mV と −2.3 mV に上昇した。この負の表面電荷の増加は，過剰な遊離 Cl^- イオンの存在によるものと思われる。ゼータ電位が正のナノ粒子は，薬剤の充填効率向上の利点だけでなく，標的細胞への効果的な吸着をもたらす可能性がある[60]。

10.8　Rh6G 金ナノ粒子の応用

10.8.1　実水試料分析

新たに開発した蛍光プローブの性能の評価では，天然に存在する物質の影響を受ける可能性があるため，実試料分析が非常に重要である[61]。Rh6G 金ナノ粒子プローブの環境モニタリングへの応用を確認するため，Coimbatore 地域のさまざまな場所から採取した水道水，河川水，染料工業廃液，皮革工業廃液などの実水試料に，Cr^{3+} イオンをスパイ

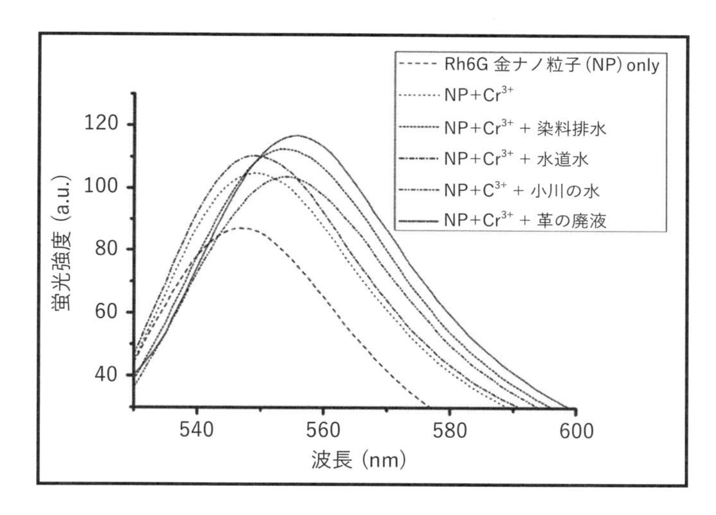

図 10.10　Rh6G 金ナノ粒子水溶液の実際の水試料中の Cr^{3+} イオンを検出した際の蛍光発光強度の変化（スリット幅＝5 nm，励起波長＝525 nm）

出典：Manjubaashini ら[12]/Elsevier の許可を得て掲載

表 10.2　実際の水試料中の Cr^{3+} イオンの定量

サンプル	ブランクに存在する Cr^{3+} の量(ppm)(AAS による)	スパイクされた Cr^{3+} イオン(ppm)	最大蛍光強度(a.u.)	検出された Cr^{3+} イオン(ppm)[a]	回収率(%)
Rh6G 金ナノ粒子	–	–	87.114	–	–
Rh6G 金ナノ粒子＋Cr^{3+}	–	3.00	104.66	3.000	100.00
染料排水	0.0031	3.00	112.46	3.222	107.45
水道水	0.0018	3.00	110.34	3.160	105.43
小川の水	0.0020	3.00	104.68	3.003	100.02
革の廃液	0.0265	3.00	116.80	3.373	111.59

a) 2～3 回繰り返した蛍光分析の平均値（Mean±S.D.）により算出した。
出典：Manjubaashini ら[12]/Elsevier の許可を得て掲載

クして測定した。実験に先立ち，すべての試料を膜でろ過し，原子吸光分析法で存在する Cr^{3+} の濃度を調べた。Cr^{3+} の標準溶液（3.278 mg/L）を調製し，特定の濃度（3.0 ppm）を採取した水試料に添加し，蛍光法で分析した。

回収率は次式（10.1）を用いて算出した。

$$\text{回収率（100\%）} = \frac{\text{検出された } Cr^{3+} \text{ の量}}{\text{添加した } Cr^{3+} \text{ の量}} \times 100 \qquad \text{（式 10.1）}$$

Rh6G 金ナノ粒子処理した実水試料の蛍光発光強度は，Cr^{3+} イオンをスパイクした試料

とよく一致し，定量的回収率は約 100〜111％の範囲であった（図 10.10，表 10.2）。この結果から，実際の水試料に含まれる成分は，Cr^{3+} イオンの検出において重大な干渉を引き起こさないことが示唆された。したがって，Rh6G 金ナノ粒子を用いて実水試料中の Cr^{3+} イオンを ppm レベルで検出することが可能である。

10.8.2 細胞毒性試験

センシングプローブの *in vitro* 細胞毒性を調べることは，環境および生物学的応用，特に人体への応用において非常に重要である。この目的を実証し，ナノ材料の重要な優れた特性の 1 つである生体適合性と低毒性を確実にするため，プローブである Rh6G 金ナノ粒子の細胞毒性を標準的な MTT アッセイ（10 mL の MTT[PBS中5 mg/mL]）で調べた。HeLa 細胞をさまざまな濃度の Rh6G 金ナノ粒子（0，1.0，2.0，3.0，5.0，10.0 μM）で 24 時間処理し，Rh6G 金ナノ粒子の濃度だけでなく，培養に対する用量依存性の影響を調べた。24 時間後の用量依存的な HeLa 細胞の生存率は，それぞれ 100.0%，96.2%，93.5%，91.8%，90.9%，90.1%であった（図 10.11（a））。細胞のミトコンドリア活性に対するプローブの細胞毒性作用は，プローブの濃度が高くなるにつれて相対的に増加した。幅広い濃度範囲（すなわち 1.0〜10.0 μM）で，24 時間培養後，90.0%以上の細胞生存率が観察された。10 μM での細胞生存率（90.1%）は，プローブの最高濃度での毒性が非常に軽度であることを示している[62, 63]。これらの観察結果から 10 μM までの濃度のプローブは，細胞毒性が低い可能性が示唆された。（図 10.11（b）））。

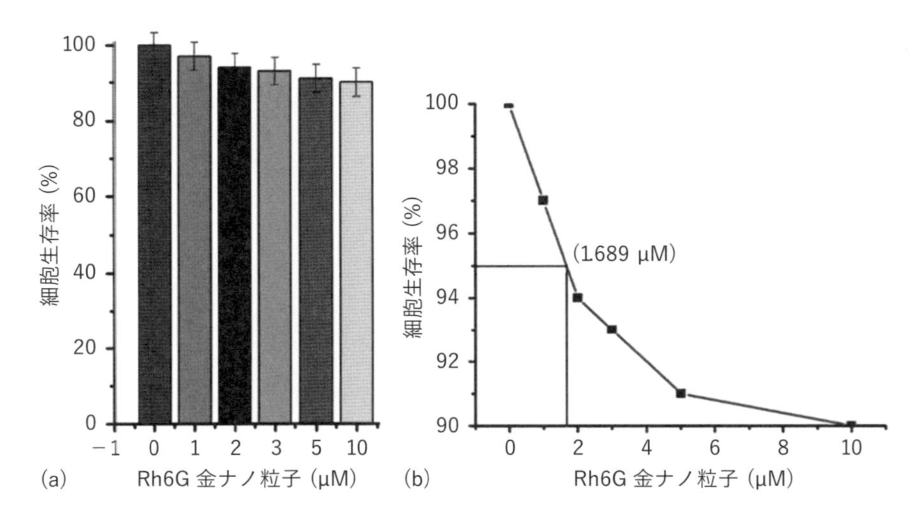

図 10.11 （a）標準 MTT アッセイによる Rh6G 金ナノ粒子（0.0，1.0，2.0，3.0，5.0，10.0 μM）の細胞毒性評価。細胞毒性を標準的な MTT アッセイで評価した。細胞はプローブとともに 24 時間培養された。f 対応する IC_{50} 値の計算

出典：Manjubaashini ら[12]/Elsevier の許可を得て掲載

10.9 結　論

本章では，Cr^{3+}イオンの検出による環境浄化を目的とした，樹枝状構造を持つ平均粒径約 6 nm の Rh6G 官能基化金ナノ粒子（Rh6G 金ナノ粒子）についての知見を提供した。金ナノ粒子表面上の Rh6G 分子の存在は，物理化学的手法を用いた非官能化および官能化金ナノ粒子合成の研究を促進する興味深い光電子特性をもたらす。Cr^{3+}の検出時間が非常に短く（1 分未満），光学的輝度が高く，結合定数が強く，検出限界値が低いことから，Rh6G 金ナノ粒子は 3 価のクロムの計測に有用である。著者グループが行った特異的な研究は，機能化金ナノ粒子の光学的および電気的特性の違いを示す。さらに現在開発されている手法は，適切であり，信頼性が高く，正確で，費用対効果に優れており，表面機能化金ナノ粒子の特色を高めるために蛍光技術を用いることで，関連する実際の水サンプル中の Cr^{3+}の効果的な測定に用いることができる。

謝　辞

著者である TDT と NM は，ニューデリーの Council of Scientific and Industrial Research の資金援助（01（2818)/14/EMR-II），特性評価設備を提供してくれたインドの Coimbatore の SNR Sons Charitable Trust，DST-FIST の実験設備を提供してくれた Coimbatore の Sri Ramakrishna Engineering College に心から感謝する。

References

[1] Kumar, V., Sharma, A., Kumar, R. et al. (2020). *Human and Ecological Risk Assessment* 26: 1–16.
[2] Obasi, P.N. and Akudinobi, B.B. (2020). *Applied Water Science* 10: 184.
[3] Jadoon, S. and Malik, A. (2017). *Biochemical Pharmacology* 6: 235.
[4] Wang, Y., Huang, M., Guan, X. et al. (2013). *Optics Express* 21: 31130–31137.
[5] Rahbar, N., Salehnezhad, Z., Hatamie, A., and Babapour, A. (2018). *Microchimica Acta* 185: 101–109.
[6] Kaur, M., Kaur, P., Dhuna, V. et al. (2014). *Dalton Transactions* 43: 5707–5712.
[7] Vázquez-Núñez, E., Molina-Guerrero, C.E., Peña-Castro, J.M. et al. (2020). *Processes* 8: 826.
[8] Thangadurai, T.D., Manjubaashini, N., Thomas, S., and Maria, H.J. (2020). *Nanostructured Materials*, 1–210. Gewerbestrasse, Cham, Switzerland: Springer.
[9] Usman, M., Farooq, M., Wakeel, A. et al. (2020). *Science of the Total Environment* 721: 137778.
[10] Aschberger, K., Micheletti, C., Sokull-Kluttgen, B., and Christensen, F.M. (2011). *Environmental International* 37: 1143–1156.
[11] Johnson, I. and Spence, M.T.Z. (ed.) (2010). The Molecular Probes Handbook: A Guide to Fluorescent Probes and Labeling Technologies. Carlsbad, CA, USA: Life Technologies Corporation.
[12] Manjubaashini, N., Thangadurai, T.D., Bharathi, G., and Nataraj, D. (2018). *Journal of Luminescence* 202: 282–288.
[13] Toma, H.E., Zamarion, V.M., Toma, S.H., and Araki, K. (2010). *Journal of the Brazilian Chemical Society* 21: 1158–1176.
[14] Homberger, M. and Simon, U. (2010). Philosophical Transactions of the Royal Society of London, Series A: Mathematical, *Physical and Engineering Sciences* 368: 1405–1453.
[15] Golchin, K., Golchin, J., Ghaderi, S. et al. (2018). *Artificial Cells, Nanomedicine, and Biotechnology* 46: 250–254.

[16] Simões, M.F., Ottoni, C.A., and Antunes, A. (2020). *Life* 10: 28.
[17] Manjubaashini, N., Sephra, P.J., Nehru, K. et al. (2019). *Sensors and Actuators B* 281: 1054–1062.
[18] Draz, M.S. and Shafiee, H. (2018). *Theranostics* 8: 1985–2017.
[19] Santhoshkumar, J., Rajeshkumar, S., and Venkat Kumar, S. (2017). *Biochemistry and Biophysics Reports* 11: 46–57.
[20] Rauta, P.R., Hallur, P.M., and Chaubey, A. (2018). *Scientific Reports* 8: 2893.
[21] Liu, L., Hao, Y., Deng, D., and Xia, N. (2019). *Nanomaterials* 9: 316.
[22] Manjubaashini, N., Kesavan, M.P., Rajesh, J., and Thangadurai, T.D. (2018). *Journal of Photochemistry and Photobiology B: Biology* 183: 374–384.
[23] Zheng, Z., Ji, H., Yu, P., and Wang, Z. (2016). *Nanoscale Research Letters* 2016 (11): 266–274.
[24] Alaqad, K. and Saleh, T.A. (2016). *Journal of Environmental and Analytical Toxicology* 6: 384–394.
[25] Jazayeri, M.H., Aghaie, T., Avan, A. et al. (2018). *Sensing and Bio-Sensing Research* 20: 1–8.
[26] Ogarev, V.A., Rudoi, V.M., and Dementeva, O.V. (2018). *Inorganic Materials: Applied Research* 9: 134–140.
[27] Wang, Y. and Alocilja, E.C. (2015). *Journal of Biological Engineering* 9: 16–22.
[28] Carrillo-Cazares, A., Jimenez-Mancilla, N.P., Luna-Gutierrez, M.A. et al. (2017). *Journal of Nanomaterials* 2017: 3628970.
[29] Kesavan, S., Brillians Revin, S., and John, S.A. (2014). *Electrochimica Acta* 119: 214–224.
[30] Yeh, Y.C., Creran, B., and Rotello, V.M. (2012). *Nanoscale* 4: 1871–1880.
[31] Huang, K., Deng, W., Dai, R. et al. (2017). *Microchemical Journal* 135: 74–80.
[32] Biechele-Speziale, J., Huy, B.T., Nguyen, T.T.T. et al. (2017). *Microchemical Journal* 134: 13–18.
[33] Zeng, X., Zhang, Y., Zhang, J. et al. (2017). *Microchemical Journal* 134: 140–145.
[34] Yang, Y., Yu, K., Yang, L. et al. (2015). *Sensors* 15: 49–58.
[35] Mauro, F., Vieri, F., Luca, G., and Mauro, M. (2012). *Coordination Chemistry Reviews* 256: 170–192.
[36] Li, M., Zhang, D., Liu, Y. et al. (2014). *Journal of Fluorescence* 24: 119–127.
[37] Xie, P., Guo, F., Xiao, Y. et al. (2013). *Journal of Luminescence* 140: 45–50.
[38] Wang, J., Zhang, D., Liu, Y. et al. (2014). *Sensors and Actuators B* 191: 344–350.
[39] Singh, S., Parveen, N., and Gupta, H. (2018). *Environmental Technology and Innovation* 12: 189–195.
[40] Giljohann, D.A., Seferos, D.S., Daniel, W.L. et al. (2010). *Angewandte Chemie International Edition* 49: 3280–3294.
[41] Payne, J.N., Badwaik, V.D., Waghwani, H.K. et al. (2018). *International Journal of Nanomedicine* 13: 1917–1926.
[42] Abhilash, M. (2010). *International Journal of Pharma and Bio Sciences* 1: 1–12.
[43] Yang, J., Hou, B., Wang, J. et al. (2019). *Nanomaterials* 9: 424.
[44] Huang, W., Song, C., He, C. et al. (2009). *Inorganic Chemistry* 48: 5061–5072.
[45] Chao, W. and Yu, C. (2013). *Reviews in Analytical Chemistry* 32: 1–14.
[46] Barnard, A.S., Lin, X.M., and Curtiss, L.A. (2005). *Journal of Physical Chemistry B* 109: 24465–24472.
[47] Rabiei, M., Palevicius, A., Monshi, A. et al. (2020). *Nanomaterials* 10: 1627.
[48] Wang, R., Yang, J., Zheng, Z. et al. (2001). *Angewandte Chemie International Edition* 40: 549–552.
[49] Jin, R., Sun, S., Yang, Y. et al. (2013). *Dalton Transactions* 42: 7888–7893.
[50] Vieira Ferreira, L.F., Lemos, M.J., Reis, M.J., and do Botelho, Rego, A.M. (2000). *Langmuir* 16: 5673–5680.
[51] Osifeko, O. and Nyokong, T. (2016). *Dyes and Pigments* 131: 186–200.
[52] Zhang, Y.X., Zheng, J., Gao, G. et al. (2011). *International Journal of Nanomedicine* 6: 2899–2906.
[53] Tigreros, A. and Portilla, J. (2020). *RSC Advances* 10: 19693–19712.

[54] Hou, J.-T., Li, K., Yu, K.-K. et al. (2013). *Analyst* 138: 6632-6638.
[55] Song, H., Rajendiran, S., Koo, E. et al. (2012). *Journal of Luminescence* 132: 3089-3092.
[56] Adhikari, B. and Banerjee, A. (2010). *Chemistry of Materials* 22: 4364-4371.
[57] Lakowicz, J.R. (2006). *Principles of Fluorescence Spectroscopy*, 3e. Boston, MA, USA: Springer.
[58] Peng, W., Ding, F., Peng, Y.K., and Sun, Y. (2014). *Molecular BioSystems* 10: 138-148.
[59] Rajamanikandan, R. and Ilanchelian, M. (2017). *Sensors and Actuators B* 244: 380-386.
[60] Honary, S. and Zahir, F. (2013). *Tropical Journal of Pharmaceutical Research* 12: 265-273.
[61] Bhuvanesh, N., Velmurugan, K., Suresh, S. et al. (2017). *Journal of Luminescence* 188: 217-222.
[62] Zhao, Z., Huang, D., Yin, Z. et al. (2012). *Journal of Materials Chemistry* 22: 15717-15725.
[63] Ansari, A.A., Hasan, T.N., Syed, N.A. et al. (2013). *Nanomedicine: Nanotechnology, Biology, and Medicine* 9: 1328-1335.

第 11 章

金属酸化物ナノ粒子による環境修復

Metal Oxide Nanoparticles for Environmental Remediation

Abhilash Venkateshaiah, Miroslav Černík and Vinod V.T. Padil

Technical University of Liberec (TUL), Institute for Nanomaterials,
Advanced Technologies and Innovation (CXI), Department of Environmental Catalysis,
Studentská 1402/2, Liberec 461 17, Czech Republic

11.1 はじめに

今日我々が直面しているいくつかの問題の中で，環境汚染物質は間違いなくトップである。都市化，工業化，近代化の急速な進展の結果，有害・有毒な汚染物質の環境への放出は避けられず，生態系に大きな脅威をもたらしている。農薬，温室効果ガス，粒子状物質，重金属，染料，工業排水，揮発性有機化合物，下水，石油流出などは，主な汚染物質の一部である[1]。さらに，抗生物質，病原体，医薬品廃棄物など，新たに出現した微量汚染物質も，環境中に憂慮すべき量で検出されている[2]。そのため，これらの汚染物質を除去，分解，中和する環境修復が，近年大きな注目を集めている。環境修復のために，長年数多くの方法やアプローチが開発され，採用されてきた。しかし，複数の汚染物質や性質の異なる干渉物質が存在すると，複雑な問題が生じ，これらの浄化技術には限界がある[3]。ナノスケール物質のユニークな物理化学的特性により，研究者たちは環境浄化におけるナノスケール物質の利用に注目している。

ナノテクノロジーは多くの科学，電子，生物医学，工学分野に革命をもたらしたが，環境修復も例外ではない。過去 10 年間，環境浄化におけるナノ材料の利用は，その高い表面対体積比に由来する高い反応性により，目覚ましいものがあった。ナノ材料は，バルク材料にはない，ナノ領域特有の特性を持つ。ナノ材料の高い表面積は，接触表面積を増やし，反応性を高める。サイズが小さいため，汚染部位への拡散・浸透が容易であり，微粒子よりも高い到達性が得られる。ナノ粒子（NP）の量子効果は，必要な活性化エネルギーを効果的に低下させ，化学反応を実現可能レベルにする。さらに，ナノ粒子の表面プラズモン共鳴現象は，有毒化学物質の検出にも役立つ[4]。ナノ材料の特性は，合成パラメーターの変更によるサイズ，形状，多孔性，組成の微調整により容易に調整できる。ナノ材料の表面化学は，効率的な浄化を可能にする特定の官能基による官能基化やグラフト化により，特定の汚染物質をターゲットとしたオーダーメイドが可能である[5]。ナノ材料の固有の特性は，特性チューニングの容易さと相まって，環境浄化の従来法よりもさらに大きな利点をもたらす。さらに，ナノ材料を既存の技術に組み込み，効率を向上させることができる。数あるナノ材料の中でも，金属酸化物（MeO）ナノ粒子は最も広く研究されている 1 つである。

MeO ナノ粒子は，その限られたサイズと高密度のコーナーまたはエッジ表面に由来する独特な特性を持つナノ材料のクラスである[6]。バルク状の MeO は標準的な条件下で安定であり，明確な結晶構造を持つ。しかし，ナノ粒子の場合，サイズの減少に伴い格子応力が作用し，構造特性にも大きな影響を与え，ナノリミットでは結晶構造の消失さえも起こることがある。その結果，Al_2O_3，TiO_2，VO_x，MoO_x の場合のように，バルクでは安定性の低い相がナノスケールで非常に安定になることがある[6]。さらに，サイズが小さくなるにつれて表面や界面原子の数が増えるため，応力やひずみが生じ，それに伴う構造変化が生じる。ZnO，MgO，NiO，CuO，Al_2O_3，TiO_2，Fe_2O_3 など，多くの MeO ナノ粒子において，セルパラメーターの変化に伴うサイズ依存の構造変化が観察された[7]。MeO ナノ粒子のサイズ特異的な特性は，世界中の研究者の注目を集めている。粒子サイズの変更により，MeO ナノ粒子の化学的，磁気的，電子的，導電的特性を変える

ことができる。例えば，γ-Fe_2O_3 ナノ粒子は 55 nm のサイズで強磁性を示し，12 nm まで小さくするとヒステリシスのない超常磁性挙動を示す[8]。WO_3，SnO_2，In_2O_3 では，サイズ依存の電気的特性が観察されている[9]。

MeO ナノ粒子は，化学，エレクトロニクス，バイオテクノロジー，生物医学，建築，食品，化粧品など，さまざまな分野で数多く利用されている[10]。MeO ナノ粒子は，環境浄化応用に広く用いられてきた。高い表面積から生じる高い触媒活性と吸着能が，触媒や吸着剤としての利用を促している。MeO ナノ粒子は，有害汚染物質の分解や中和の触媒として用いられてきた。さらに，MeO ナノ粒子は重金属や有害化合物の吸着，病原体の不活性化にも用いられている[11]。環境浄化によく用いられる MeO ナノ粒子には，TiO_2，ZnO，CuO，SnO_2，WO_3，鉄系酸化物などがある。本章では，MeO ナノ粒子の最も重要な合成経路を，環境浄化への応用とともに簡単に概説する。

11.2　金属酸化物ナノ粒子の合成

長年にわたり，MeO ナノ粒子はさまざまな手法や合成ルートで合成されてきた。ナノ粒子のサイズ，形状，形態，均質性，結晶構造，および多くの物理化学的特性は，合成経路の選択によって影響を受ける可能性がある。さまざまな MeO ナノ粒子の合成ルートの分類のため，文献ではさまざまな分類基準が用いられている。しかし，便宜上，物理的方法，化学的方法，生物学的方法の 3 つの大きなグループに大別する。物理的方法と化学的方法は，粒子径と形状を正確に制御しながらナノ粒子を大量生産できる。このような利点があるが，これらの方法は高価で，手間がかかり，環境的に有害である。一方，生物学的方法は，安全で，持続可能で，費用対効果が高く，環境に優しいアプローチを提供する。本節では，MeO ナノ粒子を得る最も重要な合成ルート（図 11.1）について簡単に述べる。

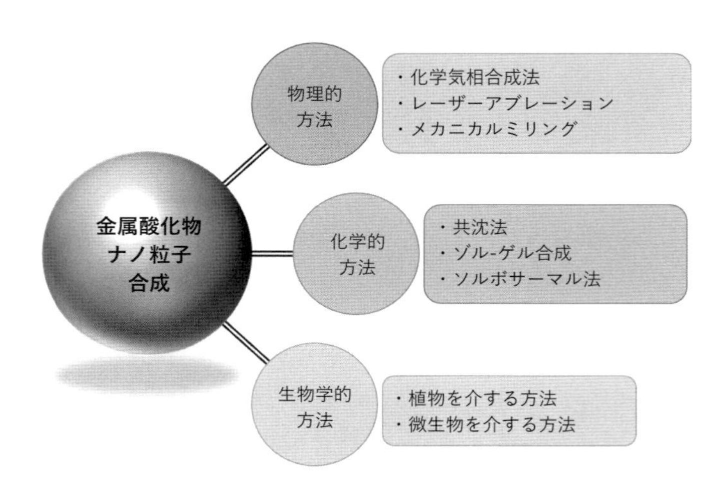

図 11.1　金属酸化物ナノ粒子のさまざまな合成ルート

11.2.1　物理的方法

MeO ナノ粒子を合成する物理的方法は，基本的に，固体前駆体を，望ましい性質のナノ構造を得るために制御可能な分子や原子に分解し，蒸着させる。これらの方法は，炉，ヒーター，レーザー，真空技術などの高価な装置を必要とするため，通常は高価である。さらに，チャンバーの寸法が蒸着層の面積を制限することが多い。いくつかの異なる物理的合成ルートが利用可能であり，最も一般に用いられる合成ルートについては，11.2.1.1～11.2.1.3 節で説明する。

11.2.1.1　化学気相合成法

化学気相合成（CVS）技術の基本的な前提は，基板を高温に加熱し，ガス状の前駆物質にさらすことである。この条件下で，前駆体の反応または分解が基板表面で起こり，ナノ粒子が形成される。加熱により，前駆体金属または金属塩は気相に変換され，ホットチャンバーに供給され，好条件下で酸化剤と反応し，核生成と結晶成長が起こる。これにより分子クラスターが形成され，さらに凝集して分子を形成する[12]。通常，アルゴンなどの不活性ガスがキャリア媒体として用いられ，反応物を反応室に運び，生成物を冷却ゾーンに送り出す。温度の低下により，気体は固体に変化し，ナノ構造を容易に回収できるようになる[13]。CVS は，調製された MeO ナノ粒子の純度と均一性を正確に制御し，優れた再現性を提供する。反応条件の変更により，MeO ナノ粒子の特性を詳細に制御できる。ナノ粒子の核生成速度論と成長は温度に依存するため，反応温度の調整により粒子径を調節できることが報告されている[14]。反応剤の濃度と酸化剤の選択も，ナノ粒子の核生成特性に直接的な影響を及ぼし，最終的な粒子径を決定する[14, 15]。例えば，酸化剤として N_2O，O_2，乾燥空気を用いて得られた MgO ナノ粒子は，それぞれ平均粒子径 3，5，11 nm の粒子を生成することが確認されている[15]。さらに，反応物の供給速度と生成物の分離も，合成された MeO ナノ粒子の最終的な特性に影響を与える。したがって，MeO ナノ粒子の最終的な特性の決定には，反応パラメーターを注意深く検討する必要がある。

11.2.1.2　レーザーアブレーション法

レーザーアブレーション法は，高強度レーザーを用いて，水溶液や非水溶液に浸したバルク材料に特定のポイントから照射し，ナノスケールの粒子を得る，高速で簡便かつクリーンな方法である。基板にレーザーを照射すると，基板は蒸発し，イオン，クラスター，微粒子を含むプラズマ雲が形成される。レーザーアブレーション技術により，有毒な化学前駆体を一切使用せず，不要な副生成物を生成しないことで，純度の高いナノ粒子が形成される。このように形成されるナノ粒子の組成は，液体の成分と性質により制御できる[16]。高純度に加え，レーザーアブレーション技術によって得られるナノ粒子はサイズ分布が狭く，高い生成率を誇る[17]。合成された MeO ナノ粒子の形態は，レーザーの波長や流速，繰り返し数，液体の組成，粘度，誘電率，双極子モーメントなど，さまざまなパラメーターの変更で制御できる[18]。レーザーアブレーション技術は，利点はあ

るが，形成されたナノ粒子が長期的安定性を欠くためナノ粒子が凝集しやすく，追加のキャッピング剤を必要とするなど，いくつかの欠点を抱えている[19]。加えて，基板の熱物理特性や光学特性も考慮しなければならない[20]。

11.2.1.3 メカニカルミリング技術

ボールミルとも呼ばれるメカニカルミリングは，MeO ナノ粒子の合成に機械的な力を用いる。この手法では，前駆体はボールとチャンバー内面との間で高エネルギーの衝突を受ける。このような運動性の高い衝突は，粒子の変形，破壊，前駆体の再溶着を繰り返し，その結果，微粉末が形成される。衝突はまた，関係する表面のマイクロスケールで高温をもたらし，摂氏数百度を超えることもある[21]。繰り返される衝突と高温は，微細なナノ粉末の生成に理想的である。狭い粒度分布を得るために，ボールミリングでは粒子の合体と断片化の間の均衡を達成することができる[21]。ボールミルによって得られるナノ粒子は，粉砕ツールや周囲のガスに由来する汚染物質を含む可能性がある。しかし，粉砕パラメーターの注意深い最適化により，この問題を大幅に軽減できる。

11.2.2 化学的方法

MeO ナノ粒子の化学的合成法では，さまざまな反応物質を含む溶液を過飽和にすることで，固体ナノ粒子を沈殿させる。これは，反応物を添加するか，高温の反応物溶液の温度を急速に下げることで達成できる。化学的方法では，反応剤，還元剤，キャッピング剤，界面活性剤など，さまざまな化学物質が使用される。得られるナノ粒子の形態は，これらの化学物質の濃度の最適化により制御できる。これらの方法は単純で安価であり，低温で実施でき，物理的方法のように高価な装置を必要としない。最も一般的に用いられる化学的手法には，共沈法，ゾル-ゲル合成法，ソルボサーマル合成法などがあり，これらについて，11.2.2.1～11.2.2.3 節で説明する。

11.2.2.1 共沈法

共沈法では，沈殿媒体を用いて塩前駆体溶液から水酸化オキソ体を沈殿させる。水媒体中で，塩前駆体（通常は塩化物，硝酸塩，オキシ塩化物）を溶解し，塩基のような水酸化アンモニウムや水酸化ナトリウムを加えることで，対応する水酸化物を沈殿させる[22]。溶質が溶液の臨界濃度を超えると，核生成相の短いバーストとともに成長相が始まる[23]。MeO ナノ粒子の組成，形態，サイズは，前駆体の種類，前駆体比，pH，反応温度，表面リガンドなど，一連の実験パラメーターによって制御できる[24]。析出プロセスでは，界面活性剤，ポリマー，無機分子などのさまざまな表面配位子が，ナノ粒子のサイズ分布を改善する安定化剤として用いられた[24]。共沈法には，合成の容易さ，低コスト，低温合成，水中合成の可能性，大規模合成などの利点がある[23, 25]。粒子の形成が速いことは，粒子径や粒度分布の制御が不十分になるため，共沈法の大きな欠点となる。

11.2.2.2　ゾル-ゲル法

ゾル-ゲル法は，有機金属化合物前駆体を加水分解して対応するオキソ水酸化物を得て，次いで縮合，重合，溶媒除去，後処理を経て MeO ナノ粒子を得るものである[26]。「ゾル」という用語は，固体粒子のコロイド懸濁液を意味し，その後液相中に形成された固相粒子のネットワークに相当する「ゲル」に変換される。ゾル-ゲル法では，水溶媒と非水溶媒の両方が用いられるため，極性前駆体と非極性前駆体の両方から MeO ナノ粒子を合成できる[27]。水性溶媒の場合，水分子が MeO ナノ粒子の形成に必要な酸素を供給し，非水溶媒の場合，酸素は有機溶媒または前駆体の有機成分から供給される[27]。前駆体の濃度，溶媒の選択と性質，溶液の pH，添加剤の選択と濃度など，いくつかのパラメーターが粒子特性に影響する[27]。この方法には，ワンポット合成の利点と，ナノ粒子の物理化学的特性を注意深く制御できる利点がある。さらに，簡単な実験デザイン，低い合成温度，高収率，低コストといった利点もある。

11.2.2.3　ソルボサーマル法

ソルボサーマル法では，前駆体を溶媒に分散させ，高温高圧にさらすことで，核生成による粒子の成長を伴う過飽和が可能になる[28]。水を溶媒として用いる場合，この方法は水熱合成とも呼ばれる。通常，溶媒の沸点以上の温度と常圧以上の圧力が用いられ，前駆体の溶解を促し，結晶化によって生成物を得る[29]。ナノ粒子は溶液から直接結晶化するため，物質の核生成，成長，熟成の速度と均一性は，合成パラメーターを変えることで制御できる[30]。MeO ナノ粒子のサイズ，形状，形態は，温度，圧力，pH，反応時間，溶媒と反応物の選択と性質，反応物の濃度など，幅広いパラメーターの調節により制御できる[30]。界面活性剤の存在は，合成されたままのナノ粒子の凝集を抑制することで，ナノ粒子の特性に影響を与えることが知られている[31]。ソルボサーマル法の主な利点のひとつは，マイクロ波，超音波，ホットプレス，電気化学など，反応速度論やナノ粒子特性を向上させる他のプロセスと組み合わせて用いられる可能性があることである[32]。

11.2.3　生物学的方法

MeO ナノ粒子を得るための生物学的手法やグリーン法は，有毒で有害な化学物質の使用の削減または排除のため，近年大きな注目を集めている。この手法で調製された MeO ナノ粒子は，従来の合成アプローチで得られたナノ粒子と比較して，毒性が低減されていることが多い。生物学的手法では，無害な前駆体を適度な反応条件で使用するため，物理的・化学的手法に比べてエネルギー消費量が少ない。典型的な合成法では，前駆体を細胞外または細胞内で還元する還元剤として働く植物または微生物からの生物学的抽出物が必要である。多くの場合，これらの抽出物はキャッピング剤として作用し，得られたナノ粒子の凝集を抑えて安定化させ，均質な合成を得る。さらに，生物学的手法では有毒な副産物の生成がないため，環境的に持続可能である。このルートで得られる MeO ナノ粒子は，無毒で生体適合性があり，生物医学応用に広く用いられるという利点がある。さら

に，これらの抽出物はナノ粒子表面に結合することにより，ナノ粒子の表面活性を高めることがわかっている。生物学的方法はさらに，植物を介する方法と微生物を介する方法に分類できる。

11.2.3.1 植物を介した合成

その環境に優しい性質と豊富な入手可能性から，植物を介する技術は MeO ナノ粒子の生合成のグリーンルートとして用いられてきた。一般に，植物の茎，葉，花，種子，果実，滲出液から抽出される天然由来の危険物がなく生分解性の物質が，金属塩前駆体を還元して MeO ナノ粒子を得るために用いられる。植物由来の抽出物には，ナノ粒子合成の還元剤として機能するさまざまな代謝物が含まれている。抽出物には，タンパク質，アミノ酸，フラボノイド，アルカロイド，ポリフェノール，テルペノイド，タンニン，多糖類，フェノール酸などの植物化学物質が含まれ，合成時に還元剤やキャッピング剤として作用する[33]。植物由来の抽出物には数多くの化学化合物が含まれるため，このような抽出物を用いて合成された MeO ナノ粒子の成長メカニズムの解明は複雑である。MeO ナノ粒子合成の過程で，これらの抽出物は還元剤，キャッピング剤，触媒，キレート剤の機能を担う可能性がある。単一の天然物質が，1 つ以上の機能を担ってナノ粒子の結晶成長段階を促進する可能性もある[34]。植物誘導体は，独特な形態の安定性の高い MeO ナノ粒子を生成することが知られている[34]。しかし，植物由来の化合物は抽出，単離，精製する必要があるため，植物由来の物質を用いた MeO ナノ構造の合成には，一般的に長い時間がかかる。得られたナノ粒子の特性は，植物抽出物の組成と濃度，前駆体の濃度，時間，温度，反応溶液の pH に大きく影響される。

11.2.3.2 微生物による合成

微生物を用いた合成は，MeO ナノ粒子製造のもう 1 つのグリーンな選択肢である。ここでは，ナノ構造を構築する安全で安価なツールとして，さまざまな微生物モデルが用いられている。MeO ナノ粒子の生産には，バクテリア，藻類，菌類，酵母，ウイルスなど，さまざまな微生物が用いられてきた[35]。微生物は，細胞外合成と細胞内合成の両方に用いられる。細胞外合成では，前駆体水溶液と遠心分離で回収した培養濾液を混合する。一方，細胞内合成では，最適条件で培養した微生物を滅菌水で十分に洗浄した後，前駆体溶液とインキュベートする[36]。この手法では化学反応が酵素反応に置き換えられるため，有毒廃棄物の発生が抑えられ，より環境的に持続可能なプロセスとなる。粒子径と分散性は，微生物の種類や菌株，培養液，温度，pH，時間，基質濃度，非標的イオンの含有量などのパラメーターの変更により調節できる[35]。微生物を用いる合成に伴う主な欠点は合成時間であり，これは数時間から数日の間で変動する。

11.3 金属酸化物ナノ粒子を用いた環境修復法

家庭，工業，農業に起因する環境汚染は，解決すべき主要な懸念事項の 1 つである。環境に存在する主な汚染物質には，無機物，有機物，微生物が含まれる。廃水に含まれる

無機汚染物質の大部分は重金属であり，発がん性や毒性が懸念される。水銀，カドミウム，クロム，鉛などの重金属は，毒性が高く分解率が低いため，高い関心を集めている。さらに，染料，殺虫剤，微量汚染物質などの有機汚染物質も，その危険性と有毒性から注目されている。これらの汚染物質は，鉱業，金属メッキ，製紙，殺虫剤，なめし革，製紙業などから排出される工業排水によって水域に到達する。大気，水，土壌の汚染物質を浄化する新しい方法が常に模索されている。MeO ナノ粒子は，その幅広い物理化学的特性により，環境浄化プロセスを前進させる可能性を秘めている。今日，MeO ナノ粒子の多くが，さまざまな応用のための高度な環境浄化技術に用いられている。MeO ナノ粒子は，数多くの形で環境浄化に用いられてきた。その中でも MeO ナノ粒子は，環境汚染物質を浄化する吸着剤，触媒，抗菌剤として広く用いられている。本節では，このような MeO ナノ粒子の環境汚染物質浄化メカニズムを簡単に紹介する。

11.3.1 吸　着

吸着はしばしば表面現象と呼ばれ，吸着剤の表面への原子や分子の吸着を伴う。このプロセスは，表面とイオンの相互作用によって駆動され，発熱反応である（図 11.2）。吸着は，廃水浄化のための効率的で費用効果の高いアプローチと考えられている。さらに，吸着は多くの場合可逆的であるため，効果的な脱着方法によって吸着剤を復元することが可能である。理想的な吸着材は，吸着速度が速く，吸着容量が大きく，経済的で，分離が容易でリサイクルでき，環境に優しいものでなければならない。汚染物質を除去する水処理には，数多くの吸着材が応用されている。MeO は早くも 1950 年代から水質浄化に用いられており，MeO ナノ粒子は，低コスト，優れた吸着効率，オーダーメイドの特性，再生性など，その独特な一連の特性により，水処理に広く用いられている[37]。MeO ナノ粒子は，その卓越した表面積により，大量の汚染水を処理でき，汚染物質を効果的に除去することができる。しかし，実用的な観点からは，吸着への MeO ナノ粒子をの効率的な利用には，いくつかの考慮事項に対処する必要がある。MeO ナノ粒子自体には本質的な

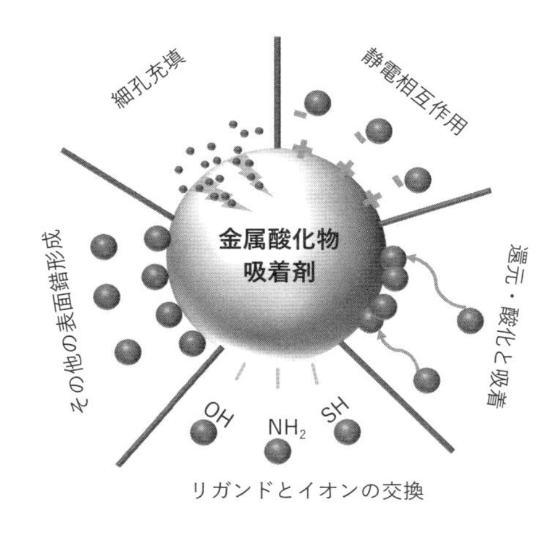

図 11.2　金属酸化物ナノ粒子のさまざまな吸着機構

毒性がなく，さらに豊富に入手可能でなければならない。酸化鉄，酸化アルミニウム，酸化亜鉛，酸化チタンなど，いくつかの MeO ナノ粒子はこれらの基準に適合するため，この目的で広く用いられている[38]。磁性酸化鉄は，安価で豊富に存在し，吸着容量が高く，磁場を用いて反応媒体から容易に除去できることから，特に注目されている[39]。さらに，MeO ナノ粒子の選択性は，官能基化により促進できる。

11.3.2 触媒作用

MeO ナノ粒子は，廃水の光触媒処理に広く用いられている。光触媒の技術は，紫外線（UV）または可視光の照射下で光触媒（通常は酸化物半導体）を活性化することにより，有機分子の部分的または完全な分解をもたらす酸化または還元プロセスの促進を伴う[40]。農薬，染料，医薬品廃棄物，その他の有機汚染物質など，環境に有害な汚染物質は，この手段での分解に成功している[41]。これらの汚染物質は，極性が高く難分解性であるため，深刻な生物濃縮を引き起こし，生態系に大きな影響を与える可能性がある。そのため，MeO 半導体ナノ粒子を利用した有機汚染物質の不均一光触媒作用が注目されている。光触媒の機構には，半導体 MeO ナノ粒子への十分なエネルギーを持つ光源を照射が関わる。これにより，価電子帯（VB）から伝導帯（CB）へと電子が励起され，強い反応性を持つ電子–正孔対が生成され，この電子–正孔対が表面吸着種に移動し，ヒドロキシラジカルなどの反応性種につながる。

これらのラジカルの酸化・還元傾向が強まることで，汚染物質の光分解が促進される[42]（図 11.3）。

$$\text{触媒} + h\nu \rightarrow e^-_{CB} + h^+_{VB} \tag{11.1}$$

$$e^-_{CB} + O_2 \rightarrow O_2^- \tag{11.2}$$

$$O_2^- + e^-_{CB} - 2H^+ \rightarrow {}^{\cdot}OH + OH^- \tag{11.3}$$

$$h^+_{VB} + H_2O \rightarrow H^+ + {}^{\cdot}OH \tag{11.4}$$

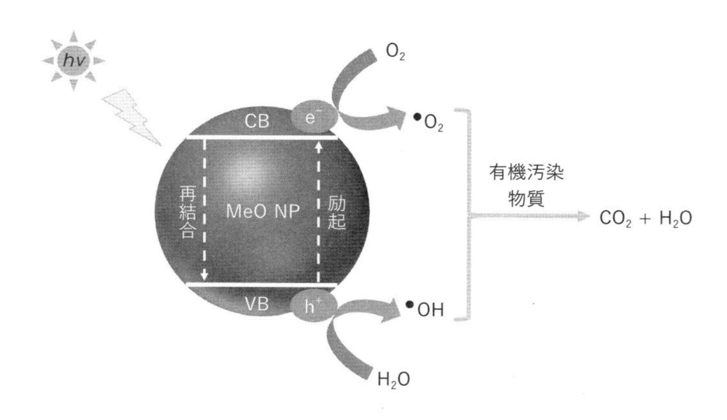

図 11.3 光触媒の基本原理を示す模式図

$$汚染物質 + {}^{\cdot}OH \rightarrow 分解物質（CO_2,\ H_2O,\ etc.） \qquad (11.5)$$

今日まで数多くの光触媒材料が研究されてきた。一般に，光触媒は非選択的であるが，光触媒の特性や反応条件の変更や，複合材料の使用で選択性を向上することができる[43]。TiO_2 は，数ある光触媒の中で最も網羅的に研究されてきた。その合成と光触媒応用について，いくつかの研究がなされている[44]。ZnO も優れた光触媒活性を持つ MeO ナノ粒子であり，液相ではなく気相での光分解に最適であるが，TiO_2 に比べて安定性に劣る[42]。TiO_2 や ZnO が広いバンド幅を持つとしても，ドーピングや欠陥工学を用いることで，可視光照射下での効果的な光触媒活性を可能にすることができる。ドーピングには，結晶格子への不純物の制御された取り込みが必要であり，空孔，アンチサイト，格子間原子などの欠陥の導入には欠陥工学が必要である。他の光触媒 MeO ナノ粒子には，WO_3[45]，Fe_2O_3[46, 47]，$SrTiO_3$[48]，SnO_2[49]，CuO[50]，Cu_2O[51]などがある。

11.3.3　抗菌活性

微生物に汚染された水は，さまざまな病気を引き起こす可能性があり，健康上の懸念事項である。大腸菌，サルモネラ菌，ビブリオ菌，赤痢菌，クリプトスポリジウムなどの微生物は，水中に広く存在し，その摂取によって健康問題を引き起こすことが知られている。このため，微生物感染症を管理・除去する新たな改良剤を探している環境，農業，ヘルスケア分野から大きな注目を集めている。MeO ナノ粒子は，殺菌効果と静菌効果の両方を示すことが報告されている。殺菌効果には細菌を殺す作用であり，静菌効果には細菌を殺さず繁殖を防ぐ作用である。MeO ナノ粒子の抗菌作用の機構の理解に数多くの研究が行われ，細菌の細胞壁や膜の直接的な機械的破壊，活性酸素種（ROS）の形成，粒子の内在化，金属イオンの放出など，いくつかの経路が提案されている[52]。最も一般的な機構として報告されているのは，MeO ナノ粒子表面でさまざまなイオン，小分子，フリーラジカル，スーパーオキシドイオンなどの活性酸素が生成され，細菌が死滅する酸化ストレスである[53]。抗菌特性の向上は，サイズ，結晶構造の欠陥，組成，表面電荷など，MeO ナノ粒子の物理化学的特徴と密接に関連する。例えば，より小さなナノ粒子（<20 nm）は細菌細胞に素早く侵入し，溶解時に有毒な金属イオンを放出する[54]。さらに，MeO ナノ粒子表面に存在する欠陥やエッジは，細菌細胞を切断することで抗菌効果をもたらすこともある。例えば，ZnO ナノ粒子の水溶液中への部分的な溶解により，不規則な表面テクスチャーを提供する粗いエッジやコーナーなどの表面欠陥が生成され，これが大腸菌の細胞膜を切断する可能性が示唆されている[54]。MeO ナノ粒子の表面電荷は抗菌特性に影響することが知られている。細菌表面と MeO ナノ粒子の間には静電的な吸着があり，それにより MeO ナノ粒子の効力が高まる可能性がある[55]。TiO_2，Fe_2O_3，CuO，SnO_2，WO_3 など，数多くの MeO ナノ粒子が抗菌特性を示し，複数の微生物を効率的に除去することが報告されている。

11.4 さまざまな金属酸化物ナノ粒子による修復

工業化の急速な進展と社会の近代化は，有毒で有害な性質を持つさまざまな汚染物質を生態系に放出することで，環境に打撃を与えてきた。ナノテクノロジーの出現は，環境浄化のための新たな技術開発に大きな道を提供した。その中でも MeO ナノ粒子は，吸着，光触媒，微生物の不活性化といった機構を通じ，環境浄化において大きな注目を集めている。長年にわたり，数多くの MeO ナノ粒子が開発され，汚染物質の処理に用いられてきた。最も一般的に用いられ，広く研究されている TiO_2，ZnO，鉄系酸化物，CuO，SnO_2，WO_3 などの MeO ナノ粒子について 4.1～4.8 節で議論する。

11.4.1 酸化チタンナノ粒子

酸化チタンナノ粒子は，その特異な特性，特に高い光感度，高い熱安定性，触媒効率，低コスト，豊富な供給量，無毒性により，環境浄化において重要な意義を持つ。TiO_2 ナノ粒子は，光触媒，吸着による有機・無機汚染物質の除去，廃水の殺菌などに用いられてきた。TiO_2 が環境浄化のさまざまな役割で用いられているが，TiO_2 ナノ粒子は光触媒に広く用いられている。TiO_2 ナノ粒子の特性は，粒径，結晶化度，結晶形態，表面水酸基密度，格子不純物，表面積に依存する。TiO_2 は，アナターゼ（正方晶），ルチル（正方晶），ブルッカイト（斜方晶）という 3 つの異なる相で存在する。アナターゼ相は粒子径が最も小さく，表面積が大きく，表面の水酸基濃度が高いため，3 つの相の中で光触媒活性が高い。有機物や無機物を含む広範な環境汚染物質は，TiO_2 ナノ粒子によって光触媒的に分解され，CO_2，H_2O，無害な無機陰イオンに無機化される可能性がある。TiO_2 による優れた光分解は，ヒドロキシラジカルと酸化力の強い正孔に起因する。酸化電位 2.8 eV の OH ラジカルは，ほとんどの有機汚染物質や生体分子を酸化し，無害な低分子化合物を生成する。TiO_2 ナノ粒子は，光触媒による汚染物質分解のための酸化力の発生において，トップクラスに位置する。光触媒に TiO_2 が最初に用いられたのは，1976 年に Carey らが水中のポリクロロビフェニルを酸化した時である[56]。それ以来，TiO_2 ナノ材料は，廃水中の有機または無機汚染物質酸化の潜在的な光触媒として用いられてきた[57]。TiO_2 ナノ材料は，染料[58]，農薬[59]，医薬品廃棄物[57]などいくつかの有機汚染物質[60]の分解に用いられている。有機汚染物質に加え，無機汚染物質も TiO_2 光触媒を用いて浄化することができる。TiO_2 光誘起のパーヒドロキシル（$^{\cdot}HO_2^-$）ラジカルやスーパーオキシド（$^{\cdot}O_2^-$）ラジカルは，金属イオンなどの溶存無機種を還元することができる。Hg(II)，Cd(II)，Cr(VI)，Ni(II)，Pb(II)などのいくつかの有毒金属イオンが，紫外線下で TiO_2 ナノ粒子を用いて還元されている[60](図 11.4)。

このような利点があるが，TiO_2 のバンドギャップエネルギーはアナターゼで 3.2 eV，ルチルでは 3.0 eV であり，活性化には波長 387 nm の紫外線照射が必要であり，光触媒光源としての自然太陽光を用いることができない。人工的な UV 光源はエネルギーコストが高いため，これは実際の応用には非現実的である。TiO_2 ナノ粒子に関連するもう 1 つの欠点は，電子と正孔の再結合による量子収率の低さであり，その結果，光触媒作用が停止する[61]。そのため，これらの制約の克服のため，いくつかの修飾技術が研究され

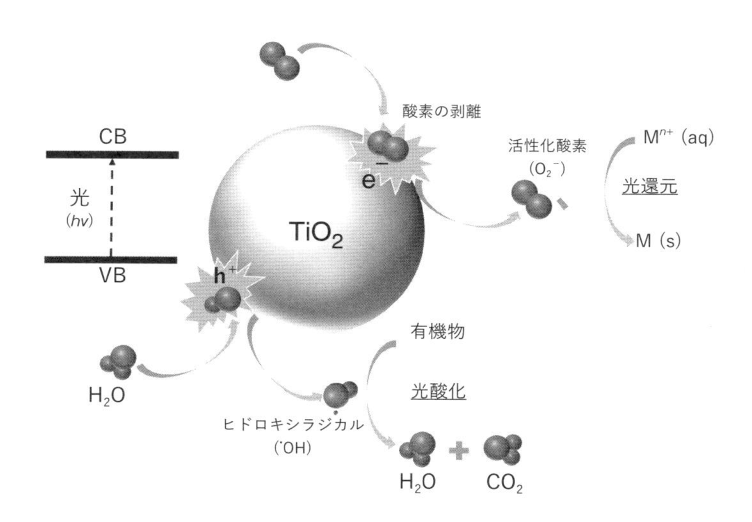

図 11.4　TiO_2 ナノ粒子を用いた光触媒分解の模式図

てきた。これらすべての研究の主な目的は，TiO_2 ナノ粒子のバンドギャップを小さくすることでナノ粒子の可視光活性化を可能にし，電子−正孔対の再結合速度を遅らせて光反応性を向上させることである。陰イオンのドーピング，金属イオンのドーピング，色素増感剤，二元酸化物の使用が，TiO_2 の修飾に用いられる最も一般的なアプローチである。

TiO_2 は光触媒として主要な応用を見出しているが，汚染物質の吸着にも用いられている。高濃度の汚染物質を含む濃い色の排水の場合，光の透過率が非常に低いため，光触媒のみでは適さないことがある。そのため，吸着と光触媒分解を組み合わせた解決策が適する[62]。例えば，Wang らは TiO_2 中空微小球を用いたメチレンブルーの吸着と，それに続く光触媒による完全な分解を行っている[63]。さらに TiO_2 ナノ粒子は，有機汚染物質[64]や重金属[65]を除去する吸着剤として用いられてきた。また TiO_2 ナノ粒子は，光触媒による微生物の不活性化にも用いられている。光触媒抗菌応用の分野では，TiO_2 ナノ粒子は最も研究されている材料の 1 つであり，細菌，ウイルス，真菌を含む危険な病原体の殺菌・不活性化に強い能力を示す[66]。TiO_2 は，微生物を破壊する活性酸素の発生を促進する光触媒的プロセスを利用して，病原体の拡散を妨げたり，少なくとも制限することで，病原体に対する防御を提供できる[67]。酸化チタン（TiO_2）ナノ粒子の殺生物特性は，光活性化に伴う基質表面での電荷キャリア，電子，正孔の操作の産物であり，その結果，強固で長期間持続する能力をもたらす[68]。殺生物効果をさらに理解するために，遊離金属イオンの生成や，ナノ複合体構造における TiO_2 ナノ粒子と他の材料や化合物との組み合わせから生じる相乗効果など，他の機構もいくつか提案されている[67]。病原性微生物に対する TiO_2 の毒性機能は，以下のように概説できる（図 11.5）。(i) ナノ粒子付着に起因する細胞壁の静電相互作用による脂質過酸化と細胞損傷，(ii) ナノ粒子による栄養担体障害による細胞質流動破壊，(iii) DNA/RNA と (iv) 細胞内成分の光触媒分解。

図 11.5　酸化チタンナノ粒子の殺生物機構の模式図

出典：De Pasquale ら[67]/MDPI/CC BY 4.0

11.4.2　酸化亜鉛ナノ粒子

ZnO は機能性 MeO であり，低コストで大規模に製造されるのが一般的で，触媒，センサー，エネルギー貯蔵，吸着，生物医学など，多くの分野で利用されている[69]。ZnO ナノ粒子は，その環境安定性と生体適合性から，光触媒，殺菌剤，吸着剤として，環境浄化のための効率的な材料として浮上してきた[70]。ZnO ナノ粒子は，近紫外線スペクトル領域における直接的で広いバンドギャップ，高い酸化力，優れた光触媒特性などの特異的な特性により，光触媒による廃水処理において TiO_2 ナノ粒子の代替候補として浮上している[71]。その上，ZnO は TiO_2 に匹敵する 3.3 eV のバンドギャップエネルギーを持つため，ZnO ナノ粒子の光触媒能は TiO_2 ナノ粒子に近い。しかし，ZnO ナノ粒子は TiO_2 ナノ粒子よりも低コストという利点がある。さらに，いくつかの半導体 MeOs と比べ，ZnO ナノ粒子は太陽スペクトルのより広いスペクトルとより多くの光量を吸収する[71]。ZnO 光触媒は，従来の光触媒よりも極めて低い濃度で汚染物質を酸化し，汚染物質を迅速に変換することが示されている[72]。ZnO ナノ粒子は，メチレンブルー[73]，メチルオレンジ[74]，4-ニトロフェノール[75]，2-ニトロフェノール[76]，2-クロロフェノール[77]，ビスフェノール A[78]，2,4-ジクロロフェノール[79]，その他多くの有機汚染物質の光触媒分解に用いられている[71, 80]。しかしながら，ZnO は TiO_2 ナノ粒子と同様の制限の課題がある。バンドギャップエネルギーが大きいため，ZnO ナノ粒子の光吸収も紫外光領域では TiO_2 ナノ粒子に近い制限を受ける。その上，光腐食は ZnO ナノ粒子の応用を妨げ，光生成電荷の急速な再結合をもたらし，光触媒効率の低下を引き起こす。ZnO ナノ粒子は，重金属や有機汚染物質除去の

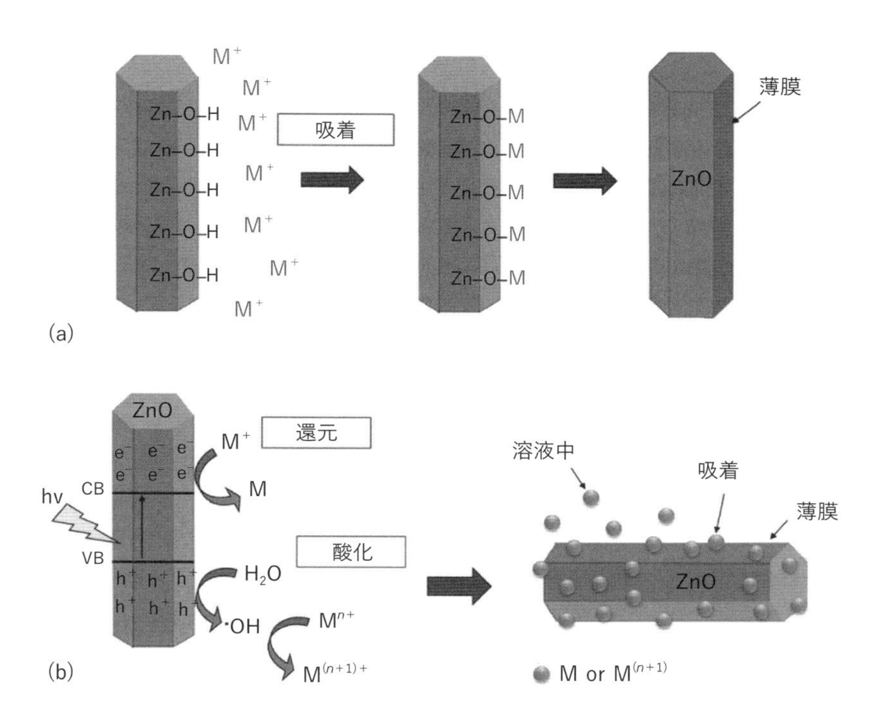

図 11.6　ZnO 粒子を用いた（a）吸着と（b）還元・酸化段階による重金属イオン除去のメカニズム

出典：Le ら[82]/Elsevier の許可を得て掲載

吸着剤として効果的に用いられてきた。汚染物質の吸着は，静電的相互作用，化学的沈殿，水素結合を介して進む[81]。この物理的吸着は，光生成した電子−正孔対による酸化や還元を伴うことが多い。例えば重金属の場合，重金属の酸化電位が h_{VB}^{+} より正でないときは酸化反応が起こり，金属の酸化還元電位が ZnO 粒子の e_{CB}^{-} レベルより正であるときは還元反応が起こる（図 11.6）。理論的には，Ag(I)イオン，Cr(VI)イオン，Cu(II)イオンは還元反応を起こし，Pb(II)イオンと Mn(II)イオンは酸化反応を起こすと考えられている[82]。

光触媒や吸着剤としての機能に加えて，ZnO ナノ材料は優れた抗菌特性を持つ。多くの微生物に対する ZnO ナノ材料の抗菌特性がいくつかの研究で確認されている[83]。ZnO ナノ粒子は，従来用いられてきた Ag ナノ粒子よりも比較的安価であるため，経済的な水消毒の代替となり得る。文献には，ZnO ナノ粒子の抗菌作用の経路がいくつか報告されている。最も一般的な抗菌メカニズムとして，活性酸素の発生，Zn^{2+} イオンの放出，研磨性ナノ粒子の相互作用による細胞壁の損傷などが報告されている[83]。

11.4.3　鉄系酸化物

鉄系酸化物は，豊富に入手でき，合成が容易で，毒性が低く，環境に優しいため，環境浄化において最も一般的に用いられる実現可能な材料である。卓越した表面電荷，酸化還元特性，温度誘起相転移のような多形性により，酸化鉄は環境浄化に広く用いられる

[84]。酸化鉄ナノ粒子は，磁性マグネタイト（Fe_3O_4）やマグヘマイト（γ-Fe_2O_4），非磁性ヘマタイト（α-Fe_2O_3）など，さまざまな形態で得られる。環境条件下では，ヘマタイトは最も安定した酸化鉄であり，他の酸化鉄の遷移の最終相でもある。ヘマタイトは，重金属や有機汚染物質の吸着・分解の浄化に広く用いられている。Fe_2O_3 は，バンドギャップエネルギーが 2.2 eV と低く，化学的安定性が高く，安価で豊富に存在し，無毒であるため，TiO_2 や ZnO などの他の材料よりも優れている[40]。これらの特性により，水質浄化の効率的な光触媒として用いられる。同様に，磁性と触媒特性を持つ γ-Fe_2O_3 ナノ粒子も大きな関心を集めている。半導体特性，化学的に活性な表面，高い磁化性により，光触媒や分離プロセスの理想的な候補となっている[85]。最も広く研究されているのは Fe_3O_4 で，Fe(II)と Fe(III)の両方を含む強磁性の黒色酸化鉄である。電子供与体として機能する能力を持つ Fe^{2+} 状態が存在するため，マグネタイトが好ましい形態である。Fe^{2+} と Fe^{3+} の隣接サイト間で起こりうる電子の非局在化により，Fe_3O_4 はより高い飽和磁化を示す。しかし，酸化的な条件下では，Fe_3O_4 は不安定であると認識されている[86]。

さまざまな汚染物質を除去する酸化鉄ナノ粒子の能力は，実験室とフィールドの両方の研究で実証されている[39]。重金属，染料，油，医薬品，農薬などの有機および無機化合物は，吸着により環境マトリックスから除去することができる[86]。酸化鉄ナノ粒子は，複雑なマトリックスからの有害金属イオンの高効率かつ選択的な吸着に広く用いられている。例えば，γ-Fe_2O_3 の格子 Fe^{3+}/加水分解表面と As(V)種との間に強い吸着親和性があるため，γ- Fe_2O_3 は As(V)吸着のための効果的な吸着剤とみなされてきた[87]。Fe_3O_4 は，Pb^{2+}，Hg^{2+}，Cu^{2+} などの異なる重金属の吸着に対して高い親和性を示すことが知られている。これにより，表面リガンドを介した重金属イオンの Fe_3O_4 への吸着が可能になる[88]。さらに，Fe_3O_4 は Fe^{2+} の存在により還元活性を示し，これも吸着プロセスを助ける。例えば，Fe_3O_4 は六価クロムを還元し，最終的にその表面に 3 価クロムを固定することができる[89]。静電吸着，磁気優先吸着，表面結合，リガンド結合など，いくつかの吸着メカニズムが提案されている[86]。汚染物質からの分離と回収は，廃水浄化

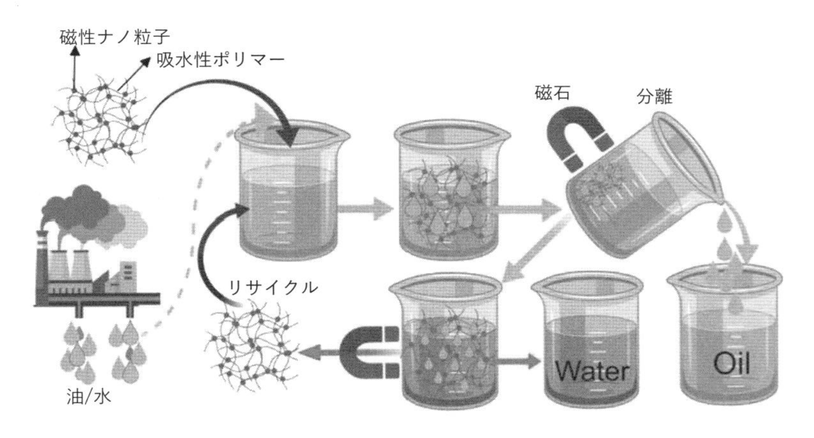

図 11.7 油水分離による産業廃水浄化に用いられる磁性ナノ粒子埋め込み吸着剤の模式図

出典：Ali ら[91]/Elsevier の許可を得て掲載

における ナノ材料の重要な欠点の1つである。特に，大量のナノ粒子を含む本格的な水処理施設では，ナノ粒子のろ過費用が膨大になる。凝集のプロセスには化学試薬の添加が必要である一方，自然沈殿は時間がかかる。磁性酸化鉄ナノ粒子を用いることで，これらの制約を回避できる。外部磁場の助けを借りれば，磁性 Fe_3O_4 と γ-Fe_2O_4 を媒体から素早く分離・回収でき，浄化プロセスに理想的な選択となる。外部磁場を取り除くと，もし超常磁性であれば，ナノ粒子は磁気モーメントを失い，単に再分散する。超常磁性は，ある粒径以下の酸化鉄磁性粒子で観察される[90]。このため，酸化鉄ナノ粒子を他のナノ粒子やポリマーの担体として用いることで，吸着剤や触媒の磁気的な回収が可能になる（図11.7）[39]。

11.4.4　酸化銅

酸化銅ナノ粒子，酸化銅（CuO），酸化第一銅（Cu_2O）は，そのユニークな物理化学的特性と優れた抗菌性から，環境浄化に用いられる。酸化銅ナノ粒子はバンドギャップを持つp型の狭帯域半導体であり，汚染物質の光触媒分解において重要な役割を果たしている。メチレンブルー，メチルレッド，クリスタルバイオレット，ローダミンB，アシッドレッド，重金属など，いくつかの有機汚染物質がCuOナノ粒子を用いて分解されている[92, 93]。さらに，CuOナノ粒子はCr(VI)，Pb(II)などの重金属の吸着にも用いられている[94, 95]。しかし，酸化銅ナノ粒子は抗菌特性でよく知られている。酸化銅のこの魅力的な特性は，商業用塗料，コーティング，布地，病院や農業への応用を可能にしている[96]。グラム陽性菌とグラム陰性菌に対するCuOとCu_2Oナノ粒子の抗菌活性は，さまざまな研究で報告されている[96, 97]。酸化銅ナノ粒子は，AuやAgナノ粒子のような高価な貴金属に比べて安価で豊富であることが，抗菌剤として注目されるようになった主な原動力である。酸化銅ナノ粒子の抗菌メカニズムは，文献でいくつか報告されている。酸化銅ナノ粒子の微生物に対する作用メカニズムには，酸化ストレスの生成と，銅，亜銅，Cu(II)，Cu(I)の酸化状態とCuイオンの溶出を交互に繰り返す性質が含まれる[98, 99]。酸化ストレスは発生した活性酸素発生の結果で，これが細胞膜を劣化させる（図11.8）[97]。

銅の異なる酸化状態間の酸化還元サイクルは，スーパーオキシドの生成につながり，これが微生物内の生体分子の分解に寄与する。細菌細胞内では，スルフヒドリルがCu(II)イオンを銅Cu(I)イオンに還元し，これらの還元イオンはCu(I)が駆動する活性酸素を介して酸化ストレスを誘導するのに有効であるという研究報告がある[100]。もう1つのメカニズムは，ナノ粒子からの銅イオンの溶出による殺菌反応である[101]。細菌細胞表面の豊富なアミン官能基とカルボキシル官能基の存在により，Cu^{2+}イオンを細胞内に引き寄せることができる[92]。さらに，銅酸化物（IおよびII）の抗菌活性は，酸化状態によって異なることが報告されている。Cu_2Oからの一価の銅（Cu(I)）イオンは，より高い親チオン性と細胞質膜透過性により，2価の銅イオン（Cu(II)）よりもかなり高い抗菌力を持つことが判明している[96, 102]。このような研究があるにもかかわらず，酸化銅が微生物を標的にする正確な経路は，文献に明確に記されていない。これらの事実にもかかわらず，酸化銅ナノ粒子の利用は，環境と人体への安全性の問題に関して，いまだ精査

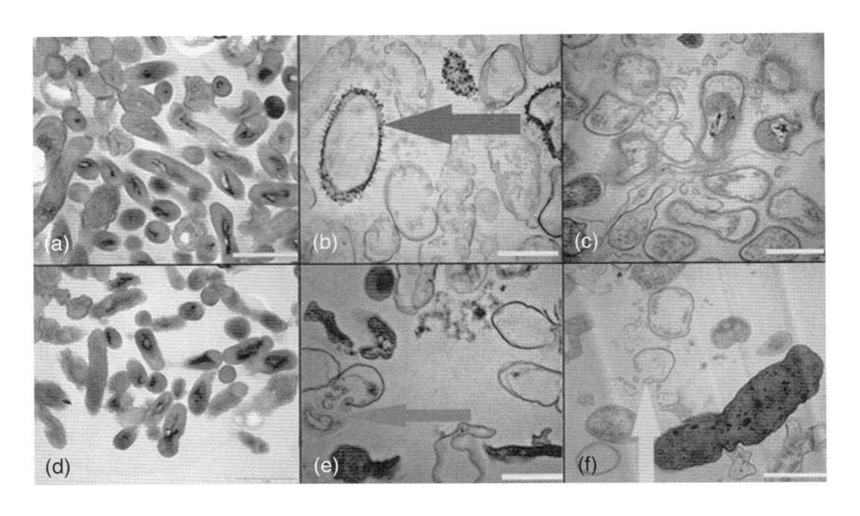

図 11.8　Cu_2O ナノ粒子の抗菌作用を示す透過型電子顕微鏡（TEM）像

(a) 未処理のグラム陽性枯草菌，(b) 100 μg/mL および c) 125 μg/mL のナノ粒子投与量による形態学的変化は，枯草菌表面への Cu_2O ナノ粒子の付着（濃いグレーの矢印），細胞壁の破裂および細胞質内容物の漏出を示す。subtilis 表面への Cu_2O ナノ粒子の付着（濃いグレーの矢印）と細胞壁の破裂および細胞質の漏出，(d) 未処理のグラム陰性緑膿菌，細胞壁の破裂，(e) 100 μg/mL および (f) 125 μg/mL のナノ粒子投与による細胞質内容物の漏出。薄い灰色の矢印はナノ粒子の菌体への結合と，それに伴う外膜からの細胞壁の剥離を示し，白い矢印は深刻な細胞質損傷を伴う低細胞密度領域を示す。出典：Bezza ら[99]/Springer Nature/CC BY 4.0

中である。酸化銅ナノ粒子の放出と消費については，まだ十分に調査されていない。銅の過剰摂取は，人体に有害なヒドロキシルラジカルの生成につながり，健康を害する可能性がある。

11.4.5　酸化スズナノ粒子

SnO_2 ナノ構造材料は，その合理的な設計構造と効果的な修飾によるバンドギャップの制御により，環境目的に有用な非常に大きな可能性を持つ。SnO_2 は 3.6 eV のバンドギャップエネルギーを持つ n 型半導体であり，有機汚染物質酸化の光触媒，固体ガスセンサー，重金属イオンや色素除去のための環境応用など，多くの技術的応用を提供する。また，SnO_2 の電子移動度は約 100–200 $cm^2/(V\ s)$ と高く，光励起された電子の移動が速いことを示している[103]。SnO_2 ナノ粒子は物理化学的・電気的特性が調整可能であるため，さまざまな繊維染料，医薬品，殺虫剤，その他の有機・無機汚染物質を分解する効果的な光触媒となりうる[104]。SnO_2 ナノ粒子はバンドギャップが大きいため，波長 350 nm の光子を用いた紫外領域での光活性化が可能である。SnO_2 ナノ粒子の適切な修飾により，バンドギャップエネルギーが減少し，光活性化への可視光の利用が可能になる[105]。さらに，SnO_2 ナノ粒子は人体による吸収が低く，副作用もない[106]。SnO_2 ナノ粒子は，染料[107]，芳香族化合物[108]，4-ニトロフェノール[106]，カルバマゼピン[109]，NO ガス[110]の光触媒分解や，Cd(II)や Pb(II)[104]などの重金属の吸着に用いられている。さらに，SnO_2 ナノ粒子は抗菌性を示すことも知られている[111]。

11.4.6　酸化タングステンナノ粒子

有望な光触媒効率を示す安価な半導体の中でも，WO_3 は，2.4～2.8 eV の小さな揺らぎのあるバンドギャップから生じる可視光駆動型の光触媒作用により，多くの注目を集めている。WO_3 の価電子帯電位は約 2.7～3.44 eV に近づくため，価電子帯で生成する正孔対は TiO_2 のような従来の光触媒に匹敵する高い能力を持つ[112]。こうした特性は，固有の結晶構造と欠陥から生じる[113]。価電子帯の正孔による高い酸化力，無毒性，存在量，安定した物理化学的特性など，WO_3 独自の特性により，環境浄化に効果的な材料となっている。WO_3 の光触媒性能は，光によって発生した電子−正孔対の再結合が速く，伝導帯準位が O_2/O_2^- の還元電位に比べてより正であるため，分解段階での O_2 の光触媒還元が非効率的であることが主な原因で制限されてきた[40]。これが WO_3 の大規模な使用を妨げているが，これらの制限の克服のためのいくつかの改質技術が報告されている[40]。WO_3 は，ダイアジノン[114]，アモキシシリン[115]，染料[116]，2−クロロフェノール[117]，医薬品汚染物質[118]など，いくつかの汚染物質の分解に用いられてきた。WO_3 ナノ粒子は可視光光触媒として広く研究されているが，その吸着特性はほとんど研究されていない。水生汚染物質の吸着に WO_3 ナノ粒子を用いた研究は，ほんの一握りしか報告されていない[119−121]。

11.4.7　その他の金属酸化物ナノ粒子

長年にわたり，環境浄化を目的とした他のナノ粒子もいくつか研究されてきた。酸化マグネシウム（MgO），酸化セリウム（CeO_2），酸化ジルコニウム（ZrO_2），酸化アルミニウム（Al_2O_3）などの MeO ナノ粒子は，吸着剤，触媒，殺菌剤として浄化に用いられてきた。MgO は，その無毒性，原料の入手可能性，低コスト，環境的に安全な特性から，吸着剤や抗菌剤としてよく用いられてきた。MgO は，有機染料の光触媒分解[122]，重金属の吸着[123]，微生物の除去[124]などに用いられている。セリウムとしても知られる CeO_2 は，Ce^{4+}/Ce^{3+} の可逆的な酸化状態など，魅力的な特性を持つ MeO ナノ粒子の一種である。これにより表面に酸素空孔が生じ，電子が局在化するため，酸素や酸素含有化合物のナノ粒子上への拡散が可能になる[125]。さらに，これらは豊富な希土類元素であり，毒性が低く，反応媒体中で高い安定性を示す[126]。CeO_2 は多価であるため，いくつかの金属錯体を形成することができる。CeO_2 ナノ粒子のもう 1 つの大きな特徴は，pH 8 で電荷がゼロになることである。つまり pH 8 未満では正に帯電し，pH 8 以上では負に帯電する[127]。このため，CeO_2 ナノ粒子は，さまざまな有機・無機汚染物質を吸着する材料として注目されている[127]。バンドギャップが約 3.2 eV の n 型半導体である CeO_2 は，汚染物質の光触媒分解や殺生物性にも応用されている[125]。約 5 eV のバンドギャップを持つワイドギャップ n 型半導体である ZrO_2 も，汚染物質の光触媒分解に用いられる興味深い MeO ナノ粒子である。バンドギャップが広いため，光生成した電荷キャリアは高い酸化還元能力を示す。ZrO_2 ナノ粒子の光触媒特性は，その結晶構造と相変態に大きく依存する。また，ZrO_2 ナノ粒子は，その高い物理的・化学的安定性，無毒性，表面の酸と塩基の両方の中心の存在から生じるユニークな吸着ポテンシャルにより，

有望な吸着材料である。ZrO_2 ナノ粒子は，リン酸塩，フッ化物，ヒ素の吸着において，ルイス酸-塩基相互作用による高い特異的親和性を示す[128]。アルミナは，その卓越した構造特性，低コスト，低毒性により，環境浄化における吸着剤として用いられる一般的な MeO ナノ粒子の 1 つである。アルミナには α，β，γ，η，θ，κ，χ などさまざまな多形が存在するが，廃水からの有機染料や重金属の除去には γ-Al_2O_3 が最も一般的に用いられる多形である[129]。しかし，中性 pH では γ- Al_2O_3 は負の電荷密度が低く，汚染物質と γ- Al_2O_3 表面の間の静電引力が弱いため，陽イオン汚染物質の除去への使用の妨げとなっている。この制限は，イオン性界面活性剤を用いたナノ粒子の修飾により，有機汚染物質と無機汚染物質の両方の除去効率を向上させることで克服できる可能性がある[130, 131]。Al_2O_3 は 8.7 eV という大きなバンドギャップを持つ電気絶縁性であるため，光触媒における Al_2O_3 の使用は，光触媒自体の中心的な役割よりも，他の光触媒の高表面積担体として機能する担体としての役割や，光化学的に不活性なバリアとしての役割に限定されている[132]。

11.5　結論と展望

金属酸化物ナノ粒子は，科学，技術，工学のさまざまな分野における応用の可能性が広く認識されている。そのユニークな一連の特性を考えれば，この不思議な材料が環境浄化への道を切り開いたことは驚くことではない。現在までに非常に興味深いサイズや形状，機能性を持つ MeO ナノ粒子が幅広く開発されてきた。これは，オーダーメイドの特性，対応する寸法，形状，形態，組成，結晶設計，単分散性など，さまざまなナノ粒子合成ルートの改善に影響し，ひいては汚染物質との相互作用を決める。MeO ナノ粒子は物理的，化学的，生物学的手法によって得られてきたが，MeO ナノ粒子の合成への有害な化学物質の使用による環境への懸念から，多くの研究者が生物学的なグリーン・アプローチの使用に重点を移している。さらに，MeO ナノ粒子合成の生物学的アプローチは，環境的に安全で，費用対効果が高く，容易である。このような利点があるが，再現性，大量生産，生物学的手法による MeO ナノ粒子製造の詳細な機構について，明確に取り組む必要がある。

MeO ナノ粒子は得られる構造的・機能的変異が多様であるため，環境浄化のための研究が最も必要な科学分野の 1 つとして続けられている。しかし，実用化に伴う問題には効率的に対処する必要がある。所望の特性を持つ MeO ナノ粒子の設計と開発を合理的に最適化し，汚染物質除去に応用することが必要である。MeO ナノ粒子に基づく環境浄化法は文献で広く報告されているが，まだ探求すべき研究分野がある。MeO ナノ粒子を検討する際に注目しなければならない主な側面の 1 つは，実験室から工業規模へのスケールアップの観点拡張性である。環境浄化の要求の達成には，MeO ナノ粒子の大規模な経済的生産が不可欠である。また，低コストで環境への影響が最も少ない MeO，溶媒，半導体への添加物，その他の化学物質を見つけることも課題である。これまでのところ，相当数の MeO ナノ粒子が文献に報告されているが，商業応用に至ったのは TiO_2 と ZnO だけである[133, 134]。磁気分離が簡単なため，磁性酸化鉄ナノ粒子も商業目的で探索さ

れている[135]。

さらに，文献報告されている環境レメディエーションの仕事のほとんどは，実験室条件下で実施されている。実生活の条件下で実験が行われた報告は，ほんの一握りしかない。このため，無数の妨害物質が存在する実生活の条件下での MeO ナノ粒子の実用性の評価は困難である。処理された媒体からの MeO ナノ粒子の分離は不可欠だが，残留する MeO ナノ粒子の環境や人体への影響の理解も非常に重要であり，この理解のためには，さらに多くの研究が必要である。

謝 辞

著者らは，チェコ共和国教育・青年・スポーツ省によるプロジェクト番号 LM2018124 の支援を受けた研究基盤 NanoEnviCz の支援に謝意を表する。また，本研究は，チェコ共和国教育・青年・スポーツ省および欧州連合（EU）欧州構造・投資基金による研究・開発・教育運営プログラム「階層構造用ハイブリッド材料プロジェクト（HyHi，登録番号 CZ.02.1.01/0.0/16_019/0000843）の支援を受けている。

本研究は，また，バイエルン・チェコ学術庁（BTHA）による「食品包装応用のための樹木ガムポリマーおよびその改質バイオプラスチック」プロジェクト（登録番号 LTAB19007 および BTHA-JC2019-26）およびチェコ共和国教育・青年・スポーツ省による「インター・エクセレンス-アクション・プログラム」のなかのプロジェクト「機能化樹木ガム多糖類に基づくバイオベースの多孔性 2 次元膜および 3 次元スポンジとその環境応用」（登録番号 LTAUSA19091）の支援も受けている。TUL 内部番号：18309/136。

References

［1］Gopinath, K.P., Vo, D.V.N., Prakash, D.G. et al. (2020). Environmental applications of carbon-based materials: a review. *Environmental Chemistry Letters* Springer 1: 3.

［2］Fadlalla, M.I., Senthil Kumar, P., Selvam, V., and Ganesh Babu, S. (2019). Recent advances in nanomaterials for wastewater treatment. In: *Advanced Nanostructured Materials for Environmental Remediation* (ed. M. Naushad, S. Rajendran and F. Gracia), 21-58. Cham, Switzerland: Springer.

［3］Guerra, F.D., Attia, M.F., Whitehead, D.C., and Alexis, F. (2018). Nanotechnology for environmental remediation: materials and applications. *Molecules* MDPI AG 23: 1760.

［4］Bhandari, G. (2018). Environmental nanotechnology: applications of nanoparticles for bioremediation. In: *Approaches in Bioremediation* (ed. R. Prasad and E. Aranda), 301-315. Cham, Switzerland: Springer International Publishing.

［5］Rani, M. and Shanker, U. (2020). Remediation of organic pollutants by potential functionalized nanomaterials. In: *Handbook of Functionalized Nanomaterials for Industrial Applications* (ed. C.M. Hussain), 327-398. Elsevier.

［6］Escorihuela, L., Martorell, B., Rallo, R., and Fernández, A. (2018). Toward computational and experimental characterisation for risk assessment of metal oxide nanoparticles. *Environmental Science: Nano Royal Society of Chemistry* 5: 2241-2251.

［7］Ganachari, S.V., Hublikar, L., Yaradoddi, J.S., and Math, S.S. (2019). Metal oxide nanomaterials for environmental applications. In: *Handbook of Ecomaterials* (ed. L. Myriam, T. Martínez, O.V. Kharissova and B.I. Kharisov), 2357-2368. Cham, Switzerland: Springer International Publishing.

［8］Jun, Y.W., Seo, J.W., and Cheon, J. (2008). Nanoscaling laws of magnetic nanoparticles and their applicabilities in biomedical sciences. *Accounts of Chemical Research* 41 (2): 179-189.

［9］Franke, M.E., Koplin, T.J., and Simon, U. (2006). Metal and metal oxide nanoparticles in chemiresistors:

does the nanoscale matter? *Small* 2: 36-50.

[10] Sengul, A.B. and Asmatulu, E. (2020). Toxicity of metal and metal oxide nanoparticles: a review. *Environmental Chemistry Letters* 18: 1659-1683.

[11] Kalita, E. and Baruah, J. (2020). Environmental remediation. In: *Colloidal Metal Oxide Nanoparticles* (ed. S. Thomas, A.T. Sunny and P. Velayudhan), 525-576. Elsevier.

[12] Vallejos, S., Di Maggio, F., Shujah, T., and Blackman, C. (2016). Chemical vapour deposition of gas sensitive metal oxides. *Chemosensors* 4 (1): 4.

[13] Mathur, S., Singh, A.P., Müller, R. et al. (2012). Metal-organic chemical vapor deposition of metal oxide films and nanostructures. In: *Ceramics Science and Technology* (ed. R. Riedel and I. Chen), 291-336. Weinheim, Germany: Wiley-VCH.

[14] Vallejos, S., Stoycheva, T., Umek, P. et al. (2011). Au nanoparticle-functionalised WO3 nanoneedles and their application in high sensitivity gas sensor devices. *Chemical Communications* 47 (1): 565-567.

[15] Stankic, S., Müller, M., Diwald, O. et al. (2005). Size-dependent optical properties of MgO nanocubes. *Angewandte Chemie International Edition* 44 (31): 4917-4920.

[16] Famili, Z., Dorranian, D., and Sari, A.H. (2020). Laser ablation-assisted synthesis of tungsten sub-oxide ($W_{17}O_{47}$) nanoparticles in water: effect of laser fluence. *Optical and Quantum Electronics* 52 (6): 305.

[17] Fakhari, M., Torkamany, M.J., Mirnia, S.N., and Elahi, S.M. (2018). UV-visible light-induced antibacterial and photocatalytic activity of half harmonic generator WO_3 nanoparticles synthesized by Pulsed Laser Ablation in water. *Optical Materials (Amsterdam)* 85: 491-499.

[18] Solati, E. and Dorranian, D. (2016). Effect of temperature on the characteristics of ZnO nanoparticles produced by laser ablation in water. *Bulletin of Materials Science* 39 (7): 1677-1684.

[19] Zamiri, R., Zakaria, A., Ahangar, H.A. et al. (2012). Aqueous starch as a stabilizer in zinc oxide nanoparticle synthesis via laser ablation. *Journal of Alloys and Compounds* 516: 41-48.

[20] Semaltianos, N.G. (2015). Nanoparticles by laser ablation of bulk target materials in liquids. In: *Handbook of Nanoparticles* (ed. M. Aliofkhazraei), 1-22. Cham, Switzerland: Springer International Publishing.

[21] Šepelák, V., Bégin-Colin, S., and Le Caër, G. (2012). Transformations in oxides induced by high-energy ball-milling. Dalton Transactions. *The Royal Society of Chemistry* 41: 11927-11948.

[22] Soytaş, S.H., Ŏguz, O., and Menceloğlu, Y.Z. (2018). Polymer nanocomposites with decorated metal oxides. In: *Polymer Composites with Functionalized Nanoparticles: Synthesis, Properties, and Applications* (ed. K. Pielichowski and T.M. Majka), 287-323. Elsevier.

[23] Nawaz, M., Sliman, Y., Ercan, I. et al. (2018). Magnetic and pH-responsive magnetic nanocarriers. In: *Stimuli Responsive Polymeric Nanocarriers for Drug Delivery Applications: Advanced Nanocarriers for Therapeutics*, vol. 2 (ed. A.S.H. Makhlouf and N.Y. Abu-Thabit), 37-85. Elsevier.

[24] Huang, G., Lu, C.H., and Yang, H.H. (2018). Magnetic nanomaterials for magnetic bioanalysis. In: *Novel Nanomaterials for Biomedical, Environmental and Energy Applications* (ed. X. Wang and X. Chen), 89-109. Elsevier.

[25] Clemons, T.D., Kerr, R.H., and Joos, A. (2019). Multifunctional magnetic nanoparticles: design, synthesis, and biomedical applications. In: *Comprehensive Nanoscience and Nanotechnology* (ed. D.L. Andrews, R.H. Lipson and T. Nann), 193-210. Elsevier.

[26] Prasad, S., Kumar, V., Kirubanandam, S., and Barhoum, A. (2018). Engineered nanomaterials: nanofabrication and surface functionalization. In: *Emerging Applications of Nanoparticles and Architectural Nanostructures: Current Prospects and Future Trends* (ed. A. Barhoum and A.S.H. Makhlouf), 305-340. Elsevier Inc.

[27] de Oliveira Sousa Neto, V., Freire, T.M., Saraiva, G.D. et al. (2019). Water treatment devices based on

zero-valent metal and metal oxide nanomaterials. In: *Nanomaterials Applications for Environmental Matrices: Water, Soil and Air* (ed. R.F. do Nascimento, O.P. Ferreira, A.J. De Paula and V.O.S. de Neto), 187–225. Elsevier.

[28] Rane, A.V., Kanny, K., Abitha, V.K., and Thomas, S. (2018). Methods for synthesis of nanoparticles and fabrication of nanocomposites. In: *Synthesis of Inorganic Nanomaterials* (ed. S.M. Bhagyaraj, O.S. Oluwafemi, N. Kalarikkal and S. Thomas), 121–139. Elsevier.

[29] Nunes, D., Pimentel, A., Santos, L. et al. (2019). Synthesis, design, and morphology of metal oxide nanostructures. In: *Metal Oxide Nanostructures* (ed. D. Nunes, A. Pimentel and L. Santos), 21–57. Elsevier.

[30] Ashik, U.P.M., Kudo, S., and Hayashi, J. (2018). An overview of metal oxide nanostructures. In: *Synthesis of Inorganic Nanomaterials* (ed. S.M. Bhagyaraj, O.S. Oluwafemi, N. Kalarikkal and S. Thomas), 19–57. Elsevier.

[31] Du, L., Du, Y., Li, Y. et al. (2010). Surfactant-assisted solvothermal synthesis of $Ba(CoTi)_xFe_{12-2x}O_{19}$ nanoparticles and enhancement in microwave absorption properties of polyaniline. *Journal of Physical Chemistry C* 114 (46): 19600–19606.

[32] Grabowska, E., Marchelek, M., Paszkiewicz-Gawron, M., and Zaleska-Medynska, A. (2018). Metal oxide photocatalysts. In: *Metal Oxide-Based Photocatalysis: Fundamentals and Prospects for Application* (ed. G. Korotcenkov), 51–209. Elsevier.

[33] Zare, E.N., Padil, V.V.T., Mokhtari, B. et al. (2020). Advances in biogenically synthesized shaped metal- and carbon-based nanoarchitectures and their medicinal applications. *Advances in Colloid and Interface Science*. Elsevier B.V. 283: 102236.

[34] Yuliarto, B., Septiani, N.L.W., Kaneti, Y.V. et al. (2019). Green synthesis of metal oxide nanostructures using naturally occurring compounds for energy, environmental, and bio-related applications. *New Journal of Chemistry* 43 (40): 15846–15856.

[35] Gebre, S.H. and Sendeku, M.G. (2019). New frontiers in the biosynthesis of metal oxide nanoparticles and their environmental applications: an overview. *SN Applied Sciences* 1 (8): 1–28.

[36] Ali, M.A., Ahmed, T., Wu, W. et al. (2020). Advancements in plant and microbe-based synthesis of metallic nanoparticles and their antimicrobial activity against plant pathogens. *Nanomaterials* 10 (6): 1146.

[37] Wang, L., Shi, C., Pan, L. et al. (2020). Rational design, synthesis, adsorption principles and applications of metal oxide adsorbents: a review. Nanoscale. *Royal Society of Chemistry* 12: 4790–4815.

[38] Anastopoulos, I., Hosseini-Bandegharaei, A., Fu, J. et al. (2018). Use of nanoparticles for dye adsorption: review. *Journal of Dispersion Science and Technology* 39 (6): 836–847.

[39] Gutierrez, A.M., Dziubla, T.D., and Hilt, J.Z. (2017). Recent advances on iron oxide magnetic nanoparticles as sorbents of organic pollutants in water and wastewater treatment. Reviews on Environmental Health. *Walter de Gruyter GmbH* 32: 111–117.

[40] Theerthagiri, J., Chandrasekaran, S., Salla, S. et al. (2018). Recent developments of metal oxide based heterostructures for photocatalytic applications towards environmental remediation. *Journal of Solid State Chemistry* 267: 35–52.

[41] Danish, M.S.S., Bhattacharya, A., Stepanova, D. et al. (2020). A systematic review of metal oxide applications for energy and environmental sustainability. *Metals (Basel)* 10 (12): 1604.

[42] Djurišić, A.B., Leung, Y.H., and Ng, A.M.C. (2014). Strategies for improving the efficiency of semiconductor metal oxide photocatalysis. *Materials Horizons* 1: 400–410.

[43] Bakbolat, B., Daulbayev, C., Sultanov, F. et al. (2020). Recent developments of TiO_2-based photocatalysis in the hydrogen evolution and photodegradation: a review. *Nanomaterials* 10 (9): 1790.

[44] Reza, K.M., Kurny, A., and Gulshan, F. (2017). Parameters affecting the photocatalytic degradation of dyes using TiO_2: a review. *Applied Water Science* 7 (4): 1569–1578.

[45] Liu, X., Zhai, H., Wang, P. et al. (2019). Synthesis of a WO_3 photocatalyst with high photocatalytic activity and stability using synergetic internal Fe^{3+} doping and superficial Pt loading for ethylene degradation under visible-light irradiation. *Catalysis Science & Technology* 9 (3): 652–658.

[46] Mishra, M. and Chun, D.M. (2015). α-Fe_2O_3 as a photocatalytic material: a review. *Applied Catalysis A: General* 498: 126–141.

[47] Hitam, C.N.C. and Jalil, A.A. (2020). A review on exploration of Fe_2O_3 photocatalyst towards degradation of dyes and organic contaminants. *Journal of Environmental Management. Academic Press* 258: 110050.

[48] Konstas, P.-S., Konstantinou, I., Petrakis, D., and Albanis, T. (2018). Development of $SrTiO_3$ photocatalysts with visible light response using amino acids as dopant sources for the degradation of organic pollutants in aqueous systems. *Catalysts* 8 (11): 528.

[49] Li, Y., Yang, Q., Wang, Z. et al. (2018). Rapid fabrication of SnO_2 nanoparticle photocatalyst: computational understanding and photocatalytic degradation of organic dye. *Inorganic Chemistry Frontiers* 5 (12): 3005–3014.

[50] Raizada, P., Sudhaik, A., Patial, S. et al. (2020). Engineering nanostructures of CuO-based photocatalysts for water treatment: current progress and future challenges. *Arabian Journal of Chemistry* 13 (11): 8424–8457.

[51] Koiki, B.A. and Arotiba, O.A. (2020). Cu_2O as an emerging semiconductor in photocatalytic and photoelectrocatalytic treatment of water contaminated with organic substances: a review. *RSC Advances* 10: 36514–36525.

[52] Stankic, S., Suman, S., Haque, F., and Vidic, J. (2016). Pure and multi metal oxide nanoparticles: synthesis, antibacterial and cytotoxic properties. *Journal of Nanobiotechnology*. BioMed Central Ltd. 14: 73.

[53] Dizaj, S.M., Lotfipour, F., Barzegar-Jalali, M. et al. (2014). Antimicrobial activity of the metals and metal oxide nanoparticles. *Materials Science and Engineering C* 44: 278–284.

[54] Sirelkhatim, A., Mahmud, S., Seeni, A. et al. (2015). Review on zinc oxide nanoparticles: antibacterial activity and toxicity mechanism. *Nano-Micro Letters SpringerOpen* 7: 219–242.

[55] Zhang, L., Ding, Y., Povey, M., and York, D. (2008). ZnO nanofluids – a potential antibacterial agent. *Progress in Natural Science* 18 (8): 939–944.

[56] Carey, J.H., Lawrence, J., and Tosine, H.M. (1976). Photodechlorination of PCB's in the presence of titanium dioxide in aqueous suspensions. *Bulletin of Environmental Contamination and Toxicology* 16 (6): 697–701.

[57] Sarkar, S., Das, R., Choi, H., and Bhattacharjee, C. (2014). Involvement of process parameters and various modes of application of TiO_2 nanoparticles in heterogeneous photocatalysis of pharmaceutical wastes – a short review. *RSC Advances* 4: 57250–57266.

[58] Sathiyan, K., Bar-Ziv, R., Mendelson, O., and Zidki, T. (2020). Controllable synthesis of TiO_2 nanoparticles and their photocatalytic activity in dye degradation. *Materials Research Bulletin* 126: 110842.

[59] Varma, K.S., Tayade, R.J., Shah, K.J. et al. (2020). Photocatalytic degradation of pharmaceutical and pesticide compounds (PPCs) using doped TiO_2 nanomaterials: a review. *Water-Energy Nexus* 3: 46–61.

[60] Lan, Y., Lu, Y., and Ren, Z. (2013). Mini review on photocatalysis of titanium dioxide nanoparticles and their solar applications. *Nano Energy* 2: 1031–1045.

[61] Wang, M.C., Lin, H.J., Wang, C.H., and Wu, H.C. (2012). Effects of annealing temperature on the photocatalytic activity of N-doped TiO_2 thin films. *Ceramics International* 38 (1): 195–200.

[62] Chen, F., Fang, P., Gao, Y. et al. (2012). Effective removal of high-chroma crystal violet over TiO_2-based nanosheet by adsorption-photocatalytic degradation. *Chemical Engineering Journal* 204, 205: 107-113.

[63] Wang, R., Cai, X., and Shen, F. (2014). TiO_2 hollow microspheres with mesoporous surface: superior adsorption performance for dye removal. *Applied Surface Science* 305: 352-358.

[64] Jiang, Z., Wickramasinghe, S., Tsai, Y.H. et al. (2020). Modeling and experimental studies on adsorption and photocatalytic performance of nitrogen-doped TiO_2 prepared via the sol-gel method. *Catalysts* 10 (12): 1449.

[65] Nazari, A., Nakhaei, M., and Yari, A.R. (2020). Arsenic adsorption by TiO_2 nanoparticles under conditions similar to groundwater: batch and column studies. *International Journal of Environmental Research* 15 (3): 1-13.

[66] Khezerlou, A., Alizadeh-Sani, M., Azizi-Lalabadi, M., and Ehsani, A. (2018). Nanoparticles and their antimicrobial properties against pathogens including bacteria, fungi, parasites and viruses. *Microbial Pathogenesis* 123: 505-526.

[67] De Pasquale, I., Lo Porto, C., Dell'Edera, M. et al. (2020). Photocatalytic TiO_2-based nanostructured materials for microbial inactivation. *Catalysts* 10 (12): 1382.

[68] Reddy, P.V.L., Kavitha, B., Reddy, P.A.K., and Kim, K.H. (2017). TiO_2-based photocatalytic disinfection of microbes in aqueous media: a review. *Environmental Research* 154: 296-303.

[69] Lei, C., Pi, M., Jiang, C. et al. (2017). Synthesis of hierarchical porous zinc oxide (ZnO) microspheres with highly efficient adsorption of Congo red. *Journal of Colloid and Interface Science* 490: 242-251.

[70] Mirzaeifard, Z., Shariatinia, Z., Jourshabani, M., and Rezaei Darvishi, S.M. (2020). ZnO photocatalyst revisited: effective photocatalytic degradation of emerging contaminants using S-doped ZnO nanoparticles under visible light radiation. *Industrial and Engineering Chemistry Research* 59 (36): 15894-15911.

[71] Ong, C.B., Ng, L.Y., and Mohammad, A.W. (2018). A review of ZnO nanoparticles as solar photocatalysts: synthesis, mechanisms and applications. *Renewable and Sustainable Energy Reviews*. Elsevier Ltd. 81: 536-551.

[72] Kumar, N., Bhadwal, A.S., Garg, M. et al. (2017). Photocatalytic and antibacterial biomimetic ZnO nanoparticles. *Analytical Methods* 9 (33): 4776-4782.

[73] Gupta, A., Saurav, J.R., and Bhattacharya, S. (2015). Solar light based degradation of organic pollutants using ZnO nanobrushes for water filtration. *RSC Advances* 5 (87): 71472-71481.

[74] Sultana, K.A., Islam, M.T., Silva, J.A. et al. (2020). Sustainable synthesis of zinc oxide nanoparticles for photocatalytic degradation of organic pollutant and generation of hydroxyl radical. *Journal of Molecular Liquids* 307: 112931.

[75] Divband, B., Khatamian, M., Eslamian, G.R.K., and Darbandi, M. (2013). Synthesis of Ag/ZnO nanostructures by different methods and investigation of their photocatalytic efficiency for 4-nitrophenol degradation. *Applied Surface Science* 284: 80-86.

[76] Assi, N., Mohammadi, A., Sadr Manuchehri, Q., and Walker, R.B. (2015). Synthesis and characterization of ZnO nanoparticle synthesized by a microwave-assisted combustion method and catalytic activity for the removal of ortho-nitrophenol. *Desalination and Water Treatment* 54 (7): 1939-1948.

[77] Ba-Abbad, M.M., Kadhum, A.A.H., Mohamad, A.B. et al. (2013). Visible light photocatalytic activity of Fe3 +-doped ZnO nanoparticle prepared via sol-gel technique. *Chemosphere* 91 (11): 1604-1611.

[78] Bechambi, O., Sayadi, S., and Najjar, W. (2015). Photocatalytic degradation of bisphenol A in the presence of C-doped ZnO: effect of operational parameters and photodegradation mechanism. *Journal of Industrial and Engineering Chemistry* 32: 201-210.

[79] Sin, J.C., Lam, S.M., Lee, K.T., and Mohamed, A.R. (2013). Photocatalytic performance of novel samarium-doped spherical-like ZnO hierarchical nanostructures under visible light irradiation for

2,4-dichlorophenol degradation. *Journal of Colloid and Interface Science* 401: 40-49.
[80] Yashni, G., Al-Gheethi, A., Mohamed, R. et al. (2020). Photocatalysis of xenobiotic organic compounds in greywater using zinc oxide nanoparticles: a critical review. *Water and Environment Journal* 35: 190-217.
[81] Zhang, F., Chen, X., Wu, F., and Ji, Y. (2016). High adsorption capability and selectivity of ZnO nanoparticles for dye removal. Colloids and Surfaces A: *Physicochemical and Engineering Aspects* 509: 474-483.
[82] Le, A.T., Pung, S.Y., Sreekantan, S. et al. (2019). Mechanisms of removal of heavy metal ions by ZnO particles. *Heliyon* 5 (4): e01440.
[83] Dimapilis, E.A.S., Hsu, C.S., Mendoza, R.M.O., and Lu, M.C. (2018). Zinc oxide nanoparticles for water disinfection. Sustainable Environment Research. *Chinese Institute of Environmental Engineering* 28: 47-56.
[84] Zhang, C., Yu, Z., Zeng, G. et al. (2016). Phase transformation of crystalline iron oxides and their adsorption abilities for Pb and Cd. *Chemical Engineering Journal* 284: 247-259.
[85] Ajinkya, N., Yu, X., Kaithal, P. et al. (2020). Magnetic iron oxide nanoparticle (IONP) synthesis to applications: present and future. *Materials MDPI AG* 13: 1-35.
[86] Pang, Y.L., Lim, S., Ong, H.C., and Chong, W.T. (2016). Research progress on iron oxide-based magnetic materials: synthesis techniques and photocatalytic applications. *Ceramics International* 42 (1): 9-34.
[87] Tuutijärvi, T., Lu, J., Sillanpää, M., and Chen, G. (2009). As(V) adsorption on maghemite nanoparticles. *Journal of Hazardous Materials* 166 (2, 3): 1415-1420.
[88] Cui, L., Wang, Y., Gao, L. et al. (2015). EDTA functionalized magnetic graphene oxide for removal of Pb(II), Hg(II) and Cu(II) in water treatment: adsorption mechanism and separation property. *Chemical Engineering Journal* 281: 1-10.
[89] Liu, Y., Wang, Y., Zhou, S. et al. (2012). Synthesis of high saturation magnetization superparamagnetic Fe_3O_4 hollow microspheres for swift chromium removal. *ACS Applied Materials & Interfaces* 4 (9): 4913-4920.
[90] Li, Q., Kartikowati, C.W., Horie, S. et al. (2017). Correlation between particle size/domain structure and magnetic properties of highly crystalline Fe_3O_4 nanoparticles. *Scientific Reports* 7 (1): 9894.
[91] Ali, N., Zaman, H., Bilal, M. et al. (2019). Environmental perspectives of interfacially active and magnetically recoverable composite materials - a review. *Science of the Total Environment* 670: 523-538.
[92] Akintelu, S.A., Folorunso, A.S., Folorunso, F.A., and Oyebamiji, A.K. (2020). Green synthesis of copper oxide nanoparticles for biomedical application and environmental remediation. *Heliyon* 6: e04508.
[93] Nagarajan, D. and Venkatanarasimhan, S. (2019). Copper(II) oxide nanoparticles coated cellulose sponge—an effective heterogeneous catalyst for the reduction of toxic organic dyes. *Environmental Science and Pollution Research* 26 (22): 22958-22970.
[94] Verma, M., Tyagi, I., Chandra, R., and Gupta, V.K. (2017). Adsorptive removal of Pb(II) ions from aqueous solution using CuO nanoparticles synthesized by sputtering method. *Journal of Molecular Liquids* 225: 936-944.
[95] Gupta, V.K., Chandra, R., Tyagi, I., and Verma, M. (2016). Removal of hexavalent chromium ions using CuO nanoparticles for water purification applications. *Journal of Colloid and Interface Science* 478: 54-62.
[96] Meghana, S., Kabra, P., Chakraborty, S., and Padmavathy, N. (2015). Understanding the pathway of antibacterial activity of copper oxide nanoparticles. *RSC Advances* 5 (16): 12293-12299.
[97] Padil, V.V.T. and Černík, M. (2013). Green synthesis of copper oxide nanoparticles using gum karaya as a biotemplate and their antibacterial application. *International Journal of Nanomedicine* 8: 889-898.
[98] Bogdanović, U., Vodnik, V., Mitrić, M. et al. (2015). Nanomaterial with high antimicrobial efficacy

copper/polyaniline nanocomposite. *ACS Applied Materials & Interfaces* 7 (3): 1955–1966.
[99] Bezza, F.A., Tichapondwa, S.M., and Chirwa, E.M.N. (2020). Fabrication of monodispersed copper oxide nanoparticles with potential application as antimicrobial agents. *Scientific Reports* 10 (1): 16680.
[100] Ren, J., Wang, W., Sun, S. et al. (2011). Crystallography facet-dependent antibacterial activity: the case of Cu_2O. *Industrial and Engineering Chemistry Research* 50 (17): 10366–10369.
[101] Midander, K., Cronholm, P., Karlsson, H.L. et al. (2009). Surface characteristics, copper release, and toxicity of nano- and micrometer-sized copper and copper(II) oxide particles: a cross-disciplinary study. *Small* 5 (3): 389–399.
[102] Solioz, M. (2018). *Copper and Bacteria,* Springer Briefs in Molecular Science. Springer International Publishing.
[103] Gao, C., Li, X., Lu, B. et al. (2012). A facile method to prepare SnO_2 nanotubes for use in efficient SnO_2-TiO_2 core-shell dye-sensitized solar cells. *Nanoscale* 4 (11): 3475–3481.
[104] Kumar, K.Y., Raj, T.N.V., Archana, S. et al. (2016). SnO_2 nanoparticles as effective adsorbents for the removal of cadmium and lead from aqueous solution: adsorption mechanism and kinetic studies. *Journal of Water Process Engineering* 13: 44–52.
[105] Al-Hamdi, A.M., Rinner, U., and Sillanpää, M. (2017). Tin dioxide as a photocatalyst for water treatment: a review. Process Safety and Environmental *Protection. Institution of Chemical Engineers* 107: 190–205.
[106] Bhattacharjee, A., Ahmaruzzaman, M., and Sinha, T. (2015). A novel approach for the synthesis of SnO_2 nanoparticles and its application as a catalyst in the reduction and photodegradation of organic compounds. *Spectrochimica Acta Part A: Molecular and Biomolecular Spectroscopy* 136 (PB): 751–760.
[107] Tammina, S.K. and Mandal, B.K. (2016). Tyrosine mediated synthesis of SnO_2 nanoparticles and their photocatalytic activity towards Violet 4 BSN dye. *Journal of Molecular Liquids* 221: 415–421.
[108] Begum, S., Devi, T.B., and Ahmaruzzaman, M. (2016). L-lysine monohydrate mediated facile and environment friendly synthesis of SnO2 nanoparticles and their prospective applications as a catalyst for the reduction and photodegradation of aromatic compounds. *Journal of Environmental Chemical Engineering* 4 (3): 2976–2989.
[109] Begum, S. and Ahmaruzzaman, M. (2018). CTAB and SDS assisted facile fabrication of SnO_2 nanoparticles for effective degradation of carbamazepine from aqueous phase: a systematic and comparative study of their degradation performance. *Water Research* 129: 470–485.
[110] Huy, T.H., Phat, B.D., Thi, C.M., and Van Viet, P. (2019). High photocatalytic removal of NO gas over SnO_2 nanoparticles under solar light. *Environmental Chemistry Letters* 17 (1): 527–531.
[111] Rehman, S., Asiri, S.M., Khan, F.A. et al. (2019). Biocompatible tin oxide nanoparticles: synthesis, antibacterial, anticandidal and cytotoxic activities. *ChemistrySelect* 4 (14): 4013–4017.
[112] Dutta, V., Sharma, S., Raizada, P. et al. (2021). An overview on WO_3 based photocatalyst for environmental remediation. Journal of Environmental Chemical Engineering 105018.
[113] Chen, S., Hu, Y., Meng, S., and Fu, X. (2014). Study on the separation mechanisms of photogenerated electrons and holes for composite photocatalysts g-C_3N_4-WO_3. *Applied Catalysis B: Environmental* 150, 151: 564–573.
[114] Mohagheghian, A., Karimi, S.A., Yang, J.K., and Shirzad-Siboni, M. (2016). Photocatalytic degradation of diazinon by illuminated WO_3 nanopowder. *Desalination and Water Treatment* 57 (18): 8262–8269.
[115] Nguyen, T.T., Nam, S.N., Son, J., and Oh, J. (2019). Tungsten trioxide (WO_3)-assisted photocatalytic degradation of amoxicillin by simulated solar irradiation. *Scientific Reports* 9 (1): 1–18.
[116] Yao, S., Zhang, X., Qu, F. et al. (2016). Hierarchical WO_3 nanostructures assembled by nanosheets and their applications in wastewater purification. *Journal of Alloys and Compounds* 689: 570–574.

[117] Zhang, J., Fu, X., Hao, H., and Gan, W. (2018). Facile synthesis 3D flower-like Ag@WO_3 nanostructures and applications in solar-light photocatalysis. *Journal of Alloys and Compounds* 757: 134-141.

[118] Czech, B., Zygmunt, P., Kadirova, Z.C. et al. (2020). Effective photocatalytic removal of selected pharmaceuticals and personal care products by elsmoreite/tungsten oxide@ZnS photocatalyst. *Journal of Environmental Management* 270: 110870.

[119] Adhikari, S., Mandal, S., Sarkar, D. et al. (2017). Kinetics and mechanism of dye adsorption on WO_3 nanoparticles. *Applied Surface Science* 420: 472-482.

[120] Wang, F., Li, C., and Yu, J.C. (2012). Hexagonal tungsten trioxide nanorods as a rapid adsorbent for methylene blue. *Separation and Purification Technology* 91: 103-107.

[121] Mu, W., Li, M., Li, X. et al. (2015). Guanidine sulfate-assisted synthesis of hexagonal WO_3 nanoparticles with enhanced adsorption properties. *Dalton Transactions* 44 (16): 7419-7427.

[122] Zheng, Y., Cao, L., Xing, G. et al. (2019). Microscale flower-like magnesium oxide for highly efficient photocatalytic degradation of organic dyes in aqueous solution. *RSC Advances* 9 (13): 7338-7348.

[123] Cai, Y., Li, C., Wu, D. et al. (2017). Highly active MgO nanoparticles for simultaneous bacterial inactivation and heavy metal removal from aqueous solution. *Chemical Engineering Journal* 312: 158-166.

[124] Maji, J., Pandey, S., and Basu, S. (2020). Synthesis and evaluation of antibacterial properties of magnesium oxide nanoparticles. *Bulletin of Materials Science* 43 (1): 25.

[125] Chaudhary, S., Sharma, P., Singh, D. et al. (2017). Chemical and pathogenic cleanup of wastewater using surface-functionalized CeO_2 nanoparticles. *ACS Sustainable Chemistry & Engineering* 5 (8): 6803-6816.

[126] Wu, B. and Lo, I.M.C. (2020). Surface functional group engineering of CeO_2 particles for enhanced phosphate adsorption. *Environmental Science & Technology* 54 (7): 4601-4608.

[127] Nyankson, E., Adjasoo, J., Efavi, J.K. et al. (2020). Synthesis and kinetic adsorption characteristics of zeolite/CeO_2 nanocomposite. *Scientific African* 7: e00257.

[128] Mohan, S., Kumar, V., Singh, D.K., and Hasan, S.H. (2016). Synthesis and characterization of rGO/ZrO_2 nanocomposite for enhanced removal of fluoride from water: kinetics, isotherm, and thermodynamic modeling and its adsorption mechanism. *RSC Advances* 6 (90): 87523-87538.

[129] Chu, T.P.M., Nguyen, N.T., Vu, T.L. et al. (2019). Synthesis, characterization, and modification of alumina nanoparticles for cationic dye removal. *Materials (Basel)* 12 (3): 450.

[130] Khobragade, M.U. and Pal, A. (2016). Fixed-bed column study on removal of Mn(II), Ni(II) and Cu (II) from aqueous solution by surfactant bilayer supported alumina. *Separation Science and Technology* 51 (8): 1287-1298.

[131] Khobragade, M.U. and Pal, A. (2016). Adsorptive removal of Mn(II) from water and wastewater by surfactant-modified alumina. *Desalination and Water Treatment* 57 (6): 2775-2786.

[132] Leow, W.R., Ng, W.K.H., Peng, T. et al. (2017). Al_2O_3 surface complexation for photocatalytic organic transformations. *Journal of the American Chemical Society* 139 (1): 269-276.

[133] Nasr, O., Mohamed, O., Al-Shirbini, A.S., and Abdel-Wahab, A.M. (2019). Photocatalytic degradation of acetaminophen over Ag, Au and Pt loaded TiO_2 using solar light. *Journal of Photochemistry and Photobiology A: Chemistry* 374: 185-193.

[134] Thiruppathi, M., Senthil Kumar, P., Devendran, P. et al. (2018). Ce@TiO_2 nanocomposites: an efficient, stable and affordable photocatalyst for the photodegradation of diclofenac sodium. *Journal of Alloys and Compounds* 735: 728-734.

[135] Ammar, S.H., Kareem, Y.S., and Ali, A.D. (2018). Photocatalytic oxidative desulfurization of liquid petroleum fuels using magnetic CuO-Fe_3O_4 nanocomposites. *Journal of Environmental Chemical*

Engineering 6 (6): 6780–6786.

第 12 章

機能化ナノ粒子による環境修復

Functionalized Nanoparticles for Environmental Remediation

Beatriz Jurado-Sánchez

Universidad de Alcala, Department of Analytical Chemistry, Physical Chemistry, and Chemical Engineering, Alcala de Henares, Madrid E-28871, Spain

12.1　はじめに

環境汚染は，20 年以上にわたって我々の社会を脅かしてきた深刻な問題である。大気，水，土壌は，主に人間の活動によって汚染され，有機物質や無機物質の存在につながる。さらに，このような汚染物が質水中に存在すると，発がん性のある消毒副生成物が発生する可能性がある。環境と人間の健康を守るため，無数の環境修復戦略が開発されてきた[1, 2]。

ナノテクノロジーの急速な進展は，環境保護やモニタリングを含む多くの分野で有益なユニークな物理的・化学的特性を持つ新規ナノ粒子（NP）やナノ材料（NM）の開発につながる。実際，ナノ材料の表面対体積比が大きいゆえの汚染物質の除去に効果的な表面の大幅な増加など，新規な特性が得られる[3]。ナノ粒子やナノ材料は，その組成，コア材料，機能化に用いられる機能性受容体によって，これまでにない光学的，磁気的，電子的特性を持ち，新しい除去システムを設計できる。図 12.1 に，環境浄化に用いられるさまざまなナノ粒子の概要を示す。本章では，過去 5 年間の最近の進歩に焦点を当て，最新技術の概要を説明する。見るとわかるように，金属および金属酸化物ナノ粒子，シリカ，カーボンナノ材料がこの目的で広く用いられてきた。最近では，自走式マイクロモーター，有機金属骨格（MOF），その他の 2 次元ナノ材料などの最先端材料が，環境応用のための新規かつ有望なナノ材料として研究されている。

12.2　環境修復のためのナノ粒子と機能化

ナノ粒子の機能化は，それぞれの環境浄化応用において，その性能と機能性を向上させる便利なアプローチである。これは，ナノ粒子の合成後あるいは *in situ* での後の機能化により達成できる。有機配位子，塩，金属種などは，共有結合，静電相互作用，蒸着技術な

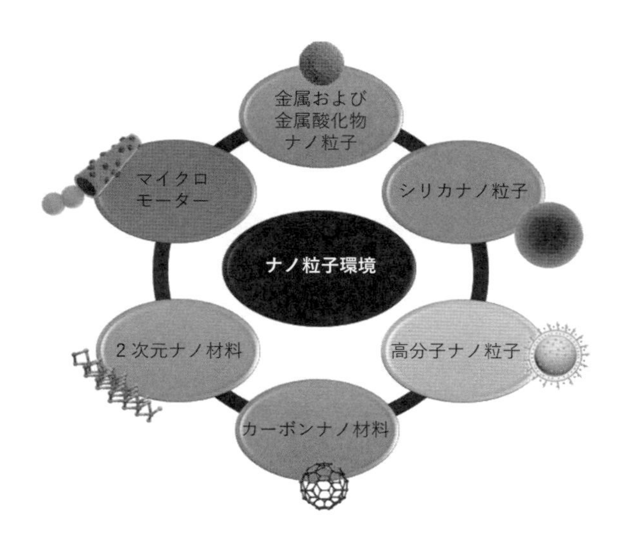

図 12.1　環境浄化のためのナノ粒子とナノ材料の概要と関連構造

どにより機能化に用いられる。

12.2.1 金属および金属酸化物ナノ粒子

金属および金属酸化物ナノ粒子は，高い吸着能力，再利用可能性，比較的速い速度論など，固有の利点があるため，環境浄化によく用いられる材料である。合成法は，それぞれの材料に与えられた構造や応用によって異なる。環境目的の場合，最も一般的な方法は熱分解[4]，還元戦略[5, 6]，水熱アプローチ[7]である。このような方法は，低コストでスケーラビリティのある高いナノ粒子収率をもたらす。

12.2.1.1 銀と金のナノ粒子

金属ナノ粒子の中でも，銀（Ag）ナノ粒子は，ウイルスやバクテリアなどの微生物を不活性化する固有の強力な性質があるため，環境浄化プロセスで最も用いられる[8]。

銀ナノ粒子やナノ銀の抗菌性は，バクテリアやウイルスの膜に付着し，その特性を変化させ，崩壊させること，膜に浸透し，DNAの損傷や溶解をもたらすこと，Ag^+イオンや呼吸酵素を変化させる他の活性酸素種（ROS）の生成に起因すると考えられる[8, 9]。銀ナノ粒子のサイズと形態は，その特性に大きく影響する。例えば，三角形の銀ナノ粒子は銀ナノロッドや銀ナノ球よりも高い毒性を示す[9, 10]。球状の銀ナノ粒子は，Turkevich法やSchiffrin–Brust法[11–13]を用いることで容易に得られ，さらなる修飾や操作のために優れた形態を持つ再現性の高い粒子を得ることができる。立方体形状の銀ナノ粒子は，表面積を増大させるエッジの存在により，検出や分解に用いるとシグナルが増大するため興味深い。マイクロ流体合成が主な製造ルートとして採用されているが，ナノ粒子の再現性と分散性は，将来の環境関連応用には理想的とはいえない[14, 15]。星型銀ナノ粒子の合成は，Ag^+をさまざまな還元剤で化学還元し，各工程で無数のキャッピング剤を用いることで容易に行うことができ，形態や寸法，ひいては特性を完全に制御できる[16, 17]。

金ナノ粒子は比較的高価なため，ナノ粒子の広範な使用に比べ，ほとんど用いられていない。また，金ナノ粒子は化学的活性や触媒活性が低いこともよく知られている。しかし，金ナノ粒子を金属酸化物や他の化合物と組み合わせることで，触媒や光触媒の環境プロセスを改善することができる。主な合成経路はTurkevich法である[19]。

環境への応用において，選択的捕獲のために凝集・分散を制御する目的で，銀ナノ粒子と金ナノ粒子をさまざまなルートで機能化できる。ポリエチレングリコール（PEG）などのキャッピング剤やコーティング剤は，ナノ粒子と直接インキュベートすることで用いられ，生体適合性をさらに向上させることができる[8, 20]。

12.2.1.2 酸化チタンナノ粒子

酸化チタンナノ粒子の光触媒活性は，光によって電子が伝導帯（CB）から価電子帯（VB）へ移動し，電子–正孔対が形成されることによって生じる。これによってラジカルが生成され，水や媒体成分と反応して汚染物質を分解する活性種を生成する[21]。

TiO_2は，固有の特性を持つ4つの多形を示し，それらは異なる場合があり，特定の環

境への応用に何らかの影響を及ぼす。ルチル型は正方晶構造を示し，単位胞に 6 個の原子を含む。ルチル多形とアナターゼ多形の鎖は，TiO_6 八面体の形状を構成している。異なる結合は，異なるバンドギャップ値をもたらす。ブルッカイトもその 1 つで，実験室での合成が困難な相であり一般的ではなく，環境応用にはあまり用いられていない[22]。繊維状または粉末状の多孔質構造の合成には，ゾル-ゲル法が一般的に採用されている。水熱法およびソルボサーマル法は，最適な表面積と従来のものと同等の特性を持つ，球状の棒状または線状の TiO_2 ナノ粒子を得るのに役立つ[24]。化学気相成長法は，ワイヤー状の純粋な相を得たり，テンプレートとして用いられる他の材料を TiO_2 層でコーティングするために，より優れた制御を可能にする[25, 26]。酸化剤によるチタン金属の直接酸化は，より経済的で簡単な手順である。TiO_2 ナノ粒子のような相や形状を持つ汎用性の高いナノ粒子は，合成中に塩化ナトリウムや硫酸ナトリウムなどの塩を混入することで容易に制御できる[27, 28]。

TiO_2 ナノ粒子の優れた光触媒特性は，ナノろ過プロセス，ナノ光触媒，汚染物質の化学的分解において探求されてきた。有機配位子や量子ドット（QD）などの光触媒材料による官能基化で，TiO_2 ナノ粒子の生体適合性を向上させたり，凝集を防止したり，光触媒活性を高めたりすることができる。

12.2.1.3　酸化鉄磁性粒子

酸化鉄ナノ粒子は，その磁性特性により再利用が可能で，処理後の除去が容易なため，環境浄化応用において非常に汎用性が高い。酸化鉄ナノ粒子は，そのゼロ価の性質により，電子供与によって塩素化化合物，有機化合物，重金属を還元することができる。そのためには，化合物が Fe^{2+}/Fe カップルよりも高い標準還元電位を示す必要がある[29]。

酸化鉄は，無数の構造と形状を合成でき，それぞれが所定の環境浄化プロセスに異なる影響を与える[30]。ヘマタイト（α-Fe_2O_3），マグネタイト（Fe_3O_4），マグヘマイト（γ-Fe_2O_3）は，最も広く使われている形状である。最も安定なのはヘマタイトだが，磁性が比較的弱いため，その応用は成功していない[31]。マグネタイトは，2 価と 3 価の陽イオンを含み，4 面体と 8 面体の配置を持つため，優れた磁気特性を持つ[32]。マグヘマイトは八面体配置の 3 価の状態の鉄種のみを含む。そのため，磁気特性はマグネタイトほど最適ではないが，酸性環境での安定性が比較的高いため，さらなる応用には理想的である[33]。

水系溶媒でも非水系溶媒でも，無数の合成ルートが報告されている。ボトムアップの化学的合成アプローチには，共沈法[34]，マイクロエマルションの生成[35]，熱分解法[36]，ゾル-ゲル法[37]，水熱合成法[38]，ポリオール[39]などがある。

このようなルートでは，条件を制御することでナノ粒子のサイズを調整することができるが，場合によっては有機溶媒と高温が用いられるという 2 つの重要な欠点がある。さらに，ほとんどの場合，ナノ粒子は疎水性であり，環境処理のために表面改質が必要である[40, 41]。トップダウン・ルートは，気相分解やレーザー・アプローチなどの物理的アプローチを含み，材料の調整が容易であるが，高価な装置と専門の人員を必要とする[42]。生物学的アプローチは，バクテリアや菌類，細胞外メカニズムを用いる。しかし，

現在に至るまで，酸化鉄ナノ粒子の合成に最も用いられているのは化学的アプローチである[33]。有機リガンドや付加的な材料で官能基化することで，全体的な性能を高めつつ，生体適合性を高めることができる。

12.2.2 シリカと高分子ナノ粒子

シリカ（SiO_2）ナノ粒子は，触媒，ナノろ過，ガス捕捉の担体として，特にメソポーラスシリカ上で広く使用されている。このようなナノ粒子は生体適合性が高く，官能基化が容易で安定で，トン単位で合成できる[43]。単分散 SiO_2 ナノ粒子は，Stöber 法によって容易に合成できる[44]。しかし，得られるナノ粒子の表面積が限られているため，ガス吸着などの重要な用途が制限される可能性があり，これが 2～3 nm の大きさの明確な六角形の孔を含むメソポーラスシリカナノ粒子の発見の動機となった。SiO_2 ナノ粒子は，異なる界面活性剤（通常は臭化セチルアンモニウム）を用いて溶液中で合成され，シリカ骨格に細孔を形成する[45]。シリカナノ粒子は，環境浄化アプローチにおいて，ナノ触媒や他のリガンドの担体として使用されてきた。加えて，メソポーラスシリカの大きな表面積と水酸基の存在は，ガス吸着や湿潤のために修飾したり利用したりできる[46]。細孔壁への官能基修飾やグラフト化により，ナノ吸着剤や光触媒としての利用が可能になる[47, 48]。

高分子ナノ粒子はさまざまな材料で構成することができ，凝集や安定性の低さ，低特異性を避けるため，通常は金属ナノ粒子や金属酸化物ナノ粒子など，他のナノ材料の担体として使用される[49]。

12.2.3 炭素ナノ材料

炭素は，複数の同素体形態を持ち，これまでにない化学的，電子的，物理的な性質を持つユニークな元素である[50, 51]。炭素ベースのナノ材料は，光触媒アプローチによる汚染物質の浄化にも利用できる。例えば，カーボン・ナノチューブ（CNT）やグラフェンをドープしたナノ材料は，紫外線と相互作用できる電子準位を持ち，価電子帯（VB）ホールと伝導帯電極の生成を促進する。これがヒドロキシルラジカル（OH）を生成し，有機化合物，重金属，その他の汚染物質と相互作用し分解する[52]。化学汚染物質分解は，金属酸化物および他のナノ粒子との組み合わせによっても達成でき，炭素ナノ材料は安定性や表面積を増加させる支持体として作用することができる。

環境目的で最も広く使用されている炭素ナノ材料は，ナノ活性炭，グラフェン，CNTである。ナノカーボンは，ココナッツ，ピーカン，もみ殻など，さまざまな原料から焼成によって容易に得られる[53]。CNT は，グラファイトの円筒形の中空微結晶である[54]。多層カーボンナノチューブ（MWCNT）は，3.4Å の隣接層を持つ複数の同心円筒から構成されている。単層および多層 CNT の主な合成経路は，化学気相成長，レーザーアブレーション，カーボンアーク放電である[55]。このような技術には高価な装置と専門的な人材が必要であり，環境への応用を妨げている。グラフェンは，ハニカム格子に配列した原子の単層からなる 2 次元炭素同素体である[56]。化学修飾されたグラフェン材料（グラフェンおよび還元型酸化グラフェン rGO）は，エピタキシャル成長や化学気相

成長により，フィルム，フレーク，ファイバー，多孔質フレームワークなどに容易に大量調製できる[57]。

12.2.4　2次元ナノ材料

2次元ナノ材料は，横方向のサイズ（ナノメートルからマイクロメートル）と厚さ（オングストロームからナノメートル）の比率が高い，シート状のナノ材料の新しいクラスである。剥離後の厚さが5 nm以下と極めて薄いため，これらの材料は調整可能なバンドギャップと高い比表面積を持ち，ナノろ過，ナノ光触媒，化学分解，センシングなどに利用できる。主な合成経路には，機械的切断，機械力補助液体剥離，イオンインターカレーション補助液体剥離，イオン交換補助液体剥離，酸化補助液体剥離，選択的エッチング補助液体剥離結晶がある。湿式化学プロセス化学気相成長法，ナノ結晶自己組織化法[58-60]も用いられている。

環境応用に最も採用されている2次元ナノ材料は金属および共有結合有機フレームワークとMXenである。MOFは，金属イオン（Fe，Co，Znなど）が有機リガンドに結合し，配位した層状構造を形成している結晶性の多孔性材料である。このような材料は，高い表面積を持つ高多孔性である[61, 62]。共有結合性有機フレームワークも同様の構造を示すが，この場合，「軽い」元素（B，C，Nなど）の有機配位子への結合は共有結合が担う。その結果，結晶性の個々の層状構造がファンデルワールス結合を介して積み重なる[63]。MXenesは，一般式$M_{n+1}AX_n$（n＝1，2，または3）で表される対応するMAX相の直接剥離で合成される化合物であり，Mは遷移金属（Ti），Aは周期表第12～16族の元素（Al），Xは炭素または窒素である[64-66]。MAX相は六方晶の層状構造を有し，M層はX原子が八面体サイトを埋めるように詰め込まれている。剥離プロセスにより，MXene表面にはOH^-またはF^-官能基が付与され，環境応用のための追加の特性が付与される。

12.2.5　マイクロモーター

自走式マイクロモーターは，センシングおよび/または作動アタッチメントを備えた自走式構造を含む，さまざまな形状のマイクロおよびナノ粒子である。マイクロモーターは，推進メカニズムによって，(i) 化学的動力（触媒）マイクロモーターと，(ii) 無燃料（磁気，超音波，光エネルギー源）マイクロモーターという2つの主なグループに分けられる[67, 68]。触媒ナノ・マイクロマシンには，テンプレート電着やロールアップ技術によって合成されたチューブ状マイクロモーターや，ヤヌス・マイクロモーターがある。燃料を使用しないマイクロモーターは，磁気的に作動するフレキシブル/ヘリカルスイマーや，USパワーナノワイヤーを採用している。マイクロモーター構造は，センシング素子や活性ナノ粒子で機能化することができ，無数の環境操作を行うことができる[69]。

12.3　機能化ナノ粒子によるナノろ過

ナノろ過には，膜[70]，ナノファイバー[71]，またはナノ吸着剤[72]が使用される。

表 12.1 ナノろ過用官能基化ナノ粒子

材料	汚染物質	メカニズム	参考文献
金属および金属酸化物ナノ粒子			
銀ナノ粒子	バクテリア バイオ目詰まり	ナノろ過膜 銀の抗菌効果	[73]
Fe_3O_4@SiO_2（キトサン機能化）	重金属（Pb，Cu，Cd） 染料(メチレンブルー[MB], コンゴーレッド[CR], リアクティブブラック[RB])	ナノろ過膜	[74]
Fe_3O_4@SiO_2-NH_2	重金属（カドミウム） 染料（メチルレッド）	ナノろ過膜	[75]
シリカ，メトモルフィン，アミンで修飾された Fe_3O_4 ナノ粒子	金属（銅）	ナノろ過膜	[76]
L-システインで機能化した TiO_2 ナノ粒子	重金属（Pb，Cr，Cu）	ナノろ過膜	[77]
TiO_2 ナノ粒子	染料（オレンジ II，リアクティブグリーン 9）	ナノろ過膜	[78]
オレイン酸で官能基化された TiO_2 ナノ粒子	–	ナノろ過膜	[79]
シリカナノ粒子			
SiO_2-NH_2 ナノ粒子	–	ナノろ過膜	[80]
カーボンナノ材料			
酸化チタンでコーティングされた還元グラフェンナノハイブリッド	有機溶媒	ナノろ過膜	[81]
活性炭/キトサン	–	ナノろ過膜	[82]
2 次元ナノ材料			
UiO-66-NH_2	有機溶媒	ナノろ過膜	[83]
ポリアミドで官能化された ZIF-8	染料（リアクティブブラック 5，リアクティブブルー 2）	ナノろ過膜	[84]
ZIF-8-NH_2	有機溶媒（ローダミン B）	ナノろ過膜	[85]
マイクロモーター			
活性炭/白金ヤヌス・マイクロモーター	染料（ローダミン B） 爆発物（2,4-ジニトロトルエン(DNT)） 農薬（パラオキソン） 重金属（カドミウム，鉛）	移動ナノ吸着剤	[86]
グラフェンでコートした SiO_2 微粒子/白金ヤヌス・マイクロモーター	残留性有機汚染物質除去	移動ナノ吸着剤	[87]
グラフェン/白金ヤヌス・マイクロモーター	テトラサイクリン	移動ナノ吸着剤	[88]
グラフェン/白金管状マイクロモーター	油滴の捕捉 細菌の不活性化 重金属の除去	移動ナノ吸着剤	[89] [90] [91]
ナノグラフェン/白金管状マイクロモーター	爆発物除去	移動ナノ吸着剤	[92]

表 12.1 に，ナノろ過に使用されるさまざまな機能化ナノ粒子の概要を示す。

銀ナノ粒子は，バイオ目詰まりを防ぐために NF270 膜の機能化に用いられている[73]。$Fe_3O_4@SiO_2$ ナノ複合体粒子はキトサンで修飾され，ナノろ過膜と組み合わされている[74]。膜の形態と関連するろ過メカニズムを図 12.2 に示す。ナノ粒子による改質は，膜表面の負電荷を増加させ，平均孔径は引張強さと破断伸度が約 35%増加する。さらに，純水フラックスは約 1.5 倍に増加した。ドナン排除は，塩類の浸透とろ過を避ける主なメカニズムであり，塩類排除率は以下の通りであった。Na_2SO_4（90%）＞$MgSO_4$（60%）＞NaCl（20%）＞$MgCl_2$（10%）。Pb，Cu，Cd の除去に関しては，キトサンをドープした $Fe_3O_4@SiO_2$ ナノ粒子中の金属イオンと窒素原子との間に安定した結合が生成されるため，ろ過の割合は 99%まで増加する（未修飾膜で得られた 15%と比較）。アニオン性染料の除去/保持率も，立体排除とドナン排除の両方のメカニズムにより，ほぼ 98%増加した。カチオン染料であるメチレンブルーについては，保持率の向上はドナン排除と吸着に起因する。

$Fe_3O_4@SiO_2$–NH_2 ナノ粒子をナノろ過膜と組み合わせることで，アミン基との安定した結合が形成され，全体的な水流束が増加し，重金属であるカドミウムとメチレンブルー色素の除去効率が向上した[75]。Fe_3O_4 ナノ粒子はまた，異なる配位子（シリカ，メトモルフィン，アミン）で修飾され，ナノろ過膜と組み合わされた[76]。

TiO_2 ナノ粒子は，ナノろ過膜の改質剤としても研究されている[78]。オレイン酸で官能基化された TiO_2 は，ろ過膜の生物付着防止特性を高め，水処理における全体的な再利用性と効率を高めることが証明されている[79]。L–システイン官能基化 TiO_2 ナノ粒子をポリエーテルイミドナノろ過膜と組み合わせた場合，イオンとの相互作用のために官能基化膜にマイナス基が存在するため，Pb，Cr，Cu イオンの除去能力が向上し，水流束が増加する[77]。TiO_2 もまた，還元グラフェン酸化物と組み合わされて性能と生物付着防止特性が向上したナノハイブリッドナノ粒子となる[81]。適合性と安定性を高めるために，ハイブリッドはアミノシラン基で官能基化された。

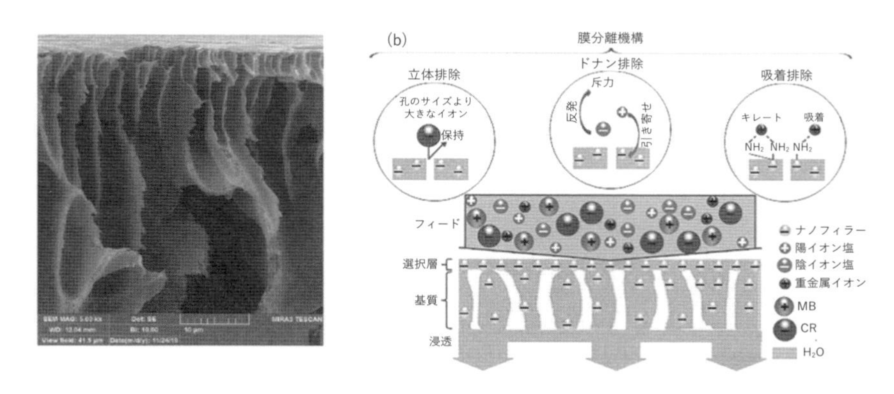

図 12.2　重金属，染料，塩類除去のための $Fe_3O_4@SiO_2$–キトサン添加ナノろ過膜：膜の形態の走査型電子顕微鏡（SEM）像と関連する除去メカニズム

MB，メチレンブルー。出典：Kamari and Shahbazi[74]/Elsevier 社の許可を得て掲載

アミンで官能基化したUiO-66粒子をナノ膜に組み込み，有機溶媒や染料のナノろ過に使用した。ローズベンガルのような正電荷を帯びた染料は，ドナン排除による静電反発により分離に成功した[83]。ポリ（4-スチレンスルホン酸ナトリウム）/ポリアミド修飾ZIF-8ナノ粒子は，リアクティブブラック（RB）5やリアクティブブルー2などの染料の除去において，ナノろ過膜の親水性と吸着能力を99%まで向上させた[84]。アミン官能基化ZIF-8は，有機溶媒のナノろ過に使用されている[85]。

活性炭ベースのヤヌス・マイクロモーターは，重金属除去の可動ナノ吸着剤として用いられてきた。このマイクロモーターには白金の半球があり，過酸化水素を酸素の泡に分解して水中を効率よく推進する。ローダミンB，パラオキソン，ジニトロトルエン，カドミウム，鉛の効率的な除去は，静的な（動きのない）条件では30分かかるが，マイクロモーターではわずか5分で達成される[86]。

rGOでラッピングされたヤヌス・マイクロモーターは，ポリ臭化ジフェニルエーテルと5-クロロ-2-(2,4-ジクロロフェノキシ）フェノール（トリクロサン）の動的除去に使用されている。マイクロモーター構造にγ-Fe_2O_3ナノ粒子を組み込むことで，難分解性有機汚染物質（POP）除去の連続サイクルでの再利用が可能になった。両汚染物質の定量的除去（90%以上）は，グラフェンでコーティングしたマイクロモーターを10分間作動させた後に達成されたが，静止マイクロモーターやSiO_2/Ptマイクロモーターを使用した場合は，それぞれ12%と23%の除去率しか得られなかった。ヤヌス型グラフェン/Fe_3O_4/白金マイクロモーターは，図12.3（a）に示すように，テトラサイクリンをモデル化合物として抗生物質の除去に使用されている[88]。図12.3（a）の紫外可視分光光度法（UV-VIS）スペクトルは，静的マイクロモーターや過酸化物燃料のみの存在下での対照実験ではごくわずかな吸着だが，動くマイクロモーターの使用により，このような汚染物質が定量的に除去されることを示している。マイクロモーターは磁性体であるため，連続4サイクルの再利用が可能であり，いずれの場合もほぼ100%の効率が得られた。

白金を触媒として用いたナノグラフェンマイクロモーターは，2,4,6-トリニトロトルエン，2,4,6-トリニトロフェノール，2,4-ジニトロトルエンの除去に利用されている[92]。

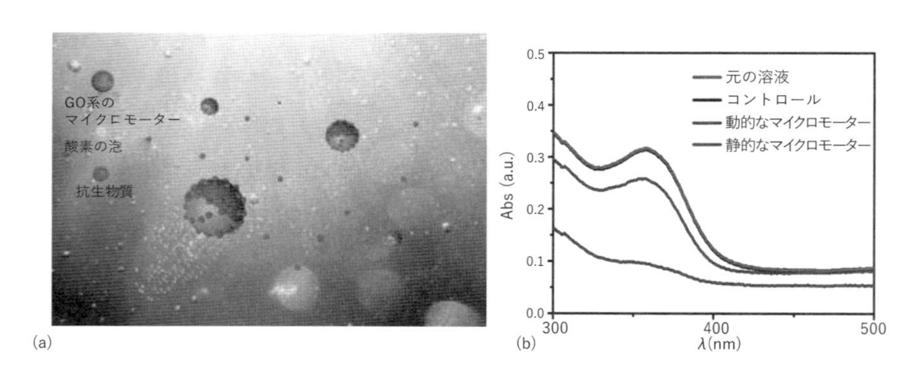

図12.3　テトラサイクリン除去用のグラフェン/白金ヤヌス・マイクロモーター

(a) 吸着メカニズムの概略図，(b) マイクロモーター処理前後のテトラサイクリン汚染溶液のUV-VISスペクトル。出典：Dongら[88]/Royal Society of Chemistryの許可を得て掲載

テンプレート調製されたグラフェン/白金/ニッケル・マイクロモーターは，汚染水からの鉛(II)イオンの除去に使用されている[91]。ロールアップして調製したグラフェン・マイクロモーターの疎水性と官能基の存在により，官能基の追加なしに水から油を効率的に除去することができる。このマイクロモーターは，汚染された溶液中でのわずか10秒間のナビゲーションで幅広い密度の油滴を効率的に捕捉できる[90]。物理蒸着法によって作製された巻き取り型マイクロモーターの外側グラフェン層の抗菌特性は，大腸菌や黄色ブドウ球菌の不活性化に利用されている[90]。

12.4　機能化ナノ粒子によるナノ光触媒分解

表12.2に，有機汚染物質の光触媒分解の機能化ナノ粒子の概要を示す。

光触媒を介した分解では，光吸収を利用して電子–正孔対をメディエーターとして生成し，化学物質を生成する過渡状態を発生させることで，光子エネルギーが化学エネルギーに変換される[115]。銀ナノ粒子のようなプラズモニック金属ナノ粒子は，VIS光を照射すると電子と正孔を生成できる。このような電子電荷は，いわゆる表面プラズモン共鳴（SPR）機構により，ナノ粒子に付着した基板/分子に移動する。このような現象は，可視域のHOMO–LUMOギャップを持つ有機分子と組み合わせることで，光触媒分解にも利用できる。これにより，金属側から有機分子への電子の移動が促進され，光触媒カスケードが生成され，その後の化合物生成や汚染物質の分解につながる[116]。この原理に従い，クルクミンで官能基化された銀ナノ粒子が，グリセロールによる*p*–ニトロフェノール（PNP）の光強化還元に使用されている[93]。分解メカニズムを図12.4に示す。

銀ナノ粒子はまた，電子移動の発生とメチルブルーの分解のための支持基板としてナノダイヤモンドと組み合わされた[94]。中空グラファイト化$ZnFe_2O_4$ナノ球は，プラズモニック銀ナノ粒子と立方晶AgClを付着させるためにドーパミンで機能化された。このシナジー材料は，図12.5に示すように，Ag/AgClと$ZnFe_2O_4$の相乗効果により，優れた光触媒活性を有している。スーパーオキシドイオンとOHイオンの生成は，水中の大腸菌や黄色ブドウ球菌の不活性化において，連続12サイクル後でも成功している[95]。銀ナノ粒子は，プロゲステロンの光触媒分解のために，WO_3ナノフィルムにも組み込まれている。銀ナノ粒子は電子輸送を加速し，電子と光生成正孔の分離を高め，ハイブリッドナノ材料の全体的な性能を向上させる[96]。

TiO_2ナノ粒子は，低コストで安定性が高いという利点があるため，光触媒分解スキームで特に使用されている。その作用機構は，電磁波照射により電子–正孔対が形成され，その後，水や酸素と反応して活性酸素ラジカルを生成する。TiO_2を銀ナノ粒子で表面修飾することで，バクテリアの不活性化に対する可視光下での活性が向上した，高効率のハイブリッド光触媒が得られる[97]。オレイン酸でキャップされたTiO_2ナノ結晶は，ユーロピウムで修飾され，得られたナノハイブリッドに，$^5D_0 \rightarrow {}^7F_2$遷移バンドに関連する強い赤色発光と，それに続く青色シフトを付与した。このようにして，紫外線と可視光線の両方がメチレンブルーの光触媒分解を引き起こした。紫外光と可視光照射の両方が可能である[98]。もう1つの選択肢は，石油からポリ塩化ビフェニルを分解するために，Fe_3O_4@

表 12.2 光触媒用官能基化ナノ粒子

材料	汚染物質	メカニズム	参考文献
金属および金属酸化物ナノ粒子			
クルクミンで機能化した銀ナノ粒子	*p*-ニトロフェノール	VIS 光 銀からクルクミンへの電子移動	[93]
ナノダイヤモンド上のナノ銀	メチルブルー	VIS 光 銀ナノ粒子のプラズモン共鳴	[94]
$Ag/AgCl/ZnFe_2O_4$ ナノキューブ	バクテリア	VIS 光 材料間の相乗効果	[95]
WO_3/Ag および WO_3/Pt ナノ複合体	プロゲステロン	ポリクロミックライト照射 電気化学的光触媒作用	[96]
アルキルアルコキシシランで官能基化された Ag/TiO_2 ナノ粒子	バクテリア	VIS 光	[97]
Eu/TiO_2 コンポジット	メチレンブルー	VIS 光	[98]
カルボキシメチル-β シクロデキストリンで機能化した $Fe_3O_4@TiO_2$ ナノ粒子	ポリ塩化ビフェニル	紫外線	[99]
$TiO_2@Pt@CeO_2$ ナノ粒子	Cr(IV) ベンジルアルコール	太陽光 光酸化/光還元	[100]
$TiO_2@CeO_2$ ナノ粒子	Cr (IV) 有機染料	VIS 光 光触媒間の相乗効果	[101]
$TiO_2@CuO-Cu_2O$ ナノロッド	メチレンブルー オキシテトラサイクリン塩酸塩	太陽光	[102]
$TiO_2@Cu_xO$ ナノ粒子	メチレンブルー	VIS 光	[103]
アニリンで官能基化した ZnO ナノ粒子	メチルオレンジ	太陽光	[104]
$CuInS_2$ 粒子で官能基化された ZnO	6 価クロム	VIS 光 ヘテロ接合	[105]
シリカナノ粒子			
SiO_2-Ag ナノ粒子	メチルオレンジ	太陽光照射 電荷分離	[106]
カーボンナノ材料			
カーボン @CdS ナノ粒子	抗生物質	VIS 光	[107]
ZnS:Mn/MWCNT	カルボン酸 エチレングリコール ドデシル硫酸ナトリウム ポリビニルピロリドン	VIS 光	[108]

表 12.2 光触媒用官能基化ナノ粒子（つづき）

材料	汚染物質	メカニズム	参考文献
2次元ナノ材料			
C_3N_4/Bi_2O_3–銀ナノ粒子	ローダミンB テトラサイクリン	太陽光	[109]
NH_2–MIL–125/TiO_2 MOF	揮発性有機化合物	VIS光	[110]
マイクロモーター			
TiO_2/Fe ヤヌス・マイクロモーター	有機汚染物質	紫外線	[111]
TiO_2/Pt ヤヌス・マイクロモーター	ニトロ芳香族爆薬	紫外線	[112]
Au–WO_3@C ヤヌス・マイクロモーター	ローダミンB	紫外線	[113]
BiOI/AgI/Fe_3O_4/Au ヤヌス・マイクロモーター	ローダミンB	VIS光	[114]

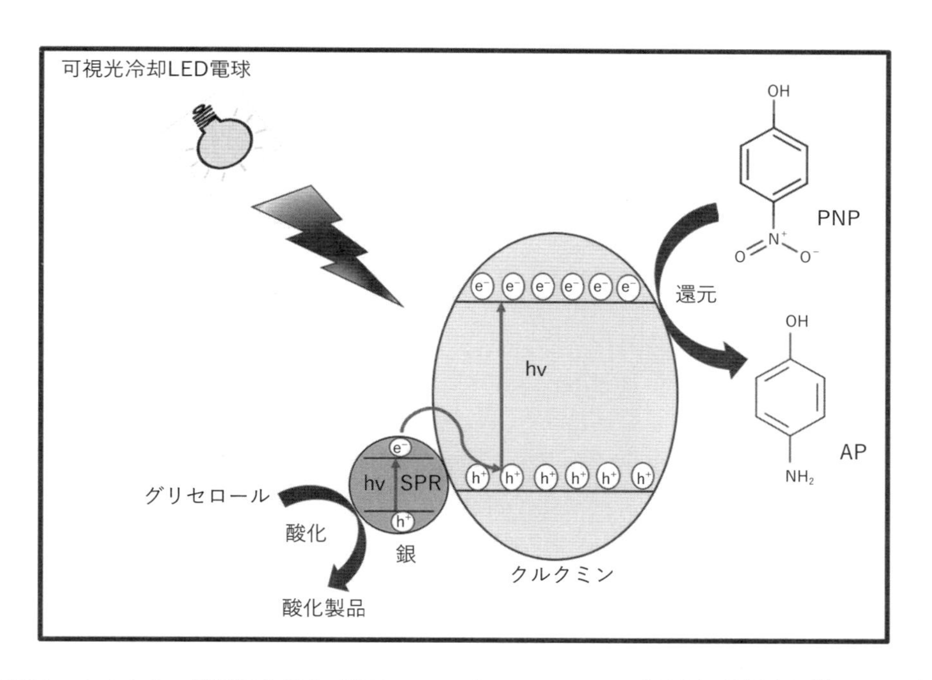

図 12.4 クルクミン官能基化銀ナノ粒子の *p*–ニトロフェノール（PNP）分解光触媒メカニズム

出典：Vermaら[93]/Elsevierの許可を得て掲載

TiO_2 光触媒ナノ粒子とシクロデキストリンを組み合わせることである。カルボキシメチル–β–シクロデキストリンで官能基化すると，その疎水性空洞に分子が捕捉され，Fe_3O_4@TiO_2 ペアによって生成されたラジカルと長時間接触するため，光触媒分解効率が向上した[99]。Ce と CeO_2 もまた，TiO_2 ナノ粒子のドーピングとして非常に魅力的なアプロー

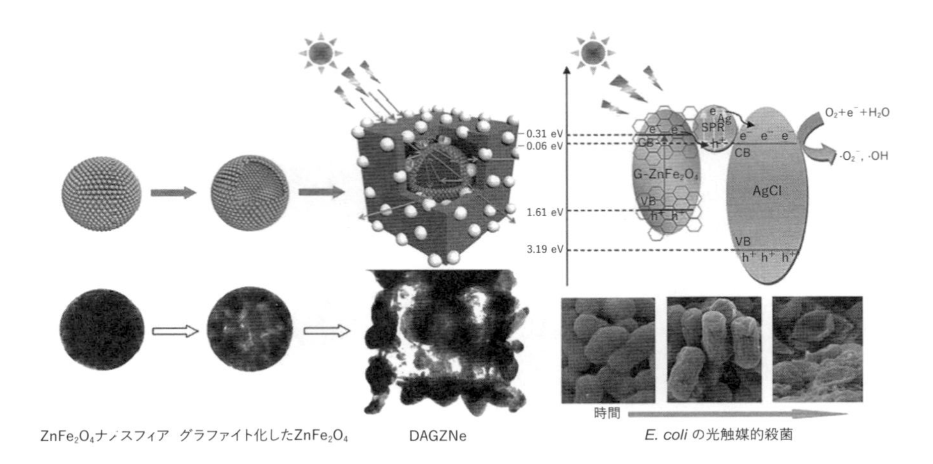

図 12.5 Ag/AgCl/$ZnFe_2O_4$ ナノキューブによるバクテリアの光触媒分解：構造，メカニズム，バクテリアの分解イメージ

出典：Zhang et al.[95]/アメリカ化学会の許可を得て掲載

チである。例えば，共触媒としての金ナノ粒子を TiO_2@CeO_2 ナノ複合体に担持し，有機染料と Cr(IV)の光触媒分解に使用した。この作用メカニズムは，金の表面プラズモン特性に依存しており，このプラズモン特性によって電子穴の再結合が減少し，VIS 光の吸着が誘導される[101]。同様の構成で，TiO_2@Pt@CeO_2 ナノ粒子が，ベンジルアルコールと Cr(IV)の分解のための太陽光光触媒として使用された。図 12.6 に見られるように，TiO_2 コア @CeO_2 シェル（光触媒および酸素バッファーとして）と Pt ナノ粒子（助触媒として）の相乗効果により，汚染物質分解のための複数のラジカルが生成される[100]。

CuxO のような他の酸化物も，TiO_2 ナノ粒子のドーピングのために研究されている[102]。このような組み合わせは，TiO_2-NH_2-Cu_xO ナノ粒子を用いたメチレンブルーの分解で示されているように，電荷再結合のない状態を維持しながら，両材料間の電荷分離を改善する[103]。MOF に組み込んだり，アニリンをドープした ZnO ナノ粒子は，生成ラジカルとの相互作用を高めるために基材への汚染物質の吸着が促進されるため，有機染料の分解に光触媒活性を持つ[104, 105]。

TiO_2 を光触媒として用いた無数の応用例と比較すると，他のナノ材料に関連した論文はあまり見当たらない。図 12.7 に示すように，SiO_2 ナノ粒子は，VIS 光照射後の電荷分離が効率的であることから，メチレンオレンジの分解のためのプラズモニック銀ナノ粒子の担持材料として使用されている[106]。

カーボンや MWCNT は，水中の抗生物質や有機酸の光触媒分解において，さまざまな QD を固定化する基質として使用されてきた[108][109]。MOF や C_3N_4 などの新しい 2 次元ナノ材料は，無数の汚染物質の光触媒分解のナノハイブリッドの合成に用いられてきた。太陽光で駆動する C_3N_4/Bi_2O_3/Ag プラズモニック光触媒が，ローダミン B とテトラサイクリンの分解に用いられている[109]。ナノハイブリッドは，ヘテロ接合の形成と，銀ナノ粒子，不規則な形状の Bi_2O_3，C_3N_4 間の電子移動度の相乗的相互作用による効率

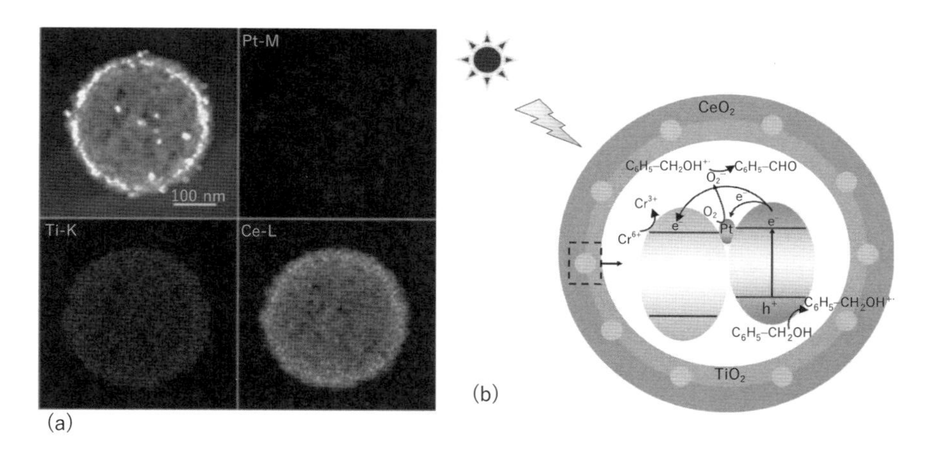

図 12.6　Cr とベンジルアルコールの光触媒分解用 TiO_2@Pt@CeO_2 中空ナノキューブ。(a) 形態の SEM 像，(b) 分解機構

出典：Li ら[100]/Elsevier の許可を得ている

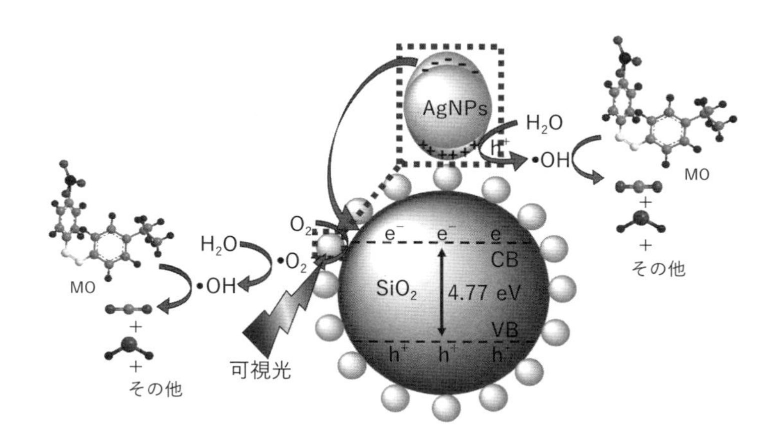

図 12.7　光触媒分解メチレンオレンジ（MO）のためのプラズモニック SiO_2 ナノ粒子ナノキューブ上のプラズモニック銀ナノ粒子：分解メカニズム

出典：Das ら[106]/Elsevier の許可を得ている

的な電子−正孔対分離によって，単一のナノ材料と比較して，VIS 光との相互作用において優れた性能を示す[109]。NH_2 ドープ Materials Institute Lavoisier（MIL-125）MOF は，幅広い密度の TiO_2 ナノ粒子を固定化する担体として使用され，空気中の揮発性有機化合物の VIS 光分解のための安定性と電荷移動を向上させる[110]。

光触媒材料で構成され，外部の VIS 光源や UV 光源によって推進されるマイクロモーターは，生成される推進ラジカルを共試薬として使用することで，光触媒分解アプローチにおいて研究されてきた。UV 光で推進する TiO_2 ヤヌス・マイクロモーターは，有機汚染物質[111]やニトロ芳香族爆薬[112]を効率的に分解できる。Au-WO_3@ コロイド状炭

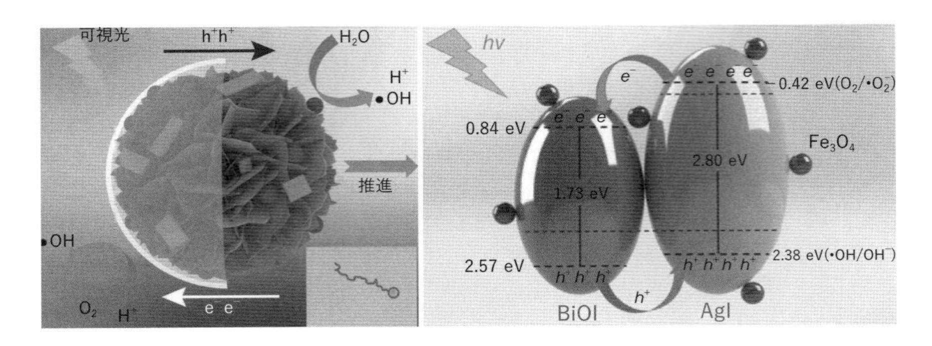

図 12.8 ローダミン B 分解のための BiOI/AgI/Fe_3O_4/Au ヤヌス・マイクロモーター：推進メカニズム

出典：Zhan ら[114]/Elsevier の許可を得て掲載

素ヤヌス・マイクロモーターも同様のメカニズムで推進し，ローダミン B を効率的に分解できる[113]。簡単に説明すると，紫外線を照射すると，1 個の電子が VB から TiO_2 または WO_3 の CB に昇格する。このような電子は，ヤヌス・マイクロモーターの片側半分を覆う Pt，Fe，Au 層と再結合し，水と反応する正孔を生成する。この過程で生成される OH ラジカルは，汚染物質の分解に利用される。マイクロモーターの応用範囲を VIS 領域まで広げるため，BiOI のような他の光触媒材料がマイクロモーターの調製で検討された。

BiOI/AgI/Fe_3O_4/Au ヤヌス・マイクロモーターは VIS 光と相互作用し，BiOI サイズでの電子発生を促進し，AgI と再結合し，水との反応における全体的な光触媒活性を高めるとともに，OH とプロトンの勾配を発生させて推進力を高める。図 12.8 に示すように，このようなイオンはマイクロモーターの再利用性を促進する Fe_3O_4 とともにローダミン B の分解に利用された[114]。

12.5 機能化ナノ粒子による汚染物質の化学分解

表 12.3 に，汚染物質の化学分解のための官能基化ナノ粒子の使用をまとめ，その概要を示す。

L-アスパラギン官能基化金ナノ粒子は，$NaBH_4$ を還元剤として用いることで，ローダミン B，メチルオレンジ，アシッドレッド 27，キシレノールオレンジの分解において，電子移動反応の触媒として働くことができる。色素分解は，90%の効率で 30 分で達成された[117]。Ag@Fe_3O_4 ナノ複合体が，4 級化ジアルキルエタノールアミンカチオンと 2-アクリルアミド-2-メチルプロパンスルホン酸-*co*-ビニルピロリドンで修飾され，モデル汚染物質であるメチレンブルーの分解に利用された。得られたナノ粒子の表面は負に帯電しており，メチレンブルーの静電吸着を促進し，活性ナノ粒子の触媒活性を向上させた。フェントン酸化は，OH ラジカルの生成に基づく H_2O_2 存在下での染料の分解を担う機構であり，それに続いて Fe(II)が Fe(III)に酸化される[118]。

表 12.3　汚染物質の化学分解のための官能基化ナノ粒子

材料	汚染物質	メカニズム	参考文献
金属および金属酸化物ナノ粒子			
L-アスパラギナーゼで修飾した金ナノ粒子	ローダミン B メチルオレンジ アシッドレッド 27 キシレノールオレンジ	$NaBH_4$ 存在下での還元分解	[117]
2-アクリルアミド-2-メチルプロパンスルホン酸-*co*-ビニルピロリドンで修飾した Ag@Fe_3O_4 ナノ粒子	メチレンブルー	フェントン酸化	[118]
β-シクロデキストリンで修飾したゼロ価鉄ナノ粒子	4-ニトロフェノール	還元	[119]
鉄ナノ粒子含浸ナノファイバー	オレンジ II	フェントン分解	[120]
ラッカス担持ナノフラワーに固定化された Fe_3O_4 ナノ粒子	ビスフェノール A	酵素分解	[121]
シリカナノ粒子			
Mn_3O_4/Ag/SiO_2 ナノ粒子	ダイレクトブルー 78	$NaBH_4$ 存在下での還元分解	[122]
FeNPs-NH_2 シリカ	メチルオレンジ	フェントン分解	[123]
CuNPs-NH_2 メソポーラスシリカ	コンゴーレッド エリオクロムブラック T	還元分解	[124]
カーボンナノ材料			
グラフェン/Fe ナノ粒子 ナノ複合体	ローダミン B メチレンブルー	フェントン分解	[40]
グラフェンナノ複合体ウルシオール-Fe_3O_4 ナノ粒子	フミン酸 ニュートラル・レッド	過硫酸塩アシスト酸化分解	[125]
グラフェン/Fe_3O_4 ポリドーパミン修飾ナノ粒子	トリアジン系農薬	フェントン分解	[126]
2 次元ナノ材料			
$Ti_3C_2O_x$ MXene	Hg(II)	触媒還元	[127]
MOF-Cu-Ni ナノ複合体	ローダミン B	還元分解	[128]
マイクロモーター			
Fe_3O_4/MnO_2 ヤヌス・マイクロモーター	メチレンブルー	フェントン分解	[129]
単層カーボンナノチューブ (SWCNT)-Fe_3O_4/MnO_2 チューブ状マイクロモーター	レマゾール ブリリアントブルー 4-ニトロフェノール	フェントン分解	[130]

0 価の鉄ナノ粒子をβ-シクロデキストリンで機能化し，4-ニトロフェノールを 4-アミノフェノールに分解した。図 12.8 に模式的に示すように，分解の機構は，4-ニトロフェノールとシクロデキストリンキャビティ間の包接錯体の形成による，ゼロ価イオンとシクロデキストリン間の相乗効果に依存する。これにより 0 価の鉄コアからの電子移動によ

る4-ニトロフェノールの還元が促進される[119]。鉄ナノ粒子はまた，フェントンプロセスによる水中のオレンジIIの分解のために，ナノファイバーに固定化されている[120]。ビスフェノールAの酵素的な分解のためのLacasseを担持した酸化鉄ベースのナノフラワーは，ナノ粒子がナノ材料のリサイクルの活性要素として機能している[121]。

フェントンや還元プロセスで化学分解に使用されるナノ粒子は，通常全体的な触媒活性を高めるため，凝集問題の回避あるいは再利用の目的で，シリカナノ粒子に固定化される。そのため，Mn_3O_4コアとSiO_2シェルに銀ナノ粒子を含浸させたヘテロ構造ナノ触媒が，$NaBH_4$によるダイレクトブルー78の分解触媒として使用されており，再利用性と触媒活性に優れる[122]。アミノ官能基化SiO_2ナノ粒子は，Feナノ粒子を固定化する担体として使用され，その後メチルオレンジのフェントン分解に使用された。シリカナノ粒子の固定化と使用により，汚染物質の吸収が可能になり，鉄および関連イオンとの接触が促進される[123]。

メソポーラスアミンで官能基化されたシリカナノ粒子は，Cuナノ粒子を固定化するためのプラットフォームとして使用され，凝集を防ぐ。得られた複合体はコンゴーレッド（CR）とエリオクローム・ブラック-Tの還元分解に用いられた[124]。

グラフェンは，フェントンプロセスの酸化鉄ナノ粒子固定化の担体材料として採用されている[40, 126]。例えば，ウルシオール・モノマーで修飾した酸化グラフェンを，フェントン反応の触媒として8 nmのFe_3O_4ナノ粒子で修飾したものがある[126]。メチレンブルーやその他の有機染料のフェントン分解には，MnO_2を触媒層として用い，酸化鉄ナノ粒子を含むヤヌス型または管状のマイクロモーターが用いられている[129, 130]。

謝　辞

B. Jurado-Sánchez は，Ministry of Economy, Industry, and Competitiveness（RYC-2015-17558, EU共同出資），MCIN/AEI/10.13039/501100011033の助成金PID2020-118154GB-I00，およびCommunity of Madrid（CM/JIN/2019-007およびCM/JIN/2021-012）からの支援に感謝する。

References

[1] Triassi, M , Alfano, R., Illario, M. et al. (2015). Environmental pollution from illegal waste disposal and health effects: a review on the "triangle of death". *International Journal of Environmental Research and Public Health* 12 (2): 1216–1236.

[2] Ni, H.-G., Zeng, H., and Zeng, E.Y. (2011). Sampling and analytical framework for routine environmental monitoring of organic pollutants. *TrAC Trends in Analytical Chemistry* 30 (10): 1549–1559.

[3] Khin, M.M., Nair, A.S., Babu, V.J. et al. (2012). A review on nanomaterials for environmental remediation. *Energy & Environmental Science* 5 (8): 8075–8109.

[4] Unni, M., Uhl, A.M., Savliwala, S. et al. (2017). Thermal decomposition synthesis of iron oxide nanoparticles with diminished magnetic dead layer by controlled addition of oxygen. *ACS Nano* 11 (2): 2284–2303.

[5] Kemp, M.M., Kumar, A., Mousa, S. et al. (2009). Synthesis of gold and silver nanoparticles stabilized with glycosaminoglycans having distinctive biological activities. *Biomacromolecules* 10 (3): 589–595.

[6] Lomelí-Rosales, D.A., Zamudio-Ojeda, A., Cortes-Llamas, S.A., and Velázquez-Juárez, G. (2019). One-step synthesis of gold and silver non-spherical nanoparticles mediated by Eosin Methylene Blue agar. *Scientific Reports* 9 (1): 19327.

[7] Abhilash, M.R., Gangadhar, A., Krishnegowda, J. et al. (2019). Hydrothermal synthesis, characterization and enhanced photocatalytic activity and toxicity studies of a rhombohedral Fe2O3 nanomaterial. *RSC Advances* 9 (43): 25158-25169.

[8] Fiorati, A., Bellingeri, A., Punta, C. et al. (2020). Silver nanoparticles for water pollution monitoring and treatments: ecosafety challenge and cellulose-based hybrids solution. *Polymers* 12 (8): 1635.

[9] Le Ouay, B. and Stellacci, F. (2015). Antibacterial activity of silver nanoparticles: a surface science insight. *Nano Today* 10 (3): 339-354.

[10] Yan, X., He, B., Liu, L. et al. (2018). Antibacterial mechanism of silver nanoparticles in Pseudomonas aeruginosa: proteomics approach. *Metallomics* 10 (4): 557-564.

[11] Perala, S.R.K. and Kumar, S. (2013). On the mechanism of metal nanoparticle synthesis in the Brust-Schiffrin method. *Langmuir* 29 (31): 9863-9873.

[12] Abid, J.P., Wark, A.W., Brevet, P.F., and Girault, H.H. (2002). Preparation of silver nanoparticles in solution from a silver salt by laser irradiation. *Chemical Communications* 7: 792-793.

[13] Ratnarathorn, N., Chailapakul, O., Henry, C.S., and Dungchai, W. (2012). Simple silver nanoparticle colorimetric sensing for copper by paper-based devices. *Talanta* 99: 552-557.

[14] Mehenni, H., Sinatra, L., Mahfouz, R. et al. (2013). Rapid continuous flow synthesis of high-quality silver nanocubes and nanospheres. *RSC Advances* 3 (44): 22397-22403.

[15] Zhou, S., Li, J., Gilroy, K.D. et al. (2016). Facile synthesis of silver nanocubes with sharp corners and edges in an aqueous solution. *ACS Nano* 10 (11): 9861-9870.

[16] Joseph, D., Baskaran, R., Yang, S.G. et al. (2019). Multifunctional spiky branched gold-silver nanostars with near-infrared and short-wavelength infrared localized surface plasmon resonances. *Journal of Colloid and Interface Science* 542: 308-316.

[17] Zhang, W., Liu, J., Niu, W. et al. (2018). Tip-selective growth of silver on gold nanostars for surface-enhanced Raman scattering. *ACS Applied Materials & Interfaces* 10 (17): 14850-14856.

[18] Perera, M., Wijenayaka, L.A., Siriwardana, K. et al. (2020). Gold nanoparticle decorated titania for sustainable environmental remediation: green synthesis, enhanced surface adsorption and synergistic photocatalysis. *RSC Advances* 10 (49): 29594-29602.

[19] Jimenez-Ruiz, A., Perez-Tejeda, P., Grueso, E. et al. (2015). Nonfunctionalized gold nanoparticles: synthetic routes and synthesis condition dependence. *Chemistry - A European Journal* 21 (27): 9596-9609.

[20] Fan, J., Cheng, Y., and Sun, M. (2020). Functionalized gold nanoparticles: synthesis, properties and biomedical applications. *The Chemical Record* 20 (12): 1474-1504.

[21] Alsheheri, S.Z. (2021). Nanocomposites containing titanium dioxide for environmental remediation. *Designed Monomers and Polymers* 24 (1): 22-45.

[22] Chen, X. and Mao, S.S. (2007). Titanium dioxide nanomaterials: synthesis, properties, modifications, and applications. *Chemical Reviews* 107 (7): 2891-2959.

[23] Sugimoto, T., Zhou, X., and Muramatsu, A. (2002). Synthesis of uniform anatase TiO_2 nanoparticles by gel-sol method: 1. Solution chemistry of $Ti(OH)_n^{(4-n)+}$ complexes. *Journal of Colloid and Interface Science* 252 (2): 339-346.

[24] Yang, S. and Gao, L. (2006). Fabrication and shape-evolution of nanostructured TiO_2 via a sol-solvothermal process based on benzene-water interfaces. *Materials Chemistry and Physics* 99 (2): 437-440.

[25] Wu, J.-J. and Yu, C.-C. (2004). Aligned TiO_2 nanorods and nanowalls. *Journal of Physical Chemistry B* 108 (11): 3377-3379.

[26] Park, D.G. and Burlitch, J.M. (1992). Nanoparticles of anatase by electrostatic spraying of an alkoxide solution. *Chemistry of Materials* 4 (3): 500-502.

[27] Peng, X. and Chen, A. (2004). Aligned TiO2 nanorod arrays synthesized by oxidizing titanium with acetone. *Journal of Materials Chemistry* 14 (16): 2542-2548.

[28] Wu, J.-M., Zhang, T.-W., Zeng, Y.-W. et al. (2005). Large-scale preparation of ordered titania nanorods with enhanced photocatalytic activity. *Langmuir* 21 (15): 6995-7002.

[29] Li, X.-q. and Zhang, W.-x. (2006). Iron nanoparticles: the core-shell structure and unique properties for Ni(II) sequestration. *Langmuir* 22 (10): 4638-4642.

[30] Leonel, A.G., Mansur, A.A.P., and Mansur, H.S. (2021). Advanced functional nanostructures based on magnetic iron oxide nanomaterials for water remediation: a review. *Water Research* 190: 116693.

[31] Wu, W., Xiao, X., Zhang, S. et al. (2010). Large-scale and controlled synthesis of iron oxide magnetic short nanotubes: shape evolution, growth mechanism, and magnetic properties. *Journal of Physical Chemistry C* 114 (39): 16092-16103.

[32] Boxall, C., Kelsall, G., and Zhang, Z. (1996). Photoelectrophoresis of colloidal iron oxides. Part 2.—Magnetite (Fe_3O_4). Journal of the Chemical Society, *Faraday Transactions* 92 (5): 791-802.

[33] Wu, W., Wu, Z., Yu, T. et al. (2015). Recent progress on magnetic iron oxide nanoparticles: synthesis, surface functional strategies and biomedical applications. *Science and Technology of Advanced Materials* 16 (2): 023501.

[34] Blanco-Andujar, C., Ortega, D., Pankhurst, Q.A., and Thanh, N.T.K. (2012). Elucidating the morphological and structural evolution of iron oxide nanoparticles formed by sodium carbonate in aqueous medium. *Journal of Materials Chemistry* 22 (25): 12498-12506.

[35] Ladj, R., Bitar, A., Eissa, M. et al. (2013). Individual inorganic nanoparticles: preparation, functionalization and in vitro biomedical diagnostic applications. *Journal of Materials Chemistry B* 1 (10): 1381-1396.

[36] Park, J., An, K., Hwang, Y. et al. (2004). Ultra-large-scale syntheses of monodisperse nanocrystals. *Nature Materials* 3 (12): 891-895.

[37] Hongzhang, Q., Biao, Y., Wei, L. et al. (2011). A non-alkoxide sol-gel method for the preparation of magnetite (Fe_3O_4) nanoparticles. *Current Nanoscience* 7 (3): 381-388.

[38] Chen, Y., Xia, H., Lu, L., and Xue, J. (2012). Synthesis of porous hollow Fe_3O_4 beads and their applications in lithium ion batteries. *Journal of Materials Chemistry* 22 (11): 5006-5012.

[39] Cai, W. and Wan, J. (2007). Facile synthesis of superparamagnetic magnetite nanoparticles in liquid polyols. *Journal of Colloid and Interface Science* 305 (2): 366-370.

[40] Zheng, X., Cheng, H., Yang, J. et al. (2018). One-pot solvothermal preparation of Fe_3O_4-urushiol-graphene hybrid nanocomposites for highly improved Fenton reactions. *ACS Applied Nano Materials* 1 (6): 2754-2762.

[41] Verdugo, E.M., Xie, Y., Baltrusaitis, J., and Cwiertny, D.M. (2016). Hematite decorated multi-walled carbon nanotubes (α-Fe_2O_3/MWCNTs) as sorbents for Cu(II) and Cr(VI): comparison of hybrid sorbent performance to its nanomaterial building blocks. *RSC Advances* 6 (102): 99997-100007.

[42] Zikalala, N., Matshetshe, K., Parani, S., and Oluwafemi, O.S. (2018). Biosynthesis protocols for colloidal metal oxide nanoparticles. *Nano-Structures & Nano-Objects* 16: 288-299.

[43] Liberman, A., Mendez, N., Trogler, W.C., and Kummel, A.C. (2014). Synthesis and surface functionalization of silica nanoparticles for nanomedicine. *Surface Science Reports* 69 (2): 132-158.

[44] Stöber, W., Fink, A., and Bohn, E. (1968). Controlled growth of monodisperse silica spheres in the

micron size range. *Journal of Colloid and Interface Science* 26 (1): 62–69.
[45] Singh, B., Na, J., Konarova, M. et al. (2020). Functional mesoporous silica nanomaterials for catalysis and environmental applications. *Bulletin of the Chemical Society of Japan* 93 (12): 1459–1496.
[46] Son, W.-J., Choi, J.-S., and Ahn, W.-S. (2008). Adsorptive removal of carbon dioxide using polyethyleneimine-loaded mesoporous silica materials. *Microporous and Mesoporous Materials* 113 (1): 31–40.
[47] Xu, X., Song, C., Andrésen, J.M. et al. (2003). Preparation and characterization of novel CO_2 "molecular basket" adsorbents based on polymer-modified mesoporous molecular sieve MCM-41. *Microporous and Mesoporous Materials* 62 (1): 29–45.
[48] Tsai, C.-H., Chang, W.-C., Saikia, D. et al. (2016). Functionalization of cubic mesoporous silica SBA-16 with carboxylic acid via one-pot synthesis route for effective removal of cationic dyes. *Journal of Hazardous Materials* 309: 236–248.
[49] Ng, L.Y., Mohammad, A.W., Leo, C.P., and Hilal, N. (2013). Polymeric membranes incorporated with metal/metal oxide nanoparticles: a comprehensive review. *Desalination* 308: 15–33.
[50] Clancy, A.J., Bayazit, M.K., Hodge, S.A. et al. (2018). Charged carbon nanomaterials: redox chemistries of fullerenes, carbon nanotubes, and graphenes. *Chemical Reviews* 118 (16): 7363–7408.
[51] Mauter, M.S. and Elimelech, M. (2008). Environmental applications of carbon-based nanomaterials. *Environmental Science and Technology* 42 (16): 5843–5859.
[52] Zhang, Y., Tang, Z.-R., Fu, X., and Xu, Y.-J. (2010). TiO2-graphene nanocomposites for gas-phase photocatalytic degradation of volatile aromatic pollutant: is TiO_2-graphene truly different from other TiO_2-carbon composite materials? *ACS Nano* 4 (12): 7303–7314.
[53] Dastgheib, S.A. and Rockstraw, D.A. (2001). Pecan shell activated carbon: synthesis, characterization, and application for the removal of copper from aqueous solution. *Carbon* 39 (12): 1849–1855.
[54] Iijima, S. (1991). Helical microtubules of graphitic carbon. *Nature* 354 (6348): 56–58.
[55] Eatemadi, A., Daraee, H., Karimkhanloo, H. et al. (2014). Carbon nanotubes: properties, synthesis, purification, and medical applications. *Nanoscale Research Letters* 9 (1): 393.
[56] Novoselov, K.S., Geim, A.K., Morozov, S.V. et al. (2004). Electric field effect in atomically thin carbon films. *Science* 306 (5696): 666–669.
[57] Ambrosi, A., Chua, C.K., Bonanni, A., and Pumera, M. (2014). Electrochemistry of graphene and related materials. *Chemical Reviews* 114 (14): 7150–7188.
[58] Cai, X., Luo, Y., Liu, B., and Cheng, H.-M. (2018). Preparation of 2D material dispersions and their applications. *Chemical Society Reviews* 47 (16): 6224–6266.
[59] Guan, G. and Han, M.-Y. (2019). Functionalized hybridization of 2D nanomaterials. *Advanced Science* 6 (23): 1901837.
[60] Wang, B., Sun, Y., Ding, H. et al. (2020). Bioelectronics-related 2D materials beyond graphene: fundamentals, properties, and applications. *Advanced Functional Materials* 30 (46), 2003732.
[61] Safaei, M., Foroughi, M.M., Ebrahimpoor, N. et al. (2019). A review on metal-organic frameworks: synthesis and applications. *TrAC Trends in Analytical Chemistry* 118: 401–425.
[62] Zhou, H.C., Long, J.R., and Yaghi, O.M. (2012). Introduction to metal-organic frameworks. *Chemical Reviews* 112 (2): 673–674.
[63] Ding, S.-Y. and Wang, W. (2013). Covalent organic frameworks (COFs): from design to applications. *Chemical Society Reviews* 42 (2): 548–568.
[64] Naguib, M., Mochalin, V.N., Barsoum, M.W., and Gogotsi, Y. (2014). 25th Anniversary article: MXenes: a new family of two-dimensional materials. *Advanced Materials* 26 (7): 992–1005.
[65] Seh, Z.W., Fredrickson, K.D., Anasori, B. et al. (2016). Two-dimensional molybdenum carbide

(MXene) as an efficient electrocatalyst for hydrogen evolution. *ACS Energy Letters* 1 (3): 589-594.
[66] Magnuson, M. and Mattesini, M. (2017). Chemical bonding and electronic-structure in MAX phases as viewed by X-ray spectroscopy and density functional theory. *Thin Solid Films* 621: 108-130.
[67] Wang, H. and Pumera, M. (2015). Fabrication of micro/nanoscale motors. *Chemical Reviews* 115 (16): 8704-8735.
[68] Soto, F., Karshalev, E., Zhang, F. et al. (2021). Smart materials for microrobots. *Chemical Reviews* 122 (5): 5365-5403.
[69] Jurado-Sánchez, B. and Wang, J. (2018). Micromotors for environmental applications: a review. *Environmental Science: Nano* 5 (7): 1530-1544.
[70] Mohammad, A.W., Teow, Y.H., Ang, W.L. et al. (2015). Nanofiltration membranes review: recent advances and future prospects. *Desalination* 356: 226-254.
[71] Subramanian, S. and Seeram, R. (2013). New directions in nanofiltration applications - are nanofibers the right materials as membranes in desalination? *Desalination* 308: 198-208.
[72] Sharma, Y.C., Srivastava, V., Singh, V.K. et al. (2009). Nano-adsorbents for the removal of metallic pollutants from water and wastewater. *Environmental Technology* 30 (6): 583-609.
[73] Choudhari, S., Habimana, O., Hannon, J. et al. (2017). Dynamics of silver elution from functionalised antimicrobial nanofiltration membranes. *Biofouling* 33 (6): 520-529.
[74] Kamari, S. and Shahbazi, A. (2020). High-performance nanofiltration membrane blended by Fe_3O_4@ SiO_2-CS bionanocomposite for efficient simultaneous rejection of salts/heavy metals ions/dyes with high permeability, retention increase and fouling decline. *Chemical Engineering Journal* 417: 127930.
[75] Kamari, S. and Shahbazi, A. (2020). Biocompatible Fe_3O_4@SiO_2-NH_2 nanocomposite as a green nanofiller embedded in PES-nanofiltration membrane matrix for salts, heavy metal ion and dye removal: long-term operation and reusability tests. *Chemosphere* 243: 125282.
[76] Ghaemi, N., Madaeni, S.S., Daraei, P. et al. (2015). Polyethersulfone membrane enhanced with iron oxide nanoparticles for copper removal from water: application of new functionalized Fe_3O_4 nanoparticles. *Chemical Engineering Journal* 263: 101-112.
[77] Bandehali, S., Parvizian, F., Moghadassi, A. et al. (2020). Improvement in separation performance of PEI-based nanofiltration membranes by using L-cysteine functionalized POSS-TiO_2 composite nanoparticles for removal of heavy metal ion. *Korean Journal of Chemical Engineering* 37 (9): 1552-1564.
[78] Zhang, Z., Rahman, M.M., Abetz, C., and Abetz, V. (2020). High-performance asymmetric isoporous nanocomposite membranes with chemically-tailored amphiphilic nanochannels. *Journal of Materials Chemistry A* 8 (19): 9554-9566.
[79] Parvizian, F., Ansari, F., and Bandehali, S. (2020). Oleic acid-functionalized TiO_2 nanoparticles for fabrication of PES-based nanofiltration membranes. *Chemical Engineering Research and Design* 156: 433-441.
[80] Huang, K., Quan, X., Li, X. et al. (2018). Improved surface hydrophilicity and antifouling property of nanofiltration membrane by grafting NH_2-functionalized silica nanoparticles. *Polymers for Advanced Technologies* 29 (12): 3159-3170.
[81] Abadikhah, H., Kalali, E.N., Behzadi, S. et al. (2019). High flux thin film nanocomposite membrane incorporated with functionalized TiO_2@reduced graphene oxide nanohybrids for organic solvent nanofiltration. *Chemical Engineering Science* 204: 99-109.
[82] Bagheripour, E., Moghadassi, A.R., Hosseini, S.M. et al. (2018). Highly hydrophilic and antifouling nanofiltration membrane incorporated with water-dispersible composite activated carbon/chitosan nanoparticles. *Chemical Engineering Research and Design* 132: 812-821.
[83] Gao, Z.F., Feng, Y., Ma, D., and Chung, T.-S. (2019). Vapor-phase crosslinked mixed matrix membranes

with UiO-66-NH_2 for organic solvent nanofiltration. *Journal of Membrane Science* 574: 124–135.
[84] Zhu, J., Qin, L., Uliana, A. et al. (2017). Elevated performance of thin film nanocomposite membranes enabled by modified hydrophilic MOFs for nanofiltration. *ACS Applied Materials & Interfaces* 9 (2): 1975–1986.
[85] Yang, S., Li, H., Zhang, X. et al. (2020). Amine-functionalized ZIF-8 nanoparticles as interlayer for the improvement of the separation performance of organic solvent nanofiltration (OSN) membrane. *Journal of Membrane Science* 614: 118433.
[86] Jurado-Sánchez, B., Sattayasamitsathit, S., Gao, W. et al. (2015). Self-propelled activated carbon Janus micromotors for efficient water purification. *Small* 11 (4): 499–506.
[87] Orozco, J., Mercante, L.A., Pol, R., and Merkoçi, A. (2016). Graphene-based Janus micromotors for the dynamic removal of pollutants. *Journal of Materials Chemistry A* 4 (9): 3371–3378.
[88] Dong, Y., Yi, C., Yang, S. et al. (2019). A substrate-free graphene oxide-based micromotor for rapid adsorption of antibiotics. *Nanoscale* 11 (10): 4562–4570.
[89] Baptista-Pires, L., Orozco, J., Guardia, P., and Merkoçi, A. (2018). Architecting graphene oxide rolled-up micromotors: a simple paper-based manufacturing technology. *Small* 14 (3): 1702746.
[90] Zhang, B., Huang, G., Wang, L. et al. (2019). Rolled-up monolayer graphene tubular micromotors: enhanced performance and antibacterial property. *Chemistry – An Asian Journal* 14 (14): 2479–2484.
[91] Vilela, D., Parmar, J., Zeng, Y. et al. (2016). Graphene-based microbots for toxic heavy metal removal and recovery from water. *Nano Letters* 16 (4): 2860–2866.
[92] Khezri, B., Beladi Mousavi, S.M., Sofer, Z., and Pumera, M. (2019). Recyclable nanographene-based micromachines for the on-the-fly capture of nitroaromatic explosives. *Nanoscale* 11 (18): 8825–8834.
[93] Verma, A., Shukla, M., Kumar, S. et al. (2020). Mechanism of visible light enhanced catalysis over curcumin functionalized Ag nanocatalysts. *Spectrochimica Acta Part A: Molecular and Biomolecular Spectroscopy* 240: 118534.
[94] Wang, Z., Zhang, F., Ning, A. et al. (2021). Nanosilver supported on inert nano-diamond as a direct plasmonic photocatalyst for degradation of methyl blue. *Journal of Environmental Chemical Engineering* 9 (1): 104912.
[95] Zhang, C., Gu, Y., Teng, G. et al. (2020). Fabrication of a double-shell Ag/AgCl/G-ZnFe2O4 nanocube with enhanced light absorption and superior photocatalytic antibacterial activity. *ACS Applied Materials & Interfaces* 12 (26): 29883–29898.
[96] Joseita dos Santos Costa, M., dos Santos Costa, G., Estefany Brandao Lima, A. et al. (2018). Photocurrent response and progesterone degradation by employing WO_3 films modified with platinum and silver nanoparticles. *ChemPlusChem* 83 (12): 1153–1161.
[97] Zarzuela, R., Moreno-Garrido, I., Gil, M.L.A., and Mosquera, M.J. (2021). Effects of surface functionalization with alkylalkoxysilanes on the structure, visible light photoactivity and biocidal performance of Ag-TiO_2 nanoparticles. *Powder Technology* 383: 381–395.
[98] Caschera, D., Federici, F., de Caro, T. et al. (2018). Fabrication of Eu-TiO_2 NCs functionalized cotton textile as a multifunctional photocatalyst for dye pollutants degradation. *Applied Surface Science* 427: 81–91.
[99] Khammar, S., Bahramifar, N., and Younesi, H. (2020). Preparation and surface engineering of CM-β-CD functionalized Fe3O4@TiO2 nanoparticles for photocatalytic degradation of polychlorinated biphenyls (PCBs) from transformer oil. *Journal of Hazardous Materials* 394: 122422.
[100] Li, S., Cai, J., Wu, X. et al. (2018). TiO_2@Pt@CeO_2 nanocomposite as a bifunctional catalyst for enhancing photo-reduction of Cr(VI) and photo-oxidation of benzyl alcohol. *Journal of Hazardous Materials* 346: 52–61.

[101] Cai, J., Wu, X., Li, S., and Zheng, F. (2017). Controllable location of Au nanoparticles as cocatalyst onto TiO2@CeO2 nanocomposite hollow spheres for enhancing photocatalytic activity. *Applied Catalysis B: Environmental* 201: 12–21.

[102] Singh, J., Juneja, S., Soni, R.K., and Bhattacharya, J. (2021). Sunlight mediated enhanced photocatalytic activity of TiO_2 nanoparticles functionalized CuO–Cu_2O nanorods for removal of methylene blue and oxytetracycline hydrochloride. *Journal of Colloid and Interface Science* 590: 60–71.

[103] Khdary, N.H., Alkhuraiji, W.S., Sakthivel, T.S. et al. (2020). Synthesis of superior visible-light-driven nanophotocatalyst using high surface area TiO_2 nanoparticles decorated with Cu_xO particles. *Catalysts* 10 (8): 872.

[104] Rodwihok, C., Charoensri, K., Wongratanaphisan, D. et al. (2021). Improved photocatalytic activity of surface charge functionalized ZnO nanoparticles using aniline. *Journal of Materials Science and Technology* 76: 1–10.

[105] Gu, S., Zhao, X., Zhou, X. et al. (2020). Nickel-doped porous ZnO nanosheets functionalized with $CuInS_2$ nanoparticles: an efficient photocatalyst for chromium (VI) reduction. *ChemPlusChem* 85 (1): 142–150.

[106] Das, J., Venkat, A., Radhakrishnan, R. et al. (2020). Fabrication of silica supported Turkevich silver nanocomposites for efficient photocatalytic performance. *Colloid and Interface Science Communications* 39: 100323.

[107] Yang, C., Cheng, J., Chen, Y., and Hu, Y. (2017). CdS nanoparticles immobilized on porous carbon polyhedrons derived from a metal-organic framework with enhanced visible light photocatalytic activity for antibiotic degradation. *Applied Surface Science* 420: 252–259.

[108] Sharifi, A., Montazerghaem, L., Naeimi, A. et al. (2019). Investigation of photocatalytic behavior of modified ZnS:Mn/MWCNTs nanocomposite for organic pollutants effective photodegradation. *Journal of Environmental Management* 247: 624–632.

[109] Padhiari, S. and Hota, G. (2019). A Ag nanoparticle functionalized Sg-C_3N_4/Bi_2O_3 2D nanohybrid: a promising visible light harnessing photocatalyst towards degradation of rhodamine B and tetracycline. *Nanoscale Advances* 1 (8): 3212–3224.

[110] Liu, H., Ma, Y., Chen, J. et al. (2019). Highly efficient visible-light-driven photocatalytic degradation of VOCs by CO_2-assisted synthesized mesoporous carbon confined mixed-phase TiO2 nanocomposites derived from MOFs. *Applied Catalysis B: Environmental* 250: 337–346.

[111] Wang, J., Dong, R., Yang, Q. et al. (2019). One body, two hands: photocatalytic function and Fenton effect-integrated light-driven micromotors for pollutant degradation. *Nanoscale* 11 (35): 16592–16598.

[112] Kong, L., Mayorga-Martinez, C.C., Guan, J., and Pumera, M. (2018). Fuel-free light-powered TiO_2/Pt Janus micromotors for enhanced nitroaromatic explosives degradation. *ACS Applied Materials & Interfaces* 10 (26): 22427–22434.

[113] Zhang, Q., Dong, R., Wu, Y. et al. (2017). Light-driven Au-WO_3@C Janus micromotors for rapid photodegradation of dye pollutants. *ACS Applied Materials & Interfaces* 9 (5): 4674–4683.

[114] Zhan, Z., Wei, F., Zheng, J. et al. (2020). Visible light driven recyclable micromotors for "on-the-fly" water remediation. *Materials Letters* 258: 126825.

[115] Ravelli, D., Dondi, D., Fagnoni, M., and Albini, A. (2009). Photocatalysis. A multi-faceted concept for green chemistry. *Chemical Society Reviews* 38 (7): 1999–2011.

[116] Christopher, P., Xin, H., and Linic, S. (2011). Visible-light-enhanced catalytic oxidation reactions on plasmonic silver nanostructures. *Nature Chemistry* 3 (6): 467–472.

[117] Garg, N., Bera, S., Rastogi, L. et al. (2020). Synthesis and characterization of L-asparagine stabilised gold nanoparticles: catalyst for degradation of organic dyes. *Spectrochimica Acta Part A: Molecular and*

Biomolecular Spectroscopy 232: 118126.

[118] Atta, A.M., Moustafa, Y.M., Al-Lohedan, H.A. et al. (2020). Methylene blue catalytic degradation using silver and magnetite nanoparticles functionalized with a poly (ionic liquid) based on quaternized dialkylethanolamine with 2-acrylamido-2-methylpropane sulfonate-co-vinylpyrrolidone. *ACS Omega* 5 (6): 2829-2842.

[119] Krawczyk, K., Waclawek, S., Silvestri, D. et al. (2021). Surface modification of zero-valent iron nanoparticles with β-cyclodextrin for 4-nitrophenol conversion. *Journal of Colloid and Interface Science* 586: 655-662.

[120] Bastidas, G.K.G., Sierra, C.A., and Ramirez, H.R.Z. (2018). Heterogeneous Fenton oxidation of Orange II using iron nanoparticles supported on natural and functionalized fique fiber. *Journal of Environmental Chemical Engineering* 6 (4): 4178-4188.

[121] Fu, M., Xing, J., and Ge, Z. (2019). Preparation of laccase-loaded magnetic nanoflowers and their recycling for efficient degradation of bisphenol A. *Science of the Total Environment* 651 (Pt. 2): 2857-2865.

[122] Bakr, E.A., El-Attar, H.G., and Salem, M.A. (2020). Efficient catalytic degradation of single and binary azo dyes by a novel triple nanocomposite of $Mn_3O_4/Ag/SiO_2$. *Applied Organometallic Chemistry* 34 (8).

[123] Perrotti, T.C., Freitas, N.S., Alzamora, M. et al. (2019). Green iron nanoparticles supported on amino-functionalized silica for removal of the dye methyl orange. *Journal of Environmental Chemical Engineering* 7 (4): 103237.

[124] Sarker, M.Z., Rahman, M.M., Minami, H. et al. (2021). Mesoporous amine functionalized SiO_2 supported Cu nanocatalyst and a kinetic-mechanistic degradation study of azo dyes. *Colloids and Surfaces A: Physicochemical and Engineering Aspects* 617: 126403.

[125] Aher, A., Thompson, S., Nickerson, T. et al. (2019). Reduced graphene oxide-metal nanoparticle composite membranes for environmental separation and chloro-organic remediation. *RSC Advances* 9 (66): 38547-38557.

[126] Boruah, P.K., Darabdhara, G., and Das, M.R. (2021). Polydopamine functionalized graphene sheets decorated with magnetic metal oxide nanoparticles as efficient nanozyme for the detection and degradation of harmful triazine pesticides. *Chemosphere* 268: 129328.

[127] Fu, K., Liu, X., Yu, D. et al. (2020). Highly efficient and selective Hg(II) removal from water using multilayered $Ti_3C_2O_x$ MXene via adsorption coupled with catalytic reduction mechanism. *Environmental Science and Technology* 54 (24): 16212-16220.

[128] Nabi, S., Sofi, F.A., Rashid, N. et al. (2020). Au-nanoparticle loaded nickel-copper bimetallic MOF: an excellent catalyst for chemical degradation of Rhodamine B. *Inorganic Chemistry Communications* 117.

[129] Ren, M., Guo, W., Guo, H., and Ren, X. (2019). Microfluidic fabrication of bubble-propelled micromotors for wastewater treatment. *ACS Applied Materials & Interfaces* 11 (25): 22761-22767.

[130] Maria-Hormigos, R., Pacheco, M., Jurado-Sánchez, B., and Escarpa, A. (2018). Carbon nanotubes-ferrite-manganese dioxide micromotors for advanced oxidation processes in water treatment. Environmental Science: *Nano* 5 (12): 2993-3003.

第 13 章

デンドリマーによる環境修復

Dendrimers for Environmental Remediation

Uyiosa O. Aigbe[1], Kingsley E. Ukhurebor[2], Robert B. Onyancha[3], Onoyivwe M. Ama[4], Otolorin A. Osibote[1], Heri S. Kusuma[5], Philomina N. Okanigbuan[6], Samuel O. Azi[7] and Peter O. Osifo[4]

[1] Cape Peninsula University of Technology, Department of Mathematics and Physics, Faculty of Applied Sciences, P.O. Box 1906, Cape Town, 7535, South Africa

[2] Edo State University Uzairue, Department of Physics, Faculty of Science, PMB 04, Auchi, Edo State 312101, Nigeria

[3] Technical University of Kenya, School of Physical Sciences and Technology, Department of Physics and Space Science, P.O. Box 52428 - 00200, Nairobi, Kenya

[4] Vaal University of Technology, Department of Chemical Engineering, PMB X021, Vanderbijlpark 1900, South Africa

[5] Universitas Pembangunan Nasional "Veteran" Yogyakarta, Department of Chemical Engineering, Faculty of Industrial Technology, Indonesia

[6] Benson Idahosa University, Department of Physical Sciences, Physics/Geophysics Unit, Benin City, Edo State, Nigeria

[7] University of Benin, Department of Physics, Faculty of Physical Sciences, PMB 1154, Benin City, Edo State 300283, Nigeria

13.1　はじめに

理解しがたいレベルの天然資源の乱用は，製造業の変化による技術の進歩と，高度に効率化した資本主義的ビジネス手法によることは間違いない。拡大し続ける人口と都市化により，天然資源の利用は極限まで拡大し，長期的には天然資源の誤用は環境の悪化につながる[1]。現在，社会が直面している大きな問題は，重金属（HM），粒子状物質，除草剤，殺虫剤，肥料，石油流出，有害ガス，産業廃棄物，下水，有機合成物質による環境汚染である[2]。

水質汚染は，大気汚染と同様に，除草剤や殺虫剤，工業プロセスの副産物や燃焼，廃棄物処理，石油流出，肥料の浸透，化石燃料の採掘など，さまざまな要因により引き起こされる。一般に，汚染物質は水，土壌，大気中に存在する[3]。したがって，ナノテクノロジー（NTech）のような，水，土壌，空気から汚染物質を監視，検出，修復できる技術が必要とされている。ナノテクノロジーは，既存の生態系の質を向上させる膨大な能力と機械を提供する。また，土壌保護，水質保護，大気の供給強化に関連する世界的な課題に対して，実行可能な解決策を提供する可能性を有している[3, 4]。

水，土壌，大気から汚染物質を浄化するために，さまざまな種類の材料や幅広いアプローチを用いた新しい技術が定期的に研究されている。しかし，環境汚染物質の分解は，多様な化合物が混在していること，揮発性が高いこと，反応性が低いことなどから，困難な場合がある。ナノスケール材料特有の物理的特性，反応性の向上，卓越した表面化学性により，現在環境修復（ER）技術の進歩のためのナノ材料（NM）の利用が注目されている。

汚染物質の効果的な浄化のため，注目すべき特定の汚染物質をターゲットできる官能基（FG）で官能基化することもできる。サイズ，形態，気孔率，化学組成などの物理的特性を意図的に変化させることで，汚染物質の浄化性能に直接影響するさらに有益な特徴を与えることができる[2]。

生態系汚染に取り組む必要性の高まりに対する解決策を提供しようと，いくつかの汚染物質で汚染された土壌，浸出水，排水，地下水を処理するために，原位置および原位置外技術を用いたいくつかの浄化技術が開発された。レメディエーションは，常に革新的な技術を改善し，受け入れ，レメディエーションのプロセスを強化しながら，発展・進歩してきた[5]。

デンドリマーは比較的新しく発見された高分子成分の一群で，その層状構造と，明確に定義された分子量，大きさ，高度な分岐，コアキャビティ，多価性，表面基の選択によって制御される溶解性などの特徴的な特性により，革新的な用途への関心が高まっている。デンドリマーの化学は非常に洗練されており，その対称的な構造，形状，デザインは，雪の結晶，神経細胞，樹木など，自然界で発見されたパターンに似ている[6]。デンドリマーは，気体粒子，イオン，低分子量の有機複合体など，小さなゲストの捕捉に最適な内部空洞を有しており，この物理的特性によりデンドリマーはERの領域で採用されている[7]。

デンドリマーという用語は，“木”と“部分”を意味するギリシャ語の“dendron”と

“meros” に由来する。ラテン語である他の同じ用語は，カスケード分子または樹木を意味する arborols である[6]。カスケード分子は 1978 年に Fritz Vogtle グループによって初めて用いられた[8]。多孔性，溶解性，表面上の高度に機能的な末端基（TG），特定のサイズ（ナノ/マイクロサイズ），および卓越した程度の分子均一性により，単分散ポリマーと考えられている[8, 9]。それらは 3 次元超分子であり，ラジカルデザインを持ち，さまざまな分岐点からなる不変の構造を持ち，その寸法はナノスケールの範囲にある。その化学的性質はその形態を示す中心核となる有機または無機物質に由来し，その核をもとに世代（G）または枝が成長する。枝の成長はデンドリマーのサイズを増大させる。デンドリマーは表面部またはデンドリマーの用途に応じて調整可能であるという長所を持つ末端基のグループである[10])。

個々の高分子は，デンドロンと呼ばれる基本的な構成要素によって形成され，多機能コアの周囲に樹木状の配置で結合している[11]。樹状突起ポリマーは，デンドリマー，ハイパーブランチポリマー，マルチアームスターポリマー，デンドロン化/デンドリグラフトポリマー，ハイパーグラフト/ハイパーグラフトポリマー，樹状直鎖ブロックポリマーなど，いくつかの構造バリエーションからなるグループである[12]。その直径は，エチレンジアミン（EDA）コアを持つポリ（アミドアミン）(PAMAM）デンドリマーの場合のように，第 1 世代から第 10 世代（G1–G10）まで，1.5～13.5 nm の範囲である。低世代のデンドリマーは一般に，より優れた世代のデンドリマーに対して，より開いた構造を持つ例外的に非対称な形状をしている。デンドリマー分子の最大サイズは，閉じた膜状構造に充填される世代で制限される。したがって，空間がなくなり臨界分岐状態に達するとデンドリマーは成長しにくくなり，スターバースト効果と呼ばれる。デンドリマーの完全な構造は，式（13.1）で与えられる式で定義される。

$$\mathrm{M} = \mathrm{M}_c + n_c[\mathrm{M}_m((n_m{}^G - 1) / (n_m - 1)) + \mathrm{M}_t n_m{}^G] \tag{13.1}$$

M_c, M_m, M_t, n_c, n_m, G は，コアのモル質量（M），分岐モノマーの M，TG の M，コアの多重度，分岐–結合の多重度，世代数を示す。デンドリマーの TG の増加量は幾何学的発展に依存する（式（13.2））。

$$Z = n_c \times n_m{}^G \tag{13.2}$$

分子量と官能基数は世代数とともに指数関数的に拡大するが，直径は世代ごとに約 1 nm ずつ直線的にしか拡大しない[6]。

デンドリマーは，その対称性，高度な分岐，拡大した末端官能基密度により，古典的なオリゴマー/ポリマーとは異なる。デンドリマーは，開始剤である多官能性コア（デンドリマー成長のアンカーポイントとして機能する），コア層と世代を構成する中心枝，およびイオン，薬物，生体分子などの小分子の添加によって修飾可能な外層（末端官能化枝）の 3 つの主要成分から構成される（図 13.1）。この官能基化プロセスによって，物理化学的，生物学的，反応性，ダイナミクスを大幅に変化させることができる[13]。

デンドリマーの生成は，中心核から始まり，側枝が徐々に加わる。その構造と化学的特徴はデンドリマーの構造に影響され，その卓越した特性のおかげで，生態系の浄化，ナノ

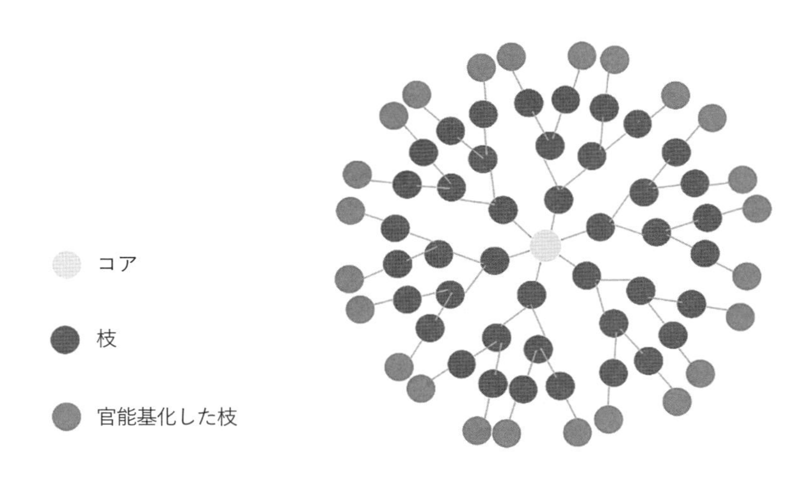

図 13.1 デンドリマーの典型的な構造

粒子（NP）の合成，ナノメディシンの送達システムなどに広く応用されている。コア，分類，および制御可能な分岐と末端 FG の数が，デンドリマーの構造と化学的特性を表す[14]。連続した分岐分子を持つデンドリマーは，有機・無機汚染物質の除去に最適な高分子吸着剤と考えられている。有機物は内部の疎水性部分を介して吸着され，無機物は外側の分岐部を介して収着される[15]。デンドリマー超分子は多機能であるため，薬物の送達，環境修復，ナノ粒子の合成など，さまざまな技術応用への発展が期待されている[16]。

本章では，デンドリマーとその官能基化ナノ材料の水，大気，土壌の浄化への利用の現在の開発状況について，その物理化学的特性，ナノ材料の合成法，汚染物質隔離におけるナノ材料の特徴的な応用に重点を置いて解説する。最後に，考察と将来の展望を述べる。本章の残りの節は以下のように構成されている。13.2 節ではデンドリマーの合成法，13.3 節ではデンドリマーの特性について述べる。13.4 節ではデンドリマーの主な環境への応用のいくつかを議論し，13.5 節は環境修復への応用のためのデンドリマーの将来の展望の考察を含む結論の節である。

13.2 合成方法

デンドリマーの合成は，分子化学と高分子化学の両方と関わる。制御された合成のステップ・バイ・ステップの性質と，反復する単数ユニット，すなわちモノマーの使用は，それぞれ分子化学と高分子化学に関連する。PAMAM デンドリマーが 1980 年に最初に合成されたデンドリマーであることは注目すべきことである。その後，PPI（ポリプロピレンイミン），PLL（ポリ-L-リジン），ポリエステル，グリコデンドリマー，両親媒性デンドリマーが続いた[17]。デンドリマーは，その形状，大きさ，表面化学，内部空隙の関数として計画・利用される調整可能な化学的・物理的特性を持つナノ構造体として作成され，これはコアの性質，種類，分岐数，末端官能基に依存する[11]。これらの材料の合

成には，発散型と収束型という 2 つの合成方法/ルートが用いられることが知られている。

13.2.1 発散アプローチ

この合成法は，Tomalia，Newkome，Vogtle によって考案された[18]。このプロセスでは，デンドリマーを内側から外側へと合成する（これはデンドリマー・コアから起こり，そこでビルディング・ブロックの段階的な付加によりアームが取り付けられる）。発散法では，2 つの段階（i）モノマーのカップリング，（ii）モノマー末端基の活性化，が行われ，新たな分岐モノマーとの反応が促進される[19]。

この手順は，コアの活性化と最初の（第一の）モノマーの結合から始まり，デンドリマーの第一世代（G1）を生成する。続く段階では，第二世代（G2）の他の分岐モノマーとの反応を確実に起こすため G1 を活性化する。2 つの段階の反復結合は，所望のデンドリマーが実現するまで続けられ，一方，利用可能な末端基により，さらなる機能化が可能である[20]。この成長技術は，安価な試薬を用い，対称性の高いデンドリマー分子を生成するため，最も実現可能なアプローチである。しかし，高い収率では，不完全な置換により構造欠陥が生じる可能性がある[21]。

13.2.2 収束法

Hawker と Fréchet は，発散法の課題を改善・軽減するために収束成長法を提案した。発散法とは対照的に，デンドリマーの合成は外側（外面）から内側（コア）に向かって開始される。発散法と同様に，この方法もまた，望ましい樹状構造の形成に至るステップの結合と活性化の繰り返しに軸足を置いている[20]。その後，形成された樹状突起は，フォーカルポイントを介して多機能コアに取り付けられる。このアプローチでは，カップリング反応が少ないため構造制御が可能であり，生成されるデンドリマーは高純度である。また，このアプローチでは異種形態のデンドリマーをカップリングすることで，非対称デンドリマーを実現できる[19]。しかしこの方法は立体障害のために収率が低い。重要なことは，ワン・ポット・アプローチや直交化学選択的戦略などの新しい戦略が，合成ルートを革新すると同時に，その完全性を維持するために導入されたことである[21]。

13.3 デンドリマーの物理化学的性質

デンドリマーの物理化学的特性は，世代数，構造コア，表面官能基に依存する。また，デンドリマーは線状ポリマーよりもかなり低い粘度を示し，これは分子量とともに直線的に増加するのではなく，第 4 世代で上限を示し，その後は低下する。このような挙動は，デンドリマーの形状が世代数によって変化することによって引き起こされる。低世代のデンドリマーは十分に大きく球状で，体積に対して巨大な表面積を持ち，高世代のデンドリマーは余分な小さな球状で強くパッキングされている。水溶液中で疎水性分子を可溶化するため，内部が疎水性で表面が親水性のものを単分子ミセルと呼ぶ。一方，疎水性の末端基を持つデンドリマーは，極性のない溶媒に可溶である[6]。

線状ポリマーに対して，デンドリマーは不純物が少なく，多分散指数（$M_w/M_n < 1.01$-

1.05）を持つ単分散系である。デンドリマーは，合成中にその大きさと分子量を正確にモニターできるため，整然とした構造を持つ[22]。このため，従来の線状ポリマーと同様に考えると，物理的・化学的性質の大幅な改善が保証される[23]。溶液の形では，デンドリマーは密に詰まったボールを形成するが，線状ポリマーは柔軟なコイルとして存在するため，レオロジー特性に影響を与える。例えば，デンドリマーの粘度は，線状ポリマーと比べ著しく低い。単分散性は，生物の薬物動態学的挙動の予測において有利である。例えば製薬業界では，薬物動態学的情報は，正確な病態，流路，投与経路に適合し，毒性が最も低く，治療反応が向上するような最高の薬剤を選択するために利用される[20]。

デンドリマーの溶解性向上は，イオン相互作用，疎水性相互作用，水素結合など，さまざまな機構で行われる。重要なことは，デンドリマーの溶解度はデンドリマーの世代，官能基，コア，繰り返し単位に依存するということである。デンドリマーは有機溶媒に非常に溶けやすいため，溶解が速く，特性解析に適したプラットフォームとなる。さらに，デンドリマーは水溶性であるため，疎水性系の溶解性向上剤として使用することもできる[24, 25]。

多価性は非常に重要なデンドリマーの特性であり，デンドリマー表面で利用可能な反応性ゾーンの数を示すため，多目的な官能基化を可能にする。これは外殻によって達成され，容易に官能基化できるため，ウイルス，ポリマー，タンパク質，細胞などの生物学的受容体との複数の相互作用を生み出す。一価の受容体とリガンドの結合が弱いのとは対照的に，（多価性から生じる）多価の界面はシグナル伝達を増強する可能性がある[20]。デンドリマー構造は，共有結合による表面基とのコンジュゲーション，静電相互作用による表面吸着，空洞への薬剤の封入などを通じて，多様な有機・無機粒子の貯蔵・装填に利用できることが報告されている[26]。

13.4　デンドリマーの環境応用

産業が再編され発展してきた現在の世界情勢において，我々の生態系は，人間の行為や活動，あるいは産業活動から放出される数種類のグループの汚染物質で汚染されている。これらの汚染物質の例としては，一酸化炭素（CO），クロロフルオロカーボン（CFC），重金属，炭化水素，窒素酸化物，有機化合物（揮発性有機化合物[VOC]およびダイオキシン），微粒子，二酸化硫黄などが挙げられる。これらの汚染物質は一般に，水（水生），大気，土地・土壌に溶け込んでいる。したがって，水，土壌，大気から汚染物質を管理，検出，浄化できる技術が必要である。この点において，ナノテクノロジーは現在の自然環境の質向上のための膨大な資源と技術を提供する[3]。工業の急速な発展は，工業会社から排出されるあらゆる種類の有害・有害な化学物質により，人間も含めた生物の存続を脅かしている。これが世界的にかなりの水質汚染を引き起こす[27]。

材料科学領域における研究のブレークスルーはナノ材料であり，ライフサイエンス，エネルギー，環境修復の分野だけでなく，日常生活でも着実に利用されるようになっている。現在，機能性無機ナノ構造とデンドリマーとの表面集合体を通じて，卓越した性能と顕著な応用を持つ高度なハイブリッドナノ材料を利用するための，強固で困難なアプロー

チが出現しつつある[11]。デンドリマーとその副産物は，その特徴的な分子組成，簡単な官能基化，末端官能基の利用により，さまざまな分析，生物医学，生態学的利用が可能な材料である[28]。デンドリマーは，コア官能基の密度が高く，外側の官能基の化学的性質を変える可能性があり，環境利用に特に適する[16]。

13.4.1 機能化デンドリマーを用いた水浄化プロセス

水は生命維持のあらゆる面で不可欠である。病原体や有害な化学物質を含まない無害な生活用水は，人間の健康に重要である。きれいな水はまた，食品，電子機器，医薬品などの産業に不可欠な原料でもある。世界は，水質汚染，不要な固形廃棄物の発生，気候変動/地球温暖化，長期にわたる深刻な環境悪化など，多様な環境問題に直面している。したがって，環境の持続可能性の実現のためには，地球規模の水質汚染に取り組むための効果的な革新的手法が必要となる[29]。

工業プロセスや活動だけでなく家庭での消費や利用においても，最も価値ある資源の1つである水の予測可能性と必要性は，世界中で絶え間なく，非常に高まっている。怠慢で不適切な水処理は，確実に水の汚染につながり，その欠乏をもたらした[30, 31]。発展途上国や先進国では，自然の水源汚染を通じて水不足を深刻化させる人間の活動が，これまで以上に大きく影響している。汚染物質の新たな展開により徐々に厳しくなった水質基準は，現在の水の処理と配給システムに対する新たな疑問を生じさせる[32]。

有機無機汚染物質による天然水資源の汚染は，集中的な都市化と工業化により引き起こされている。これらの汚染物質は，重金属，多芳香族炭化水素（PAH），染料に限定されない[12, 33]。また，染料は，水表面に残留する可能性があり，人間の健康に有害な影響を及ぼした着色化合物である。染料は一般に，紙，織物，毛髪，食品，化粧品，医薬品など，さまざまな基材の着色に用いられる[34]。

許容閾値を超えた飲料水内の無機有機汚染物質の存在は，人体に深刻な健康被害をもたらす可能性がある。この観点から，カーボン，シリカ，ポリマー，天然吸着剤など，さまざまな吸着剤が研究されてきた。水の浄化と処理の面では，費用対効果が高く，効率的で，無害な新規吸着剤の開発に研究の焦点が当てられてきた[12]。特に収着は，初期費用が低く，操作が簡単で，有害な汚染物質に影響されにくいため，水や廃水の汚染処理に最も適した物理的手法である[34]。

人間や環境のニーズを満たす許容可能な水質を提供する現在の水処理や排水処理の技術や構造は限界に近づいている。現在のナノテクノロジーの進歩は，その結果生じる次世代の給水システムを開発する飛躍的な展望を提案する[32]。この点で，適切な吸着剤は廃水処理において重要な役割を果たし，吸着能力が強化された吸着剤の1つは，複数の吸着部位からなる樹枝状吸着剤である[34]。

デンドリマーは，いくつかの機能を持つポリマー粒子の革新的なカテゴリーを代表し，金属ナノ粒子の防腐剤として，またナノ粒子表面の不純物特異的な機能化クラスとして，2つのアプローチで採用される可能性がある。デンドリマーは極めて組織化されたポリマー粒子で，基本コアから分裂が始まり，微小ガス粒子や低分子有機複合材料を捕捉するのに適した内部空間を持つため，環境修復に利用されている。現在，最も頻繁に利用され

ている 2 つのデンドリマーは，分子式が $C_{142}H_{288}N_{58}O_{28}$ である PAMAM デンドリマー（PAMAM G2.0）と PPI デンドリマーである[35]。

デンドリマーに存在する 3 次元形状と複数の官能基により，デンドリマーはその空洞の内外にイオンや粒子を収着させるのに最も有用である。相互作用の性質は，官能基の化学的性質，溶液の pH，樹状突起の空隙率，および標的種の種類によって主に変化する。しかし，水処理技術に関しては，水溶性が処理水からの迅速かつ単純な分離を妨げるため，実用的な利用には制約がある。この重大な問題を克服するために，さまざまな機能性ナノ材料と結合させている。デンドリマーは，高い反応性表面部分，高い多孔性，耐薬品性，耐熱性，耐機械性の向上，簡便な分離とリサイクル，生態系に優しいプロセスなど，数え切れないほどの利点を提供するため，応用を広げつつある。

水処理用の既存のデンドリマーをベースとした吸着剤の中で，PAMAM は廃水から有害金属を除去するために繰り返し利用されている。その理由は，PAMAM に存在するさまざまな空洞，水への卓越した溶解性，サイドラインの反応性エステルまたはアミン基，金属イオンの選択的錯体化を可能にする多キレート物質の調製の容易さ，水溶液から金属イオンを選択的に除去できる化学基による官能基化の容易さである[11]。

Chou と Lien による研究[36]では，水溶性溶液から Zn(II) イオンを効果的に除去・再捕捉するために，デンドリマー共役磁性ナノ粒子（Gn-MNP）が開発された。除去能力は pH の上昇とともに向上し，pH3.0 未満では Zn(II) が容易に脱離することが観察された。吸着実験データは，ラングミュア等温線モデル（LM）とフロインドリッヒ等温線モデル（FM）を採用することにより超定義され，決定された吸着容量は pH7.0 で 24.3 mg/g であった。吸着剤の全体的な協同作用は，錯形成反応と静電相互作用の間の協同作用の結果であった。カーボンナノチューブ（CNT）で覆われた PAMAM デンドリマーを吸着剤として利用し，スタティックベッドシステムを用いて水溶性溶液から As(III)，Zn^{2+}，Co^{2+} を吸着した。これらの吸着剤の吸着効率は pH に依存し，最大吸着効率は pH 7.0 で検出された。また，除去能力は，流量の減少，初期イオン濃度，ベッドの高さの改善によって向上した。ベッドの高さ 12.0 cm での収着容量は，As(III) が 432.0 mg/g，Co^{2+} が 494.0 mg/g，Zn^{2+} が 470.0 mg/g であった。異なるモデルを用いて相関させた収着結果は，Thomas および Yoon-Nelson モデルによる予測曲線が，破過曲線に最もよく適合することがわかった[37]。水溶性溶液から繊維染料（ダイレクトレッド 80.0[陰イオン染料]，ディスパースイエロー 42.0[非イオン性染料]，ベーシックブルー 9.0[陽イオン染料]）を脱着させるために，2 世代の PPI デンドリマーを付着させた綿布を用いた。陰イオン性染料と分散染料の最適な除去は pH 3.0 であり，陽イオン性染料は pH 11.0 で吸着することが観察された。染料の収着プロセスは，LM と擬二次速度論モデル[34]を用いることで最もよく適合した。3-アミノプロピルトリエトキシシラン修飾パリゴルスカイト（NH_2-Pal）吸着剤の表面に 4.0 世代まで結合した PAMAM デンドリマーが，Pb(II) と反応性赤色 3BS の封鎖に使用された。すべてのアミノ末端 Pal-PAMAM を用いて，Pb(II) と反応性赤色 3BS に対して高い収着容量と高密度のアミノ末端基を示し，これは世代数の増加とともに向上した。Pb(II) および反応性赤色 3BS に対する最適な収着容量は，それぞれ 68.5 ± 3.3 ～ 694.4 ± 12.9 および 34.2 ± 2.7 ～ 322.6 ± 6.9 mg/g の範囲であった[38]。さま

ざまなアミノ末端成分を持つ PAMAM デンドリマーを埋め込んだシリカプラットフォームの表面を，Ni(II)イオンと Co(II)イオンの閉じ込めに使用した。両金属の最適な除去は pH 5.4 で観察された。収着過程は LM を用いて最もよく検証され，Ni(II)と Co(II)の最大収着容量は 116.60 と 101.10 mg/g であった。SiO_2/PAMAM ハイブリッド材料への Ni(II)イオンと Co(II)イオンの収着プロセスは，自発的な吸熱反応を示していた[39]。また，Ebrahimi ら[40]は，カドミウム（Cd）イオンとニッケル（Ni）イオンの除去における PPI デンドリマーの有効性を評価した。Cd と Ni の収着効率は pH 依存性で，両金属とも pH 7.0 で最適な除去が検出された。PPI デンドリマーを用いた Cd と Ni の収着容量は，それぞれ 1.428 mg/g と 1.225 mg/g であった。しかし，この章では，有機および無機汚染物質によって汚染された地下水の浄化，精製，および処理への官能基化デンドリマーの応用について，既存の文献から抜粋して簡単に概説する。有機および無機汚染物質

表 13.1　さまざまな汚染物質の吸着剤として用いられているデンドリマーとその機能化複合体の概要

吸着剤	収着物	pH	最大収着容量 (mg/g)	参考文献
デンドリマーグラフトシリカ系材料	Cu(II)	5.4	104.6	[41]
SiO_2-Al_2O_3 ナノ粒子（SANP）	サリチル酸	3.5	254.5	[42]
メラミンベースのデンドリマーアミンで官能基化されたメソポーラス窒化炭素	Pb(II) and Cu(II)	8	196.34 and 199.75	[43]
ポリアミドアミンデンドリマーグラフト磁性酸化グラフェンナノシート	Cd(II), Pb(II) and Cu(II)	7, 6 and 7	435.85, 326.729 and 353.59	[44]
メラミンベースのデンドリマーアミン修飾磁性粒子	Pb(II)	5	333.3	[45]
PPI/SiO_2	$Pb2^+$, Ni^{2+}, Cu^{2+} and Co^{2+}	7	700, 800, 900 and 1000	[46]
メラミン系デンドリマーアミンで官能基化した SBA-15 メソポーラスシリカ	Pb(II), Cu(II) and Cd（II)	4	130.1, 126.2 and 98.0	[47]
酸化グラフェン/ポリアミドアミンデンドリマー	Pb(II), Cd(II), Cu(II) and Mn(II)	4.5, 5.0, 4.5 and 4.0	568.18, 253.81, 68.68 and 18.29	[48]
シリカゲル/PAMAM デンドリマーハイブリッド材料	Cr(III)	4	0.29-0.78 mmol/g	[49]
磁性グラフェン酸化物グラフトポリマレイミドデンドリマーナノハイブリッド	Pb(II)	7	181.4	[50]
デンドリマー/チタニア複合材料	Cu(II), Ni(II) and Cr(III)	9, 7 and 9	117.6, 90.9 and 114.9	[51]
シリカゲルベースのデンドリマー	Au(III)	2.5	2.09 and 2.12 mmol/g	[52]
アミン末端デンドリマー	Cr(III) and Cu(II)	7 and 9	98% and 86%	[53]

の隔離のための吸着剤として使用されるデンドリマーとその機能化複合体の概要を表13.1に示す。

13.4.2　光触媒におけるデンドリマーの応用

光触媒は，光の存在下での化合物の分解を意味する「フォト」と「カタリシス」という2つのギリシャ語に由来する[54]。光触媒は，廃棄物や排水処理の分野で利用されている非従来型の酸化手順であり，主に微生物病原体や微量汚染物質の酸化的除去に利用されている。いくつかの有機及び無機汚染物質は，その高い利用可能性，低毒性，費用対効果，及び材料の特性により，不均一系光触媒を用いて分解できる[55, 56]。

近年，太陽エネルギーの変化を利用した半導体水懸濁液中での光触媒プロセスが注目されている。光触媒プロセスでは，環境中の汚染物質を迅速かつ効果的に除去することができる。これは，半導体-電解質界面からなる触媒に，半導体のバンドギャップを超える光エネルギー（波長範囲200～400 nm）を照射することで，電子が光励起され，伝導帯に移動することに基づく。光励起により，それぞれの半導体の価電子帯と伝導帯に電子-正孔対（e^-/h^+）が形成される。水分子は正孔によって水素ガスとヒドロキシラジカルに分解され，有機汚染物質の酸化還元に関与する。溶存酸素と伝導帯の電子が反応して生成したスーパーオキシドアニオンは，酸化還元反応を引き起こす。半導体表面に漂着したこれらの電子と正孔は，還元反応と酸化反応を連続的に経験し，最終的に光の存在下で有機汚染物質を分解する（式（13.3)～(13.5))。図13.2に，光分解による汚染物質分解のメカニズムを示す[54–57]。光触媒反応では，天然汚染物質の分解と無機化の2種類のプロセスが行われる。天然汚染物質は分解過程でさまざまな生成物に分解される。天然汚染物質の水，二酸化炭素，いくつかのミネラルイオンへの完全な消滅は，無機化による[54]。

$$\text{半導体} + h\nu \rightarrow h^+ + e^- \tag{13.3}$$

$$O_2 + e^- \rightarrow O_2^- \tag{13.4}$$

$$H_2O + h^+ \rightarrow OH + H^+ \tag{13.5}$$

本研究では，メチルオレンジ（MO）色素の光触媒分解に，発散法を用いて磁性コアデンドリマーに接続したナノサイズのTiO_2端子を用いた。ナノサイズTiO_2官能基化磁性コアデンドリマーを用いたMO脱色では，無修飾のナノTiO_2およびFe/Ti混合物を等し

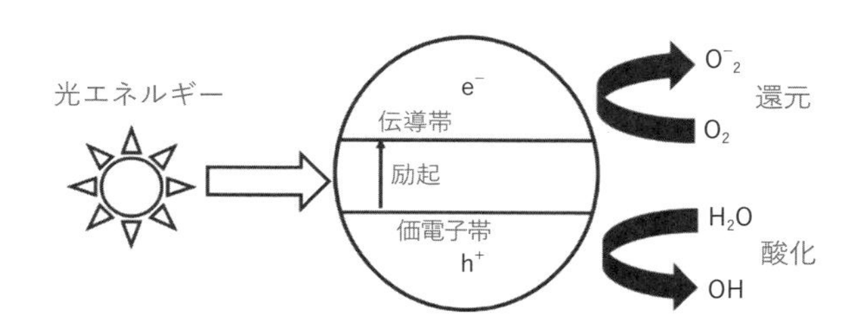

図13.2　光触媒による汚染物質分解の一般的メカニズム

い比率で用いた場合とは対照的に，光触媒活性の著しい向上が観察された。この光触媒活性の向上は，デンドリマーに内包された光励起電子により，電子-正孔対の再結合が抑制されたためと考えられる。MOの脱色は，表面吸着と光触媒作用の協働的な結果によって可能になった。実験から得られた知見は，Langmuir-Hinshelwood（L-H）モデルを用いて最もよく説明でき，収着後の光脱色が示された。決定された脱色速度定数と収着係数の値は，それぞれ0.0478と0.0812であった[58]。水熱法を用いて，反応時間，温度，界面活性剤の種類を変化させることにより作製した$ZnCr_2O_4$ナノデンドリマー様構造体の異なる粒子径と形態を，エリオクロムブラックTの光分解について検討した。$ZnCr_2O_4$ナノデンドリマーの光学特性は，拡散反射分光法（DRS）により3.3 eVのバンドギャップを持ち，$ZnCr_2O_4$ナノデンドリマーを用いた紫外線エネルギー下では，エリオクロムブラックTが約91%まで大幅に分解された[59]。機能性超分子ポルフィリン-デンドリマー集合体は，太陽エネルギー変換で用いられた。これらの応用の検証のため，分解された陰イオン性染料MOを反応モデルとして，その光触媒活性を確認した。MO色素の分解過程では，可視光（$\lambda=464.0$ nm）を$I=0.05$の陽イオン性ポルフィリン（TAPP-G7.5）デンドリマー会合体に照射した。陰イオン性染料と陽イオン性ポルフィリン-デンドリマー凝集体間の静電引力は，TAPPのソレットバンドの波長のシフトから観察された[60]。デンドリマー/TiO_2ナノ粒子は，PAMAMデンドリマー（64末端）溶液中の$TiCI_4$の加水分解を利用して低温下で作成した。この吸着剤（デンドリマー/TiO_2ナノ粒子）は，TiO_2ナノ粒子よりも触媒として2,4-ジクロロフェノキシ酢酸の光分解の活性があり，デンドリマーが光分解プロセスの光反応元素のリザーバーとして機能した[61]。

13.4.3 土壌浄化におけるデンドリマーの応用

デンドリマーの数多い外向き官能基により，デンドリマーはさまざまな表面に吸着するため，土壌浄化などの環境修復プロセスにおける調査や電気調査対策に有益な吸着剤として機能する可能性がある[62]。

Defeverら[63]は，酸化グラフェン（GrO）に加え，第3世代から第6世代のPAMAM G2.0を用いたナフタレンの浄化を研究した。その結果，土壌浄化，特に土壌や水中のPAH不純物の除去において，これらのナノ粒子が有効である可能性が示された。デンドリマーは，フッ素化デンドリマーを利用して，水や土壌から流体CO_2へ強力な親水性複合体を除去することが報告されている。XuとZhaoの研究[64]によると，彼らはいくつかの汚染土壌からPb^{2+}を除去・回収する革新的なリサイクル可能な抽出剤として，選択したデンドリマーを用いる実用可能性をテストすることを提案した。彼らは，デンドリマーの生成，濃度，末端集合のカテゴリー（カルボン酸塩または第一級アミン），pH溶液，土壌の種類の影響を調査した。その結果，pHが低いほど除去作用が増大し，デンドリマーの世代が低いほど，同量で合成された複合世代のデンドリマーよりも非常に効果的であることが確認されたが，多くの場合末端セットの影響はわずかであった。彼らは末端セットを持つデンドリマーは，いくつかの土壌（砂質，粘土質，鉛汚染された畑の砂壌土など）からPb^{2+}を効率的に除去できると結論づけた。多様な世代と末端官能基のPAMAMデンドリマーが，砂質土壌中のCu(II)の除去に用いられた。0.10%（w/w）の

第 4.5 世代のデンドリマーを pH 6.0 で 66 床相当量使用したところ，90%以上の Cu(II) が土壌から除去された。デンドリマーは，酸により元の状態と同じように再生され，再利用された[65]。

13.4.4 大気浄化におけるデンドリマーの応用

19 世紀後半，地球の気温上昇はさまざまな機関によって記録され，1980 年代には早くも「ゴダード宇宙研究所（GISS)」によって地球温暖化が進行していることが認識された。1951 年以降，GISS の現在のデータでは，全世界で少なくとも 0.80℃の気温上昇が確認され，21 世紀に入ってからもその上昇が続いている。同様に，主要な環境問題は，化石燃料の燃焼とそれに伴う燃焼生成物の排出により放出される温室効果ガスの急増であり，そのうち CO_2 が最も重要である[66-68]。

大気中への CO_2 排出量は年々増加の一途をたどり，2011 年には約 346 億 5,000 万トンに達した。これにより，大気中の CO_2 濃度は産業革命前から増加し続け，2015 年には約 280〜401 ppm（百万分の一）となった。現代の世界的な気候変動とそれによる地球温暖化の主な原因である CO_2 などの温室効果ガスの過剰放出が，IPCC（気候変動に関する政府間パネル）によって報告されている[66]。不純物を含まない清浄な空気のためのガイドラインは，これらの粒子や構成部分が人間の幸福に悪影響を及ぼす可能性があるため，次第に厳しくなってきており，現在の空気汚染除去システムのほとんどは，吸着剤や光触媒を基礎とする[3]。

化石燃料の燃焼過程で発生する NO_x（NO と NO_2 の複合）の除去は，技術開発において非常に重要な取り組みである。また，2005 年発効の京都議定書以降，化石燃料を用いる発電所から発生する CO_2 の回収・貯留にも注目が集まっている。CO_2 の回収には，吸収，吸着，低温，膜などの技術が用いられている。さらに，窒素酸化物や硫黄酸化物以外にも，煤煙，亜硝酸，VOC，多芳香族化合物など，大気中での反応の結果としていくつかの化学物質が生成される[3]。

地球温暖化の抑制のために，CO_2 を分離回収する技術が数多く開発されているが，そのほとんどがエネルギーコストの高さに直面している[69]。CO_2 の回収と接収は大きな注目を集めており，アミンスクラビングが時代遅れの方法である。しかし，この機構は，アミン再生に起因するエネルギー消費の大きな問題に直面している。したがって，経済的に実用可能な CO_2 の回収と利用には，効率的で省エネルギーな技術が不可欠であり，これは新材料の開発に大きく依存している[67]。それぞれのアミンに関して，立体的構造を取るものは，取らない第一級アミンや第二級アミンよりも CO_2 に対する効率が高い。大気からの CO_2 分離のためのキャリアとしてアミンが利用されるプロセスでは，第一級，第二級，第三級アミンに帰する可能性がある。一級および二級アミンは，式（13.6）および（13.7）に従って CO_2 と反応する。

$$CO_2 + 2RNH_2 \leftrightarrow RHNCOO^- + RNH_3^+ \tag{13.6}$$

$$CO_2 + 2R_2NH \leftrightarrow R_2NCOO^- + R_2NH_2^+ \tag{13.7}$$

一方，第3級アミンはCO_2に対してかなりの反応性を示す。このプロセスには水が重要であり，第3級アミンとCO_2の反応は塩基触媒反応機構（式（13.8））で定義されるからである[70]。

$$CO_2 + R_3N + H_2O \leftrightarrow HCO_3^- + R_3NH^+ \tag{13.8}$$

CO_2蓄積の影響は，コストと性能の魅力的な組み合わせを提供する，極めて効果的な隔離・回収技術の適用により低下できる。驚くべきことに，直接空気捕捉（DAC）または周囲空気は，CO_2を捕捉する進化した技術であり，1999年にLacknerによって気候の変動の緩和のために最初に導入されたアイデアであり，遠隔地や循環源からの留置を介した点源捕獲から実現でき，膨大な排出に対処できる。スクラビングに関連する課題への対応では，新しい溶剤の開発や，無視できるレベルの揮発性，改善された熱（熱）安定性，無視できるレベルの腐食特性，わずかな分解速度，再生コストの減少等を目指した溶剤の組み合わせについて集中的な研究が行われてきた。吸着は，再生エネルギーの使用の少なさ，増大された選択性と捕捉能力，処理のしやすさ，費用対効果，環境への影響の減少により，魅力的な解決策となる[66, 68]。

本研究では，ゾルゲル法を用いて，（3-アミノプロピル）トリメトキシシランとメラミン系デンドリマーの存在下で，アミノシラン修飾SiO_2ナノ粒子とデンドリマー修飾SiO_2ナノ粒子をそれぞれ作製した。アミノシランで修飾したデンドリマーナノ粒子へのCO_2収着量は，未修飾のシリカナノパウダーと比較して向上した。

これは，4層のデンドリマー殻の付加によりSiO_2ナノ粒子表面に透過性の分岐構造が存在することに起因する。また，デンドリマーの構造中の多数のCO_2親和性のアミノ基の存在も，CO_2の収着促進に寄与している。デンドリマー-SiO_2ナノ粒子へのCO_2の収着・脱着は可逆的であり，収着容量や脱着・収着速度に変化は見られなかった[67]。CO_2除去のための工業的（大規模）スケールで効果的なプロセスを実現するために，乳化重合によって新しい透過性共重合体吸着剤（透過性共重合体球にカプセル化されたエポキシド官能基化テトラエチレンペンタミン）が合成された。収着容量は温度とともに（333 K以下の温度で）増大することが検出され，これは主に分子動力学による制御による。

この吸着材の333 KにおけるCO_2隔離のための最適吸着容量は1.9 mmol/gであった。また，臨界大気環境下において，長時間の安定性を維持した迅速な収脱着速度論が達成され，流動化条件下で完了した。水の存在下での吸着剤の再生は，2.15 MJ/kg（CO_2）であることが観察され，この吸着剤が流体（気体）からのCO_2捕捉への応用に有望であることが示された[69]。本研究では，高秩序メソポーラスシリカ（SBA-15）に固定化した（3-(ジエチルアミノ）プロピル）トリメトキシシラン（DEAPTMS），（3-(メチルアミノ）プロピル）トリメトキシシラン（MAPTMS），および（3-アミノプロピル）トリメトキシシラン（APTMS）を，CO_2を捕捉するための3次，2次，および1次アミノシリカ吸着剤として使用した。その結果，3次，2次，1次アミノ吸着材の順に，ほとんどエネルギーを消費することなく，吸着したCO_2が吸着材から容易に脱離することが確認され，逆に吸着量と結合親和性は，3次，2次，1次アミノ吸着材の順に向上した。個々のアミノシリカ吸着剤（SBA-15-NH_2，SBA-15-NH-CH_3，SBA-15-$N(CH_2CH_3)_2$）のCO_2吸

着容量は0.95，0.75，0.17 mmol-CO_2/g吸着剤であった。ハイブリッドアミノシリカのアミン担持量の増加により，並外れたCO2収着容量を得ることができた。熱力学の結果から，各吸着剤のギブス自由エネルギーの負の変化は，吸着プロセスの自発反応を示し，CO_2の吸着剤への誘引を確認した。一方，それぞれの吸着剤のエントロピーの負の変化（－96.30，－65.40，－1.70 J/(molK)）は，吸着手順中の吸着剤/CO_2ガス境界のランダム性の減少を示す[71]。Ahmedらによって報告されたように[72]，モノエタノールアミン（MEA），ジエタノールアミン（DEA），トリエタノールアミン（TEA）を含浸させたシリカ質メソポーラス材料（Si-MCM-41）が，水熱技術を用いてCO_2ガスの捕捉に用いられた。初期のSi-MCM-41を吸着剤として用いた場合，温度25℃，圧力1 barにおける吸着容量は27.78 mg/gであった。Si-MCM-41へのCO_2の取り込みは，低圧で観察され，CO_2に対する吸引力は低く，この吸着剤の振る舞いはCO_2分子とケイ酸質材料との相互作用は弱いことを示す。圧力の上昇に伴い，CO_2の収着が促進され，CO_2の物理吸着が圧力に強く依存し，Si-MCM-41へのCO_2の収着がその細孔内での物理吸着を介して起こることが示された。MEA-Si-MCM-41では，MEA担持量の増加とともにCO_2の収着容量が増加し，50 wt%で39.3 mg/gの収着容量が得られ，これは，CO_2収着に誘引的なアミン官能基化サイトの大量な存在による。低いMEA負荷では，CO_2の取り込みはそれぞれ物理的（凝縮）と化学的収着によるものであった。化学的収着は，吸着剤の細孔が50 wt%のMEAで占められている場合に中心的であった。50 wt%のTEA-Si-MCM-41を用いた場合，25℃，1barで27.92 mg/gの収着容量が観測された。この収着容量は，それぞれ50 wt%のMEA-Si-MCM-41とDEA-Si-MCM-41に比べて低かった。しかし，これは元々のSi-MC-41よりもある程度良好であった。化学グラフト法を用いて，テトラエチレンペンタミン官能基化メソセルラーシリカフォーム（TEPA-MSF-x）を作製し，CO_2の吸着に用いた。最大収着容量は28.5-66.7 mg/gの範囲であり，収着-脱着サイクルの繰り返しにおいて収着剤の耐久性が向上した。このCO_2収脱着手順の安定性の向上は，MSF表面に共有結合で固定されたTEPAの溶出が減少した結果であった[73]。Liら[74]の研究では，ポリエチレンイミン（PEI）-ナノシリカ吸着剤がCO_2取り込みに利用された。分岐PEI（BPEI）/800-シリカを使用した場合，CO_2ガスの吸着に最適な吸着容量は202 mg/gであった。PEI-シリカ吸着材の吸着または脱離熱は，PEIの種類と分子量に影響され，使用したすべてのPEI-シリカ吸着材において，CO_2の再生熱はMEA溶液の再生熱よりもはるかに低かった。また，CO_2を捕捉する吸着剤として，ポリエチレンイミンを担持した二峰性透過性シリカを用いた。吸着剤に担持されたPEIの含有量を変化させた結果から，CO_2収着の減少が収着温度の関数として観察され（10～20 wt%），これは熱力学的に測定された系の特徴であった。その後，PEI含量が増加すると（30～40 wt%），熱力学的測定系から動力学的測定系へと変化した。一方，PEIの含有量が40～50 wt%と高くなると，PEIを担持した二峰性多孔質シリカへのCO_2の取り込み能力は，PEIを担持した一峰性多孔質シリカの取り込み能力よりも著しく向上することが観察された。したがって，二峰性多孔性シリカのマクロ多孔性は，CO_2を除去する活性アミン密度をより高めることができる[75]。

13.5 結 論

世界は，水，土壌，大気中の有機・無機汚染物質をもたらす人為的・人為的活動に関連したさまざまな環境問題に直面している。環境の持続可能性を維持するために，ナノテクノロジーを用いてこれらの課題を克服する先端技術の開発・創出の必要性がますます高まっている。デンドリマーは，選択的な官能基化とサイズに依存した特性の調整を，特異的かつ不変的な方法で行うことができる，高分岐・拡大末端官能基密度のナノサイズ粒子であり，多用途に利用されている。本章では，以上の点に基づき，デンドリマーの合成法の現状，その物理化学的特性，およびデンドリマーハイブリッドナノ構造体の土壌，大気，および水からの環境汚染物質の吸着および光触媒プロセスを用いた浄化への応用に関する既存の視点について概説している。文献レビューから観察されるように，アミンベースの構造は，そのさまざまな空洞，水への卓越した溶解性，金属イオンを選択的に錯体化できる多機能キレート能を調製できるサイドライン上の反応性アミンまたはエステル基の存在，そして，水溶液からの金属イオンの選択的除去に寄与する化学基で容易に官能基化できる等のことから，環境応用に利用されるデンドリマーの最も理想的な選択となる。

謝 辞

本章で使用した文献の各研究機関および著者に深く感謝する。

References

[1] Das, S., Sen, B., and Debnath, N. (2015). Recent trends in nanomaterials applications in environmental monitoring and remediation. *Environmental Science and Pollution Research* 22 (23): 18333–18344.

[2] Guerra, F., Attia, M., Whitehead, D., and Alexis, F. (2018). Nanotechnology for environmental remediation: materials and applications. *Molecules* 23 (7): 1760.

[3] Yunus, I., Harwin, K.A., Adityawarman, D., and Indarto, A. (2012). Nanotechnologies in water and air pollution treatment. *Environmental Technology Reviews* 1 (1): 136–148.

[4] Benjamin, S., Lima, F., Florean, E., and Guedes, M. (2019). Current trends in nanotechnology for bioremediation. *International Journal of Environment and Pollution* 66 (1–3): 19–40.

[5] Yadav, K., Singh, J., Gupta, N., and Kumar, V. (2017). A review of nanobioremediation technologies for environmental cleanup: a novel biological approach. *Journal of Materials and Environmental Science* 8 (2): 740–757.

[6] Ulaszewska, M., Hernando, M., Ucles, A. et al. (2012). Chemical and ecotoxicological assessment of dendrimers in the aquatic environment. In: *Comprehensive Analytical Chemistry* (ed. M. Farré and D. Barceló), 197–233. Elsevier.

[7] Triano, R., Paccagnini, M., and Balija, A. (2015). Effect of dendrimeric composition on the removal of pyrene from water. *Springerplus* 4 (1): 1–12.

[8] Touzani, R. (2011). Dendrons, dendrimers new materials for environmental and science applications. *Journal of Materials and Environmental Science* 2 (3): 201–214.

[9] Faheem, A. and Abdelkader, D. (2020). Novel drug delivery systems. In: *Engineering Drug Delivery Systems* (ed. A. Seyfoddin, S.M. Dezfooli and C.A. Greene), 1–16. Woodhead Publishing.

[10] Sandoval-Yañez, C. and Castro Rodriguez, C. (2020). Dendrimers: amazing platforms for bioactive

molecule delivery systems. *Materials* 13 (3): 570.
[11] Viltres, H., Odio, O., and Reguera, E. (2019). Dendrimer-based hybrid nanomaterials for water remediation: adsorption of inorganic contaminants. In: *Nanohybrids in Environmental and Biomedical Applications* (ed. S.K. Sharma), 279–298. CRC Press.
[12] Sajid, M., Nazal, M., Baig, N., and Osman, A. (2018). Removal of heavy metals and organic pollutants from water using dendritic polymers based adsorbents: a critical review. *Separation and Purification Technology* 191: 400–423.
[13] Araújo, R., Santos, S., Igne Ferreira, E., and Giarolla, J. (2018). New advances in general biomedical applications of PAMAM dendrimers. *Molecules* 23 (11): 2849.
[14] Hayati, B., Maleki, A., Najafi, F. et al. (2016). Synthesis and characterization of PAMAM/CNT nanocomposite as a super-capacity adsorbent for heavy metal (Ni^{2+}, Zn^{2+}, As^{3+}, Co^{2+}) removal from wastewater. *Journal of Molecular Liquids* 224: 1032–1040.
[15] El-Sayed, M. (2020). Nanoadsorbents for water and wastewater remediation. *Science of The Total Environment* 739: 139903.
[16] Castillo, V., Barakat, M., Ramadan, M. et al. (2014). Metal ion remediation by polyamidoamine dendrimers: a comparison of metal ion, oxidation state, and titania immobilization. *International Journal of Environmental Science and Technology* 11 (6): 1497–1502.
[17] Choudhary, S., Gupta, L., Rani, S. et al. (2017). Impact of dendrimers on solubility of hydrophobic drug molecules. *Frontiers in Pharmacology* 8: 1–23.
[18] Grayson, S. and Fréchet, J. (2001). Convergent dendrons and dendrimers: from synthesis to applications. *Chemical Reviews* 101: 3819–3867.
[19] Boas, U., Christensen, J., and Heegaard (2006). Dendrimers in medicine and biotechnology. New molecular tools. In: *Dendrimers: Design, Synthesis and Chemical Properties* (ed. U. Boas, J.B. Christensen and P.M.H. Heegaard), 1–27. Cambridge, UK: The Royal Society of Chemistry.
[20] Santos, A., Veiga, F., and Figueiras, A. (2020). Dendrimers as pharmaceutical excipients: synthesis, properties, toxicity and biomedical applications. *Materials* 13 (1): 65.
[21] Ortega, M., Guzmán Merino, A., Fraile-Martínez, O. et al. (2020). Dendrimers and dendritic materials: from laboratory to medical practice in infectious diseases. *Pharmaceutics* 12 (9): 874.
[22] Tomalia, D. (2005). Birth of a new macromolecular architecture: dendrimers as quantized building blocks for nanoscale synthetic polymer chemistry. *Progress in Polymer Science* 30 (3, 4): 294–324.
[23] Esfand, R. and Tomalia, D. (2001). Poly (amidoamine) (PAMAM) dendrimers: from biomimicry to drug delivery and biomedical applications. *Drug Discovery Today* 6 (8): 427–436.
[24] Gupta, U., Agashe, H., Asthana, A., and Jain, N. (2006). Dendrimers: novel polymeric nanoarchitectures for solubility enhancement. *Biomacromolecules* 7 (3): 649–658.
[25] Prajapati, S., Maurya, S., Das, M. et al. (2016). Dendrimers in drug delivery, diagnosis and therapy: basics and potential applications. *Journal of Drug Delivery and Therapeutics* 6 (1): 67–92.
[26] Mishra, I. (2016). Dendrimer: a novel drug delivery system. *Journal of Drug Delivery and Therapeutics* 1 (2): 70–74.
[27] Hiragond, C., Kshirsagar, A., Khanna, D. et al. (2018). Electro-photocatalytic degradation of methylene blue dye using various nanoparticles: a demonstration for undergraduates. *Journal of Nanomedicine Research* 7 (4): 254–257.
[28] Algarra, M., Vázquez, M., Alonso, B. et al. (2014). Characterization of an engineered cellulose based membrane by thiol dendrimer for heavy metals removal. *Chemical Engineering Journal* 253: 472–477.
[29] Vunain, E., Mishra, A., and Mamba, B. (2016). Dendrimers, mesoporous silicas and chitosan-based nanosorbents for the removal of heavy-metal ions: a review. *International Journal of Biological*

Macromolecules 86: 570-586.

[30] Kumar, P., Suganya, S., Srinivas, S. et al. (2019). Treatment of fluoride-contaminated water. A review. *Environmental Chemistry Letters* 17 (4): 1707-1726.

[31] Ukhurebor, K., Aigbe, U., Onyancha, R. et al. (2021). Effect of hexavalent chromium on the environment and removal techniques: a review. *Journal of Environmental Management* 280: 111809.

[32] Qu, X., Alvarez, P., and Li, Q. (2013). Applications of nanotechnology in water and wastewater treatment. *Water Research* 47 (12): 3931-3946.

[33] Amin, M., Alazba, A., and Manzoor, U. (2014). A review of removal of pollutants from water/wastewater using different types of nanomaterials. *Advances in Materials Science and Engineering* 2014: 1-24.

[34] Abkenar, S., Malek, R., and Mazaheri, F. (2015). Dye adsorption of cotton fabric grafted with PPI dendrimers: isotherm and kinetic studies. *Journal of Environmental Management* 163: 53-61.

[35] Diallo, M. (2014). Water treatment by dendrimer-enhanced filtration: principles and applications. In: *Nanotechnology Applications for Clean Water* (ed. A. Street, R. Sustich, J. Duncan and N. Savage), 227-239. William Andrew Publishing.

[36] Chou, C. and Lien, H. (2011). Dendrimer-conjugated magnetic nanoparticles for removal of zinc(II) from aqueous solutions. *Journal of Nanoparticle Research* 13 (5): 2099-2107.

[37] Hayati, B., Maleki, A., Najafi, F. et al. (2018). Heavy metal adsorption using PAMAM/CNT nanocomposite from aqueous solution in batch and continuous fixed bed systems. *Chemical Engineering Journal* 346: 258-270.

[38] Zhou, S., Xue, A., Zhang, Y. et al. (2015). Novel polyamidoamine dendrimerfunctionalized palygorskite adsorbents with high adsorption capacity for Pb^{2+} and reactive dyes. *Applied Clay Science* 107: 220-229.

[39] Pawlaczyk, M. and Schroeder, G. (2020). Efficient removal of Ni(II) and Co(II) ions from aqueous solutions using silica-based hybrid materials functionalized with PAMAM dendrimers. *Solvent Extraction and Ion Exchange* 38 (5): 496-521.

[40] Ebrahimi, R., Hayati, B., Rezaee, R. et al. (2020). Adsorption of cadmium and nickel from aqueous environments using a dendrimer. *Journal of Advances in Environmental Health Research* 8 (1): 19-24.

[41] Pawlaczyk, M. and Schroeder, G. (2019). Adsorption studies of Cu(II) ions on dendrimer-grafted silica-based materials. *Journal of Molecular Liquids* 281: 176-185.

[42] Arshadi, M., Abdolmaleki, M., Eskandarloo, H., and Abbaspourrad, A. (2019). A supported dendrimer with terminal symmetric primary amine sites for adsorption of salicylic acid. *Journal of Colloid and Interface Science* 540: 501-514.

[43] Anbia, M. and Haqshenas, M. (2015). Adsorption studies of Pb(II) and Cu(II) ions on mesoporous carbon nitride functionalized with melamine-based dendrimer amine. *International Journal of Environmental Science and Technology* 12 (8): 2649-2664.

[44] Peer, F., Bahramifar, N., and Younesi, H. (2018). Removal of Cd(II), Pb(II) and Cu(II) ions from aqueous solution by polyamidoamine dendrimer grafted magnetic graphene oxide nanosheets. *Journal of the Taiwan Institute of Chemical Engineers* 87: 225-240.

[45] Sharahi, F. and Shahbazi, A. (2017). Melamine-based dendrimer amine-modified magnetic nanoparticles as an efficient Pb(II) adsorbent for wastewater treatment: adsorption optimization by response surface methodology. *Chemosphere* 189: 291-300.

[46] Hayati, B., Maleki, A., Najafi, F. et al. (2017). Adsorption of Pb^{2+}, Ni^{2+}, Cu^{2+}, Co^{2+} metal ions from aqueous solution by PPI/SiO_2 as new high performance adsorbent: preparation, characterization, isotherm, kinetic, thermodynamic studies. *Journal of Molecular Liquids* 237: 428-436.

[47] Shahbazi, A., Younesi, H., and Badiei, A. (2011). Functionalized SBA-15 mesoporous silica by

melamine-based dendrimer amines for adsorptive characteristics of Pb(II), Cu(II) and Cd(II) heavy metal ions in batch and fixed bed column. *Chemical Engineering Journal* 168 (2): 505-518.

[48] Zhang, F., Wang, B., He, S., and Man, R. (2014). Preparation of graphene-oxide/polyamidoamine dendrimers and their adsorption properties toward some heavy metal ions. *Journal of Chemical and Engineering Data* 59 (5): 1719-1726.

[49] Yin, R., Niu, Y., Zhang, B. et al. (2019). Removal of Cr(III) from aqueous solution by silica-gel/PAMAM dendrimer hybrid materials. *Environmental Science and Pollution Research* 26 (18): 18098-18112.

[50] Ma, Y., Kou, Y., Xing, D. et al. (2017). Synthesis of magnetic graphene oxide grafted polymaleicamide dendrimer nanohybrids for adsorption of Pb(II) in aqueous solution. *Journal of Hazardous Materials* 340: 407-416.

[51] Barakat, M., Ramadan, M., Alghamdi, M. et al. (2013). Remediation of Cu(II), Ni(II), and Cr(III) ions from simulated wastewater by dendrimer/titania composites. *Journal of Environmental Management* 117: 50-57.

[52] Zhang, Y., Qu, R., Sun, C. et al. (2015). Improved synthesis of silica-gel-based dendrimer-like highly branched polymer as the Au(III) adsorbents. *Chemical Engineering Journal* 270: 110-121.

[53] Mohseni, M., Akbari, S., Pajootan, E., and Mazaheri, F. (2019). Amine-terminated dendritic polymers as a multifunctional chelating agent for heavy metal ion removals. *Environmental Science and Pollution Research* 26 (13): 12689-12697.

[54] Yaqoob, A., Parveen, T., Umar, K., and Mohamad Ibrahim, M. (2020). Role of nanomaterials in the treatment of wastewater: a review. *Water* 12 (2): 495.

[55] Gehrke, I., Geiser, A., and Somborn-Schulz, A. (2015). Innovations in nanotechnology for water treatment. *Nanotechnology, Science and Applications* 8: 1-17.

[56] Das, S., Chakraborty, J., Chatterjee, S., and Kumar, H. (2018). Prospects of biosynthesized nanomaterials for the remediation of organic and inorganic environmental contaminants. *Environmental Science: Nano* 5 (12): 2784-2808.

[57] Barakat, M. (2011). New trends in removing heavy metals from industrial wastewater. *Arabian Journal of Chemistry* 4 (4): 361-377.

[58] Kim, L., Jang, J., and Park, J. (2014). Nano TiO2-functionalized magnetic-cored dendrimer as a photocatalyst. *Applied Catalysis B: Environmental* 147: 973-979.

[59] Sabet, M. and Jahangiri, H. (2018). The effects of surfactant on the structure of $ZnCr_2O_4$ dendrimer like nanostructures used in degradation of Eriochrome Black T. *Materials Research Express* 5 (1): 015035.

[60] Krieger, A., Fuenzalida Werner, J., Mariani, G., and Gröhn, F. (2017). Functional supramolecular porphyrin-dendrimer assemblies for light harvesting and photocatalysis. *Macromolecules* 50 (9): 3464-3475.

[61] Nakanishi, Y. and Imae, T. (2005). Synthesis of dendrimer-protected TiO_2 nanoparticles and photodegradation of organic molecules in an aqueous nanoparticle suspension. *Journal of Colloid and Interface Science* 285 (1): 158-162.

[62] Augustus, E., Allen, E., Nimibofa, A., and Donbebe, W. (2017). A review of synthesis, characterization and applications of functionalized dendrimers. *American Journal of Polymer Science* 7 (1): 8-14.

[63] Defever, S., Geithner, K., Bhattacharya, P. et al. (2015). PAMAM dendrimer and grapheme: materials for removing aromatic contaminants from water. *Environmental Science and Technology* 49 (7): 4490-4497.

[64] Xu, Y. and Zhao, D. (2006). Removal of lead from contaminated soils using poly (amidoamine) dendrimers. *Industrial and Engineering Chemistry Research* 45: 1758-1765.

[65] Xu, Y. and Zhao, D. (2005). Removal of copper from contaminated soil by use of poly (amidoamine)

dendrimers. *Environmental Science and Technology* 39 (7): 2369-2375.

[66] Sanz-Pérez, E., Murdock, C., Didas, S., and Jones, C. (2016). Direct capture of CO_2 from ambient air. *Chemical Reviews* 116 (19): 11840-11876.

[67] Yu, B., Cong, H., Zhao, X., and Chen, Z. (2011). Carbon dioxide capture by dendrimer-modified silica nanoparticles. *Adsorption Science and Technology* 29 (8): 781-788.

[68] Varghese, A. and Karanikolos, G. (2020). CO_2 capture adsorbents functionalized by amine - bearing polymers: a review. *International Journal of Greenhouse Gas Control* 96: 103005.

[69] Yang, C., Du, Z., Jin, J. et al. (2020). Epoxide-functionalized tetraethylenepentamine encapsulated into porous copolymer spheres for CO_2 capture with superior stability. *Applied Energy* 260: 114265.

[70] Kovvali, A. and Sirkar, K. (2001). Dendrimer liquid membranes: CO_2 separation from gas mixtures. *Industrial and Engineering Chemistry Research* 40 (11): 2502-2511.

[71] Ko, Y., Shin, S., and Choi, U. (2011). Primary, secondary, and tertiary amines for CO_2 capture: designing for mesoporous CO_2 adsorbents. *Journal of Colloid and Interface Science* 361 (2): 594-602.

[72] Ahmed, S., Ramli, A., and Yusup, S. (2016). CO_2 adsorption study on primary, secondary, and tertiary amine functionalized Si-MCM-41. *International Journal of Greenhouse Gas Control* 51: 230-238.

[73] Liu, S., Hsiao, W., and Chiang, C. (2013). Synthesis of stable tetraethylenepentamine-functionalized mesocellular silica foams for CO_2 adsorption. *Journal of Chemistry* 2013: 1-6.

[74] Li, K., Jiang, J., Yan, F. et al. (2014). The influence of polyethyleneimine type and molecular weight on the CO_2 capture performance of PEI-nano silica adsorbents. *Applied Energy* 136: 750-755.

[75] Witoon, T. (2012). Polyethyleneimine-loaded bimodal porous silica as low-cost and high-capacity sorbent for CO_2 capture. *Materials Chemistry and Physics* 137 (1): 235-245.

第 14 章

ナノ結晶による環境修復

Nanocrystals for Environmental Remediation

Muhammad N. Ashiq, Sumaira Manzoor, Abdul G. Abid and Muhammad Najam-Ul-Haq

Institute of chemical sciences, Bahauddin Zakariya University, Multan 60800, Pakistan

14.1 はじめに

人間の健康や水生生態系への有害な影響のため，汚染の除去は世界的な問題と考えられている。近年，環境に優しい環境維持の必要性は，大気中に存在する汚染物質の除去に直結している。有害な汚染物質は，水，大気，または陸地への排出を通じて，いくつかの形で現れる。これは短期的（急性）または長期的（慢性）な病気を引き起こし，生態系に影響を与える。環境中に存在するさまざまな汚染物質は，人口過剰による人間の極端な要求によって発生する。水はこの地球上で生命維持に不可欠な物質である。したがって，水質は動物や人間の生活習慣を乱す可能性がある。現代では，きれいな水が不足しているため，廃水による汚染が重要テーマとなっている。廃水浄化技術は，この難題に取り組むために，数多くの効率的な方法を用いて開発されている[1]。問題は，農業，プラスチック，繊維，なめし，製紙，皮革産業から排出される汚染物質が，きれいな水と混じることで生じる。累積的な環境汚染の原因となる化合物（有機物）の最たるものは，繊維製品，工業用染料である。複雑な分子構造を持つさまざまな非生分解性有機化合物に属する合成染料は，きれいな水に直接影響を与える最も重要な汚染物質の 1 つである。染料は分散性，酸性，直接性，塩基性，陰イオン性，反応性，陽イオン性などに分類される。同様に，顔料は有機または無機とみなされる。顔料（有機）は炭素の鎖や環からなる。これらは多環式顔料，アゾ顔料，アントラキノン顔料と呼ばれる[2]。驚くべきことに，ナノテクノロジーは，高い表面積と高い速度論に由来する優れた吸着特性により，環境汚染処理のナノ材料の応用に大きな関心を寄せている。ナノ材料の表面対質量比が大きいと，バルク材料に比べて粒子径が小さくなり，密度が小さくなるため，吸着材の吸着特性が向上する。ナノ材料粒子は，周囲の水質や空気の制御に大きな影響を与える[3]。さらに，設計されたナノ粒子（NP）は，弾力性のある抗菌粒子として機能できるいくつかの凹凸のある表面領域に接近することができる。ナノ材料は，優れた光触媒特性や酸化還元特性を持ち，重金属や農薬の追跡にも有効である[4]。

14.1.1 環境修復技術

廃水のリサイクルと処理は極めて重要な要素であり，科学者は高度で適切な安価な技術の開発を検討している。ここ数十年，化学的，生物学的酸化，吸着，焼却など，環境からの毒性の低減にいくつかのアプローチが採用されてきた。生物学的プロセスによる処理は，廃水の塩分濃度と染料の難溶性のために適用できない。染料汚染物質（染料）の除去には，吸着逆浸透，限外ろ過，イオン交換などの物理的方法が採用されてきた。残念なことに，これらの技術では有機物質を毒性のある別の化合物に移行させることしかできない[5]。このためその処理にはさらなる努力が必要である。また，高度酸化プロセス（AOP）は，すべての中で最も効果的で安定しているように見える。AOP は，（i）非光化学的 AOP と（ii）光化学的 AOP に分類される。光化学的 AOP には，均一系（紫外線（UV）/オゾン，UV/過酸化水素，UV/オゾン/過酸化水素）と不均一系（光触媒（PC）技術）がある[6]。中でも，ナノ材料を用いた光触媒は，処理の柔軟性，高効率，リサイクル能力，費用対効果，汚染物質を毒性の低い化合物に変換する能力などから，研究者の注目を

集めている。

14.1.1.1 光触媒作用

1972 年，Honda と Fujishima は，UV 光源下で酸化チタンを用いて水の光触媒分解が起こることを明らかにした[7]。光触媒（PC）は，光を光源とし，物質，つまり触媒存在下で化学反応を進行させる新しい技術である。これは，廃水からの有害化合物除去に用いられる光誘導メカニズムである。光触媒は不均一系光触媒と均一系光触媒に分類される。均一系光触媒プロセスは金属（遷移金属）の錯体を含み，熱条件と光子を利用して，材料（金属イオン錯体）の酸化状態の変化によって生じるヒドロキシラジカルを生成する。そのため，これらのラジカルは有機物質と相互作用し，有害成分を破壊する[8]。不均一系プロセスは，廃水中の無数の有機成分の破壊に使用される自然に熟練したルートである。この手法には，無機化，廃棄物の問題がないこと，費用対効果，圧力・温度条件への適応性など，数多くの利点がある。有望な光触媒には，光応答性があり，光を最大限に利用でき，腐食に対して安定性があり，低コストで無害であることが求められる。半導体ベースの光触媒は，大気浄化，抗菌目的，水素評価，廃水浄化など，環境システムの多くの処理に有望なツールとして注目されている[9]。バンドギャップエネルギー（1.1–3.8 eV）を持つ金属硫化物，セレン化物，酸化物ナノ結晶は，一般的に光触媒の材料として考えられている。金属セレン化物や硫化物は腐食性，毒性，安定性に欠けるため，光触媒物質としては金属酸化物（MO）が有力である。そのほか，エネルギーバンドギャップが 3 eV 以下のナノ結晶が最適であり，太陽光スペクトルから最大限のエネルギーを得て，汚染物質を高効率で破壊することができる。太陽光は約 5〜7％の紫外線，約 47％の赤外線，約 46％の可視光線を提供するため，このようなナノ結晶では太陽光の大きな可能性を利用できず，必要な効率も得られない。光子（低エネルギー）を吸収するために，数多くの実用的なアプローチが採用されてきた。研究者たちは，主に可視光について，このような材料を用いた高度な効率（分解）の達成に集中しつつある。

光触媒のメカニズムを図 14.1 に示す。簡単に説明すると，光子が物質に当たると，電子は価電子帯（VB）から伝導帯（CB）へと移動し，電子–正孔対を形成する。価電子帯に存在するこれらの正孔は水分子を還元してヒドロキシラジカルを生成し，電子は酸素と反応してスーパーオキシドラジカルを生成する。これらのラジカルは，汚染物質を分解する役割を担う[10]。これらの電子は酸化還元反応を引き起こす。汚染物質は最終的に分解され，中間体となる。新たなスーパーオキシドは，酸化反応によって中間体と結びつき，過酸化物を生成するか，過酸化水素に変化し，最終的に水に変化する。還元反応の可能性は，水より有機物の方が高い。つまり，有機物が多いほど正孔の数が増える傾向がある。有害化合物分解のための PC を用いた無機化プロセスには，pH，触媒表面，反応温度，形態，廃水濃度，触媒量，光強度といったパラメーターが含まれる。光触媒反応において，溶液の pH 値は重要な因子であり，これは表面電荷という PC の特性が pH と関連しているからである。多くの研究者が，材料の pH の変化に伴う効率値の変化を報告している。酸性媒体での分解効率の低さは，プロトンの減少による。pH が 9 を超えると，ラジカルが酸性溶液に浸透するため分解が促進される。pH が高くなると，ラジカルは消去

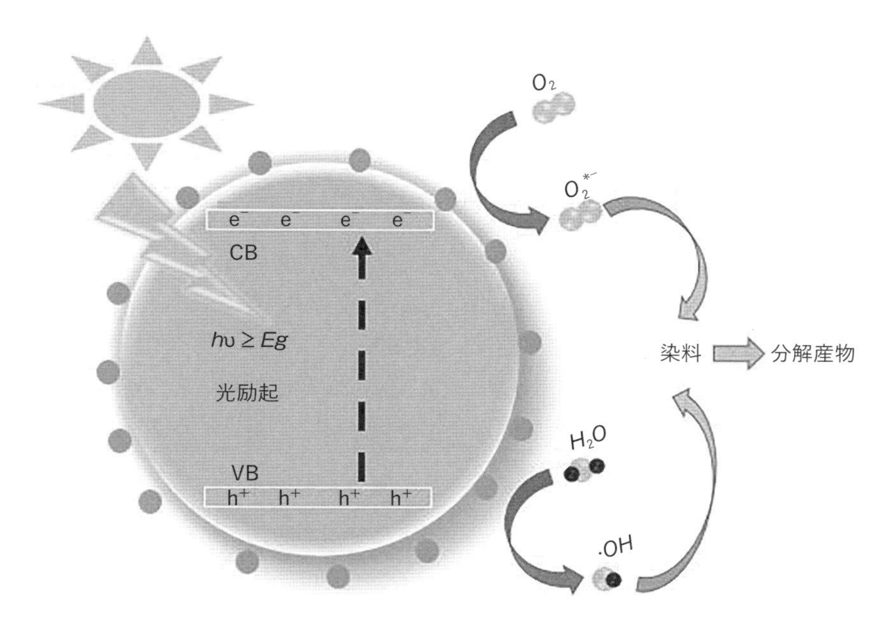

図 14.1　光触媒のメカニズム

されるため，分解は減る。触媒構造は，性能向上の重要なパラメーターである[11]。

14.1.2　環境修復に用いられるさまざまな種類のナノ材料

14.1.2.1　金属酸化物系ナノ構造

金属酸化物は，化学，物理学，生物学などさまざまな分野で技術的，科学的な関心を集めている。金属酸化物ナノ材料は，その多様な構造，小さなサイズ，触媒，熱伝導性向上剤，光学デバイス，エネルギー蓄積デバイスへの応用，センサーとしての広範な使用により，研究コミュニティーの注目を集めた最も魅力的な材料クラスである。金属酸化物は通常，金属と酸素元素から構成され，金属陽イオンと酸素陰イオンの配位関係は調整可能である。ナノ材料の重要な特性のため，研究者たちは金属酸化物の製造のために，より簡単で低コストの技術を構築しようとしている。数多くの金属酸化物が，ユニークな特性と将来の応用の達成のために製造されている[12]。

近年，世界中で環境汚染問題が深刻化しているおり，環境浄化は不可欠である。研究者たちは，水からの汚染物質の除去により，持続可能な生活環境を見出す方法を模索している[13, 14]。本章の主な目的は，光触媒としての金属酸化物ナノ材料，水触媒への金属酸化物の応用，および光触媒としての異なる金属酸化物の比較についての検討である。金属酸化物は，光触媒として，電子帯（価電子帯，伝導帯），光吸収，電荷移動，励起状態などの幸運をもたらすグループとして振る舞う（不均一系）。現在に至るまで，主要な光触媒物質は金属酸化物（MO）であり，CeO_2，TiO_2，ZnO などが，高効率（量子），無毒性，水溶液中での高強度などの理由から，汚染物質の破壊に広く使用されている[15]。

これに伴い，CeO_2 と ZnO（3.32 eV）は，より大きな吸着に有利であり，これらの材料を選択することで得られた。

残念ながら，これらの材料は UV 光では評価されるが，バンドギャップに対応する可視光では不活性である。同様に，ヘマタイトは光（可視光）に対して活性があるため，望ましい光触媒材料である。

さらに，この総説では，ドーピングによる金属酸化物の光触媒活性の向上についても調べており，ドーピングはバンドギャップの減少により光触媒活性を向上させる手法であること，また，共ドーピングはドーピングに比べ光触媒活性をさらに向上させることが示さ

表 14.1　純金属酸化物，金属ドープ金属酸化物，共ドープ金属酸化物の存在下での分解の比較研究

合成方法	基盤金属	ドーパント	共ドープ	汚染物質	光源	効率	参考文献
メカノケミカル	ZnO	N, B		ローダミン B (RhB)	太陽光	85 and 100	[17]
シングルステップソノケミカル	TiO_2		Mn, Zn	RhB	可視光	98	[18]
ゾル-ゲル法	TiO_2		Ce and Er	MO	太陽光	92.8	[19]
マイクロ波水熱法	TiO_2/sepiolite		Er/N	オレンジ G	太陽光	98	[20]
共沈法	ZnO		Ni, Co	RhB	可視光	42	[21]
共沈法	ZnO	Ag	−	MB	紫外線	92.43	[22]
燃焼法	ZnO		Er, Yb	MO	可視光	99	[23]
ゾル-ゲル法	TiO2		Mn, S	インディゴカーミン（IC）	可視光	50	[24]
湿式化学法	ZnO		Ce-La-Gd	MB	太陽光	80＋	[25]
ゾル-ゲル法	ZnO	Ag		ポンソー	可視光	89	[26]
エレクトロスピニング法	ZnO	Fe		MB	水銀ランプ (L)	89	[27]
熱凝縮法	$g\text{-}C_3N_4$		S and Cl	RhB, 4-NP	可視光	98.3	[28]
水熱プロセス	TiO_2		C and N	イブプロフェン (IBF)	可視光	99	[29]
サーマルエッチング法	$g\text{-}C_3N_4$		B and Ph	オキシテトラサイクリン (OTC), RhB	可視光	74 and 100	[30]
共沈法	ZnO		Ni/Co	B (RhB)	可視光	69	[21]
高エネルギーボールミリング法	ZnO	Fe		MO	太陽光	98.7	[31]
共沈法	SnO_2	V		RhB	紫外線	95	[32]
化学的沈殿法	SnO_2	Co		フェノール, 安息香	紫外線	71.5 and 76.5	[33]
水熱法	WO_3	Gd		RhB	可視光	94	[34]
化学ルート	WO_3	Co		メチルレッド (MR)	可視光	90	[35]

れている。また，この研究により，研究者はドープおよびコドープされた金属酸化物の光触媒作用を調べることができ，産業応用に役立つ。光触媒性能は，MO 触媒への適切な材料のドーピングによって変化する可能性がある。

光触媒や光起電力デバイスの性能の向上に，半導体 MO ナノ構造への金属イオン（遷移金属）のドーピングに合成アプローチを用いる。ZnO 格子中の金属イオン（Fe，Mn，Cu，Co）の置換は，バンドギャップ（可視領域）をシフトさせ，光触媒性能の向上を示唆する。濃縮欠陥（酸素欠陥）を含む共ドープ ZnO は，可視光下でより多くの色素分解メチレンブルー（MB）の分解を示す[16]。TiO_2 表面にバナジウムイオンを埋め込むと，吸収端が可視光域にシフトし，最小濃度では確実に光触媒性能が向上する。それ以上の濃度になると，バナジウムイオンは TiO_2 表面に蓄積し，より活性に抵抗する再結合中心のように振る舞う。TiO_2 は，非金属ドーパント（S，C，B，N）との相乗作用により，性能（光触媒活性）を促進する。表 14.1 に，純粋な金属酸化物，金属ドープ金属酸化物，共ドープ金属酸化物の存在下での分解の比較を示す。純粋な ZnO の光触媒性能は，N ドープ ZnO の光触媒性能よりも低いが，これは，窒素に関わる導電性が，可視応答（赤方偏移）の高さのために光触媒効率を拡大するためである。欠陥（酸素空孔）が生成されると，MO は共ドープ（N-S）TiO_2 とともに急速に分解された。B と N の共ドープにより TiO_2 の構造（電子状態）が変化し，相乗効果により可視光吸収が促進され，より高い光触媒性能が報告された。

14.1.2.2　ナノ複合体系光触媒

ナノ複合体（NC）とは，1 つの相がナノの範囲に存在する，多数のセグメントからなる材料である。このようなプロセスにより，多様な構成要素間の相乗効果が達成される。ナノ複合体はナノクレイ，ナノファイバー，ナノ粒子に分類される。多様な材料の特性は，材料のサイズが“臨界サイズ”と呼ばれる特定の値より小さくなると変動する。材料の寸法をより小さい（ナノメートル）レベルにすることで，材料特性を向上させるいくつかの相の界面間の相互作用が発生する[36]。構造的な関係は，ナノ複合体の形成過程におけるコンパクトな材料の表面積/体積の比に直接関わる。明確なルートで非金属，高分子，金属材料から作製されるナノ複合体材料は，欠陥に対処する重要な特徴を再構成し，いくつかの新しい特性を示すというさらなる利点をもたらす。複合材料に対する NC の最大の利点は，高い延性，優れた機械的特性，充実した光学特性，高い表面/体積比である。マトリックスに基づくナノ複合体材料には，セラミック・マトリックス，金属マトリックス，ポリマーマトリックスがある。セラミック・マトリクスは，セラミックと複合材を含むサブグループの材料である。セラミック・マトリックスは，セラミック・マトリックスに囲まれたセラミックの繊維で構成される[37]。マトリックスと繊維には，セラミック材料が含まれる。ポリマーマトリックスは，軽量で製造が容易であり，延性に富むため，さまざまな工業器具に広く使用されている。金属マトリクスは通常，合金マトリクスまたは延性金属を含み，そこに特定のナノサイズの補強材が埋め込まれている。このような材料は，セラミックと金属の特徴，すなわち高強度，延性，弾性率，靭性を反映する。金属酸化物（MO）半導体は，VB（電子が充満している）と CB（電子がなく，より

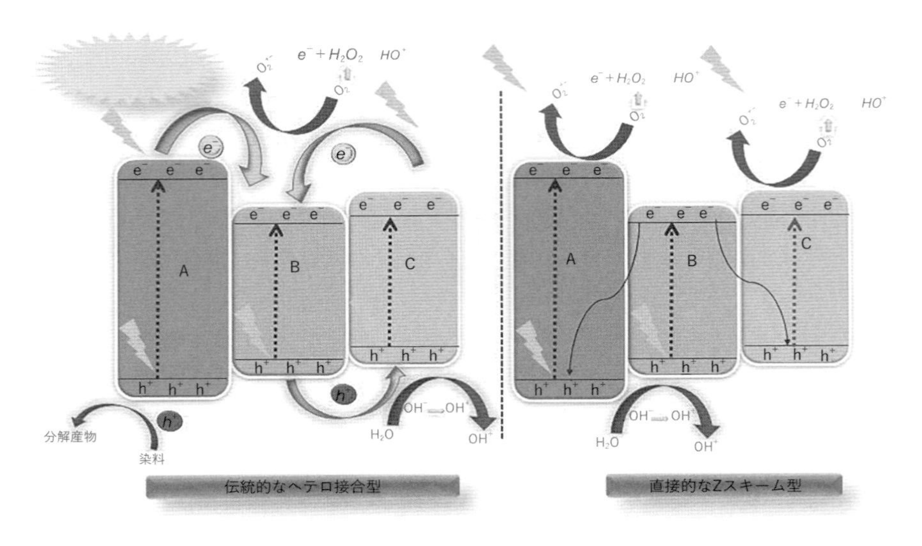

図 14.2　ナノ複合体系における光触媒メカニズム

高いエネルギーを持つ）を保持し，特異なバンドギャップを持つ重要な光触媒材料として同定されている。最近，バンド位置が異なる半導体（SC）の複合材料が注目されている。このようなアプローチの目的は，これらの光触媒間にヘテロ接合を作り出すことである。多様なバンド構造の半導体（TiO_2，ZnO のワイドバンドギャップ）と（CuO，In_2O_3，Fe_2O_3，CdS のナローバンドギャップ）半導体を結合させることにより，電荷（光生成）のより良い分離と移動が起こる。いくつかの研究グループが，多数の結合型半導体の活性を報告している。光応答（可視光）の増加は，再結合率を抑制するバンドギャップの減少と関連している。このようなヘテロ接合は，1 つの光触媒が吸収したエネルギーを連結した光触媒にシフトさせることになる。これにより，分解速度に大きな影響を与える電荷の分離が改善される[38]。

一方，ヘテロ接合は，異なるバンド構造の材料を組み合わせたときに形成される。典型的には，図 14.2 に示すように，(i) 従来型ヘテロ接合と (ii) Z スキーム型ヘテロ接合の 2 種類が報告されている。タイプ I では，酸化物 A，B，C のバンドギャップは，e^-/h^+ がより小さいバンドギャップを持つように蓄積されるよう配置されている。明らかに，両方のキャリア（e^-/h^+）が集まるため，再結合の確率が存在する。タイプ II では，A，B，C の VB と CB は，電子が A の伝導帯から B の価電子帯へ，また C の伝導帯から B の価電子帯へ横切ることができるように配置されている。この構造は，再結合を抑制する電荷分離に有利である。これらの配置から，e^-/h^+ 分離が起こり，光触媒性能が向上する。金属酸化物存在下での色素の光分解比較結果を表 14.2 に示す。

14.1.2.3　磁性ナノ材料

水質浄化の危機は，生物にとって世界的な問題である。現在の研究では，この問題を解決策が必要とされている。この問題の最小化に使用されるさまざまなナノ材料があるが，

表 14.2　金属酸化物の存在下での染料の分解に関する比較研究

光触媒	色素	分解効率（%）	参考文献
CuO-ポリメチルメタアクリレート（PMMA）, Fe_3O_4-PMMA	–	93, 90	[39]
CdO-NiO-ZnO	–	86.0	[40]
CdO-ZnO-MgO	–	91.0	[41]
ZnO-CdO-CuO		94.0	[42]
Bi_2WO_6/SnS	RhB	66.0	[43]
ZnO, CdO, CdO/ZnO	–	49.5, 60.2, 97.6	[44]
酸化セシウム/酸化イットリウム	–	52.0	[45]
花様 SnO_2/Ag		70.0	[46]
ZnO-CdO-CuO	–	87.0	[42]
SnS/SnS_2 ヘテロ構造	MO	83.25	[47]
CuO/ミクロゼオライト（MX）, CuO/ナノゼオライト（NX）	–	29.0, 59.0	[48]
ポリミイド/ヘテロ構造 NiO-Fe_2O_3-ZnO	–	81.4	[49]
ZnO-CdO-CuO	–	89.0	[42]
ZnO-CdO-CuO	クレゾールレッド（CR）	99.0	[42]

磁性材料は水処理においてより良い役割を果たす。現在の科学研究者は，この問題の解決に役立つ磁性材料に集中している[50]。この研究の問題点は，磁性材料の調製とその特性評価，そして環境への応用であった。しかし，科学界は，環境および生物医学的応用に関するさまざまな研究論文を発表することで，ナノテクノロジーにおいて重要な役割を果たしている。環境修復のための磁性材料に関するさまざまな研究者の研究が報告されている[51]。本稿では，水質浄化において重要な役割を果たす磁性材料に焦点を当てる。磁性材料は，さまざまな環境および生物学的応用において，再利用可能な水の処理方法を提供する。磁性材料は医療分野でも重要な役割を果たしており，特に他の薬物の効果を低下させる薬物において重要である。水質浄化にはさまざまな技術があるが，最も積極的な技術はゼロ価鉄（ZVI）である。ナノスケールに近づくにつれて，反応性が高まる。高速反応性，効果的な地下分散性，水中への注入など，汚染地域の浄化には多くの重要な特徴がある。この研究は，ミクロンスケールからナノスケールに移行することで，バルクのZVIと比較して，高い反応性，高い活性部位，高い表面積により，除去効率が向上したことを示す[52]。ナノスケールの材料は，硝酸塩，染料，抗生物質など，さまざまな汚染物質を除去する高い能力を持つ[53]。この総説では，環境汚染物質の除去に効果的な材料として磁性材料を選ぶ。

14.1.3 効率的な抗菌剤としてのナノ構造材料

世界的な感染症の脅威は指数関数的に増加している。一般的な感染症は，製薬会社の廃水を通してもたらされる細菌含有物によって引き起こされる。人口統計学的分析によれば，多くの病気の根本原因は細菌感染である。細菌感染はさまざまな属や種によって起こる。細菌にはさまざまな大きさと形（球菌，らせん菌，桿菌）がある。細菌にはさまざまなクラスがあり，感染部位も他の細菌種とは異なる[54]。細菌は多くの部位から体内に侵入し，宿主の体内で潜伏を開始し，細菌性髄膜炎，胃腸炎，中耳炎などの感染症を引き起こす。細菌の病原性は，菌株の種類と，その菌株が障害を引き起こす感染症の重症度により決まる。主に，エンベロープと膜に基づき，細菌にはグラム陽性菌とグラム陰性菌の 2 種類がある。グラム陽性株はペプチドグリカンが厚いため，排除が容易ではない。グラム陽性菌の細胞壁の厚さは 20〜80 nm であるのに対し，グラム陰性菌のそれは 10〜20 nm である。

付着した細菌細胞は，固体表面を見つけるとコロニー化してバイオフィルムを形成する。この戦略では，細菌は特定の細胞外成分を産生するか，あるいはバイオフィルムの維持に役立つ成分を宿主から獲得する。バイオフィルムの生産は，宿主領域における細菌の生存率を高める。この行動は炎症を引き起こし，病原性の特徴的な振る舞いにつながる[56]。このパターンの細菌は，治療が困難な慢性感染症を引き起こす。ある調査によると，急性期にもかかわらず慢性期を示す感染症の 79〜81％はバイオフィルム形成による。

過去に設計された抗生物質への耐性の発現のため，現在では抗菌剤の作成が一般的になっている。細菌感染症は抗生物質により治療されるが，これは最も簡単で安価な方法の 1 つである。抗生物質のような伝統的に使用されてきた薬は耐性ができ，感染症を治療できなくなる。細菌株は多剤併用システムに対して抵抗性と耐性を獲得するため，この問題を克服する別の戦略が必要である[57]。抗生物質には，細胞壁の合成，DNA の複製，転写と翻訳を停止させることで細菌を死滅させる標的がある。抗生物質がこれらのプロセス，例えばタンパク質合成装置を阻止できない場合，耐性菌が発生する。抵抗性のメカニズムには，抗生物質の阻害と調節につながる特定の酵素の活性化が含まれる。酵素は抗生物質の阻害剤として働き，その機能を停止させる。細菌は多くのヒト感染症の原因となる感染性微生物であるため，新たな懸念は細菌感染症の抗生物質耐性である。感染症は，そのほとんどが世界的な健康問題であり，最小限に抑える必要がある。この細菌株の挙動がもたらす問題の克服のため，ある種の混合物が採用されている。感染症の治療に 2 種類以上の抗生物質を混合することで，複合的な効果をもたらし，細菌に対する耐性を最小限に抑えることができる[58]。

ナノメディシンは，感染症の治療を中心とした多様な分野である。その特徴は，臨床診断，検出，規制，スクリーニング，管理にナノ材料を使用することである。ナノスケールの段階では，ナノテクノロジーはナノ医薬品の開発のために有効な薬剤を用いる。ナノ材料やナノ構造をさまざまな分野に導入することで，ナノテクノロジーは生物科学と物理科学のギャップを埋めるために利用されてきた。特に，ナノ医療とナノベースの薬物送達アプリケーションでは，これらのナノ構造が大きな関心を集めている。ナノ材料は，ナノメ

ディシンの境界を左右する，1～100 nm の大きさを持つ物質としてよく特徴付けられている。ナノ材料は，生体材料，微細加工，治療薬，再生医療プロテオミクス研究などに端を発する[59]。

ナノ粒子は原子または分子レベルで設計された物質を含み，例えばナノスフェアはこのナノメートルサイズの典型である。ナノ粒子は，サイズが小さいため，感染症が侵入する場所から宿主の体内を容易に循環できる。ナノ材料は，生物学的特性，機械的特性，構造的特性，光学的特性など，独自の特性を持つ。

過去数年間，ナノ医薬品はナノ構造体としてよく知られていた。ナノ構造体は，薬物をカプセル化したり，薬物分子を付着させたりしてナノキャリアとして使用され，より特異的に標的組織に配置され，持続的に放出される。ナノ構造体は，長期間にわたって血流中に存在し，処方された投与量通りに融合した薬物の分泌を可能にする。血漿の不安定性も少なく，副作用を引き起こすこともない。多くのナノ材料は効率的な抗菌剤である。有機ナノ粒子，無機ナノ粒子，リポソーム，量子ドット，カーボンナノチューブ，ナノ結晶，タンパク質ナノ粒子，高分子ナノ粒子，ミセルなどさまざまなタイプのナノ構造がある。無機ナノ粒子には，金属および金属酸化物ナノ粒子が含まれる。無機ナノ粒子はすでに生物や動物に適した材料と考えられており，過酷なプロセス環境にも耐えることができる。これらのナノ粒子の抗菌効果は，形状，使用材料，電位，粗さ，安定性，結晶の配置などの特定の特性に依存する。多孔質構造により薬物分子が付着するため，抗菌剤として作用する[60]。

高分子ナノ構造体は，リポソーム，デンドリマー，ミセル，固体脂質ナノ粒子を含む有機ナノ粒子である。これらは無機ナノ粒子よりも安定性が低い。これらはキトサンやタンパク質などの天然ポリマーから作られる。

ミセルは，球状のナノキャリアである有機ナノ粒子である。界面活性剤層で構成され，その大きさは 10～100 nm である。疎水性のコアシェルに感染部位で作用する薬物が担持される。コアシェルのため溶解性が高く，循環半減期が長くなる。血流中での放出幅が狭く，感染部位の奥深くまで浸透する。

リポソームは，薬物送達を促進するために設計された製品である。リポソームは，リン脂質やステロイドなどの生体分子で構成される球状の小胞である。リポソームの表面は細胞膜に類似しているため，より優れたナノキャリアであり，生体適合性材料でもある。リポソームには，単純リポソーム，ポリエチレングリコール（PEG）コートリポソーム，リガンドコートリポソーム，セラノスティックリポソームの 4 種類がある。

デンドリマーは特に層状メソポーラスで，よく定義された三次元形状をしている。デンドリマーは球状であり，その構造の管理や複合化が容易である。デンドリマーは有機ナノ構造体であり，ドラッグデリバリーシステムの良い候補である。デンドリマーは，あらゆる種類の界面活性剤や安定剤として働くあらゆる種類の物質によって安定化される。あらゆるプロセスの中で，ナノ結晶の加工に最も使用される方法は，沈殿，粉砕，高圧ホモジナイゼーションである。これらのタイプのナノ粒子は，最高の治療効果を得るために，標的部位への持続的な化合物の放出に使用される。

量子ドットはナノ粒子の一種で，直径 2～10 nm の半導体ナノ結晶である。組織への取

り込みが少なく，組織を容易にスキャンできるため，バイオメディカル分野のイメージング処理に用いられる。これらは球状の粒子であり，蛍光体のようなプローブ材料として使用できる。これらの蛍光色素は，拡散しやすく，細胞の集団を標識できるため，骨髄の細胞の標識に用いられる[61]。

タンパク質ナノ粒子は，抗菌剤として作用するもう 1 つのタイプのナノ粒子である。一般的に，タンパク質ベースのナノ粒子は，吸収・代謝が可能で，特定の薬物や他の結合リガンドへの付着のための活性化が容易である。ヒト血清アルブミンのような水溶性のものと，ゼインのような非水溶性のものがある。

カーボンナノチューブは抗菌剤の場合，ナノベクターとして考えられている。カーボンナノチューブは，タンパク質，ペプチド，核酸などの活性生体分子から調製することができる。これらはカーボンナノチューブの表面に付着する[62]。

これらは，優れた抗菌剤として作用するナノ構造の一種である。細菌感染などの特定の

表 14.3　異なる材料の抗菌活性の比較

ナノ材料	細菌	増殖阻止域（ZOI）	形態	参考文献
金属酸化物				
酸化銅	*Escherichia coli*	18	球状	[64]
酸化銀	*Proteus vulgaris*	17	球状	[65]
酸化亜鉛	*Listeria monocytogenes*	11	球状でスポンジ状	[66]
酸化鉄	*Staphylococcus aureus*	9	ナノロッド	[67]
酸化コバルト	*Pseudomonas aeruginosa*	31	立方体	[68]
酸化ニッケル	*E. coli*	12	凝集球状	[69]
酸化セレン	*S. aureus*	15	球状	[70]
酸化マグネシウム	*E. coli*	17	棒状	[71]
ナノ複合体				
$ZnLaFe_2O_4/NiTiO_3$	*E. coli*	28	立方体	[72]
Ag/Fe_3O_4	*E. coli*	27	球状	[73]
$ZnO-Yb_2O_3-Pr_2O_3$	*S. aureus*	29	ネットワーク多孔質	[74]
$ZnO-Er_2O_3-Yb_2O_3$	*E. coli*	23	疎密充填	[75]
TiO_2/ZnO	*E. coli*	18	凝集	[76]
$Ag@ZrO_2$	*S. aureus*	12	球体	[77]
ZnO/酸化グラフェン（GO）	*E. coli*	16	棒状	[78]
ドープ材料				
Cr ドープ ZrO	*S. aureus*	14	六角棒状	[79]
TiO_2 ドープ ZnO	*Bacillus subtilis*	15	棒状	[80]
Ta ドープ ZnO	*B. subtilis*	18	球状	[81]

感染症への対応に役立つ。感染症治療のナノ粒子の作用様式は，従来の抗生物質のメカニズムとはまったく異なる。まず，ナノ粒子は細菌膜に付着し，正電荷を帯びた前駆体によって膜の機能不全を起こす。ナノメートル範囲の粒子は膜を通過し，ナノ物質の内在化につながる。細胞質に入り込み，酸化ストレスを発生させる。活性酸素種（ROS）の発生を誘発し，細胞成分に影響を与える。このような活性酸素の誘導は，DNA やタンパク質にダメージを与える。このようなシステムの混乱は酵素の不活性化を引き起こし，最終的に細菌を死滅させる。さらにナノ粒子のさまざまな作用様式が，細菌への耐性の確率を大幅に低下させる[63](表 14.3)。

References

[1] Ong, C.B., Ng, L.Y., and Mohammad, A.W. (2018). A review of ZnO nanoparticles as solar photocatalysts: synthesis, mechanisms and applications. *Renewable and Sustainable Energy Reviews* 81: 536–551. https://doi.org/10.1016/j.rser.2017.08.020.

[2] Viswanathan, B. (2018). Photocatalytic degradation of dyes: an overview. *Current Catalysis* 7 (2): 99–121. Chicago.

[3] Khin, M.M., Nair, A.S., Babu, V.J. et al. (2012). A review on nanomaterials for environmental remediation. *Energy & Environmental Science* 5: 8075–8109. https://doi.org/10.1039/c2ee21818f.

[4] Durgalakshmi, D., Rajendran, S., and Naushad, M. (2019). Current role of nanomaterials in environmental remediation. In *Advanced Nanostructured Materials for Environmental Remediation* (pp. 1–20). Naushad, M., Rajendran, S., and Gracia, F. (Eds.). Springer International Publishing. Springer, Cham. https://doi.org/10.1007/978-3-030-04477-0_1.

[5] Sun, H. (2019). Grand challenges in environmental nanotechnology. *Frontiers in Nanotechnology* 1: 1–3. https://doi.org/10.3389/fnano.2019.00002.

[6] Weber, A.S., Grady, A.M., and Koodali, R.T. (2012). Lanthanide modified semiconductor photocatalysts. *Catalysis Science and Technology* 2: 683–693. https://doi.org/10.1039/c2cy00552b.

[7] Danish, M.S.S., Estrella, L.L., Alemaida, I.M.A. et al. (2021). Photocatalytic applications of metal oxides for sustainable environmental remediation. *Metals (Basel)* 11: 1–25. https://doi.org/10.3390/met11010080.

[8] Serpone, N. and Emeline, A.V. (2012). Semiconductor photocatalysis – past, present, and future outlook. *Journal of Physical Chemistry Letters* 3: 673–677. https://doi.org/10.1021/jz300071j.

[9] Takanabe, K. (2017). Photocatalytic water splitting: quantitative approaches toward photocatalyst by design. *ACS Catalysis* 7: 8006–8022. https://doi.org/10.1021/acscatal.7b02662.

[10] Yang, X. and Wang, D. (2018). Photocatalysis: from fundamental principles to materials and applications. *ACS Applied Energy Materials* 1: 6657–6693. https://doi.org/10.1021/acsaem.8b01345.

[11] Tripathi, R.M., Bhadwal, A.S., Gupta, R.K. et al. (2014). ZnO nanoflowers: novel biogenic synthesis and enhanced photocatalytic activity. *Journal of Photochemistry and Photobiology B: Biology* 141: 288–295. https://doi.org/10.1016/j.jphotobiol.2014.10.001.

[12] Qi, K., Cheng, B., Yu, J., and Ho, W. (2017). Review on the improvement of the photocatalytic and antibacterial activities of ZnO. *Journal of Alloys and Compounds* 727: 792–820. https://doi.org/10.1016/j.jallcom.2017.08.142.

[13] Ganguly, P., Byrne, C., Breen, A., and Pillai, S.C. (2018). Antimicrobial activity of photocatalysts: fundamentals, mechanisms, kinetics and recent advances. *Applied Catalysis B: Environmental* 225: 51–75.

https://doi.org/10.1016/j.apcatb.2017.11.018.

[14] Kalita, E. and Baruah, J. (2020). *Environmental Remediation*. Elsevier Inc. https://doi.org/10.1016/b978-0-12-813357-6.00014-0.

[15] Kasinathan, K., Kennedy, J., Elayaperumal, M. et al. (2016). Photodegradation of organic pollutants RhB dye using UV simulated sunlight on ceria based TiO_2 nanomaterials for antibacterial applications. Scientific Reports 6: 1-12. https://doi.org/10.1038/srep38064.

[16] Daksh, D. and Agrawal, Y.K. (2016). Rare earth-doped zinc oxide nanostructures: a review. *Reviews in Nanoscience and Nanotechnology* 5: 1-27. https://doi.org/10.1166/rnn.2016.1071.

[17] Dindar, B. and Güler, A.C. (2018). Comparison of facile synthesized N doped, B doped and undoped ZnO for the photocatalytic removal of Rhodamine B. Environmental Nanotechnology, *Monitoring and Management* 10: 457-466. https://doi.org/10.1016/j.enmm.2018.09.001.

[18] Wattanawikkam, C. and Pecharapa, W. (2020). Structural studies and photocatalytic properties of Mn and Zn co-doping on TiO_2 prepared by single step sonochemical method. *Radiation Physics and Chemistry* 171: 108714. https://doi.org/10.1016/j.radphyschem.2020.108714.

[19] Ren, Y., Han, Y., Li, Z. et al. (2020). Ce and Er Co-doped TiO_2 for rapid bacteria-killing using visible light. *Bioactive Materials* 5: 201-209. https://doi.org/10.1016/j.bioactmat.2020.02.005.

[20] Zhou, F., Wang, H., Zhou, S. et al. (2020). Fabrication of europium-nitrogen co-doped TiO_2/sepiolite nanocomposites and its improved photocatalytic activity in real wastewater treatment. *Applied Clay Science* 197: 105791. https://doi.org/10.1016/j.clay.2020.105791.

[21] Pascariu, P., Tudose, I.V., Suchea, M. et al. (2018). Preparation and characterization of Ni, Co doped ZnO nanoparticles for photocatalytic applications. *Applied Surface Science* 448: 481-488. https://doi.org/10.1016/j.apsusc.2018.04.124.

[22] Nagasundari, S.M., Muthu, K., Kaviyarasu, K. et al. (2021). Current trends of silver doped zinc oxide nanowires photocatalytic degradation for energy and environmental application. *Surfaces and Interfaces* 23: 100931. https://doi.org/10.1016/j.surfin.2021.100931.

[23] Ahmad, I. (2019). Inexpensive and quick photocatalytic activity of rare earth (Er, Yb) co-doped ZnO nanoparticles for degradation of methyl orange dye. Separation and Purification Technology 227: 115726. https://doi.org/10.1016/j.seppur.2019.115726.

[24] Lakshmi, K.V.D., Rao, T.S., Padmaja, J.S. et al. (2018). Visible light driven mesoporous Mn and S co-doped TiO2 nano material: characterization and applications in photocatalytic degradation of indigocarmine dye and antibacterial activity. *Environmental Nanotechnology, Monitoring and Management* 10: 494-504. https://doi.org/10.1016/j.enmm.2018.11.001.

[25] Bomila, R., Suresh, S., and Srinivasan, S. (2019). Synthesis, characterization and comparative studies of dual doped ZnO nanoparticles for photocatalytic applications. *Journal of Materials Science: Materials in Electronics* 30: 582-592. https://doi.org/10.1007/s10854-018-0324-2.

[26] Rajendran, R. and Mani, A. (2020). Photocatalytic, antibacterial and anticancer activity of silver-doped zinc oxide nanoparticles. *Journal of Saudi Chemical Society* 24: 1010-1024. https://doi.org/10.1016/j.jscs.2020.10.008.

[27] Liu, L., Liu, Z., Yang, Y. et al. (2018). Photocatalytic properties of Fe-doped ZnO electrospun nanofibers. *Ceramics International* 44: 19998-20005. https://doi.org/10.1016/j.ceramint.2018.07.268.

[28] Yi, F., Gan, H., Jin, H. et al. (2020). Sulfur- and chlorine-co-doped g-C_3N_4 nanosheets with enhanced active species generation for boosting visible-light photodegradation activity. Separation and Purification Technology 233: 115997. https://doi.org/10.1016/j.seppur.2019.115997.

[29] El-Sheikh, S.M., Khedr, T.M., Hakki, A. et al. (2017). Visible light activated carbon and nitrogen co-doped mesoporous TiO_2 as efficient photocatalyst for degradation of ibuprofen. *Separation and*

Purification Technology 173: 258–268. https://doi.org/10.1016/j.seppur.2016.09.034.

[30] Zhang, H., Han, X., Yu, H. et al. (2019). Enhanced photocatalytic performance of boron and phosphorous co-doped graphitic carbon nitride nanosheets for removal of organic pollutants. *Separation and Purification Technology* 226: 128–137. https://doi.org/10.1016/j.seppur.2019.05.066.

[31] Reddy, I.N., Reddy, C.V., Sreedhar, M. et al. (2019). Effect of ball milling on optical properties and visible photocatalytic activity of Fe doped ZnO nanoparticles. *Materials Science and Engineering B* 240: 33–40. https://doi.org/10.1016/j.mseb.2019.01.002.

[32] Letifi, H., Litaiem, Y., Dridi, D. et al. (2019). Enhanced photocatalytic activity of vanadium-doped SnO_2 nanoparticles in rhodamine B degradation. *Advances in Condensed Matter Physics* 2019: https://doi.org/10.1155/2019/2157428.

[33] Mani, R., Vivekanandan, K., and Vallalperuman, K. (2017). Synthesis of pure and cobalt (Co) doped SnO_2 nanoparticles and its structural, optical and photocatalytic properties. *Journal of Materials Science: Materials in Electronics* 28: 4396–4402. https://doi.org/10.1007/s10854-016-6067-z.

[34] Govindaraj, T., Mahendran, C., Marnadu, R. et al. (2021). The remarkably enhanced visible-light-photocatalytic activity of hydrothermally synthesized WO_3 nanorods: an effect of Gd doping. *Ceramics International* 47: 4267–4278. https://doi.org/10.1016/j.ceramint.2020.10.004.

[35] Mehmood, F., Iqbal, J., Jan, T. et al. (2017). Structural, photoluminescence, electrical, anti cancer and visible light driven photocatalytic characteristics of Co doped WO_3 nanoplates. *Vibrational Spectroscopy* 93: 78–89. https://doi.org/10.1016/j.vibspec.2017.09.005.

[36] Ma, J., Guo, Q., Gao, H.L., and Qin, X. (2015). Synthesis of C_{60}/graphene composite as electrode in supercapacitors. Fullerenes, *Nanotubes, and Carbon Nanostructures* 23: 477–482. https://doi.org/10.1080/1536383X.2013.865604.

[37] Camargo, P.H.C., Satyanarayana, K.G., and Wypych, F. (2009). Nanocomposites: synthesis, structure, properties and new application opportunities. *Materials Research* 12: 1–39. https://doi.org/10.1590/S1516-14392009000100002.

[38] Sajjad, A.K.L., Sajjad, S., Iqbal, A., and Ryma, N.-ul.A. (2018). ZnO/WO_3 nanostructure as an efficient visible light catalyst. *Ceramics International* 44: 9364–9371. https://doi.org/10.1016/j.ceramint.2018.02.150.

[39] Rani, M. and Shanker, U. (2018). Sun-light driven rapid photocatalytic degradation of methylene blue by poly (methyl methacrylate)/metal oxide nanocomposites. *Colloids and Surfaces A: Physicochemical and Engineering Aspects* 559: 136–147. https://doi.org/10.1016/j.colsurfa.2018.09.040.

[40] Karthik, K., Dhanuskodi, S., Gobinath, C. et al. (2018). Multifunctional properties of microwave assisted CdO-NiO-ZnO mixed metal oxide nanocomposite: enhanced photocatalytic and antibacterial activities. *Journal of Materials Science: Materials in Electronics* 29: 5459–5471. https://doi.org/10.1007/s10854-017-8513-y.

[41] Revathi, V. and Karthik, K. (2018). Microwave assisted CdO-ZnO-MgO nanocomposite and its photocatalytic and antibacterial studies. *Journal of Materials Science: Materials in Electronics* 29: 18519–18530. https://doi.org/10.1007/s10854-018-9968-1.

[42] Munawar, T., Yasmeen, S., Hussain, F. et al. (2020). Synthesis of novel heterostructured ZnO-CdO-CuO nanocomposite: characterization and enhanced sunlight driven photocatalytic activity. *Materials Chemistry and Physics* 249: https://doi.org/10.1016/j.matchemphys.2020.122983.

[43] Priya, A., Arunachalam, P., Selvi, A. et al. (2018). Synthesis of $BiFeWO_6/WO_3$ nanocomposite and its enhanced photocatalytic activity towards degradation of dye under irradiation of light. *Colloids and Surfaces A: Physicochemical and Engineering Aspects* 559: 83–91. https://doi.org/10.1016/j.colsurfa.2018.09.031.

[44] Reddy, C.V., Babu, B., and Shim, J. (2018). Synthesis, optical properties and efficient photocatalytic activity of CdO/ZnO hybrid nanocomposite. *Journal of Physics and Chemistry of Solids* 112: 20–28. https://doi.org/10.1016/j.jpcs.2017.09.003.

[45] Magdalane, C.M., Kaviyarasu, K., Vijaya, J.J. et al. (2017). Facile synthesis of heterostructured cerium oxide/yttrium oxide nanocomposite in UV light induced photocatalytic degradation and catalytic reduction: synergistic effect of antimicrobial studies. *Journal of Photochemistry and Photobiology B: Biology* 173: 23–34. https://doi.org/10.1016/j.jphotobiol.2017.05.024.

[46] Wang, X., Fan, H., and Ren, P. (2013). Self-assemble flower-like SnO_2/Ag heterostructures: correlation among composition, structure and photocatalytic activity. *Colloids and Surfaces A: Physicochemical and Engineering Aspects* 419: 140–146. https://doi.org/10.1016/j.colsurfa.2012.11.050.

[47] Yao, K., Li, J., Shan, S., and Jia, Q. (2017). One-step synthesis of urchinlike SnS/SnS_2 heterostructures with superior visible-light photocatalytic performance. *Catalysis Communications* 101: 51–56. https://doi.org/10.1016/j.catcom.2017.07.019.

[48] Nezamzadeh-Ejhieh, A. and Karimi-Shamsabadi, M. (2014). Comparison of photocatalytic efficiency of supported CuO onto micro and nano particles of zeolite X in photodecolorization of methylene blue and methyl orange aqueous mixture. *Applied Catalysis A: General* 477: 83–92. https://doi.org/10.1016/j.apcata.2014.02.031.

[49] Lei, Y., Huo, J., and Liao, H. (2017). Microstructure and photocatalytic properties of polyimide/heterostructured NiO-Fe_2O_3-ZnO nanocomposite films via an ion-exchange technique. *RSC Advances* 7: 40621–40631. https://doi.org/10.1039/c7ra07611h.

[50] Jiang, B., Lian, L., Xing, Y. et al. (2018). Advances of magnetic nanoparticles in environmental application: environmental remediation and (bio) sensors as case studies. *Environmental Science and Pollution Research* 25: 30863–30879. https://doi.org/10.1007/s11356-018-3095-7.

[51] Pratt, A. (2014). Environmental applications of magnetic nanoparticles. *Frontiers of Nanoscience* 6: 259–307. https://doi.org/10.1016/B978-0-08-098353-0.00007-5.

[52] Lunge, S.S., Singh, S., and Sinha, A. (2014). Magnetic nanoparticle: synthesis and environmental applications (18–20 November 2014). In *Proceedings of the International Conference on Chemical, Civil and Environmental Engineering* (CCEE'2014), Singapore (pp. 18–19). https://doi.org/10.15242/iicbe.c1114009.

[53] Govan, J. (2020). Recent advances in magnetic nanoparticles and nanocomposites for the remediation of water resources. *Magnetochemistry* 6: 49. https://doi.org/10.3390/magnetochemistry6040049.

[54] Mhatre, J.A.L., Ho, V., and Kelsey, C. (2012). Martin. FX1 NIH public access. *Bone* 23 (1): 1–7. https://doi.org/10.1002/wnan.1282.Nanoparticle.

[55] Chung, H.J., Reiner, T., Budin, G. et al. (2011). Ubiquitous detection of gram-positive bacteria with bioorthogonal magnetofluorescent nanoparticles. *ACS Nano* 5: 8834–8841. https://doi.org/10.1021/nn2029692.

[56] Li, X.H. and Lee, J.H. (2017). Antibiofilm agents: a new perspective for antimicrobial strategy. *Journal of Microbiology* 55: 753–766. https://doi.org/10.1007/s12275-017-7274-x.

[57] Jiang, S., Lin, K., and Cai, M. (2020). ZnO nanomaterials: current advancements in antibacterial mechanisms and applications. *Frontiers in Chemistry* 8: 1–5. https://doi.org/10.3389/fchem.2020.00580.

[58] Wang, L., Hu, C., and Shao, L. (2017). The antimicrobial activity of nanoparticles: present situation and prospects for the future. *International Journal of Nanomedicine* 12: 1227–1249. https://doi.org/10.2147/IJN.S121956.

[59] Vallet-Regí, M., González, B., and Izquierdo-Barba, I. (2019). Nanomaterials as promising alternative in the infection treatment. *International Journal of Molecular Sciences* 20: https://doi.org/10.3390/

ijms20153806.
[60] Aguilera-Correa, J.J., Esteban, J., and Vallet-Regí, M. (2021). Inorganic and polymeric nanoparticles for human viral and bacterial infections prevention and treatment. *Nanomaterials* 11: 1–26. https://doi.org/10.3390/nano11010137.
[61] Patra, J.K., Das, G., Fraceto, L.F. et al. (2018). Nano based drug delivery systems: recent developments and future prospects. *Journal of Nanobiotechnology* 16: 1–33. https://doi.org/10.1186/s12951-018-0392-8.
[62] Mocan, T., Matea, C.T., Pop, T. et al. (2017). Carbon nanotubes as anti-bacterial agents. *Cellular and Molecular Life Sciences* 74: 3467–3479. https://doi.org/10.1007/s00018-017-2532-y.
[63] Medina-Cruz, D., Vernet-Crua, A., Mostafavi, E. et al. (2021). Aloe vera-mediated Te nanostructures: highly potent antibacterial agents and moderated anticancer effects. *Nanomaterials* 11 (2): 514.
[64] Gopinath, V., Priyadarshini, S., Al-Maleki, A.R. et al. (2016). In vitro toxicity, apoptosis and antimicrobial effects of phyto-mediated copper oxide nanoparticles. *RSC Advances* 6: 110986–110995. https://doi.org/10.1039/c6ra13871c.
[65] Zulfiqar, H., Zafar, A., Rasheed, M.N. et al. (2019). Synthesis of silver nanoparticles using: Fagonia cretica and their antimicrobial activities. *Nanoscale Advances* 1: 1707–1713. https://doi.org/10.1039/c8na00343b.
[66] Akbar, S., Haleem, K.S., Tauseef, I. et al. (2018). Raphanus sativus mediated synthesis, characterization and biological evaluation of zinc oxide nanoparticles. *Nanoscience and Nanotechnology Letters* 9: 2005–2012. https://doi.org/10.1166/nnl.2017.2550.
[67] Qasim, S., Zafar, A., Saif, M.S. et al. (2020). Green synthesis of iron oxide nanorods using Withania coagulans extract improved photocatalytic degradation and antimicrobial activity. *Journal of Photochemistry and Photobiology B: Biology* 204: 111784. https://doi.org/10.1016/j.jphotobiol.2020.111784.
[68] Khalil, A.T., Ovais, M., Ullah, I. et al. (2020). Physical properties, biological applications and biocompatibility studies on biosynthesized single phase cobalt oxide (Co_3O_4) nanoparticles via Sageretia thea (Osbeck.). *Arabian Journal of Chemistry* 13: 606–619. https://doi.org/10.1016/j.arabjc.2017.07.004.
[69] Anand, G.T., Nithiyavathi, R., Ramesh, R. et al. (2020). Structural and optical properties of nickel oxide nanoparticles: investigation of antimicrobial applications. *Surfaces and Interfaces* 18: 100460. https://doi.org/10.1016/j.surfin.2020.100460.
[70] Nguyen, T.H.D., Vardhanabhuti, B., Lin, M., and Mustapha, A. (2017). Antibacterial properties of selenium nanoparticles and their toxicity to Caco-2 cells. *Food Control* 77: 17–24. https://doi.org/10.1016/j.foodcont.2017.01.018.
[71] Jin, T. and He, Y. (2011). Antibacterial activities of magnesium oxide (MgO) nanoparticles against foodborne pathogens. *Journal of Nanoparticle Research* 13: 6877–6885. https://doi.org/10.1007/s11051-011-0595-5.
[72] Sobhani-Nasab, A., Zahraei, Z., Akbari, M. et al. (2017). Synthesis, characterization, and antibacterial activities of $ZnLaFe_2O_4/NiTiO_3$ nanocomposite. *Journal of Molecular Structure* 1139: 430–435. https://doi.org/10.1016/j.molstruc.2017.03.069.
[73] Ghaseminezhad, S.M. and Shojaosadati, S.A. (2016). Evaluation of the antibacterial activity of Ag/Fe_3O_4 nanocomposites synthesized using starch. *Carbohydrate polymers* 144: 454–463. https://doi.org/10.1016/j.carbpol.2016.03.007.
[74] Munawar, T., Yasmeen, S., Hasan, M. et al. (2020). Novel tri-phase heterostructured $ZnO-Yb_2O_3-Pr_2O_3$ nanocomposite; structural, optical, photocatalytic and antibacterial studies. *Ceramics International* https://doi.org/10.1016/j.ceramint.2020.01.130.
[75] Munawar, T., Yasmeen, S., Hussain, A. et al. (2020). Novel direct dual-Z-scheme $ZnO-Er_2O_3-Yb_2O_3$

heterostructured nanocomposite with superior photocatalytic and antibacterial activity. *Materials Letters* 264: https://doi.org/10.1016/j.matlet.2020.127357.

[76] Stoyanova, A., Hitkova, H., Bachvarova-Nedelcheva, A. et al. (2013). Synthesis and antibacterial activity of TiO_2/ZnO nanocomposites prepared via nonhydrolytic route. *Journal of Chemical Technology and Metallurgy* 48: 154-161.

[77] Nova, C.V., Reis, K.A., Pinheiro, A.L. et al. (2021). Synthesis, characterization, photocatalytic, and antimicrobial activity of ZrO_2 nanoparticles and Ag@ZrO_2 nanocomposite prepared by the advanced oxidative process/hydrothermal route. *Journal of Sol-Gel Science and Technology* https://doi.org/10.1007/s10971-021-05488-z.

[78] Wang, Y., Cao, A., Jiang, Y. et al. (2014). Superior antibacterial activity of zinc oxide/graphene oxide composites originating from high zinc concentration localized around bacteria. *Applied Materials & Interfaces* 6: 2791-2798.

[79] Vijayalakshmi, K. and Sivaraj, D. (2015). Enhanced antibacterial activity of Cr doped ZnO nanorods synthesized using microwave processing. *RSC Advances* 5: 68461-68469. https://doi.org/10.1039/c5ra13375k.

[80] Menazea, A.A. (2020). Antibacterial activity of TiO_2 doped ZnO composite synthesized via laser ablation route for antimicrobial application. *Journal of Materials Research and Technology* https://doi.org/10.1016/j.jmrt.2020.05.103.

[81] Guo, B.L., Han, P., Guo, L.C. et al. (2015). The antibacterial activity of Ta-doped ZnO nanoparticles. *Nanoscale Research Letters* 10: https://doi.org/10.1186/s11671-015-1047-4.

第 15 章

酵素ナノ粒子による環境修復

Enzyme Nanoparticles for Environmental Remediation

Neha Tiwari[1] and Deenan Santhiya[2]

[1] Delhi Technological University, Department of Biotechnology, Shahbad Daulatpur, Main Bawana Road, Delhi, 110042, India

[2] Delhi Technological University, Department of Applied Chemistry, Shahbad Daulatpur, Main Bawana Road, Delhi, 110042, India

15.1 はじめに

ナノテクノロジーとナノ科学の発展は，環境汚染物質の浄化に新たな局面をもたらした。ナノテクノロジーとは，ナノ粒子と呼ばれる10億分の1メートル（すなわち10^{-9}）の小さな粒子の応用と改変を指す。ナノ粒子は，(i) 有機ナノ粒子またはフラーレンなどの炭素系ナノ粒子，(ii) 無機ナノ粒子または金，銀，酸化亜鉛などの金属および金属酸化物ナノ粒子[1]の2つに大別される。さらに，他の要因である寸法と形状に基づいて，ナノ粒子はゼロ次元（0D），1次元（1D），2次元（2D），3次元（3D）のカテゴリーに細分化される[2]。ナノテクノロジー領域のルートは，サイズが小さい，表面積対体積比が大きい，反応性，吸着性，触媒特性，化学特性，物理特性の向上などの特性により，他の従来のルートよりもはるかに構造化され，効果的である[3]。ナノ粒子のこのような特性により，従来の環境浄化方法と比較して，より適用範囲が広がる。例えば，環境バイオテクノロジー[4]では，抗菌活性，染料分解，水処理，バイオレメディエーション，水質浄化の目的でナノ粒子を使用している[5]。また，ナノ材料（NM）は，汚染された水源から清浄な水を大規模かつ携帯可能なアプリケーションで供給したり，環境汚染物質（廃棄物や有毒物質）の検出と浄化など，浄化における役割にも貢献している[6]。特にナノテクノロジーは，経済的で環境に優しい方法で，環境汚染物質のバイオレメディエーションにナノ粒子やナノ材料を利用するものでもある。

「バイオレメディエーション」とは，細菌，真菌，原生生物，またはそれらの酵素など，さまざまな生物学的薬剤（「バイオ」）を用いて，環境汚染物質を毒性の低い/ない化合物に分解すること（「レメディエーション」）を指す。従来の技術に対するバイオレメディエーション技術の重要性は，低コスト，高い能力，化学的・生物学的汚泥の無駄の少なさ，選択性，限られた栄養要求量，吸着材の再生である[7]。バイオレメディエーションには，バイオベンティング，バイオスティミュレーション，バイオリーチング，バイオオーグメンテーション，自然浄化などのさまざまなアプローチがある[8]。さらに，バイオレメディエーションは，*in situ* と *ex situ* の2つに大別される[9]。*in situ* バイオレメディエーションは，有毒化合物/物質をその場で処理するもので，汚染物質を閉じ込めることができるため費用対効果が高く，汚染物質が他の環境に放出されるのを抑制することができる。一方，*ex situ* バイオレメディエーションでは，汚染物質を処理する前に物理的に取り出す必要がある。

現在のバイオレメディエーション研究とアプローチは，主に微生物細胞を用いたプロセスに焦点を当てており，これらは，非生物学的および生物学的（微生物の増殖，酸素濃度，栄養塩の利用可能性，pH，温度，溶存イオン，土壌の浸透性，および共汚染物質）を含むさまざまな要因に依存する[10]。さらに，汚染物質への微生物バイオフィルムの形成は，病原性菌株の放出の可能性があり，間接的または直接的に環境の局所微生物群集に影響を与える[11]。しかし，バイオレメディエーションは酵素によって達成でき，これは代替アプローチとして機能する。酵素ナノ粒子は環境に優しく，従来の汚染物質除去技術よりも改善された表面積，輸送特性，隔離特性を提供する[12]。酵素をナノ粒子と併用するコンビナトリアル・アプローチは，ナノ粒子の毒性放出が少なく，汚染物質に対

する特異性が高く，反応中のナノ粒子の凝集を最小限に抑える点で，より効果的である[13]。酵素を固定化したナノ材料は，アンフォールディングされにくく非常に安定で，強化された動力学的特性により複数サイクルで使用できる[14]。酵素バイオレメディエーションは，汚染物質と容易に接触できる潜在的なツールとして機能し，環境中の汚染物質の迅速な分解と削減を促進することができる[15]。バイオレメディエーションに関わるさまざまな酵素には，芳香族化合物の酸化を触媒するオキシゲナーゼ[16]，廃水処理や多芳香族炭化水素の分解に使用されるリパーゼ[17]，合成農薬のカルボキシルエステル結合の加水分解を触媒するカルボキシルエステラーゼ[18]，さまざまな芳香族および脂肪族炭化水素のバイオレメディエーションに使用されるアルカンヒドロキシラーゼ[19]などがある。このような利点があるが，遊離酵素の浄化への応用は，自然環境下での安定性の限界のために制限されている。

ナノ粒子ベースの酵素は，生理的条件下で天然酵素と同じ機構に従い，基質変換を触媒する次世代の人工酵素と考えられている[20]。これらのナノ酵素は，低コストで安定性が高く，さまざまな研究者や科学者の注目を集めている[21]。酵素ナノ粒子は，核酸，タンパク質，糖類などの生体分子の検出や処理に用いられる。多くのナノ材料は，カタラーゼ，オキシダーゼ，プロテアーゼ，ホスファターゼなどの天然酵素を模倣している。例えば，酸化コバルト・ナノ材料は，電子移動の能力を利用して触媒特性を観察したところ，カタラーゼの模倣物質として機能した[22]。また，酸化鉄ナノ粒子は，カタラーゼやペルオキシダーゼと同様の触媒活性を示し，天然酵素の低コスト代替品として考えられている[23]。スーパーオキシドジスムターゼ（SOD）を模倣したセリアベースのナノ粒子にも，神経保護作用と抗炎症作用が観察されている[24]。酵素ナノ粒子は，環境汚染物質のバイオレメディエーションに多様な応用が可能であり，例えば，染料，リグニンを含む廃棄物，有機化合物の分解には，さまざまなナノ酵素が用いられている[25]。磁性ナノ粒子を用いたペルオキシダーゼは，メチレンブルー，フェノール，ローダミンの検出に用いられている[26]。さらに，ナノザイムベースの方法は，工業プロセスから発生する有機染料の分解と無機化に，費用効果が高く，強力で，簡便であると考えられている[27]。

本章は，環境修復のための酵素ナノ粒子の概要，供給源，さまざまな固定化酵素ナノ粒子の種類を科学界に提供することを試みる。また，本章では，環境修復における酵素ナノ粒子の重要性と，それに関連する課題を論じる。

15.2　環境修復に用いられる各種酵素の供給源

近年，ナノ粒子への微生物酵素の固定化により，酵素の性能が大幅に向上している。ナノ材料に固定化された酵素は，最適化された条件下で，遊離酵素と比べ，a）広い温度範囲，b）広い pH 範囲，c）再利用性の向上，d）耐熱性の向上の大きな利点を示す[28]。

ナノ粒子と酵素の凝集は，吸着スペースと表面利用可能性を減少させることで，酵素活性と負荷に影響を与える。ナノ粒子と酵素の相互作用の研究に用いられた最初のモデル酵素はラッカーゼである[12]。カーボンナノ粒子に固定化したラッカーゼ酵素は，ビスフェ

表 15.1　環境修復のためのさまざまな酵素と対応するナノ基質の供給源

酵素抽出用微生物	酵素	汚染物質の浄化	ナノ基質	参考文献
Trametes versicolor	ラッカーゼ	スルファチアゾールおよびスルファメトキサゾール	多孔質シリカビーズ	[30]
Rhizoctonia solani	ラッカーゼ	フェノール化合物	カーボンナノ粒子，多層カーボンナノチューブ，酸化グラフェン	[29]
Pseudomonas fluorescens LiP-RL5	リグニンペルオキシダーゼ（LiP）	染料分解	酸化グラフェンナノ粒子	[31]
Phanerochaete chrysosporium	LiP	有機汚染物質	ポリドーパミンナノ粒子	[32]
Escherichia coli	プロリダーゼ	有機リン化合物（メチルおよびエチルパラオキソン）	シリカ被覆磁性ナノ粒子	[33]
Pseudomonas ostreatus	ラッカーゼ	ビスフェノールAおよびカルバマゼピン	チタニアナノ粒子	[34]
R. solani	ラッカーゼ	ビスフェノールA，マラカイトグリーン，ビスフェノールF	MoS_2でコーティングした磁性Fe_3O_4ナノ粒子	[35]
White rot fungus	多機能ペルオキシダーゼ	フェノール化合物	多機能ペルオキシダーゼ-キトサンナノ粒子	[36]

ノールの除去に用いられる。遊離のラッカーゼと比較し，固定化ラッカーゼナノ粒子は拡散制限による反応速度の低下を示し，固定化後の構造変化は観察されなかった[29]。近年，さまざまな酵素がナノ粒子で固定化されている。表 15.1 に示すように，これらの酵素のほとんどは微生物源から得られている。

15.3　環境修復のためのさまざまな酵素固定化ナノ粒子

15.3.1　磁性ナノ粒子

磁性ナノ粒子は，そのリサイクル可能な性質で広く知られている。磁性ナノ粒子は，単純な磁場効果を適用することで，反応物や生成物から容易に抽出できる[37]。表面の水酸基の存在が，操作が簡単で酵素の固定に役立つ。最小限の空隙率と最大の機械的強度は立体障害を低減させ，酵素-マトリックス複合体の安定性に不可欠である[38]。磁性ナノ粒子の合成には，化学還元法，共沈法，水熱法など，さまざまな化学的方法が用いられる[39]。また，酵素の固定化は，架橋，吸着，封入，共有結合など，さまざまなプロセスを通じて行われる。さまざまな磁性ナノ粒子の中でも，Fe_3O_4磁性ナノ粒子への酵素の固定化は，粒子の生体適合性と無毒性において卓越した意義を提供し[40]，以下のいずれかのアプローチに従う。

a) エチル（ジメチルアミノプロピル）カルボジイミド（EDC）/*N*-ヒドロキシスクシンイミド（NHS）を用いた共有結合による官能基化ナノ粒子表面への酵素コーティング[41]
b) ナノ粒子のコーティングの有無に無関係な非共有結合的相互作用による酵素の吸着[42]
c) ナノ粒子上の酸化鉄やシリカコートに親和性を示す融合タグを介したバイオ親和性固定化[43]
d) 超常磁性ナノ粒子内への酵素凝集体の封入[44]

15.3.2 メソポーラスナノ粒子

メソポーラスナノ粒子は，多くの酵素にとって効率的な固定化ベクターであり，触媒活性，安定性，再利用可能な性質などの特性から，その需要はますます高まっている。これは，合成条件の変更により行うことができ，それによって一定の細孔サイズを達成することもできる。メソポーラスナノ粒子への酵素の固定化は，吸着[45]，共有結合[46]，または架橋[47]によって達成できる。ニッケル-ニトリロ三酢酸修飾ウイルス様メソポーラスシリカナノ粒子（Ni-NTA-VMSN）は，バイオアフィニティー固定化技術により，有機リン系殺虫剤の生分解を達成できる[48]。

15.3.3 炭素系ナノ粒子

グラフェンをベースとするナノ粒子，グラフェンおよび酸化グラフェン（GO）は，その特性，特に生分解性，熱および化学的安定性，高い表面積対体積比，細孔径，および官能基の顕著な発現でよく知られており，架橋化合物を使用せずに酵素を固定できる[49, 50]。水酸基，カルボキシル基，エポキシド基は，グラフェンの構造に存在する官能基の一部である。グラフェンをベースにしたナノ粒子の表面化学（カルボキシル基，水酸基，エポキシド基などの官能基の存在）は，酵素の固定化とその活性化を促進する。

15.3.4 カーボンナノチューブ

カーボンナノチューブは，内部が空洞の六角柱構造の炭素原子で構成されている。カーボンナノチューブはグラフェンと同様の特性を持つが，2 次元の平面形状ではなく，1 次元のチューブ状形状をしており，直径はナノスケールの範囲にある[51]。酵素をカーボンナノチューブに固定化する非共有結合性相互作用は，酵素のコンフォメーション構造を維持できるため，共有結合性法よりも有望なアプローチとして検討されている。例えば，酵素の共有結合による固定化は，直接的な結合[52]，あるいは結合剤を利用することで達成できる。例えば，1-ピレン・ブタン酸サクシンイミジルエステルは西洋ワサビペルオキシダーゼの固定化の結合剤として利用され，アミノピレンはラッカーゼ酵素の固定化のための結合剤として利用される[53]。固定化には，吸着技術による非特異的付着など，さまざまな方法がある。別の例として，グラフェンをベースにしたナノ粒子の構造化学は，酵素の固定化とその反応性に影響を与える。酵素とナノ粒子の非共有結合的相互作用は，酵素の漏出を引き起こす可能性がある。したがって，1-エチル-3-(3-ジメチルアミ

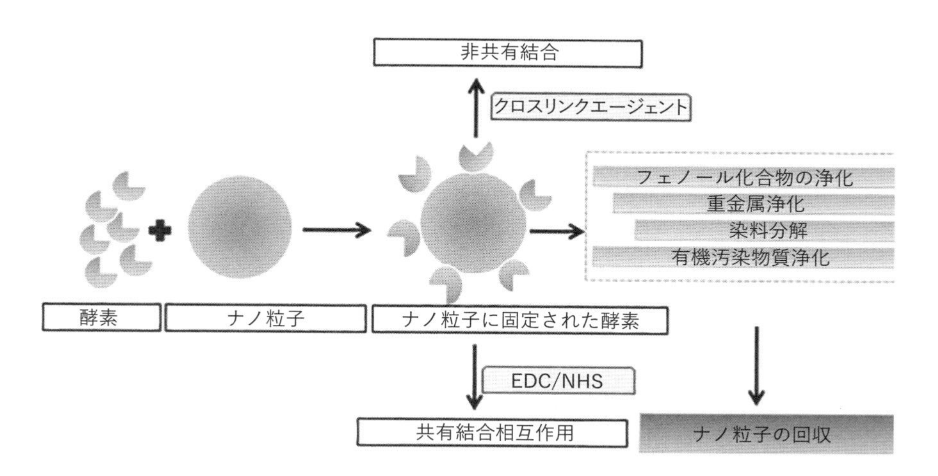

図 15.1　環境浄化のための酵素ナノ粒子

ノプロピル）カルボジイミド（EDAC）などの架橋剤を用いた共有結合修飾によってギャップを埋めることが重要である。O-アシルイソ尿素は反応性が高く，酵素の遊離アミン基と共有結合を形成する傾向がある[54]。

15.3.5　環境修復におけるナノ粒子の役割

人口の増加と急速な発展に伴い，天然資源は指数関数的に搾取されており，これは生態系に対する重要な懸念を引き起こしている。過去 10 年間，研究者たちは，環境中の汚染物質の浄化におけるナノテクノロジーの進歩を示してきた。汚染物質へのナノ粒子の特異性は，汚染物質に対する反応性を高め，より毒性の低い形態での汚染物質の廃棄がナノテクノロジーによって達成される。ナノ粒子は，染料の分解，重金属の検出，炭化水素の除去・分解など，さまざまな汚染物質の除去に利用されてきた（図 15.1）。酸化亜鉛（ZnO）ナノ粒子の光触媒活性を利用することで，0.24 g/L で 1 時間以内に 80%を超える効果を示すローズベンガル色素[56]や，1 時間以内に 90%を超える効果を示すコンゴーレッド色素[57]の分解が達成された。銀ナノ粒子は，カドミウム(II)イオンの除去に使用された[58]。金ナノ粒子は，Ni^{2+}，Cu^{2+}，Cd^{2+}，Pb^{2+}などの重金属イオンだけでなく，メチレンブルー色素の除去においても高い触媒効果を示した[59]。鉄ナノ粒子は，汚染された土壌や水中に存在する全石油系炭化水素（TPH）への浄化ポテンシャルを有する。ナノ粒子は汚染物質の浄化に役立つが，いくつかの制限もある。その主な限界とは，コスト，製造量の多さ，環境中に放出されるナノ粒子の毒性，そして時間のかかるプロセスである。

15.4　修復における酵素ナノ粒子の重要性

生態系に流入する主要な汚染物質の 1 つは，水路を通じてである。繊維染料産業の廃水は，その過剰な有機物負荷のために，重大な汚染源となっている[60]。汚染物質は，

化学薬品，染料，プラスチック，殺虫剤，爆発物，重金属，鉱物油，炭化水素，界面活性剤など，多様なクラスで構成される[61]。このような有害汚染物質は，水路に排出される前に浄化する必要がある。廃水の浄化には，多くの物理化学的手法やナノ粒子技術が利用可能であるが，ナノ粒子への酵素の固定は，より環境に優しい選択肢であり，浄化プロセスを加速する長期安定性を提供する[62]。例えば，鉄ナノ粒子へのペルオキシダーゼ酵素の固定化は，廃水からの有害な繊維染料のバイオレメディエーションに応用できる。これは，廃水からの汚染物質除去の費用対効果の高い方法の 1 つであり，固定化マトリックスの抽出のために磁場を印加することで，酵素のリサイクルも容易になる。他の例としては，酸化鉄を充填した多層カーボンナノチューブ（m-MWCNT-rTl-Cyn）に固定化した組換え型シアン酸ヒドラターゼを用いた重金属および他の関連化合物の除去がある[63]。m-MWCNT-rTl-Cyn による，合成廃水サンプル中のクロム（Cr），鉄（Fe），鉛（Pb），銅（Cu）の濃度の，それぞれ 39.31%，35.53%，34.48%，29.63%の減少，シアンの濃度の 84%以上の減少が観察された[63]。有機リン酸中毒（農薬）の浄化に関する別の研究では，PAMAM またはポリ（アミドアミン）デンドリマー修飾マグネタイト・ナノ粒子にグリセロホスホジエステラーゼ（GpdQ）酵素を固定化した[64]。固定化によって，酵素の構造や活性を変化させることなく，ナノ粒子上での酵素の安定性とその活性がより長く維持されることが示された。これらの例はすべて，酵素ナノ粒子が，再利用性，長期安定性，費用対効果の高い方法，環境に優しいアプローチなど，より高い有効性をもって，環境からの汚染物質の浄化に大きな役割を果たすことを示している。

酵素は細胞内で起こる反応を促進する生体触媒であり，基質に対して極めて特異的である。酵素はさまざまな産業，研究目的，臨床診断用途で広く使用されている。酵素による触媒反応は，媒体の種類，基質の種類，酵素の濃度，温度，pH，活性化剤/阻害剤の存在など，さまざまな要因の影響を受ける[65]。ナノ粒子は，10〜1,000 nm のサイズの微粒子である。ナノ粒子は，粒子の移動性，拡散性，熱安定性，表面積対体積比を高め，付着した酵素の生体触媒活性を促進する。酵素の固定は，吸着，架橋，共有結合などのさまざまな方法や，封入によって達成できる。ナノ粒子の重要な特性により，診断への応用[66]，環境からの汚染物質の除去[67]，薬物の送達[68]，汚染物質の検出，バイオマテリアルの製造[69]など，多様な分野で利用されるようになった。ナノ粒子は，酵素を固定化するための理想的なマトリックスとして機能する。固定化マトリックスの属性は，酵素の固定化プロセスにおいて重要な役割を果たす。一般的な属性は，生体適合性，耐圧縮性，酵素不活性，親水性，非感受性，高い引張強度である。ナノ粒子への酵素の固定化は難しいプロセスであるが，ナノ粒子の特性，すなわち高い表面積対体積比は，酵素粒子の活性を高める可能性がある。酵素の固定化は，適切な結合剤を用いて酵素を適合性マトリックスに単純に結合させることで達成できる。浄化におけるナノ粒子の重要性で説明したように，この方法は商業的に有益であり，回収が容易で，製造コストが低い。酵素の固定化には，生物学的活性とタンパク質/酵素の 1 次構造を妨げない生体適合性マトリックスが必要であることを考慮することが不可欠である[70]。さまざまな材料への固定化に成功した酵素を以下に挙げる。ポリスチレンラテックス粒子へのパパイン酵素の固定化[71]－カーバメート系および有機リン系殺虫剤の分解を目的としたポリマー微小球への

アセチルコリンエステラーゼ酵素の固定化[72]－磁性金メソポーラスシリカナノ粒子へのセルラーゼ酵素の固定化[73]－フェノール化合物のバイオレメディエーションを目的としたエポキシ官能化シリカへのラッカーゼ酵素の固定化[74]などである。

15.4.1　酵素ナノ粒子の利点

酵素ナノテクノロジーは，日常生活における無数の応用や，製薬産業，エネルギー，食品産業，医療，宇宙，エレクトロニクスなどの科学分野への影響により，近年大きな注目を集めている[13]。酵素とナノ粒子の相互作用は，ナノ粒子のさまざまな特性によって酵素の構造や機能性を改変することができる。酵素ナノ粒子は，さまざまな分野での応用を可能にし，科学者や探索家が新規製品を発見するための研究領域を広げた（表 15.2）。酵素の固定化にナノ粒子を使用するさまざまな利点は以下の通りである。

a）大きな表面積
b）物質移動に対する耐性
c）効率的な酵素負荷
d）機械的強度の向上
e）拡散問題の最小化

酵素ナノ粒子の調製は，バイオセンサー[86]，バイオ燃料[87]，バイオディーゼル[88]，酵素反応器を設計する戦略を提供する。酵素ナノ粒子は低コストで環境に優しく，病気の診断や治療において貴重な役割を果たすため，バイオメディカルデバイスの製造にも利用されている[89]。酵素マトリックスをナノ粒子に固定化することで，酵素の安定化は従来技術と比較して効果的かつ容易になる[90]。ナノ粒子に固定化された酵素は，酵素プロドラッグ療法にも応用され，がんの治療に効果的に使用されている[91]。

表 15.2　酵素ナノ粒子の応用

酵素ナノ粒子	応用	参考文献
ケラチナーゼ Fe_3O_4 ナノ粒子	ケラチン合成	[75]
β-ガラクトシダーゼ ZnO ナノ粒子	乳糖の加水分解	[76]
リパーゼポリスチレンナノ粒子	エステル化とアミノ分解	[77]
ラッカーゼキトサン磁性ナノ粒子	環境汚染物質の浄化	[78]
アルコール脱水素酵素金銀ナノ粒子	アルコールの合成	[79]
ペルオキシダーゼ（ゴーヤペルオキシダーゼ[BGP]）TiO_2 ナノ粒子	フェノールと染料の除去	[80]
セルラーゼ TiO_2 ナノ粒子	カルボキシメチルセルロースの加水分解	[81]
α-アミラーゼ銀ナノ粒子	デンプンの加水分解	[82]
スーパーオキシドジスムターゼ（SOD）Fe_3O_4 被覆ナノ粒子	バイオセンサー	[83]
β-グルコシダーゼ酸化鉄ナノ粒子	バイオ燃料の生産	[84]
リゾチームキトサンナノ粒子	抗菌活性	[85]

15.5 酵素ナノ粒子によるバイオレメディエーションの課題

世界の人口が増え続けるにつれて，生態系における汚染物質の量も増加している。さらに，次世代へのクリーンな環境の提供は，依然として課題である。バイオレメディエーションは，現代的な手法も伝統的な手法も，高コストだが効果が少ない。例えば，酵素ナノ粒子固定化技術では，ナノ粒子には凝集傾向があり，他の酵素結合体を用いる場合と比べ，酵素活性を阻害する可能性がある。ナノ粒子への酵素固定化におけるもう 1 つの課題は，試行錯誤的な戦略によってナノサイズのマトリックスを製造することである。これは，バイオレメディエーション・プロセスにおいてあまり効果的でない複雑なシステムの生成につながる可能性がある。いくつかの研究によると，酵素ナノ粒子を用いた工業染料廃液の分解など，一部の汚染物質の処理において目覚ましい進歩を遂げている[92]。例えば，GO ベースのナノ材料は，酵素を組み込んだ優れた吸着剤であり，その優れた再生特性と再利用性により，容易な商業化が可能である[93]。しかし，環境浄化におけるバイオレメディエーションの効果だけでなく，汚染物質が存在する実際の環境における必要条件の決定は，面倒なプロセスである。現場条件は実験室条件と異なるため，酵素ナノ粒子を用いたバイオレメディエーションの結果も異なる可能性がある。酵素もナノ粒子も汚染物質のバイオレメディエーションの可能性を秘めているが，大きな課題は，実際の環境適用に必要な要件の理解である[94]。したがって，実際の汚染現場で固定化酵素ナノ粒子を評価し，汚染物質の浄化における効率と可能性を調べることが重要である。

15.6 結　論

現在，汚染物質のバイオレメディエーションに利用されている技術の多くは，それぞれの限界に阻まれている。酵素固定化ナノ粒子は革命的な技術であり，その応用と需要に反映される段階にある。この技術は，酵素の利用範囲，固定化戦略，さらにさまざまな用途のための新規な担体材料の合成を広げている。酵素ナノ粒子は，汚染物質の浄化という世界的な大問題を解決するプラットフォームを提供する。酵素を固定化したナノ粒子には，その可能性の理解に関わらず，さまざまな課題があり，その解決策が求められている。この固定化システムの実現可能性，回収システム，ナノ粒子の凝集，材料の環境持続性などの理解のためには，さらなる研究が必要である。ひとたび課題が解決されれば，バイオレメディエーションにおける酵素の応用は有望なアプローチとみなすことができる。

References

[1] Ealia, S.A.M. and Saravanakumar, M.P. (2017). A review on the classification, characterisation, synthesis of nanoparticles and their application. *IOP Conference Series: Materials Science and Engineering* 263: 032019. https://doi.org/10.1088/1757-899x/263/3/032019.

[2] Bhatia, S. (2016). Nanoparticles types, classification, characterization, fabrication methods and drug delivery applications. In: *Natural Polymer Drug Delivery Systems: Nanoparticles, Plants, and Algae* (ed. S.

Bhatia), 33–93. Cham: Springer International Publishing. https://doi.org/10.1007/978-3-319-41129-3_2.

[3] Rousseau, S., Loridant, S., Delichere, P. et al. (2009). $La_{(1-x)}Sr_xCo_{1-y}FeyO_3$ perovskites prepared by sol–gel method: characterization and relationships with catalytic properties for total oxidation of toluene. *Applied Catalysis B: Environmental* 88 (3): 438–447.

[4] Kaur, J., Pathak, T., Singh, A., and Kumar, K. (2017). Application of nanotechnology in the environment biotechnology. In: *Advances in Environmental Biotechnology* (ed. R. Kumar, A.K. Sharma and S.S. Ahluwalia), 155–165. Singapore: Springer https://doi.org/10.1007/978-981-10-4041-2_9.

[5] Ali, Z. and Ahmad, R. (2020). Nanotechnology for water treatment. In: *Environmental Nanotechnology, Environmental Chemistry for a Sustainable World*, vol. 3 (ed. N. Dasgupta, S. Ranjan and E. Lichtfouse), 143–163. Cham: Springer International Publishing https://doi.org/10.1007/978-3-030-26672-1_5.

[6] Ossai, I.C., Ahmed, A., Hassan, A., and Hamid, F.S. (2020). Remediation of soil and water contaminated with petroleum hydrocarbon: a review. *Environmental Technology and Innovation* 17: 100526.

[7] Kaur, S. and Roy, A. (2020). Bioremediation of heavy metals from wastewater using nanomaterials. Environment, *Development and Sustainability* https://doi.org/10.1007/s10668-020-01078-1.

[8] Chang, Y.-C. (2019). *Microbial Biodegradation of Xenobiotic Compounds*, 222. CRC Press.

[9] Shah, A. and Shah, M. (2020). Characterisation and bioremediation of wastewater: a review exploring bioremediation as a sustainable technique for pharmaceutical wastewater. *Groundwater for Sustainable Development* 11: 100383.

[10] Pande, V., Pandey, S.C., Sati, D. et al. (2020). Bioremediation: an emerging effective approach towards environment restoration. *Environmental Sustainability* 3 (1): 91–103. https://doi.org/10.1007/s42398-020-00099-w.

[11] González-Rivas, F., Ripolles-Avila, C., Fontecha-Umaña, F. et al. (2018). Biofilms in the spotlight: detection, quantification, and removal methods. *Comprehensive Reviews in Food Science and Food Safety* 17 (5): 1261–1276.

[12] Chen, M., Zeng, G., Xu, P. et al. (2017). How do enzymes 'meet' nanoparticles and nanomaterials? *Trends in Biochemical Sciences* 42 (11): 914–930.

[13] Dwevedi, A. (2018). *Solutions to Environmental Problems Involving Nanotechnology and Enzyme Technology*, 202. Academic Press.

[14] Ding, S., Cargill, A.A., Medintz, I.L., and Claussen, J.C. (2015). Increasing the activity of immobilized enzymes with nanoparticle conjugation. *Current Opinion in Biotechnology* 34: 242–250.

[15] Kumar, L. and Bharadvaja, N. (2019). Enzymatic bioremediation: a smart tool to fight environmental pollutants. In: *Smart Bioremediation Technologies*, Chapter 6 (ed. P. Bhatt), 99–118. Academic Press.

[16] Chakraborty, J., Jana, T., Saha, S., and Dutta, T.K. (2014). Ring-hydroxylating oxygenase database: a database of bacterial aromatic ring-hydroxylating oxygenases in the management of bioremediation and biocatalysis of aromatic compounds. *Environmental Microbiology Reports* 6 (5): 519–523.

[17] Sharma, B., Dangi, A.K., and Shukla, P. (2018). Contemporary enzyme based technologies for bioremediation: a review. *Journal of Environmental Management* 210: 10–22.

[18] Singh, R.K., Tiwari, M.K., Singh, R., and Lee, J.-K. (2013). From protein engineering to immobilization: promising strategies for the upgrade of industrial enzymes. *International Journal of Molecular Sciences* 14 (1): 1232–1277.

[19] Das, N. and Chandran, P. (2011). Microbial degradation of petroleum hydrocarbon contaminants: an overview. *Biotechnology Research International* 2011: 1–13.

[20] Gao, Y., Truong, Y.B., Cacioli, P. et al. (2014). Bioremediation of pesticide contaminated water using an organophosphate degrading enzyme immobilized on nonwoven polyester textiles. *Enzyme and Microbial*

Technology 54: 38-44.

[21] Xie, J., Zhang, X., Wang, H. et al. (2012). Analytical and environmental applications of nanoparticles as enzyme mimetics. *TrAC Trends in Analytical Chemistry* 39: 114-129.

[22] Mu, J., Zhang, L., Zhao, M., and Wang, Y. (2014). Catalase mimic property of Co_3O_4 nanomaterials with different morphology and its application as a calcium sensor. *ACS Applied Materials & Interfaces* 6 (10): 7090-7098. https://doi.org/10.1021/am406033q.

[23] Lin, Y., Ren, J., and Qu, X. (2014). Catalytically active nanomaterials: a promising candidate for artificial enzymes. *Accounts of Chemical Research* 47 (4): 1097-1105. https://doi.org/10.1021/ar400250z.

[24] Guan, Y., Li, M., Dong, K. et al. (2016). Ceria/POMs hybrid nanoparticles as a mimicking metallopeptidase for treatment of neurotoxicity of amyloid-β peptide. *Biomaterials* 98: 92-102.

[25] Liang, H., Lin, F., Zhang, Z. et al. (2017). Multicopper laccase mimicking nanozymes with nucleotides as ligands. *ACS Applied Materials & Interfaces* 9 (2): 1352-1360. https://doi.org/10.1021/acsami.6b15124.

[26] Wu, J., Xiao, D., Zhao, H. et al. (2015). A nanocomposite consisting of graphene oxide and Fe3O4 magnetic nanoparticles for the extraction of flavonoids from tea, wine and urine samples. *Microchimica Acta* 182 (13): 2299-2306. https://doi.org/10.1007/s00604-015-1575-8.

[27] Xu, P., Zeng, G.M., Huang, D.L. et al. (2017). Fabrication of reduced glutathione functionalized iron oxide nanoparticles for magnetic removal of Pb(II) from wastewater. *Journal of the Taiwan Institute of Chemical Engineers* 71: 165-173.

[28] Edison, L.K., Ragitha, V.M., and Pradeep, N.S. (2019). Enzyme nanoparticles: microbial source, applications and future perspectives. In: *Microbial Nanobionics: Basic Research and Applications, Nanotechnology in the Life Sciences*, vol. 2 (ed. R. Prasad), 61-76. Cham: Springer International Publishing https://doi.org/10.1007/978-3-030-16534-5_4.

[29] Pang, R., Li, M., and Zhang, C. (2015). Degradation of phenolic compounds by laccase immobilized on carbon nanomaterials: diffusional limitation investigation. *Talanta* 131: 38-45.

[30] Rahmani, K., Faramarzi, M.A., Mahvi, A.H. et al. (2015). Elimination and detoxification of sulfathiazole and sulfamethoxazole assisted by laccase immobilized on porous silica beads. *International Biodeterioration & Biodegradation* 97: 107-114.

[31] Kiran, C., Rathour, R.K., Bhatia, R.K. et al. (2020). Fabrication of thermostable and reusable nanobiocatalyst for dye decolourization by immobilization of lignin peroxidase on graphene oxide functionalized $MnFe_2O_4$ superparamagnetic nanoparticles. *Bioresource Technology* 317: 124020.

[32] Guo, J., Liu, X., Zhang, X. et al. (2019). Immobilized lignin peroxidase on Fe_3O_4@SiO_2@polydopamine nanoparticles for degradation of organic pollutants. *International Journal of Biological Macromolecules* 138: 433-440.

[33] Wang, T.-F., Lo, H.-F., Chi, M.-C. et al. (2019). Affinity immobilization of a bacterial prolidase onto metal-ion-chelated magnetic nanoparticles for the hydrolysis of organophosphorus compounds. *International Journal of Molecular Sciences* 20 (15): 3625.

[34] Ji, C., Nguyen, L.N., Hou, J. et al. (2017). Direct immobilization of laccase on titania nanoparticles from crude enzyme extracts of P. ostreatus culture for micro-pollutant degradation. *Separation and Purification Technology* 178: 215-223.

[35] Ran, F., Zou, Y., Xu, Y. et al. (2019). Fe3O4@MoS2@PEI-facilitated enzyme tethering for efficient removal of persistent organic pollutants in water. *Chemical Engineering Journal* 375: 121947.

[36] Alarcón-Payán, D.A., Koyani, R.D., and Vazquez-Duhalt, R. (2017). Chitosan-based biocatalytic nanoparticles for pollutant removal from wastewater. *Enzyme and Microbial Technology* 100: 71-78.

[37] Senthilkumar, S. and Rajendran, A. (2018). Biosynthesis of TiO_2 nanoparticles using Justicia gendarussa leaves for photocatalytic and toxicity studies. *Research on Chemical Intermediates* 44 (10): 5923-5940.

https://doi.org/10.1007/s11164-018-3464-3.
[38] Zdarta, J., Meyer, A.S., Jesionowski, T., and Pinelo, M. (2018). A general overview of support materials for enzyme immobilization: characteristics, properties, practical utility. *Catalysts* 8 (2): 92.
[39] Safi, R., Ghasemi, A., Shoja-Razavi, R. et al. (2016). Rietveld structure refinement, cations distribution and magnetic features of $CoFe_2O_4$ nanoparticles synthesized by co-precipitation, hydrothermal, and combustion methods. *Ceramics International* 42 (5): 6375-6382.
[40] Bilal, M., Zhao, Y., Rasheed, T., and Iqbal, H.M.N. (2018). Magnetic nanoparticles as versatile carriers for enzymes immobilization: a review. *International Journal of Biological Macromolecules* 120: 2530-2544.
[41] Šulek, F., Drofenik, M., Habulin, M., and Knez, Ž. (2010). Surface functionalization of silica-coated magnetic nanoparticles for covalent attachment of cholesterol oxidase. *Journal of Magnetism and Magnetic Materials* 322 (2): 179-185.
[42] Ali, M., Husain, Q., Sultana, S., and Ahmad, M. (2018). Immobilization of peroxidase on polypyrrole-cellulose-graphene oxide nanocomposite via non-covalent interactions for the degradation of Reactive Blue 4 dye. *Chemosphere* 202: 198-207.
[43] Gupta, M.N., Kaloti, M., Kapoor, M., and Solanki, K. (2011). Nanomaterials as matrices for enzyme immobilization. Artificial Cells, *Blood Substitutes, and Biotechnology* 39 (2): 98-109. https://doi.org/10.3109/10731199.2010.516259.
[44] Netto, C.G.C.M., Toma, H.E., and Andrade, L.H. (2013). Superparamagnetic nanoparticles as versatile carriers and supporting materials for enzymes. *Journal of Molecular Catalysis B: Enzymatic* 85, 86: 71-92.
[45] Hudson, S., Magner, E., Cooney, J., and Hodnett, B.K. (2005). Methodology for the immobilization of enzymes onto mesoporous materials. *Journal of Physical Chemistry B* 109 (41): 19496-19506. https://doi.org/10.1021/jp052102n.
[46] Datta, S., Christena, L.R., and Rajaram, Y.R.S. (2013). Enzyme immobilization: an overview on techniques and support materials. *3 Biotech* 3 (1): 1-9. https://doi.org/10.1007/s13205-012-0071-7.
[47] Lee, C.-H., Lin, T.-S., and Mou, C.-Y. (2009). Mesoporous materials for encapsulating enzymes. *Nano Today* 4 (2): 165-179.
[48] Zhou, L., Li, J., Gao, J. et al. (2018). Facile oriented immobilization and purification of his-tagged organophosphohydrolase on virus like mesoporous silica nanoparticles for organophosphate bioremediation. *ACS Sustainable Chemistry & Engineering* 6 (10): 13588-13598. https://doi.org/10.1021/acssuschemeng.8b04018.
[49] Amani, H., Mostafavi, E., Arzaghi, H. et al. (2019). Three-dimensional graphene foams: synthesis, properties, biocompatibility, biodegradability, and applications in tissue engineering. *ACS Biomaterials Science & Engineering* 5 (1): 193-214. https://doi.org/10.1021/acsbiomaterials.8b00658.
[50] Tiwari, A. and Syväjärvi, M. (2015). *Graphene Materials: Fundamentals and Emerging Applications*, 424. Wiley.
[51] Du, J., Zhao, L., Zeng, Y. et al. (2011). Comparison of electrical properties between multi-walled carbon nanotube and graphene nanosheet/high density polyethylene composites with a segregated network structure. *Carbon* 49 (4): 1094-1100.
[52] Sulaiman, S., Mokhtar, M.N., Naim, M.N. et al. (2015). A review: potential usage of cellulose nanofibers (CNF) for enzyme immobilization via covalent interactions. *Applied Biochemistry and Biotechnology* 175 (4): 1817-1842. https://doi.org/10.1007/s12010-014-1417-x.
[53] Giroud, F. and Minteer, S.D. (2013). Anthracene-modified pyrenes immobilized on carbon nanotubes for direct electroreduction of O2 by laccase. *Electrochemistry Communications* 34: 157-160.
[54] Gao, Y. and Kyratzis, I. (2008). Covalent immobilization of proteins on carbon nanotubes using the cross-linker 1-ethyl-3-(3-dimethylaminopropyl) carbodiimide - a critical assessment. *Bioconjugate*

Chemistry 19 (10): 1945–1950. https://doi.org/10.1021/bc800051c.
[55] Habuda-Stanić, M. and Nujić, M. (2015). Arsenic removal by nanoparticles: a review. *Environmental Science and Pollution Research International* 22 (11): 8094–8123. https://doi.org/10.1007/s11356-015-4307-z.
[56] Vidya, C., Prabha, M.N.C., and Raj, M.A.L.A. (2016). Green mediated synthesis of zinc oxide nanoparticles for the photocatalytic degradation of Rose Bengal dye. *Environmental Nanotechnology, Monitoring & Management* 6: 134–138.
[57] Vidya, C., Manjunatha, C., Chandraprabha, M.N. et al. (2017). Hazard free green synthesis of ZnO nano-photo-catalyst using Artocarpus heterophyllus leaf extract for the degradation of Congo red dye in water treatment applications. *Journal of Environmental Chemical Engineering* 5 (4): 3172–3180.
[58] Al-Qahtani, K.M. (2017). Cadmium removal from aqueous solution by green synthesis zero valent silver nanoparticles with Benjamina leaves extract. *The Egyptian Journal of Aquatic Research* 43 (4): 269–274.
[59] Ravindran, C., Anitha, P.K., and Kunhikrishnan, M.J. Ion exchanger doped polymer composite membrane for heavy metal removal from aqueous solutions. *Solid State Ionics* 178 (13–14): 937–947.
[60] Carmen, Z. and Daniel, S. (2012). Textile organic dyes – characteristics, polluting effects and separation/elimination procedures from industrial effluents – a critical overview. In: *Organic Pollutants Ten Years After the Stockholm Convention – Environmental and Analytical Update* (ed. T. Puzyn). InTech. http://www.intechopen.com/books/organic-pollutants-ten-years-after-the-stockholm-convention-environmental-and-analytical-update/textile-organicdyes-characteristics-polluting-effects-and-separation-elimination-proceduresfrom-in.
[61] Mallikarjunaiah, S., Pattabhiramaiah, M., and Metikurki, B. (2020). Application of nanotechnology in the bioremediation of heavy metals and wastewater management. In: *Nanotechnology for Food, Agriculture, and Environment, Nanotechnology in the Life Sciences* (ed. D. Thangadurai, J. Sangeetha and R. Prasad), 297–321. Cham: Springer International Publishing https://doi.org/10.1007/978-3-030-31938-0_13.
[62] Diyanat, S., Homaei, A., and Mosaddegh, E. (2018). Immobilization of Penaeus vannamei protease on ZnO nanoparticles for long-term use. *International Journal of Biological Macromolecules* 118: 92–98.
[63] Ranjan, B., Pillai, S., Permaul, K., and Singh, S. (2019). Simultaneous removal of heavy metals and cyanate in a wastewater sample using immobilized cyanate hydratase on magnetic-multiwall carbon nanotubes. *Journal of Hazardous Materials* 363: 73–80.
[64] Daumann, L.J., Larrabee, J.A., Ollis, D. et al. (2014). Immobilization of the enzyme GpdQ on magnetite nanoparticles for organophosphate pesticide bioremediation. *Journal of Inorganic Biochemistry* 131: 1–7.
[65] Arsalan, A. and Younus, H. (2018). Enzymes and nanoparticles: modulation of enzymatic activity via nanoparticles. *International Journal of Biological Macromolecules* 118: 1833–1847.
[66] Zong, J., Cobb, S.L., and Cameron, N.R. (2017). Peptide-functionalized gold nanoparticles: versatile biomaterials for diagnostic and therapeutic applications. *Biomaterials Science* 5 (5): 872–886.
[67] Jaleh, B., Karami, S., Sajjadi, M. et al. (2020). Laser-assisted preparation of Pd nanoparticles on carbon cloth for the degradation of environmental pollutants in aqueous medium. *Chemosphere* 246: 125755.
[68] Mittal, H., Ray, S.S., Kaith, B.S. et al. (2018). Recent progress in the structural modification of chitosan for applications in diversified biomedical fields. *European Polymer Journal* 109: 402–434.
[69] Dubey, S.K., Alexander, A., Sivaram, M. et al. (2020). Uncovering the diversification of tissue engineering on the emergent areas of stem cells, nanotechnology and biomaterials. *Current Stem Cell Research & Therapy* 15 (3): 187–201.
[70] Sneha, H.P. Beulah, K.C., and Murthy, P.S. (2019). Enzyme immobilization methods and applications in the food industry. In: *Enzymes in Food Biotechnology*, Chapter 37 (ed. M. Kuddus), 645–658. Academic Press. https://www.sciencedirect.com/science/article/pii/B9780128132807000372.

[71] Sáringer, S., Akula, R.A., Szerlauth, A., and Szilagyi, I. (2019). Papain adsorption on latex particles: charging, aggregation, and enzymatic activity. *Journal of Physical Chemistry B* 123 (46): 9984–9991. https://doi.org/10.1021/acs.jpcb.9b08799.

[72] Nartop, D., Yetim, N.K., Özkan, E.H., and Sarı, N. (2020). Enzyme immobilization on polymeric microspheres containing Schiff base for detection of organophosphate and carbamate insecticides. *Journal of Molecular Structure* 1200: 127039.

[73] Poorakbar, E., Shafiee, A., Saboury, A.A. et al. (2018). Synthesis of magnetic gold mesoporous silica nanoparticles core shell for cellulase enzyme immobilization: Improvement of enzymatic activity and thermal stability. *Process Biochemistry* 71: 92–100.

[74] Mohammadi, M., As'habi, M.A., Salehi, P. et al. (2018). Immobilization of laccase on epoxy-functionalized silica and its application in biodegradation of phenolic compounds. *International Journal of Biological Macromolecules* 109: 443–447.

[75] Konwarh, R., Karak, N., Rai, S.K., and Mukherjee, A.K. (2009). Polymer-assisted iron oxide magnetic nanoparticle immobilized keratinase. *Nanotechnology* 20 (22): 225107. https://doi.org/10.1088/0957-4484/20/22/225107.

[76] Ansari, S.A., Husain, Q., Qayyum, S., and Azam, A. (2011). Designing and surface modification of zinc oxide nanoparticles for biomedical applications. *Food and Chemical Toxicology* 49 (9): 2107–2115.

[77] Miletić, N., Abetz, V., Ebert, K., and Loos, K. (2010). Immobilization of Candida antarctica lipase B on polystyrene nanoparticles. *Macromolecular Rapid Communications* 31 (1): 71–74.

[78] Kalkan, N.A., Aksoy, S., Aksoy, E.A., and Hasirci, N. (2012). Preparation of chitosan-coated magnetite nanoparticles and application for immobilization of laccase. *Journal of Applied Polymer Science* 123 (2): 707–716.

[79] Kothavale, V.P., Chavan, V.D., Sahoo, S.C. et al. (2019). Removal of Cu(II) from aqueous solution using APTES-GA modified magnetic iron oxide nanoparticles: kinetic and isotherm study. *Materials Research Express* 6 (10): 106103. https://doi.org/10.1088/2053-1591/ab3590.

[80] Ahmad, R., Mishra, A., and Sardar, M. (2013). Peroxidase-TiO_2 nanobioconjugates for the removal of phenols and dyes from aqueous solutions. *Advanced Science, Engineering and Medicine* 5 (10): 1020–1025.

[81] Ahmad, R. and Sardar, M. (2014). Immobilization of cellulase on TiO_2 nanoparticles by physical and covalent methods: a comparative study. Indian Journal of Biochemistry and Biophysics (IJBB) 51 (4). http://nopr.niscair.res.in/handle/123456789/29326.

[82] Mishra, A., Ahmad, R., Singh, V. et al. (2013). Preparation, characterization and biocatalytic activity of a nanoconjugate of alpha amylase and silver nanoparticles. *Journal of Nanoscience and Nanotechnology* 13 (7): 5028–5033.

[83] Thandavan, K., Gandhi, S., Sethuraman, S. et al. (2013). Development of electrochemical biosensor with nano-interface for xanthine sensing – a novel approach for fish freshness estimation. *Food Chemistry* 139 (1): 963–969.

[84] Verma, M.L., Chaudhary, R., Tsuzuki, T. et al. (2013). Immobilization of β-glucosidase on a magnetic nanoparticle improves thermostability: application in cellobiose hydrolysis. *Bioresource Technology* 135: 2–6.

[85] Park, J.-M., Kim, M., Park, H.-S. et al. (2013). Immobilization of lysozyme-CLEA onto electrospun chitosan nanofiber for effective antibacterial applications. *International Journal of Biological Macromolecules* 54: 37–43.

[86] Khan, S., Babadaei, M., Hasan, A. et al. (2021). Enzyme-polymeric/inorganic metal oxide/hybrid nanoparticle bio-conjugates in the development of therapeutic and biosensing platforms. *Journal of Advanced Research* 33: 227–239.

[87] Salwan, R., Sharma, A., and Sharma, V. (2020). Nanomaterial-immobilized biocatalysts for biofuel production from lignocellulose biomass. In: *Nanomaterials in Biofuels Research, Clean Energy Production Technologies* (ed. M. Srivastava, N. Srivastava, P.K. Mishra and V.K. Gupta), 213-250. Singapore: Springer). https://doi.org/10.1007/978-981-13-9333-4_9.

[88] Zhong, L., Feng, Y., Wang, G. et al. (2020). Production and use of immobilized lipases in/on nanomaterials: a review from the waste to biodiesel production. *International Journal of Biological Macromolecules* 152: 207-222.

[89] Liao, R., Pon, J., Chungyoun, M., and Nance, E. (2020). Enzymatic protection and biocompatibility screening of enzyme-loaded polymeric nanoparticles for neurotherapeutic applications. *Biomaterials* 257: 120238.

[90] Muley, A.B., Mulchandani, K.H., and Singhal, R.S. (2020). Immobilization of enzymes on iron oxide magnetic nanoparticles: synthesis, characterization, kinetics and thermodynamics. In: *Methods in Enzymology*, Chapter 3, Nanoarmoring of Enzymes with Carbon Nanotubes and Magnetic Nanoparticles, vol. 630 (ed. C.V. Kumar), 39-79. Academic Press. https://www.sciencedirect.com/science/article/pii/S0076687919304185.

[91] Sharifi, M., Sohrabi, M.J., Hosseinali, S.H. et al. (2020). Enzyme immobilization onto the nanomaterials: application in enzyme stability and prodrug-activated cancer therapy. *International Journal of Biological Macromolecules* 143: 665-676.

[92] Wong, J.K.H., Tan, H.K., Lau, S.Y. et al. (2019). Potential and challenges of enzyme incorporated nanotechnology in dye wastewater treatment: a review. *Journal of Environmental Chemical Engineering* 7 (4): 103261.

[93] Wanjeri, V.W.O., Sheppard, C.J., Prinsloo, A.R.E. et al. (2018). Isotherm and kinetic investigations on the adsorption of organophosphorus pesticides on graphene oxide based silica coated magnetic nanoparticles functionalized with 2-phenylethylamine. *Journal of Environmental Chemical Engineering* 6 (1): 1333-1346.

[94] Kumari, B. and Singh, D.P. (2016). A review on multifaceted application of nanoparticles in the field of bioremediation of petroleum hydrocarbons. *Ecological Engineering* 97: 98-105.

第 16 章

ナノファイバーによる環境修復

Nanofibers for Environmental Remediation

Daniel Pasquini[1], Luís C. de Morais[2] and Pedro E. Costa[2]

[1] Federal University of Uberlândia, Institute of Chemistry, Av. João Naves de Ávila, 2121, Campus Santa Mônica, Bloco 1D, Uberlândia, Minas Gerais 38400-902, Brazil

[2] Federal University of the Triângulo Mineiro, Institute of Exact, Sciences, Natural and Education, Randolfo Borges Júnior Av., 1400, Univerdecidade, Uberaba, Minas Gerais 38064-200, Brazil

16.1　はじめに

セルロースとその誘導体は，科学のいくつかの分野で広く利用されてきた。現在，セルロースがナノファイバーの形で水の浄化に利用できる可能性が示され，科学技術界の注目を集めている。その自然な状態でも，セルロースはすでに他の多くのポリマーと比較して際立っている。しかし，グリコシド環の酸化機構やさらにはグラフト化によって化学修飾を受けると，この水質浄化の可能性は著しく増大する。

本章では，水中の鉛陽イオンと染料除去の具体的なアプローチとして，化学修飾の有・無を含めたセルロースナノファイバーに関する観察的な情報を提示する。セルロースの化学的および構造的側面へのアプローチは，水から汚染物質を除去するプロセスのよりよい理解に重要である。

16.2　セルロース

16.2.1　化学構造と反応性

セルロースは，植物，動物，藻類，菌類，鉱物[1]に存在する高分子であるため，対象が非常に広いことを考慮し，化学構造，表面改質，機能化に関する記述では，植物繊維由来のセルロースのみを検討する。

セルロースは，β-(1,4)-グリコシド結合で結合したアンヒドログルコピラノース単位から形成されるポリマーである（図 16.1）。

セルロース鎖では，セロビオースが繰り返し単位であり，その長さは 1.03 nm と推定される[2]。したがって，反応性が pK_a 値に相関するなら，この繰り返し単位は，C_2，C_3，C_6 炭素を指す水酸基の情報を最もよく表すモデルである。各グリコシド単位では，C_2，C_3，C_6 炭素に 3 つの水酸基（-OH）があり，これらはアルコールと同様の反応性を持つ。セルロースのマクロ構造が複雑なため，これらの炭素に存在する各水酸基の pK_a 値はアルコール（メタノール，エタノール，2-プロパノール）と同一ではない。また，原料が異なるセルロースの水酸基の pK_a も同じ値ではない。これは異なるパルプ化工程から得られるセルロースにも当てはまる。

メタノール，エタノール，2-プロパノールの pK_a がそれぞれ 15.5，15.9，17.1 であることを考慮すると[3]，メタノールからエタノールへの相対的な Ka の強さは 2.5 倍，メ

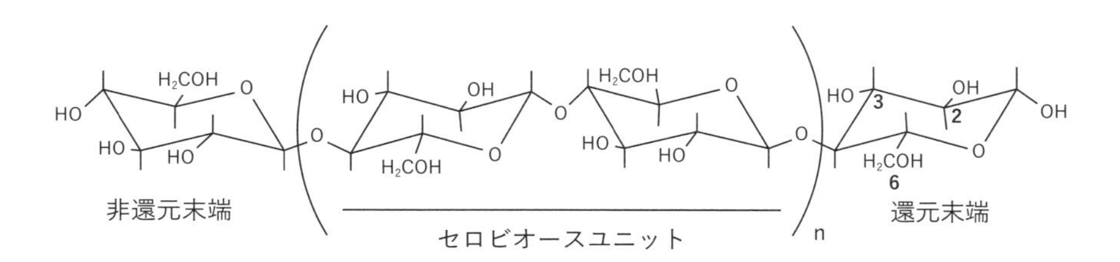

図 16.1　セロビオース単位と水酸基の炭素位置を示すセルロース鎖

タノールから 2-プロパノールへの相対的な Ka の強さは 40 倍であることを意味し，これらの OH 基の相対的な反応性を知ることができる。セルロースでは，-OH 基の反応性はいくつかの要因に影響される。その要因としては，基の周囲の化学的環境，立体効果，結晶化度，セルロースのタイプ（タイプ I または II），溶媒による親和性，個々の鎖の露出度，その他重要な考慮事項が挙げられる。このような観点から，セルロースのこれらの水酸基の各 pK_a に正確な値を割り当てることは事実上不可能であり，原料の供給源もこれらの化学基の pK_a に影響することを考慮すればなおさらである。各基がイオン化または化学置換によってプロトンを失うと，新しい分子環境の影響により，他の基の pK_a 値も変化する。Bialik らによって議論されたように[4]，還元糖やシクロデキストリンなどのいくつかのモデルは，-OH 基の pK_a 値を模倣するモデルとして使用されることがあるが，正確な値を表すには至っていない。Bialik の研究では，C_2 位と C_6 位の-OH が，強アルカリ性基を用いた高 pH でのセルロースの溶解に最も寄与すると結論づけることができた。

一般的に研究者は，アンヒドログルコース単位（AGU）の水酸基の化学修飾を，セルロースの反応性の比較基準設定の条件として用いている[5]。

これまでの考察は，セルロース構造の化学的観点から行われてきたが，これらの考察はセルロースナノファイバーにも適用できる。

16.2.2 セルロースナノファイバーの起源

植物中のセルロースナノファイバーは，気管，導管，繊維などの繊維や植物細胞の生産過程で，複雑な生合成の結果として生成される。これらのナノファイバーは，植物組織を構成するこれらの植物繊維の細胞壁（1 次，2 次，3 次）の構造の一部であり，これらの繊維または植物細胞は，長さがミリメートル，太さがマイクロメートルの範囲の巨視的なサイズを持つ。これらの繊維の組成は，セルロース，リグニン，ヘミセルロース分子を主成分とし，これらは共に生合成され，共同的に作用し，繊維と植物組織の最終的な構造を構成する[2]。

具体的には，繊維の構築におけるセルロースの組成と構造に関連して，構築は，細胞膜に連結された特定の末端複合体（TC）によって生成されるセルロース分子の凝集によって分子レベルで始まり，最終的には，素繊維またはナノフィブリル，ミクロフィブリル，マクロフィブリルの会合によって繊維構造で終わる[6]。

末端複合体は 6 本のセルロース鎖の集合体を合成する役割を担い，さらに 6 本のセルロース鎖がグループ化され，36 本のセルロース鎖が並んだ集合体を形成し，直径約 3～4 nm の素繊維やナノフィブリルを生成する[6]。

次に，これらの素繊維は結合してミクロフィブリルとなり，数十ナノメートルのオーダーの太い構造となる[6]。ミクロフィブリルもまとまってマクロフィブリルを生成し，同じものが平行に配列した異なるレベルの繊維の細胞壁を構成する[2, 6]。

ミクロフィブリル構造を構築する際のセルロース鎖の配列は，並んで配置されたセルロース鎖の分子間および分子内の相互作用に起因し，これらの相互作用はファンデルワールス型および水素結合型である[2, 6]。このような分子の組織化により，ミクロフィブリルには結晶領域と呼ばれる高分子組織の領域が生じるが，アモルファス領域と呼ばれる無

秩序な領域も生じる[5, 6]。

セルロースナノファイバーは，ナノスケールのセルロース構造と定義でき，(i) セルロースナノクリスタル（CNC）と (ii) セルロースナノファイバーまたはミクロフィブリル化セルロース（MFC）の2つの異なるクラスに分けられる。すべての構造がナノメートルであるため，研究者は両方のクラスをナノファイバーと呼ぶ傾向がある。標準化のためには，TAPPI標準勧告の命名法を採用すべきである[7]。

両者を明確に区別する重大な構造上の違いがある（図16.2)。CNCは硬い針状構造で，厚さは数から数十ナノメートル（約3–50 nm)，長さは数十から数百ナノメートル（約50–1,000 nm）のオーダーである[5, 8]。セルロースナノファイバーまたはミクロフィブリル化セルロース（MFC）は，直径が数十ナノメートル（約5〜100 nm)，長さがマイクロメートル（50〜3000 nm）オーダーに達する柔軟な構造体である[5, 8]。CNCとMFCの構造の違いに加えて，それらを分離する方法にも大きな違いがある[5, 8]。

CNCは通常，あらかじめ脱リグニン・漂白されたセルロース系繊維から酸加水分解プロセスによって単離され，この加水分解の程度はミクロフィブリルの非晶質部分にまで達し，酸による攻撃を受けにくい構造の結晶領域を溶液中に放出する[5, 6, 8]。このようにして，反応は適切なタイミングで停止され，ナノ結晶は中性の水性媒体中にある形態で精製されるこのプロセスでは，セルロース繊維の元の構造の一部が分解されるため，収率は通常低く，したがって材料の多くは加水分解された糖の形で失われる。酸処理に加えて，CNCは他の方法，例えば酵素加水分解，イオン液体，セルロース溶解のための特定溶媒の組み合わせなどを用いて単離することもできる[5, 6, 8]。最も一般的に使用される酸は硫酸と塩酸である。例えば，硫酸を使用するとナノ結晶表面に陰イオン性の硫酸基が挿入され，リン酸を使用するとリン酸基が挿入されるため，使用する酸の種類の選択は，生成するナノ結晶の表面特性に反映される[9, 10]。また，塩酸とクエン酸（CA）の混合物を用いると，ナノ結晶表面にカルボキシレート基が生成し，一方，塩酸のみを用いると，表面に水酸基の存在のみが観察されることも報告されている[10]。このような表面の変化

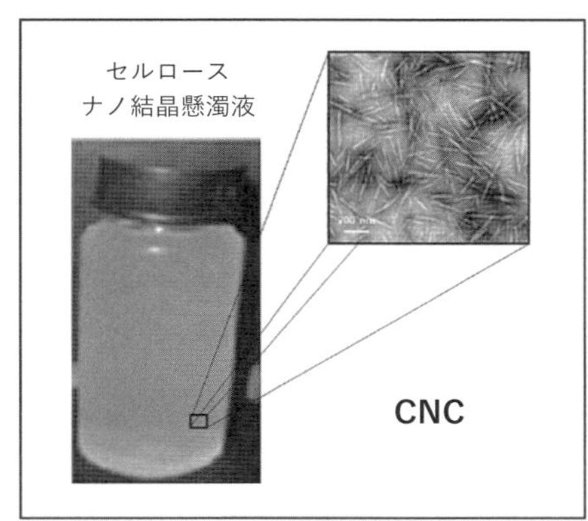

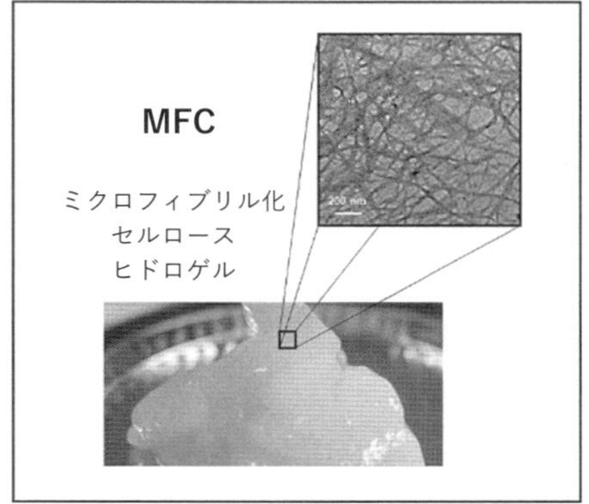

図16.2　左：セルロースナノ結晶懸濁液の写真と透過型電子顕微鏡（TEM）で得られたCNC像。
右：ミクロフィブリル化セルロースヒドロゲルの写真とMFCのTEM像

は，溶液中でのナノ結晶の安定性に影響を与え，重金属や染料などの汚染物質の吸着・除去の研究に大きな影響を与える可能性がある。

MFC は，漂白したセルロース繊維を破壊する工程を経て得られる。この破壊は通常，機械的処理（粉砕，高圧ホモジナイズなど）によって行われ，繊維はせん断力を受けて繊維の細胞壁を構成するミクロフィブリルが分離される[5, 8]。その結果，ミクロフィブリルとそのサブエレメントからなる，マノメトリックなサイズの繊維からなる材料が得られる。CNC とは異なり，MFC はミクロフィブリルとナノフィブリルの元の構造をすべて保持している。つまり，得られる材料は，その構造中に非晶質領域と結晶質領域の両方を有し，これは実質的に，解繊工程で使用されるセルロース系繊維のそれと同じである。MFC の製造工程では，繊維の分解がほとんどないため，収率が高い。また，MFC を得るために化学的プロセスと機械的プロセスを関連付けることが一般的だが，この場合，使用されるプロセスによっては MFC の表面特性が変化することがある。一般的に用いられる化学プロセスとして，2,2,6,6-テトラメチルピペリジン-1-オキシル（TEMPO）媒介酸化プロセスとカルボキシメチル化プロセスを挙げることができ，どちらの場合も，陰イオン特性を持つ基が繊維表面に挿入される[5, 6, 8]。したがって，これらのタイプの変化を伴うプロセスで得られた MFC は，陽イオン性化合物の除去プロセスでの使用に適する。

一般に，CNC や MFC を得る従来の方法では，上述したように陰イオンの性質を持つナノファイバーが製造される。したがって，汚染物質除去プロセスでのこれらのナノファイバーの使用を示す文献の仕事は，重金属や 陽イオン染料の除去を目的とするのが一般的である。にもかかわらず，一般的に利用可能なヒドロキシル基を含むセルロース分子で形成されるナノファイバーは，第 4 級アンモニアを含む化合物，エトキシアミン，アミンオキシドなどの陽イオン基を含む分子などで容易に官能基化できるので[5, 11, 12]，陰イオン性汚染物質除去の研究にも用いることができる。

汚染物質の吸着と除去のプロセスでこれらのナノファイバーを用いる際に考慮すべき重要な特性はその比表面積であり，元のセルロース繊維と比べ非常に大きい。一般にセルロース系繊維の比表面積は 0.3～0.9 m^2/g の範囲であり，細孔容積は 20～50 mm^3/g の範囲である[13]。粒子径が小さくなると，比表面積が増加することが知られている。特に針状粒子の場合，直径が 200 nm 以下になると比表面積が指数関数的に増加する[5]。

CNC の場合，いくつかの比表面積値が報告されており，例えば，綿セルロースから抽出した CNC の値は 13.362 m^2/g[14]，チュニケートから抽出した CNC の値は 170 m^2/g[15]，サイザルセルロース繊維から抽出した CNC の値は 533 m^2/g[16]などである。MFC の場合，いくつかの比表面積値は，漂白亜硫酸針葉樹セルロースパルプから得られた MFC で 70 m^2/g[17]，サイザルセルロース繊維から得られた MFC で 51 m^2/g[16]，木材パルプから得られた MFC で 30～200 m^2/g[18]，針葉樹クラフトパルプから得られた MFC で 430 m^2/g[19]のオーダーである。

16.2.3 セルロースナノファイバーの表面修飾

セルロースナノファイバーの表面修飾というテーマを扱う特異性を考えるなら，セルロースナノファイバーに到達するまでの，高等植物の細胞構造を形成する組織の構成を再

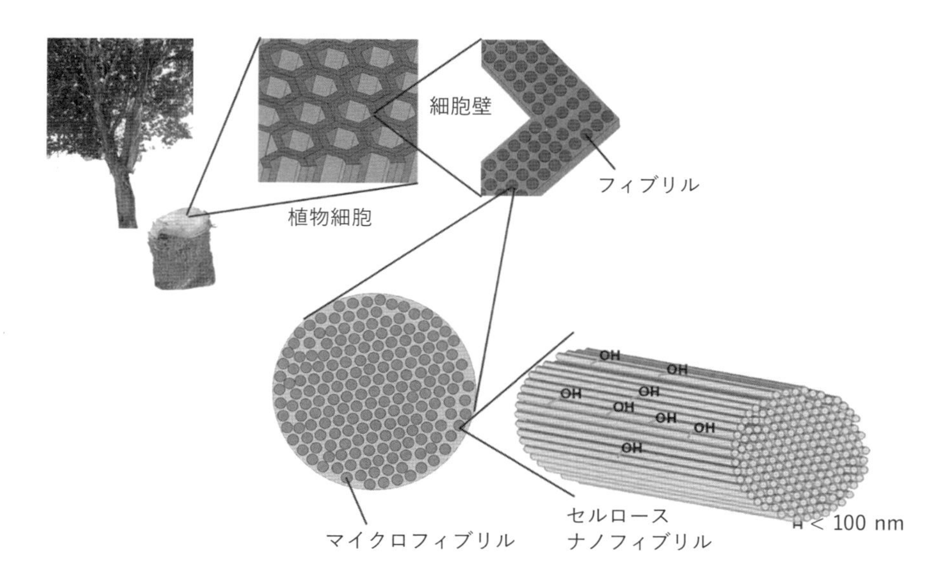

図 16.3　ナノフィブリルの次元に至るまでの植物組織の組織化の模式図

考する意義がある。Zhang ら[20]の報告によると，セルロースナノファイバーは個々のフィブリルの集合体として定義でき，各フィブリルは高分子セルロース鎖の集合体で構成され，ナノメータースケールの直径と高い表面積を持つ。このコメントを説明するため，図 16.3 にセルロースナノファイバーとそのサイズの概要を示す。

セルロースナノファイバーの構造組織と結晶化度の関係により，化学的な表面修飾を考える場合，表面で利用可能な水酸基はいくつあるのか？を検討する必要がある。

Dufresne[5]によれば，ナノスケールではセルロースナノ粒子は 100 m^2/g のオーダーの表面積を持ち，水酸基の量は 2–3 mmol/g と推定されている。

ナノファイバーの一形態として，ナノフィブリル化セルロースがあり，機械的プロセスにより 25～100 nm のフィブリルが生成され，酵素加水分解または TEMPO を介した酸化処理により，それぞれ 10～40 nm および 3～5 nm の値が得られる。計算のために形状，密度，直径の側面を考慮すると，一般に 3～5 nm の次元は 600 m^2/g の理論表面積に相当する[21]。

このように，セルロースナノファイバーを得るために用いた方法により表面積が変化し，水酸基の量も変化することが証明された。これは，表面修飾を行うために考慮すべき非常に重要なデータである[21–23]。

16.2.4　セルロースナノファイバー表面の改質処理

この章では，水性媒体からの陽イオン金属や染料除去にセルロースナノファイバーを用いる戦略の探索を主な目的とする。このように，表面の化学修飾のタイプは除去したいものに依存し，その後，セルロースナノファイバーの表面にグラフト化される特定の物質に関する機構が詳細に検討される。例えば，図 16.4 は，金属陽イオン（Pb^{2+}，Hg^{2+}，

Cu^{2+}，Zn^{2+}，Cr^{3+}，Cd^{2+}など）や陰イオン性染料（メチルオレンジ，エリオクロムブラック T，オレンジ IV，キシレノールオレンジなど）の除去を目的として，セルロースナノファイバー表面へのそれぞれ負と正の電荷の導入に用いられる 2 つの戦略を示す。

表面処理では，セルロースナノファイバーの構造的完全性を維持し，表面改質のみを促進することを意図する。セルロース表面を改質する可能性は非常に高く，その中でエステル化，カチオン化，シリル化，ポリマーグラフト化，TEMPO 酸化などを挙げる意義がある[24]。

図 16.4 では，金属除去や染料除去への応用目的で，表面を改質したさまざまなセルロースナノファイバーの製造に用いられるさまざまな戦略を示す。

それぞれの方法を簡単に説明する。カルボン酸およびその誘導体によるエステル化は，セルロースの最も汎用性の高い修飾である。商業的な条件下では，溶媒のコストと作業の容易さから不均一相が好まれる。均一相は可能であり，幅広い構造多様性をもたらす[25]。Zhang ら[26]は，エステル化によってセルロースナノフィブリル（CNF）の表面修飾に芳香族エステルや脂肪族エステルを用いる興味深い例を示している。エステル化反応を用いて，疎水性または親水性のナノフィブリル表面を作り出すことが可能である。

陽イオン化法では，4 級アミンとその誘導体が CNF 表面の改質剤として最もよく用いられ，このために塩化グリシジルトリメチルアンモニウム（GTMAC）が用いられる。しかし，塩化 *N*-オキシラニルメチル-*N*-メチルモルホリニウムや 2-オキシラニルピリジンの CNF 表面の陽イオン化の反応剤としての利用の検討も重要である[27]。Saini ら[28]の研究では，CNF 表面の陽イオン化に用いる潜在的な反応剤として，さまざまな陽イオン化剤が挙げられており，注目する意義がある。

CNF の表面改質に用いられる戦略には，安価なものから高価なものまであり，技術的な応用について考えさせられる。物理的インフラをあまり必要としない戦略を選ぶ際にコストの削減を考慮することで，このプロジェクトを際立たせることができる。1 つは，テーマと相関するすべての変数を理解するための科学的知識を求めることであり，もう 1 つは，科学と技術を同時に関連付けようとすることであり，後者が現在ではより一般的となっている。

Dufresne[5]によると，シリル化はセルロース表面への置換シリル基 R_3Si の導入であ

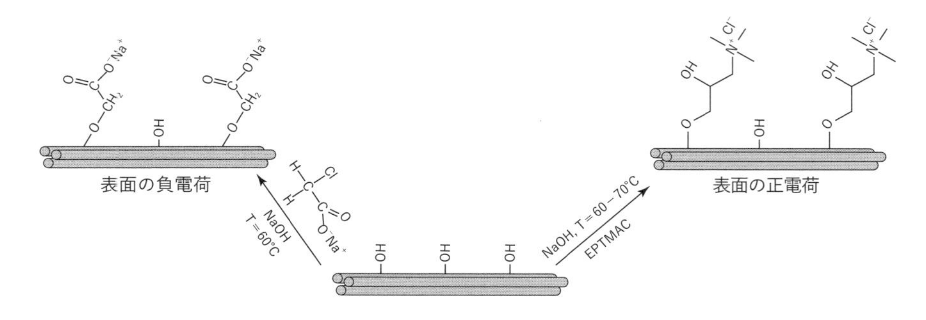

図 16.4　セルロースナノフィブリルの表面改質の説明図。左：陰イオン反応。右：陽イオン反応

る。反応剤によっては，CNF をより不安定にする可能性がある。例えば，塩化トリメチルを用いることがこの例であり，より長いアルキル部分を持つシリル化剤を用いることでこれを避けることができる[29]。しかし，この種の試薬を用いた表面修飾のプロセスでは，関わる表面を考慮しなければならない。

Kricheldorf ら[30]は，シリル化試薬，反応式と反応等のこれらのトピックについて素晴らしい記述をしている。参考文献 Kricheldorf ら[30]の付録 B469 ページにシリル化とシリル化剤が示されているこの付録の中で，著者らはシリル化剤を使用する利点を次のように指摘している。

（I） H 結合の除去により融点を下げる。

（II） 極性の減少および/または H 結合の除去により，揮発性が改善される。

（III） 極性の低い有機溶媒への溶解性が向上する。

（IV） 官能基（特に OH）を保護する。

（V） 官能基（アミド基など）の求核性を活性化する。

次のアプローチは，TEMPO 酸化セルロースナノファイバーと呼ばれる，CNF の表面改質に関わる TEMPO 酸化反応の利用である。これには，化学試薬 2,2,6,6–テトラメチルピペリジン–1–オキシル（TEMPO）を用いることができる[31]。この方法により AGU が化学修飾され，陰イオンのカルボキシレート基が生成し，これらの新しい基が修飾 CNF 間の静電反発を増加させる。TEMPO と試薬を順次組み合わせることで，CNF 表面のヒドロキシル基の位置に異なる化学基を挿入することができる。Brodin ら[32]は，TEMPO を用いたさまざまな組み合わせを研究した：(i) pH 10 での TEMPO/NaBr/NaClO，(ii) pH 7 での TEMPO/NaClO/$NaClO_2$，(iii) 電気を介した TEMPO 酸化。すべての組み合わせにおいて，カルボキシレート基とアルデヒド基の挿入が起こるが，両者の置換度（DS）は異なる。

特に，水性媒体と苛酷でない条件下で維持するためには，変数をうまくコントロールする必要がある。

最後のアプローチは，セルロースナノファイバーの表面へのグラフト化である。一般的に，ポリマーの主な修飾は，吸着プロセス，架橋，グラフト化によって起こる。現時点では，情報としてグラフト重合のみを考える。IUPAC[33]によると，モノマーの官能基がこのプロセスで重要な役割を果たす。もし官能基性が “1” なら，反応はグラフト後で 終了するが，官能基性が “2” または “優” の場合，グラフト位置での核生成と鎖の成長の可能性がある。

一般に，表面グラフトは表面電荷の効果，あるいは立体効果によって，凝集を避けて CNF の安定性の向上に寄与する。この技術は，CNF の表面的な変化を促進するいくつかの可能性を開く。この技術では，ポリマーの骨格に短い物質や長い物質を挿入することができる。

「接ぎ木」という言葉には，「接ぎ木の上への接ぎ木」と「接ぎ木の上からの接ぎ木」という 2 つの表現がある。Dufresne の研究[34]では，このタイプのグラフト化を模式的に表現しており，容易に理解できる。簡単に言えば，1 つ目は，カップリング剤と別の成分が高分子鎖に属する基との化学反応を促進することを意味する。2 つ目は，ポリマーの成

長が高分子鎖に直接結合するような方法での，モノマーと開始剤の使用を意味する。

16.3 汚染物質除去プロセスにおけるナノファイバーの利用

16.3.1 染料へのナノレメディエーション

水からの汚染物質除去プロセスの理解の最良の方法は，吸着プロセスに関わる研究から得ることである。適切な実験と厳密な変数の制御により熱力学的パラメータが得られ，これらは水質汚染物質の浄化に用いられる材料の評価に必要で論理的な論拠となる。

吸着プロセスでは，汚染物質の吸着剤表面への移動が起こり，吸着剤の活性細孔への拡散も起こりうる。移動速度は，膜の形成または粒子内拡散，あるいはその両方により決定される[35]。吸着物の捕捉機構は，イオン交換，共有結合，キレート化，親和性，磁気吸着の形で起こる。これらの主な違いは，相互作用に関わるエネルギーであり，その結果，物理吸着または化学吸着が生じる[36]。吸着のタイプは，表面積，空隙率，主に存在する官能基と電荷のタイプに重点を置いた表面特性に大きく依存する。

染料は，繊維，食品，化粧品，医薬品，塗料など，さまざまな産業分野で広く用いられている分子である。これらの使用の結果，多くの染料が環境中に廃棄されている。多くの場合，これらの分子は自然界では難分解性で，分解が非常に難しく，水溶性が高く，一般に生分解性ではない。多くの染料は毒性があり，人体に悪影響を及ぼす可能性がある。そのため，廃水からの染料除去の代替手段を常に探す必要があり，吸着プロセスはこの分野で非常に重要である[37]。

工業的に用いられる染料は，陰イオンと陽イオンの 2 種類に大別される。主な陽イオン染料には次のようなものがある：塩基性フクシン，クリスタルバイオレット，メチレンブルー，マラカイトグリーン：アシッドグリーン 25，アシッドレッド GR，コンゴーレッド，ダイレクトレッド 80，ライトイエロー K-4G，オレンジ II，リアクティブブラック 5 [38]。これらの染料はイオン特性が異なるため，最も効率的な除去のために適切な吸着剤を選択する必要があり，一般的なルールとして，特定の染料の除去のために選択された吸着剤は，その染料の電荷と反対の電荷を持たなければならない。

セルロースナノファイバーは，汚染物質除去プロセスへの応用に望ましい特性を持つ。なぜなら，高い表面積と，場合によっては吸着メカニズムに重要な特性である程よい多孔性を持つ材料となるナノ構造を得られるからである。さらに，本章ですでに述べたように，これらのナノファイバーは，水酸基の存在により，イオン性の異なる官能基の挿入用に容易に官能基化できる。つまり，陰イオン性または陽イオン性化合物の除去へのこれらのナノファイバーの応用を可能にし，異なるタイプの染料除去での応用を興味深いものにする。

汚染物質除去にセルロースナノファイバーを用いる際，いくつかの戦略が用いられてきた。最近のいくつかの研究では，近年開発された研究をレビューしており，常にセルロースナノファイバーを元の形，あるいは改良した形，あるいは複合材料，膜，架橋発泡体などの形で他のポリマーと組み合わせた形で用いることに焦点を当てている[38, 39]。異な

る戦略を用いたさまざまな吸着システムの熱力学パラメータの研究も発表されている[40]。

ここでは，陰イオン性染料と陽イオン性染料の除去での主な効果の議論のために，高分子材料に組み込まずにナノファイバーを用いた研究結果をいくつか紹介する。この目的のため，表 16.1 に，陽イオン性染料メチレンブルーと陰イオン性染料コンゴーレッドの除去を検討したいくつかの研究を，用いた繊維の種類と除去された染料の最大量に重点を置いて紹介する。

表 16.1 でメチレンブルーの除去を調べた研究を評価すると，ナノファイバーは，マイクロメートルスケールのセルロース繊維を含むセルロースパルプエアロゲルを用いた Fauziyah ら[41]の研究よりも効果的な除去を示し，繊維のサイズが染料の除去量に大きな変化をもたらすことを最初に確認できる。サイズは除去率に影響するが，CNC と MFC を使った研究を比較すると，CNC はサイズが小さく表面積が大きいため，除去率が高くなると予想されたが，そうはならなかった。MFC の方がより多くの染料を除去することがわかったが，これはナノファイバーの多孔質構造に関わる可能性がある。したがって，この要素は吸着剤の種類の選択に関わるポイントであり，用いるセルロースナノファイバーの種類の選択の際にも考慮しなければならない。

さらに，Lu ら[44]と El Achaby ら[45]の研究で得られた結果の比較で検証できるように，陰イオン性の官能基の挿入によるナノファイバーの表面修飾も，メチレンブルーの除去率の大幅な増加につながることが確認できる。陰イオン性と陽イオン性染料の除去における陰イオン性官能基の存在の重要性を示す重要な例として，Chen ら[49]による研究がある。Chen らは，カルボキシメチルセルロースナトリウム，ポリアクリル酸，ポリアクリルアミドの架橋粒子を吸着剤としてメチレンブルーの除去試験を行った。この吸着剤の粒子径はマイクロメートルであったがメチレンブルーの最大除去量は 1611.44 mg/g であり，粒子が大きくても陰イオン性の官能基が優勢な構造であれば，陽イオン性染料をより多く除去できることを示している。したがって，吸着剤に存在する陰イオン性の官能基の量は，陽イオン性染料除去の研究で検証すべき非常に重要な点であると結論づけられる。

コンゴーレッド陰イオン染料の除去試験について表 16.1 に示した結果を考慮すると，異なる繊維の最大除去レベルが粒子寸法に関連してメチレンブルー染料について上述したのと同じ論理に従うこと，つまり繊維のサイズを小さくして表面積を大きくすると，除去の増加が観察されることが確認できる。また，CNC は MFC よりも除去率が低いことが観察されるが，これは MFC の細孔の存在に関わる問題による。最後に，ナノファイバー表面の陽イオン性の官能基の数を増やすことで，染料の除去率が向上することも観察された。

したがって，強調すべき主な点は，繊維のサイズと表面積，細孔の存在，繊維表面の染料と反対の電荷を持つ官能基の数である。

これらのパラメータの影響は，他のタイプの染料の除去にも影響する。例えば，陽イオン性染料（ベーシック・ブルー 47：1,228 mg/g，ベーシック・イエロー 29：445.7 mg/g）の除去研究に CNF とカルボキシメチル化セルロース（CMC）を組み合わせた膜を使用した Maleš ら[50]の研究，TEMPO 酸化セルロースナノファイバー，分岐ポリエチレン

表 16.1 水からの染料除去の結果。セルロース繊維とナノファイバーの科学的研究からのデータ

繊維の種類	繊維または ナノファイバーの優勢な 表層グループ/特性	染料/特性	染料除去量 (mg/g)	参考文献
セルロースパルプエアロゲル	水酸基/陰イオン性	メチレンブルー/陽イオン	62.00	[41]
ナノ結晶セルロース（CNC）フレーク	水酸基/陰イオン性	メチレンブルー/陽イオン	188.70	[42]
セルロースナノ結晶（CNC）をポリ（メチルビニルエーテル-*co*-マレイン酸）(PMVEMA）およびポリ（エチレングリコール）(PEG）で架橋したエアロゲル	カルボキシル基と水酸基/陰イオン性	メチレンブルー/陽イオン	116.20	[43]
TEMPO 酸化セルロースナノフィブリル（MFC）を *c*-グリシドキシプロピルトリメトキシシラン（GPTMS）とゼラチンで架橋したエアロゲル	カルボキシル基と水酸基/陰イオン性	メチレンブルー/陽イオン性	430.33	[44]
セルロースミクロフィブリル（MFC）	水酸基/陰イオン性	メチレンブルー/陽イオン	381.68	[45]
セルロース繊維	水酸基/陰イオン性	コンゴーレッド/陰イオン	230.00	[46]
アミノ官能基化セルロースナノクリスタル（CNC）	アミノ/カチオン	コンゴーレッド/陰イオン	119.50	[47]
正電荷を持つ界面活性剤で改質した CNC				
界面活性剤	セチルトリメチルアンモニウム/陽イオン性	コンゴーレッド/陰イオン	448.00	[37]
表面 4 級化セルロースナノフィブリル（MFC）	グリシジルトリメチルアンモニウム/陽イオン性	コンゴーレッド/陰イオン	664.00	[48]

イミン 25 kDa（bPE），クエン酸（CA）を熱架橋させたマイクロ・ナノ多孔性スポンジ状システムを用いて，4 種類の陰イオン性の染料（ナフトールブルーブラック：23.85 mg/g，オレンジ II ナトリウム塩：22.58 mg/g，ブリリアントブルー R：88.96 mg/g，シバクロン・ブリリアントイエロー：121.53 mg/g）を除去した Riva ら[51]の研究，タラ（tara）残渣から抽出したセルロースのマイクロファイバーを用いて，水中での陽イオン性染料の吸着試験（ベーシック・イエロー，ベーシック・ブルー 41，ベーシック・ブルー 9，ベーシック・グリーン 4）を行い，それぞれの最大吸着量が 43.6，45.5，75.0，112.2 mg/g であった Ponce ら[52]の研究などである。

最後に，CNC は粒子が非常に小さく，媒体からの除去が難しいため，汚染物質除去過程で用いるナノファイバーのタイプも評価しなければならない。このように，吸着プロセス後の CNC 除去の戦略も，プロセスを実現可能にするために考えなければならない。

16.3.2　Pb(II)へのナノレメディエーション

金属鉛またはそれに類似した Pb(II)は，環境，ひいては生物に対して高い毒性の可能性を持つ汚染物質である。

鉛は日常的に使用されており，塗料，陶磁器，パイプ，配管材などの家庭用品の製造に広く用いられている。また，ガソリン，電池，弾薬，化粧品，石油からの燃料の利用など，私たちの日常生活にも広く使われている。火花点火エンジンを搭載した航空機は，金属を長距離に拡散させる（EPA–米国環境保護庁）。

産業活動からの鉛廃棄物は，一般に，周辺の水や土壌でゆっくりと増大する[53, 54]。

この金属は植物を汚染し，根系の成長阻害，クロロシス，黒化を引き起こす可能性がある。北西太平洋の海水から検出された[55]。鉛(II)中毒によって引き起こされる腎臓の変化の 20 以上の潜在的な指標が，ヒトで見つかっている[56]。

水系で鉛金属が Pb(II)形態に酸化されると，$Pb(OH)_2$ として沈殿し，この化合物の溶解度積定数（K_{SP}）は 1.43×10^{-20} である[57]。この定数により，$Pb(OH)_2$ の沈殿が起こる前に，どの濃度の Pb(II)イオンまたは（OH^-）イオンの除去研究の実験に使用できるかを簡単に知ることができる。

鉛汚染に関するこの簡単な紹介の後，水性媒体から Pb(II)を除去するための CNF の使用を言及した研究を示す。“ナノファイバー”，“ナノフィブリル”，“ナノクリスタル”という用語は類似していると考えられ，これらがナノメートルサイズ（≤100 nm）に詰まったセルロース鎖の集合体を表すことを述べておくことが重要である。

表 16.2 のデータから，本章の提案のために，これらの文献を使って考察を加えることができる。ここでの意図は，研究間で判断を下すことではなく，ある試料が他の試料よりも Pb(II)をより多く除去した理由を一般的な文脈から評価を試みることである。ここで取り上げる研究は，主に CNF をテンプレートとしていることは明らかである。

まずこれらの研究が発表された期間は，2011 年から 2021 年までである。

Yu ら[59]の研究は，Pb(II)除去の最高値，約 458 mg/g を示した。用いた試料が CNC であることを考慮すると，この種の試料は結晶化度指数（C.I.）が大きく，非ナノ結晶ではないナノセルロースと比較すると，表面の水酸基の数の減少が寄与する。しかしなが

表 16.2 水からの Pb(II)除去の結果。セルロースナノフィブリルに関する科学的研究からのデータ

サンプル	表面改質またはナノフィブリルとの相互作用に使用した薬剤	除去されたPb(II)の量(mg/g)	参考文献
セルロースナノファイバー	オキソラン-2,5-ジオン	207.00	[58]
セルロースナノ結晶	無水コハク酸	365.90	[59]
セルロースナノ結晶	無水コハク酸 $NaHCO_3$ 処理	458.30	
稲わらのナノセルロース繊維	–	9.42	[60]
小麦パルプナノセルロース	スルホン基	248.60 (1.2 mmol/g)	[61]
セルロースナノフィブリル	穏やかな過ヨウ素酸酸化プロセスによる表面のアルデヒド官能基	155.40 (0.75 mmol/g)	[62]
TEMPO 酸化 CNF＋沈殿シリカ凝集体	3-アミノプロピルトリエトキシシラン(APTES)	157.70	[63]
セルロースナノフィブリル	ポリエチレンイミン（PEI）[a]	357.44	[64]
架橋天然セルロースナノフィブリル	アクリル酸（AA）	130.36	[65]
ナノフィブリル化セルロース	キトサン（CS）[a]	252.60	[66]
アブラヤシ空果房（EFB）ベースのナノセルロース	スルホン基	24.94	[67]
ホテイアオイのセルロースナノファイバー	–	30.36	[68]
ナノセルロースハイドロゲルビーズ	表面にカルボキシル化基を有し，カルボキシル化キトサンと結合している	344.92	[69]

a）物理的吸着によるもの

ら，無水コハク酸または無水コハク酸＋$NaHCO_3$ 処理による表面改質は，365 mg/g と 458 mg/g の Pb(II)を除去できる。

無水コハク酸の重要な特徴の1つは，化学反応後，CNC 表面にカルボキシル基を挿入することによる開環アンヒドログルコース構造が生じることである。分析されたパラメータによると，カルボン酸の形態では，試料は 150 分で Pb(II)を除去する平衡時間に達したが，アルカリ処理後の形態（カルボン酸塩）では，平衡時間は 5 分に激減した。

表 16.2 の重要な情報は，表面改質剤との関係で，Pb(II)イオン除去プロセスの最大化に関わるパターンがあることを示す。ナノフィブリルセルロースの表面の改質に用いられたさまざまな種類の試料から，いくつかの不思議なことが明らかになった。例えば，Li ら[64]は表面改質剤としてポリエチレンイミン（PEI）を用いた。このポリマーは繰り返し単位としてアミン基を持つ。PEI と CNF の物理的架橋によって形成されたゲルは，ゲル 1 g あたり 357.44 mg の Pb(II)を除去することができた。

アミン基はカルボニル基よりも効率的なルイス塩基であるが，この場合，Yu ら[59]のアルカリ処理した試料と比較して 78%の除去率を示した。ここで興味深い点は，無水コ

ハク酸分子がPEIよりも非常に小さいことである。このことから，Pb(II)イオンの特定の除去部位への到達は，最も小さな抵抗を提供する必要がある。この観点は，空洞や細孔への拡散効果をもたらす三次元システムは，“ブロッカー”として作用することで，活性表面とPb(II)の相互作用を阻害する可能性があることを示唆する。このブロッキングは，分子バルクで発生する反発電荷効果，または高分子ネットワークの歪みによるものであり，どちらもイオンが相互作用部位に到達する拡散経路を妨害するものである。

もう1つの似た研究例は，Xuら[69]の仕事で，カルボキシル化ナノセルロースとカルボキシル化キトサン（バイオポリマー）の結合を用いてハイドロゲルビーズを作製し，水系からPb(II)を除去した。最も高い除去能は，吸着剤（ゲル）1gあたり334.92mgのPb(II)であった。この値は，Yuら[59]の報告と比較して73%に相当する。この場合，ポリマーはキトサンで，ルイス塩基として働くアミン基とヒドロキシル基を含む線状ポリマーであり，ここでもまた，CNFに関連する別のポリマーの使用を観察できる。PEIと同様に，キトサンをCNFと併用することで，良好なPb(II)除去効果が得られた。とはいえ，これらの結果は，無水コハク酸の使用で示したように，CNFの表面にグラフトした低分子を用いた化学修飾に比べればまだ劣る。

グラフト化に用いられる低分子の他の例は，Yaoら[62]とAgabaら[63]の研究に見ることができる。1つ目は，穏やかな過ヨウ素酸酸化プロセスによって表面にアルデヒド官能基を持つCNFを使用し，吸着剤1gあたり155.4mgのPb(II)の除去を可能にした。2つ目は，3-アミノプロピルトリエトキシシラン（APTES）をTEMPO酸化法で改質CNFと架橋させたもので，157.7mg/gの除去が可能であり，1つ目と非常によく似た結果であった。

両方の仕事を比較すると，一級アミンとカルボニル基がこれらの異なるサンプルで利用可能であることがわかり，これらは非常に類似した量のPb(II)除去を示した。ここでも，Yuら[59]の結果と比較して，両試料ともPb(II)除去量は少なかった。

ここから，CNFを除去剤として用いてPb(II)除去を改善するために，一般に何が本当に効果があるのか？を問うことができる。

この答えは直線的なものではなく，Pb(II)除去プロセスがどのように起こるかを規定するいくつかの変数に左右される。その結果は，表面積，除去基の定量，pH，除去部位への吸着物のアクセス，温度，接触時間，Pb(II)濃度など，他のパラメータも考慮すべき変数の一例であることを示した。

表16.2のデータを用いたもう1つの興味深い点は，異なる原料源から得られたナノフィブリルセルロースが，35mg/g以下のPb(II)の除去を最良の結果として提供できることである。一方，表面グラフト化またはアルデヒドやカルボン酸への酸化による水酸基の化学修飾を行うと，除去率は著しく向上し，ナノフィブリル表面の改質がいかに有利かを示す。このことは，Suopajärviら[61]の研究でも確認されており，彼らは，$NaIO_4$による開環とその後の$NaHSO_3$との反応によって酸化した後，スルホン基を挿入した。この単純な方法により，248.6mg/g（1.2mmol/g）のPb(II)除去能を示すサンプルが得られた。これは，表面改質のないサンプルに比べ，約8倍から26倍も向上したことになる。

最後のアプローチとして，Suopajärviら[61]とSeptevaniら[67]の研究のデータを観察

すると，それぞれ248.6と24.94 mg/gで，どちらも表面改質としてスルホン化を用いている。CNFの原料は異なる。しかし，除去能力には大きな差があった。この場合，試料が表面にスルホン基を有するセルロースナノファイバーであるにもかかわらず，なぜこれほど能力が異なるのか？

Suopajärviら[61]の研究によると，スルホン化ナノセルロースの幅は5〜50 nmで，スルホン基（SO_3H）の含有量は0.45 mmol/gであった。最適なpHは4〜6で，除去はアッセイ開始直後から始まった。Pb(II)濃度は0.24〜6.38 mmol/Lで，50 mgの吸着剤を用いているが，鉛溶液の体積に対する吸着剤の重量比は示していない。

Septevaniら[67]の研究では，Pb(II)濃度は30 mg/L（144.8 mmol/L），接触時間は3分，吸着剤の用量は1 mg/mLで，測定値のpHは言及されておらず，スルホン基の含有量とCNFの幅も言及されていない。

この一連のデータから，なぜこの2つのサンプルの除去率がこれほど違うのかを説明することは不可能である。しかし，異なる技術間で反応が関連づけられる可能性のある実験テストのセットをあらかじめ明確にすることが必要であり，そうすることで最良の情報が引き出されるということは1つ確かなこととしていえる。

表16.2を使うという提案を補強するために，私たちは，すでに発表された研究を振り返るという考えを忘れてはならない。なぜなら，それらは，セルロースナノファイバーの利用を促進する新しくより良い方法を探求するのに役立つ貴重なガイドだからである。

最後に，考慮すべきことの1つは，水からの汚染物質除去に何を使うかという科学的側面である。その一方で，除去効率の高い材料の手頃な価格での製造のために，プロセスに追加されるコストを考慮することも重要である。このような考え方は，主に貧困レベルが高い国々で強化されている。

16.4 結　論

一般に，粒子径は重要だが，吸着物と反対の電荷を持つ官能基の量と種類は，より重要な変数であると結論づけられる。

紹介した研究の分析の結果，汚染物質の除去効率が最も高いのはどの変数によるものかをより正確に評価するのは難しいことが明らかになった。多くの研究で見落とされている重要な基準は，セルロースナノファイバーの構造に挿入された化学基の定量化，表面積，気孔率，粒径データである。

この章は科学的および技術的な側面からの評価を記述したため，読者は，貧しい国々ではコストプランニングが重要な要素となり，地球上のさまざまな地域でのプロセスの実施には社会的な側面を考慮する必要があることに気づくことができる。

References

[1] Heinze, T. (2015). Cellulose: structure and properties. In: *Cellulose Chemistry and Properties: Fibers, Nanocelluloses and Advanced Materials*, Advances in Polymer Science, vol. 271 (ed. O. Rojas). Cham:

Springer. https://doi.org/10.1007/12_2015_319.
[2] Fengel, D. and Wegener, G. (1984). *Wood, Chemistry, Ultrastructure: Reactions* (ed. D. Fengel and G. Wegener). Berlin/New York: W. de Gruyter: 613 pp.
[3] El Seoud, O.A., Fidale, L.C., Ruiz, N. et al. (2008). Cellulose swelling by protic solvents: which properties of the biopolymer and the solvent matter? *Cellulose* 15: 371–392. https://doi.org/10.1007/s10570-007-9189-x.
[4] Bialik, E., Stenqvist, B., Fang, Y. et al. (2016). Ionization of cellobiose in aqueous alkali and the mechanism of cellulose dissolution. *Journal of Physical Chemistry Letters* 7: 5044–5048. https://doi.org/10.1021/acs.jpclett.6b02346.
[5] Dufresne, A. (2013). *Nanocellulose: From Nature to High Performance Tailored Materials*. Berlin/Boston: Walter de Gruyter GmbH: 624 pp.
[6] Moon, R.J., Martini, A., Nairn, J. et al. (2011). Cellulose nanomaterials review: structure, properties and nanocomposites. *Chemical Society Reviews* 40: 3941–3994. https://doi.org/10.1039/C0CS00108B.
[7] TAPPI (2011). Workshop on International Standards for Nanocellulose, Arlington, USA (9 June 2011).
[8] Kaushik, M. and Moores, A. (2016). Review: nanocelluloses as versatile supports for metal nanoparticles and their applications in catalysis. *Green Chemistry* 18: 622–637. https://doi.org/10.1039/c5gc02500a.
[9] Kassab, Z., Abdellaoui, Y., Salim, M.H., and El Achaby, M. (2020). Cellulosic materials from pea (Pisum sativum) and broad beans (Vicia faba) pods agro-industrial residues. *Materials Letters* 280: 128539. https://doi.org/10.1016/j.matlet.2020.128539.
[10] Kassab, Z., Kassem, I., Hannache, H. et al. (2020). Tomato plant residue as new renewable source for cellulose production: extraction of cellulose nanocrystals with different surface functionalities. *Cellulose* 27: 4287–4303. https://doi.org/10.1007/s10570-020-03097-7.
[11] Belgacem, M.N. and Gandini, A. (2008). Monomers, Polymers and Composites from Renewable Resources. Oxford: Elsevier.
[12] Eyley, S. and Thielemans, W. (2014). Surface modification of cellulose nanocrystals. *Nanoscale* 6: 7764–7779. https://doi.org/10.1039/c4nr01756k.
[13] Bismarck, A., Aranberri-Askargorta, I., and Springer, J. (2002). Surface characterization of flax, hemp and cellulose fibers; surface properties and the water uptake behavior. *Polymer Composites* 23 (5): 872–894. https://doi.org/10.1002/pc.10485.
[14] Lu, P. and Hsieh, Y. (2010). Preparation and properties of cellulose nanocrystals: rods, spheres, and network. *Carbohydrate Polymers* 82: 329–336. https://doi.org/10.1016/j.carbpol.2010.04.073.
[15] Dufresne, A. (2000). Dynamic mechanical analysis of the interphase in bacterial polyester/cellulose whiskers natural composites. *Composite Interfaces* 7: 53–67. https://doi.org/10.1163/156855400300183588.
[16] Siqueira, G., Bras, J., and Dufresne, A. (2010). New process of chemical grafting of cellulose nanoparticles with a long chain isocyanate. *Langmuir* 26: 402–411. https://doi.org/10.1021/la9028595.
[17] Pääkkö, M., Vapaavuori, J., Silvennoinen, R. et al. (2008). Long and entangled native cellulose I nanofibers allow flexible aerogels and hierarchically porous templates for functionalities. *Soft Matter* 4: 2492–2499. https://doi.org/10.1039/B810371B.
[18] Spence, K., Venditti, R., Habibi, Y. et al. (2010). The effect of chemical composition on microfibrillar cellulose films from wood pulps: mechanical processing and physical properties. *Bioresource Technology* 101: 5961–5968. https://doi.org/10.1016/j.biortech.2010.02.104.
[19] Moser, C., Henriksson, G., and Lindström, M.E. (2016). Specific surface area increase during cellulose nanofiber manufacturing related to energy input. *BioResources* 11 (3): 7124–7132. https://doi.org/10.15376/biores.11.3.7124-7132.

[20] Zhang, Y., Tiina, N., Salas, C. et al. (2013). Cellulose nanofibrils: from strong materials to bioactive surfaces. *Journal of Renewable Materials* 1 (3): 195–211. https://doi.org/10.7569/JRM.2013.634115.

[21] Sehaqui, H., Zhou, Q., Ikkala, O., and Berglund, L.A. (2011). Strong and tough cellulose nanopaper with high specific surface area and porosity. *Biomacromolecules* 12: 3638–3644. https://doi.org/10.1021/bm2008907.

[22] Henriksson, M., Berglund, L.A., Isaksson, P. et al. (2008). Cellulose nanopaper structures of high toughness. *Biomacromolecules* 9: 1579–1585. https://doi.org/10.1021/bm800038n.

[23] Paakko, M., Ankerfors, M., Kosonen, H. et al. (2007). Enzymatic hydrolysis combined with mechanical shearing and high-pressure homogenization for nanoscale cellulose fibrils and strong gels. *Biomacromolecules* 8: 1934–1941. https://doi.org/10.1021/bm061215p.

[24] Kalia, S., Boufi, S., Celli, A., and Kango, S. (2014). Nanofibrillated cellulose: surface modification and potential applications. *Colloid and Polymer Science* 292: 5–31. https://doi.org/10.1007/s00396-013-3112-9.

[25] Heinze, T., Liebert, T., and Koschella, A. (2006). *Esterification of Polysaccharides*, 232. Berlin/Heidelberg/New York: Springer-Verlag.

[26] Zhang, J., Chen, W., Feng, Y. et al. (2018). Homogeneous esterification of cellulose in room temperature ionic liquids. *Cellulose* 25: 3703–3731. https://doi.org/10.1002/pi.4883.

[27] Hasani, M., Westman, G., Potthast, A., and Rosenau, T. (2009). Cationization of cellulose by using N-oxiranylmethyl-N-methylmorpholinium chloride and 2-oxiranylpyridine as etherification agents. *Journal of Applied Polymer Science* 114 (3): 1449–1456. https://doi.org/10.1002/app.

[28] Saini, S., Falco, C.Y., Belgacem, M.N., and Bras, J. (2015). Surface cationized cellulose nanofibrils for the production of contact active antimicrobial surfaces. *Carbohydrate Polymers* 135: 239–247. https://doi.org/10.1016/j.carbpol.2015.09.002.

[29] Goussé, C., Chanzy, H., Excoffier, G. et al. (2002). Stable suspensions of partially silylated cellulose whiskers dispersed in organic solvents. *Polymer* 43 (9): 2645–2651. https://doi.org/10.1016/S0032-3861(02)00051-4.

[30] Kricheldorf, H.R. (1996). *Silicon in Polymer Synthesis* (With Contributions by Burger, C., Hertler, W.R., Kochs, P., Kreuzer, F.H., Kricheldorf, H.R., Miilhaupt, R.), 506. Berlin/Heidelberg/New York/Barcelona/Budapest/HongKong/London/Milan/Paris/Santa Clara/Singapore/Tokyo: Springer.

[31] Isogai, A., Saito, T., and Fukuzumi, H. (2011). TEMPO-oxidized cellulose nanofibers. *Nanoscale* 3: 71–85. https://doi.org/10.1039/C0NR00583E.

[32] Brodin, F.W., Gregersen, Ø.W., and Syverud, K. (2014). Cellulose nanofibrils: challenges and possibilities as a paper additive or coating material – a review. *Nordic Pulp & Paper Research Journal* 29 (1): 154–166. https://doi.org/10.3183/npprj-2014-29-01-p156-166.

[33] IUPAC (1997). *Compendium of Chemical Terminology*, 2e. (the "Gold Book"). Compiled by McNaught, A.D. and Wilkinson, A. Oxford: Blackwell Scientific Publications. Online version (2019) created by Chalk, S.J. https://doi.org/10.1351/goldbook.

[34] Dufresne, A. (2010). Processing of polymer nanocomposites reinforced with polysaccharide nanocrystals. *Molecules* 15: 4111–4412. https://doi.org/10.3390/molecules15064111.

[35] Varghese, A.G., Paul, S.A., and Latha, M.S. (2019). Remediation of heavy metals and dyes from wastewater using cellulose-based adsorbents. *Environmental Chemistry Letters* 17: 867–877. https://doi.org/10.1007/s10311-018-00843-z.

[36] Najafi, M. and Frey, M.W. (2020). Electrospun nanofibers for chemical separation. *Nanomaterials* 10: 982. https://doi.org/10.3390/nano10050982.

[37] Ranjbar, D., Raeiszadeh, M., Lewis, L. et al. (2020). Adsorptive removal of Congo red by surfactant

modified cellulose nanocrystals: a kinetic, equilibrium, and mechanistic investigation. *Cellulose* 27: 3211–3232. https://doi.org/10.1007/s10570-020-03021-z.

[38] Abouzeid, R.E., Khiari, R., El-Wakil, N., and Dufresne, A. (2019). Current state and new trends in the use of cellulose nanomaterials for wastewater treatment. *Biomacromolecules* 20: 573–597. https://doi.org/10.1021/acs.biomac.8b00839.

[39] Gandavadi, D., Sundarrajan, S., and Ramakrishna, S. (2019). Bio-based nanofibers involved in wastewater treatment. *Macromolecular Materials and Engineering* 304: 1900345. https://doi.org/10.1002/mame.201900345.

[40] Lombardo, S. and Thielemans, W. (2019). Thermodynamics of adsorption on nanocellulose surfaces. *Cellulose* 26: 249–279. https://doi.org/10.1007/s10570-018-02239-2.

[41] Fauziyah, M., Widiyastuti, W., Balgis, R., and Setyawan, H. (2019). Production of cellulose aerogels from coir fibers via an alkali-urea method for sorption applications. *Cellulose* 26: 9583–9598. https://doi.org/10.1007/s10570-019-02753-x.

[42] Tan, K.B., Reza, A.K., Abdullah, A.Z. et al. (2018). Development of self-assembled nanocrystalline cellulose as a promising practical adsorbent for methylene blue removal. *Carbohydrate Polymers* 199: 92–101. https://doi.org/10.1016/j.carbpol.2018.07.006.

[43] Liang, L., Zhang, S., Goenaga, G.A. et al. (2020). Chemically cross-linked cellulose nanocrystal aerogels for effective removal of cation dye. *Frontiers in Chemistry* 8: 570. https://doi.org/10.3389/fchem.2020.00570.

[44] Lu, B., Lin, Q., Yin, Z. et al. (2021). Robust and lightweight biofoam based on cellulose nanofibrils for high-efficient methylene blue adsorption. *Cellulose* 28: 273–288. https://doi.org/10.1007/s10570-020-03553-4.

[45] El Achaby, M., Fayoud, N., Figueroa-Espinoza, M.C. et al. (2018). New highly hydrated cellulose microfibrils with a tendril helical morphology extracted from agrowaste material: application to removal of dyes from waste water. *RSC Advances* 8: 5212–5224. https://doi.org/10.1039/c7ra10239a.

[46] Salahuddin, N., Abdelwahab, M.A., Akelah, A., and Elnagar, M. (2021). Adsorption of Congo red and crystal violet dyes onto cellulose extracted from Egyptian water hyacinth. *Natural Hazards* 105: 1375–1394. https://doi.org/10.1007/s11069-020-04358 -1.

[47] Jin, L., Li, W., Xu, Q., and Sun, Q. (2015). Amino-functionalized nanocrystalline cellulose as an adsorbent for anionic dyes. *Cellulose* 22: 2443–2456. https://doi .org/10.1007/s10570-015-0649-4.

[48] Pei, A., Butchosa, N., Berglund, L.A., and Zhou, Q. (2013). Surface quaternized cellulose nanofibrils with high water absorbency and adsorption capacity for anionic dyes. *Soft Matter* 9: 2047. https://doi.org/10.1039/C2SM27344F.

[49] Chen, Y., Long, Y., Li, Q. et al. (2019). Synthesis of high-performance sodium carboxymethyl cellulose-based adsorbent for effective removal of methylene blue and Pb(II). *International Journal of Biological Macromolecules* 126: 107–117. https://doi.org/10.1016/j.ijbiomac.2018.12.119.

[50] Maleš, L., Fakin, D., Bracic, M., and Gorgieva, S. (2020). Eciency of dierently processed membranes based on cellulose as cationic dye adsorbents. *Nanomaterials* 10: 642. https://doi.org/10.3390/nano10040642.

[51] Riva, L., Pastori, N., Panozzo, A. et al. (2020). Nanostructured cellulose-based sorbent materials for water decontamination from organic dyes. *Nanomaterials* 10: 1570. https://doi.org/10.3390/nano10081570.

[52] Ponce, S., Chavarria, M., Norabuena, F. et al. (2020). Cellulose microfibres obtained from agro-industrial tara waste for dye adsorption in water. *Water, Air, and Soil Pollution* 231: 518. https://doi.org/10.1007/s11270-020-04889-0.

[53] Sergeev, V.I., Shimko, T.G., Kuleshova, M.L., and Maximovich, N.G. (1996). Groundwater protection against pollution by heavy metals at waste disposal sites. *Water Science and Technology* 34: 383–387. https://doi.org/10.2166/wst.1996.0645.

[54] Abdel-Raouf, M.S. and Abdul-Raheim, A.R.M. (2017). Removal of heavy metals from industrial waste water by biomass-based materials: a review. *Journal of Pollution Effects & Control* 5: 180. https://doi.org/10.4172/2375-4397.1000180.

[55] Zurbrick, C.M., Gallon, C., and Flegal, A.R. (2017). Historic and industrial lead within the Northwest Pacific ocean evidenced by lead isotopes in seawater. *Environmental Science and Technology* 51 (3): 1203–1212. https://doi.org/10.1021/acs.est.6b04666.

[56] Cardenas, A., Roels, H., Bernard, A.M. et al. (1993). Markers of early renal changes induced by industrial pollutants: II, Application to worker exposed to lead. *British Journal of Industrial Medicine* 50: 28–36. https://doi.org/10.1136/oem.50.1.28.

[57] Haynes, W.M. and Lide, D.R. (2010). *CRC Handbook of Chemistry and Physics*. New York: CRC Press/Taylor & Francis Group.

[58] Musyoka, S., Ngila, C., Moodley, B. et al. (2011). Oxolane-2,5-dione modified electrospun cellulose nanofibers for heavy metals adsorption. *Journal of Hazardous Materials* 192 (2): 922–927. https://doi.org/10.1016/j.jhazmat.2011.06.001.

[59] Yu, X., Tong, S., Ge, M. et al. (2013). Adsorption of heavy metal ions from aqueous solution by carboxylated cellulose nanocrystals. *Journal of Environmental Sciences* 25 (5): 933–943. https://doi.org/10.1016/S1001-0742(12)60145-4.

[60] Kardam, A., Raj, K.R., Srivastava, S., and Srivastava, M.M. (2014). Nanocellulose fibers for biosorption of cadmium, nickel, and lead ions from aqueous solution. *Clean Technologies and Environmental Policy* 16: 385–393. https://doi.org/10.1007/s10098-013-0634-2.

[61] Suopajärvi, T., Liimatainen, H., Karjalainen, M. et al. (2015). Lead adsorption with sulfonated wheat pulp nanocelluloses. *Journal of Water Process Engineering* 5: 136–142. https://doi.org/10.1016/j.jwpe.2014.06.003.

[62] Yao, C., Wang, F., Cai, Z., and Wang, X. (2015). Aldehyde-functionalized porous nanocellulose for effective removal of heavy metal ions from aqueous solutions. *Journal of Water Process Engineering* 5: 136–142. https://doi.org/10.1016/j.jwpe.2014.06.003.

[63] Agaba, A., Cheng, H., Zhao, J. et al. (2018). Precipitated silica agglomerates reinforced with cellulose nanofibrils as adsorbents for heavy metals. *RSC Advances* 8: 33129–33137. https://doi.org/10.1039/c8ra05611k.

[64] Li, J., Zuo, K., Wu, W. et al. (2018). Shape memory aerogels from nanocellulose and polyethyleneimine as a novel adsorbent for removal of Cu(II) and Pb(II). *Carbohydrate Polymers* 196 (15): 376–384. https://doi.org/10.1016/j.carbpol.2018.05.015.

[65] Tian, C., She, J., Wu, Y. et al. (2018). Reusable and cross-linked cellulose nanofibrils aerogel for the removal of heavy metal ions. *Polymer Composites* 39 (12): 4442–4451. https://doi.org/10.1002/pc.24536.

[66] Li, Y., Guo, C., Shia, R. et al. (2019). Chitosan/nanofibrillated cellulose aerogel with highly oriented microchannel structure for rapid removal of Pb(II) ions from aqueous solution. *Carbohydrate Polymers* 223: 115048. https://doi.org/10.1016/j.carbpol.2019.115048.

[67] Septevani, A.A., Rifathin, A., Sari, A.A. et al. (2020). Oil palm empty fruit bunch-based nanocellulose as a super-adsorbent for water remediation. *Carbohydrate Polymers* 229: 115433. https://doi.org/10.1016/j.carbpol.2019.115433.

[68] Ramos-Vargas, S., Huirache-Acuña, R., Rutiaga-Quiñones, J.G., and Cortés-Martínez, R. (2020).

Effective lead removal from aqueous solutions using cellulose nanofibers obtained from water hyacinth. *Water Supply* 20 (7): 2715–2736. https://doi.org/10.2166/ws.2020.173.

[69] Xu, X., Ouyang, X., and Yang, L. (2021). Adsorption of Pb(II) from aqueous solutions using crosslinked carboxylated chitosan/carboxylated nanocellulose hydrogel bead. *Journal of Molecular Liquids* 322: 114523. https://doi.org/10.1016/j.molliq.2020.114523.

第 17 章

バイオインスパイアードナノ複合体による医薬品汚染物質の浄化

Bio-inspired Nanocomposites for Remediation of Pharmaceutical Pollutants

Pavan K. Gautam[1], Saurabh Shivalkar[1], Anirudh Singh[1], M. Shivapriya Pingali[1], Shrutika Chaudhary[2], Sushmita Banerjee[3], Pritish K. Varadwaj[2] and Sintu K. Samanta[1]

[1] Indian Institute of Information Technology Allahabad, Department of Applied Sciences, Devghat, Jhalwa, Prayagraj, Uttar Pradesh 211015, India
[2] Integral University, Department of Biotechnology, Kursi Road, Lucknow 226026, India
[3] Sharda University, School of Basic Science and Research, Department of Environmental Sciences, Knowledge Park III, Greater Noida 201306, India

17.1 はじめに

未処理または部分的に処理された工業廃水や生活廃水が水域に排出されることによる，有機性水質汚染物質の継続的な増加が深刻な問題となっている。有機汚染物質の多くは，その複雑な化学構造のために難分解性で安定性が高い。さまざまな種類の汚染物質の中でも，医薬品汚染物質は，その高い毒性と生物学的活性に関わるため，懸念が高まっている[1]。これらの難分解性の汚染物質には，抗生物質，抗炎症剤，脂質調整剤，鎮痛剤，抗てんかん剤などが含まれる。医薬品汚染物質の主な発生源は，病院，医療施設，医薬品製造業から排出される廃水である[2]。廃水とは別に，病院廃棄物の無計画な処分もまた，埋立地からの溶出を介して地下水に流入する上記の医薬品汚染物質の重要な原因となっている。インドにおける製薬産業の急速な発展は，水質汚染の脅威を高めている。これらの微量汚染物質は，水生生物だけでなく人間にも慢性的な毒性効果を及ぼす可能性がある。したがって，水域におけるこれらの汚染物質を最小限に抑えることは，安全性の観点から不可欠である。最近では，水域中の医薬品を最小限に抑えるために，吸着，凝集，凝集沈殿，電気化学的分離，膜ろ過，微生物分解などの方法が採用されている[3]。上記の方法には，高コスト，汚泥の発生，汎用性の低さ，時間の浪費といった限界があるため，研究者たちは環境に優しく安価な技術の開発に関心を持っていた。近年，ナノ材料（NM）に基づく処理戦略が科学界の注目を集めている[4]。ナノ材料は，1～100 nm の大きさの粒子である。表面積対体積比の高さが，これらを水質浄化に最適な材料にしている[5]。ナノ材料の官能基化や他の化合物によるコーティングにより，ナノ材料は特定の種類の水質汚染物質を効率的に除去できる。さらに，これらのナノ材料は，汚染物質の種類や処理条件に応じて，ナノ吸着剤やナノ触媒として多機能な役割を果たすことができる[6]。ナノ材料はサイズが小さいため，他の処理技術と組み合わせることで，処理効率を高めることができる。現在，持続可能性への意識を高めるため，ナノ材料のグリーン合成に主眼が置かれている。グリーン合成には，揮発性溶媒や合成還元剤の代わりに，無毒で生態学的に安全な反応物質や不揮発性溶媒を使用することが含まれる[7]。このような背景から，バイオエンジニアリングによるナノ材料合成は，環境に優しいという利点から，最も一般的なアプローチとなっている[8, 9]。植物，細菌，菌類，藻類などの生物の細胞抽出物には，タンパク質，ビタミン，酵素，ポリフェノール，フラボノイド，還元糖，その他の植物化学物質など，数多くの生体分子が豊富に含まれている[10]。これらの生体分子は，ナノ材料の合成時に天然の還元剤やキャッピング剤として利用される[11]。これらの生体分子は，安定性を提供するだけでなく，化学結合や物理的相互作用を形成することで，汚染物質の触媒的・吸着的除去を促進する多様な機能部位や活性部位をナノ材料の表面に付加する[12]。

本章では，生物由来ナノ粒子（NP）のグリーン合成と，医薬品汚染物質の水相分解への応用に関する最近の研究を取り上げる。簡単な序文では，さまざまな生物の応用とナノ粒子製造の基本的なメカニズムについて述べる。さらに，廃水処理戦略への生物由来ナノ材料の応用の可能性に関連する将来の展望と多くの課題についても概説する。

17.2 医薬品による環境有害性

医薬品は，中程度の親油性から親水性までの化学的性質を持つ生物学的に活性な有機分子の幅広い化合物で構成されている。近年，急速な人口増加，高齢化の効果，医薬品の大量消費により，医薬品の使用量が増加している。医薬品は摂取後，ヒトおよび動物の体内で部分的または完全に代謝される。そのため，代謝物や親化合物の一部が糞便や尿とともに排泄され，その後排水に混入する。下水処理場での非効率的な除去や処理場の不足により，さまざまな水系で医薬品が検出されている[13]。表流水中の医薬品濃度は，排水地域の人口密度，受入水量，下水処理場で使用されている設備によって，121 ng から 121 mg の範囲である[14]。しかし，製造施設や医薬品などの特定の点源は，受入地表水中に高濃度の医薬品をもたらす可能性がある[15]。淡水系では，さまざまな形態の医薬品が見つかっている。これらの医薬品の多くは，投薬後，適切に分解されることなく速やかに人体から排出されるように設計されており，その結果，薬理学的に活性な状態で淡水系に流入することになる[16]。しかし，これらの医薬品は通常，水中で低濃度で検出され，既知の毒性レベルよりもはるかに低い[17]。したがって，医薬品は行動変化の原因として無視されるかもしれないが，いくつかの研究では，行動などの生態学的エンドポイントは，一般的に使用される毒性学的エンドポイントよりも医薬品に対してより敏感であることが報告されている[18, 19]。

医薬品は主に，医療施設，家庭排水，都市排水，地下水，河川水からの下水処理水と原水の両方を経由して，水生生態系に排出される[20, 21]。都市部の規模や人口，廃水処理施設の放流口の近接性，廃水処理の種類，養殖場への近接性，流体力学的フラッシング，閉鎖性水域の滞留時間など，いくつかの要因が，水域における医薬品の濃度に影響を与える。

医薬品に関連するさまざまな悪影響には，摂餌率の低下[22]，生存率の低下[23]，イガイの足糸の強度低下[24]，生化学マーカーと免疫反応[25]の変化などがある。医薬品の作用機序に着目した研究もいくつかあり，例えば抗がん剤は生物の生存率や発育を低下させることが報告されている一方，神経行動学的エンドポイントや産卵は抗うつ剤と関連する[26]。精神薬，抗ヒスタミン薬，ホルモン，選択的セロトニン再取り込み阻害薬(SSRI)，抗うつ薬などの医薬品は，魚の行動に影響を与えることが知られている。

例えば，抗うつ剤はサンゴ礁魚の縄張り攻撃性を低下させ[27]，シャム闘魚の運動量と攻撃性を低下させることが報告されている[28]。3種類のベンゾジアゼピン系抗うつ薬に暴露されたゼブラフィッシュでは，光に対する活動性と親和性の増加が報告されている[29]。さらに，攻撃性，急性せん妄，急性精神病の治療に使用される医薬品であるハロペリドールは，オスのファットヘッドミノーの優位性を増加させることが報告された[30]。

リスク評価に関する研究のほとんどは，生物濃縮として生物への医薬品の取り込みに焦点を当てている[31]。しかし，水生生物の消費による医薬品の生物濃縮により，消費者は水生生物相と比較してより高濃度の医薬品に曝露される可能性がある。より高い摂餌率を示す個体はより多くの医薬品に曝露されるため[32]，摂餌率を増加させる医薬品のた

めに生物濃縮と行動変動との間の正のフィードバックループが発生する可能性がある。

17.3 ナノ材料合成のメカニズム

17.3.1 金属塩の生物還元と合成したナノ材料のキャッピング

金属ナノ粒子（NP）の合成には，物理的，化学的，生物学的アプローチが用いられてきた。金属ナノ粒子合成のさまざまな従来法の機構は鮮明に解明されている。しかし，生体分子を利用した金属ナノ粒子合成の仕組みは，まだ正しく理解されていない。最も頻繁に報告されている合成原理は，金属塩をそれぞれのゼロ価金属イオンに変換する還元剤としての生体分子の使用である。これらのゼロ価の金属イオンは，溶液中で他の類似の金属イオンと相互作用して不安定な金属核を形成し，さらに凝集を起こす。したがって，凝集を防ぎ，安定したナノ構造を作るために，これらの金属ナノ粒子は適切な官能基で官能基化またはキャップされる。その結果，合成したままのナノ粒子のサイズは，使用する金属塩とそれに対応する還元剤およびキャッピング剤に大きく依存する。

金属ナノ粒子の生体分子支援合成を用いる主な利点は，水素化ホウ素ナトリウム，クエン酸塩，または元素状水素のような過酷で有毒な還元剤を使用する化学的方法と比較して，環境に優しく生体適合性が高いことである[33]。有毒な副生成物やエネルギー効率の悪さなど，物理的・化学的手法では避けられないいくつかの制約を軽減する「グリーン合成」メカニズムに対する要求が高まっているため，近年，生体分子を利用した合成が重要性を増している。生体分子支援金属ナノ粒子合成法のいくつかを以下に挙げる。

17.3.1.1 タンパク質による金属塩の還元

酵素は最も重要な生体分子であり，生体内のほとんどすべての重要な反応の触媒反応を助ける。現在，酵素は食品，皮革，繊維，医薬，バイオ燃料など，さまざまな産業で利用されている。さまざまな用途で酵素を使用する利点は，酵素が細胞外でも適切に機能することである。最近，酵素は金属ナノ粒子の合成に用いられている。酵素の利点は，その親タンパク質分子のサイズが小さいことである。したがって，これらの酵素を用いてさまざまなナノ粒子を合成することができる。金属ナノ粒子の合成中，酵素は金属塩を還元するだけでなく，安定化剤としても働く。例えば，ウシ血清アルブミン（BSA）は金ナノ粒子の合成に使用され，金塩（$AuCl_4$）が酵素によって還元されて金ナノ粒子が合成される[34, 35]。さらに，BSA タンパク質も銀ナノ粒子の合成に使用される。同様に，白金，パラジウム，金銀合金をベースとした金属 NP の合成にも，他の多くの酵素がすでに報告されている。

17.3.1.2 多糖類による金属塩の還元

カルボキシル基，アミノ基，ヒドロキシル基などの官能基を持つ生体分子は，より優れた還元剤や官能基形成剤として機能する可能性があることが報告されている。多糖類はこれらの官能基を持つ最も豊富な高分子であるため，金属ナノ粒子の合成に広く利用でき

る。例えば，β-D-グルコースは銀塩を還元して対応する銀ナノ粒子（AgNP）を生成し，これはデンプンによってさらに安定化された[36]。同様に，糖類とアンモニアの存在下で銀イオンを還元することで，異なる形状と 50～200 nm のサイズの銀ナノ粒子が合成された。ここで，アンモニアは Ag $(NH_3)^{2+}$ の安定な錯体を形成することによって，銀ナノ粒子のサイズを明確にする上で重要な役割を果たす[37]。さらに，キトサン，アルギン酸，ヘパリン，ヒアルロン酸のような多糖類は，すでに金や銀のナノ粒子合成に利用されている。さらに，酸化銅ナノ粒子は，金属塩の還元とそれぞれのナノ粒子のさらなるキャッピングを助けるさまざまな糖，アミノ酸，脂肪酸を持つカラヤガムを用いて合成された[38]。一方，*Sargassum muticum* の水抽出物から得られた多糖類からも酸化鉄ナノ粒子が合成された[39]。多糖類中のヒドロキシルイオンが金属イオンと相互作用して，貴金属ベースのナノ粒子の合成を助けるナノドメインの分子マトリックスを形成した[40]。

17.3.2 ナノ粒子の合成に影響するさまざまなパラメーター

金属ナノ粒子のサイズと合成速度は，金属イオン濃度，アルカリ性，バルク材料の体積，温度，pH など，いくつかのパラメーターに支配される。これらのパラメーターの中には，他のパラメーターに直接影響するものや，他のパラメーターと組み合わせて影響するものがある。例えば，アルカリ度の増加は金属ナノ粒子の合成を積極的に誘導し，pH 10 で最も高い合成が得られたことが報告されている。このような大きな変化の理由は，温度を上昇させ，金属イオンの還元を助ける核生成中心の形成による[41]。金ナノ粒子は，反応混合物の pH，濃度，反応時間を制御した環境下で合成された[42]。

反応液の pH は，金属ナノ粒子の合成に不可欠な要素である。pH が高いほど核生成中心が形成されやすく，生体分子中にさまざまな官能基が存在すると，金属塩から金属ナノ粒子への還元が促進される。生体分子に存在する官能基の活性は，プロトン化と脱プロトン化のプロセスを通じて，溶液の pH にほとんど支配される。したがって，溶液の pH が変わると，金属ナノ粒子の合成に利用できるカルボキシル基やヒドロキシル基などの官能基の利用可能性が変化する。pH が低いと，酸化鉄ナノ粒子の生成は著しく減少し，そのサイズも比較的大きくなることが報告されている。しかし，溶液の pH が 10 まで上昇すると，ナノ粒子の形成数は増加し，サイズは比較的小さくなった。

温度は，ナノ粒子の形や大きさとともに，ナノ粒子の形成速度に大きく影響するもう 1 つのパラメーターである。温度は反応速度と核生成中心の形成に直接関係する。したがって，温度の上昇は，反応速度の上昇と核生成中心の形成につながる。その結果，金属塩から金属ナノ粒子への還元が促進される。温度はまた，ナノ粒子のサイズと形状にも影響する。反応温度を調節することで，三角形，球形，棒状，八面体，板状など，さまざまな形状のナノ粒子を調製できることが報告されている。異なる形状の金ナノ粒子の合成において，温度は極めて重要な役割を果たした。20℃では三角形のナノ粒子が得られ，30～40℃では八面体のナノ粒子が 5～500 nm の大きさで得られることがわかった。さらに，温度が 50～60℃の場合，得られたナノ粒子のサイズは球形に非常に一致した。

インキュベーション時間も，ナノ粒子のサイズ，形状，分散性に影響を与える重要な考慮事項である。一般に，反応時間が長いほど大きなサイズのナノ粒子が生じることが観察

されている。Karragac ら（2019）は，超常磁性コバルト・フェライト・ナノ粒子の時間依存的合成を行い，5〜30 分以内に合成されたナノ粒子のサイズは 3.0±0.9 nm であったが，反応時間が 90 分になるとサイズは 2 倍になったと結論付けた[43]。金属塩溶液に加える生物学的抽出物の量も，ナノ粒子の物理化学的特性と性能を決定する。水酸基が存在するため，フラボノイドとフェノール化合物は，生物学的抽出物中に存在する最良の生物還元剤である。水酸基が多いほど金属塩の還元が促進され，均一で凝集の少ないナノ粒子の形成が容易になる。Ghanbariasad ら（2019）は，Chlorella vulgaris の分泌性の生物活性化合物の量を変化させることによって，オキシ水酸化鉄（FeOOH）ナノ粒子のサイズ制御された製造を示した[44]。

17.3.3　ナノ粒子の製造に応用される生物

ナノ粒子の合成には通常，化合物支援合成と生体材料支援合成法の 2 つの方法がある。最近では，植物や微生物などの生物の助けを借りて，毒性化合物を使用せずにナノ粒子を合成する生体材料支援合成法が注目されている。この合成プロトコールは，常にボトムアップ・アプローチに従う。上記の生物から得られるさまざまな活性化合物は，主に還元剤または酸化剤として機能する。研究者らは，金属イオンの金属ナノ粒子への還元において，植物材料と微生物酵素が主要な役割を果たすことを実証した。合成に際して，ポリフェノール，セルロースやヘミセルロースのような細胞外構造物，細胞膜などの植物材料は，合成されたナノ粒子に安定性を与えることができる[45]。

17.3.3.1　細菌を用いた合成

細菌を介したナノ粒子合成は，金属イオンを金属ナノ粒子に変化させる細菌の解毒メカニズムを通じて機能する。金属イオンは毒性があり，細胞の細胞内化合物を損傷するため，ナノ粒子の細胞内合成は単分散か，あまり多分散ではない。細菌支援合成は，用いる菌株によって，ナノ粒子のサイズや形状がより特異的になる。例えば，枯草菌から合成された金ナノ粒子は 5.25 nm の大きさで八面体形状であったが，大腸菌（DH5α）を介した合成ナノ粒子は 10 nm の大きさで球形であった。重要なことは，最近の研究で，少数の細菌種が，ペリプラズムタンパク質や細胞膜により銀イオンを銀金属粒子に無毒化し，その後，排出ポンプを通して銀金属粒子を細胞膜外に排出できることが実証されたことである。研究者らはまた，単一の細菌種が複数のクラスのナノ粒子を合成できることも示した。ラクトバチルス属の細菌は，金と銀の両方のナノ粒子を合成できることが明らかになった[46]。

17.3.3.2　真菌を用いた合成

多くの二次代謝産物，酵素，細胞外菌糸構造が存在するため，菌類は核形成中心を形成して金属イオンを金属ナノ粒子に還元する際に重要な役割を果たすことができる。細胞外菌糸体構造は，合成されたナノ粒子の安定化に関与する。フザリウム菌由来の還元酵素は，$NADH^+$ から H 原子を移動させることによる金属イオンの還元に用いられた。さらに，タンパク質やアミノ酸残基が，そのアミノ基から電子や水素原子をイオンに供与する

ことで，ナノ粒子合成に積極的に関与できることも報告されている。

菌類とバクテリアから合成されたナノ粒子の収率に基づくと，菌類がより適しており，経済的に実行可能であることがわかった。細胞外構造から合成されたナノ粒子の収率は，細胞内で合成されたものよりも高いが，粒径と単分散性は細胞内が細胞外よりも高いことがわかった。細胞外を介した合成は，細胞内よりも実現性が高く，時間もかからない[47]。

17.3.3.3 藻類を用いた合成

藻類もまた，金属ナノ粒子合成に適したバイオマス源である。藻類には，金属塩の金属ナノ粒子への還元を助ける生物活性化合物が多く含まれている。さらに藻類は，形成されたナノ粒子を安定化させるためのキャッピング剤としても機能する。例えば，Xie ら（2007）は，単細胞藻類 *C. vulgaris* から室温で金ナノ粒子を形成することを報告している[48]。別の例では，Aziz ら（2015）が，藻類バイオマスから合成した銀ナノ粒子が，水浄化の際にメチレンブルー色素を効率的に分解できることを示している[49]。

17.3.3.4 植物を用いた合成

植物によるナノ粒子の合成は，安価で環境に優しい。(i) 金属塩を出発材料として，還元剤や安定化剤の供給源として植物抽出物を用いる。(ii) 合成は細胞内で行われ，細胞構造が核形成センターとして利用される。ここでは，細胞酵素が還元剤や安定化剤として働き，ナノ粒子が細胞壁上に形成される。(iii) 植物化学またはポリフェノール化合物に関する知識を必要とするため，植物化学を用いた合成は一般的なアプローチにはなっていない[50]。ナノ粒子の植物材料を用いた合成法には，他の生体材料と比較していくつかの利点がある。例えば，菌類やバクテリアはもっぱら金属ナノ粒子の合成に使用されてきたが，植物は金属ナノ粒子に加えて量子ベースのナノ粒子の合成にも広く用いられている。つまり，植物を利用したナノ粒子の合成は，他のアプローチよりも多様なのである。

17.4 医薬品汚染物質の除去に用いられるさまざまなバイオ加工ナノ材料

17.4.1 生物起源パラジウムナノ粒子

パラジウムは，特に廃水からの医薬品汚染物質の除去に応用されるナノ材料の生物生成に最も広範 に利用されている元素である。Forrez ら（2011）は，下水処理場から排出される廃水の処理のために，パラジウム・ナノ粒子の生物生成と膜規模のバイオリアクターへの固定化を実証した[51]。開発されたバイオパラジウムナノ触媒は非常に効果的に機能し，イオヘキソール，イオメプロール，イオプロミドで 97% 以上の除去率を達成し，ジアトリゾエートで 90% の除去率を達成した。

別の研究では，イオヘキソールの触媒的除去のために，生物由来のナノサイズのパラジウムを製造し，嫌気性粒状汚泥と一体化させた[52]。触媒反応は，さまざまな初期濃度のイオヘキソールとさまざまな電子供与体化合物を用いて実施された。イオヘキソール濃

度 20 mg/L のギ酸存在下で，2 時間以内にほぼ 100%の除去が観察された。生物由来のPd ナノ粒子はまた，分解の程度の改善のために他のナノ粒子と統合されてきた。*Shewanella oneidensis* から生物学的に合成された Pd ナノ粒子が，生物由来の金ナノ粒子にドープされた[53]。このユニークな Pd/Au ナノ複合体は，脱塩素化メカニズムを介した廃水からのジクロフェナクの分解に利用された。Pd ナノ触媒の割合を変えて触媒実験を行った。その結果，Pd/Au の比率が増加するほど，汚染物質に対する高い触媒作用が得られることが確認された。Pd/Au の質量比が 50/1 のとき，最大の触媒活性が得られた。バイオパラジウムナノ粒子は，除去効率を高めるために微生物燃料電池にも応用できる。Gusseme ら（2012）は，病院廃水からジクロフェナクを触媒的に除去するために，生物工学的に設計された Pd ナノ触媒を製造し，微生物電気透析セル（MEC）に組み込んだ[54]。合成廃水ではジクロフェナクの完全除去が達成されたが，実際の病院廃水処理プラントの場合，ジクロフェナクの 57%近くが分解された。脱塩素化が，研究対象の汚染物質を除去する基本的な機構であることが判明した。最近のアプローチでは，大腸菌から生物由来の Pd ナノ触媒が合成され，優れた触媒活性を示した[55]。シプロフロキサシンの 87%近くが医薬品廃水中で分解された。

17.4.2　生物由来マンガンナノ粒子

現在使用されている廃水処理プラントは，水中の生物学的酸素要求量（BOD）と栄養塩類の減少には効率的だが，水中に排出される医薬品廃棄物の除去には効率的でない[56]。自然界では，マンガン酸化物（MnO_x）は，多くの微量金属のスカベンジャーとして機能し，他の有機化合物の分解を助ける最も強力な酸化剤の 1 つである[57]。Mn の地球化学サイクルは，環境中のこれらの微量金属や有毒な有機栄養素の適正な量の維持に役立っている[58]。MnO_x（Mn(III)および Mn(IV)の酸化物）には高い収着能力があり，金属表面に沈着した有害金属/化合物はその後酸化される。これにより，最も溶解性の高い還元型 Mn（Mn(II)）が生成される。Mn(II)の酸化物への変換は，pH の変化または鉄酸化物やケイ酸塩の表面への吸着によって起こる[59]。微生物はまた，上記の変換を直接的または間接的に行うことができる。間接的な酸化では，MnO_x はアルカリ性代謝産物や酸化性代謝産物の生成，酸素生成など，特定の反応の副産物として生成され，間接的な機構では，プロセスを触媒する生物によって特定の高分子が生成される[60]。このような MnO_x は，バクテリアや菌類の助けを借りて生産され，生物由来マンガン酸化物（$BioMnO_x$）と呼ばれる。バクテリアは，Mn(III)と Mn(IV)の酸化物の組み合わせを，表面積の高いナノスケールの粒子の形で生成するため，収着性と酸化性が向上する[61]。Forrez らは，$BioMnO_x$ の酸化速度は金属 MnO_x の 10 倍であると発表している[62]。

こうした利点から，$BioMnO_x$ は廃水や土壌汚染物質の処理，特に医薬品廃棄物の除去に採用されている。ステロイド，医薬品，殺生物剤などの化合物は，$BioMnO_x$ ナノ粒子を用いた除去に成功している。Tepe ら（2019）によって行われた研究では，パラセタモールの除去のために *Pseudomonas putida* によって $BioMnO_x$ ナノ粒子が合成された[63]。2 mg/L 濃度までのパラセタモールの完全除去は，pH 7 で 216 時間以内に達成された。$BioMnO_x$ ナノ粒子はまた，特定のステロイドホルモン，殺生物剤，医薬品の除去のため

に Furgal ら（2015）によって用いられている[64]。この研究では，P. putida の定常期培養に $MnCl_2$ を添加して酸化を開始した。10 μg/L の濃度で，エストロンや 17-α エチニルエストラジオールのようなステロイドホルモンは完全に同一容器中で除去された。しかし，ジクロフェナクは 26%しか除去されず，テブコナゾール，イブプロフェン，カルベンダジム，テルブトリン，カルバマゼピンは実験条件下では除去されなかった。別の研究では，シプロフロキサシンが，シュードモナス属によって合成された $BioMnO_x$ によって，より小さなアミドや他の有機化合物に効果的に分解されることがわかった[65]。興味深いことに，$BioMnO_x$ は 1,2,4-トリアゾールのような非常に難分解性の化合物の除去にも使用されている[66]。生物学的通気フィルター（BAF）上に埋め込まれた $BioMnO_x$ は，MnO_x を含まない BAF と比較して，1,2,4-トリアゾールの分解に優れ，全有機炭素レベルが有意に低下することが判明した。本研究グループは，Mn 酸化細菌コンソーシアムの土壌試料を直接使用し，*Pseudomonas* 属と *Bacillus* 属に属する細菌が $BioMnO_x$ 生成において主要な役割を果たすことを確認した。

17.4.3 単一金属/バイメタルナノ複合体

病院やいくつかの製薬産業から排出される廃水は，重金属，薬剤，抗生物質（5-フルオロウラシル，テトラサイクリン，イミペネム，シクロスポリン A など）で汚染されている。水域での濃度が上昇し，遺伝毒性や変異原性の汚染物質となる可能性が浮上したため，これらの処理と除去が大きな懸念事項となっている。この点に関して，医薬品汚染物質からの水処理のために，他のさまざまなナノ複合体も生物学的に作製されている。その1つが鉄ナノコンポジットである。最近，*Carum carvi* L. の種子から鉄ナノ複合体 Fe_3O_4/Au が合成され，イミペネムやイマチニブなどの薬剤を可視光だけでなく紫外線でも分解することができた[67]。紫外線（1,200 秒）と可視光（3,600 秒）下での分解効率は，それぞれ 92〜96%と 82〜84%であった。

鉄ベースのナノ複合体以外にも，いくつかの金属が医薬品汚染物質の処理に使用されている。そのひとつが亜鉛（Zn）ナノ複合体である。Basnet らは，*Camellia sinensis*（茶植物）の葉抽出物から酸化亜鉛（ZnO）ナノ粒子と銀-酸化亜鉛（Ag-ZnO）ナノ複合体（NC）を合成した[68]。これらのナノ複合体は，パラニトロフェノール，パラセタモール薬，有毒染料メチレンブルーなど，さまざまな医薬品汚染物質の分解に使用された。銀析出によって ZnO ナノ粒子の活性が向上し，選択された汚染物質がすべて効率的に分解されることが確認された。Begum らは，ナプロキセン（NPX）の触媒分解を目的として，*Saccharum officinarum* ジュースおよび *Corchorus olitorius* の乾燥茎から SnO_2/活性炭ナノ複合体の生物学的合成を行った[69]。SnO_2/活性炭ナノ複合体は，広く用いられている抗炎症薬である NPX に対して比類のない活性を有していた。活性炭と SnO_2 の持つ吸着特性と光触媒活性の両方が，NPX の分解につながった。再利用性の実験から，調製した SnO_2/AC ナノ複合体は，触媒効果に大きな変化を与えることなく，5 回まで効率的に再利用できることが示された。Mohanta らは，ヤヌス Ag/SnO_2 ナノ複合体のバイオジェニック・グリーン合成を示し，さらに太陽電池と UV 照射下でドリペネムの分解に用いた[70]。その分解効率は，太陽照射で 49%，UV 照射で 84%であった。興味深いこと

に，調製したナノ複合体は，広いpH範囲で満足のいく除去効率を示し，pH 6.0で最適な除去率を示した。リサイクル研究の結果，調製した触媒は，実質的な除去能の低下なしに約5回の再利用が可能であると結論付けられた。別のアプローチとして，Bogireddyらは，医薬品廃水から最も一般的な汚染物質である4-ニトロフェノール（4-NP）を効率的に分解するために，*Equisetum myriohaetum*からPt/SiO_2生成ナノ複合体を合成した[71]。分解は温度に依存し，分解速度は温度の上昇とともに増加することがわかった。このナノ複合体は，水溶液中で安定であっただけでなく，8サイクルにわたって非常に効果的に再利用可能であった。Duらは，シュードモナス（*Pseudomonas* sp.）からバイオ由来Fe-Mn（バイオ$FeMnO_x$）ナノ複合体を合成し，オフロキサシン（OFL）の触媒分解に利用した[72]。実験的に，バイオ$FeMnO_x$は化学的に合成されたFe-Mnナノ複合体よりも高い触媒活性を持つことが観察された。このバイオ由来ナノ複合体は光フェントン分解プロセスを利用し，触媒活性の大部分はスーパーオキシドラジカルアニオンとOH^*ラジカルによって達成された。また，脱アルキル化，加水分解，脱水がOFLの分解に関与する主要な反応であることが予測された。Taghizadehらは，ピスタチオ殻（PS）の水性抽出物を応用してCuナノ粒子を合成し，さらにそれをピスタチオ殻表面に固定化してCu-NP/PS複合体を形成した[73]。

このナノ複合体は，4-ニトロフェノール（4-NP）に対する潜在的な触媒として利用された。このCu/PSナノ複合体は，4-ニトロフェノール（4-NP）を4-アミノフェノール（4-AP）に還元することができた。

17.5　医薬品の基本的な分解機構

除去機構の解明と反応経路の確立は，廃水処理戦略の重要な側面である。これらは，巨大で複雑な分子が，より単純な中間体や副生成物に分解される際の複雑な化学反応の理解に役立つ。医薬品汚染物質の分解経路には，酸化，還元，脱塩素化などいくつかある。微量汚染物質の多くは芳香環を持つため，環構造の切断もこれらの化合物を無機化するもう1つの重要な機構である。一般に，分解機構は，電子ホールの発生によるバイオナノ複合体表面に吸着した汚染物質分子への電子の流れにより開始する。この正孔は反応性が高く，汚染物質の酸化的分解を引き起こす。図17.1に，医薬品汚染物質の基本的な分解機構を図示する。Hongら（2020）は，液体クロマトグラフィー質量分析（LCMS）法を用いて，ある種の医薬品の分解の研究を試みた[74]。研究の結果，ジクロフェナクは影響を受けやすいC-Cl結合とC-N結合の切断により無機化し始めることが明らかになった。その後，カルボキシル化と脱水素化が起こり，ジクロフェナクが完全に無機化される。別の研究では，Yilmazら（2020）がアモキシシリンの中間分解副生成物を同定した[75]。LCMS研究では，CuドープTiO_2ナノ粒子によって生成されたヒドロキシラジカルが，C-N，C-C結合の除去とベンゼン環のさらなる開裂を開始することが明らかになった。分解後，チアゾリジン-2-オールと5,5-ジメチルチアゾリジン-2-オンの生成が確認された。

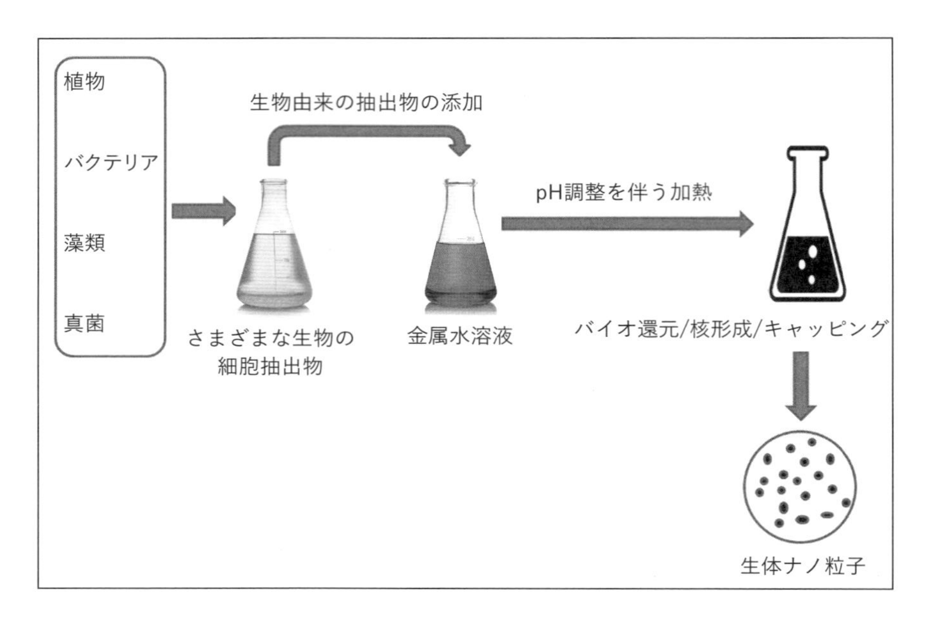

図 17.1 さまざまな生物由来抽出物からの生物関与ナノ粒子合成機構の図解

出典：New Africa/Adobe Stock

17.6 まとめ

生物学的に作製された金属ナノ粒子の受容度の高まりは，水質浄化の分野において，より環境に優しいアプローチ，経済的実現可能性，顕著な有効性などの利点のためである。生物から得られた生体分子の使用で，従来のナノ粒子合成に使用されていた有毒で揮発性の化合物を代替することに成功した。文献から明らかなように，生物にインスパイアされたナノ粒子は，いくつかの微量汚染物質，薬物，抗生物質に対して驚くべき分解能力を示す。このような環境に優しいナノ粒子は，病院や医薬品製造装置から発生する廃水の処理に利用することができる。

References

[1] Tiwari, B., Sellamuthu, B., Ouarda, Y. et al. (2017). Review on fate and mechanism of removal of pharmaceutical pollutants from wastewater using biological approach. *Bioresource Technology* 224: 1-2.

[2] Le, M.D., Duong, H.A., Nguyen, M.H. et al. (2016). Screening determination of pharmaceutical pollutants in different water matrices using dual-channel capillary electrophoresis coupled with contactless conductivity detection. *Talanta* 160: 512-520.

[3] Chauhan, A., Sillu, D., and Agnihotri, S. (2019). Removal of pharmaceutical contaminants in wastewater using nanomaterials: a comprehensive review. *Current Drug Metabolism* 20 (6): 483-505.

[4] Gautam, R.K., Gautam, P.K., Banerjee, S. et al. (2015). Removal of Ni(II) by magnetic nanoparticles. *Journal of Molecular Liquids* 204: 60-69.

[5] Gautam, P.K., Shivapriya, P.M., Banerjee, S. et al. (2020). Biogenic fabrication of iron nanoadsorbents from mixed waste biomass for aqueous phase removal of alizarin red S and tartrazine: kinetics, isotherm, and thermodynamic investigation. *Environmental Progress and Sustainable Energy* 39 (2): e13326.
[6] Shivalkar, S., Gautam, P.K., Chaudhary, S. et al. (2021). Recent development of autonomously driven micro/nanobots for efficient treatment of polluted water. *Journal of Environmental Management* 281: 111750.
[7] Gautam, P.K., Shivalkar, S., and Banerjee, S. (2020). Synthesis of M. oleifera leaf extract capped magnetic nanoparticles for effective lead [Pb(II)] removal from solution: kinetics, isotherm and reusability study. *Journal of Molecular Liquids* 258: 112811.
[8] Singh, A., Gautam, P.K., Verma, A. et al. (2020). Green synthesis of metallic nanoparticles as effective alternatives to treat antibiotics resistant bacterial infections: a review. *Biotechnology Reports* 25: e00427.
[9] Gautam, P.K., Singh, A., Misra, K. et al. (2019). Synthesis and applications of biogenic nanomaterials in drinking and wastewater treatment. *Journal of Environmental Management* 231: 734–748.
[10] Gautam, P.K., Shivalkar, S., and Samanta, S.K. (2020). Environmentally benign synthesis of nanocatalysts: recent advancements and applications. In: *Handbook of Nanomaterials and Nanocomposites for Energy and Environmental Applications* (ed. O.V. Kharissova, L.M. Torres-Martínez and B.I. Kharisov), 1–9. Springer.
[11] Sharma, D., Kanchi, S., and Bisetty, K. (2019). Biogenic synthesis of nanoparticles: a review. *Arabian Journal of Chemistry* 12 (8): 3576–3600.
[12] Ali, I., Peng, C., Khan, Z.M. et al. (2019). Overview of microbes based fabricated biogenic nanoparticles for water and wastewater treatment. *Journal of Environmental Management* 230: 128–150.
[13] Lindberg, R.H., Östman, M., Olofsson, U. et al. (2014). Occurrence and behaviour of 105 active pharmaceutical ingredients in sewage waters of a municipal sewer collection system. *Water Research* 58: 221–229.
[14] Hughes, S.R., Kay, P., and Brown, L.E. (2013). Global synthesis and critical evaluation of pharmaceutical data sets collected from river systems. *Environmental Science and Technology* 47 (2): 661–677.
[15] Sim, W.J., Lee, J.W., Lee, E.S. et al. (2011). Occurrence and distribution of pharmaceuticals in wastewater from households, livestock farms, hospitals and pharmaceutical manufactures. *Chemosphere* 82 (2): 179–186.
[16] Brodin, T., Piovano, S., Fick, J. et al. (2014). Ecological effects of pharmaceuticals in aquatic systems – impacts through behavioural alterations. *Philosophical Transactions of the Royal Society of London, Series, B: Biological Sciences* 369 (1656): 20130580.
[17] Stackelberg, P.E., Gibs, J., Furlong, E.T. et al. (2007). Efficiency of conventional drinking-water-treatment processes in removal of pharmaceuticals and other organic compounds. *Science of the Total Environment* 377 (2, 3): 255–272.
[18] Melvin, S.D. and Wilson, S.P. (2013). The utility of behavioral studies for aquatic toxicology testing: a meta-analysis. *Chemosphere* 93 (10): 2217–2223.
[19] Söffker, M. and Tyler, C.R. (2012). Endocrine disrupting chemicals and sexual behaviors in fish – a critical review on effects and possible consequences. *Critical Reviews in Toxicology* 42 (8): 653–668.
[20] Castiglioni, S., Davoli, E., Riva, F. et al. (2018). Mass balance of emerging contaminants in the water cycle of a highly urbanized and industrialized area of Italy. *Water Research* 131: 287–298.
[21] McEachran, A.D., Shea, D., Bodnar, W., and Nichols, E.G. (2016). Pharmaceutical occurrence in groundwater and surface waters in forests land-applied with municipal wastewater. *Environmental Toxicology and Chemistry* 35 (4): 898–905.
[22] Solé, M., Shaw, J.P., Frickers, P.E. et al. (2010). Effects on feeding rate and biomarker responses of

marine mussels experimentally exposed to propranolol and acetaminophen. *Analytical and Bioanalytical Chemistry* 396 (2): 649-656.

[23] Guler, Y. and Ford, A.T. (2010). Anti-depressants make amphipods see the light. *Aquatic Toxicology* 99 (3): 397-404.

[24] Ericson, H., Thorsén, G., and Kumblad, L. (2010). Physiological effects of diclofenac, ibuprofen and propranolol on Baltic sea blue mussels. *Aquatic Toxicology* 99 (2): 223-231.

[25] Gonzalez-Rey, M. and Bebianno, M.J. (2014). Effects of non-steroidal anti-inflammatory drug (NSAID) diclofenac exposure in mussel Mytilus galloprovincialis. *Aquatic Toxicology* 148: 221-230.

[26] Bossus, M.C., Guler, Y.Z., Short, S.J. et al. (2014). Behavioural and transcriptional changes in the amphipod Echinogammarus marinus exposed to two antidepressants, fluoxetine and sertraline. *Aquatic Toxicology* 151: 46-56.

[27] Perreault, H.A., Semsar, K., and Godwin, J. (2003). Fluoxetine treatment decreases territorial aggression in a coral reef fish. *Physiology and Behavior* 79 (4, 5): 719-724.

[28] Kohlert, J.G., Mangan, B.P., Kodra, C. et al. (2012). Decreased aggressive and locomotor behaviors in Betta splendens after exposure to fluoxetine. *Psychological Reports* 110 (1): 51-62.

[29] Gebauer, D.L., Pagnussat, N., Piato, Â.L. et al. (2011). Effects of anxiolytics in zebrafish: similarities and differences between benzodiazepines, buspirone and ethanol. *Pharmacology, Biochemistry, and Behavior* 99 (3): 480-486.

[30] Villeneuve, D.L., Garcia-Reyero, N., Martinović, D. et al. (2010). I. Effects of a dopamine receptor antagonist on fathead minnow, Pimephales promelas, reproduction. *Ecotoxicology and Environmental Safety* 73 (4): 472-477.

[31] Mogren, C.L., Walton, W.E., Parker, D.R., and Trumble, J.T. (2013). Trophic transfer of arsenic from an aquatic insect to terrestrial insect predators. *PLoS One* 8 (6): e67817.

[32] Brodin, T., Fick, J., Jonsson, M., and Klaminder, J. (2013). Dilute concentrations of a psychiatric drug alter behavior of fish from natural populations. *Science* 339 (6121): 814-815.

[33] Clark, J.H. and Macquarrie, D.J. (ed.) (2008). *Handbook of Green Chemistry and Technology*. Wiley.

[34] Mohanpuria, P., Rana, N.K., and Yadav, S.K. (2008). Biosynthesis of nanoparticles: technological concepts and future applications. *Journal of Nanoparticle Research* 10 (3): 507-517.

[35] Singh, A.V., Bandgar, B.M., Kasture, M. et al. (2005). Synthesis of gold, silver and their alloy nanoparticles using bovine serum albumin as foaming and stabilizing agent. *Journal of Materials Chemistry* 15 (48): 5115-5121.

[36] Kahrilas, G.A., Haggren, W., Read, R.L. et al. (2014). Investigation of antibacterial activity by silver nanoparticles prepared by microwave-assisted green syntheses with soluble starch, dextrose, and arabinose. *ACS Sustainable Chemistry and Engineering* 2 (4): 590-598.

[37] Iravani, S., Korbekandi, H., Mirmohammadi, S.V., and Zolfaghari, B. (2014). Synthesis of silver nanoparticles: chemical, physical and biological methods. *Research in Pharmaceutical Sciences* 9 (6): 385.

[38] Padil, V.V. and Černík, M. (2013). Green synthesis of copper oxide nanoparticles using gum karaya as a biotemplate and their antibacterial application. *International Journal of Nanomedicine* 8: 889.

[39] Azizi, S., Namvar, F., Mahdavi, M. et al. (2013). Biosynthesis of silver nanoparticles using brown marine macroalga, Sargassum muticum aqueous extract. *Materials* 6 (12): 5942-5950.

[40] Tong, G., Du, F., Xiang, L. et al. (2014). Generalized green synthesis and formation mechanism of sponge-like ferrite micro-polyhedra with tunable structure and composition. *Nanoscale* 6 (2): 778-787.

[41] Gurunathan, S., Kalishwaralal, K., Vaidyanathan, R. et al. (2009). Biosynthesis, purification and characterization of silver nanoparticles using Escherichia coli. *Colloids and Surfaces B: Biointerfaces* 74 (1): 328-335.

[42] Santhanam, V. (2015). Scalable synthesis of noble metal nanoparticles. In: *Nanoscale and Microscale Phenomena* (ed. Y.M. Joshi and S. Khandekar), 59–81. New Delhi: Springer.
[43] Karaagac, O., Yildiz, B.B., and Köçkar, H. (2019). The influence of synthesis parameters on one-step synthesized superparamagnetic cobalt ferrite nanoparticles with high saturation magnetization. *Journal of Magnetism and Magnetic Materials* 473: 262–267.
[44] Ghanbariasad, A., Taghizadeh, S.M., Show, P.L. et al. (2019). Controlled synthesis of iron oxyhydroxide (FeOOH) nanoparticles using secretory compounds from Chlorella vulgaris microalgae. *Bioengineered* 10 (1): 390–396.
[45] Narayanan, K.B. and Sakthivel, N. (2010). Biological synthesis of metal nanoparticles by microbes. *Advances in Colloid and Interface Science* 156 (1, 2): 1–3.
[46] Javaid, A., Oloketuyi, S.F., Khan, M.M., and Khan, F. (2018). Diversity of bacterial synthesis of silver nanoparticles. *BioNanoScience* 8 (1): 43–59.
[47] Guilger-Casagrande, M. and de Lima, R. (2019). Synthesis of silver nanoparticles mediated by fungi: a review. *Frontiers in Bioengineering and Biotechnology* 7: 1–16.
[48] Xie, J., Lee, J.Y., Wang, D.I., and Ting, Y.P. (2007). Identification of active biomolecules in the high-yield synthesis of single-crystalline gold nanoplates in algal solutions. *Small* 3 (4): 672–682.
[49] Aziz, N., Faraz, M., Pandey, R. et al. (2015). Facile algae-derived route to biogenic silver nanoparticles: synthesis, antibacterial, and photocatalytic properties. *Langmuir* 31 (42): 11605–11612.
[50] Singh, P., Kim, Y.J., Zhang, D., and Yang, D.C. (2016). Biological synthesis of nanoparticles from plants and microorganisms. *Trends in Biotechnology* 34 (7): 588–599.
[51] Forrez, I., Carballa, M., Fink, G. et al. (2011). Biogenic metals for the oxidative and reductive removal of pharmaceuticals, biocides and iodinated contrast media in a polishing membrane bioreactor. *Water Research* 45 (4): 1763–1773.
[52] Quan, X., Zhang, X., Sun, Y., and Zhao, J. (2018). Iohexol degradation by biogenic palladium nanoparticles hosted in anaerobic granular sludge. *Frontiers in Microbiology* 9: 1980.
[53] De Corte, S., Sabbe, T., Hennebel, T. et al. (2012). Doping of biogenic Pd catalysts with Au enables dechlorination of diclofenac at environmental conditions. *Water Research* 46 (8): 2718–2726.
[54] Gusseme, B.D., Soetaert, M., Hennebel, T. et al. (2012). Catalytic dechlorination of diclofenac by biogenic palladium in a microbial electrolysis cell. *Microbial Biotechnology* 5 (3): 396–402.
[55] He, P., Mao, T., Wang, A. et al. (2020). Enhanced reductive removal of ciprofloxacin in pharmaceutical wastewater using biogenic palladium nanoparticles by bubbling H2. *RSC Advances* 10 (44): 26067–26077.
[56] Luo, Y., Guo, W., Ngo, H.H. et al. (2014). A review on the occurrence of micropollutants in the aquatic environment and their fate and removal during wastewater treatment. *Science of the Total Environment* 473: 619–641.
[57] Tebo, B.M., Bargar, J.R., Clement, B.G. et al. (2004). Biogenic manganese oxides: properties and mechanisms of formation. *Annual Review of Earth and Planetary Sciences* 32: 287–328.
[58] Romano, C.A., Zhou, M., Song, Y. et al. (2017). Biogenic manganese oxide nanoparticle formation by a multimeric multicopper oxidase Mnx. *Nature Communications* 8 (1): 1–8.
[59] Brouwers, G.J., Vijgenboom, E., Corstjens, P.L. et al. (2000). Bacterial Mn^{2+} oxidizing systems and multicopper oxidases: an overview of mechanisms and functions. *Geomicrobiology Journal* 17 (1): 1–24.
[60] Greene, A.C. and Madgwick, J.C. (1991). Microbial formation of manganese oxides. *Applied and Environmental Microbiology* 57 (4): 1114–1120.
[61] Villalobos, M., Toner, B., Bargar, J., and Sposito, G. (2003). Characterization of the manganese oxide produced by Pseudomonas putida strain MnB1. *Geochimica et Cosmochimica Acta* 67 (14): 2649–2662.
[62] Forrez, I., Carballa, M., Verbeken, K. et al. (2010). Diclofenac oxidation by biogenic manganese oxides.

Environmental Science and Technology 44 (9): 3449–3454.

[63] Tepe, O. and Cömert, S. (2019). Enhanced removal of paracetamol using biogenic manganese oxides produced by Pseudomonas putida B-14878 and process optimization by RSM. *Water, Air, and Soil Pollution* 230 (12): 309.

[64] Furgal, K.M., Meyer, R.L., and Bester, K. (2015). Removing selected steroid hormones, biocides and pharmaceuticals from water by means of biogenic manganese oxide nanoparticles in situ at ppb levels. *Chemosphere* 136: 321–326.

[65] Tu, J., Yang, Z., Hu, C., and Qu, J. (2014). Characterization and reactivity of biogenic manganese oxides for ciprofloxacin oxidation. *Journal of Environmental Sciences* 26 (5): 1154–1161.

[66] Wu, R., Wu, H., Jiang, X. et al. (2017). The key role of biogenic manganese oxides in enhanced removal of highly recalcitrant 1,2,4-triazole from bio-treated chemical industrial wastewater. *Environmental Science and Pollution Research* 24 (11): 10570–10583.

[67] Mirsadeghi, S., Zandavar, H., Yousefi, M. et al. (2020). Green-photodegradation of model pharmaceutical contaminations over biogenic Fe_3O_4/Au nanocomposite and antimicrobial activity. *Journal of Environmental Management* 270: 110831.

[68] Basnet, P., Samanta, D., Chanu, T.I. et al. (2019). Tea-phytochemicals functionalized Ag modified ZnO nanocomposites for visible light driven photocatalytic removal of organic water pollutants. *Materials Research Express* 6 (8): 085095.

[69] Begum, S. and Ahmaruzzaman, M. (2018). Biogenic synthesis of SnO_2/activated carbon nanocomposite and its application as photocatalyst in the degradation of naproxen. *Applied Surface Science* 449: 780–789.

[70] Mohanta, D., Raha, S., and Ahmaruzzaman, M. (2018). Biogenic green synthetic route for Janus type Ag:SnO_2 asymmetric nanocomposite arrays: plasmonic activation of wide band gap semiconductors towards photocatalytic degradation of doripenem. *Materials Letters* 230: 203–206.

[71] Bogireddy, N.K., Sahare, P., Pal, U. et al. (2020). Platinum nanoparticle-assembled porous biogenic silica 3D hybrid structures with outstanding 4-nitrophenol degradation performance. *Chemical Engineering Journal* 388: 124237.

[72] Du, Z., Li, K., Zhou, S. et al. (2020). Degradation of ofloxacin with heterogeneous photo-Fenton catalyzed by biogenic Fe-Mn oxides. *Chemical Engineering Journal* 380: 122427.

[73] Taghizadeh, A. and Rad-Moghadam, K. (2018). Green fabrication of Cu/pistachio shell nanocomposite using Pistacia vera L. hull: an efficient catalyst for expedient reduction of 4-nitrophenol and organic dyes. *Journal of Cleaner Production* 198: 1105–1119.

[74] Hong, M., Wang, Y., and Lu, G. (2020). UV-Fenton degradation of diclofenac, sulpiride, sulfamethoxazole and sulfisomidine: degradation mechanisms, transformation products, toxicity evolution and effect of real water matrix. *Chemosphere* 127351.

[75] Çağlar Yılmaz, H., Akgeyik, E., Bougarrani, S. et al. (2020). Photocatalytic degradation of amoxicillin using Co-doped TiO2 synthesized by reflux method and monitoring of degradation products by LC-MS/MS. *Journal of Dispersion Science and Technology* 41 (3): 414–425.

第 18 章

ナノ材料とその薄膜による光触媒空気浄化

Nanomaterials and Their Thin Films for Photocatalytic Air Purification

Juliane Z. Marinho and Antonio Otavio T. Patrocinio

Universidade Federal de Uberlândia, Institute of Chemistry, Laboratory of Photochemistry and Materials Science – LAFOT-CM, Av. João Naves de Ávila, 2121, Uberlândia, MG 38400-902, Brazil

18.1　屋内外の空気浄化技術

過去の研究[1–3]によれば，大気汚染と質の悪い空気への人間の暴露は，現在，世界的な公衆衛生に対する重大な環境脅威の一部となっている。環境大気汚染への曝露は罹患率と死亡率を増加させ，世界的な疾病負担の主な原因となっている[2]。文献[4, 5]によれば，大気汚染とは，揮発性有機化合物（VOC），病原体，無機酸化物（CO_2，NO_x，SO_x）などのガス状の有機・無機化学汚染物質による屋外または屋内の空気の汚染と定義されており，長距離を移動して酸性雨などの 2 次汚染物質を発生させ，地球温暖化を増加させる可能性もある[5]。

人間への屋内汚染の研究により，屋内環境は屋外環境の少なくとも 2 倍汚染されていることが明らかになっている[1]。室内空気中の主な不純物は，外気からの持ち込みと，室内発生源からの放出の組み合わせである[6]。実際，交通量が中程度の都市部の空気は，居間やオフィスの空気よりもきれいなことがある。例えば，掃除用品，家具，カーペット，電子機器は，VOC や病原体の重要な室内発生源である[7]。特に，屋内の大気汚染は，特に密集した高度に工業化された地域では，屋外の大気汚染よりも注目されていない。さらに近年では，冷暖房のエネルギーコストの節約のために，建物が外部環境からより密閉され，室内空気汚染への長期的曝露による脅威がより顕著になっている[5]。芳香族，アルデヒド，ハロカーボンを含む多種多様な VOC が，屋外と屋内の両方の空気から検出されている[8]。特にホルムアルデヒド（HCHO）は主要な室内空気汚染物質として特定されており，その暴露はガンやその他の深刻な疾患を引き起こす可能性がある[9]。

屋外の汚染では，自動車からの排気ガスが大気の質に悪影響を与える。これらは主に，一酸化炭素（CO），窒素酸化物，硫黄含有化合物，炭化水素により形成される[10]。大気中の気体状 SO_x は，酸性雨，植生へのダメージ，建物の腐食につながる。SO_x で汚染された空気への長期間の曝露は，気管支収縮や喘息の悪化など，呼吸器系の問題を引き起こす可能性がある[11–13]。一般に NO_x と呼ばれる窒素酸化物，特に化石燃料の燃焼や自動車の排気ガスに由来する一酸化窒素（NO）の存在は，酸性雨や霧の主な原因と見なされ，呼吸器疾患や心肺疾患のリスクを伴う人間の健康に害を及ぼす[14]。

現在，大気汚染物質の除去に最も使用されている方法は，静電空気浄化，ガス吸着，空気ろ過などのろ過と吸着である[4]。ろ過は，低コストで汚染物質の除去効果が高いため，空気清浄に広く使われてきた方法である[5]。しかし，古いエアフィルターは，健康問題や汚染物質濃度の増加に関わることが判明している。対照的に，大気汚染物質の化学的分解は，物理的除去を伴う追加要件を排除できる[4]。したがって，紫外線（UV）照射とオゾン消毒は，病原体や微生物の破壊に用いられる最も一般的な活性技術として登場したが，直接曝露された場合には人体に有害であるという欠点がある[15]。したがって，効果的で安全かつ安価な大気汚染物質分解技術の開発が急務である。

光触媒は，空気浄化に使用できる最も有望な方法の 1 つである。空気浄化のための光触媒材料と技術は，高度酸化プロセス（AOP）として知られる過程で，適切な波長の照射は選択された半導体に吸収され，これが典型的な汚染物質を無機化できる活性酸素種（ROS）の形成を誘発する，という原理に基づく[4]。空気浄化/殺菌の場合，光触媒は，

周囲の光と湿度以外に試薬が必要ないため，非常に興味深い。さらに，光活性表面は従来の建築材料に取り付けられるため，特別なインフラを必要としない[16, 17]。

特に，TiO_2，ZnO，WO_3，Nb_2O_5 などのナノ構造金属酸化物半導体に基づくAOPが注目されている。このような光触媒は化学的に不活性で，有機汚染物質と無機汚染物質の両方を光酸化でき，コンクリート，ガラス，絵画，セラミックなどの一部として屋外や屋内の浄化に使用することができる[5]。欠点として，このような酸化物は一般的に紫外線活性（UV-A）のみであるが，これはドーピングやヘテロ接合の形成によって克服することができる。本章では，空気浄化のための半導体ベースAOPの基礎を，研究室および工業規模での主な例とともに紹介する。

18.2 空気浄化のための光触媒分解機構

藤島ら[18]は不均一系光触媒を「固体表面上での光化学反応の触媒作用」と定義した。光触媒反応には，触媒表面で起こる光反応が含まれる。実際には，少なくとも2つの反応が同時に起こる必要があり，1つ目は光生成正孔による酸化反応，2つ目は光生成電子による還元反応である[19]。光触媒自体の化学変化を避けるには，この2つのプロセスが正確にバランスしている必要があり，これは結局のところ触媒の一般的な必要要件である。

他の応用として，空気浄化では，光触媒の電子的特性と形態学的特性を調整して，最小限のエネルギーで汚染物質の吸着と非有害廃棄物への分解を促進する必要がある[20]。光触媒材料の電子バンド構造は，電子で満たされた価電子帯（VB）と空孔のある伝導帯（CB）からなり，これらはエネルギーバンドギャップ（E_g）により隔てられている[4]。バンドギャップエネルギーを超えるエネルギーで入射した光子は吸収され，電子は価電子帯から伝導帯に励起される（式（18.1））。そして，両方の電荷キャリアを光触媒表面での酸化還元化学反応に利用できるようになる[21]。

$$\text{光触媒} + h\nu \rightarrow e^- + h^+ \tag{18.1}$$

したがって，不均一系光触媒は，光励起された電子と正孔の励起，バルク拡散，表面移動という3つの機構的ステップを含む[22]。表面活性サイト（表面原子構造や内在酸素空孔など）の存在は，環境種の吸着とさらなる電荷移動を促進する[22]。電子（e^-）は電子受容体（EA），例えば O_2 と反応し，正孔（h^+）は電子供与体（ED），例えば H_2O と反応してラジカルを形成することができる[4]。あるいは，電子と正孔が表面で再結合し，電荷移動が効果的に抑制されることもある。

$$\mathrm{EA} + e^- \rightarrow [\mathrm{EA}]^{\cdot -} \tag{18.2}$$

$$\mathrm{ED} + h^+ \rightarrow [\mathrm{ED}]^{\cdot +} \tag{18.3}$$

光生成した電子と正孔がこれらの反応を経る可能性は，電荷受容体の酸化還元電位との関係に依存する。式（18.2）は，CBのエネルギー準位がEAの酸化還元電位よりも負側

にある場合に起こるはずであり，式（18.3）は，VB のエネルギー準位が ED の酸化還元電位よりも正側にある場合に起こるはずである[4]。しかし，動力学的な観点から見ると，電荷再結合は，光触媒反応の効果的な促進のために制御しなければならない重要な副反応である[23, 24]。e^-/h^+の寿命が短いということは，再結合速度が速く，光触媒活性が低いことを意味する。光生成した電子と正孔が再結合しない場合，それぞれ分子状酸素や水との酸化還元反応を引き起こし，表面でラジカルや活性酸素を形成する可能性がある[24-26]。これには，過酸化物（$^{\cdot}O_2^{-2}$），スーパーオキシド（$^{\cdot}O_2^{-}$），水酸化物（$^{\cdot}OH$）ラジカルが含まれる。これらの種は酸化還元中間体として作用し，標的汚染物質とさらに反応する[23]。あるいは，汚染物質の中には，特に光触媒表面に強く吸着した場合に，1 次 EA や正孔受容体として作用するものもある[26, 27]。その結果，汚染物質の分解には以下の 2 つの機構[4]がある（図 18.1）。

- 直接電荷移動：

  e^-/h^+ ＋ 汚染物質 → 分解産物

- 活性酸素を介した電荷移動：

  e^-/h^+ ＋ O_2/H_2O → ラジカル

  ラジカル ＋ 汚染物質 → 分解産物

クロロホルムや他の塩素化炭化水素，ギ酸や酢酸のような揮発性カルボン酸は，1 次 ED として作用し，機構 1[25]によって分解される。一方，NO_x やその他の無機ガスは，活性酸素を介した機構に従う。Lasek ら[27]は，NO_x の光分解について包括的なレビュー

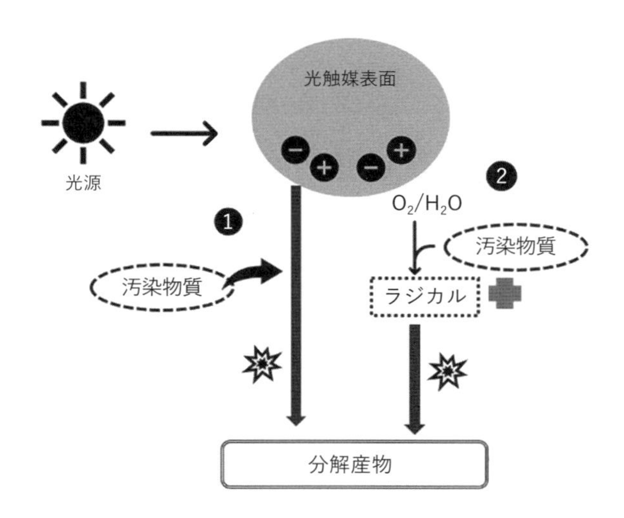

図 18.1　汚染物質の分解機構の模式図

を行った。光酸化経路では，NO_x は以下の反応経路で HNO_3 に変換される。

- 電子–正孔対の形成：

$$TIO_2 + h\nu \rightarrow e^- + h^+ \tag{18.4}$$

- ラジカル形成：

$$H^+ + H_2O_{ads} \rightarrow HO^{\cdot}_{ads} + H^+ \tag{18.5}$$

$$e^- + O_{2acs} \rightarrow O_{2ads}{}^{\cdot -} \tag{18.6}$$

- 活性酸素を介した電荷移動：

$$NO + HO^{\cdot}_{ads} \rightarrow HNO_2 \tag{18.7}$$

$$HNO_2 + HO^{\cdot}_{ads} \rightarrow NO_2 + H_2O \tag{18.8}$$

$$HNO_2 + HO^{\cdot}_{ads} \rightarrow HNO_3 \tag{18.9}$$

さらに光触媒は，細菌，真菌，ウイルスを含むさまざまな病原体の殺菌能力を持つことが示されている[28–30]。これは，(i) 増殖の阻害，(ii) 殺菌，(iii) それらによって生成される毒素の分解，および/または (iv) これらの有機分解の副生成物の分解という 4 つの特徴のうちの 1 つ以上を含む[29, 30]。光触媒は，可視光照射下でのエアロゾル中の大腸菌（*E. coli*）の殺菌に用いられる[31]。活性酸素 OH と O^{2-} は，大腸菌の外膜，DNA，RNA，脂質などの有機成分を攻撃して酸化・分解し，細菌を死滅させる[31]。

空気浄化のための光触媒材料の性能を，標準的な ISO 条件下でモデル化合物に対して評価した。一酸化窒素，アセトアルデヒド，トルエンの除去は，それぞれ ISO 22197–1:2016，ISO 22197–2:2019，ISO 22197–3:2019 に記載されている。光触媒材料に関するこれらおよびその他の ISO 試験の基本原則は，Mills らの研究[32]に記載されている。これらの標準試験は，平らなシート状，板状，プレート状の建材，ハニカム状の材料，セラミック微結晶や複合材を含むプラスチックや紙など，さまざまな種類の材料に成膜された光触媒に適用される。効果は通常，除去された汚染物質の割合（μL/L）で表され，これは初期濃度で正規化され，除去率につながり，光触媒効率では，入射光子のうち汚染物質の分解を効果的にもたらす割合が考慮される。光触媒材料に関するその他の試験には，抗菌活性に関する ISO 27447:2009 がある。

18.3 空気浄化に用いられる光触媒

空気浄化システムに用いられる光触媒の主な種類は，二元系および三元系の金属酸化物，金属硫化物，金属を含まない材料である[33–36]。これらの材料の活性は応用に影響し，その応用は結晶学的，光学的，電子的特性などの特性に影響される[4]。18.3.1～

18.3.4 節で，各種材料の詳細を簡単に説明する。

18.3.1　金属酸化物

空気浄化における光触媒に関する研究のほとんどは，表 18.1 に見られるように，酸化チタン（TiO_2）を用いている。これは，低コスト，無毒性，高い化学的安定性，紫外線下での効率的な光触媒性能など，その優れた特性による[19]。この材料は 3.2 eV のバンドギャップエネルギーを持つため，UVA 領域（350～390 nm）の光を吸収する。

二元系金属酸化物の中でも，CeO_2 は TiO_2 と同様に化学的安定性が高く，光腐食に強いこともあって，光触媒による空気浄化のもう 1 つの有望な材料として候補に上がってきた[59]。しかし，より重要なのは，Ce^{4+} と Ce^{3+} を容易に切り替えることができる触媒活性表面サイトと，可逆的な $Ce^{4+}/^{3+}$ バランスを制御する高濃度の酸素空孔の存在である[45]。

バナジン酸ビスマス（$BiVO_4$）は，もう 1 つの有望な可視光活性材料として浮上してきた。正方晶ジルコン構造，単斜晶シェライト構造，正方晶シェライト構造の 3 つの結晶相が存在し，単斜晶相が最も優れた光触媒性能を示す[60]。その狭いバンドギャップと適切なエネルギーバンド準位が特に注目されるが，電荷キャリア移動度が比較的低いため，光生成電荷が再結合前に表面まで拡散する確率が低い[50, 61]。もう 1 つの欠点は，紫外可視（UV–vis）光に長時間さらされると分解してしまうことである。電荷移動度を高めるために，ドーピング剤が用いられてきた[61]。

18.3.2　三元酸化物

最近の研究では，ペロブスカイト型材料が注目されている。ペロブスカイトは一般式 ABX_3 で表され，A および B は 2 つの異なる陽イオン，X は陰イオンで，O^{2-} の場合は空間群 *pm3m* で立方対称性を示すチタン酸カルシウム（$CaTiO_3$）の結晶構造が類似している[35]。ペロブスカイトは，$BaTiO_3$，$PbTiO_3$，$SrTiO_3$[52, 53]などの有望な光触媒特性を持ち，太陽燃料製造や光触媒による空気浄化など，複数の太陽エネルギー応用のために注目度が高まっている。

$SrTiO_3$ と $PbTiO_3$ が NO 除去に採用されている[52]。光触媒活性と選択性は，その電子構造と電荷分離効率に強く関係する。ペロブスカイト構造の 2 つの副格子では，ほとんどの元素を置換できるため，組成の変化によって化学的・物理的特性を変化させる能力は，二元系金属酸化物と比較して重要である[35]。Weikang Ji ら[55]によって報告されたように，フッ化物と Ag ナノ粒子でコモディティ化したペロブスカイト構造の $SrTiO_3$ は，可視光照射による光熱触媒的 VOC 分解のための強固な触媒として構築されている。

もう 1 つの有望な比較的新しいアプローチには，ヘキサニオブ酸カリウム（$K_4Nb_6O_{17}$）やニオブ酸カルシウムのような，室内または屋外の空気の質の改善に用いられる可能性のあるラメラ酸化物の使用が含まれる。コンクリートや舗装の表面に塗布する触媒の空隙率も，NO_x 窒素酸化物（NO，NO_2，NO_3 など）の光分解に重要であり，空隙率が高くなるほど除去能力は向上する[5]。Nb^{5+} イオンの電荷密度が高いため，酸素との親和性が非常に高く，ニオブ酸塩は拡張したラメラ構造を形成する傾向がある[62]。この構造はか

表 18.1　光触媒による空気浄化に最も一般的に用いられる光触媒

光触媒	汚染物質	実験条件	除去率	参考文献
TiO_2	アセトアルデヒド，アセトン	[VOCs]＝10 ppmv 流量＝0.5 dm^3/min UV-A light＝3.3mW/cm^2	75%（アセトアルデヒド） 90% アセトン	[37]
	プロピルアルデヒド	[プロピルアルデヒド]＝320 ppmv 流量＝0.1 dm^3/min UV-A light＝13mW/cm^2	70%	[38]
	NO	[NO]＝600 ppb 流量＝1dm^3/min UV-vis Xe light＝300W	60%	[39]
	SO_2	[SO_2]＝100 ppm 流量＝1.2 dm^3/min UV light＝10mW/cm^2	80%	[40]
Cr^{3+}-ドープ TiO_2	アセトアルデヒド	[アセトアルデヒド]＝199 ppm 流量＝1.2 dm^3/min Visible LED＝1mW/cm^2	95%	[41]
N,F-ドープ TiO_2	アセトアルデヒド	[アセトアルデヒド]＝930 ppm UV-vis light＝20mW/cm^2	80%	[42]
ZnO	NO, SO_2, CO	[SO_2 and NO]＝2000 ppb [CO]＝500 ppm 流量＝0.2 dm^3/min UV-C light＝2.4W	23%（NO） 92%（SO_2） 34%（CO）	[43]
ZnO	NO	[NO]＝500 ppm 流量＝0.3 dm^3/min UV-vis light＝58mW/cm^2	70%	[44]
CeO_2 Au/CeO_2	NO	[NO]＝600 ppm Visible Xe light＝300W	25% 65%	[45]
WO_3	NO	[NO]＝0.5 ppm 流量＝1dm^3/min UV-A light＝1mW/cm^2	50%	[46]
WO_3/TiO_2	NO	[NO]＝5 ppm 流量＝2dm^3/min UV-A light＝0.38mW/cm^2	WO_3/TiO_2 ゼオライト 96.88% WO_3/TiO_2 ゼオライト 58.3%	[47]
α-Fe_2O_3	NO	[NO]＝150 ppb 流量＝0.3 dm^3/min UV-vis light＝58mW/cm^2	25%	[48]
Pt/α-Fe_2O_3/ TiO_2	アセトアルデヒド	[アセトアルデヒド]＝100 ppm UV-light＝400W	74%	[49]
$BiVO_4$	NO	[NO]＝400 ppb 流量＝4dm^3/min UV-vis light＝300W	50%	[50]

表 18.1　光触媒による空気浄化に最も一般的に用いられる光触媒（つづき）

光触媒	汚染物質	実験条件	除去率	参考文献
α-Bi_2O_3	NO, HCHO	[NO]=400 ppb [HCHO]=2 ppm 流量=4dm^3/min Visible light=0.72mW/cm^2	35% (NO) 37% (HCHO)	[51]
BiOI/Al_2O_3	NO, SO_2	[SO_2 and NO]=100 ppm 流量=0.3 dm^3/min Visible LED=6mW/cm^2	80% (NO) 100% (SO_2)	[13]
$SrTiO_3$ $PbTiO_3$ $BaTiO_3$	NO	[NO]=700 ppb 流量=0.1 dm^3/min UV-vis light=53mW/cm^2	50% 60% 43%	[52]
Cr^{3+}-ドープ $SrTiO_3$	NO	[NO]=600 ppb 流量=1dm^3/min Visible LED=0.2mW/cm^2	30%	[53]
$RbBi_2Nb_5O_{16}$ Pd/$RbBi_2Nb_5O_{16}$ $RbBiNb_2O_7$	アセトアルデヒド	[VOC]=300 ppmv Visible Xe light=300W	60% 90% 30%	[54]
Ag/F-ドープ $SrTiO_3$	トルエン，ベンゼン，キシレン	[VOCs]=800 ppm UV-vis light=150mW/cm^2	87% (トルエン) 95% (ベンゼンとキシレン)	[55]
CdS@g-C_3N_4	アセトアルデヒド	[アセトアルデヒド]=100 ppm Visible Xe light=300W	73%	[56]
g-C_3N_4	NO	[NO]=600 ppb 流量=1dm^3/min Visible light=1.4mW/cm^2	43%	[57]
P-ドープ g-C_3N_4	NO	[NO]=100 ppb 流量=2.4 dm^3/min Visible Xe light=150W	50%	[58]

なりの表面積を提供し，インターカレーションや表面改質による改質を可能にする[62]。

Tetsuya Kako と Jinhua Ye[54]は，アルカリ性ニオブ酸ビスマスが可視光に感応することを報告した。この研究では，ルビジウムビスマスニオブ酸塩 $RbBi_2Nb_5O_{16}$，Pd-$RbBi_2Nb_5O_{16}$，および $RbBiNb_2O_7$ の光触媒活性と光物性に着目し，ガス状アセトアルデヒドのより効率的な光触媒分解を目指した。$RbBi_2Nb_5O_{16}$ による Pd の析出により，光触媒活性が向上した。

18.3.3　金属硫化物

ZnS は空気中で光腐食するため，硫化カドミウム（CdS）は光触媒に最も一般的に用いられる金属硫化物である。また，CdS は可視光で励起され，良好な光触媒活性を持つ[36]。しかし，金属硫化物に含まれる S^{2-} イオンは，光生成した正孔により容易に酸化さ

れる傾向が強いため[63]，すべての金属硫化物が不安定となり，応用が制限される。研究者は通常，金属硫化物を他の安定な光触媒と組み合わせることで，安定性を高め，電子と正孔の分離を改善している。例えば，Yaqin Wang ら[56]は，VOC 分解に優れた光触媒活性を示し，優れた H_2 生成活性も示す g-C_3N_4 をマトリックスとする CdS 系複合光触媒の合成を報告している。

18.3.4 金属を使わない材料

g-C_3N_4 は，その卓越した光学的・電子的特性により，絶大な注目を集めてきた。g-C_3N_4 は，可視領域で適切なバンドギャップを持つ有機高分子半導体材料として，光触媒として広く研究されている[64]。末端の水素原子の存在により表面欠陥が導入され，電子の非局在化が促進され，酸化還元反応が促進される[64, 65]。元素ドーピングによって，欠陥サイトが g-C_3N_4 ネットワークに組み込まれる。g-C_3N_4 の金属フリーの性質を維持するために，陰イオンのドーピングが集中的に検討されてきた。さらに，陰イオンは電気陰性度が高くイオン化ポテンシャルが高いため，一般に共有結合を形成することができる[65]。ドーピングされた g-C_3N_4 の設計には，硫黄，リン，ホウ素，窒素，酸素，ハロゲンなど，多くの陰イオンのドーピングが採用されている[65]。Wendong Zhang ら[58]は，直接加熱して調製した新規な P ドープ g-C_3N_4 光触媒を報告し，NO の光触媒除去において顕著な向上を示した。

18.4 空気浄化用光触媒の高効率化戦略の構築

空気浄化のための光触媒技術の応用を考えると，主な目的は，紫外可視領域で最高の活性を持ち，適切な物理化学的安定性を持つ適切な光触媒を設計することである。以下に述べるように，最も用いられる戦略は，e^-/h^+ の再結合率を低下させ，可視光を効率的に捕集し，活性表面サイトの濃度を増加させるという，1つ以上の目的を達成することを意図している。

光触媒の効率向上のための化学修飾に移る前に，さまざまな材料を得るために採用された合成方法の重要な役割を強調することが重要である。合成条件は，光触媒特性に直接影響する粒子のサイズと形態を決定する。粒子径が小さい，特にナノメートル領域では，一般的に体積に対する表面積の増加に相当する粒径が小さくなるため，光触媒性能が向上する可能性がある[4]。ナノ粒子はまた，表面活性部位の密度が高い傾向にある。これらの表面活性サイトは，電子や正孔が移動して反応性ラジカルが生成される前に，O_2 や H_2O の吸着に必要である[66]。

調製方法もまた，半導体材料のナノ構造に強い効果を及ぼす。固相反応のように，高温・長時間・頻繁な中間粉砕を必要とする方法もあり，一般的に非常に結晶性の高い材料が得られるが，粒子径の制御が難しい[35]。水溶液や有機溶液をベースとしたさまざまな湿式法が，粒子の形状やサイズをよりよく制御するために提案されており，より高い再現性とエネルギー効率の高いシステムにつながっている。代表的な例として，ゾル-ゲル法や水熱法があり，マイクロ波加熱を用いたものも含まれる[67-70]。

18.4.1 ドーピングによる光触媒の化学修飾

ドーピングは，反応性を高める新たなエネルギー準位や構造欠陥を作り出すため，光触媒の性能の向上に用いられる一般的で効果的な方法である[4]。ドーピングは，ミッドバンドギャップ状態を提供することで，バンドギャップを狭めることができる[71]。さらに，ドーピングとそれに伴う電荷バランスによって，光触媒に構造欠陥を導入することもできる[4]。例えば，浅い ED で効果的に正の電位を持つ表面酸素空孔は，電子トラップとして機能し，電子-正孔分離と吸着種への電荷移動を促進することができる[71]。さらに，ドーパントの存在下では，粒子サイズと表面積を変化させることができる[72, 73]。

ドーパントの効果は，光触媒ホスト格子への溶解度によって異なる。置換型固溶体の形成において，ホスト陽イオンよりも価数の高いドーパント陽イオンまたは価数の低いドーパント陽イオンは，それぞれ陽イオン空孔（負の電位）または酸素空孔（正の電位）を生成する可能性がある[4]。前者は環境種（O_2 や H_2O）の吸着を減少させ，後者は吸着を増加させると予想される[74, 75]。対照的に，格子間固溶体の形成では，格子の歪みと電荷バランスによって格子が安定化したり不安定化する可能性があり，光触媒性能にも影響する[76]。

ドナー準位またはアクセプター準位は，それぞれ VB 極大より上または CB 極小より下に形成され，可視光吸収の向上，ひいては活性の向上につながる[77]。このような電子準位は，電荷輸送を容易にするだけでなく，電荷キャリアの寿命も延ばすことができる。TiO_2 に金属元素または非金属元素のドープは，TiO_2 のバンドギャップに新しいエネルギー準位を形成することで可視光の吸収を促進する，よく知られた戦略である。Yamazaki ら[41]は，異なる遷移金属をドープした TiO_2 膜，M-TiO_2（M＝Cr^{3+}，Pt^{4+}，V^{3+}）について，可視光照射下での CH_3CHO 分解を研究し，光誘起空気浄化の効率に影響する主な要因を探った。最も活性が高かったのは Cr^{+3} をドープした系であり，最適なドープ量は酸素空孔の形成と相関していた。

ドープされたチタン酸ストロンチウムに関する研究は非常に有望である[78-80]。1 つの可能性は，非化学量論的 $Sr_{1.67}TiO_3$ のような酸素空孔誘起チタン酸ストロンチウムを調製することである。CB 直下の空孔誘起電子状態の存在が，化学量論的 $SrTiO_3$ と比較して優れた光触媒活性の原因であるようだ[53]。同じ著者らは，Cr^{3+}をドープした $SrTiO_3$ がマイクロ波アシストソルボサーマル法によって調製されたことも報告している。これら 2 種類の $SrTiO_3$ ナノ粒子は，NO の酸化的破壊に対して優れた可視光誘起光触媒活性を持つ。

複数イオンのドーピングは，複数イオンの相乗効果により，単一イオンのドーピングよりも高い光触媒活性をもたらす可能性がある[4]。Di Li ら[42]は，噴霧熱分解法によって調製した N-F コドープ TiO_2 粉末の合成を報告し，アセトアルデヒド分解をプローブ反応として用いて，紫外可視光下での光触媒作用を評価した。N-F コドープ TiO_2 粉末は，ドープしていない TiO_2 や市販の P25 と比較して高い光触媒活性を示した。したがって，この高い活性は，そのユニークな表面特性，ドープされた N^{3+} イオンと F^- イオンの相乗効果によると考えられた。

18.4.2 表面ヘテロ構造による修飾

半導体複合体の形成は，光誘起電荷分離の効率と光触媒性能を向上させる効果的な方法であり，ここ数十年で研究されてきた[81]。例えば，UV-A 領域でのみ活性な半導体（TiO_2，WO_3，ZnO など）と，可視光領域で活性な半導体（Fe_2O_3，Cu_2O，BiOI，g-C_3N_4 など）を組み合わせることができることが示されている[81, 82]。

入射光のエネルギーが両半導体（すなわち半導体 1 と半導体 2）の電子の励起に十分な場合，光生成電子は半導体 2 の高いほうの CB から半導体 1 の低いほうの CB に移動することができる（すなわち，より正の酸化還元電位にシフトする）[4]。同様に，光生成された正孔は，半導体 1 の低い方の VB から半導体 2 の高い方の VB に移動することができる（すなわち，より負の酸化還元電位にシフトする）[4]。これは 2 つの分離した粒子の界面を横切って起こり，分離した電子と正孔はそれぞれ EA と ED と反応することができ，その結果，電子と正孔の分離が改善される。

Yu Huang ら[83]は，g-C_3N_4/TiO_2 複合ハイドロゾルの室温での利用に基づく空気浄化舗装を，公共高速道路で容易に製造するアプローチを報告した。現地調査によると，g-C_3N_4/TiO_2 コーティング舗装の NO 除去率は，日射が最も弱い午前中（7:00～10:00）と午後（17:00～19:00）に 70.7％であった。NO_x 効率は，日射量と交通量に影響される。J.A.Mendoza ら[47]は，天然ゼオライトや透水性コンクリートブロックなど，さまざまなグリーンインフラ材料にコーティングした紫外線可視光活性複合材料 WO_3/TiO_2 と TiO_2 の NO_x 除去性能を調査・比較した。WO_3/TiO_2 をゼオライトにコーティングした場合，単独で用いた場合（79.60％）よりも優れた NO_x 除去効率（96.88％）を示し，WO_3/TiO_2 をコーティングした透水性コンクリートブロックは，UV-A 光照射下でより高い NO_x 除去効率（58.30％）を示した。Dehua Xia ら[13]は，BiOI/Al_2O_3 複合体を可視光光触媒として用いた，ガス状 NO と SO_2 の同時光触媒除去に関する研究を報告している。NO と SO_2 に対する BiOI/Al_2O_3 の高い除去効率は，可視光領域での複合体の強い吸収と，系内での活性種 $HO^{\cdot}$ と $O_2^{\cdot -}$ の生成に起因する。

貴金属を用いたヘテロ接合の精巧化は，電子と正孔の分離を高め，半導体の光応答範囲を広げるために用いられてきたもう 1 つの方法である。光触媒性能の向上のために，半導体とヘテロ接合の形成に最も一般的に用いられる金属は，光触媒プロセス中の化学的安定性から Ag，Au，Pt である[4]。Huan Shang ら[45]は，2 成分の Au/CeO_2 光触媒が可視光照射下で光触媒 NO 除去性能を向上させ，より高い NO 変換効率（65％）を持つことを実証した。Jianjun Yang ら[49]は，Pt/Fe_2O3/TiO_2 を用いた HCHO の光触媒酸化の生成物と中間体を分析し，まず HCHO が HCOOH に酸化され，次に HCOOH が CO_2 に変換されるという 2 段階の分解機構を提案した。実験では，$^{\cdot}$OH と $^{\cdot}$CHO のフリーラジカルも検出された。プラズマ共鳴効果と Pt の仕事関数がキャリアの寿命を延ばし，複合光触媒特性を向上させた。

18.4.3 大気汚染に対する光触媒材料の大規模応用

不均一系光触媒の大規模応用は，主に欧州と日本のいくつかの企業や研究コンソーシア

ムによって実証されている。空気浄化とセルフクリーニング材料は，光触媒技術の中で最も技術成熟度（TRL）が高い技術である[84]。ほとんどの商業レベルのシステムは，アナターゼ結晶相を持つ TiO_2 ナノ粒子のみをベースとしており，これは世界中の主要メーカーから入手可能である。典型的な応用例としては，ピルキントン Activ™[85]やサンゴバン Bioclean[86]のようなセルフクリーニングガラスがあり，建築用ガラスは，高い可視透過率と反射率を持つ薄い TiO_2 膜で覆われている。このようなガラスを高層ビルのファサードに適用すれば，TiO_2 ナノ粒子の高い親水性により，メンテナンスや清掃の大幅な削減につながる。

もう 1 つの応用は，建築資材やコーティング材である。1993 年以来，日本の TOTO 株式会社は，いわゆるハイドロテクト光触媒技術をタイルに提供している[87]。ヨーロッパとアジアのさまざまな企業が光触媒コンクリート製品を提供しており[88]，それらはローマのミゼリコルディア教会のダイヴ，東京の丸ビル，フランスのシャンベリーのシテ・ド・ラ・ミュージック・エ・デ・ボザーなど，さまざまな実証プロジェクトに用いられている[84]。興味深いことに，セメント・マトリックス（アルカリ性のケイ酸塩と炭酸塩）は，その高い空隙率によって酸化チタンの光触媒活性を促進する。また，光散乱による光路の拡大により，TiO_2 粒子による光の集光性が向上し，表面被毒が最小限に抑えられる[89]。その結果，比較的小さな TiO_2 濃度（最大 3% w/w）で良好な分解性能を達成することができる。多くの道路の舗装やアスファルトも，TiO_2 エマルションで覆われている。

光触媒コンクリートや光触媒ガラスの全体的な効果は，汚染物質濃度，相対湿度，温度，日射量などの局所的な要因に大きく左右される。従来のコンクリートやガラスに比べてコストが高いため，このような材料の広範な使用はまだ制限されているが，大気汚染の減少は健康システムや社会全体に利益をもたらすため，公的インセンティブによって克服することができる。

18.5　結論と展望

都市部では危険なレベルの大気汚染が日常化しているため，空気浄化の重要性はますます高まっている。光触媒材料と光触媒デバイスは，この問題に対処する実行可能な戦略を提供するため，国際的に注目度が高まっている。文献によれば，空気浄化への光触媒の利用において，顕著な進歩が見られてきた。しかし，これらの光触媒の可視光線に対する効率は比較的低いままであり，実用化には限界がある。半導体のバンドギャップを狭め，電荷分離効率を高める方法は数多く報告されているが，成功のためには新たなアプローチが必要かもしれない。その結果，さまざまな種類の大気汚染物質に応じた新しい材料やモルフォロジー設計の指針となる理論的研究やシミュレーションの貢献が，その取り組みを助けると思われる。さらに，少量の光触媒をさまざまな表面に用いて高い光活性を確保する新しい成膜技術も，開発すべき重要な課題の 1 つである。

References

[1] González-Martín, J., Kraakman, N.J.R., Pérez, C. et al. (2021). A state-of-the-art review on indoor air pollution and strategies for indoor air pollution control. *Chemosphere* 262: 128376.

[2] Cohen, A.J., Brauer, M., Burnett, R. et al. (2017). Estimates and 25-year trends of the global burden of disease attributable to ambient air pollution: an analysis of data from the Global Burden of Diseases Study 2015. *Lancet* 389 (10082): 1907-1918.

[3] Lelieveld, J., Evans, J.S., Fnais, M. et al. (2015). The contribution of outdoor air pollution sources to premature mortality on a global scale. *Nature* 525 (7569): 367-371.

[4] Ren, H., Koshy, P., Chen, W.F. et al. (2017). Photocatalytic materials and technologies for air purification. *Journal of Hazardous Materials* 325: 340-366.

[5] Nath, R.K., Zain, M.F.M., and Jamil, M. (2016). An environment-friendly solution for indoor air purification by using renewable photocatalysts in concrete: a review. *Renewable and Sustainable Energy Reviews* 62: 1184-1194.

[6] Nazaroff, W.W. and Goldstein, A.H. (2015). Indoor chemistry: research opportunities and challenges. *Indoor Air* 25 (4): 357-361.

[7] Sánchez, B., Sánchez-Muñoz, M., Muñoz-Vicente, M. et al. (2012). Photocatalytic elimination of indoor air biological and chemical pollution in realistic conditions. *Chemosphere* 87 (6): 625-630.

[8] Boyjoo, Y., Sun, H., Liu, J. et al. (2017). A review on photocatalysis for air treatment: from catalyst development to reactor design. *Chemical Engineering Journal* 310: 537-559.

[9] Kong, L., Li, X., Song, P., and Ma, F. (2021). Porous graphitic carbon nitride nanosheets for photocatalytic degradation of formaldehyde gas. *Chemical Physics Letters* 762: 138132.

[10] Jiang, Z. and Yu, X. (Bill) (2020). Performance of visible-light-driven photocatalytic pavement in reduction of motor vehicles' exhaust gas. *Transportation Research Record* 2674 (11): 512-519.

[11] Amini, N., Soleimani, M., and Mirghaffari, N. (2019). Photocatalytic removal of SO_2 using natural zeolite modified by TiO_2 and polyoxypropylene surfactant. *Environmental Science and Pollution Research* 26 (17): 16877-16886.

[12] Wang, H., Liu, H., Chen, Z. et al. (2020). Interaction between SO_2 and NO in their adsorption and photocatalytic conversion on TiO_2. *Chemosphere* 249: 126136.

[13] Xia, D., Hu, L., He, C. et al. (2015). Simultaneous photocatalytic elimination of gaseous NO and SO_2 in a $BiOI/Al_2O_3$-padded trickling scrubber under visible light. *Chemical Engineering Journal* 279: 929-938.

[14] Shang, H., Li, M., Li, H. et al. (2019). Oxygen vacancies promoted the selective photocatalytic removal of NO with blue TiO_2 via simultaneous molecular oxygen activation and photogenerated hole annihilation. *Environmental Science & Technology* 53 (11): 6444-6453.

[15] Bolashikov, Z.D. and Melikov, A.K. (2009). Methods for air cleaning and protection of building occupants from airborne pathogens. *Building and Environment* 44 (7): 1378-1385.

[16] Zhao, J. and Yang, X. (2003). Photocatalytic oxidation for indoor air purification: a literature review. *Building and Environment* 38 (5): 645-654.

[17] Zhong, L. and Haghighat, F. (2015). Photocatalytic air cleaners and materials technologies - abilities and limitations. *Building and Environment* 91: 191-203.

[18] Fujishima, A., Zhang, X., and Tryk, D.A. (2008). TiO2 photocatalysis and related surface phenomena. *Surface Science Reports* 63 (12): 515-582.

[19] Nakata, K. and Fujishima, A. (2012). TiO2 photocatalysis: design and applications. *Journal of Photochemistry and Photobiology C: Photochemistry Reviews* 13 (3): 169-189.

[20] Weon, S., He, F., and Choi, W. (2019). Status and challenges in photocatalytic nanotechnology for cleaning air polluted with volatile organic compounds: visible light utilization and catalyst deactivation.

Environmental Science Nano 6 (11): 3185-3214.

[21] Tsang, C.H.A., Li, K., Zeng, Y. et al. (2019). Titanium oxide based photocatalytic materials development and their role of in the air pollutants degradation: overview and forecast. *Environment International* 125: 200-228.

[22] Liu, G., Yu, J.C., Lu, G.Q., and Cheng, H.M. (2011). Crystal facet engineering of semiconductor photocatalysts: motivations, advances and unique properties. *Chemical Communications* 47 (24): 6763-6783.

[23] Birnie, M., Riffat, S., and Gillott, M. (2006). Photocatalytic reactors: design for effective air purification. *International Journal of Low-Carbon Technologies* 1 (1): 47-58.

[24] Ângelo, J., Andrade, L., Madeira, L.M., and Mendes, A. (2013). An overview of photocatalysis phenomena applied to NOx abatement. *Journal of Environmental Management* 129: 522-539.

[25] Hoffmann, M.R., Martin, S.T., Choi, W.Y., and Bahnemann, D.W. (1995). Environmental applications of semiconductor photocatalysis. *Chemical Reviews* 95 (1): 69-96.

[26] Tachikawa, T., Tojo, S., Kawai, K. et al. (2004). Photocatalytic oxidation reactivity of holes in the sulfur- and carbon-doped TiO_2 powders studied by time-resolved diffuse reflectance spectroscopy. *Journal of Physical Chemistry B* 108 (50): 19299-19306.

[27] Lasek, J., Yu, Y.H., and Wu, J.C.S. (2013). Removal of NOx by photocatalytic processes. *Journal of Photochemistry and Photobiology C: Photochemistry Reviews* 14 (1): 29-52.

[28] Vohra, A., Goswami, D.Y., Deshpande, D.A., and Block, S.S. (2006). Enhanced photocatalytic disinfection of indoor air. *Applied Catalysis B: Environmental* 64 (1, 2): 57-65.

[29] Yu, B., Leung, K.M., Guo, Q. et al. (2011). Synthesis of Ag-TiO_2 composite nano thin film for antimicrobial application. *Nanotechnology* 22 (11): 115603.

[30] Pham, T.D. and Lee, B.K. (2014). Effects of Ag doping on the photocatalytic disinfection of *E. coli* in bioaerosol by Ag-TiO_2/GF under visible light. *Journal of Colloid and Interface Science* 428: 24-31.

[31] Pham, T.D. and Lee, B.K. (2014). Cu doped TiO_2/GF for photocatalytic disinfection of Escherichia coli in bioaerosols under visible light irradiation: application and mechanism. *Applied Surface Science* 296: 15-23.

[32] Mills, A., Hill, C., and Robertson, P.K.J. (2012). Overview of the current ISO tests for photocatalytic materials. Journal of Photochemistry and Photobiology A: *Chemistry* 237: 7-23.

[33] Patil, S.B., Basavarajappa, P.S., Ganganagappa, N. et al. (2019). Recent advances in non-metals-doped TiO_2 nanostructured photocatalysts for visible-light driven hydrogen production, CO_2 reduction and air purification. *International Journal of Hydrogen Energy* 44 (26): 13022-13039.

[34] Nasr-Esfahani, M. and Fekri, S. (2012). Alumina/TiO_2/hydroxyapatite interface nanostructure composite filters as efficient photocatalysts for the purification of air. *Reaction Kinetics, Mechanisms and Catalysis* 107 (1): 89-103.

[35] Wang, W., Tadé, M.O., and Shao, Z. (2015). Research progress of perovskite materials in photocatalysis- and photovoltaics-related energy conversion and environmental treatment. *Chemical Society Reviews* 44 (15): 5371-5408.

[36] Wang, L., Xu, X., Wang, Y. et al. (2018). Sulfur vacancy-rich CdS loaded on filter paper-derived 3D nitrogen-doped mesoporous carbon carrier for photocatalytic VOC removal. *Inorganic Chemistry Frontiers* 5 (6): 1470-1476.

[37] Dundar, I., Krichevskaya, M., Katerski, A. et al. (2019). Photocatalytic degradation of different VOCs in the gas-phase over TiO_2 thin films prepared by ultrasonic spray pyrolysis. *Catalysts* 9 (11): 915.

[38] He, F., Muliane, U., Weon, S., and Choi, W. (2020). Substrate-specific mineralization and deactivation behaviors of TiO_2 as an air-cleaning photocatalyst. *Applied Catalysis B: Environmental* 275: 119145.

[39] Shen, X., Dong, G., Wang, L. et al. (2019). Enhancing photocatalytic activity of NO removal through an in situ control of oxygen vacancies in growth of TiO_2. *Advanced Materials Interfaces* 6 (19): 1901032.

[40] Wang, L., Zhao, Y., and Zhang, J. (2017). Photochemical removal of SO_2 over TiO_2-based nanofibers by a dry photocatalytic oxidation process. *Energy and Fuels* 31 (9): 9905–9914.

[41] Yamazaki, S., Kozasa, K., Okimura, K., and Honda, K. (2020). Visible light responsive TiO_2 photocatalysts for degradation of indoor acetaldehyde. *RSC Advances* 10 (68): 41393–41402.

[42] Li, D., Haneda, H., Hishita, S., and Ohashi, N. (2005). Visible-light-driven N-F-codoped TiO_2 photocatalysts. 2. Optical characterization, photocatalysis, and potential application to air purification. *Chemistry of Materials* 17 (10): 2596–2602.

[43] Kowsari, E. and Bazri, B. (2014). Synthesis of rose-like ZnO hierarchical nanostructures in the presence of ionic liquid/Mg^{2+} for air purification and their shape-dependent photodegradation of SO_2, NO_x, and CO. *Applied Catalysis A: General* 475: 325–334.

[44] Pastor, A., Balbuena, J., Cruz-Yusta, M. et al. (2019). ZnO on rice husk: a sustainable photocatalyst for urban air purification. *Chemical Engineering Journal* 368: 659–667.

[45] Shang, H., Huang, S., Li, H. et al. (2020). Dual-site activation enhanced photocatalytic removal of no with Au/CeO_2. *Chemical Engineering Journal* 386: 124047.

[46] Luévano-Hipólito, E., Martínez-De La Cruz, A., Yu, Q.L., and Brouwers, H.J.H. (2014). Precipitation synthesis of WO_3 for NO_x removal using PEG as template. *Ceramics International* 40 (8 Part A): 12123–12128.

[47] Mendoza, J.A., Lee, D.H., Kim, L.H. et al. (2018). Photocatalytic performance of TiO_2 and WO_3/TiO_2 nanoparticles coated on urban green infrastructure materials in removing nitrogen oxide. *International Journal of Environmental Science and Technology* 15 (3): 581–592.

[48] Balbuena, J., Cruz-Yusta, M., Cuevas, A.L. et al. (2016). Enhanced activity of α-Fe_2O_3 for photocatalytic NO removal. *RSC Advances* 6 (95): 92917–92922.

[49] Yang, J., Li, D., Zhang, Z. et al. (2000). A study of the photocatalytic oxidation of formaldehyde on Pt/Fe_2O_3/TiO_2. *Journal of Photochemistry and Photobiology A: Chemistry* 137 (2, 3): 197–202.

[50] Ai, Z. and Lee, S. (2013). Morphology-dependent photocatalytic removal of NO by hierarchical $BiVO_4$ microboats and microspheres under visible light. *Applied Surface Science* 280: 354–359.

[51] Ai, Z., Huang, Y., Lee, S., and Zhang, L. (2011). Monoclinic α-Bi_2O_3 photocatalyst for efficient removal of gaseous NO and HCHO under visible light irradiation. *Journal of Alloys and Compounds* 509 (5): 2044–2049.

[52] Cai, S., Yu, S., Wan, W. et al. (2017). Self-template synthesis of $ATiO_3$ (A = Ba, Pb and Sr) perovskites for photocatalytic removal of NO. *RSC Advances* 7 (44): 27397–27404.

[53] Li, H., Yin, S., Wang, Y. et al. (2013). Roles of Cr^{3+} doping and oxygen vacancies in $SrTiO_3$ photocatalysts with high visible light activity for NO removal. *Journal of Catalysis* 297: 65–69.

[54] Kako, T. and Ye, J. (2005). Photocatalytic decomposition of acetaldehyde over rubidium bismuth niobates under visible light irradiation. *Materials Transactions* 46 (12): 2694–2698.

[55] Ji, W., Shen, T., Kong, J. et al. (2018). Synergistic performance between visible-light photocatalysis and thermocatalysis for VOCs oxidation over robust Ag/F-codoped $SrTiO_3$. *Industrial and Engineering Chemistry Research* 57 (38): 12766–12773.

[56] Wang, Y., Xu, X., Lu, W. et al. (2018). A sulfur vacancy rich CdS based composite photocatalyst with g-C_3N_4 as a matrix derived from a Cd-S cluster assembled supramolecular network for H_2 production and VOC removal. *Dalton Transactions* 47 (12): 4219–4227.

[57] Luo, J., Dong, G., Zhu, Y. et al. (2017). Switching of semiconducting behavior from n-type to p-type induced high photocatalytic NO removal activity in g- C_3N_4. *Applied Catalysis B: Environmental* 214:

46–56.

[58] Zhang, W., Zhang, J., Dong, F., and Zhang, Y. (2016). Facile synthesis of: in situ phosphorus-doped g-C_3N_4 with enhanced visible light photocatalytic property for NO purification. *RSC Advances* 6 (91): 88085–88089.

[59] Channei, D., Inceesungvorn, B., Wetchakun, N. et al. (2014). Photocatalytic degradation of methyl orange by CeO_2 and Fe-doped CeO_2 films under visible light irradiation. *Scientific Reports* 4 (1): 1–7.

[60] Fan, H., Jiang, T., Li, H. et al. (2012). Effect of $BiVO_4$ crystalline phases on the photoinduced carriers behavior and photocatalytic activity. *Journal of Physical Chemistry C* 116 (3): 2425–2430.

[61] Huang, Z.F., Pan, L., Zou, J.J. et al. (2014). Nanostructured bismuth vanadate-based materials for solar-energy-driven water oxidation: a review on recent progress. *Nanoscale* 6 (23): 14044–14063.

[62] Nunes, B.N., Haisch, C., Emeline, A.V. et al. (2019). Photocatalytic properties of layer-by-layer thin films of hexaniobate nanoscrolls. *Catalysis Today* 326: 60–67.

[63] Ahmad, H., Kamarudin, S.K., Minggu, L.J., and Kassim, M. (2015). Hydrogen from photo-catalytic water splitting process: a review. *Renewable and Sustainable Energy Reviews* 43: 599–610.

[64] Liao, J., Cui, W., Li, J. et al. (2020). Nitrogen defect structure and NO^+ intermediate promoted photocatalytic NO removal on H_2 treated g-C_3N_4. *Chemical Engineering Journal* 379: 122282.

[65] Patnaik, S., Sahoo, D.P., and Parida, K. (2021). Recent advances in anion doped g-C_3N_4 photocatalysts: a review. *Carbon* 172: 682–711.

[66] Nowotny, J., Bak, T., Nowotny, M.K., and Sheppard, L.R. (2006). TiO_2 surface active sites for water splitting. *Journal of Physical Chemistry B* 110 (37): 18492–18495.

[67] Komarneni, S. and Katsuki, H. (2002). Nanophase materials by a novel microwave-hydrothermal process. *Pure and Applied Chemistry* 74 (9): 1537–1543.

[68] Van Tuan, P., Hieu, L.T., Tan, V.T. et al. (2019). The dependence of morphology, structure, and photocatalytic activity of SnO_2/rGO nanocomposites on hydrothermal temperature. *Materials Research Express* 6 (10): 106204.

[69] Alphas Jebasingh, J., Stanley, R., and Manisha Vidyavathy, S. (2020). Sol-gel preparation of surfactants assisted titania for solar photocatalysis. *Materials Letters* 279: 128460.

[70] Marinho, J.Z., Santos, L.M., Macario, L.R. et al. (2015). Rapid preparation of $(BiO)_2CO_3$ nanosheets by microwave-assisted hydrothermal method with promising photocatalytic activity under UV-vis light. *Journal of the Brazilian Chemical Society* 26: 498–505.

[71] Sun, Q., Tian, T., Zheng, L. et al. (2019). Electronic active defects and local order in doped ZnO ceramics inferred from EPR and 27Al NMR investigations. *Journal of the European Ceramic Society* 39 (10): 3070–3076.

[72] Turkten, N., Cinar, Z., Tomruk, A., and Bekbolet, M. (2019). Copper-doped TiO_2 photocatalysts: application to drinking water by humic matter degradation. *Environmental Science and Pollution Research* 26 (36): 36096–36106.

[73] Ahmad, I., Ahmed, E., Ahmad, M. et al. (2020). The investigation of hydrogen evolution using Ca doped ZnO catalysts under visible light illumination. *Materials Science in Semiconductor Processing* 105: 104748.

[74] Hanaor, D.A.H. and Sorrell, C.C. (2011). Review of the anatase to rutile phase transformation. *Journal of Materials Science* 46 (4): 855–874.

[75] McCluskey, M.D. and Jokela, S.J. (2009). Defects in ZnO. *Journal of Applied Physics* 106 (7): 1–13.

[76] Chen, W.F., Chen, H., Koshy, P. et al. (2018). Effect of doping on the properties and photocatalytic performance of titania thin films on glass substrates: single-ion doping with cobalt or molybdenum. *Materials Chemistry and Physics* 205: 334–346.

[77] Ismael, M. (2019). Highly effective ruthenium-doped TiO_2 nanoparticles photocatalyst for visible-light-

driven photocatalytic hydrogen production. *New Journal of Chemistry* 43 (24): 9596–9605.

[78] Bantawal, H., Shenoy, U.S., and Bhat, D.K. (2020). Vanadium-doped $SrTiO_3$ nanocubes: insight into role of vanadium in improving the photocatalytic activity. *Applied Surface Science* 513: 1–7.

[79] Chang, C.W. and Hu, C. (2020). Graphene oxide-derived carbon-doped $SrTiO_3$ for highly efficient photocatalytic degradation of organic pollutants under visible light irradiation. *Chemical Engineering Journal* 383: 123116.

[80] Hu, Y., Zhao, G., Pan, Q. et al. (2019). Highly selective anaerobic oxidation of alcohols over Fe-doped $SrTiO_3$ under visible light. *ChemCatChem* 11 (20): 5139–5144.

[81] Dong, P., Hou, G., Xi, X. et al. (2017). WO_3-based photocatalysts: morphology control, activity enhancement and multifunctional applications. *Environmental Science Nano* 4 (3): 539–557.

[82] Wang, Y., Wang, Q., Zhan, X. et al. (2013). Visible light driven type II heterostructures and their enhanced photocatalysis properties: a review. *Nanoscale* 5 (18): 8326–8339.

[83] Huang, Y., Zhang, J., Wang, Z. et al. (2020). g-C_3N_4/TiO_2 composite film in the fabrication of a photocatalytic air-purifying pavements. *Solar RRL* 4 (8): 2000170.

[84] Spasiano, D., Marotta, R., Malato, S. et al. (2015). Solar photocatalysis: materials, reactors, some commercial, and pre-industrialized applications. A comprehensive approach. *Applied Catalysis B: Environmental* 170, 171: 90–123.

[85] Pilkington Activ™ Range. A versatile range of glass which offers multiple benefits. https://www.pilkington.com/en/global/products/product-categories/selfcleaning/pilkington-activ-range (accessed 26 February 2021).

[86] SGG BIOCLEAN® | Saint-Gobain Façade. Bioclean. https://www.saint-gobainfacade-glass.com/products/sgg-bioclean%C2%AE (accessed 26 February 2021).

[87] HYDROTECT | TOTO. Hydrotect. https://jp.toto.com/products/hydro/en (accessed 26 February 2021).

[88] Hüsken, G., Hunger, M., and Brouwers, H.J.H. (2009). Experimental study of photocatalytic concrete products for air purification. *Building and Environment* 44 (12): 2463–2474.

[89] Sieland, F., Duong, N.A.T., Schneider, J., and Bahnemann, D.W. (2018). Influence of inorganic additives on the photocatalytic removal of nitric oxide and on the charge carrier dynamics of TiO_2 powders. Journal of Photochemistry and Photobiology A: *Chemistry* 366: 142–151.

第 19 章

エアロゲルによる環境修復

Aerogel for Environmental Remediation

Abdul S. Jatoi[1], Zubair Hashmi[1], Nabisab Mujawar Mubarak[2], Faisal A. Tanjung[3], Muhammad Ahmed[1], Shaukat A. Mazari[1], Faheem Akhter[4] and Shoaib Ahmed[1]

[1] Department of Chemical Engineering, Dawood University of Engineering and Technology, New Muhammad Ali Jinnah Road Jamshed Quarters Muslimabad Karachi, Karachi, Sindh 74800, Pakistan

[2] Petroleum and Chemical Engineering, Faculty of Engineering, University of Technology Brunei, Bandar Seri Begawan BE1410, Brunei Darussalam

[3] Universitas Medan Area, Faculty of Science and Technology, Jalan Kolam No. 1, Medan, North Sumatera 20223, Indonesia

[4] Department of Chemical Engineering, QUEST, Sakrand Road, Shaheed Benazirabad, Nawabshah, Sindh 67450, Pakistan

19.1　はじめに

エアロゲルとは，有機，無機，またはハイブリッド分子前駆体から得られるあらゆる材料を指す一般的な用語である。これらの材料は通常，ゾル-ゲルプロセスと適切な乾燥技術によって調製され，3次元の高孔質ネットワークを保持する[1, 2]。エアロゲルは1930年代にS. Kistlerによって初めて紹介された。彼は超臨界乾燥法を用いて湿潤ゲルから多孔質液体を抽出し，元の湿潤ゲルとほぼ同じ大きさの空気充填固体材料を得た[3]。Kistlerは，出発分子が異なる多くの強力なエアロゲルに着目したが，その後の研究は，シリカ系（SiO_2）エアロゲルに焦点を当てた[4, 5]。図19.1は，Kistlerの発明後のエアロゲルの変遷と，過去10年間における「エアロゲル」の内容を含む論文数の増加を示す[7]。実際，1980年代以降，合成プロセスの大幅な進歩に伴い，エアロゲルは，この魅力的な材料の驚くべき技術的実用性の出現により，科学界の注目を集めるようになった[8]。この実用性は，ほとんどのニーズ，性能応用要件を満たすことができる[9]。

近年，新しいエアロゲルの登場により，こうした進歩はさらに顕著になっている[10]。低密度（約0.003～0.5 g/cm^3），高比表面積（約500～1,200 m^2/g），高空隙率（約80～99.8%）[4]，カスタム表面は，これらの化学の独自の特性の組み合わせである[11]。

材料の組み合わせと，さまざまな形状やサイズに加工できる能力により，これらの優れた構造を持つ材料は，多くの応用が可能である[12]。エアロゲルの主な応用分野は，航空宇宙と建築分野の断熱材である[13]。求められる主な特性[14, 15]，吸着と環境浄化[15]，化学センサー[16]，音響変換器[17]，エネルギー蓄積デバイス，金型[42]，防水コーティング[43]，生物医学と製薬応用[44-48]は，ほんの一例に過ぎない。上記の特性により，エアロゲルの環境除菌特性は，最近急速に発展した高性能応用である。材料やエネルギー関連分野への応用が期待されることから，科学界では大きな関心を呼んでいる。エアロゲルの環境浄化は非常に成熟した分野で，大気中のCO_2吸着などの空気浄化，工

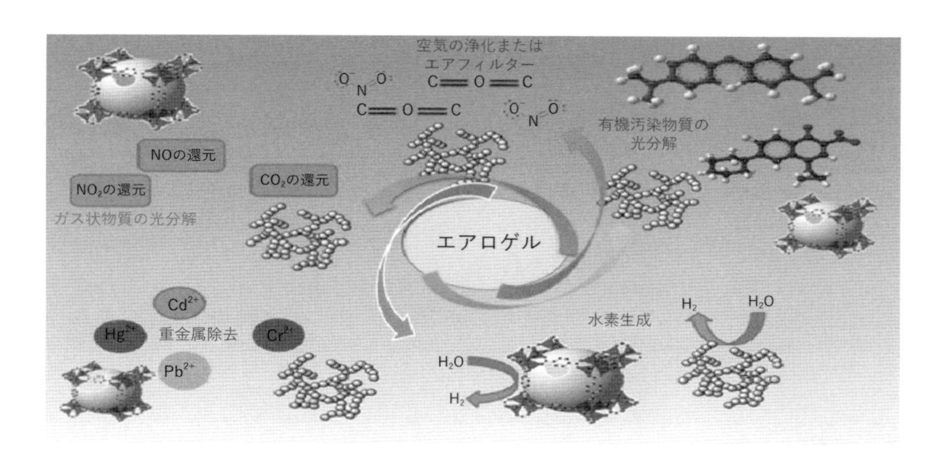

図19.1　環境浄化へのエアロゲルの応用

出典：Maleki[6]/Elsevierの許可を得て掲載

業廃水や都市廃水，汚染物質揮発性有機物の吸着除去，油や有害有機物の吸着などの水処理に用いられる。上記のような汚染物質は，現代社会における主要な公害であり，地球温暖化や人体への被害など，深刻な環境問題を引き起こしている。

従来のエアロゲルの効果が低いため，一般に旧来のものより効果的で最適化されたバイオポリマーをベースとした他のタイプのエアロゲルが開発されている[18, 19]。一方，バイオポリマーは効果的だが，炭化ケイ素（SiC）[20]，カーボン，セルロース由来のバイオマス[21, 22]など多くの他の基盤材料がエアロゲルの生成に用いられている。環境汚染の除去においてエアロゲルはプロセスの最適化に用いられる。エアロゲルは高価な材料だが，表面化学的に優れた物理的特性を持つ。いくつかの応用例を図19.1に示す。本章では，エアロゲルの進歩・発展に関するさまざまな側面を，特定のプロセスと合成，および異なる浄化目的の応用へのさまざまな組成を概説する。

19.2 空気清浄におけるエアロゲルの応用

19.2.1 CO_2 回収におけるエアロゲル

大気中への二酸化炭素の排出は温室効果ガスの主成分であり，地球の表面温度を上昇させるような環境変化や気候変動の災禍を最小限に抑えるよう制御されなければならない[23, 24]。二酸化炭素の回収技術は実験室規模で開発されているが，環境保護のためには大規模に実施されなければならない[25]。現在開発中の技術は，液体アミン（アミン洗浄と呼ばれる）や膜空気分離技術を用いた，排ガスからの二酸化炭素の選択的除去に基づく[26, 27]。

固体アミン官能性吸着剤は，アミン基を持つ他の活性化合物との安定した物理的相互作用や化学結合を吸着剤表面に確立することで開発できる。物理的相互作用では，例えば従来のメソポーラスシリカ（SBA-15やMCM-41など）のような多孔性吸着剤に，アミン官能基を持つ活性な高分子モノマーや化合物を含浸させる[28, 29]。弱い物理的相互作用によって得られるこれらのアミノ含浸吸着剤は，タイプI吸着剤とも呼ばれる。一方，化学的相互作用では，アミン官能基化化合物が固体担体に共有結合するため，タイプII吸着剤が形成される。この点に関して，一般的な例は，シリカ表面へのアミノトリアルコキシシランの付着，またはアミノトリアルコキシシランとテトラアルコキシシランの共縮合である[30, 31]。ある種の吸着剤は，吸着剤表面のアミン官能性ポリマーをアクリレートなどのポリマーと重合させることによっても調製できる[32]。したがって，表面にアミンに富むポリマーを重合させて調製した吸着剤は，タイプIIIの CO_2 吸着剤と呼ばれる。タイプIでは（湿式含浸のように）多量の活性アミンを表面に含むことができるため，吸着剤はより高い CO_2 吸着能を示すことができるが，両者の間に強い相互作用がないため，一般に安定な吸着剤の1つである[33, 34]。さらに，物理的湿式浸漬法による表面上のアミンの分布は均一でないことがあり，これが吸着容量結果に大きく影響することがある[35]。対照的に，化学的に結合したアミン官能基を持つ吸着剤（タイプII）は，アミンと担体を結合する強い共有結合により，一般的に高い安定性を持つ。

図 19.2　CO_2 捕捉用エアロゲル[36]

図 19.2 は，カラムにおけるアミンの添加量と生成エアロゲルの収着容量，細孔面積，体積の関係を示したものである。PEI（ポリエチレンイミン）を 15%添加したエアロゲルでは，2%のアミノプロピルトリメトキシシラン（APTMS）と 5%の PEI を添加したエアロゲルに比べ，比表面積と細孔容積にかかわらず，効率的で高い収着容量が観察された。したがって，エキスポの表面積，ポストサイズ，体積の小ささなどの吸着剤の物理的特性やテクスチャー特性は，アミン負荷容量に直接影響し，効率的な吸着に最も重要なのは，最適な選択性，最適なプロセス，吸着容量であることが観察された。

19.2.2　揮発性有機化合物（VOC）除去におけるエアロゲル

工業用車両や自動車から揮発性有機化合物（VOC）の有害な蒸気の大気中への放出による大気汚染もまた，主な環境課題である[37]。規制が必要な最も広範な大気汚染物質には，ベンゼン，エチルベンゼン，キシレン，トルエン，エチルベンゼン，キシレンが含まれ，「BTEX」とも呼ばれる。これらの有機物質から発生する蒸気は極めて発がん性が高く，人体に深刻な危険を及ぼす可能性がある。

吸着は，大気やあらゆるシステムから揮発性または蒸発した化合物を除去する最も一般的な方法である。さまざまな吸着剤の中でも，ミクロン/メゾ，限定された細孔径分布，大きな露出比表面積，細孔表面の強い化学的適応性を持つ多孔質材料が，より高い吸着能力を持つ優れた代替材料であると報告されている[38]。この場合，アジャイルコードは，上述のような，あらゆる混合物中の有毒汚染物質の除去という基本的な要件を満たしており，大きな可能性を示している[38]。報告によると，活性炭エアロゲルはトルエン蒸気の捕獲に適しており，再生可能性に優れる。炭素捕獲用エアロゲルは，最大 1,180 mg/g の吸着用量を持ち，耐久性があり，400℃で完全に脱離することができる。シリカエアロゲルはベンゼン蒸気の吸着剤としても有望で，飽和吸着容量は 3,000 mg/g である。トリ

図 19.3 揮発性有機固体用エアロゲル

出典：Dolai ら[41]に基づく

メチルエトキシシラン（TMES）やメチルトリメトキシシラン（MTMS）で改質したシリカエアロゲルは，排ガス流から BTEX 蒸気を除去できることが報告されている。エアロゲルの耐湿性を高め，再利用性向上のために表面を疎水化した。その結果，表面改質シリカエアロゲルは良好な BTEX 蒸気捕捉性能（トルエンに対して 80 mg/100 g）を有し，14 回以上の吸着-脱着再生の繰り返しが可能であるが，親水性はそれほど高くないことが示された。それに比べ，吸着の重要性は低い。エアロゲル（トルエンの場合 91 mg/100 g）は，表面改質の過程で BET 表面と微細孔が減少するためである。エアロゲルは最近，室内環境改善のための高性能吸着エアフィルターとしても用いられている。この場合，Amonette と Matyáš[39]は，二酸化チタンをドープし，大気汚染物質に対するエアロゲルの二重吸着性能と光触媒挙動に依存したグラフェンエアロゲルを提案し，クリーンな室内環境におけるこのフィルターの実用性を研究した[40]。この研究では，スクリーニングデータの取得は報告されていないが，フィルターの空気浄化性能は，エアロゲルへの吸着機能と，酸化チタンの光分解を受ける汚染物質の蓄積量に依存することが提案された（図 19.3）。

19.3 水処理へのエアロゲルの応用

19.3.1 石油と有毒有機化合物の浄化におけるエアロゲル

廃水から石油やその他の有毒有機汚染物質の除去は，環境修復における主な課題である[42]。実際，毎年大量の工業用炭化水素や都市用炭化水素が水生生態系に放出され，廃水処理プラントの目詰まりや水生生物や環境への悪影響など，深刻な環境問題を引き起こしている。油は生化学的分解によって放出される[43]。水には，潤滑油，重質炭化水素，軽質炭化水素，切削油，乳化油（水溶性油など），非乳化油（グリースなど），動植物の油

表 19.1　汚染物質除去用エアロゲルとその収着容量

吸着剤エアロゲル	吸着容量	吸着物質	参考文献
カーボンエアロゲル	1.14 mol/g	C.I. で再活性化したレッド 2（染料）	[49]
疎水性粒状シリカエアロゲル	142 mg/g	フェノール	[50]
カーボンマイクロベルトエアロゲル	重量の 56～188 倍	油	[51]
疎水性シリカキセロゲル	460 μg/g	ディルドリン	[52]
親水性シリカエアロゲル	34 mg/g	RhB	
デンプン由来炭素エアロゲル	1515 mg/g 1423 mg/g 1181 mg/g	クリスタルバイオレット（CV） メチルバイオレット（MV） メチルブルー（MB）	[53]
チタニアエアロゲル	420 mg/g	アゾ染料オレンジ II	[54]
カーボンエアロゲル	1180 mg/g	トルエン	[55]
モンモリロナイト粘土-ポリマー複合エアロゲル純	23.63 g/g 25.84 g/g	ドデカン	[56]
TMOS で疎水化したモンモリロナイト粘土-ポリマー複合エアロゲル	12.25 g/g 10.56 g/g	モーターオイル	
セルロースエアロゲル	エアロゲルの乾燥重量の 11～22 倍	廃エンジンオイル	[57]
グラフェンエアロゲル	重量の 11.200%	油および有機溶剤	[58]
磁性グラフェンエアロゲル	重量の 16～22 倍	染料，ガソリン	[59]
ポリ（アルコキシシラン）オルガノゲル	ヘキサンで 295%，ユーロディーゼルで 389%，ガソリンで 652%，ベンゼンで 792%，トルエンで 792%，テトラヒドロフラン（THF）で 868%，ジクロロメタン（DCM）で 1060%	オイルおよび原油	[60]
キャボット・サーマルラップ（TW）とアスペン エアロジェルスペースロフト（SL）	14.0 0.1 and 12.2 0.1 g/g (TW), 8.0 0.1 and 6.5 0.3 /g (SL)	イラクと Sweet Bryan Mound オイル	[62]
疎水性シリカ系エアロゲルおよびキセロゲル	192.31 mg/g	有毒有機溶剤	[61]
磁性セルロースエアロゲル	重量の 28 倍	油	[62]
粘土ハイブリッド・エアロゲル	101.55, 98.42, 116.75, 114.10 mg/g（メチレンブルー，マラカイト）	有機染料（メチレンブルー，マラカイトグリーン）	[63]
グラフェンエアロゲル	質量の 120～200 倍	油および有機溶剤	[56]
磁性グラフェンエアロゲル	重量の 27 倍	モーターオイル	[64]
グラフェン-カーボンナノチューブエアロゲル	エアロゲル 1 グラムあたり 28 リットルの石油	石油製品，油脂，有機溶剤	[65]

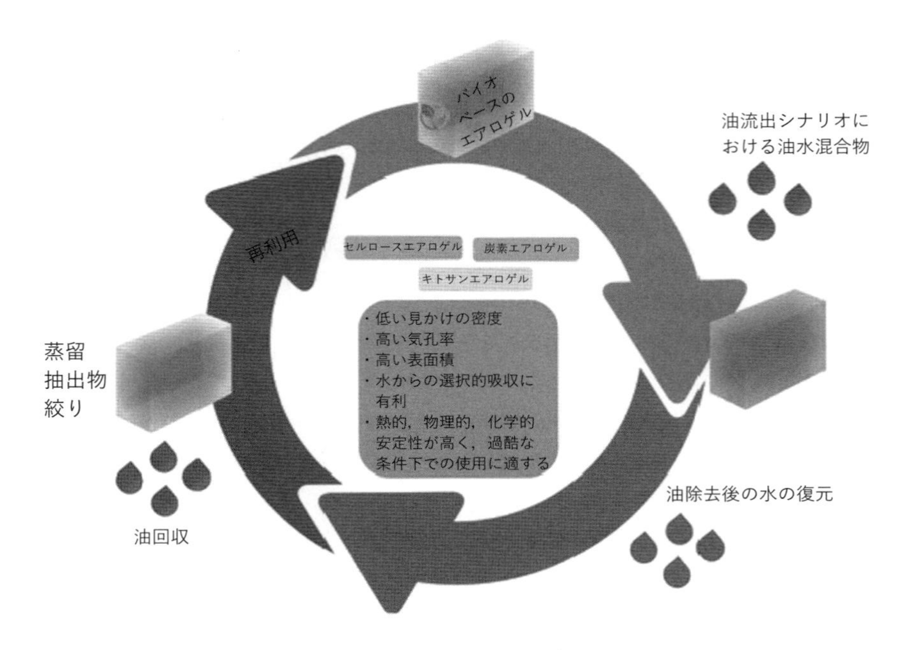

図 19.4　油用エアロゲル

出典：Chen ら[66]/Elsevier の許可を得て掲載

など，いくつかの汚染物質が含まれている。水やその他の高価な流体から油や有毒な有機化合物を除去・処理するために，他のさまざまな方法を用いることもできる。利用可能な方法は，物理的または膜ろ過[45]，生物学的処理[46, 47]，化学的処理であり，最も一般的に用いられるのは吸着である。水からの油やその他の有機物質の除去には，化学的処理や生物学的処理よりも，膜ろ過に基づく物理的処理の方が信頼性が高いことが知られている。しかし，吸着剤は，汚染物質を適切に除去でき，多くの場合何度もリサイクルまたは再利用できるため，さまざまな吸着剤を用いた吸着が，最も効率的で経済的かつ環境に優しい方法であると考えられている[46]。

近年，多孔質材料が油吸着剤として注目されているのは，シンプルで高速かつ強力な吸着プロセスにより油水分離を実現できるからである[47]。一般に，理想的な吸着材は，高い油吸収性，高い選択性，低密度（高浮力），優れたリサイクル性を持ち，生態学的特性を持つ材料で作られているべきである。Chen ら[48]によると，石油浄化プロセスに用いられる多孔質吸着剤は，主に天然物，有機合成物質，無機鉱物製品の 3 つに分類される。表 19.1 は，石油吸着性能に関わるこれらの高度吸着剤の効率と欠点をまとめている(図 19.4)。

19.3.2　重金属イオン除去におけるエアロゲル

環境汚染と現代社会のもう 1 つの大きな課題は，工業排出物や下水に含まれる重金属イオンによる水資源や廃水の汚染である。カドミウム（Cd），クロム（Cr），水銀（Hg），銅（Cu），鉛（Pb），マンガン（Mn），ニッケル（Ni），亜鉛（Zn），鉄（Fe）などの重金

属は，よく知られたグラスである。グリホサートは，環境大気と人体に対して非常に有毒で非生分解性であり，肝臓，腎臓，骨，がんに深刻なダメージを与える可能性がある[67-69]。したがって，重金属の環境への放出前に，汚染水源からの重金属除去の適切な技術を用いることが急務である。廃液からの重金属イオンの除去に，膜分離，沈殿，ろ過，イオン交換，逆浸透，錯体化/キレート，電気化学，生物学的プロセスなど，さまざまな方法が用いられてきた[69, 70]。しかし，特に低濃度において，高いエネルギー要件，高い運転コスト，複雑な実施方法など，いくつかの欠点のため，これらの方法は標準的で安全かつ実用的な方法の要件を満たすことができない。さまざまな方法の中で，実施の容易さと運転コストの低さを考慮すると，吸着技術が最も効果的な方法であると考えられている[71]。この点で，活性炭の大きな表面積と多孔質ネットワークにより，活性炭による重金属イオンの吸着が広く研究されている。しかし，重金属イオンの吸着機構は，主に物理吸着に基づく。また，吸着容量が非常に小さいが，これは表面親和性基の不足や化学吸着によるものと考えられ，吸着剤の再生処理を行うことができない。したがって，水源から重金属イオンを簡便に，持続的に，効果的に捕捉する新しいタイプの吸着剤を探索する必要がある。エアロゲルを用いて複数の種類の有害物質（有機溶剤，油，二酸化炭素など）を捕捉した後，最近では，3 次元多孔質ネットワークを有するこの高多孔質材料が，重金属の低コスト吸着につながった。細孔径，細孔径分布，比表面積，化学組成が主な前提条件であり，吸着応用のニーズに合わせてエアロゲルを容易にカスタマイズできる。この目的で，表 19.2 に示すように，有機，無機，ハイブリッドのエアロゲルがいくつか提案されている[72]。重金属イオンを捕捉する効果的な方法は，N，O，S，P をドナー原子として含むいくつかの官能基とキレート化することであり，これらの官能基は異なる金属イオンと配位錯体を形成することができる。ゾル-ゲル反応の主な利点は，一連の有機修飾シリカ前駆体を用いて，さまざまなキレート基で表面化学を調整できることである。この点に関して，Kłonkowski らはアミノ変性シリカキセロゲルを調製した。(3-アミノプロピル）トリメトキシシランと（3-(2-アミノエチル）アミノプロピル）トリメトキシシランをキセロゲルの表面と内部に固定することで，その化合物の複合体形成は Cu(II)イオンの高い化学吸着実現性を示した。同様に，脂肪族モノアミン，ジアミン，トリアミン，テトラアミンに基づくいくつかの官能基で修飾したシリカゲルも，いくつかの重金属イオンに対して興味深い捕捉効率を示した。ジチオカルバミン酸部分を化学的に固定するためにシアリル化を用いると，微量金属イオンを捕捉できることが報告されている[81, 82]。

さらに，ほとんどすべての金属イオンの吸着挙動は，Langmuir モデルで説明できる。エアロゲル表面に単分子層が形成されること，マトリックス上の分子間の相互作用が最小であること，固定化と局所吸着，吸着エネルギー位置が同じであることなど，実験的吸着データからこのモデルを導き出す理由はたくさんある。高多孔性ポリベンゾオキサジン系エアロゲルも，フェノール，アミン，ホルムアルデヒドを出発前駆体として，ゾル-ゲル反応や合成パラメーターの変更によって合成されてきた。ポリベンゾオキサジンは，廃水処理に最適なキレートポリマーと考えられている。図 19.5 は，提案されたポリベンゾオキサジンの化学構造と，金属イオンとの配位機構の可能性を示している。Sn^{2+}が最も高

表 19.2　金属イオン除去のためのさまざまなタイプのエアロゲル

エアロゲルの種類	捕捉された金属イオン/吸着容量	表面改質	捕捉された金属イオン/吸着容量	参考文献
シリカエアロゲル	Cr(III), 1.67 mmol/g	3-アミノプロピルトリエトキシシラン (APTES, $-NH_2$)	Cr(III), 1.67 mmol/g	[73]
シリカエアロゲル	Hg(II), 181.81 mg/g; Cu(II), 181.81 mg/g	メルカプトプロピルトリメトキシシラン (MPTMS, -SH)	Hg(II), 181.81 mg/g; Cu(II), 181.81 mg/g	[74]
アルギン酸エアロゲル	Cu(II), 126.82 mg/g; Cd(II), 244.55 mg/g		Cu(II), 126.82 mg/g; Cd(II), 244.55 mg/g	[75]
シリカエアロゲル-活性炭ナノコンポジット	Pb(II), 2 mg/L		Pb(II), 2 mg/L	[76]
シリカエアロゲル	Pb(II), 45.45 mg/g; Cd(II), 35.71 mg/g	APTES, $-NH_2$	Pb(II), 45.45 mg/g; Cd(II), 35.71 mg/g	[77]
ケイ酸ナトリウム系エアロゲル	Cu(II), 90.1 mg/g; Cd(II), 181.8 mg/g; Pb(II), 250.0 mg/g	MPTMS, -SH	Cu(II), 90.1 mg/g; Cd(II), 181.8 mg/g; Pb(II), 250.0 mg/g	[78]
シリカエアロゲル	Cu(II), 2 mg/mL; Hg(II), 0.05-1.25 mg/mL	MPTMS, -SH	Cu(II), 2 mg/mL; Hg(II), 0.05-1.25 mg/mL	[79]
シリカエアロゲル	Pb(II), 0.04-1.45 μg/L	APTES, $-NH_2$	Pb(II), 0.04-1.45 μg/L	[80]

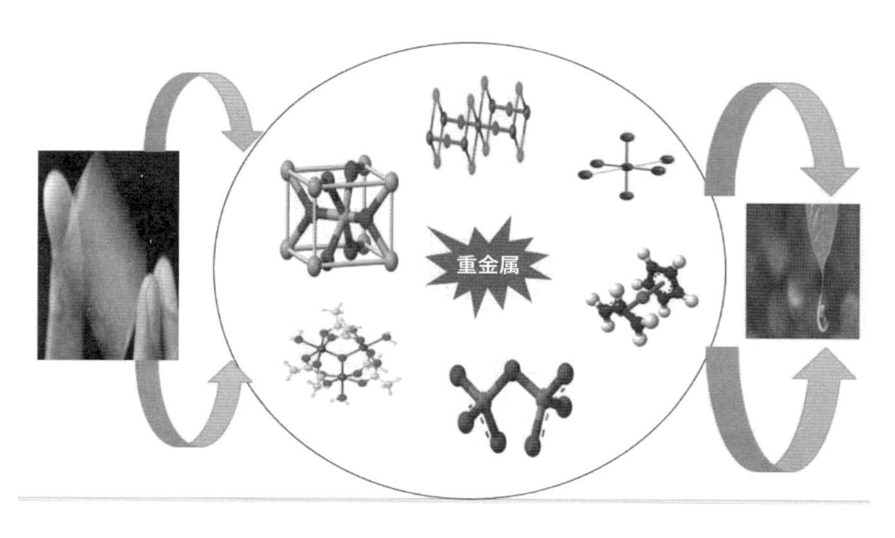

図 19.5　重金属除去用エアロゲル[83]

い吸着容量を持つが，これはファンデルワールス半径が大きいことと，この領域と金属イオンの安定な配位に重要な影響を与えるオーウェン・ウィリアムス則によって説明できる[84]。

19.4 結論と展望

エアロゲルは，そのユニークで調整可能な物理的特性（低密度，極めて高い比表面積，多孔性）により，さまざまな高性能応用の有望な材料となっている。これらの卓越した特性は，湿式合成法の多用途性に由来する，修飾可能な表面化学と組み合わされている。例えば，ゾル-ゲル法によって，この材料は一連の環境保護目的に適した候補となる。そこで本章では，これらの魅力的な材料のいくつかの環境浄化法を研究し，包括的なレビューをしている。このように，エアロゲルの優れた応用は，大気中および工業用 CO_2 を捕捉し，有毒な VOC を除去する効果的な吸着材としての利用に依存する。水処理の展望では，エアロゲルは，産業廃棄物や都市廃棄物から水源に排出される流出油，さまざまな有毒有機溶剤，重金属イオンを効果的に低減する興味深い吸着剤である。エアロゲルは非常に優れた吸着材料であり，対象成分に対して高い吸着能力を持つことが判明している。同様に，経済性と大量生産の観点から，このプロセスにおけるエアロゲルの再生能力も有望である。しかし，エアロゲルの製造にはかなりの時間がかかり，元のエアロゲルは非常に壊れやすいため，製造コストに関連するいくつかの問題の解決には，非常に多くの作業を行わなければならない。さまざまな水処理目的での吸着剤リサイクルの観点から，エアロゲルの機械的強度を向上させること，特にエアロゲルを意図的に圧縮した柔軟性の高いモノリスの調製に向けた改良は，非常に効果的で魅力的であると考えられる。低コストの前駆体（バイオマス由来の前駆体など），短い寿命，加工，環境乾燥法に切り替えることで，製造，加工，乾燥ステップの延長と合成コストを削減できる。これらの方法の応用範囲の拡大にはまださらなる研究が必要である。これは非常に強力な温室効果ガスである。最後になるが，騒音公害は，環境汚染の主要な源であることも重要である。これは現代世界でいくつかの大きな環境問題を引き起こし，人間の健康を脅かしている。エアロゲルは優れた吸音特性と音響特性を持つため，騒音制御技術における消音媒体として検討することができる[62]。

謝　辞

著者らは，カーティン大学のカーティン大学マレーシア大学院および研究開発室を通じた継続的な研究支援に感謝する。

References

[1] Liu, H., Geng, B., Chen, Y., and Wang, H. (2017). Review on the aerogel-type oil sorbents derived from nanocellulose. *ACS Sustainable Chemistry & Engineering* 5: 49-66.

[2] Maleki, H., Durães, L., and Portugal, A. (2014). An overview on silica aerogels synthesis and different mechanical reinforcing strategies. *Journal of Non-Crystalline Solids* 385: 55-74.

[3] Yang, W.J., Yuen, A.C.Y., Li, A. et al. (2019). Recent progress in bio-based aerogel absorbents for oil/water separation. *Cellulose* 26 (11): 6449-6476.

[4] Karamikamkar, S., Naguib, H.E., and Park, C.B. (2020). Advances in precursor system for silica-based aerogel production toward improved mechanical properties, customized morphology, and multifunctionality: a review. *Advances in Colloid and Interface Science* 276: 102101.

[5] Wu, X., Shao, G., Liu, S. et al. (2017). A new rapid and economical one-step method for preparing SiO_2 aerogels using supercritical extraction. *Powder Technology* 312: 1-10.

[6] Maleki, H. (2016). Recent advances in aerogels for environmental remediation applications: a review. *Chemical Engineering Journal* 300: 98-118.

[7] Shafi, S., Navik, R., Ding, X., and Zhao, Y. (2019). Improved heat insulation and mechanical properties of silica aerogel/glass fiber composite by impregnating silica gel. *Journal of Non-Crystalline Solids* 503: 78-83.

[8] Liu, P., Gao, H., Chen, X. et al. (2020). In situ one-step construction of monolithic silica aerogel-based composite phase change materials for thermal protection. *Composites Part B: Engineering* 195: 108072.

[9] Rezaei, S., Zolali, A.M., Jalali, A., and Park, C.B. (2020). Novel and simple design of nanostructured, super-insulative and flexible hybrid silica aerogel with a new macromolecular polyether-based precursor. *Journal of Colloid and Interface Science* 561: 890-901.

[10] Lee, J.-H. and Park, S.-J. (2020). Recent advances in preparations and applications of carbon aerogels: a review. *Carbon* 163: 1-18.

[11] Lu, K.-Q., Xin, X., Zhang, N. et al. (2018). Photoredox catalysis over graphene aerogel-supported composites. *Journal of Materials Chemistry A* 6: 4590-4604.

[12] Lamy-Mendes, A., Silva, R.F., and Durães, L. (2018). Advances in carbon nanostructure-silica aerogel composites: a review. *Journal of Materials Chemistry A* 6: 1340-1369.

[13] Yeo, J., Liu, Z., and Ng, T.Y. (2020). Silica aerogels: a review of molecular dynamics modelling and characterization of the structural, thermal, and mechanical properties. In: *Handbook of Materials Modeling: Applications: Current and Emerging Materials* (ed. W. Andreoni and S. Yip), 1575-1595.

[14] Abdul Khalil, H.P., Adnan, A.S., Yahya, E.B. et al. (2020). A review on plant cellulose nanofibre-based aerogels for biomedical applications. *Polymers* 12 (8): 1759.

[15] Maleki, H. and Hüsing, N. (2018). Aerogels as promising materials for environmental remediation - a broad insight into the environmental pollutants removal through adsorption and (photo) catalytic processes. In: *New Polymer Nanocomposites for Environmental Remediation* (ed. C.M. Hussain and A.K. Mishra), 389-436. Elsevier.

[16] Wu, B., Zhu, G., Dufresne, A., and Lin, N. (2019). Fluorescent aerogels based on chemical crosslinking between nanocellulose and carbon dots for optical sensor. *ACS Applied Materials & Interfaces* 11: 16048-16058.

[17] Yashvanth, V. and Chowdhury, S. (2021). An investigation of silica aerogel to reduce acoustic crosstalk in CMUT arrays. *Sensors* 21: 1459.

[18] Kumar, A., Rana, A., Sharma, G. et al. (2018). Aerogels and metal-organic frameworks for environmental remediation and energy production. *Environmental Chemistry Letters* 16 (3): 797-820.

[19] Zhang, R., Wan, W., Qiu, L. et al. (2017). Preparation of hydrophobic polyvinyl alcohol aerogel via the surface modification of boron nitride for environmental remediation. *Applied Surface Science* 419: 342-347.

[20] Myung, Y., Jung, S., Tung, T.T. et al. (2019). Graphene-based aerogels derived from biomass for energy storage and environmental remediation. *ACS Sustainable Chemistry and Engineering* 7: 3772-3782.

[21] Parale, V.G., Kim, T., Phadtare, V.D. et al. (2019). SnO_2 aerogel deposited onto polymer-derived carbon

foam for environmental remediation. *Journal of Molecular Liquids* 287: 110990.
[22] Tripathi, A., Parsons, G.N., Rojas, O.J., and Khan, S.A. (2017). Featherlight, mechanically robust cellulose ester aerogels for environmental remediation. *ACS Omega* 2: 4297–4305.
[23] Khan, M.K., Khan, M.I., and Rehan, M. (2020). The relationship between energy consumption, economic growth and carbon dioxide emissions in Pakistan. *Financial Innovation* 6: 1–13.
[24] Peters, G.P., Andrew, R.M., Canadell, J.G. et al. (2020). Carbon dioxide emissions continue to grow amidst slowly emerging climate policies. *Nature Climate Change* 10 (1): 3–6.
[25] Qiao, W., Lu, H., Zhou, G. et al. (2020). A hybrid algorithm for carbon dioxide emissions forecasting based on improved lion swarm optimizer. *Journal of Cleaner Production* 244: 118612.
[26] Bekun, F.V., Emir, F., and Sarkodie, S.A. (2019). Another look at the relationship between energy consumption, carbon dioxide emissions, and economic growth in South Africa. *Science of the Total Environment* 655: 759–765.
[27] Shindell, D., Faluvegi, G., Seltzer, K., and Shindell, C. (2018). Quantified, localized health benefits of accelerated carbon dioxide emissions reductions. *Nature Climate Change* 8: 291–295.
[28] Ejsmont, A., Andreo, J., Lanza, A. et al. (2021). Applications of reticular diversity in metal–organic frameworks: an ever–evolving state of the art. *Coordination Chemistry Reviews* 430: 213655. https://doi.org/10.1016/j.ccr.2020.213655.
[29] Mohseni–Bandpei, A., Eslami, A., Kazemian, H. et al. (2020). A high density 3–aminopropyltriethoxysilane grafted pumice–derived silica aerogel as an efficient adsorbent for ibuprofen: characterization and optimization of the adsorption data using response surface methodology. *Environmental Technology & Innovation* 18: 100642. https://doi.org/10.1016/j.eti.2020.100642.
[30] Chua, S.F., Nouri, A., Ang, W.L. et al. (2021). The emergence of multifunctional adsorbents and their role in environmental remediation. *Journal of Environmental Chemical Engineering* 9: 104793. https://doi.org/10.1016/j.jece.2020.104793.
[31] Pooresmaeil, M. and Namazi, H. (2020). Chapter 14: Application of polysaccharide–based hydrogels for water treatments. In: *Hydrogels Based on Natural Polymers* (ed. Y. Chen), 411–455. Elsevier https://doi.org/10.1016/B978-0-12-816421-1.00014-8.
[32] Da'na, E. (2017). Adsorption of heavy metals on functionalized–mesoporous silica: a review. *Microporous and Mesoporous Materials* 247: 145–157. https://doi.org/10.1016/j.micromeso.2017.03.050.
[33] Sheng, X., Shi, H., Yang, L. et al. (2021). Rationally designed conjugated microporous polymers for contaminants adsorption. *Science of the Total Environment* 750: 141683. https://doi.org/10.1016/j.scitotenv.2020.141683.
[34] Wieszczycka, K., Staszak, K., Woźniak–Budych, M.J. et al. (2021). Surface functionalization – the way for advanced applications of smart materials. *Coordination Chemistry Reviews* 436: 213846. https://doi.org/10.1016/j.ccr.2021.213846.
[35] Mukhtar, A., Saqib, S., Mellon, N.B. et al. (2020). A review on CO_2 capture via nitrogen–doped porous polymers and catalytic conversion as a feedstock for fuels. *Journal of Cleaner Production* 277: 123999. https://doi.org/10.1016/j.jclepro.2020.123999.
[36] Wu, Y., Zhang, Y., Chen, N. et al. (2018). Effects of amine loading on the properties of cellulose nanofibrils aerogel and its CO2 capturing performance. *Carbohydrate Polymers* 194: 252–259.
[37] Kumar, V., Lee, Y.–S., Shin, J.–W. et al. (2020). Potential applications of graphene–based nanomaterials as adsorbent for removal of volatile organic compounds. *Environment International* 135: 105356. https://doi.org/10.1016/j.envint.2019.105356.
[38] Wang, C., Yang, S., Ma, Q. et al. (2017). Preparation of carbon nanotubes/ graphene hybrid aerogel and its application for the adsorption of organic compounds. *Carbon* 118: 765–771. https://doi.org/10.1016/

j.carbon.2017.04.001.

[39] Amonette, J.E. and Matyáš, J. (2017). Functionalized silica aerogels for gas-phase purification, sensing, and catalysis: a review. *Microporous and Mesoporous Materials* 250: 100–119. https://doi.org/10.1016/j.micromeso.2017.04.055.

[40] Hasanpour, M. and Hatami, M. (2020). Photocatalytic performance of aerogels for organic dyes removal from wastewaters: review study. *Journal of Molecular Liquids* 309: 113094. https://doi.org/10.1016/j.molliq.2020.113094.

[41] Dolai, S., Bhunia, S.K., and Jelinek, R. (2017). Carbon-dot-aerogel sensor for aromatic volatile organic compounds. *Sensors and Actuators B: Chemical* 241: 607–613.

[42] Baig, N., Ihsanullah, Sajid, M., and Saleh, T.A. (2019). Graphene-based adsorbents for the removal of toxic organic pollutants: a review. *Journal of Environmental Management* 244: 370–382. https://doi.org/10.1016/j.jenvman.2019.05.047.

[43] Abdullah, S.R.S., Al-Baldawi, I.A., Almansoory, A.F. et al. (2020). Plant-assisted remediation of hydrocarbons in water and soil: application, mechanisms, challenges and opportunities. *Chemosphere* 247: 125932. https://doi.org/10.1016/j.chemosphere.2020.125932.

[44] Garcia-Segura, S., Ocon, J.D., and Chong, M.N. (2018). Electrochemical oxidation remediation of real wastewater effluents – a review. *Process Safety and Environmental Protection* 113: 48–67. https://doi.org/10.1016/j.psep.2017.09.014.

[45] Rasheed, T., Shafi, S., Bilal, M. et al. (2020). Surfactants-based remediation as an effective approach for removal of environmental pollutants – a review. *Journal of Molecular Liquids* 318: 113960. https://doi.org/10.1016/j.molliq.2020.113960.

[46] Mandeep, G.A. and Kakkar, R. (2020). Graphene-based adsorbents for water remediation by removal of organic pollutants: theoretical and experimental insights. *Chemical Engineering Research and Design* 153: 21–36. https://doi.org/10.1016/j.cherd.2019.10.013.

[47] Yu, L., Hao, G., Gu, J. et al. (2015). Fe3O4/PS magnetic nanoparticles: synthesis, characterization and their application as sorbents of oil from waste water. *Journal of Magnetism and Magnetic Materials* 394: 14–21. https://doi.org/10.1016/j.jmmm.2015.06.045.

[48] Chen, J., You, H., Xu, L. et al. (2017). Facile synthesis of a two-tier hierarchical structured superhydrophobic-superoleophilic melamine sponge for rapid and efficient oil/water separation. *Journal of Colloid and Interface Science* 506: 659–668. https://doi.org/10.1016/j.jcis.2017.07.066.

[49] Wu, X., Wu, D., Fu, R., and Zeng, W. (2012). Preparation of carbon aerogels with different pore structures and their fixed bed adsorption properties for dye removal. *Dyes and Pigments* 95: 689–694. https://doi.org/10.1016/j.dyepig.2012.07.001.

[50] Qin, G., Yao, Y., Wei, W., and Zhang, T. (2013). Preparation of hydrophobic granular silica aerogels and adsorption of phenol from water. *Applied Surface Science* 280: 806–811. https://doi.org/10.1016/j.apsusc.2013.05.066.

[51] Bi, H., Huang, X., Wu, X. et al. (2014). Carbon microbelt aerogel prepared by waste paper: an efficient and recyclable sorbent for oils and organic solvents. *Small* 10 (17): 3544–3550.

[52] Liu, H., Sha, W., Cooper, A.T., and Fan, M. (2009). Preparation and characterization of a novel silica aerogel as adsorbent for toxic organic compounds. *Colloids and Surfaces A: Physicochemical and Engineering Aspects* 347: 38–44. https://doi.org/10.1016/j.colsurfa.2008.11.033.

[53] Chang, X., Chen, D., and Jiao, X. (2010). Starch-derived carbon aerogels with high-performance for sorption of cationic dyes. *Polymer* 51: 3801–3807. https://doi.org/10.1016/j.polymer.2010.06.018.

[54] Abramian, L. and El-Rassy, H. (2009). Adsorption kinetics and thermodynamics of azo-dye Orange II onto highly porous titania aerogel. *Chemical Engineering Journal* 150: 403–410. https://doi.org/10.1016/

j.cej.2009.01.019.

[55] Maldonado-Hódar, F.J., Moreno-Castilla, C., Carrasco-Marín, F., and Pérez-Cadenas, A.F. (2007). Reversible toluene adsorption on monolithic carbon aerogels. *Journal of Hazardous Materials* 148: 548–552. https://doi.org/10.1016/j.jhazmat.2007.03.007.

[56] Liu, T., Huang, M., Li, X. et al. (2016). Highly compressible anisotropic graphene aerogels fabricated by directional freezing for efficient absorption of organic liquids. *Carbon* 100: 456–464. https://doi.org/10.1016/j.carbon.2016.01.038.

[57] Jin, C., Han, S., Li, J., and Sun, Q. (2015). Fabrication of cellulose-based aerogels from waste newspaper without any pretreatment and their use for absorbents. *Carbohydrate Polymers* 123: 150–156. https://doi.org/10.1016/j.carbpol.2015.01.056.

[58] Hong, J.-Y., Sohn, E.-H., Park, S., and Park, H.S. (2015). Highly-efficient and recyclable oil absorbing performance of functionalized graphene aerogel. *Chemical Engineering Journal* 269: 229–235. https://doi.org/10.1016/j.cej.2015.01.066.

[59] Li, Y., Zhang, R., Tian, X. et al. (2016). Facile synthesis of Fe_3O_4 nanoparticles decorated on 3D graphene aerogels as broad-spectrum sorbents for water treatment. *Applied Surface Science* 369: 11–18. https://doi.org/10.1016/j.apsusc.2016.02.019.

[60] Aydin, G.O. and Sonmez, H.B. (2015). Hydrophobic poly (alkoxysilane) organogels as sorbent material for oil spill cleanup. *Marine Pollution Bulletin* 96: 155–164. https://doi.org/10.1016/j.marpolbul.2015.05.033.

[61] Perdigoto, M.L.N., Martins, R.C., Rocha, N. et al. (2012). Application of hydrophobic silica based aerogels and xerogels for removal of toxic organic compounds from aqueous solutions. *Journal of Colloid and Interface Science* 380: 134–140. https://doi.org/10.1016/j.jcis.2012.04.062.

[62] Chin, S.F., Romainor, A.N.B., and Pang, S.C. (2014). Fabrication of hydrophobic and magnetic cellulose aerogel with high oil absorption capacity. *Materials Letters* 115: 241–243.

[63] Suchithra, P.S., Vazhayal, L., Peer Mohamed, A., and Ananthakumar, S. (2012). Mesoporous organic-inorganic hybrid aerogels through ultrasonic assisted sol-gel intercalation of silica-PEG in bentonite for effective removal of dyes, volatile organic pollutants and petroleum products from aqueous solution. *Chemical Engineering Journal* 200–202: 589–600. https://doi.org/10.1016/j.cej.2012.06.083.

[64] Yang, S., Chen, L., Mu, L., and Ma, P.-C. (2014). Magnetic graphene foam for efficient adsorption of oil and organic solvents. *Journal of Colloid and Interface Science* 430: 337–344. https://doi.org/10.1016/j.jcis.2014.05.062.

[65] Kabiri, S., Tran, D.N., Altalhi, T., and Losic, D. (2014). Outstanding adsorption performance of graphene-carbon nanotube aerogels for continuous oil removal. *Carbon* 80: 523–533.

[66] Chen, X., Liang, Y.N., Tang, X.-Z. et al. (2017). Additive-free poly (vinylidene fluoride) aerogel for oil/water separation and rapid oil absorption. *Chemical Engineering Journal* 308: 18–26.

[67] Hasanpour, M. and Hatami, M. (2020). Application of three dimensional porous aerogels as adsorbent for removal of heavy metal ions from water/wastewater: a review study. *Advances in Colloid and Interface Science* 284: 102247. https://doi.org/10.1016/j.cis.2020.102247.

[68] Lei, C., Gao, J., Ren, W. et al. (2019). Fabrication of metal-organic frameworks@cellulose aerogels composite materials for removal of heavy metal ions in water. *Carbohydrate Polymers* 205: 35–41. https://doi.org/10.1016/j.carbpol.2018.10.029.

[69] Li, D., Tian, X., Wang, Z. et al. (2020). Multifunctional adsorbent based on metal-organic framework modified bacterial cellulose/chitosan composite aerogel for high efficient removal of heavy metal ion and organic pollutant. *Chemical Engineering Journal* 383: 123127. https://doi.org/10.1016/j.cej.2019.123127.

[70] Li, Z., Shao, L., Ruan, Z. et al. (2018). Converting untreated waste office paper and chitosan into aerogel

adsorbent for the removal of heavy metal ions. *Carbohydrate Polymers* 193: 221–227. https://doi.org/10.1016/j.carbpol.2018.04.003.

[71] Wei, J., Yang, Z., Sun, Y. et al. (2019). Nanocellulose-based magnetic hybrid aerogel for adsorption of heavy metal ions from water. *Journal of Materials Science* 54 (8): 6709–6718. https://doi.org/10.1007/s10853-019-03322-0.

[72] Zhan, W., Gao, L., Fu, X. et al. (2019). Green synthesis of amino-functionalized carbon nanotube-graphene hybrid aerogels for high performance heavy metal ions removal. *Applied Surface Science* 467, 468: 1122–1133. https://doi.org/10.1016/j.apsusc.2018.10.248.

[73] Ali, Z., Khan, A., and Ahmad, R. (2015). The use of functionalized aerogels as a low level chromium scavenger. *Microporous and Mesoporous Materials* 203: 8–16. https://doi.org/10.1016/j.micromeso.2014.10.004.

[74] Štandeker, S., Veronovski, A., Novak, Z., and Knez, Ž. (2011). Silica aerogels modified with mercapto functional groups used for Cu(II) and Hg(II) removal from aqueous solutions. *Desalination* 269: 223–230. https://doi.org/10.1016/j.desal.2010.10.064.

[75] Deze, E.G., Papageorgiou, S.K., Favvas, E.P., and Katsaros, F.K. (2012). Porous alginate aerogel beads for effective and rapid heavy metal sorption from aqueous solutions: effect of porosity in Cu^{2+} and Cd^{2+} ion sorption. *Chemical Engineering Journal* 209: 537–546. https://doi.org/10.1016/j.cej.2012.07.133.

[76] Tadayon, F., Motahar, S., and Hosseini, M. (2012). Application of Taguchi method for optimizing the adsorption of lead ions on nanocomposite silica aerogel activated carbon. *Academic Research International* 2: 42.

[77] Štandeker, S., Veronovski, A., Novak, Z., and Knez, Ž. (2011). Silica aerogels modified with mercapto functional groups used for Cu(II) and Hg(II) removal from aqueous solutions. *Desalination* 269 (1): 223–230. https://doi.org/10.1016/j.desal.2010.10.064.

[78] Pouretedal, H. and Kazemi, M. (2012). Characterization of modified silica aerogel using sodium silicate precursor and its application as adsorbent of Cu^{2+}, Cd^{2+}, and Pb^{2+} ions. *International Journal of Industrial Chemistry* 3: 1–8.

[79] Faghihian, H., Nourmoradi, H., and Shokouhi, M. (2012). Performance of silica aerogels modified with amino functional groups in Pb(II) and Cd(II) removal from aqueous solutions. *Polish Journal of Chemical Technology* 14: 50–56.

[80] Falahnejad, M., Mousavi, H.Z., Shirkhanloo, H., and Rashidi, A. (2016). Preconcentration and separation of ultra-trace amounts of lead using ultrasound-assisted cloud point-micro solid phase extraction based on amine functionalized silica aerogel nanoadsorbent. *Microchemical Journal* 125: 236–241.

[81] Li, Z., Zhao, S., Koebel, M.M., and Malfait, W.J. (2020). Silica aerogels with tailored chemical functionality. *Materials & Design* 193: 108833. https://doi.org/10.1016/j.matdes.2020.108833.

[82] Maleki, H. and Hüsing, N. (2018). Chapter 16: Aerogels as promising materials for environmental remediation – a broad insight into the environmental pollutants removal through adsorption and (photo) catalytic processes. In: *New Polymer Nanocomposites for Environmental Remediation* (ed. C.M. Hussain and A.K. Mishra), 389–436. Elsevier https://doi.org/10.1016/B978-0-12-811033-1.00016-0.

[83] Yang, P., Yang, L., Wang, Y. et al. (2019). An indole-based aerogel for enhanced removal of heavy metals from water via the synergistic effects of complexation and cation-π interactions. *Journal of Materials Chemistry A* 7: 531–539.

[84] Sajid, M., Nazal, M.K., Ihsanullah et al. (2018). Removal of heavy metals and organic pollutants from water using dendritic polymers based adsorbents: a critical review. *Separation and Purification Technology* 191: 400–423. https://doi.org/10.1016/j.seppur.2017.09.011.

第 20 章

ナノ材料の環境毒性学：進歩と課題

Environmental Toxicology of Nanomaterials: Advances and Challenges

Wells Utembe[1,2,3]

[1] National Institute for Occupational Health (a division of the National Health Laboratory Service), Toxicology and Biochemistry Department, 25 Hospital Street, Johannesburg 2000, South Africa

[2] University of Johannesburg, Faculty of Health Sciences, Department of Environmental Health, Crn Siemert & Beit Streets, Johannesburg 2000, South Africa

[3] Environmental Health Division, School of Public Health and Family Medicine, University of Cape Town, South Africa

20.1　環境毒性学とナノテクノロジー

効果的な環境修復の決定は，生物およびその他の生物系に及ぼす化学物質や物理物質の毒性の性質と可能性を評価する環境毒性学とリスク評価によってもたらされる[1]。

環境毒性学は，環境健康毒性学と生態毒性学の２つのサブ分野に分けられる。環境健康毒性学は環境化学物質が人間の健康に及ぼす悪影響に焦点を当て，生態毒性学は環境汚染物質が生態系やその生態系に生息する生物に及ぼす効果を扱う。環境健康毒性学では，ラットやマウスなどの標準的な動物モデル，試験管内の細胞株，および曝露されたヒト集団の疫学的評価が用いられる。環境健康毒性学は環境毒性学の一部であるが，環境毒性学はしばしば，化学物質がヒト以外の生物に及ぼす効果の研究に関わる。実際，環境毒性学と生態毒性学という用語は，生態毒性学は生態系における個体群動態への有害物質の影響に焦点を当てた環境毒性学の特別な一分野とみなされるべきだが，互換性をもって用いられることがある[2]。生態毒性学は，水生生態毒性学と陸上生態毒性学に加え，ナノ材料（NM）を含む研究では，水生ナノ毒性学と陸上ナノ毒性学（図20.1に示すように）にさらに細分化される[3]。

実際，環境毒性学では，特に医薬品，化粧品，食品，殺虫剤，繊維製品，電子機器，建築材料などに広く応用されているナノ材料の悪影響に関して多くの研究が行われてきた。ナノ材料の応用は，バルク材料では発揮されずナノスケールでのみ発現するユニークな生物学的・物理化学的特性に由来する。これらのユニークな特性は，同じ質量のバルク材料と比較して，与えられた質量のナノ材料の表面積がはるかに大きいことに大きく起因する。しかし，このように多くの応用があるにもかかわらず，ナノ材料が労働者，消費者，環境にもたらすリスクには懸念がある。このリスクは，ナノ材料が皮膚，呼吸器，胃腸の上皮から循環系やリンパ系に移行し，最終的には体の組織や臓器に移行する能力から生じ

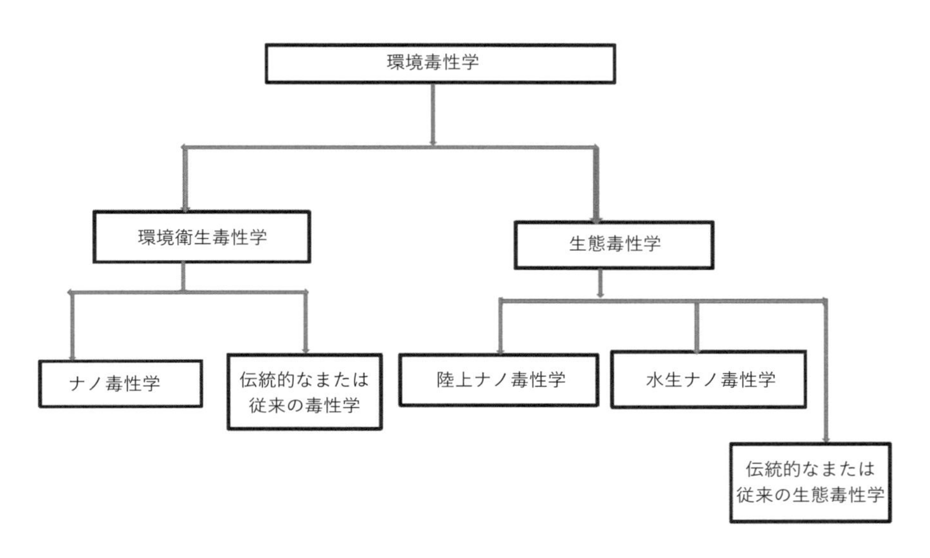

図20.1　環境毒性学のサブブランチ

ており，そこで多くの悪影響を引き起こす可能性がある。

ナノ材料の毒性は，サイズ，形状，官能基，対掌性，溶解度，還元酸化特性，ゼータ電位，組成など，多くの要因に依存する。したがって，これらの因子の特性を明らかにすることが最も重要である。さらに，正確な容量反応解析には，肺に沈着した，あるいは培養中の細胞にもたらされたナノ材料の実際の容量の推定が必要であり，これはさまざまな肺線量測定モデルや *in vitro* 線量測定モデルを用いて決定される。実際，多くの *in vitro* および *in vivo* の研究間で一致した結果が得られていないが，その原因は，ナノ材料の適切な特性評価がなされていないこと，標準化された分散プロトコルがないこと，さらに線量測定法が異なることにある[4-6]。本章では，有害効果の概要に始まり，ナノ材料の物理化学的特性の特性化，ナノ材料の毒性試験の進歩，問題点，および課題についての議論に続いて，ナノ材料の毒性試験（ハザードの特定と用量反応評価）における進歩と課題を提示する。

20.2 ナノ材料の環境毒性－概要

環境中に放出されたナノマテリアルは，さまざまな生物と人間の健康に脅威を与える。実際，多くのナノ材料が，ヒト，土壌微生物，水生生物，その他の種を含む多くの生物に対して有毒であることが報告されている。例えば，銀（Ag）ナノ粒子は，ゼブラフィッシュ（*Danio rerio*）[7]，メダカ（*Oryzias latipes*）[8]，ニジマス（*Oncorhynchus mykiss*）[9]，アトランティックサーモン（*Salmo salar*）の稚魚[10]など，多くの魚類種に対して毒性を示すことが広く研究され，発見されている。特に銀ナノ粒子（Ag NP）は，D. rerio に対して 84 μg/L という非常に低い LC_{50} を示すが，LC_{50} 値が 25 μg/L である銀イオンの毒性よりも総合的には毒性が高い[11]。

また，銀ナノ粒子は，枝角類（*Daphnia magna* や *Daphnia galeata*）[12]，緑藻 *Chlorococcum infusionum*[13]，微小甲殻類 *Artemia salina*[14]，単細胞緑藻 *Chlamydomonas reinhardtii* など，他の水生生物種に対しても毒性を示すことがわかっている。銀ナノ粒子の毒性は，表面電荷[18]だけでなく，サイズ[15]，形状[16]，表面コーティング，官能基[8, 17]など，多くの要因に依存することが示されている。

他の金属系ナノ粒子もまた，多くの水生種に有毒であることが報告されている。例えば，酸化亜鉛（ZnO）ナノ粒子は，コイ（*Cyprinus carpio*）に対して急性毒性があり，LC_{50} は約 5.0 mg/L であることが見いだされた[19]。これについて，Hao ら[20]は ZnO ナノ粒子は高レベルの細胞内酸化ストレスを介して，同濃度のバルク ZnO よりも重度の病理組織学的変化を引き起こしたと報告している。著者らによると，ZnO ナノ粒子の毒性は粒子の溶解によるものではなく，粒子そのものによるものであった。一方，Adam ら[21]は，淡水藻類 *Pseudokirchneriella subcapitata* に対する ZnO ナノ粒子の毒性を，ナノ粒子から放出された亜鉛イオンに起因するとしている。

ZnO や Ag ナノ材料の毒性は，粒子状のものがイオンに溶解することに起因すると考えられるが，生物耐久性や難分解性のナノ材料の毒性効果は，粒子そのものに起因すると考えられる。例えば，コイを 100 mg/L と 200 mg/L の二酸化チタン（TiO_2）ナノ粒子に

8日間暴露すると，スーパーオキシドジスムターゼ（SOD），カタラーゼ（CAT），ペルオキシダーゼ（POD）活性が統計的に有意に低下し，酸化ストレスを示した[22]。とはいえ，TiO_2ナノ粒子の急性毒性の指標となるLC_{50}は164 mg/Lと，酸化アルミニウム（40 mg/L）や二酸化ケイ素（120 mg/L）などの他のナノ材料と比較して比較的高い[23]。さらに，酸化チタンの毒性は，光毒性を示す光の存在によって増強されるようである[24, 25]。光は，CeO_2[26]やZnOナノ材料[27]など，他のナノ材料の毒性も高める。

炭素ベースのナノ材料は，多くの水生生物に毒性を示すことも報告されている。例えば，C_{60}ナノ粒子（フラーレン）は，マグナ（*D. magna*）において濃度依存的な死亡率の増加を引き起こした[28]。同様に，多層カーボンナノチューブ（MWCNT）は，魚類の*Astyanax altiparanae*と*D. rerio*において，急性亜慢性暴露と亜慢性暴露の後，酸化ストレスと神経毒性を誘発した[29]。

ナノ材料の毒性は水生生物だけでなく，ミミズのような陸上生物でも報告されている。例えば，TiO_2とZnOナノ粒子を土壌中に1.0 g/kg以上添加した場合，*Eisenia fetida*では，活性酸素種（ROS）を介した酸化ストレス，セルラーゼ活性の阻害，ミトコンドリアやDNAの損傷など，いくつかの毒性効果が誘発された[30]。しかし，ZnOナノ粒子の毒性はTiO_2よりも高かった。

さまざまな短期的・長期的な直接的効果に加えて，食物連鎖に沿ったナノ材料の生物蓄積，栄養学的移動，および生物濃縮の評価が重要であり，その結果，環境濃度が低くても生物に毒性レベル（2次中毒）をもたらす可能性がある[31]。実際，カーボンナノチューブ（CNT）のマグナ[32]，セレン化量子ドットの微生物食物連鎖[33]，金ナノ粒子（Au NP）の水生食物連鎖[34]における生物濃縮が報告されている。

20.3　ナノ毒性学：現在のアプローチ，問題，および課題

20.2節では，さまざまなナノ材料の広範囲の利用の認可前に，その潜在的な毒性効果の評価の重要性を示した。しかし，ナノ材料の3次元（3D）的性質のために，規制当局によるナノ材料の環境毒性試験の妥当性や適性について，多くの懸念がある[35]。実際，多くの物理化学的特性がその毒性学的特性に影響する可能性があるため，これらの物理化学的特性の正確な評価は絶対的な必要条件である。同様に，正確な容量反応解析のためには，肺に沈着した，あるいは培養細胞に送達されたナノ材料の実際の容量を確認することが非常に重要である。*in vivo*での線量測定は，さまざまな肺線量測定モデルや生理学的薬物動態（PBPK）モデルを用いて行われる。さらに，投与された粒子は，その大きさ，密度，表面特性に依存した速度で沈降，凝集，拡散を受けるため，投与された容量と*in vitro*で細胞に送達された容量との間の差異を考慮するために，*in vitro*線量評価モデルが利用される[36]。ナノ材料の特性評価に関連する問題，ならびに*in vitro*，*in vivo*，コンピュータによる毒性学的評価に必要な方法と技術について，20.3.1～20.3.4節に示す。

20.3.1　環境毒性学におけるナノ材料の特性評価

多くの場合，ポリマーや他の分子で被覆された無機または有機コアで構成されるナノマ

テリアルは，その毒性学的特性に影響するユニークな物理化学的特性を持つ。したがって，ナノ材料のこれらの物理化学的特性の解析は重要である。不十分な特性評価は，研究の再現性，品質管理，ヒトの健康や環境リスク評価の結論や勧告に悪影響を及ぼす可能性がある[37]。

環境毒性学では，天然および偶発的なナノ材料が存在する可能性のある水，土壌，食品などの複雑なマトリックス中のナノ材料を検出し，その特徴を明らかにする分析技術が必要である。その方法と技術は，低濃度のナノ材料の測定に十分な感度を持つだけでなく，試料の撹乱を最小限に抑え，未攪乱の環境状態を反映するものでなければならない[38]。検証では人工ナノ物質（ENM）と天然または偶発的なナノ材料を区別する必要もある。さらに，ナノ材料の特性評価は標準物質の不足と試料調製に伴う困難さにより妨げられている[39]。これにもかかわらず，分光法，顕微鏡法，光散乱法，質量分析法，クロマトグラフィー法，その他多くの技術に基づきナノ材料を特性評価する信頼性の高い方法が数多く開発されている。

ナノ材料の特性評価に最も広く用いられている方法には，透過型電子顕微鏡（TEM），走査型電子顕微鏡（SEM），動的光散乱（DLS）などがある。最初の 2 つの方法は電子ビームを利用してナノ材料の情報を得るもので，DLS は光がナノ材料と相互作用して散乱した光を利用する。TEM と SEM はともに，サイズ，サイズ分布，形状，分布，凝集状態の測定に用いられ，DLS はサイズ（流体力学的直径），サイズ分布，ゼータ電位の測定に用いられる。これらの方法はすべて，バックグラウンドのナノ材料を含む環境試料の分析の際に課題に直面する。環境試料では，粒子ごとに誘導結合プラズマ質量分析法（ICP-MS）を用いる必要がある。単粒子誘導結合プラズマ質量分析法（SP-ICPMS または spICP-MS）と呼ばれるこの手法は，複雑なマトリックス中の元素組成，粒子径，粒度分布，粒子数濃度を，試料に大きな摂動を与えることなく迅速に測定できる[40]。

ナノ材料の多くの特性は，環境に応じて時間とともに変化する可能性がある。例えば，CeO_2（セリア）ナノ粒子の酸化状態は，時間と環境条件の関数として変化することがある[41]。同様に，懸濁されたナノ材料のゼータ電位は，濃度（希釈度）や pH やイオン強度などの環境要因に依存する[42, 43]。さまざまな生物学的・環境的条件下で，一部の天然物質は凝集や複合化を起こし，毒性特性を変化させる可能性がある。さらに，生物学的環境では，ナノ材料の表面はタンパク質のコロナで覆われているが，これはナノ材料の物理化学的特性（サイズ，形状，表面電荷など），生物学的環境の性質，暴露時間に依存する。したがって，ナノ材料の挙動とその影響の予測のためには，ナノ材料がさまざまな環境下で受ける変化を理解することが重要である。さらに，環境や時間に依存したナノ材料の物理化学的特性の変化には，*ex situ* 法に加え，リアルタイム法や *in situ* 法を用いる必要がある場合もある[44]。

ナノ材料の表面特性の測定は，測定が必要となるパラメータが多いため，特別な困難を伴う。しかし，表面特性をすべて測定することは現実的でないが，表面組成と構造，ゼータ電位または表面電荷，表面エネルギー（濡れ性），反応性，吸着種の化学的性質を測定することが重要であろう[45]。吸着種の化学的性質には，ナノ材料の毒性に影響する可能性のあるキラリティーの決定が含まれることもある[46]。

20.3.2 ナノ材料の *in vivo* 毒性学的評価におけるアプローチと技術

従来の毒性試験は，急性，亜急性，亜慢性，または慢性暴露後の被験物質の重要な毒性学的エンドポイントの算出のため，比較的高用量の化学物質の動物への投与に依存することが多い。急性毒性試験とは，被験生物を24時間以内に被験物質の単回または複数回投与に経口，経皮，吸入，静脈内などに暴露した後の有害効果を評価するものである。吸入による急性暴露は，24時間以内の継続的な物質への暴露を含む。一方，亜急性暴露では，約4週間（28日）以下の間，繰り返し物質に暴露される。亜慢性暴露および慢性暴露は，それぞれ1～3ヵ月（90日）および3ヵ月以上の長期間の暴露である。

環境毒性学において最も広く用いられている試験ガイドラインの1つは，経済協力開発機構（OECD）によって作成されたものである。しかし，これらの試験法のナノ材料への応用については疑問や議論があった。この点に関して，OECDの試験ガイドラインを抜粋して批判的に評価したところ，吸脱着（TG 106）と水溶性（TG 105）の試験ガイドラインを除いて，ほとんどの試験ガイドラインが一般的にナノ材料に応用できることが示された[47]。とはいえ，適用可能と判断された試験法については，特に試験中のナノ材料の損失，試験媒体，試験生物，光学干渉，データ解析に関して，試験手順のナノ特有の側面に対処する修正が必要となる可能性がある。いくつかの試験の修正に関する技術的な詳細は，Hund-Rinkeら[48]によって提示されている。試験方法は，それぞれイオン放出性ナノ材料と不活性ナノ材料を代表するAgとTiO_2ナノ材料を用いて開発された。

試験法では，校正，試験法の妥当性確認，その他の品質管理目的に用いられる標準物質が必要である。ヒト毒性学用に開発された標準物質の中には，生態毒性学には適さないものがあるため，ナノ材料の環境毒性学ではナノ毒性学に適した標準物質を開発する必要がある[49]。

一般に，被験物質は媒体や培養液中に投与されることが多いが，その際，ナノ材料は必ずしも溶解して溶液を形成するわけではなく，液体全体に分散してコロイド分散体を形成する[50]。CNTのような一部のナノ材料は，超音波処理や攪拌などの物理的方法を用いても，水系に容易に分散しないため，ナノ材料の分散には課題が存在する[51]。ナノ材料の分散は，一次粒子径，エアロゾル径分布，凝集状態などの物理化学的特性を制御したナノ材料を生成する必要がある吸入研究においても重要である。この目的のため，Demokritouら[52]は，*in vivo* および *in vitro* の吸入毒性試験の両方で用いられる，産業界に関わるナノ材料を生成するシステムを開発した。

20.3.2.1 ナノ材料の *in vitro* 毒性試験における線量測定

特に職業環境において，吸入はほとんどの天然物にとって重要な経路である。吸入毒性学では，健康リスクへの環境からの暴露に関して，最初に沈着する内部線量の推定に線量評価モデルが用いられる。一般に，呼吸器の下部領域に沈着した粒子は全身循環に吸収される可能性が高く，上気道に沈着した粒子は口や鼻から排出される可能性が高い。吸入された粒子の沈着は，多くの宿主特異的および粒子特異的因子に依存することが知られている。宿主特異的要因には，呼吸速度，呼吸パターン（吸入が口から行われるか鼻から行わ

れるか)，呼吸管のさまざまな特性があり，これらは人の年齢や性別により異なる[53, 54]。粒子特異的特性には，粒度分布，粒子密度，粒子形状，大気圧が含まれる[53, 55]。

吸入された粒子の沈着と滞留（クリアランス）の推定のため，いくつかの *in vivo* 線量評価モデルが開発されてきた。これらのモデルには，特に，多重経路粒子線量推定（MPPD）モデル[56]，国際放射線防護委員会（ICRP）モデル[57]，米国放射線防護測定審議会（NCRP）モデル[58]，被ばく線量モデル（ExDoM)[59]，被ばく線量モデリング解析システム（EDMAS)[59]が含まれる。これらのモデルの中には，特に放射性粒子用に開発されたものもある。本章ではMPPDとNCRPモデルについて簡単に説明する。

MPPDモデルは，吸入された単分散および多分散粒子（0.01〜20μm）のヒト呼吸器系の頭部領域，伝導帯，移行帯および呼吸帯における沈着とクリアランスの計算に実装されている，おそらく最も広く用いられている肺線量評価モデルである[56]。特定の時間における肺のどのコンパートメント内の粒子量も，初期質量とコンパートメント内外への移動質量によって決定される。クリアランスの主な機構は肺内の場所により異なるが，主に粘膜繊毛輸送，肺胞マクロファージによる貪食，および溶解（次いで全身循環への吸収）が含まれる。当初のMPPDモデルは難溶性粒子用に設計されたものであったが，最近のMPPDソフトウェアにはクリアランス機構として溶解が含まれている[60]。MPPDモデルは，開発者の要請に応じて公開されている。

NCRPモデルは，呼吸器を鼻口腔咽頭領域，気管気管支領域，肺領域，肺リンパ節の4つの領域に分割した完全な機構論的線量評価モデルであり，沈着は拡散，インパクション，沈降に起因し，クリアランスは機械的輸送と溶解を含む競合プロセスに起因すると考えられている[58]。入力データには，呼吸速度，換気量，機能的残存能力，身長などの人体パラメータや，粒子のサイズや密度などの粒子特性が含まれる。

20.3.3 ナノ材料の *in vitro* 毒性学的評価における方法と技術

in vivo 毒性試験は，毒性学におけるゴールド・スタンダードである。とはいえ，化学物質試験に用いられる動物を減らすために，*in vitro* 試験や *in silico* 試験を含む他のアプローチが推奨されている[61]。*in vitro* 毒性試験では，化学物質の毒性効果の評価にさまざまな細胞培養が用いられ，そこでは，*in vitro* で有害作用を引き起こす濃度で化学物質が標的部位に生物学的に利用可能であれば，*in vivo* でも有害作用が予測されると仮定される。

理想的には，*in vitro* 毒性試験は対象の生物種に基づくべきである。また，*in vitro* 毒性試験には，検討中の毒性学的エンドポイントを支える生理学的プロセスを十分に理解することも必要である[62]。そのためには，*in vitro* での毒性が被験物質の *in vivo* での毒性とどの程度相関するかを判定するために，*in vivo* 試験を用いる必要がある。幸いなことに，多様な化学物質について，*in vitro* 毒性と動物やヒトにおける急性毒性との間には，それなりに良好な相関関係がある[63]。

ナノ毒性学におけるほとんどの *in vitro* 研究は，細胞毒性，酸化ストレス，炎症，遺伝毒性を評価するが，他のエンドポイントも含まれることがある[64]。*in vitro* での細胞毒性は *in vivo* での急性致死性と正の相関があり[65]，*in vitro* 試験は急性致死性試験における動物の使用の軽減に用いられる。さらに，肝細胞株や腎細胞株などの臓器特異的細胞株

は，細胞毒性と特異的臓器毒性の両方の予測に用いられることが多い。実際，臓器毒性は一般的な細胞毒性を引き起こすのに必要な曝露濃度よりも低い曝露濃度で生じる可能性があるため，ある種の培養細胞に特異的な臓器/細胞機能を評価し，それを一般的な細胞毒性と関連付ける必要がある。

in vitro 毒性試験の使用には，*in vivo* 試験と比較して長所と短所の両方がある。*in vitro* 毒性試験は，物理化学的環境の制御が容易で，一貫したサンプリングとデータの再現性が可能である。これらの要因により，反復回数を減らし，統計解析を簡素化できる[66]。さらに，曝露量と曝露期間を *in vivo* 試験よりも正確に制御することができる。また，*in vitro* アッセイは通常，比較的単純で迅速で，低コストで実施できる。一般に，*in vitro* の系は毒性のスクリーニング，「より包括的な毒性学的プロファイルの作成」，組織や標的特異的効果の研究に用いられる[67]。一方，*in vitro* 毒性アッセイには，主に正常な微小環境からの細胞の分離による多くの限界がある。この環境では，他の細胞との相互作用やさまざまな代謝過程，恒常性機構が存在する。

ZnO ナノ粒子[68]や Ag ナノ粒子[69-71]を含む多くのナノ材料の環境毒性学において，初代培養や細胞株を用いた細胞培養が用いられてきた。驚くことではないが，魚類は種類が多く（約 20,000 種），生態毒性学における魚類の重要性から，多くの細胞培養が開発されている[72]。

ナノ材料の *in vitro* 試験は，ナノ材料の表面プラズモン共鳴（SPR）による吸光度の変化，ナノ材料の大きな表面での基質や生成物の吸着，触媒作用など，いくつかの機構を介して起こりうる影響を受けやすい。吸光度（3-(4,5-ジメチルチアゾール-2-yl)-2, 5-ジメチルテトラゾリウムブロマイド[MTT]や 2,3-bis-(2-メトキシ-4-ニトロ-5-スルフォフェニル)-2H-テトラゾリウム-5-カルボキサニリド[XTT]アッセイなど），蛍光（Cyto-Tox-ONE Homogeneous membrane integrity アッセイなど），発光（CellTiter Glo 蛍光アッセイなど）に基づくものなど，従来の光学的 *in vitro* アッセイの影響が報告されている[73]。したがって，アッセイ系における干渉の評価は，結果の正確性の保証のために最も重要である。xCELLigence Real-Time Cell Analyzer システム[74]のようなラベルフリーの細胞インピーダンス技術を用いれば，さまざまな *in vitro* アッセイにおけるナノ材料の干渉を避けることができる。従来の 2 次元（2D）細胞培養では，細胞-細胞，細胞-マトリックス相互作用や，細胞環境に実際に存在する拡散・輸送条件を適切に表現できないため，現行の細胞培養システムのもう 1 つの課題は，その 2 次元性に由来する。*in vitro* の 2 次元細胞培養モデルでは，毒性やその他の生物学的効果を正確に予測できないため，ナノ材料の毒性評価のために 3 次元が提案され，開発されてきた[75, 76]。3D 細胞培養システムは，自然界で遭遇する実際の生理学的条件の模倣のために，複数の細胞種を用いる共培養により改善できる。

細胞培養システムは，肺胞領域の気液界面（ALI）に沈着する吸入されたナノ材料を考慮するために開発された。ALI 共培養系は，単培養系よりも感度が高く，浸漬系よりも低投与量で生物学的反応を観察できることが報告されている[77]。20.3.3.1 節で議論したように，細胞培養システムにも量の推定に関する課題がある。

20.3.3.1　ナノ材料の *in vitro* 毒性試験における作業量測定：進歩と課題

ナノ材料を用いた *in vitro* 毒性試験では，ナノ材料を培地に懸濁し，培養細胞に適用する。しかし，ウェル上部に投与された粒子は，式（20.1）で示されるストークスの法則で与えられる沈降速度でウェル底部へと移動し始める。

$$V_{sed} = \frac{2g(\rho_p - \rho_m)d^2}{9\mu} \tag{20.1}$$

V_{sed} は粒子の沈降終端速度（m/s），g は重力加速度（m/s^2），ρ_p と ρ_m はそれぞれ粒子と媒体の密度（kg/m^3）である[4]。式（20.1）は，大きな粒子が小さな粒子よりも速い速度で沈降することを示す。この式はまた，密度の大きい粒子が密度の小さい粒子よりも速く沈降することも示している。

同時に，Stokes-Einstein 方程式（式（20.2））[36]で説明されるように，ウェルの底に移動した粒子は拡散を受ける。

$$D = \frac{RT}{6N\pi\mu d} \tag{20.2}$$

D は cm^2/s 単位の拡散係数，R は気体定数（8.314 J/(K mol)），T はケルビン（K）単位の温度，N はアボガドロ数，μ は kg/(ms) 単位の溶液粘度，d はメートル（m）単位の粒子直径である。式（20.2）は，小さな粒子が大きな粒子よりも速く拡散することを示す。沈降と同様に，拡散はナノ材料の直径に依存する。

沈降と拡散の過程から，ウェル上部に投与されたナノ材料の量は，ウェル下部の細胞に実際に到達する量ではないことがわかる。したがって，実際に細胞に到達するナノ材料の量を推定する量評価モデルが必要である。文献には，*in vitro* 沈降・拡散・線量推定（ISDD）モデル[36]，凝集-拡散-沈降-反応モデル（ADSRM）[78]，歪曲格子（DG）モデル，数値流体力学（CFD）[79]など，多くの *in vitro* 量推定モデルが記載されている。本章では，ISDD モデルの簡単な説明のみを行う。

ISDD モデルは，単層細胞培養系における非相互作用球状粒子とその凝集体の量の計算モデルとして記述されており，細胞への粒子輸送は主に拡散と沈降/沈殿の影響を受けると考えられている[36]。入力データには，粒子径（単一サイズまたは分布），温度，培地の濃度，培地の密度，粘度，粒子濃度，および凝集体特性（パッキングファクター，フラクタル次元または凝集体密度など）が含まれる。出力には，一定時間に細胞に到達する粒子の割合，総数，表面積，および/または質量（すなわち送達量）が含まれる[36]。ISDD モデルは http://nanodose.pnnl.gov/default.aspx?topic=ISDD で公開されている。

ISDD モデルは，時間分解された粒子径と効果密度（ρ_{EV}s）を用いていない[80]。言い換えれば，粒子径，密度，凝集状態は時間とともに変化しないと仮定される[4]。ISDD や他の *in vitro* 量評価モデルでは，容積遠心法（VCM）から得られる ρ_{EV} を用いることができ，これは PCV チューブと呼ばれるチューブ内のナノ材料懸濁液のサンプルの遠心分離を含む[81]。VCM 法によって推定された ρ_{EV} は，ナノ材料凝集体の沈着速度，ひいて

は送達量の正確な決定に用いられる。

in vitro 研究では，正確な結果を得るためには，制御された均一な方法で培養細胞にナノ材料を送達できる分散プロトコルの使用も必要である。これらのプロトコルでは，結果に影響を及ぼす可能性のある活性酸素の発生を避けるため，培養液中ではなく脱イオン水中で超音波処理を行う[82–84]。しかし，研究間のデータの一致と再現性を確保するためには，ナノ材料の分散に統一された標準化されたプロトコルを用いる必要がある。

20.3.4　ナノ材料の *in silico* 毒性：定量的構造活性相関（QSAR）

in silico 毒性試験には，物質の毒性を予測する計算技術が用いられる。最も広く用いられている計算ツールの 1 つに，定量的構造活性相関（QSAR）モデリングがある。QSAR モデリングでは，分子の構造に，生物学的/毒性学的特性の原因となる本質的な特徴が含まれると考えられている[85]。したがって，ある化合物群の一部について分子記述子が計算されると，（分子）記述子を用いた化合物群の他の部分の生物活性の推定が可能になる[86]。

有機分子の QSAR モデルの多くは，Kow または分子連結性指数[87–90]，量子化学記述子[91,92]，線形溶媒和エネルギー関係（LSER）記述子[93,94]，その他の理論的記述子などの記述子に基づく回帰モデルを用いている。QSAR モデルは，毒性，生物蓄積性，生分解性，およびその他の毒性学的に関連する物理化学的データを評価するために，毒性学で用いられている。例えば，急性毒性を推定する QSAR モデルは，式（20.3）に示すように，LC_{50} と KOW の対数変換の間の線形回帰モデルから確立することができる。

$$\log \mathrm{LC}_{50} = a \log K_{\mathrm{OW}} + b \tag{20.3}$$

ここで a と b は経験的に決定された係数である[95]。

QSAR モデリングのナノ材料への応用には，ナノ材料のサイズや形状に依存する特性を表す「ナノ記述子」を用いる必要がある[96]。しかし，サイズや形状といったナノ材料の構造的・形態的特性を数学的用語で記述することは，現在のところ非常に困難である。その解決策として，Puzyn ら[97]は，顕微鏡で撮影した画像を，元の写真の個々のピクセルに対応する数値に変換することを提案した。さらに，ナノ材料の表面は生体システムとの相互作用に影響するため，表面電荷や官能基化などの表面化学パラメータに基づく追加のナノ記述子を導き出すことも重要である[18, 98, 99]。この点に関して，Lu ら[99]は，質量分析付ガスクロマトグラフィ（GC/MS）と固相マイクロ抽出（SPME）を用いて吸着係数を測定することにより，生物学的表面吸着指数（BSAI）に基づくナノ記述子を開発し，用いている。

現在，生成エンタルピー（ΔH_f）のような物理化学的性質に基づくさまざまな記述子に基づいて，さまざまな毒性エンドポイントを予測するための QSAR モデルが開発されている。例えば，イオン化ポテンシャル（金属酸化物ナノ粒子の細胞毒性推定用）[86, 100]，量子化学記述子（金属酸化物ナノ粒子の細胞毒性推定用）[101]，キラルベクトル（CNTs の Kow s 推定用）[102]に基づく QSAR モデルが開発されている。また，一般的な物理化学的パラメータに基づきナノ材料の記述子を計算するコンピュータ・プログラムで

あるNanobridgesも公開されており，ナノ材料のQSARモデルの開発を容易にしている[103]。

20.3.5 ナノ毒性学における用量反応

用量反応評価は，最終的に最大無毒性量（NOAEL），最小毒性量（LOAEL），ベンチマーク用量（BMD），ベンチマーク濃度（BMC）などの出発点パラメータの導出に用いられるため，リスク評価において中心的な役割を果たす。従来型物質の場合，毒性は投与質量と非常によく相関する。しかし，非金属の場合，同じ質量と化学組成を有する粒子であっても，粒子径，表面積，形状によって毒性が全く異なる場合があるため，質量だけでは毒性と十分に関連しない可能性がある[104]。そのため，ナノ材料については，粒子径，形状，数が用量反応関係に及ぼす影響について重大な疑義が生じる。実際，ナノ毒性学は，粒子数，粒子径，表面積，および質量濃度のうち，ナノ材料に最も適切な量指標に関する問題に取り組んできた。一例として，粒子表面積は，アナターゼ型酸化チタンのような，大きさは異なるが同じ化学組成と構造を持つナノ材料の効果を評価するより適切な線量測定法であると思われる[105]。さらに，粒子表面量を肺重量に正規化することで，ラットとマウスにおける炎症反応の優れた一致が得られるようである。これらのことは，従来の物質とは異なり，ナノ材料の用量反応や線量評価が，単位についてより慎重な検討が必要な作業であることを示す。

低用量での刺激と高用量での阻害を特徴とするホルミシス的用量反応[106]が頻繁に起こることも，ナノ材料に関連している。ホルミシスはいくつかのナノ材料について報告されており[107]，したがって，ナノ材料の環境毒性学においてのホルミシス効果の同定には，試験計画，統計的検出力，再現性に関して必要な厳密さが要求される。

投与量-反応関係は，投与量ではなく内部投与量に基づいて表現すると正確であることが報告されている[108]。内部投与量の決定には，20.3.5.1節に示されているPBPKモデルなどのモデリングツールの使用が必要である。

20.3.5.1 生理学的薬物動態（PBPK）モデルの役割と応用

PBPKモデルは，生物における化学物質の吸収，分布，代謝，排泄（ADME）のシミュレーションに用いられる。PBPKモデルは，組織，体液，および生理学的プロセスの表現に，微分質量バランス方程式系を用いる。PBPKモデルは，用量反応関係の導出で投与量の代わりに用いられる内部用量の予測に用いることができ，種間外挿，経路間外挿，高用量から低用量への外挿に利用できる[108]。

PBPKモデルは，物質固有の薬物動態データだけでなく，生物種固有の生理学的データも用いる。PBPKモデルは，多くの従来型物質について開発されている。しかし，天然物由来物質と従来型物質のADME挙動には大きな違いがある。したがって，天然物に対するPBPKモデルの開発には追加的な要素が必要となる[109]。例えば，いくつかのナノ材料のPBPKモデルでは，血液から組織コンパートメントへの輸送と透過は，灌流制限流よりも透過性制限流の方がよく記述される場合がある。

大きな極性分子を対象として開発されることが多い透過性制限PBPKモデルでは，ナ

ノ材料の分布は細胞膜の透過性により制限される。組織は細胞内空間と細胞外空間を表す2つのコンパートメントに分けられ，これらは別々に説明される[110]。親油性の低分子に用いられることの多い灌流制限PBPKモデルでは，ナノ材料の分布は血流速度にのみ依存する[111]。したがって，灌流制限モデルは透過性制限モデルよりもはるかにシンプルであるため，構築が容易である。

従来の物質のPBPKモデルでは，オクタノール-水分配係数（K_{ow}s）を分配係数として用いることが多いが，K_{ow}sの使用はほとんどのナノ材料にとって適切ではないかもしれない。第一に，一部のナノ材料，特に水とオクタノールの両方に非混和性のナノ材料は，水-オクタノール界面で分配することが示されており，K_{ow}の決定が困難になっている[112-114]。

K_{ow}の代替として，定常状態で測定された組織/血中濃度から組織-血中分配係数を算出することができる[115]。この経験的に決定された組織分配係数は，「ある組織へのナノ材料の取り込み速度と，その組織から血液へのナノ材料の流出速度の比」を表す[116]。

20.4 結　論

ヒト，土壌微生物，水生生物など，多くの生物に対して毒性を示すナノ材料が報告されている。ナノ材料の環境毒性学においては，ナノ材料の物理化学的特性が毒性特性に影響を及ぼすため，ナノ材料の物理化学的特性を適切に評価することが重要である。天然および偶発的なナノ材料が存在する可能性のある水や土壌のような複雑なマトリックス中のナノ材料を検出し，その特性を明らかにする分析技術が必要である。これらのマトリックスでは，標準物質の不足や試料調製に伴う困難さによって，ナノ材料の特性評価が妨げられている。さらに，時間や環境によって変化するナノ材料の物理化学的特性は，その特性評価にいくつかの難題をもたらす。このような環境や時間に依存したナノ材料の物理化学的特性の変化には，*ex situ*法に加え，リアルタイム法や*in situ*法を用いる必要があるかもしれない。

毒性試験は，さまざまな*in vivo*，*in vitro*，*in silico*システムを用いて実施されている。ほとんどの*in vivo*環境毒性OECD試験ガイドラインは一般的にナノ材料に適用できるが，試験手順のナノ特有の側面，特に試験中のナノ材料の損失，試験媒体，試験生物，光学干渉，データ解析などへの対応に修正が必要な場合がある。*in vivo*および*in vitro*の毒性試験におけるナノ材料の分散と線量測定のために，特殊なシステムが開発されている。しかし，ナノ材料のSPR，ナノ材料による基質や生成物の吸着，触媒作用に起因する干渉を避ける必要がある。xCELLigence Real-Time Cell Analyzerシステムのようなラベルフリーの細胞インピーダンス技術の利用により，さまざまなアッセイにおけるナノ材料の干渉を避けることができる。

QSARモデリングなどの計算ツールは，環境毒性学でも用いられている。しかし，QSARモデリングを非金属に応用するには，非金属のサイズや形状に依存する特性を表す「ナノ記述子」を用いる必要がある。現在のところ，これらの数学的な表現は困難である。

in vivo および *in vitro* 試験の結果は，用量反応評価（用量（曝露）と反応（効果）の関係を評価する）に用いられる。同じ質量と化学組成の粒子でも，粒子径，表面積，形状によって毒性が全く異なる場合があるため，非金属の場合，質量と毒性は十分に関連しない可能性がある。生体内におけるナノ材料の内部量と分布は，PBPK モデルを用いて推定することができる。しかし，非金属の ADME 挙動には従来の分子と大きな違いが存在するため，非金属の PBPK モデルの開発にはさらなる要素が必要となる。

結論として，ナノ材料の環境毒性学は，ナノ材料の責任ある開発のために必要な，エキサイティングでダイナミックな分野である。従来の技術やアプローチの多くはナノ材料に応用可能であるが，ナノ材料は従来の物質とは著しく異なるため，場合によっては修正が必要である。この点に関しては多くの進歩があり，ナノ材料の環境毒性学的評価は実現可能であるだけでなく，信頼できるものとなっている。

免責事項

本章は著者が個人的な立場で作成したものである。本稿の意見，所見，結論は筆者個人のものであり，国立産業衛生研究所（NIOH，National Institute for Occupational Health），ヨハネスブルグ大学，ケープタウン大学の見解を必ずしも反映，代表するものではない。

References

[1] Lu, B.-M. and Kacew, S. (2012). *Lu's Basic Toxicology: Fundamentals*, Target Organs, and Risk Assessment. London: CRC Press.

[2] Klaassen, C.D. and Amdur, M.O. (2008). *Casarett and Doull's Toxicology: The Basic Science of Poisons*. New York: McGraw-Hill.

[3] Kahru, A. and Dubourguier, H.-C. (2010). From ecotoxicology to nanoecotoxicology. *Toxicology* 269 (2): 105-119.

[4] Cohen, J.M., DeLoid, G.M., and Demokritou, P. (2015). A critical review of in vitro dosimetry for engineered nanomaterials. *Nanomedicine* 10 (19): 3015-3032.

[5] Sayes, C.M., Marchione, A.A., Reed, K.L., and Warheit, D.B. (2007). Comparative pulmonary toxicity assessments of C_{60} water suspensions in rats: few differences in fullerene toxicity in vivo in contrast to in vitro profiles. *Nano Letters* 7 (8): 2399-2406.

[6] Sayes, C.M., Reed, K.L., and Warheit, D.B. (2007). Assessing toxicity of fine and nanoparticles: comparing in vitro measurements to in vivo pulmonary toxicity profiles. *Toxicological Sciences* 97 (1): 163-180.

[7] Kovrižnych, J.A., Sotníková, R., Zeljenková, D. et al. (2013). Acute toxicity of 31 different nanoparticles to zebrafish (Danio rerio) tested in adulthood and in early life stages - comparative study. *Interdisciplinary Toxicology* 6 (2): 67-73.

[8] Kwok, K.W.H., Auffan, M., Badireddy, A.R. et al. (2012). Uptake of silver nanoparticles and toxicity to early life stages of Japanese medaka (Oryzias latipes): effect of coating materials. *Aquatic Toxicology* 120, 121: 59-66.

[9] Gagné, F., André, C., Skirrow, R. et al. (2012). Toxicity of silver nanoparticles to rainbow trout: a toxicogenomic approach. *Chemosphere* 89 (5): 615-622.

[10] Farmen, E., Mikkelsen, H.N., Evensen, Ø. et al. (2012). Acute and sub-lethal effects in juvenile Atlantic salmon exposed to low μg/L concentrations of Ag nanoparticles. *Aquatic Toxicology* 108: 78-84.

[11] Bilberg, K., Hovgaard, M.B., Besenbacher, F., and Baatrup, E. (2012). *In vivo* toxicity of silver nanoparticles and silver ions in zebrafish (Danio rerio). *Journal of Toxicology* 2012: 1–10.

[12] Cui, R., Chae, Y., and An, Y.-J. (2017). Dimension-dependent toxicity of silver nanomaterials on the cladocerans Daphnia magna and Daphnia galeata. *Chemosphere* 185: 205–212.

[13] Nam, S.-H. and An, Y.-J. (2019). Size- and shape-dependent toxicity of silver nanomaterials in green alga Chlorococcum infusionum. *Ecotoxicology and Environmental Safety* 168: 388–393.

[14] An, H.J., Sarkheil, M., Park, H.S. et al. (2019). Comparative toxicity of silver nanoparticles (AgNPs) and silver nanowires (AgNWs) on saltwater microcrustacean, Artemia salina. *Comparative Biochemistry and Physiology Part C: Toxicology & Pharmacology* 218: 62–69.

[15] Choi, S., Kim, S., Bae, Y.-J. et al. (2015). Size-dependent toxicity of silver nanoparticles to Glyptotendipes tokunagai. *Environmental Health and Toxicology* 30: e2015003.

[16] Moon, J., Kwak, J.I., and An, Y.-J. (2019). The effects of silver nanomaterial shape and size on toxicity to Caenorhabditis elegans in soil media. *Chemosphere* 215: 50–56.

[17] Suresh, A.K., Pelletier, D.A., Wang, W. et al. (2012). Cytotoxicity induced by engineered silver nanocrystallites is dependent on surface coatings and cell types. *Langmuir* 28 (5): 2727–2735.

[18] El Badawy, A.M., Silva, R.G., Morris, B. et al. (2011). Surface charge-dependent toxicity of silver nanoparticles. *Environmental Science & Technology* 45 (1): 283–287.

[19] Subashkumar, S. and Selvanayagam, M. (2014). First report on: acute toxicity and gill histopathology of fresh water fish Cyprinus carpio exposed to zinc oxide (ZnO) nanoparticles. *International Journal of Scientific and Research Publications* 4 (3): 1–4.

[20] Hao, L., Chen, L., Hao, J., and Zhong, N. (2013). Bioaccumulation and sub-acute toxicity of zinc oxide nanoparticles in juvenile carp (Cyprinus carpio): a comparative study with its bulk counterparts. *Ecotoxicology and Environmental Safety* 91: 52–60.

[21] Adam, N., Schmitt, C., Galceran, J. et al. (2014). The chronic toxicity of ZnO nanoparticles and ZnCl2 to Daphnia magna and the use of different methods to assess nanoparticle aggregation and dissolution. *Nanotoxicology* 8 (7): 709–717.

[22] Linhua, H., Zhenyu, W., and Baoshan, X. (2009). Effect of sub-acute exposure to TiO_2 nanoparticles on oxidative stress and histopathological changes in Juvenile Carp (Cyprinus carpio). *Journal of Environmental Sciences* 21 (10): 1459–1466.

[23] Vidya, P. and Chitra, K. (2017). Assessment of acute toxicity (LC_{50}-96 h) of aluminium oxide, silicon dioxide and titanium dioxide nanoparticles on the freshwater fish, Oreochromis mossambicus (Peters, 1852). *International Journal of Fisheries and Aquatic Studies* 5 (1): 327–332.

[24] Banaee, M., Shahafve, S., Tahery, S. et al. (2016). Sublethal toxicity of TiO_2 nanoparticles to common carp (Cyprinus carpio, Linnaeus, 1758) under visible light and dark conditions. *International Journal of Aquatic Biology* 4 (6): 370–377.

[25] Sendra, M., Sánchez-Quiles, D., Blasco, J. et al. (2017). Effects of TiO_2 nanoparticles and sunscreens on coastal marine microalgae: ultraviolet radiation is key variable for toxicity assessment. *Environment International* 98: 62–68.

[26] Zhang, Y., Blewett, T.A., Val, A.L., and Goss, G.G. (2018). UV-induced toxicity of cerium oxide nanoparticles (CeO_2 NPs) and the protective properties of natural organic matter (NOM) from the Rio Negro Amazon River. *Environmental Science: Nano* 5 (2): 476–486.

[27] Du, J., Qv, M., Zhang, Y. et al. (2018). The potential phototoxicity of nano-scale ZnO induced by visible light on freshwater ecosystems. *Chemosphere* 208: 698–706.

[28] Lovern, S.B. and Klaper, R. (2006). Daphnia magna mortality when exposed to titanium dioxide and fullerene (C_{60}) nanoparticles. *Environmental Toxicology and Chemistry* 25 (4): 1132–1137.

[29] Cimbaluk, G.V., Ramsdorf, W.A., Perussolo, M.C. et al. (2018). Evaluation of multiwalled carbon nanotubes toxicity in two fish species. *Ecotoxicology and Environment Safety* 150: 215–223.

[30] Hu, C., Li, M., Cui, Y. et al. (2010). Toxicological effects of TiO_2 and ZnO nanoparticles in soil on earthworm Eisenia fetida. *Soil Biology and Biochemistry* 42 (4): 586–591.

[31] Nendza, M., Herbst, T., Kussatz, C., and Gies, A. (1997). Potential for secondary poisoning and biomagnification in marine organisms. *Chemosphere* 35 (9): 1875–1885.

[32] Roberts, A.P., Mount, A.S., Seda, B. et al. (2007). In vivo biomodification of lipid-coated carbon nanotubes by Daphnia magna. *Environmental Science & Technology* 41 (8): 3025–3029.

[33] Werlin, R., Priester, J., Mielke, R. et al. (2011). Biomagnification of cadmium selenide quantum dots in a simple experimental microbial food chain. *Nature Nanotechnology* 6 (1): 65–71.

[34] Larguinho, M., Correia, D., Diniz, M.S., and Baptista, P.V. (2014). Evidence of one-way flow bioaccumulation of gold nanoparticles across two trophic levels. *Journal of Nanoparticle Research* 16 (8): 1–11.

[35] Shaw, B.J., Liddle, C.C., Windeatt, K.M., and Handy, R.D. (2016). A critical evaluation of the fish early-life stage toxicity test for engineered nanomaterials: experimental modifications and recommendations. *Archives of Toxicology* 90 (9): 2077–2107.

[36] Hinderliter, P.M., Minard, K.R., Orr, G. et al. (2010). ISDD: a computational model of particle sedimentation, diffusion and target cell dosimetry for *in vitro* toxicity studies. *Particle and Fibre Toxicology* 7 (1): 1–20.

[37] Baer, D.R., Engelhard, M.H., Johnson, G.E. et al. (2013). Surface characterization of nanomaterials and nanoparticles: important needs and challenging opportunities. *Journal of Vacuum Science and Technology A* 31 (5): 050820.

[38] Tiede, K., Boxall, A.B., Tear, S.P. et al. (2008). Detection and characterization of engineered nanoparticles in food and the environment. *Food Additives and Contaminants* 25 (7): 795–821.

[39] Mattarozzi, M., Suman, M., Cascio, C. et al. (2017). Analytical approaches for the characterization and quantification of nanoparticles in food and beverages. *Analytical and Bioanalytical Chemistry* 409 (1): 63–80.

[40] Montaño, M.D., Olesik, J.W., Barber, A.G. et al. (2016). Single particle ICP-MS: advances toward routine analysis of nanomaterials. *Analytical and Bioanalytical Chemistry* 408 (19): 5053–5074.

[41] Kuchibhatla, S.V., Karakoti, A.S., Baer, D.R. et al. (2012). Influence of aging and environment on nanoparticle chemistry: implication to confinement effects in nanoceria. *Journal of Physical Chemistry C* 116 (26): 14108–14114.

[42] Xu, R. (2008). Progress in nanoparticles characterization: sizing and zeta potential measurement. *Particuology* 6 (2): 112–115.

[43] Berg, J.M., Romoser, A., Banerjee, N. et al. (2009). The relationship between pH and zeta potential of ~30 nm metal oxide nanoparticle suspensions relevant to *in vitro* toxicological evaluations. *Nanotoxicology* 3 (4): 276–283.

[44] Baer, D.R., Amonette, J.E., Engelhard, M.H. et al. (2008). Characterization challenges for nanomaterials. *Surface and Interface Analysis* 40 (3, 4): 529–537.

[45] Powers, K.W., Brown, S.C., Krishna, V.B. et al. (2006). Research strategies for safety evaluation of nanomaterials. Part VI. Characterization of nanoscale particles for toxicological evaluation. *Toxicological Sciences* 90 (2): 296–303.

[46] Utembe, W. and Gulumian, M. (2019). Chirality, a neglected physico-chemical property of nanomaterials? A mini-review on the occurrence and importance of chirality on their toxicity. *Toxicology Letters* 311: 58–65.

[47] Kühnel, D. and Nickel, C. (2014). The OECD expert meeting on ecotoxicology and environmental fate – towards the development of improved OECD guidelines for the testing of nanomaterials. *Science of the Total Environment* 472: 347–353.

[48] Hund-Rinke, K., Baun, A., Cupi, D. et al. (2016). Regulatory ecotoxicity testing of nanomaterials – proposed modifications of OECD test guidelines based on laboratory experience with silver and titanium dioxide nanoparticles. *Nanotoxicology* 10 (10): 1442–1447.

[49] Stone, V., Nowack, B., Baun, A. et al. (2010). Nanomaterials for environmental studies: classification, reference material issues, and strategies for physico-chemical characterisation. *Science of the Total Environment* 408 (7): 1745–1754.

[50] Utembe, W., Potgieter, K., Stefaniak, A.B., and Gulumian, M. (2015). Dissolution and biodurability: important parameters needed for risk assessment of nanomaterials. *Particle and Fibre Toxicology* 12 (1): 1–12.

[51] Handy, R.D., Owen, R., and Valsami-Jones, E. (2008). The ecotoxicology of nanoparticles and nanomaterials: current status, knowledge gaps, challenges, and future needs. *Ecotoxicology* 17 (5): 315–325.

[52] Demokritou, P., Büchel, R., Molina, R.M. et al. (2010). Development and characterization of a Versatile Engineered Nanomaterial Generation System (VENGES) suitable for toxicological studies. *Inhalation Toxicology* 22 (sup2): 107–116.

[53] Klumpp, J. and Bertelli, L. (2017). KDEP: a resource for calculating particle deposition in the respiratory tract. *Health Physics* 113 (2): 110–121.

[54] Rissler, J., Gudmundsson, A., Nicklasson, H. et al. (2017). Deposition efficiency of inhaled particles (15–5000 nm) related to breathing pattern and lung function: an experimental study in healthy children and adults. *Particle and Fibre Toxicology* 14 (1): 1–12.

[55] Iwaoka, K., Hosoda, M., Tokonami, S. et al. (2019). Development of calculation tool for respiratory tract deposition depending on aerosols particle distribution. *Radiation Protection Dosimetry* 184 (3, 4): 388–390.

[56] Anjilvel, S. and Asgharian, B. (1995). A multiple-path model of particle deposition in the rat lung. *Fundamental and Applied Toxicology* 28 (1): 41–50.

[57] Bair, W. (1989). Human respiratory tract model for radiological protection: a revision of the ICRP Dosimetric Model for the Respiratory System. *Health Physics* 57: 249–252, discussion 52.

[58] Phalen, R., Cuddihy, R., Fisher, G. et al. (1991). Main features of the proposed NCRP respiratory tract model. *Radiation Protection Dosimetry* 38 (1–3): 179–184.

[59] Aleksandropoulou, V. and Lazaridis, M. (2013). Development and application of a model (ExDoM) for calculating the respiratory tract dose and retention of particles under variable exposure conditions. Air Quality, *Atmosphere and Health* 6 (1): 13–26.

[60] Miller, F.J., Asgharian, B., Schroeter, J.D., and Price, O. (2016). Improvements and additions to the multiple path particle dosimetry model. *Journal of Aerosol Science* 99: 14–26.

[61] Krewski, D., Acosta, D. Jr., Andersen, M. et al. (2010). Toxicity testing in the 21st century: a vision and a strategy. *Journal of Toxicology and Environmental Health Part B: Critical Reviews* 13 (2–4): 51–138.

[62] Roggen, E.L. (2011). In *vitro toxicity testing in the twenty-first century. Frontiers in Pharmacology* 2: 3.

[63] Clemedson, C., Barile, F., Chesné, C. et al. (2000). MEIC evaluation of acute systemic toxicity: part VII: prediction of human toxicity by results from testing the first 30 reference chemicals with 27 further in vitro assays. *Alternatives to Laboratory Animals* 28 (Suppl. 1): 161–200.

[64] Park, M.V., Lankveld, D.P., van Loveren, H., and de Jong, W.H. (2009). The status of *in vitro* toxicity studies in the risk assessment of nanomaterials. *Nanomedicine* 4 (6): 669–685.

［65］ Garle, M.J., Fentem, J.H., and Fry, J.R. (1994). In vitro cytotoxicity tests for the prediction of acute toxicity *in vivo*. *Toxicology In Vitro* 8 (6): 1303–1312.
［66］ Freshney, I. (2001). Application of cell cultures to toxicology. In: *Cell Culture Methods for In Vitro Toxicology* (ed. G.N. Stacey, A. Doyle and M. Ferro), 9–26. Dordrecht: Springer.
［67］ Eisenbrand, G., Pool-Zobel, B., Baker, V. et al. (2002). Methods of *in vitro* toxicology. *Food and Chemical Toxicology* 40 (2, 3): 193–236.
［68］ Fernández, D., García-Gómez, C., and Babín, M. (2013). *In vitro* evaluation of cellular responses induced by ZnO nanoparticles, zinc ions and bulk ZnO in fish cells. *Science of the Total Environment* 452: 262–274.
［69］ Yue, Y., Li, X., Sigg, L. et al. (2017). Interaction of silver nanoparticles with algae and fish cells: a side by side comparison. *Journal of Nanobiotechnology* 15 (1): 1–11.
［70］ Yue, Y., Behra, R., Sigg, L. et al. (2015). Toxicity of silver nanoparticles to a fish gill cell line: role of medium composition. *Nanotoxicology* 9 (1): 54–63.
［71］ Minghetti, M. and Schirmer, K. (2016). Effect of media composition on bioavailability and toxicity of silver and silver nanoparticles in fish intestinal cells (RTgutGC). *Nanotoxicology* 10 (10): 1526–1534.
［72］ Bols, N., Dayeh, V., Lee, L., and Schirmer, K. (2005). Use of fish cell lines in the toxicology and ecotoxicology of fish. Piscine cell lines in environmental toxicology. In: *Biochemistry and molecular biology of fishes*, vol. 6 (ed. T.P. Mommsen and T.W. Moon), 43–84. New York: Elsevier.
［73］ Andraos, C., Yu, I.J., and Gulumian, M. (2020). Interference: a much-neglected aspect in high-throughput screening of nanoparticles. *International Journal of Toxicology* 39 (5): 397–421.
［74］ Vetten, M.A., Tlotleng, N., Rascher, D.T. et al. (2013). Label-free in vitro toxicity and uptake assessment of citrate stabilised gold nanoparticles in three cell lines. *Particle and Fibre Toxicology* 10 (1): 1–15.
［75］ Lee, J., Lilly, G.D., Doty, R.C. et al. (2009). In vitro toxicity testing of nanoparticles in 3D cell culture. *Small* 5 (10): 1213–1221.
［76］ Sambale, F., Lavrentieva, A., Stahl, F. et al. (2015). Three dimensional spheroid cell culture for nanoparticle safety testing. *Journal of Biotechnology* 205: 120–129.
［77］ Loret, T., Peyret, E., Dubreuil, M. et al. (2016). Air-liquid interface exposure to aerosols of poorly soluble nanomaterials induces different biological activation levels compared to exposure to suspensions. *Particle and Fibre Toxicology* 13 (1): 58.
［78］ Mukherjee, D., Leo, B.F., Royce, S.G. et al. (2014). Modeling physicochemical interactions affecting in vitro cellular dosimetry of engineered nanomaterials: application to nanosilver. *Journal of Nanoparticle Research* 16 (10): 1–16.
［79］ DeLoid, G.M., Cohen, J.M., Pyrgiotakis, G. et al. (2015). Advanced computational modeling for *in vitro* nanomaterial dosimetry. *Particle and Fibre Toxicology* 12 (1): 1–20.
［80］ Cohen, J.M., Teeguarden, J.G., and Demokritou, P. (2014). An integrated approach for the *in vitro* dosimetry of engineered nanomaterials. *Particle and Fibre Toxicology* 11 (1): 1–12.
［81］ DeLoid, G., Cohen, J.M., Darrah, T. et al. (2014). Estimating the effective density of engineered nanomaterials for *in vitro* dosimetry. *Nature Communications* 5 (1): 1–10.
［82］ DeLoid, G.M., Cohen, J.M., Pyrgiotakis, G., and Demokritou, P. (2017). Preparation, characterization, and *in vitro* dosimetry of dispersed, engineered nanomaterials. *Nature Protocols* 12 (2): 355–371.
［83］ Cohen, J., DeLoid, G., Pyrgiotakis, G., and Demokritou, P. (2013). Interactions of engineered nanomaterials in physiological media and implications for *in vitro* dosimetry. *Nanotoxicology* 7 (4): 417–431.
［84］ Pal, A.K., Bello, D., Cohen, J., and Demokritou, P. (2015). Implications of *in vitro* dosimetry on toxicological ranking of low aspect ratio engineered nanomaterials. *Nanotoxicology* 9 (7): 871–885.
［85］ Sabljic, A. (2001). QSAR models for estimating properties of persistent organic pollutants required in

evaluation of their environmental fate and risk. *Chemosphere* 43 (3): 363–375.
[86] Puzyn, T., Rasulev, B., Gajewicz, A. et al. (2011). Using nano-QSAR to predict the cytotoxicity of metal oxide nanoparticles. *Nature Nanotechnology* 6 (3): 175–178.
[87] Lu, X., Tao, S., Hu, H., and Dawson, R.W. (2000). Estimation of bioconcentration factors of nonionic organic compounds in fish by molecular connectivity indices and polarity correction factors. *Chemosphere* 41 (10): 1675–1688.
[88] de Melo, E.B. (2012). A new quantitative structure–property relationship model to predict bioconcentration factors of polychlorinated biphenyls (PCBs) in fishes using E-state index and topological descriptors. *Ecotoxicology and Environment Safety* 75: 213–222.
[89] Sabljic, A., Guesten, H., Hermens, J., and Opperhuizen, A. (1993). Modeling octanol/water partition coefficients by molecular topology: chlorinated benzenes and biphenyls. *Environmental Science & Technology* 27 (7): 1394–1402.
[90] Gramatica, P. and Papa, E. (2005). An update of the BCF QSAR model based on theoretical molecular descriptors. *Molecular Informatics* 24 (8): 953–960.
[91] Chen, J., Quan, X., Yazhi, Z. et al. (2001). Quantitative structure–property relationship studies on n-octanol/water partitioning coefficients of PCDD/Fs. *Chemosphere* 44 (6): 1369–1374.
[92] Wei, D., Zhang, A., Wu, C. et al. (2001). Progressive study and robustness test of QSAR model based on quantum chemical parameters for predicting BCF of selected polychlorinated organic compounds (PCOCs). *Chemosphere* 44 (6): 1421–1428.
[93] Park, J.H. and Lee, H.J. (1993). Estimation of bioconcentration factor in fish, adsorption coefficient for soils and sediments and interfacial tension with water for organic nonelectrolytes based on the linear solvation energy relationships. *Chemosphere* 26 (10): 1905–1916.
[94] Hawker, D. (1990). Description of fish bioconcentration factors in terms of solvatochromic parameters. *Chemosphere* 20 (5): 467–477.
[95] Klüver, N., Vogs, C., Altenburger, R. et al. (2016). Development of a general baseline toxicity QSAR model for the fish embryo acute toxicity test. *Chemosphere* 164: 164–173.
[96] Puzyn, T., Gajewicz, A., Leszczynska, D., and Leszczynski, J. (2010). Nanomaterials – the next great challenge for QSAR modelers. In: *Recent Advances in QSAR Studies: Methods and Applications* (ed. T. Puzyn, J. Leszczynski and M.T.D. Cronin), 383–409. Dordrecht: Springer.
[97] Puzyn, T., Leszczynska, D., and Leszczynski, J. (2009). Toward the development of "nano-QSARs": advances and challenges. *Small* 5 (22): 2494–2509.
[98] Asati, A., Santra, S., Kaittanis, C., and Perez, J.M. (2010). Surface-charge-dependent cell localization and cytotoxicity of cerium oxide nanoparticles. *ACS Nano* 4 (9): 5321–5331.
[99] Lu, W., Senapati, D., Wang, S. et al. (2010). Effect of surface coating on the toxicity of silver nanomaterials on human skin keratinocytes. *Chemical Physics Letters* 487 (1–3): 92–96.
[100] Mu, Y., Wu, F., Zhao, Q. et al. (2016). Predicting toxic potencies of metal oxide nanoparticles by means of nano-QSARs. *Nanotoxicology* 10 (9): 1207–1214.
[101] Gajewicz, A., Schaeublin, N., Rasulev, B. et al. (2015). Towards understanding mechanisms governing cytotoxicity of metal oxides nanoparticles: hints from nano-QSAR studies. *Nanotoxicology* 9 (3): 313–325.
[102] Toropov, A.A., Leszczynska, D., and Leszczynski, J. (2007). Predicting water solubility and octanol water partition coefficient for carbon nanotubes based on the chiral vector. *Computational Biology and Chemistry* 31 (2): 127–128.
[103] Ambure, P., Aher, R.B., Gajewicz, A. et al. (2015). "NanoBRIDGES" software: open access tools to perform QSAR and nano-QSAR modeling. *Chemometrics and Intelligent Laboratory Systems* 147: 1–13.

［104］ Delmaar, C.J., Peijnenburg, W.J., Oomen, A.G. et al. (2015). A practical approach to determine dose metrics for nanomaterials. *Environmental Toxicology and Chemistry* 34 (5): 1015-1022.

［105］ Oberdörster, G., Oberdörster, E., and Oberdörster, J. (2005). Nanotoxicology: an emerging discipline evolving from studies of ultrafine particles. *Environmental Health Perspectives* 113 (7): 823-839.

［106］ Calabrese, E.J. (2008). Hormesis: why it is important to toxicology and toxicologists. *Environmental Toxicology and Chemistry* 27 (7): 1451-1474.

［107］ Iavicoli, I., Fontana, L., Leso, V., and Calabrese, E.J. (2014). Hormetic dose-responses in nanotechnology studies. *Science of the Total Environment* 487: 361-374.

［108］ USEPA (2006). *Approaches for the Application of Physiologically Based Pharmacokinetic (PBPK) Models and Supporting Data in Risk. U.S. Environmental Protection* Agency, Washington, DC, EPA/600/R-05/043F. https://cfpub.epa.gov/ncea/risk/recordisplay.cfm?deid=157668 Accessed 8 march 2022.

［109］ Li, M., Al-Jamal, K.T., Kostarelos, K., and Reineke, J. (2010). Physiologically based pharmacokinetic modeling of nanoparticles. *ACS Nano* 4 (11): 6303-6317.

［110］ Lin, Z., Monteiro-Riviere, N.A., and Riviere, J.E. (2016). A physiologically based pharmacokinetic model for polyethylene glycol-coated gold nanoparticles of different sizes in adult mice. *Nanotoxicology* 10 (2): 162-172.

［111］ Li, M., Panagi, Z., Avgoustakis, K., and Reineke, J. (2012). Physiologically based pharmacokinetic modeling of PLGA nanoparticles with varied mPEG content. *International Journal of Nanomedicine* 7: 1345.

［112］ Giri, J., Diallo, M.S., Iii, W.A.G. et al. (2009). Partitioning of poly (amidoamine) dendrimers between n-octanol and water. *Environmental Science & Technology* 43 (13): 5123-5129.

［113］ Hristovski, K.D., Westerhoff, P.K., and Posner, J.D. (2011). Octanol-water distribution of engineered nanomaterials. *Journal of Environmental Science and Health, Part A: Toxic/Hazardous Substances & Environmental Engineering* 46 (6): 636-647.

［114］ Xiao, Y and Wiesner, M.R. (eds.) (2012). Octanol-water partition coefficient (K_{ow}): is it a good measure of hydrophobicity of nanoparticles? Abstracts of Papers of the American Chemical Society, Washington, DC, United States (19 August 2012): American Chemical Society.

［115］ Clewell, R.A. and Clewell, H.J. III, (2008). Development and specification of physiologically based pharmacokinetic models for use in risk assessment. *Regulatory Toxicology and Pharmacology* 50 (1): 129-143.

［116］ Utembe, W., Clewell, H., Sanabria, N. et al. (2020). Current approaches and techniques in physiologically based pharmacokinetic (PBPK) modelling of nanomaterials. *Nanomaterials* 10 (7): 1267.

第 21 章

ナノ材料の社会的影響

Societal Impact of Nanomaterials

Paolo Di Sia[1,2]

[1] University of Padova, School of Science and Engineering, Padova, Italy
[2] University of Padova, School of Medicine, Department of Neurosciences, Padova, Italy

21.1　はじめに

ナノテクノロジーは，エネルギーの生産から送電，配電，変換，利用に至るまで，エネルギーに関するあらゆる分野において，潜在的な利点を提供する。

ナノテクノロジーとナノ材料は，国内および国際レベルでの積極的な産業計画，活動的な企業の数，世界市場で入手可能な消費者製品の量，そしてすべての部門で雇用される労働者との関係において，近年，世界的に大きな広がりを見せている。ナノテクノロジーは，欧州委員会の Horizon 2020 プログラムで検討されている 6 つの主要実現技術（KETs）に含まれている[1-4]。

ナノスケールの物質が示す大きな可能性と並行して，科学的な関心は，ライフサイクルの各段階における曝露を通じた人間の健康への潜在的な影響の研究に集中してきた。ナノ材料の毒性に影響を与えうるパラメータは，環境条件の影響を受け，時間とともに変化する可能性がある[5, 6]。さまざまな国際的プロジェクトが，リスク評価と暴露モニタリングの方向に置かれている。

コントロールバンディング（CB）戦略は，毒性学的情報がない場合に，潜在的に危険な特定の物質への曝露の阻止に用いられ，リスク評価を提供する。ここ数十年，CB の原則は化学物質のリスク管理に利用され，その後，先進国，新興経済国，発展途上国など，さまざまな状況で利用されるようになった[7, 8]。

危険な帯域の特定は，排出および暴露の可能性に基づく，ナノ材料に関連する危険性のスコアの帰属を通じて行われる。

新興の革新的技術は，市場に浸透し，そのダイナミクスを大きく変化させる可能性を持っており，その変化は，地域の生産システムや，経済的，環境的，社会的な意味合いを持つグローバル・システムに大きな影響を与える。

関連するグリーン成長戦略は，エネルギーや天然資源の利用効率を高めて生産性を向上させるという目標のおかげで，経済成長とより大きな幸福の機会を提供することができ，財政再建と新たな雇用機会の創出に貢献することができる[9-11]。

持続可能性とエコ・イノベーションの評価のための多くの普及ツールがある。それらは，「ライフサイクル思考」に関連するアプローチ，バリューチェーンの評価（バリューチェーンの事例研究），リスクアセスメントのような潜在的リスクに基づく。

技術開発が一般的かつグローバルな社会的目標を満たすことを保証するため，ナノテクノロジーを取り巻く社会的問題は下流で理解され，評価されるだけでなく，意思決定や上流の研究においても検討される必要がある。

ナノテクノロジーは，経済，雇用市場，貿易，国際関係，社会構造，市民の自由，自然界との関係，さらには人間であるという概念さえも再構築するような革命をもたらし，医療，エネルギー供給，通信，防衛に急速な変化をもたらす可能性がある。

ナノテクノロジーによって引き起こされる可能性のある負の影響に関しては，すでに存在する社会経済的不公正と権力の不平等な分配から生じる問題が拡大し，これらの新しいナノテクノロジーを支配する人々と，その製品やサービスの利用から排除されたままの人々との間の格差を通じて，富める者と貧しい者との間に，より大きな不平等を生み出す

可能性がある[12, 13]。

ナノテクノロジーは，ナノ軍拡競争，生物兵器の可能性の増大，市民の自由に重大な悪影響を及ぼす監視ツールを通じて，国際関係を不安定化させる可能性がある。

トランスヒューマニストは，ナノテクノロジーは病気の治療や人間の特性の改善を超えて，人間の本質そのものを変える機構であると考えているが，このような見方でさえ，世界中の社会に否定的な影響をもたらす可能性がある。ワクチンの使用に関して物議を醸している現在のデリケートな世界情勢は，その顕著な一例である。

数十年来，人工ナノ材料（ENM）に関する科学的ニュース，ひいてはその応用可能性に関するニュースは，ますます頻繁になっている。これらの材料は，農業・動物工学や食品製造部門を含むあらゆる生産活動で利用される可能性がある。

21.2 ナノ材料の社会的・環境的影響

産業用途におけるナノ材料の使用の増加は，人間と環境がこれらの新素材にさらされる機会を増やしている。このことは，ライフサイクルにおけるナノ材料に関わり得る健康，安全，環境へのリスクの慎重な評価につながる。

ナノテクノロジーには多くの有益な用途があるが，特定のナノ材料が環境や人間の健康に与える潜在的な影響については，まだ十分に理解されていない。毒性学的評価は，実験室規模で生成されたENMに対してのみ実施されており，そのライフサイクルに関する十分な情報はまだ得られていない。

その大きさから，ナノ粒子は人体に入り込み，重要な臓器に到達し，細胞構造やタンパク質発現などに損傷を与える可能性がある。したがって，放出されたナノフラクションの潜在的な毒性作用は，*in vitro* 分析によって分析されなければならない。バクテリア，バクテリアバイオフィルム，植物，無脊椎動物に対する環境毒性評価も重要である。得られた結果は，製造業者から直接供給されるインタクトなナノ粒子の環境毒性リスクと比較されなければならない。

さまざまな組み合わせ，特にポリアミドをベースとする組み合わせが，ある種の細胞毒性効果を示している。詳細には，モンモリロナイトを統合したポリマーの場合，モンモリロナイトのスペーサーとして用いられるアンモニウムの放出が毒性の起源である可能性がある。

バクテリアに対する環境毒性評価では，ポリプロピレンやポリアミドベースの材料の毒性は，ナノ材料の老化によって放出される分子とは関連しないようである。

世界のナノテクノロジー部門で実施されている労働衛生，安全，環境に関する手続きについては，関係する企業のほぼ半数がナノテクノロジーに関する特定の安全プログラムを持っていない。ナノ粒子を含む材料の残留物の効果的な管理のために，従業員保護のガイドラインが策定されつつある[14]。

消費者製品へのナノ粒子の使用は，利点がある一方で環境や健康にリスクをもたらす可能性があり，懸念も生じている。この点に関する不確実性と現在の不十分な科学的知識は，技術革新と経済成長を遅らせる可能性がある。

利用可能な従来の素材との関係でも，相関するリスクが持続可能かどうかを事前に理解し，適切な予防策を講じ，革新的な製品が生み出す利益と比較して，こうしたリスクの低減にどれだけのコストがかかるかを理解し，起こりうる環境への影響を考える必要がある。

ナノ物質がもたらすリスクを評価・管理する手法やツールを開発・試験する作業は，さまざまな種類のナノ物質の放出，暴露，潜在的な危険性に関する膨大な量の新しい科学的データや知識を生み出している。また，ナノ物質と生物学的/生態学的システムとの相互作用，拡散，機能，起こりうる悪影響に関する重要な知見も得られている。これらの知見は，より安全で持続可能なナノテクノロジーの開発や，そのリスクの制御において重要な役割を果たすことは必至である[15]。

この研究では，製品のライフサイクル全体を通じた分析を容易にするため，いくつかの特定の材料と用途に焦点を当てている。よく知られているものでは，繊維産業で使用される銀ナノ粒子や，海軍コーティング材料や自動車部品にも使用される多層カーボンナノチューブがある。

あまり知られていないが，その用途に非常に関連性の高い材料としては，自動車用顔料や食品に用いられるシリカ固結防止剤がある。さらに，空気の浄化のために窒素をドープした二酸化チタン，木材用の銅系含浸剤，製鉄所や製紙工場用の炭化タングステン・コーティングなど，商品価値の高いナノ材料もある。

体積よりも大きな表面積を持つナノ構造材料の特異な効果の中で，「表面量子効果」（SQEs）を思い起こそう。ナノスケールの材料がより化学的に反応しやすくなり，特異な電磁気的特性が強調され，原材料の用途のスペクトルを広げることができる[16]。

現代のナノテクノロジーは，「エンタングルメント効果」も研究している[17]。電子，光子，フォノンのような粒子は，ナノサイズの物質との相互作用の場合，遠隔通信効果を持つ状況を作り出すことができ，それはナノ粒子が巨視的な物質に組み込まれたときでさえも残り，結果として得られる混合物の特性を全体的に変化させる。

これらの新しい量子効果は，ナノメートルスケールの物質の表面現象として現れ，新素材の製造と使用のため，幅広い機会に向けてナノ科学を準備させ，これによって新たな生産用途が可能になる。

21.3　ナノ材料に関連する健康と安全性

一部のナノ材料は，人の肺，肝臓，腎臓，心臓，生殖器官，胎児，脳，脾臓，骨格，軟部組織で検出されている。それ自体に毒性はないナノ材料が，有毒物質と結合し，体内，臓器，細胞に入り込む可能性がある。

検出された最も重要な影響は，炎症と組織損傷，酸化ストレス，慢性毒性，細胞毒性，線維化，心血管系の関与を含む腫瘍形成などである。

ナノ材料への暴露の主な方法は 3 つある[18, 19]。

－吸入：空気中に浮遊するナノ粒子に暴露される最も一般的な方法である。ナノ粒子は肺上皮を通過して血流に入り，他の臓器や組織に到達し，嗅覚神経を通って脳に達する。

－摂取：汚染された表面による手から口への移動や，汚染された食品や液体の摂取によって起こる。ナノ材料は，粘膜繊毛系を介して気道から排除された吸入粒子が飲み込まれるため，吸入後に摂取されることもある。摂取されたナノ物質は腸管上皮を通過し，血流に入り，他の臓器や組織に到達する可能性がある。
－経皮浸透：無傷の皮膚は，ナノ物質の吸収に対する有効なバリアであるように見えるが，損傷した場合，吸収のレベルが吸入に関連するレベルより低いとしても，リスクは増加する[20-23]。

ネブライザーで噴霧された粉末や液体は，液体の懸濁液，ペースト，材料，粒状化合物よりも潜在的リスクが高い。液体に含まれるナノ材料は，ポリマーマトリックスに埋め込まれたものなど，結合または固定されたナノ構造よりも潜在的リスクが高い。

ナノ材料は物質とみなされるため，REACH規則（化学物質の登録，評価，認可に関する）およびCLP規則（物質および混合物の分類，表示，包装に関する）も同様に関与する[24]。

リスク管理は，職場における活動や慣行を優先しなければならない。特に以下の点を強調する：
－特定の毒性作用が知られているナノ材料（例：ヒ素，カドミウム，および関連化合物）が使用される活動，またはマクロスケールで同じ材料で特定の毒性作用が知られている活動，生物学的に難分解性の非繊維状ナノ材料（二酸化チタンや酸化アルミニウムなど），および繊維状ナノ材料（カーボンナノチューブなど），健康被害が特定されている，または健康被害がないことが実証されていない可溶性材料
－ナノ材料またはそれを含む化学物質の粉砕・混合装置からの積み下ろし，化学物質の容器への充填，製造された化学物質のサンプリングなど，ナノ材料が空気中に拡散する可能性のあるあらゆる状況
－局所排気装置のフィルターなど，リスク低減のためのシステムや装置の清掃やメンテナンス
－複合材料など，ナノ材料を含む物質の研究開発
－ナノ材料を含む粉体や霧状混合物の取り扱い
－ナノ材料を含む成形品の機械的または熱処理，例えば，レーザー処理，研削または切断のような工程後に放出される可能性のあるナノ材料を含む成形品の機械的または熱処理
－ナノ材料を含む成形品を含む廃棄物処理作業

リスク管理手順では，健康や安全への影響が知られているナノ材料だけでなく，関連する危険性や暴露レベルに関する情報がない，不完全，または不確実なナノ材料も優先することが重要である。

リスクアセスメントに代わる解決策は，それぞれの潜在的ハザードと考慮される場所での暴露の可能性に応じた管理帯域で構成される。ナノ材料は，近年開発された特に複雑な技術であるため，その特殊な寸法や形状を考慮し，以下の適切な方法でリスク評価を行う必要がある：
－人体および環境に対する暴露の関連
－暴露測定システム

－人体内におけるナノ粒子の移動機構と分解の可能性
－ヒトと環境に対する毒性の機構[25-27]。
一旦環境中に入ると，ナノ物質は生物学的・生物学的構成要素とさまざまな化学的・物理的相互作用プロセスを引き起こす。それらはそのままの形で残ることもあれば，溶解，化学種形成（イオン状または分子状に溶解した他の化学物質との会合），分解（生物学的または化学物理学的な他の物質への変換，および/または完全な無機化），凝集，沈殿などの過程を経ることもある。
ナノ毒性学と環境ナノ毒性学は，人体や環境リスクの予防に主要な役割を果たすだけでなく，消費者に完全で正しい情報を提供する。生物医学と健康の領域もまた，ナノバイオ技術によってますます影響を受けることになる[28]。

21.4　食品分野

食品セクターは現在，ナノ材料を用いる技術の活用に大きく関わっている。この利用はまた，非常に複雑な評価を伴う潜在的な関連リスクに関する研究と調査に強い推進力を与えている。
ナノスケール材料の特殊性により，多くの ENM が開発され，包装用の革新的な材料（食品接触材料，FCM）の製造に主な用途の 1 つを見出している。これらの材料は，外部汚染から食品を保護することで，食品輸送中のより良い条件と保存期間の延長の両方を保証する新しいソリューションを提供することができる[29]。
例えば，抗菌活性に使用される銀ナノ粒子，チキソトロピー特性を持つナノセルロース（ミクロフィブリル化セルロース），環境変動（pH，温度，圧力，ガスの発生，微生物汚染物質，酸化）の発生によって外観を変化させることができるスマートナノセンサーなどがある。その他の応用例としては，栄養成分の生物学的利用能やトレーサビリティを高める添加物の添加など，食品の構造に直接関わるものがある。
ますます高度な技術が開発されているにもかかわらず，食品または生物学的サンプル中のナノ物質の定量は，関わるマトリックスからのナノ物質の抽出に関連する難しさにも起因して，依然として問題を抱えている。

21.5　知的財産について

ナノテクノロジーは，大企業（企業）の独占により，大企業が支配する新たな世界が確立される危険性をはらんでいる。遺伝子を操作するバイオテクノロジーの能力が，生命の特許性と密接に関係するように，物質を操作するナノテクノロジーの能力は，特許化の可能性につながる。
近年，世界ではナノスケールの特許をめぐる競争が繰り広げられており，2000 年以降，何百ものナノ特許が成立し，その数は毎年増え続けている。
例えば，カーボンナノチューブに関連する基本特許を保有する企業を考えてみよう。カーボンナノチューブは，ナノテクノロジーの現在のマイルストーンの 1 つであり，幅

広い用途を持ち，エレクトロニクスやコンピューターから薬剤投与や診断のための強化材料に至るまで，さまざまな分野の基礎となる。カーボンナノチューブは，従来の主原料に取って代わる可能性を秘め，市場で主要な製品になりつつある[30]。

ナノテクノロジー関連の特許のほとんどは，IBM，マイクロン・テクノロジー，アドバンスト・マイクロ・デバイセズ，インテルなど一部の企業に集中しているようだ。

情報通信技術（ICT）分野では，マイクロテクノロジーとナノテクノロジーを明確に区別することは非常に難しい。システムのいかなる進歩も，実際には部品（主に電子部品）の進歩と密接に関係しており，マイクロレベルとナノレベルの小型化を区別することは困難である。

ナノフォトニクスやナノエレクトロニクスのための材料，ハイブリッド分子エレクトロニクス，ナノワイヤーやナノチューブなどの一次元構造，「単一分子」アプローチによる再現可能な機能や回路構成の開発，洗練された専用ソフトウェアで処理されるローカルデータを提供できる膨大な数のセンサーの使用による環境インテリジェンスの開発など，最も興味深い発展が予測される[31]。

21.6 ナノテクノロジーと発展途上国

ナノテクノロジーは，飲料水，持続可能なエネルギー，健康保護，教育といった基本的サービスへのアクセスに問題がある発展途上国において，新たな解決策を提供することができる。ナノテクノロジーの利点には，少ない作業，少ない土地，メンテナンスの簡易さ，高い生産性，低コスト，少ない材料，低エネルギー要件での製造などがある。

多くの発展途上国は，ナノテクノロジーの研究開発に多大な資源を投入している。新興経済国（ブラジル，中国，インド，南アフリカなど）は，関連する研究開発分野に多額の資金を投資しており，ナノテクノロジー分野での科学生産を急速に増やしている。

ナノテクノロジーは，水質浄化システム，エネルギーシステム，医療，医薬品，食品・栄養生産，情報・通信技術，住宅，民生改善など，大きな課題の解決に役立つ可能性がある[32]。

発展途上国における環境，人間の健康，労働安全の保護は，健康的な環境の欠如，人間の健康，労働安全の規制，適切な資格を持つ人材の不足に結びついた管理の不備など，さまざまな要因が絡み合っている。

ナノテクノロジーのリスクやより広範な影響については，ほとんど知られていない。このため，ナノテクノロジーのガバナンスに関する意思決定には，政府，企業，市民社会組織の努力が必要である。

「ナノテクノロジーと貧困層に関するグローバル・ダイアローグ」（GDNP）のような現実は，開発途上国にとってのナノテクノロジーの機会とリスクに対する認識を高め，社会の部門内および部門間のギャップを埋め，科学技術がグローバルな開発過程で適切な役割を果たす方法を特定するために生まれ，現在も生まれつつある[33, 34]。

21.7 社会正義と市民の自由について

近年，ナノテクノロジーがもたらすとされる恩恵が平等に分配されないこと，また，ナノテクノロジーの研究開発の大半が先進国に集中しているため，関連する恩恵はすべて豊かな国にしかもたらされないことに関して，さまざまな問題が提起されている。

このことは，発展途上国がこの種の研究開発を支援するために必要なインフラ，資金，人的資源を利用できる可能性が低いことを示唆しており，したがって，既存の不平等の悪化につながる。

農業と食品産業は，ナノテクノロジーの一極集中が特許と関連していることの明確な証拠である。種子，植物製品，動物，その他の農業食品技術の特許は，すでに少数の企業に集中している。このことは，農業活動のコストが上昇し，発展途上国を含む最貧困層の農家が疎外される可能性を示唆している。

後者の国々の生産者は，ゴム，綿花，コーヒー，紅茶などの天然製品を，ナノテクノロジーによって開発された製品に置き換えることで，不利益を被る可能性がある。天然製品は途上国の輸出にとって非常に重要であり，多くの自給自足農家は天然製品に依存している。工業用ナノ製品への置き換えは，伝統的にこれらの輸出作物に依存してきたこれらの国々の経済に悪影響を及ぼす可能性がある[35]。

また，ナノテクノロジーの軍事的応用の可能性も検討し，これには兵士の能力向上のためのシステムやツールの可能性や，ナノセンサーによる監視の強化などが含まれる[36, 37]。これらは非常にデリケートな現在の問題であり，不適切に使用された場合，プライバシー，保護，管理，そして世界人口全体の操作の可能性に関わる。

21.8 結　論

持続可能な発展と現代社会の幸福は，多様で安全かつ無公害のエネルギー源を確保できるかどうかに決定的に依存する。水不足の増大，資源の減少，大気・水質汚染，気候変動，生物多様性の損失といった将来的な問題は，取り返しのつかないものとなる可能性があり，そのため人的コストがかかり将来の経済発展に障害が生じる可能性がある。実現可能な重要な戦略は，新しい生産と消費の方法を見つけることによって，開発モデルを変え，より環境に優しく，より包括的なものにすることである。

この変化は，生産サイクルや消費だけでなく，文化的アプローチやライフスタイルをも革新する能力を意味するグリーン経済への移行として示されている[38-40]。

したがって，ナノテクノロジーの持続可能な発展と，その発展に対する責任あるアプローチを促進することが必要である。ナノテクノロジーは，グリーン・イノベーションのための技術パネルの一部であり，グリーン成長を支える膨大な応用の可能性と，さまざまな分野における社会的・経済的発展の大きな機会を提供する。

ナノテクノロジーへの期待を積極的に実現するために不可欠な条件は，ナノテクノロジーに関連する考え得るリスクと社会経済的影響を速やかに評価し，最小限に抑えることである。そのためには，明確で共有可能な用語の定義，リスク管理への積極的なアプロー

チ，既存の法律の可能な改正と調和，国内および国際レベルでのさまざまな公的機関，産業界，研究間の協力と調整が必要である。

誤解や偏見の発生を防ぎ，安心させるためには，透明で信頼できる情報と人々との対話によって，すべてが完結しなければならない。

化学物質の安全性評価についてすでに規定されている条項，すなわち，ハザードの特定，さまざまなナノ形態の説明，ヒトと環境への暴露の評価，分解，変換または環境反応，ナノ形態の各物質の運命の説明は，ナノ形態の物質にも適用される。これにより，人間の健康と環境の高度な保護が保証される[41]。

世界的な規制介入は，施行されている規制の妥当性を継続的に見直し，研究や国際的な合意に従って，必要性が生じるたびに適切な変更を行う，徐々に増加していくアプローチ（漸進的アプローチ）を特徴としなければならない。

References

[1] Vance, M.E., Kuiken, T., Vejerano, E.P. et al. (2015). Nanotechnology in the real world: redeveloping the nanomaterial consumer products inventory. *Beilstein Journal of Nanotechnology* 6: 1769–1780.

[2] Roco, M.C., Mirkin, C.A., and Hersam, M.C. (2011). Nanotechnology research directions for societal needs in 2020: summary of international study. *Journal of Nanoparticle Research* 13: 897–919.

[3] Di Sia, P. (2021). Fourth industrial revolution (4IR) and functionalized MNPs. In: *Analytical Applications of Functionalized Magnetic Nanoparticles* (ed. Hussain C.M.), Elsevier Publishing (Royal Society of Chemistry), Chapter 19, pp. 489–504, https://doi.org/10.1039/9781839162756-00489, https://pubs.rsc.org/en/content/ebook/978-1-83916-210-7.

[4] Di Sia, P. (2021). Industry 4.0 revolution: introduction. In: *Handbook of Smart Materials, Technologies, and Devices* (ed. C.M. Hussain and P. Di Sia), Chapter 1, pp. 1–20, Springer Nature, https://doi.org/10.1007/978-3-030-58675-1_88-1.

[5] Di Sia, P. (2013). The nanotechnologies world: introduction, applications and modeling. In: *Nanotechnology. Fundamentals and Applications*, vol. 1 (ed. S. Sinha and N.K. Navani), pp. 1–20, Studium Press, https://www.amazon.in/Nanotechnology-Vol-1-Fundamentals-Applications/dp/1626990018.

[6] Grieger, K.D., Baun, A., and Owen, R. (2010). Redefining risk assessment priorities for nanomaterials. *Journal of Nanoparticle Research* 12 (2): 383–392. https://doi.org/10.1007/s11051-009-9829-1.

[7] Hubbs, A.F., Sargent, L.M., Porter, D.W. et al. (2013). Nanotechnology: toxicologic pathology. *Toxicologic Pathology* 41 (2): 395–409.

[8] Liguori, B., Hansen, S.F., Baun, A., and Jensen, K.A. (2016). Control banding tools for occupational exposure assessment of nanomaterials – ready for use in a regulatory context? *NanoImpact* 2: 1–17.

[9] Di Sia, P. (2017). Nanotechnologies among innovation, health and risks. *Procedia – Social and Behavioral Sciences* 237: 1076–1080. https://www.sciencedirect.com/science/article/pii/S1877042817301581?via%3Dihub.

[10] Christensen, F.M., Johnston, H.J., Stone, V. et al. (2010). Nano-silver – feasibility and challenges for human health risk assessment based on open literature. *Nanotoxicology* 4 (3): 284–295. https://doi.org/10.3109/17435391003690549.

[11] Di Sia, P. (2021). Agroecosystems and bioeconomy. In: *Applied Soil Chemistry* (ed. I. Inamuddin, M.I. Ahamed, R. Boddula and T.A. Altalhi). Wiley-Scrivener Publishing. Chapter 3, pp. 41–60. https://www.wiley.com/en-be/Applied+Soil+Chemistry-p-9781119710189.

[12] Di Sia, P. (2015). Present and future of nano-bio-technology: innovation, evolution of science, social impact. *TOJET (The Online Journal of Educational Technology)*, Special Issue 2 for INTE 1: 442–449.
[13] Dreher, K.L. (2004). Health and environmental impact of nanotechnology: toxicological assessment of manufactured nanoparticles. *Toxicological Sciences* 77 (1): 3–5. https://doi.org/10.1093/toxsci/kfh041.
[14] https://cordis.europa.eu/article/id/90472-health-and-environmental-safety-ofnanomaterials/it (accessed 09 June 2021).
[15] http://www.sun-fp7.eu (accessed 09 June 2021).
[16] https://www.nanowerk.com (accessed 09 June 2021).
[17] Di Sia, P. (2021). On the concept of time in everyday life and between physics and mathematics. *Ergonomics International Journal (EOIJ)* 5 (2) 000268. (8 pp): https://medwinpublishers.com/EOIJ/on-the-concept-of-time-in-everyday-lifeand-between-physics-and-mathematics.pdf.
[18] Di Sia, P. (2018). Nanotoxicology and human health. *World Scientific News* 100: 86–98.
[19] Oberdoster, G. (2009). Safety assessment of nanotechnology and nanomedicine: concepts of nanotoxicology. *Journal of Internal Medicine* 267: 89–105. https://doi.org/10.1111/j.1365-2796.2009.02187.x.
[20] Kuhlbusch, T.A.J., Asbach, C., Fissan, H. et al. (2011). Nanoparticle exposure at nanotechnology workplaces: a review. *Particle and Fibre Toxicology* 8: 22. https://doi.org/10.1186/1743-8977-8-22.
[21] Maynard, A.D., Warheit, D.B., and Philbert, M.A. (2011). The new toxicology of sophisticated materials. Nanotoxicology and beyond. *Toxicological Sciences* 120 (1): S109–S129. https://doi.org/10.1093/toxsci/kfq372.
[22] Di Sia, P. (2019). Agri-food sector, biological systems and nanomaterials. In: *Food Applications of Nanotechnology*, 1e (ed. G. Molina, Inamuddin, F.M. Pelissari and A.M. Asiri). CRC Press. Chapter 2, pp. 19–46. https://www.routledge.com/%20Food-Applications-of-Nanotechnology/Molina-namuddin-Pelissari-Asiri/p/book/9780815383819.
[23] Gratieri, T., Schaefer, U.F., Jing, L. et al. (2010). Penetration of quantum dot particles through human skin. *Journal of Biomedical Nanotechnology* 6 (5): 586–595.
[24] https://ec.europa.eu/environment/chemicals/nanotech/reach-clp/index_en.htm (accessed 10 January 2021).
[25] Debia, M., Bakhiyi, B., Ostiguy, C. et al. (2016). A systematic review of reported exposure to engineered nanomaterials. *Annals of Occupational Hygiene* 60 (8): 916–935. https://doi.org/10.1093/annhyg/mew041.
[26] Boverhof, D. and David, R. (2010). Nanomaterial characterization: considerations and needs for hazard assessment and safety evaluation. *Analytical and Bioanalytical Chemistry* 396 (3): 953–961. https://doi.org/10.1007/s00216-009-3103-3.
[27] Elsaesser, A. and Howard, C.V. (2012). Toxicology of nanoparticles. *Advanced Drug Delivery Reviews* 64 (2): 129–137. https://doi.org/10.1016/j.addr.2011.09.001.
[28] Di Sia, P. (2014). Present and future of nanotechnologies: peculiarities, phenomenology, theoretical modelling, perspectives. *Reviews in Theoretical Science* 2 (2): 146–180. https://doi.org/10.1166/rits.2014.1019.
[29] Di Sia, P. (2016). An interesting overview about diffusion in graphene. In: *Graphene Science Handbook*, 6-Volume Set, vol. 5 (10) (ed. M. Aliofkhazraei, N. Ali, W.I. Milne, et al.), Chapter 10, pp. 131–143. CRC Press https://www.routledge.com/Graphene-Science-Handbook-Six-Volume-Set/Aliofkhazraei-Ali-%20Milne-Ozkan-Mitura-Gervasoni/p/book/9781466591189.
[30] Kearnes, M., Macnaghten, P., and Wilsdon, J. (2006). *Governing at the Nanoscale: People, Policies and Emerging Technologies*. London: Demos.

[31] https://www.ncbi.nlm.nih.gov/books/NBK158826 (accessed 16 January 2021).
[32] https://merid.org/case-studies (accessed 16 January 2021).
[33] https://www.nanowerk.com/nanotechnology-report.php?reportid=5 (accessed 20 January 2021).
[34] Di Sia, P. (2021). *On the relevance of biosurfactant for contaminated soil and diesel degradation. World Scientific News*, EISSN: 2392-2192, 159: 195-209. http://www.worldscientificnews.com/wp-content/uploads/2021/06/WSN-159-2021-195-209.pdf.
[35] http://www.apecctf.org (accessed 20 January 2021).
[36] https://isn.mit.edu (accessed 20 January 2021).
[37] http://web.mit.edu/annualreports/pres04/03.16.pdf (accessed 20 January 2021).
[38] Di Sia, P. (2014). Nanobiomaterials for environmental protection: state of the art, applications and modelling. *International Journal of Engineering Innovations and Research (IJEIR)* 3 (5): 688-693.
[39] Di Sia, P. (2022). Green composites for construction. In: *Green Sustainable Process for Chemical and Environmental Engineering and Science* (ed. Inamuddin). Elsevier Publishing (in press).
[40] Di Sia P. Nanotechnologies and advanced smart materials: the case of architecture and civil engineering. In: *The ELSI Handbook of Nanotechnology: Risk, Safety, ESLI and Commercialization*, (ed. C.M. Hussain), Wiley-Scrivener Publishers (2020). Chapter 4, pp. 67-87. https://doi.org/10.1002/9781119592990.ch4. https://onlinelibrary.wiley.com/doi/abs/10.1002/9781119592990.ch4.
[41] Di Sia, P. (2021). On risks and benefits of nanotechnology: the case of medical applications. In: *Handbook of Functionalized Nanomaterials: Environmental Health and Safety* (ed. C.M. Hussain and V. Kumar). Elsevier Publishing. Chapter 9, pp. 235-250. https://www.sciencedirect.com/book/9780128224151/handbook-of-functionalized-nanomaterials.

第 22 章

バイオレメディエーションのためのナノ材料の LCA

LCA of Nanomaterials for Bioremediation

Garima Pandey[1], Reeta Chauhan[2], Ajay S. Yadav[3] and Sangeeta Bajpai[4]

1. SRM Institute of Science and Technology, Department of Chemistry, Delhi NCR Campus, Delhi Meerut Road, Modinagar, Ghaziabad, Uttar Pradesh 201204, India
2. Rajkumar Goel Institute of Technology, Department of Chemistry, 5 Km Stone Delhi Meerut Road, Ghaziabad, Uttar Pradesh 201001, India
3. SRM Institute of Science and Technology, Department of Mathematics, Delhi Meerut Road, Delhi NCR Campus, Modinagar, Ghaziabad, Uttar Pradesh 201204, India
4. Amity University, AMITY School of Applied Sciences, Department of Chemistry, Nijampur Malhaur, Lucknow, Uttar Pradesh 226010, India

22.1 はじめに

ナノテクノロジーは，長さや幅が 1～100 nm の粒子を扱い，操作する。これらのサイズの粒子は，肉眼で見るには小さすぎる。ナノ粒子のサイズは，ウイルスのサイズやDNA のサイズに等しい。ナノのサイズ，卓越した変換特性，物理化学的特性により，ナノ材料は，医療，農業，繊維産業，エレクトロニクス，化粧品，建設・インフラ分野，機械，航空分野に至るまで，さまざまな用途に使用することができる[1]。ナノテクノロジーの急成長により，ナノ材料が環境[2, 3]や人間の健康に与える影響を認識し，管理する革新的なアプローチが求められていることが浮き彫りになっている[4, 5]。ナノ材料の市場拡大に伴い，環境中に放出される可能性も高まっている。人口密度の上昇と，都市化と工業の進歩に伴う農業生産率向上の要求は，環境汚染の主な原因となっている[6]。現在，懸念されている汚染物質には，炭化水素，塩素系有機溶剤，重金属，ポリ塩化炭化水素，薬物，農薬，爆発物などがあり，水，土壌，大気，堆積物を汚染し，人間や生態系の健康に深刻なリスクをもたらしている。汚染物質の除去や管理のためにいくつかの技術が採用されてきたが，その中でもナノバイオレメディエーションは潜在的な選択肢として際立っている。生物学的に合成されたナノ材料微生物および/またはその生成物を用いた環境サイトの無害化は，ナノバイオレメディエーションとして知られている[7-11]。ナノバイオレメディエーションは，費用対効果が高く持続可能な汚染物質の分解として機能する。汚染サイトのバイオレメディエーションに利用されるナノ製品のライフサイクルを通じて，環境，動物，労働者，消費者，研究者がナノ粒子の毒性にさらされる[11-14]。ナノバイオレメディエーションのプロセスを通じて，ナノ材料のライフサイクルのさまざまな段階，例えば，合成，使用，輸送，使用後が，その健康と環境への影響を決定する。サイズ，組成，形状，溶解度など，ナノ粒子の顕著な物理化学的特性は，環境における毒性と運命に大きな影響を与える[15-17]。ナノバイオレメディエーション分野の進歩に伴い，持続可能性評価は，世界中の研究者にとって最大の関心事となりつつある[18, 19]。LCA は，ナノバイオレメディエーションの評価に適用されるさまざまな手法の中で，最も重要な手法の 1 つである[20-22]。LCA は，関与する製品や工程のゆりかごから墓場までの評価において，ナノバイオレメディエーションの生態学的影響とエネルギー必要量を評価するための広範かつ包括的なアプローチである（図 22.1）。ナノバイオレメディエーションの LCA は，原材料の採掘，それらの加工，ナノ製品の製造，供給，輸送，販売，消費，廃棄，リサイクル，そして生産物の再利用に至るまで，ナノバイオレメディエーションのさまざまなステップに関わるすべての要件と影響を対象とする[23-25]。本章では，ナノバイオレメディエーションの方法論的分析と LCA 研究を実施し，汚染地域の浄化を目的としたナノ粒子の持続可能性を確保することを目的とする。また，本章では，LCA 研究を通じて，バイオレメディエーションのためのナノテクノロジーの成功を確実にする将来の課題と提言についてレビューする。

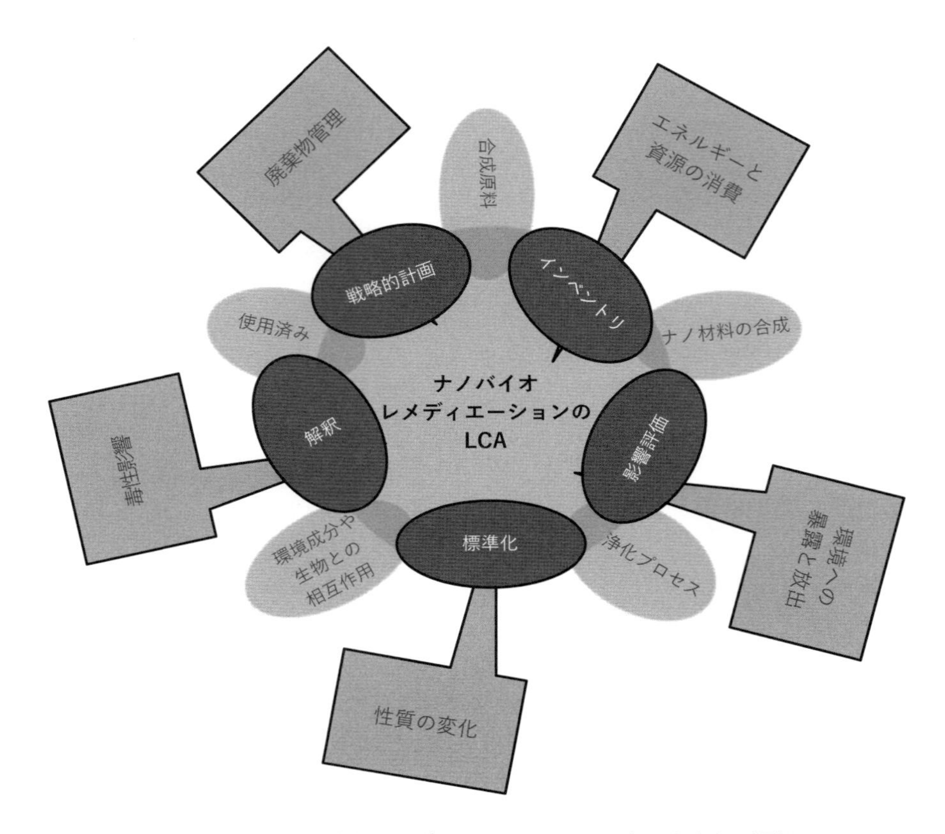

図22.1 ナノバイオレメディエーションのライフサイクル評価

22.2 ナノバイオレメディエーション

ナノバイオレメディエーション法では，生物学的に合成されたナノスケールの物質を用いて，さまざまな汚染環境サイトの汚染を軽減する。ナノ材料の多くの特性が，この作業に適している[16, 26]。ナノ材料はナノサイズであるため，大きなサイズの粒子よりも極めて小さな空間に浸透し，広範囲を通過することができる。ナノ粒子の表面積対質量比が高いため，汚染物質との反応が促進される。ナノバイオレメディエーションの過程で，ナノ粒子は汚染物質と反応し，それらを非有害な形に分解したり，さらなる汚染を抑制するために固定化したりする。鉄ナノ粒子は，環境汚染物質の分解や結合，固定化に最も多く使用されている[27–30]。表22.1に，バイオレメディエーションへのナノ材料の注目すべき応用例を示す。

ナノバイオレメディエーションは，ナノ粒子の使用による副作用に関連するいくつかの問題をもたらす。ナノバイオレメディエーションでは，有害な，あるいは輸送性の高い生成物が生じる可能性がある。多くの研究が，ナノ粒子が吸収された汚染物質を長距離輸送する傾向を強調している。ナノバイオレメディエーションに利用されたナノ粒子は，汚染現場やその周辺の食物連鎖に入り込み，蓄積される可能性もある[35, 36]。

表 22.1　ナノ材料のバイオレメディエーションへの注目すべき応用例[6, 15, 31–34]

用途	ナノ材料	汚染物質
ポリ塩化炭化水素および疎水性化合物の分解	多層カーボンナノチューブ，リン酸官能基化キトサンナノ粒子，(CeO_2-CNT)，ナノ結晶アカガナイト，メソポーラスセラミックス，ナノゼオライト，フラーレン，TiO_2 ナノチューブ	四塩化炭素，ベンゾキノン，トリクロロエテン，ペンタクロロフェノールの塩素化脂肪族炭化水素，多核芳香族炭化水素，ジベンゾチオフェンの脱硫
水質浄化用ナノ吸着剤	多層カーボンナノチューブ，リン酸官能基化キトサンナノ粒子，(CeO_2-CNT)，ナノ結晶アカガナイト，メソポーラスセラミックス，ナノゼオライト，フラーレン	農薬，細菌，ウイルス，非生分解性有害排水，重金属 (Pb(II)，Cr(III)，Ni(II)，Zn(II)，Cu(II)，Cd(II) など)，As(V)，1,2-ジクロロベンゼン，塩素化アルケン，多環芳香族化合物
光触媒と酸化還元活性ナノ粒子	二酸化チタン (TiO_2) ナノ粒子，Pt/TiO_2/RuIIL_3，ゼロ価ナノ鉄，バイメタルナノ鉄，例えば Fe-Pd，Fe-Ag，Fe-Ni，Fe-Co，Fe-Pt など	塩素化脂肪族および芳香族炭化水素，芳香族ニトロ化合物，殺虫剤，有機染料，ダイオキシン，フラン，プリント基板，白金(II)，6 価クロム，銀(I) などの重金属
ナノ構造と反応性膜	カーボンナノチューブフィルター，A-アルミキサンナノ粒子 UF 膜，Fe-Pt ナノ粒子入り酢酸セルロース膜	有害有機化学物質，生物学的汚染物質，水資源に由来するヒ素
生物活性ナノ粒子	MgO ナノ粒子，Ag (I) および銀化合物，Ag ナノ粒子入り酢酸セルロース繊維	*Bacillus subtillus*, 大腸菌 (*Escherichia coli*), *Bacillus megaterium*, 肺炎桿菌 (*Klebsiella pneumonia*), 黄色ブドウ球菌 (*Staphylococcus aureus*), 緑膿菌 (*Pseudomonas aeruginosa*)
デンドリマーを用いた限外ろ過	ポリ (アミドアミン) (PAMAM) デンドリマー	放射性核種，有害金属イオン，微生物，有機および無機毒素

22.3　ナノバイオレメディエーションの効果

バイオレメディエーションの実践にナノテクノロジーを取り入れることは，環境品質パラメーターを改善する技術的進歩を促すと予想される。バイオレメディエーションのためのナノ材料の使用と応用に関連するバイオセーフティ問題は，ヒトの健康，生態系の多様性，輸送，食物連鎖における蓄積への影響を評価するための最大の関心事である[37–39]。ナノ材料は，環境修復の全過程において，吸着や酸化還元反応によって汚染物質の毒性作用を除去するか，あるいは解毒，抗酸化，生分解などの生物学的プロセスを変化させることによって，汚染物質の毒性作用を低下させる可能性がある。ナノ粒子は，*in situ* と *ex situ* の両方で作用するという点で，従来の方法に比べて格段に有利である（図 22.2)。ナノバイオレメディエーションは，ナノテクノロジーとバイオテクノロジーを融合させ，汚染された環境サイトを修復するための，経済的効率，時間効率，環境に優しいアプローチを達成するものである[40–43]。

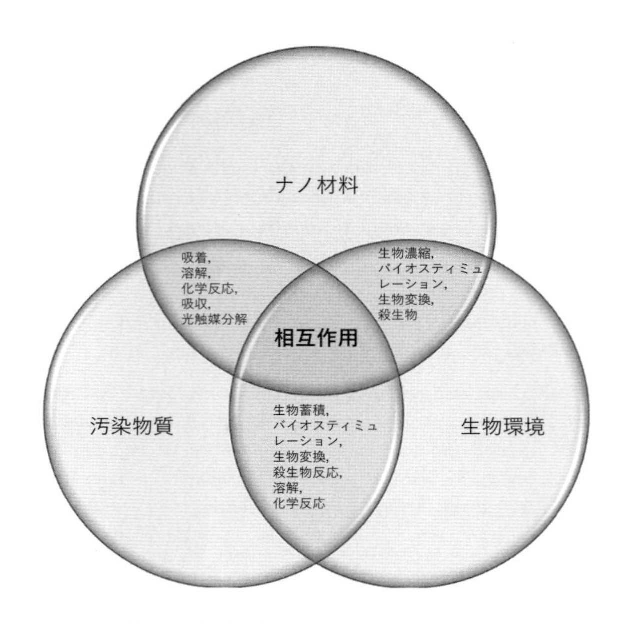

図 22.2 環境，汚染物質，ナノ物質間の相互作用による影響

22.4 ナノ粒子の生合成

ナノ材料の合成には，原材料とエネルギー（天然資源）の消費，汚染物質の排出，環境中へのナノ粒子の排出が伴う。輸送，使用，使用後の管理の段階を通じて，ナノ粒子は環境に放出される。ナノ粒子は，合成のトップダウンまたはボトムアプローチを用いて，物理化学的または生物学的手法により合成することができる[44, 45]。ナノ粒子合成の物理化学的方法には，かかるコスト，反応速度の遅さ，環境への危険性，生成物の構造の誤りに関する問題がある。そのため，これらの問題の克服のため，グリーンで持続可能な合成法が世界的な科学者によって推進され，徐々に採用されつつある。ナノ粒子のグリーンまたは生物学的合成は，特定の植物抽出物または微生物を用いて，必要な条件下で適量の金属イオンを反応させるものである。生物学的に合成されたナノ粒子の一覧を表 22.2 に示す。

22.5 LCA とは

LCA（ライフサイクル分析）とは，原材料の採掘や変更，製造，流通，用途，使用済みプロセスに至るまで，ライフサイクル全体にわたって，消費される資源，環境放出，および生産物に起因すると考えられる健康や環境への影響を定量的に評価することである。LCA は，データ収集，計算分析によるインベントリー評価に重点を置き，得られた結果を要約して製品の重要な貢献度と生産性を算出する[46–49]。ライフサイクル分析のこのアプローチは，「ゆりかごから墓場まで」のアプローチと呼ばれている。LCA は，ナノテクノロジーの潜在的影響に関連するいくつかの懸念事項を十分に報告することができる。

表 22.2　生物学的に合成されたナノ粒子[29, 30]

ナノ粒子の名称	生物種名
鉄ナノ粒子	*Chaetomium globosum*, *Plerotus* sp., *Klebsiella oxytoca*, *Escherichia coli*, *Shewanella oneidensis*, Sorghum bran, *Azadirachta indica*, *Eucalyptus tereticornis*, *Caricaya papaya*, *Aloe vera*, Green tea, *Sargassum muticum*, *Rosemarinus officinalis*, *Dodonaea viscose*
銅ナノ粒子	*Fusarium oxysporum*, *Penicillium* sp., *S. oneidensis*, *Sterium hirsutum*, *Pseudomonas* sp., *Hypocrea lixii*, *Streptomyces* sp., *Tabernaemontana divaricata*, *Punica granatum*, Green tea, *Ocimum tenuiflorum*, *Calotropis gigantean*, *Ocimum sanctum*, *Ficus religiosa*, *Nerium oleander*, *Rubus glaucus* Benth, *Ricinus communis*, Eucalyptus, *C. papaya*, *Gloriosa superba*
金ナノ粒子	*Streptomyces* sp., *Aspergillus clavatus*, *Thermomonospora* sp., *Rhodococcus* sp., *Neurospora crassa*, *Rhodopseudomonas capsulate*, *Cylindrocladium floridanum*, *Penicillium brevicompactum*, *Klebsiella pneumonia*, *Nocardia farcinica*, *Aspergillus oryzae*, *Ginkgo biloba*, *Avena sativa*, *A. indica*, *Abelmoschus esculentus*, *Terminalia chebula*, *Hamamelis*, *Zingiber officinale*, *Ocimum*, Jatropha waste, Angelica, Mentha, *Anacardium occidentale*, Eucalyptus, *Diopyros kaki*, *Hypericum*, *Morinda citrifolia* L., *Stevia rebaudiana*
銀ナノ粒子	*Neurospora crassa*, *Staphylococcus aureus*, *Cladosporium cladosporiodes*, *Nocardiopsis* sp., *Brevibacterium casei*, *Trichoderma reesei*, *Streptomyces naganishii*, *Semen cassia*, *A. indica*, *Sinapis arvensis*, *Macrotyloma uniflorum*, *Callicarpa maingayi*, *N. oleander*, *Sesbania drummondii*, *A. sativa*, *Lantana camara*, *Hovenia dulcis*, *Trigonella foenumgraecum*, *Cinamomum camphora*, *Pithophora oedogonia*, *Sorghum bicolour*, *Pinus eldarica*, *Artemisia nilagirica*, *Zea mays*, *Saccharum officinarum*, *Cydonia oblong*, *A. vera*, *Geranium* sp., *Capsicum annuum var. aviculare*, *Helianthus annus*, *Allium sativum*, *Ficus benghalensis*, *Butea monosperma*, *Medicago sativa*, *Oryza sativa*, *Magnolia kobus*, *Ixora coccinea*, *Basella alba*
チタンナノ粒子	*Aeromonas hydrophila*, *F. oxysporum*, *Bacillus subtilis*, *Aspergillus tubingensis*, *Bacillus amyloliquefaciens*, *Nyctanthes arbor-tristis*, *Solanum trilobatum*, *Moringa oleifera*, *Trigonella foenumgraecum*
亜鉛ナノ粒子	*Candida albicans*, *Streptomyces* sp., *Lactobacillus* sp., *Parthenium hysterophorus*, *A. vera*, *Ixora coccinea*, *Nyctanthes arbor-tristis*, *Pongamia pinnatam*, *Trifolium pretense*, *Limonia acidissima*, *Plectranthus amboinicus*
鉛ナノ粒子	*Jatropha curcas* L., *Vitus vinifera* L.
シリコン-ゲルマニウムナノ粒子	*Stauroneis* sp., Freshwater diatom
パラジウムナノ粒子	*Shewanella oneidensis*, *Desulfovibrio desulfuricans*, *C. camphora*, *Evolvulus alsinoides*, coffee, tea, *Melia azedarach*, *Origanum vulgare*, *Delonix regia*
酸化コバルトナノ粒子	*Bacillus subtilis*
アルギン酸カルシウムナノ粒子	ハチミツ
硫化カドミウムナノ粒子	*Pseudomonas aeruginosa*

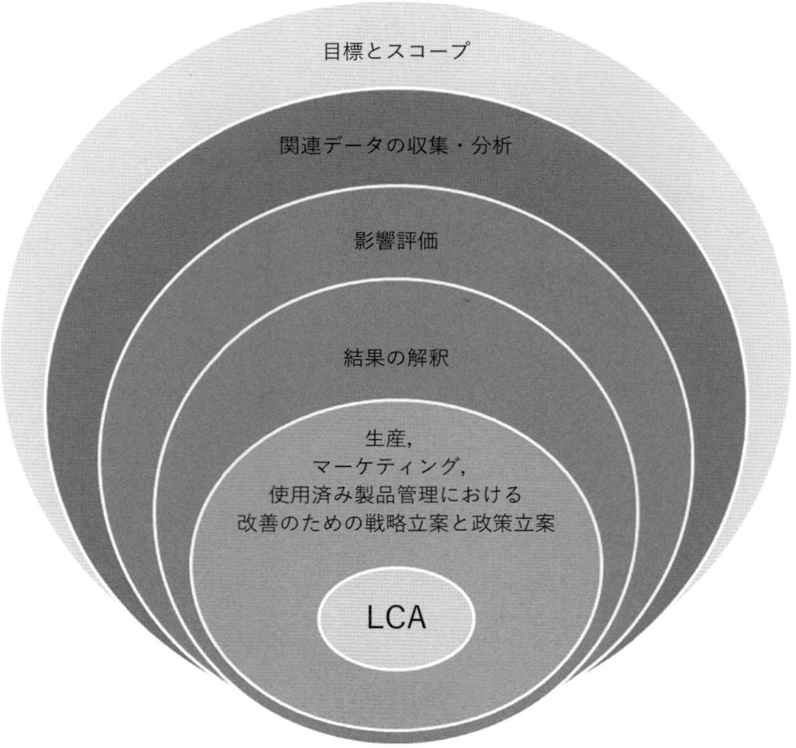

図 22.3 ライフサイクル分析研究の枠組み

LCA 研究に関わる特徴的なステップは以下の通りである（図 22.3)。

（1）評価の目標と範囲を示す。

（2）リソースとエネルギー消費量，およびナノ粒子の環境への放出量を計算する。

（3）環境の健康および人体の健康への潜在的な影響を評価する。

（4）結果を解釈し，結論を示し，適切な評価を行う。

ナノ材料の物理的・化学的特性は例外的であるため，ナノ材料に適用するためには，従来の LCA 手法に特別な修正を加える必要がある[50–53]。

22.5.1 ナノバイオレメディエーションに適用される LCA

ナノバイオレメディエーションの LCA は，プロセスおよび使用されるナノ材料が，気候，環境衛生，人間福祉，天然資源の枯渇，エネルギー消費，プロセスの生産高，財政的持続可能性，その他多数の影響に及ぼす影響に関する評価研究で構成される[54]。ナノバイオレメディエーションの LCA には，合成，輸送，保管，実験，修復プロセス，および使用後管理の全体的な過程における，環境，労働者，動物，および修復サイト周辺の微生物に対するナノ粒子の建設的および非建設的な影響の研究が含まれ，全体的なプロセスの原材料とエネルギーの投入，出力，利点，および欠点の重要な分析も含まれる[55-

表 22.3　LCA が実施されたナノ材料

ナノ結晶-Si
多層カーボンナノチューブ
カーボンナノチューブ
銀ナノ粒子
金属酸化物ナノ粒子
Zr ナノパウダー
フラーレン
ナノクレイ強化ポリマー
ポリプロピレンナノコンポジット
SiO_2，$CaCO_3$，CNT，MWCNT
ナノエレクトロニクス材料
ナノスケール白金族金属（PGM）粒子
Cd-Te ナノ粒子
ナノ Ag 太陽光発電システム
有機親水性モンモリロナイト

出典：データは Farré ら[64]による

57]。ナノ材料とナノテクノロジーに関する LCA の応用に関しては，分析すべき 3 つの重要な側面があり，それは以下の通りである[58-60]。

1. ナノバイオレメディエーションにおける LCA の必要性とは何か？
2. 誰がナノバイオレメディエーションの LCA を行うのか？
3. ナノバイオレメディエーションで LCA を実施する利点は何か？

ナノ材料に関する LCA 研究はあまり行われていない[61-63]。表 22.3 に，LCA が実施されたナノ材料の一覧を示す。

- ナノバイオレメディエーションに関する LCA 研究は，主に産業界や学界の専門家の協力を得て，組織によって実施されている[65]。
- ナノベースの製品について実施される LCA 研究は，エネルギー効率，使用済み製品の管理に関する懸念，毒性問題，地質学的影響に関する疑問に答えることができる[66-70]。
- LCA 研究の結果を取り入れることで，環境の持続可能性，人の健康，安全保障，説明責任のある開発に関する政策や法令の概説に役立てることができる[71]。
- LCA の結果は，安価なナノ製品を設計し，その生産，販売，マーケティング，運用，廃棄に至るまでの全体の潜在的な影響を分析するための研究開発活動に利用できる[72, 73]。

22.5.2　ナノバイオレメディエーションの LCA 研究の段階

ナノバイオレメディエーションの LCA 研究では，以下の視点を通じて，ナノ製品およびそのプロセスに関与するシステム全体が環境に与える影響の範囲を，ゆりかごから墓場まで評価する：

- エネルギー消費，原材料の必要量，合成に関わる成分の物理化学的特性のマッピング

- 適切な投与量の定量的な評価
- 暴露経路と影響の評価
- ナノ材料の物理化学的特性に起因する事故の発生確率と厳密性の評価
- 既存の浄化方法とナノバイオレメディエーションとの比較

これらの評価はすべて，LCA フレームワークの以下のフェーズで実施される。

22.5.2.1　インベントリー

ナノバイオレメディエーションの LCA のこの段階では，関係するすべての実施方法のすべてのインプットとアウトプットを特定し，定量化する。プライバシーの制約により 1 次データが入手できないため，LCA 研究では，ナノバイオレメディエーションの分野で発表された特許，出版物，廃棄物処理業界，原料供給者，政府および 非政府の報告書[74-76]から入手した 2 次データを利用する。LCA のインベントリー段階で収集される統計はすべて，生産[77]および修復の場所の地理的設定を考慮して選択される。SimaPro ソフトウエアは，ナノバイオレメディエーションに必要なナノ材料の生産における原材料の採掘，燃料，水の消費に関する数値を収集するためにも使用できる[78]。

22.5.2.2　影響評価

ナノバイオレメディエーションの影響評価は，天然資源，気候条件，および人間と環境の健康に及ぼすナノ材料の影響に基づいて行われる。各影響クラスの影響スコア（IS）は，式（22.1）を用いて算出することができる[79, 80]。

$$\mathrm{IS} = \sum_{I,j} m_{I,j*}\mathrm{CF}_I \tag{22.1}$$

ここで，

m＝排出量または消費資源量

I＝特定の排出される物質

j＝製品のライフサイクルにおける段階

CF＝特性評化係数

IS＝影響スコア

である。

特性評化係数（CF）は，考慮する影響タイプに関して，放出されたナノ材料の定量化可能性を提供する[81]。人体および環境毒性を評価するために，曝露の程度に関連する統計的情報および環境に対する原因と影響の一連の流れ全体の定量的・定性的分析[82, 83]が収集されている。このような評価ではすべて，式（22.2）を用いて評価物質の CF を計算する USEtox® モデルが開発されている。

$$\mathrm{CF} = \mathrm{FF} \cdot \mathrm{XF} \cdot \mathrm{EF} \tag{22.2}$$

ここで，

FF（運命係数/日）＝特定の媒体中における物質の残留性

XF（暴露係数/日）＝消費に伴う物質の濃度/日

EF（事例/消費量（kg））＝ヒト毒性の場合，消費された物質の量と毒性影響との関係，および影響を受けた種の部分と物質の全量との関係
CF＝特性評化係数
である。

LCA 研究における影響評価に最も一般的に使用されている他の手法は，SimaPro® 手法と Impact 2002⁺である[84, 85]。

22.5.2.3　正規化と解釈

LCA 調査から得られた多次元値は，正規化によって 1 次元形式に変換されなければならず，得られた結果は，当該製品またはプロセスの LCA 調査の目標および範囲に関して解釈され，評価される[86]。

22.5.3　課題と将来展望

- ナノバイオレメディエーションに関する LCA 研究を実施する際には，ナノ材料の挙動，感応度，暴露，影響，および運命の評価に関連する情報と統計の欠如に関わる多くの運用上の懸念事項[87]に対処しなければならない[88, 89]。表面特性の変化につながる溶解，凝集，沈殿による材料の変質も，LCA 研究では困難な問題である[90]。

LCA 研究の影響評価ステップにおいて，ナノ特有の特性を保持するために，さまざまな方法が実施されてきた。ナノバイオレメディエーションの過程において毒性影響評価のための CF を計算するために，さまざまなナノ特異的分析モデルが試みられた。例えば，Walser ら[89, 91]は Ag NP の殺生物性影響を文献調査と USE モデルによって計算し，Eckelman ら（2012)[92]は CNT の淡水毒性の計算に USEtox モデルを使用し，Salieri ら(2018)[93]は TiO_2 NP の毒性評価に USEtox モデルを適用した。MendNano と呼ばれるモデリングプラットフォームと LearNano と呼ばれるライフサイクルインベントリ手法の利点を組み合わせることで，RedNano と呼ばれる新しいシミュレーションが Liu ら(2015)[94]によって設計された．RedNano のグラフィカル・ユーザー・インターフェースは，ナノスケールの特性を考慮し，その環境排出の速度と動態を認識し，ナノバイオレメディエーションの LCA 研究をサポートする。ナノバイオレメディエーションの LCA を成功させるためには，以下の提案に基づく特定のステップを採用する必要がある[95]。

- LCA 研究の信頼性を批判的に検討する。
- 産業界や研究所との協力を通じて，本物のデータを入手する。
- 研究開発活動の推進と資金を提供する。
- ナノバイオレメディエーションのインパクトのある LCA のための政策を立案する。
- ナノバイオレメディエーションにおけるグリーン購入を推進する。
- バイオレメディエーションのための費用対効果が高く，環境に優しいナノ材料の設計のために，LCA の結果を取り入れる。
- LCA の結果を伝えることにより，グリーン・ナノバイオレメディエーションに関する認識を広める[96]。
- LCA における毒性情報[97]の欠如は，リスク評価（RA)[98, 99]や多基準決定分析

(MCDA)[100]などの他の分析手法と統合することで，ナノ指向の評価結果を得ることができる。

22.6 結 論

生合成ナノ粒子は，汚染サイトのナノレメディエーションに有利で，より経済的である。しかし，希少な原料の利用，有害な化学物質，低い生産収率，厳密な精製方法など，ナノバイオレメディエーションの基本的要件は，時として資源とエネルギーを枯渇させる。汚染物質の分解・除去のためのナノテクノロジーと浄化手法の相乗効果は，あまり検討されておらず，これらの組み合わせ技術が汚染物質や環境サイトの多様性にどのように対応するかについての知識はまだ不足している。これに伴い，微生物とナノ粒子を継続的に使用することで生じる毒性効果に関する統計的な情報は，文献上ほとんど得られていない。組織化された規制の枠組みがないことも，ナノバイオレメディエーションにおける重大な懸念である。ナノバイオレメディエーションの初期段階で LCA 研究を実施すれば，持続可能なナノバイオレメディエーションのために，より優れた放出管理，安全な輸送，無害な環境財産を備えた，それほど網羅的でなく，エネルギー効率が高く，費用対効果が高い，環境に配慮された解決策を提供できる可能性がある。

References

[1] Pandey, G. (2018). Nanotechnology for achieving green-economy through sustainable energy. *Rasayan Journal of Chemistry* 11: 942–950. http://dx.doi.org/10.31788/RJC.2018.1133031.

[2] Bakshi, S., He, Z.L., and Harris, W.G. (2015). Natural nanoparticles: implications for environment and human health. *Critical Reviews in Environment Science and Technology* 45: 861.

[3] Pandey, G. (2018). Challenges and future prospects of agri-nanotechnology for sustainable agriculture in India. *Environmental Technology and Innovation* 11: 299–307. https://doi.org/10.1016/j.eti.2018.06.012.

[4] Shukla, M. and Shukla, P. (2020). Microbial nanotechnology for bioremediation of industrial wastewater. *Frontiers in Microbiology* 2: 590631. https://doi.org/10.3389/fmicb.2020.590631.

[5] Auffan, M., Rose, J., Bottero, J.-Y. et al. (2009). Towards a definition of inorganic nanoparticles from an environmental, health and safety perspective. *Nature Nanotechnology* 4: 634–641.

[6] Ibrahim, R.K., Hayyan, M., AlSaadi, M.A. et al. (2016). Environmental application of nanotechnology: air, soil, and water. *Environmental Science and Pollution Research* 23: 13754–13788. https://doi.org/10.1007/s11356-016-6457-z.

[7] Akcil, A., Erust, C., Ozdemiroglu, S. et al. (2015). A review of approaches and techniques used in aquatic contaminated sediments: metal removal and stabilization by chemical and biotechnological processes. *Journal of Cleaner Production* 86: 24–36. https://doi.org/10.1016/j.jclepro.2014.08.009.

[8] Bardos, P., Bone, B., Černík, M. et al. (2015). Nanoremediation and international environmental restoration markets. *Remediation Journal* 25: 83–94. https://doi.org/10.1002/rem.21426.

[9] Wang, H., Zhang, W., Zhao, J. et al. (2013). Rapid decolorization of phenolic azo dyes by immobilized laccase with Fe_3O_4/SiO_2 nanoparticles as support. *Industrial and Engineering Chemistry Research* 52: 4401–4407. https://doi.org/10.1021/ie302627c.

[10] Amin, M.T., Alazba, A.A., and Manzoor, U. (2014). A review of removal of pollutants from water/

wastewater using different types of nanomaterials. *Advances in Materials Science and Engineering* 2014: 1–24. https://doi.org/10.1155/2014/825910.

[11] Ali, I., Peng, C., Naz, I., and Amjed, M.A. (2019). Water purification using magnetic nanomaterials: an overview. In: *Magnetic Nanostructures* (ed. K.A. Abd-Elsalam, M.A. Mohamed and R. Prasad), 161–179. Cham: Springer.

[12] Anjum, M., Miandad, R., Waqas, M. et al. (2019). Remediation of wastewater using various nano-materials. *Arabian Journal of Chemistry* 12: 4897–4919. https://doi.org/10.1016/J.ARABJC.2016.10.004.

[13] Pandey, G. and Jain, P. (2020). Assessing the nanotechnology on the grounds of costs, benefits, and risks. *Beni-Suef University Journal of Basic and Applied Sciences* 9: 63. https://doi.org/10.1186/s43088-020-00085-5.

[14] Revell, P.A. (2006). The biological effects of nanoparticles. *Nanotechnology Perceptions* 2: 283–298.

[15] Hotze, M. and Lowry, G. (2011). Nanotechnology for sustainable water treatment. In: *Sustainable Water*, vol. 31 (ed. R.E. Hester and R.E. Harrison), 138–164. RSC https://doi.org/10.1039/9781849732253-00138.

[16] Contado, C. (2015). Nanomaterials in consumer products: a challenging analytical problem. *Frontiers in Chemistry* 3: 48. https://doi.org/10.3389/fchem.2015.00048.

[17] Guedes, M.I.F., Florean, E.O.P.T., De Lima, F., and Benjamin, S.R. (2019). Current trends in nanotechnology for bioremediation. *International Journal of Environment and Pollution* 66: 19–40. https://doi.org/10.1504/IJEP.2020.10023170.

[18] Caroline, V. and Antnio, T. (2018, 2018). Sustainability in life cycle analysis of nanomaterials applied in soil remediation. In: *Proceedings of the 8th International Congress on Environmental Geotechnics*, vol. 3 (ed. L. Zhan, Y. Chen and A. Bouazza), 537–543. Springer https://doi.org/10.1007/978-981-13-2227-3_66.

[19] Hou, D. and Al-Tabbaa, A. (2014). Sustainability: a new imperative in contaminated land remediation. *Environmental Science and Policy* 39: 25–34. https://doi.org/10.1016/j.envsci.2014.02.003.

[20] Brancoli, P. and Bolton, K. (2019). Life cycle assessment of waste management systems. In: *Sustainable Resource Recovery and Zero Waste Approaches* (ed. M.J. Taherzadeh, K. Bolton, J. Wong and A. Pandey), 23–33. Elsevier https://doi.org/10.1016/B978-0-444-64200-4.00002.

[21] Rónavári, A., Balázs, M., Tolmacsov, P. et al. (2016). Impact of the morphology and reactivity of nanoscale zero-valent iron (NZVI) on dechlorinating bacteria. *Water Research* 95: 165–173. https://doi.org/10.1016/J.WATRES.2016.03.019.

[22] Azubuike, C.C., Chikere, C.B., and Okpokwasili, G.C. (2016). Bioremediation techniques – classification based on site of application: principles, advantages, limitations and prospects. *World Journal of Microbiology and Biotechnology* 32: 180. https://doi.org/10.1007/S11274-016-2137-X.

[23] Chauhan, R., Yadav, H.O.S., and Sehrawat, N. (2020). Nanobioremediation: a new and a versatile tool for sustainable environmental clean up – overview. *Journal of Materials and Environmental Science* 11: 564–573.

[24] Rizwan, M., Singh, M., Mitra, C.K., and Morve, R.K. (2014). Ecofriendly application of nanomaterials: nanobioremediation. *Journal of Nanoparticles* 2014: 1–7. https://doi.org/10.1155/2014/431787.

[25] Yogalakshmi, K.N., Das, A., Rani, G. et al. (2020). Nano-bioremediation: a new age technology for the treatment of dyes in textile effluents. In: *Bioremediation of Industrial Waste for Environmental Safety* (ed. K.N. Yogalakshmi, A. Das, G. Rani, et al.), 313–347. Singapore: Springer https://doi.org/10.1007/978-981-13-1891-7_15.

[26] Christian, P., Kammer, F.V.D., Baalousha, M., and Hofmann, T. (2008). Nanoparticles: structure, properties, preparation and behaviour in environmental media. *Ecotoxicology* 17: 326–343. https://doi.org/10.1007/s10646-008-0213-1.

[27] Dzionek, A., Wojcieszyń ska, D., and Guzik, U. (2016). Natural carriers in bioremediation: a review. *Electronic Journal of Biotechnology* 23: 28–36. https://doi.org/10.1016/J.EJBT.2016.07.003.

[28] Gao, W., Han, L., Qian, L. et al. . (2014). Method for degrading organic pollutant of persulfate in water, involves utilizing activator composite material, adding water with organic pollutants with activating agent and carbon, followed by adding ammonium sulfate with material. Patent Number: CN104129841-A.

[29] Das, S., Chakraborty, J., Chatterjee, S., and Kumar, H. (2018). Prospects of biosynthesized nanomaterials for the remediation of organic and inorganic environmental contaminants. *Environmental Science: Nano* 5: 2784–2808. https://doi.org/10.1039/C8EN00799C.

[30] Pandey, G. (2018). Prospects of nanobioremediation in environmental cleanup. *Oriental Journal of Chemistry* 34: 2838–2850. https://doi.org/10.13005/ojc/340622.

[31] Gil-Díaz M, Alonso J, Rodríguez-Valdés E, Gallego JR, Lobo MC, 2017. Comparing different commercial zero valent iron nanoparticles to immobilize As and Hg in brownfield soil. *Science of the Total Environment* 584, 585,1324–1332. https://doi.org/10.1016/j.scitotenv.2017.02.011.

[32] Gupta, V.K., Moradi, O., Tyagi, I. et al. (2016). Study on the removal of heavy metal ions from industry waste by carbon nanotubes: effect of the surface modification: a review. *Critical Reviews in Environmental Science and Technology* 46: 93–118. https://doi.org/10.1080/10643389.2015.1061874.

[33] He, S., Zhong, L., Duan, J. et al. (2017). Bioremediation of wastewater by iron oxide-biocharnanocomposites loaded with photosynthetic bacteria. *Frontiers in Microbiology* 8: 823. https://doi.org/10.3389/fmicb.2017.00823.

[34] Holland, K.S. (2011). A framework for sustainable remediation. *Environmental Science and Technology* 45: 7116–7117. https://doi.org/10.1021/es202595w.

[35] Wardak, A., Gorman, M.E., Swami, N., and Deshpande, S. (2008). Identification of risks in the life cycle of nanotechnology-based products. *Journal of Industrial Ecology* 12: 435–448.

[36] Bezbaruah, A., Almeelbi, T.B., Quamme, M. et al. (2015). Removing contaminant from aqueous medium involves contacting aqueous medium with remediation material comprising bare nanoscale zero-valent iron particles or calcium-alginate entrapped nanoscale zero-valent iron. Patent Number: WO2014168728-A1.

[37] Feng, X., Li, M., Liang, R. et al. (2016). Ecological slope protection for remediation treatment of e.g. domestic sewage, has multilayered ecological bag filled with nanocomposite material comprising heavy metal-removing material and total phosphorus-removing material. Patent Number: CN106430598-A.

[38] Fomina, M. and Gadd, G.M. (2014). Biosorption: current perspectives on concept, definition and application. *Bioresource Technology* 160: 3–14. https://doi.org/10.1016/j.biortech.2013.12.102.

[39] Fu, P.P., Xia, Q., Hwang, H.-M. et al. (2014). Mechanisms of nanotoxicity: generation of reactive oxygen species. *Journal of Food and Drug Analysis* 22: 64–75. https://doi.org/10.1016/j.jfda.2014.01.005.

[40] Galhardi, C.M., Diniz, Y.S., Faine, L.A. et al. (2004). Toxicity of copper intake: lipid profile, oxidative stress and susceptibility to renal dysfunction. *Food and Chemical Toxicology* 42: 2053–2060. https://doi.org/10.1016/j.fct.2004.07.020.

[41] Gao, W. and Wang, J. (2014). The environmental impact of micro/nanomachines: a review. *ACS Nano* 8: 3170–3180. https://doi.org/10.1021/nn500077a.

[42] Chen, Z., Meng, H., Xing, G. et al. (2006). Acute toxicological effects of copper nanoparticles *in vivo*. *Toxicology Letters* 163: 109–120. https://doi.org/10.1016/j.toxlet.2005.10.003.

[43] Chen, M., Wang, X., Wang, R. et al. (2015). Remediating agent used for heavy metal lead-cadmium and lead-cadmium sulfide composite contaminated soil, preferably mine soil or agricultural land, comprises modified carbon nanotubes, modified clay mineral and lime. Patent Number: CN104893732-A.

[44] Rosenbaum, R.K., Bachmann, T.M., Gold, L.S. et al. (2008). USEtox—the UNEP-SETAC toxicity

model: recommended characterisation factors for human toxicity and freshwater ecotoxicity in life cycle impact assessment. *International Journal of Life Cycle Assessment* 13: 532. https://doi.org/10.1007/s11367-008-0038-4.

[45] Grieger, K.D., Laurent, A., Miseljic, M. et al. (2012). Analysis of current research addressing complementary use of lifecycle assessment and risk assessment for engineered nanomaterials: have lessons been learned from previous experience with chemicals? *Journal of Nanoparticle Research* 14: 958. https://doi.org/10.1007/s11051-012-0958-6.

[46] Hischier, R. and Walser, T. (2012). Life cycle assessment of engineered nanomaterials: state of the art and strategies to overcome existing gaps. *Science of the Total Environment* 425: 271–282.

[47] Hischier, R. (2014). Framework for LCI modelling of releases of manufactured nanomaterials along their life cycle. *International Journal of Life Cycle Assessment* 19: 838–849. https://doi.org/10.1007/s11367-013-0688-8.

[48] Hjorth, R., van Hove, L., and Wickson, F. (2017). What can nanosafety learn from drug development? The feasibility of "safety by design". *Nanotoxicology* 11: 305–312. https://doi.org/10.1080/17435390.2017.1299891.

[49] Jarvie, H.P. and King, S.M. (2010). Just scratching the surface? New techniques show how surface functionality of nanoparticles influences their environmental fate. *Nano Today* 5: 248–250. https://doi.org/10.1016/j.nantod.2010.06.001.

[50] Huysegoms, L. and Cappuyns, V. (2017). Critical review of decision support tools for sustainability assessment of site remediation options. *Journal of Environmental Management* 196: 278–296. https://doi.org/10.1016/j.jenvman.2017.03.002.

[51] Lloyd, S. and Lave, L. (2003). Life cycle economics and environmental implications of using nanocomposites in automobiles. *Environmental Science and Technology* 37: 3458–3466.

[52] Lloyd, S., Lave, L., and Matthews, H.S. (2005). Life cycle benefits of using nanotechnology to stabilize platinum-group metal particles in automotive catalysts. *Environmental Science and Technology* 39 (5): 1384–1392, published on-line (15 January 2005).

[53] Sackey, S., Lee, D.-E., and Kim, B.-S. (2019). Life cycle assessment for the production phase of nano-silica-modified asphalt mixtures. *Applied Sciences* 9: 1315. https://doi.org/10.3390/app9071315.

[54] Thome, A., Reddy, K.R., Reginatto, C., and Cecchin, I. (2015). Review of nanotechnology for soil and groundwater remediation: Brazilian perspectives. *Water, Air, and Soil Pollution* 226: 1–20. https://doi.org/10.1007/s11270-014-2243-z.

[55] Jolliet, O., Rosenbaum, R.K., and Laurent, A. (2013). Life cycle risks and impacts of nanotechnologies. In: *Nanotechnology and Human Health* (ed. I. Malsch and C. Edmond), 213–277. London: Taylor & Francis.

[56] Medina-Pérez, G., Fernández-Luqueño, F., Vazquez-Nuñez, E. et al. (2019). Remediating polluted soils using nanotechnologies: environmental benefits and risks. *Polish Journal of Environmental Studies* 28: 1013–1030.

[57] Singh, A.V., Laux, P., Luch, A. et al. (2019). Review of emerging concepts in nanotoxicology: opportunities and challenges for safer nanomaterial design. *Toxicology Mechanisms and Methods* 29: 378–387. https://doi.org/10.1080/15376516.2019.1566425.

[58] Thonemann, N., Schulte, A., and Maga, D. (2020). How to conduct prospective life cycle assessment for emerging technologies? A systematic review and methodological guidance. *Sustainability* 12: 1192. https://doi.org/10.3390/su12031192.

[59] Zhu, Y., Zhao, Q., Li, Y. et al. (2006). The interaction and toxicity of multi-walled carbon nanotubes with Stylonychia mytilus. *Journal of Nanoscience and Nanotechnology* 6: 1357–1364.

[60] Domingos, R.F., Tufenkji, N., and Wilkinson, K.J. (2009). Aggregation of titanium dioxide nanoparticles: role of a fulvic acid. *Environmental Science and Technology* 43: 1282.

[61] Cappuyns, V. (2013). Environmental impacts of soil remediation activities: quantitative and qualitative tools applied on three case studies. *Journal of Cleaner Production* 52: 145–154. https://doi.org/10.1016/j.jclepro.2013.03.023.

[62] Lazarevic, D. and Finnveden, G. (2013). *Life Cycle Aspects of Nanomaterials*. Stockholm, Sweden: Environmental Strategies Research KTH – Royal Institute of Technology.

[63] Chen, Y.S., Hung, Y.C., Liau, I., and Huang, G.S. (2009). Assessment of the in vivo toxicity of gold nanoparticles. *Nanoscale Research Letters* 4: 858–864. https://doi.org/10.1007/s11671-009-9334-6.

[64] Farré, M., Sanchís, J., and Barceló, D. (2011). Analysis and assessment of the occurrence, the fate and the behavior of nanomaterials in the environment. *TrAC Trends in Analytical Chemistry* 30: 517–527.

[65] Gavankar, S., Suh, S., and Keller, A.F. (2012). Life cycle assessment at nanoscale: review and recommendations. *International Journal of Life Cycle Assessment* 17: 295–303. https://doi.org/10.1007/s11367-011-0368-5.

[66] Geary, S.M., Morris, A.S., and Salem, A.K. (2016). Assessing the effect of engineered nanomaterials on the environment and human health. *The Journal of Allergy and Clinical Immunology* 138: 405–408. https://doi.org/10.1016/j.jaci.2016.06.009.

[67] Furuyama, A., Kanno, S., Kobayashi, T. et al. (2009). Extrapulmonary translocation of intratracheally instilled fine and ultrafine particles via direct and alveolar macrophage-associated routes. *Archives of Toxicology* 83: 429–437.

[68] Hochella, M.F. Jr., Mogk, D.W., Ranville, J. et al. (2019). Natural, incidental, and engineered nanomaterials and their impacts on the earth system. *Science* 363 (6434): eaau8299. https://doi.org/10.1126/science.aau8299.

[69] Mazzi, A. (2020). Introduction. Life cycle thinking. In: *Life Cycle Sustainability Assessment for Decision-Making* (ed. J. Ren and S. Toniolo), 1–19. Elsevier. ISBN 9780128183557. https://doi.org/10.1016/B978-0-12-818355-7.00001.

[70] Wu, Y.-H., Ho, S.-Y., Wang, B.-J., and Wang, Y.-J. (2020). The recent progress in nanotoxicology and nanosafety from the point of view of both toxicology and ecotoxicology. *International Journal of Molecular Sciences* 21: 4209. http://doi.org/10.3390/ijms21124209.

[71] Xia, T., Li, N., and Nel, A.E. (2009). Potential health impact of nanoparticles. *Annual Review of Public Health* 29: 137–150.

[72] Oberdörster, G., Oberdörster, E., and Oberdörster, J. (2005). Nanotoxicology: an emerging discipline evolving from studies of ultrafine particles. *Environmental Health Perspectives* 113: 823–839. https://doi.org/10.1289/ehp.7339.

[73] Visentin, C., Trentin, A.W.D.S., Braun, A.B., and Thomé, A. (2020). Nano scale, zerovalent iron production methods applied to contaminated sites remediation: an overview of production and environmental aspects. *Journal of Hazardous Materials* 124614. https://doi.org/10.1016/j.jhazmat.2020.124614.

[74] Visentin, C., Trentin, A.W.D.S., Braun, A.B., and Thomé, A. (2021). Life cycle sustainability assessment of the nanoscale zero-valent iron synthesis process for application in contaminated site remediation. *Environmental Pollution* 268 (Part B): 115915. https://doi.org/10.1016/j.envpol.2020.115915.

[75] Miseljic, M. and Olsen, S.I. (2014). Life-cycle assessment of engineered nanomaterials: a literature review of assessment status. *Journal of Nanoparticle Research* 16: 1–33. https://doi.org/10.1007/s11051-014-2427-x.

[76] Miseljic, M. and Olsen, S.I. (2018). LCA of nanomaterials. In: *Life Cycle Assessment* (ed. M. Hauschild, R.

Rosenbaum and S. Olsen). Cham: Springer https://doi.org/10.1007/978-3-319-56475-3_32.
[77] Mueller, N.C. and Nowack, B. (2008). Exposure modeling of engineered nanoparticles in the environment. *Environmental Science and Technology* 42: 4447.
[78] Nowack, B. and Bucheli, T.D. (2007). Occurrence, behaviour and effects of nanoparticles in the environment. *Environmental Pollution* 150: 5–12.
[79] Tiede, K., Hassellöv, M., Breitbarth, E. et al. (2009). Considerations for environmental fate and ecotoxicity testing to support environmental risk assessments for engineered nanoparticles. *Journal of Chromatography A* 1216: 503–509.
[80] Nemmar, A., Hoet, P.H., Vanquickenborne, B. et al. (2014). How to consider engineered nanomaterials in major accident regulations? *Environmental Sciences Europe* 26: 1. https://doi.org/10.1186/2190-4715-26-2.
[81] Oomen, A.G., Bos, P.M., Fernandes, T.F. et al. (2014). Concern-driven integrated approaches to nanomaterial testing and assessment – report of the NanoSafety Cluster Working Group 10. *Nanotoxicology* 8: 334–348. https://doi.org/10.3109/17435390.2013.802387.
[82] Banar, M. and Özdemir, A. (2015). An evaluation of railway passenger transport in Turkey using life cycle assessment and life cycle cost methods. *Transportation Research Part D: Transport and Environment* 41: 88–105. https://doi.org/10.1016/j.trd.2015.09.017.
[83] Özdemir, A. and Önder, A. (2020). An environmental life cycle comparison of various sandwich composite panels for railway passenger vehicle applications. *Environmental Science and Pollution Research* 27: 45076–45094. https://doi.org/10.1007/s11356-020-10352-8.
[84] Owen, R. and Handy, R.D. (2007). Formulating the problems for environmental risk assessment of nanomaterials. *Environmental Science and Technology* 41: 5582–5588.
[85] Sweet, L. and Strohm, B. (2006). Nanotechnology – life-cycle risk management. *Human and Ecological Risk Assessment* 12: 528–551. https://doi.org/10.1080/10807030600561691.
[86] Cappuyns, V. (2011). Possibilities and limitations of LCA for the evaluation of soil remediation and cleanup. *Sustainable Chemistry* 154: 213–223. https://doi.org/10.2495/CHEM110201.
[87] Tanguay, R.L. (2014). Challenges and advances in nanotoxicology. *Nanomaterials* 4: 766–767. https://doi.org/10.3390/nano4030766.
[88] Som, C., Wick, P., Krug, H., and Nowack, B. (2011). Environmental and health effects of nanomaterials in nanotextiles and façade coatings. *Environment International* 37: 1131–1142. https://doi.org/10.1016/j.envint.2011.02.013.
[89] Walser, T., Meyer, D.E., Fransman, W. et al. (2015). Life-cycle assessment framework for indoor emissions of synthetic nanoparticles. *Journal of Nanoparticle Research* 17: 245. https://doi.org/10.1007/s11051-015-3053-y.
[90] Eckelman, M.J., Mauter, M.S., Isaacs, J.A., and Elimelech, M. (2012). New perspectives on nanomaterial aquatic ecotoxicity: production impacts exceed direct exposure impacts for carbon nanotoubes. *Environmental Science and Technology* 46: 2902–2910. https://doi.org/10.1021/es203409a.
[91] Salieri, B., Turner, D.A., Nowack, B., and Hischier, R. (2018). Life cycle assessment of manufactured nanomaterials: where are we? *NanoImpact* 10: 108–120. https://doi.org/10.1016/j.impact.2017.12.003.
[92] Liu, H.H., Bilal, M., Lazareva, A. et al. (2015). Simulation tool for assessing the release and environmental distribution of nanomaterials. *Beilstein Journal of Nanotechnology* 6: 938–951. https://doi.org/10.3762/bjnano.6.97.
[93] Yang, S., Ma, K., Liu, Z. et al. (2020). Development and applicability of life cycle impact assessment methodologies. In: *Life Cycle Sustainability Assessment for Decision-Making* (ed. J. Ren and S. Toniolo), 95–124. Elsevier https://doi.org/10.1016/B978-0-12-818355-7.00005.

[94] Zieliń ska, A., Costa, B., Ferreira, M.V. et al. (2020). Nanotoxicology and nanosafety: safety-by-design and testing at a glance. *International Journal of Environmental Research and Public Health* 17: 4657. https://doi.org/10.3390/ijerph17134657.

[95] Tan, L., Mandley, S.J., Peijnenburg, W. et al. (2018). Combining ex-ante LCA and EHS screening to assist green design: a case study of cellulose nanocrystal foam. *Journal of Cleaner Production* 178: 494-506.

[96] Bartolozzi, I., Daddi, T., Punta, C. et al. (2020). Life cycle assessment of emerging environmental technologies in the early stage of development: a case study on nanostructured materials. *Journal of Industrial Ecology* 24: 101-115. https://doi.org/10.1111/jiec.12959.

[97] Bauer, C., Buchgeister, J., Hischier, R. et al. (2008). Towards a framework for life cycle thinking in the assessment of nanotechnology. *Journal of Cleaner Production* 16: 910-926. https://doi.org/10.1016/j.jclepro.2007.04.022.

[98] Barberio, G., Scalbi, S., Buttol, P. et al. (2014). Combining life cycle assessment and qualitative risk assessment: the case study of alumina nanofluid production. *The Science of the Total Environment* 496: 122-131. https://doi.org/10.1016/j.scitotenv.2014.06.135.

[99] Seager, T.P. and Linkov, I. (2008). Coupling multicriteria decision analysis and life cycle assessment for nanomaterials. *Journal of Industrial Ecology* 12: 282-285.

[100] Seager, T.P. and Linkov, I. (2009). Uncertainty in life cycle assessment of nanomaterials. In: *Nanomaterials: Risks and Benefits. NATO Science for Peace and Security Series C: Environmental Security* (ed. I. Linkov and J. Steevens). Dordrecht: Springer https://doi.org/10.1007/978-1-4020-9491-0_33.

英数

あ行

か行

さ行

た行

な行

は行

ま行

や行

ら行

わ行

原著編者・訳者紹介

■原著編集者

Prof. Dr. Sabu Thomas

Mahatma Gandhi University, School of Chemical Sciences

Dr. Merin Sara Thomas

Mar Thoma College, Department of Chemistry

Dr. Laly A. Pothen

Mahatma Gandhi University, Centre for Nanoscience & Nanotechnology

■監訳者

矢木　修身　Osami Yagi

東京大学名誉教授

東京大学大学院農学系研究科農芸化学専攻博士課程修了　農学博士
日本石油中央技術研究所（現 ENEOS），国立環境研究所室長，東京大学大学院工学系研究科教授，日本大学大学院総合科学研究科教授，日本大学生産工学部研究所教授を経て 2006 年より現職。
専門分野：環境バイオテクノロジー，環境工学，水質工学，応用化学，農芸化学，環境修復

■翻訳者

大前　奈月　Natsuki Omae

東京大学新領域創成科学研究科修了後，産業技術総合研究所に勤務。現在は中国で生命科学の研究に携わっている。

環境修復のためのナノテクノロジー

Nanotechnology for Environmental Remediation

発 行 日	2024 年 10 月 21 日　初版第一刷発行
原著編者	Sabu Thomas, Merin Sara Thomas, Laly A. Pothen
監 訳 者	矢木　修身
翻 訳 者	大前　奈月
発 行 者	吉田　隆
発 行 所	株式会社エヌ・ティー・エス
	〒 102-0091 東京都千代田区北の丸公園 2-1　科学技術館 2 階 TEL.03-5224-5430　http://www.nts-book.co.jp
印刷・製本	藤原印刷株式会社

ISBN978-4-86043-742-8

JN190406